中国机械工程学科教程配套系列教材

教育部高等学校机械类专业教学指导委员会规划教材

机械原理与机械设计

（上册）（第2版）

范元勋　张 庆　主编

清华大学出版社

北京

内容简介

本书是根据教育部高等学校机械基础课程教学指导委员会发布的“机械原理和机械设计课程教学基本要求”，结合当前教学改革和人才培养的要求编写的。

全书分上下册，本书为上册，为机械原理部分，共13章，内容包括：绪论，机构的结构分析，平面机构的运动分析，连杆机构，凸轮机构，齿轮机构及其设计，轮系及其设计，其他常用机构，平面机构的力分析，机械系统动力学，机械的平衡，机械系统的总体和执行系统的方案设计，机械传动系统的方案设计。每章内容包含了重点与难点、章节内容、拓展性阅读文献指南、思考题和习题等，对常用专业名词给出了对应的英文注释。

本书可作为高等学校机械类各专业的机械原理和机械设计课程或者机械设计基础课程的教材，也可供有关专业的师生和工程技术人员参考。

图书在版编目(CIP)数据

机械原理与机械设计. 上册/范元勋，张庆主编. —2版. —北京：清华大学出版社，2020.7(2025.2 重印)

中国机械工程学科教程配套系列教材　教育部高等学校机械类专业教学指导委员会规划教材

ISBN 978-7-302-55301-4

Ⅰ. ①机…　Ⅱ. ①范… ②张…　Ⅲ. ①机构学－高等学校－教材 ②机械设计－高等学校－教材　Ⅳ. ①TH111 ②TH122

中国版本图书馆CIP数据核字(2020)第055429号

责任编辑：许　龙
封面设计：常雪影
责任校对：赵丽敏
责任印制：宋　林

出版发行：清华大学出版社
网　　址：https://www.tup.com.cn，https://www.wqxuetang.com
地　　址：北京清华大学学研大厦A座　**邮　　编**：100084
社 总 机：010-83470000　**邮　　购**：010-62786544
投稿与读者服务：010-62776969，c-service@tup.tsinghua.edu.cn
质量反馈：010-62772015，zhiliang@tup.tsinghua.edu.cn
印 装 者：三河市龙大印装有限公司
经　　销：全国新华书店
开　　本：185mm×260mm　**印　张**：22　**字　　数**：533千字
版　　次：2014年3月第1版　2020年8月第2版　**印　　次**：2025年2月第7次印刷
定　　价：62.00元

产品编号：082755-01

丛书序言
PREFACE

我曾提出过高等工程教育边界再设计的想法，这个想法源于社会的反应。常听到工业界人士提出这样的话题：大学能否为他们进行人才的订单式培养。这种要求看似简单、直白，却反映了当前学校人才培养工作的一种尴尬：大学培养的人才还不是很适应企业的需求，或者说毕业生的知识结构还难以很快适应企业的工作。

当今世界，科技发展日新月异，业界需求千变万化。为了适应工业界和人才市场的这种需求，也即是适应科技发展的需求，工程教学应该适时地进行某些调整或变化。一个专业的知识体系、一门课程的教学内容都需要不断变化，此乃客观规律。我所主张的边界再设计即是这种调整或变化的体现。边界再设计的内涵之一即是课程体系及课程内容边界的再设计。

技术的快速进步，使得企业的工作内容有了很大变化。如从20世纪90年代以来，信息技术相继成为很多企业进一步发展的瓶颈，因此不少企业纷纷把信息化作为一项具有战略意义的工作。但是业界人士很快发现，在毕业生中很难找到这样的专门人才。计算机专业的学生并不熟悉企业信息化的内容、流程等，管理专业的学生不熟悉信息技术，工程专业的学生可能既不熟悉管理、也不熟悉信息技术。我们不难发现，制造业信息化其实就处在某些专业的边缘地带。那么对那些专业而言，其课程体系的边界是否要变？某些课程内容的边界是否有可能变？目前不少课程的内容不仅未跟上科学研究的发展，也未跟上技术的实际应用。极端情况下，甚至存在有些地方个别课程还在讲授已多年弃之不用的技术。若课程内容滞后于新技术的实际应用好多年，则是高等工程教育的落后甚至是悲哀。

课程体系的边界在哪里？某一门课程内容的边界又在哪里？这些实际上是业界或人才市场对高等工程教育提出的我们必须面对的问题。因此可以说，真正驱动工程教育边界再设计的是业界或人才市场，当然更重要的是大学如何主动响应业界的驱动。

当然，教育理想和社会需求是有矛盾的，对通才和专才的需求是有矛盾的。高等学校既不能丧失教育理想、丧失自己应有的价值观，又不能无视社会需求。明智的学校或教师都应该而且能够通过合适的边界再设计找到适合自己的平衡点。

我认为，长期以来，我们的高等教育其实是“以教师为中心”的。几乎所有的教育活动都是由教师设计或制定的。然而，更好的教育应该是“以学生为中心”的，即充分挖掘、启发学生的潜能。尽管教材的编写完全是由教师完成的，但是真正好的教材需要教师在编写时常怀“以学生为中心”的教育理念。如此，方得以产生真正的“精品教材”。

教育部高等学校机械设计制造及其自动化专业教学指导分委员会、中国机械工程学会与清华大学出版社合作编写、出版了《中国机械工程学科教程》，规划机械专业乃至相关课程的内容。但是“教程”绝不应该成为教师们编写教材的束缚。从适应科技和教育发展的需求而言，这项工作应该不是一时的，而是长期的，不是静止的，而是动态的。《中国机械工程学科教程》只是提供一个平台。我很高兴地看到，已经有多位教授努力地进行了探索，推出了新的、有创新思维的教材。希望有志于此的人们更多地利用这个平台，持续、有效地展开专业的、课程的边界再设计，使得我们的教学内容总能跟上技术的发展，使得我们培养的人才更能为社会所认可，为业界所欢迎。

是以为序。

2009年7月

第2版前言

FOREWORD

机械原理与机械设计为工科机械类和近机类专业的两门衔接比较紧密的重要专业基础课，在机械类专业人才的素质和能力培养中有举足轻重的作用。原教材自2014年第1版出版以来已经过去了6年多，随着科学技术的进步和教学改革的发展，机械基础课程的教育理念、教学目标和教学手段在持续发生变化。本次修订以"新工科"对机械类专业人才的培养目标为导向，以机械工程专业认证对两门课程教学目标"达成度"的要求为指引，参照了教育部机械基础课程教学指导委员会发布的"机械原理和机械设计课程教学要求(第3版)"(2015年)。教材被列为"十三五"江苏省高等学校重点教材。

另外，本次教材修订注重完善原教材在实际课程教学中发现的体系和内容方面的不足，注意学习吸收国内外同类教材的先进理念，并融入了编者多年教学实践和科研的经验。教材修订的主要考虑如下：

(1) 在保留原有大的体系结构不变的情况下，对上、下册的局部内容作了一些微调，既保证机械原理与机械设计内容的相互独立性，又保证机构原理设计与机械零件设计内容衔接上的紧密性，构建完整的机械设计教学体系。

(2) 为使教材的内容适应现代机械工业技术最新发展的需要，使学生掌握最新的知识和了解最新的技术进步，教材充实了反映机构和机械零、部件设计新理论、新原理、新结构和新应用的内容，删减了部分相对陈旧的内容，并更新了拓展性阅读的参考文献。

(3) 适应"新工科"机械工程专业建设的需要，增加了部分现代机械工程师所必需的与机械设计相紧密交叉的其他学科知识的介绍。

(4) 教材内容在反映机械设计理论共性的前提下，尽量体现本校各专业的特点。

(5) 为便于学生的自学和更好地掌握教学内容和重点，增加了针对重点知识点的例题和作业题。

(6) 适应现代机械设计与分析方法的进步，适当增加现代设计方法应用和解析法在机构设计中应用的内容。

(7) 更新和补充了部分最新的国家标准和规范,以方便在机械零部件设计和选用过程中参照。

教材第2版承蒙南京航空航天大学朱如鹏教授和东南大学钱瑞明教授等审阅,对教材编写提出了许多有益的建议,在此表示衷心的感谢。

限于编者水平,书中的缺点、错误在所难免,敬请广大读者批评指正。

编　者

2020年2月

第1版前言

FOREWORD

本书是根据教育部高等学校机械基础课程教学指导委员会发布的“机械原理课程教学基本要求”和“机械设计课程教学基本要求”(2009年)，结合当前教学改革和机械类创新人才培养的要求，总结近几年教学实践的经验，在对原机械设计基础(上、下)教材进行适当扩充和修订的基础上编写的。教材适用于高等工科院校机械类各专业学时调整后的机械原理和机械设计课程教学，课内教学为100学时左右。教材修订时在体系和内容编排上主要有如下一些考虑：

(1) 为方便教学计划的实施，本书分上、下两册，即上册为机械原理的内容，下册为机械设计的内容，可分为两个学期来实施，但教材在编排时注意了内容的系统性，以机械设计为主线编排各篇和章节的内容。

(2) 注意对学生创造性思维能力和实际设计能力的培养，重视工程应用背景的介绍。

(3) 注意将课程的各局部知识点，放到机械整体设计的全局中考虑，培养学生的整体和系统观念，提高学生对机械设计知识的综合应用能力。

(4) 适应机械工业发展的要求，增加了反映机械设计技术发展成果的内容介绍，如机器人机构学、机械系统设计、主动磁轴承等，充实了机构解析法设计的内容。

(5) 尽量简化和避免烦琐、冗长的计算和公式推导，而注意突出基本原理、基本设计思想、基本结构特点和应用知识的介绍。

(6) 方便学生的自学和拓展性学习，每章配有重点、难点、思考题和扩展性阅读参考文献。

(7) 尽量采用了最新的国家标准和规范。

本书分为上、下两册。参加上册编写的有：范元勋(第1、6章和第7章部分内容)、祖莉(第2、3章)、梁医(第4、5章)、张庆(第8～11章)、张龙(第7章部分内容)、宋梅利(第12、13章)；参加下册编写的有：范元勋(第1～3、13、14章)、宋梅利(第4、8章)、张庆(第5、6章)、祖莉(第7、11章)、张龙(第9、10章)、梁医(第12、15～17章)。上册由范元勋、张庆主编，下册由范元勋、梁医和张龙主编。全书由范元勋统稿。

教研室的研究生帮助绘制了本书的部分插图,本书前主编之一王华坤教授作为主审对本书的编写提供了许多有益的意见和建议,在此一并表示衷心的感谢。

限于编者的水平和时间的限制,书中的缺点、错误仍在所难免,编者殷切希望各方面专家及读者提出批评和改进意见。

编　者

2013年12月

目　录
CONTENTS

第1篇　机械原理导论

第2篇　机构的组成与分析

第3篇 常用机构及其设计

第1篇　机械原理导论

第1章

绪　论

内容提要：本章介绍机械原理课程研究的对象和机构、机器等概念，对课程的研究内容、课程的性质和地位及课程的学习目的和方法等也进行了阐述，以使对整个课程的学习有一个引领的作用。

1.1　机械原理研究的对象

“机械原理”(theory of machines and mechanisms)是“机构和机械原理”的简称。它是一门以机构和机器为研究对象的科学，研究内容为有关机械的基本理论问题。

机械(machinery)是机器(machine)和机构(mechanism)的总称。机器和机构对我们来说都并不陌生，在理论力学和机械制图课程中已了解了一些机构(如齿轮机构、连杆机构、螺旋机构等)及应用。各种机构都是用来传递与变换运动和动力的可动装置，工程实际中常用的机构还有带传动机构、链传动机构、凸轮机构等。而机器则是根据某种使用要求设计，将一种或多种机构组合在一起，实现预定机械运动的装置，它可以用来传递和变换能量、物料和信息。如：电动机和发电机用来变换能量，机床用来改变物料的状态，运输机械用来传递物料等。

在日常生活和工作中，我们接触过许多机器，从家庭用的缝纫机、洗衣机、自行车，到工业部门使用的各种机床；从汽车、飞机，到工业机器人、医疗机械等。机器的种类很多，用途各不相同，但它们却有着共同的特征。

图1-1所示的单缸内燃机由汽缸体1、活塞2、连杆3、曲轴4、齿轮5和6、凸轮7和顶杆8等组成。燃气推动活塞作往复运动，经连杆转变为曲轴的连续转动。凸轮和顶杆是用来启闭进气阀和排气阀的。为了保证曲轴每转两周进、排气阀各启闭一次，利用固定在曲轴上的齿轮5带动固定在凸轮轴上的齿轮6转动。这样，当燃气推动活塞运动时，进、排气阀有规律地启闭，把燃气的热能转变为曲轴连续转动的机械能。

图1-2所示的六自由度关节式焊接机器人，其机构由以下几个部分组成：构件7为机座，作为机器人支撑的基础；构件1为腰部，连接大臂2和机座7，作回转运动；大臂2与小臂3构成手臂机构，与腰部一起，用于确定机器人的空间作业位置；构件4、5、6组成手腕机构，其可以实现腕的俯仰、摆动和旋转运动，用于确定末端执行器在空间的姿态；手部，也称末端执行器，它安装于腕部机构的前端，是直接进行工作任务的装置，常见的末端执行器有夹持式、吸盘式和电磁式等。

随着科学的发展，现在已进入信息时代，计算机也是一种机器。它可以根据人们事先编

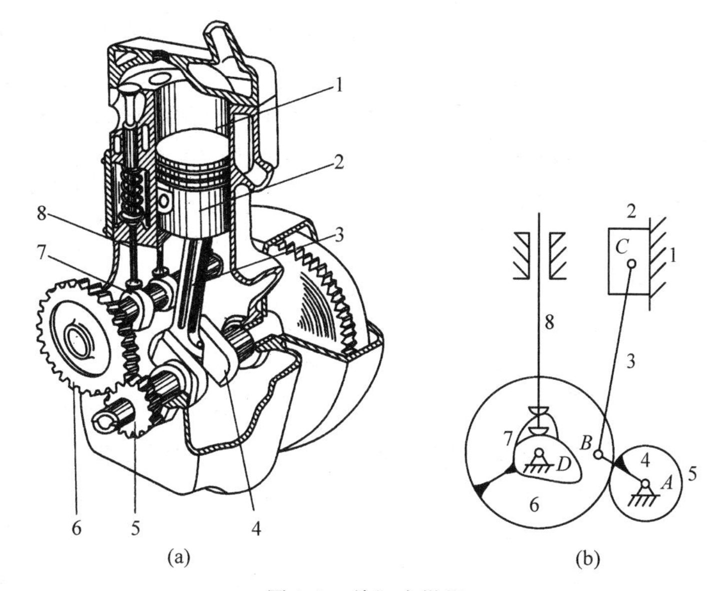

图 1-1　单缸内燃机

1—汽缸体；2—活塞；3—连杆；4—曲轴；5,6—齿轮；7—凸轮；8—顶杆

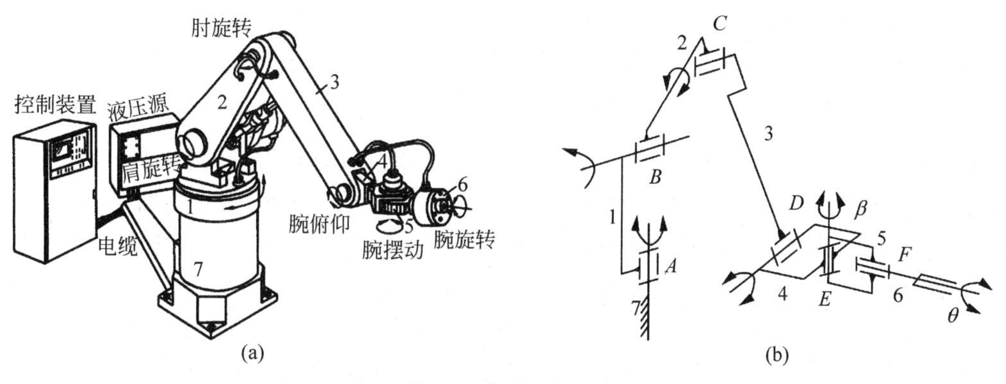

图 1-2　焊接机器人

1—腰部；2—大臂；3—小臂；4,5,6——手腕机构；7—机座

好的程序进行数据处理、数据存储、数据交换及信息传输。例如，可将数据传给绘图仪，绘出精美的图画等。

从以上的例子可以看出，虽然这些机器的构造、用途和性能各异，但是从它们的组成和运动的确定性以及与功、能的关系来看，却有着三个共同的特征：

（1）它们是一种人为的实物组合；

（2）其组成各部分之间具有确定的相对运动；

（3）能完成有用的机械功、实现能量的转换或信息的处理与传递。

凡同时具备上述三个特征的设备便称为**机器**，而**机构**只具备机器的前两个特征。但从结构和运动的观点来看，两者之间并无区别。因此，为了简化叙述，常用“机械”一词作为“机构”和“机器”的总称。一个机器由多个或一个机构组成，如图 1-1 所示的单缸内燃机由齿轮机构、凸轮机构和连杆机构组成。

现代机械一般由四大部分组成。

(1) 原动机(prime mover)。是驱动机械运动的动力来源。最常见的原动机有电动机、内燃机、液压马达和空气压缩机等。

(2) 执行机构(actuating mechanism)。能完成机械预期的动作,实现机器功能的运动输出部分,如机器人的手爪、机床的刀架等。执行机构随着所要求的工艺动作和性质不同而异,其结构形式完全取决于机械本身的用途。

(3) 传动机构(transmission mechanism)。是一部机械中把原动机的运动和动力传递给工作机的中间环节,如齿轮机构、凸轮机构、连杆机构等。

(4) 控制系统(control system)。用于协调机器各组成部分之间的工作,以及与外部其他机器或原动机之间的关系。

机构是由若干个构件组成的,构件可以是单一的零件,也可以是由几个零件装配成的刚性结构。所以说构件和零件是两个不同的概念,构件(link)是运动单元,而零件(element)是制造单元。在本课程中,我们将构件作为研究的基本单元。

凡本身固定不动的构件,或相对地球运动,但固结于给定坐标参考系并视为固定不动的构件统称为机架(frame)。例如,汽车车厢、飞机机舱、机床床身等。研究机构在相对运动时,一般以机架为基准,即假定它是静止的。

1.2　机械原理课程的研究内容

机械原理所研究的问题归纳起来有两大类:第一类问题是根据已有机构的结构和主要参数来分析该机构或所组成机器的各种特性(结构、运动学和动力学),即机构的分析(analysis of mechanism),如机构的结构分析、运动分析、力分析和在已知力作用下机器的真实运动等;第二类问题是根据预期的各种特性来确定新的机构和机器型式、结构及主要参数,即机构的综合(synthesis of mechanism),如各种主要机构的运动设计、机构的平衡和机器速度波动的调节等。这里研究的问题只限于与机构和机器的运动和动力特性有关的机构型式、结构和各主要参数之间的关系,而不研究与机械零件有关的问题,如零件的形状、构造、强度、材料和工艺等。机械原理是一门以机构和机器为研究对象的学科。本课程的研究内容可归纳为如下几个方面:

(1) 机构的结构分析。研究机构的结构组成和组成原理、机构运动的可能性及确定性条件以及机构的结构分类等。

(2) 机构的运动分析。研究机构各点的轨迹、位移、速度、加速度的求法和机构的运动规律等。对机构进行运动分析是了解现有机构运动性能的必要手段,也是设计机构的必要步骤。

(3) 机器动力学。研究在机构运动过程中作用在各构件上的力的求法和确定机械效率的方法,并研究在已知力作用下机械的真实运动规律,以及作用力、运动构件的质量与这些构件运动之间的关系,即机械系统过渡过程和稳定运动状态下的动力学问题、机械的调速问题和不平衡惯性力的平衡问题等。

(4) 常用机构的分析与设计。对常用机构的工作特性进行分析,并研究按工作要求设计各种常用机构的方法,如齿轮机构、凸轮机构、连杆机构、间歇运动机构的设计等。

(5) 机械系统的方案设计。在机构的结构分析、运动分析和动力分析研究的基础上,介绍机械系统总体方案的确定方法、机械执行系统的方案设计和机械传动系统的方案设计和方案的评价等。

1.3 本课程学习的目的和方法

1. 机械原理课程的性质和地位

机械原理属于工科机械类技术基础课。一方面,它以高等数学、物理和理论力学等基础课程为基础,但比这些基础课程更接近于工程实际;另一方面,它又不同于车辆设计、机械制造装备及工艺等专业课程,课程主要研究各种机械所具有的共性问题,而机械专业课程则是研究某一类机械所具有的特殊问题。因此,它比专业课具有更宽的适应面和更广的适应性,理论性也更强,它更为后续学习机械类专业课程打下必要的理论和知识基础。因此,它在教学计划中有着承上启下的作用,是工科机械类各专业一门十分重要的主干技术基础课,在机械设计系列课程体系中有十分重要的地位。

2. 学习本课程的目的

本课程的任务是使学生掌握机构学和机械动力学的基本理论、基础知识和分析方法,并具有拟定机械运动方案、分析和设计机构的初步能力,为机械类专业课程的学习和培养机械类高级工程技术人才和创新人才打下基础。课程学习要达到的目的具体有以下几点:

(1) 了解机械,为后续机械类专业课程的学习打下扎实的理论基础。机械种类繁多,功能和特点各异,在后续专业课程中研究各种通用和特殊机械装置的设计问题时,不仅要研究它所具有的特殊问题,而且需要研究所有机械所具有的共性问题,而机械原理所涉及的机械设计与分析的一般理论和方法是研究特定机械设计问题的基础。

(2) 学习方法,为机械产品的设计与创新打下了良好的基础。机械原理所讲授的机构分析与设计的基本理论与方法,不仅可用于本课程所学的各种机构的设计,而且对后续的课程设计、毕业设计及今后工作所遇到的机械技术问题的解决,都可以提供必要的基础知识和方法。如为实现某种运动规律或运动轨迹要求,来选择适合的机构类型,设计机构基本参数和机械系统方案;对某种特定的机械或机构,进行必要的运动和动力分析等方面,机械原理所讲授的基本思想和方法,都将起到十分重要的作用。另外,我国正从制造大国向制造强国转型,过去以经验设计和仿照设计为主的传统的机械产品设计方法越来越不适应我国制造业发展的需要。要使所设计的产品在国际市场上有竞争力,就需要不断地创新,而机械产品的设计创新很重要的方面就是原理方案设计创新,而要实现这一点,有关机械原理的知识和方法是必不可少的。

(3) 掌握理论,为从事机械工程领域的科学研究打下基础。机械原理课程中讲授的有关机构的结构组成、机构的分析与综合、机械运动学和动力学分析等理论与方法,是机械设计和研究中普遍适用的基本方法,也是进一步学习和掌握机械工程领域研究所需现代设计和分析理论与方法的基础。因此,学好机械原理课程,掌握机构与机械设计的一般理论与方法,可以为将来从事机械工程领域科学研究打下坚实的基础。

3. 本课程的学习方法

机械原理作为机械工程领域的一门技术基础课,研究的是常用机构和机械设计中的一些共性问题,相对于纯基础课它又更接近于工程实际。在学习过程中,要根据课程特点,着重注意搞清基本概念,理解基本原理,掌握机构分析和设计的基本方法,了解各种机构在工程中的基本应用等。具体来说,要注意以下几个方面:

(1) 注意学习和掌握各种机构和机器设计所要解决的一般共性问题。如机构的组成及工作原理,机构的结构分析和运动学和动力学分析方法等。

(2) 研究机器中一些常用机构的性能、特点,学习常用机构的设计方法,掌握设计方法的原理,并能举一反三,用于同类型机构或不同机构的设计,了解机械系统方案设计的方法和步骤。

(3) 注意培养运用所学的机械原理课程的基本理论和方法去分析和解决机械工程实际问题的能力。工程实际问题影响因素较多,解决同一个工程问题的思路也可以多种多样,所得到的解决方案一般也不是唯一的。因此,需要培养全面考虑问题的习惯,培养对问题综合分析、对比、判断和决策的能力,培养创新思维和创新设计的能力,从而使我们在解决问题时,能得到一个理想和优化的解决方案。

(4) 机械原理是一门与工程实际联系十分紧密的课程。因此,在学习本课程时要特别注意理论联系实际,除了通过完成作业来掌握和巩固课程讲授的理论和方法外,与本课程相关的实验、课程设计、机构和机械创新设计大赛、大学生创新实验计划和科研训练及其他课外科技活动等,将为同学们提供理论联系实际和学以致用的机会,它与理论课程学习同样重要,从某种意义上来说可能更重要。另外,要注意观察、勤于思考,留意现实生活中机械设备和日常用具中存在的各种设计新颖、构思精巧的机构,通过日积月累,当你从事设计工作时,就有可能从中获得创造的灵感。

第2篇　机构的组成与分析

第2章

机构的结构分析

内容提要：本章主要阐述机构的组成以及机构运动简图绘制的方法。对平面机构的自由度计算和机构具有确定性运动进行研究，简单介绍了运动链的拓扑构造和机构的组成原理，对开链机构也作了扼要的叙述。

本章重点：机构运动简图的绘制和平面机构自由度的计算。

本章难点：自由度计算中需要注意的问题。

2.1 机构结构分析的目的和内容

常用机构的分析与综合是机械设计课程的主要内容之一。由于机构的种类繁多，要对每种机构逐一进行研究，是既不可能也不合适的。因此，机构结构分析的目的是研究机构结构组成的共同规律，并按结构分类建立机构运动分析、动力分析和综合的一般方法。

机构结构分析的内容包括：

(1) 为了研究的方便，在进行机构分析和综合时，可将实际机构中与分析和综合无关的复杂外形和结构加以简化，用机构运动简图的形式来表示，因此应首先讨论机构运动简图绘制的方法和步骤。

(2) 研究机构的组成原理，即探讨机构中各构件应如何组成才能达到预定的运动目的。

(3) 用图解法或解析法进行机构分析和综合时，都可以按结构的分类方法，建立对机构运动分析、动力分析与综合的一般方法。

2.2 机构的组成

各种机械的形式、构造及用途虽然各不相同，但它们的主要部分却都是由一些机构所组成，所以机构应是我们重点研究的对象。

1. 构件

任何机械都是由若干零件组成的。但是从研究机械运动的观点来看，并不是所有零件都独立地影响着机械的运动，往往是由于结构和工艺的需要，把几个零件刚性地联结在一起，使它们作为一个整体而运动。这些刚性地联结在一起的各个零件之间，不能产生任何相对运动，也就是说它们构成了一个运动的单元体。机构中每一个运动单元体都称为一个构件(link)。

从运动的观点分析机械时，构件是组成机械的基本单元体。它可以由若干个零件刚性

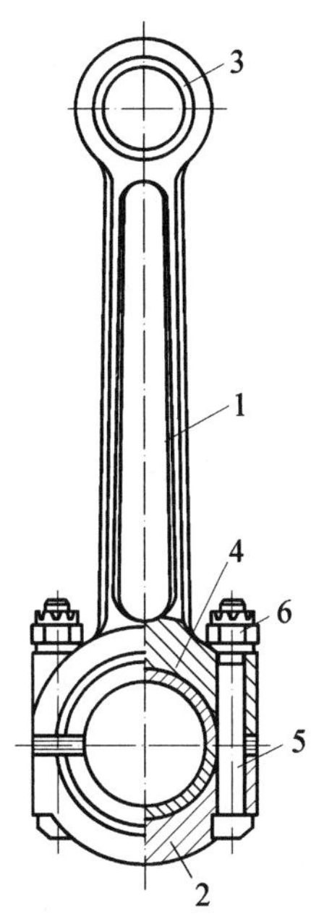

图 2-1　内燃机连杆
1—连杆体；2—连杆头；3—轴套；4—轴瓦；5—螺栓；6—螺母

地连接在一起组成，也可以是一个独立运动的零件。而零件则是从制造的观点来分析机械时，组成机械的每一个单独加工的单元体。例如图 2-1 所示的内燃机连杆，在内燃机中是作为一个整体而运动的，所以它是一个构件；但从制造的观点来看，它却是由分别加工的连杆体 1、连杆头 2、轴套 3、轴瓦 4、螺栓 5、螺母 6 等许多零件组成的。

2. 运动副

机构是由两个以上构件按一定形式连接起来的系统，各构件之间应有确定的相对运动。构件间的相对运动取决于各构件的连接形式。凡两构件直接接触，而又能容许一定的相对运动的连接，称为运动副(kinematic pair)。运动副的接触型式不同，所允许的相对运动也不一样。两构件间用销轴和孔构成的连接称为转动副(revolute pair)，如图 2-2(a)所示；两构件间用滑块与导路构成的连接称为移动副(sliding pair)，如图 2-2(b)所示；两构件间用齿轮齿廓构成的连接称为齿轮副(gear pair)，如图 2-2(c)所示；两构件间用凸轮与从动件构成的连接称为凸轮副(cam pair)，如图 2-2(d)所示。按照接触的特性，运动副又分为高副(higher pair)和低副(lower pair)。面接触的运动副称为低副，点、线接触的运动副称为高副。图 2-2 所示的转动副和移动副为低副，而齿轮副和凸轮副为高副。通常将运动副中两构件参与接触的几何元素(点、线与面)统称为运动副元素。

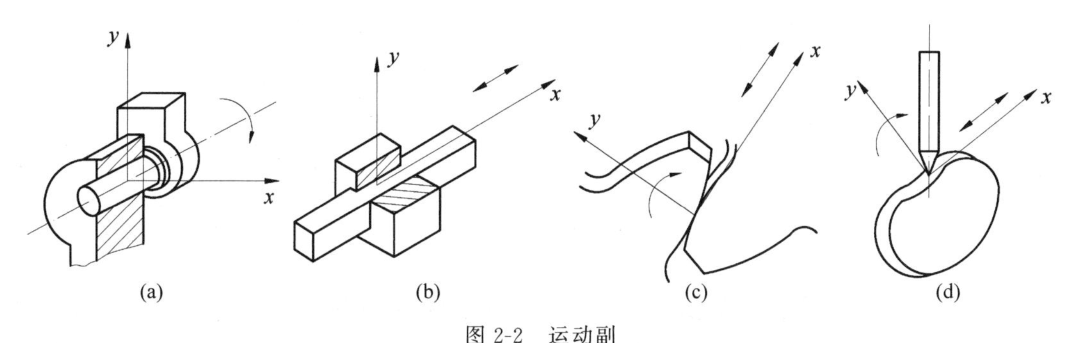

图 2-2　运动副
(a) 转动副；(b) 移动副；(c) 齿轮副；(d) 凸轮副

按照组成运动副两构件间的相对运动是平面运动还是空间运动，可以把运动副分为平面运动副和空间运动副。以下主要讨论有关平面运动副的内容。

如图 2-3 所示，一个构件在没有任何约束的条件下相对于另一构件(例如固定构件)作任意平面运动，可以看成 x 方向和 y 方向的移动与在该平面的转动这三个独立运动所组成，或者说作平面运动的构件在任何一瞬间的位置可以由构件中 A 点的坐标(x,y)和构件上标线 AA'的转角 φ 三个参数所决定。这种独立运动的数

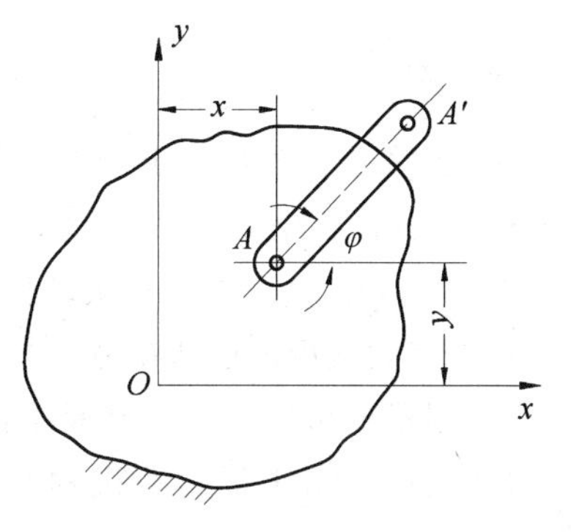

图 2-3　自由构件自由度

目或确定构件位置的独立参数的数目称为机构的自由度(degree of freedom)。因此,在平面内自由运动的构件有三个自由度。

当两构件组成运动副后,由于相对运动受到限制,故自由度减少,这种对独立运动的限制称为约束(constraint)。如图 2-2(a)所示,两构件组成转动副后,相对运动只能是转动,即失去了 x、y 两个方向的移动自由,故约束数为 2;如图 2-2(b)所示,两构件组成移动副后,相对运动只能是沿 x 方向的移动,即失去了 y 方向移动和转动的自由,故约束数为 2;如图 2-2(c)和(d)所示,两构件组成齿轮副和凸轮副后,瞬时相对运动都可以沿切线 x 方向移动和在 xy 平面内转动,即失去了法线 y 方向的移动自由,故约束数均为 1。

3. 运动链

两个以上构件以运动副连接而成的系统称为运动链(kinematic chain)。如果组成运动链的各个构件形成封闭系统,如图 2-4(a)所示,这种运动链称为闭链(closed kinematic chain);反之,如果运动链中有的构件不能形成封闭系统,如图 2-4(b)所示,便称为开链(open kinematic chain)。由图可见,对于闭链,动其一杆(或少数杆)即可牵动其余各杆,便于传递运动,故广泛应用于各种机械。开链主要应用于机械手、挖掘机等多自由度的机械之中。

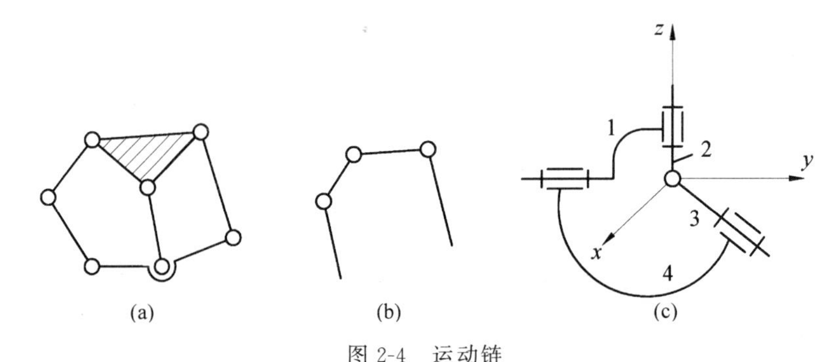

图 2-4 运动链

(a) 闭链;(b) 开链;(c) 空间运动链

此外,根据运动链中各构件间的相对运动为平面运动还是空间运动,又可将运动链分为平面运动链(planar kinematic chain)和空间运动链(spatial kinematic chain)两类,图 2-4(a)、(b)所示为平面运动链,图 2-4(c)所示为空间运动链。

4. 机构

如运动链中含有固定(或相对固定)不动的机架(fixed link)时,运动链被称为机构(mechanism),但此机构的运动尚未确定。当它的一个或几个构件具有独立运动,成为原动件(driving link)时,如其余从动件(driven link)随之作确定运动,此时机构的运动也就确定,便能有效地传递运动和力。

依据形成机构的运动链是平面的还是空间的,亦可把相应的机构分为平面机构和空间机构两类。由于常用的机构大多数为平面机构,所以本章主要讨论平面机构的结构问题。

2.3　机构的运动简图

机器是由机构组合而成的，实际机构的外形与具体构造往往非常复杂。在分析已有机构以及进行机构综合时，人们为了更好地抓住机构的本质并使研究得以简化，总是将机构加以科学抽象，即不考虑那些与运动无关的因素(如组成构件的零件数目和刚性连接的方式、运动副的具体构造等)，仅用简单的线条和符号来代表构件和运动副，画出简化的机构示意图。像这样用构件和运动副规定的符号来表示机构，着重表示结构特征的一种简化示意图称为机构简图。机构简图只能定性地表示机构结构特征，如果对机构进行运动和力的分析，那么还应该按比例表示各构件和运动副的相对位置。这种按一定比例画出的机构简图就是机构运动简图(kinematic diagram of mechanism)。它不但可以简明地表示机构的结构特征、传动原理，还可用于图解法对机构进行运动分析与动力分析。

应该指出，实际使用的机器在构造和功用上虽有千差万别，但从机构运动简图来看，往往有许多共同之处。例如冲床、活塞式内燃机以及空气压缩机，尽管它们的外形、具体构造及功用各不相同，但它们主要机构的机构简图都是一样的，因而可以用类似的方法进行运动分析和受力分析。

1. 平面运动副的表示方法

两构件组成转动副时，其表示方法如图 2-5 所示。图面垂直于相对转动轴线时按图 2-5(a)表示；图面与相对转动轴线平行时按图 2-5(b)表示。若组成转动副的一构件为机架，就把代表机架的构件画上斜线。表示转动副时，关键是要画出相对转动中心(轴线)的正确位置。

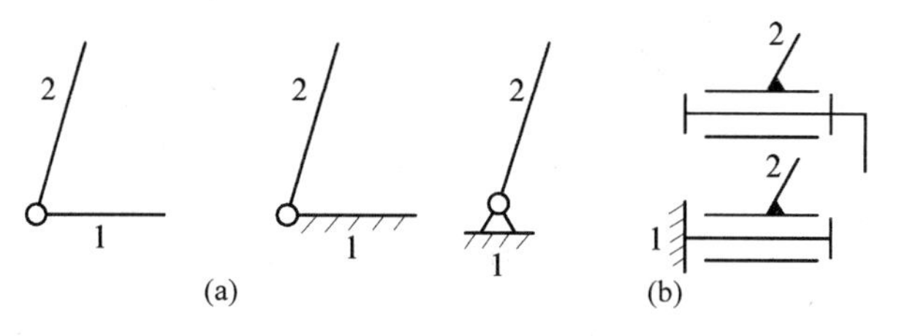

图 2-5　转动副

两构件组成移动副时，其表示方法如图 2-6 所示。同样，画有斜线的构件代表机架。表示移动副时，最关键的是要正确画出相对移动的方向。

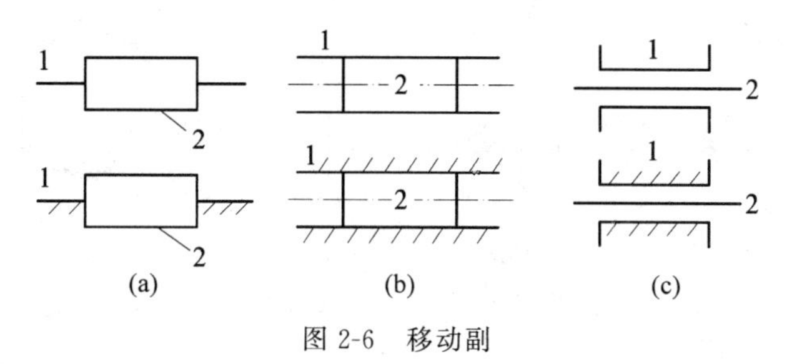

图 2-6　移动副

欲表示两构件组成的平面高副,那么应该画出两构件用于相互接触的曲线轮廓,其表示方法如图2-7所示。

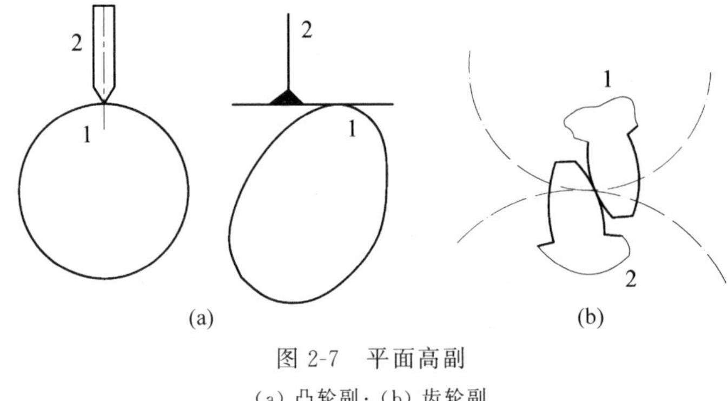

图2-7 平面高副
(a) 凸轮副;(b) 齿轮副

2. 构件的表示法

构件的相对运动是由运动副的类型和运动副之间的相对位置等所确定的。所以在表达构件时,应该将构件上所有的运动副元素找出,并根据它们在构件上的位置,按给定的比例尺将运动副代表符号画在相应的位置上,然后用简单的线条将它们连接成一个整体以表示一个构件。如图2-8(a)所示。具有两个运动副元素的构件,可以用一根线段连接两个运动副元素表示一个构件,表示移动副的导杆、导槽以及滑块,其导路应该与相对移动方位相一致如图2-8(b)~(e)所示。

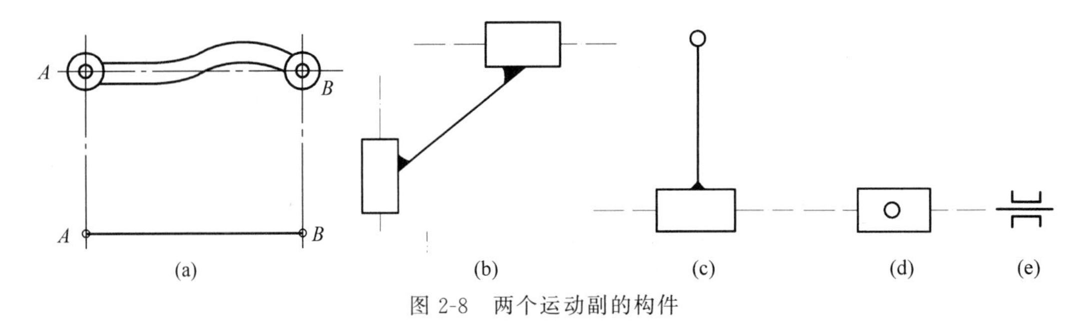

图2-8 两个运动副的构件

具有三个运动副元素的构件,也是先在相应的位置上找出运动副元素,而后用线条将其连接,以此表示一个构件,如图2-9所示。为了说明这三个转动副元素同属于一个构件,应将

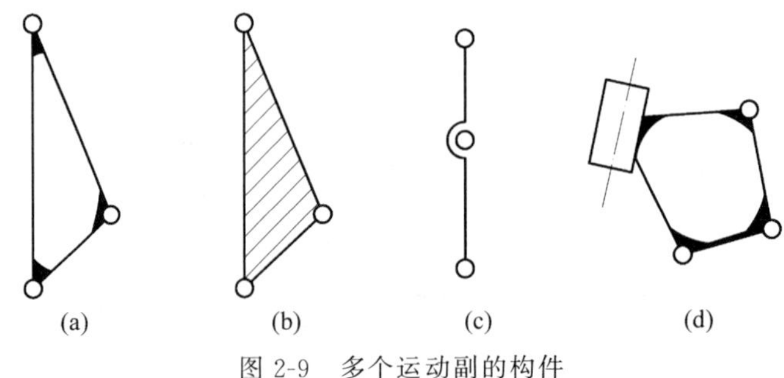

图2-9 多个运动副的构件

每两条线段相交部位涂上焊接的记号，见图 2-9(a)；或在三角形中画上剖面线，见图 2-9(b)。如果三个转动副的中心处于一条直线上，为了不引起误会，可用图 2-9(c)表示。以此类推，具有 n 个运动副元素的构件可以用 n 边形来表示。为了表示这 n 边形中的运动副元素不可相对运动，可以画上焊接的记号或是在 n 边形中画上斜线。例如图 2-9(d)所示的是代表具有三个转动副元素和一个移动副元素的构件。

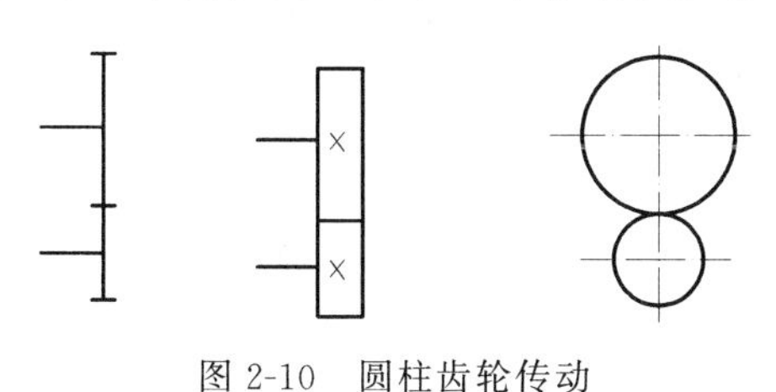

图 2-10　圆柱齿轮传动

在机构运动简图中，凸轮机构中的凸轮和滚子，一般是画出它的全部轮廓，见图 2-7(a)。而机构中广泛使用的圆柱齿轮传动，表示方法见图 2-7(b)或图 2-10。还有其他的一些零件、构件已有专门规定画法，请参考《机械制图》国家标准中的“机构运动简图符号”(GB 4460—2013)。

3. 机构运动简图绘制

从实际机器绘制机构运动简图，其步骤与方法通常如下：

(1) 仔细分析机构的实际结构和运动，分清有几个运动单元体，从而确定构件的数目。

(2) 找出每个构件上所有的运动副，用简单的线条连接该构件上的所有运动副元素，以表示每一个构件。

(3) 将机构运动到合适的位置，按一定长度比例尺将每个构件“装配”成机构运动简图。

绘制机构运动简图时，需要准确地按长度比例尺画图，并标注出那些与运动有关的尺寸。长度比例尺用 μ_1 表示：

$$\mu_1 = \frac{\text{实际长度(m)}}{\text{图示长度(mm)}}$$

绘制机构运动简图时，应根据机构的实际尺寸大小以及图面的大小与安排，选择恰当的长度比例尺。

为了具体说明机构运动简图的绘制方法，请看以下实例。

例 2-1　如图 2-11(a)所示为一用于小型压力机的凸轮-连杆组合机构。当原动件曲轴 1 连续转动时，一方面通过齿轮传动使凸轮 6 转动，另一方面通过连杆 2 使构件 3 往复移动，从而使压杆 8 按预期的运动规律上下往复运动，试绘制其机构运动简图。

解：根据前述绘制机构运动简图的步骤，找出其原动部分曲轴 1 和执行部分压杆 8，然后循着运动传递的路线分析其传动部分。如题所述，此机构原动部分的运动分两路传出：一路由曲轴 1 经过连杆 2 传至构件 3；另一路由齿轮啮合传至凸轮 6；最后，两路运动汇集到压杆 8 上。经过分析可见，此机构系由曲轴 1、连杆 2、构件 3、4、滚子 5、凸轮 6、滑块 7、压杆 8 和机架 9 九个构件所组成，而曲轴 1 和凸轮 6 的运动又通过一对齿轮的啮合封闭起来(曲轴 1 及轴上所装齿轮，凸轮 6 及凸轮轴上所装齿轮，均应作为一个构件)。各构件之间构成的运动副为：曲轴 1 与机架 9 及连杆 2 分别在 O_1 点及 A 点构成转动副；构件 3 与构件 4 及连杆 2 分别在 C、B 两点构成转动副，还与机架 9 构成移动副；构件 4 还与滚子 5 构成转动副，与滑块 7 构成移动副；压杆 8 与滑块 7 构成转动副，又与机架 9 构成移动副；凸轮 6 与机架 9 构成转动副，又与滚子 5 构成平面高副；两齿轮也构成平面高副。

从机构的结构可知其为平面机构，以构件的运动平面为投影面，再确定适当的比例尺，画出其运动简图，如图 2-11(b)所示。

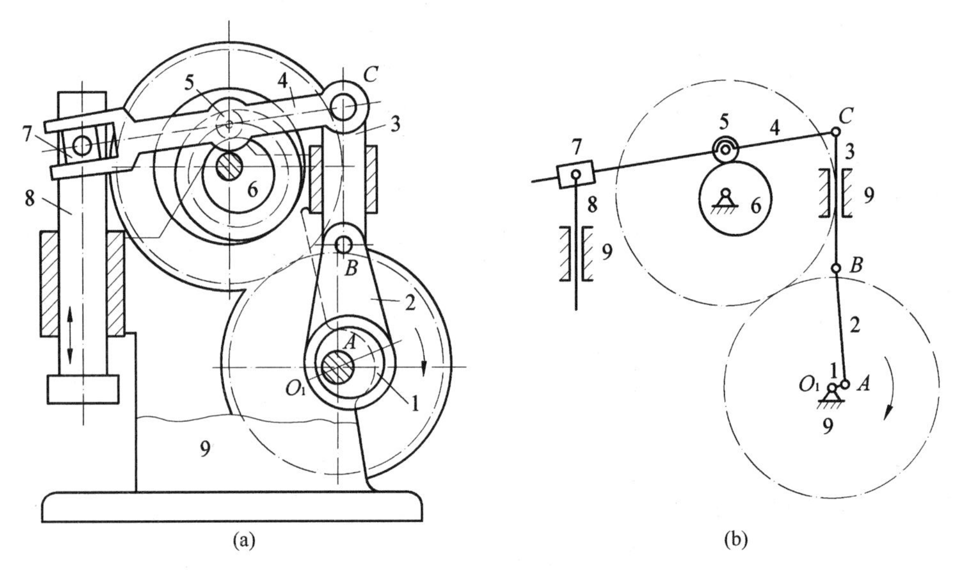

图 2-11 小型压力机

1—齿轮曲柄组件；2—连杆；3—推杆；4—摆杆；5—滚柱；6—齿轮凸轮组件；7—滑块；8—压杆；9—机架

2.4 机构的自由度

1. 机构自由度计算

由前所述，一个构件在没有任何约束条件下，相对于固定构件作平面运动时有三个自由度。若组成机构的平面运动链有 n 个活动构件和一个固定构件，则当所有构件未组成运动副前，活动构件相对于固定构件有 $3n$ 个自由度。如果这些构件用运动副连接而组成运动链以后，由于受运动副约束条件的限制，自由度将减少。我们把机构中各构件相对于机架的独立运动数目或组成该机构的运动链位形相对于机架所需的独立位置参数的数目，以符号 F 表示，称为**机构自由度**。设运动链中共有 p_L 个低副和 p_H 个高副，则平面机构的自由度为

$$F = 3n - 2p_L - p_H \tag{2-1}$$

图 2-12 所示为一铰链四杆机构，活动构件 $n=3$，低副 $p_L=4$，高副 $p_H=0$，由式(2-1)得机构自由度为

$$F = 3\times3 - 2\times4 - 0\times1 = 1$$

图 2-13 所示为凸轮机构，其中 $n=2$，$p_L=2$，$p_H=1$，由式(2-1)得机构自由度为

$$F = 3\times2 - 2\times2 - 1\times1 = 1$$

图 2-14 为铰链五杆机构，$n=4$，$p_L=5$，$p_H=0$，机构自由度为

$$F = 3\times4 - 2\times5 - 0\times1 = 2$$

图 2-15(a)所示结构，$n=4$，$p_H=6$，$p_H=0$，由式(2-1)得

$$F = 3\times4 - 2\times6 - 0 = 0$$

图 2-15(b)所示三角架的自由度为

$$F = 3\times2 - 2\times3 - 0 = 0$$

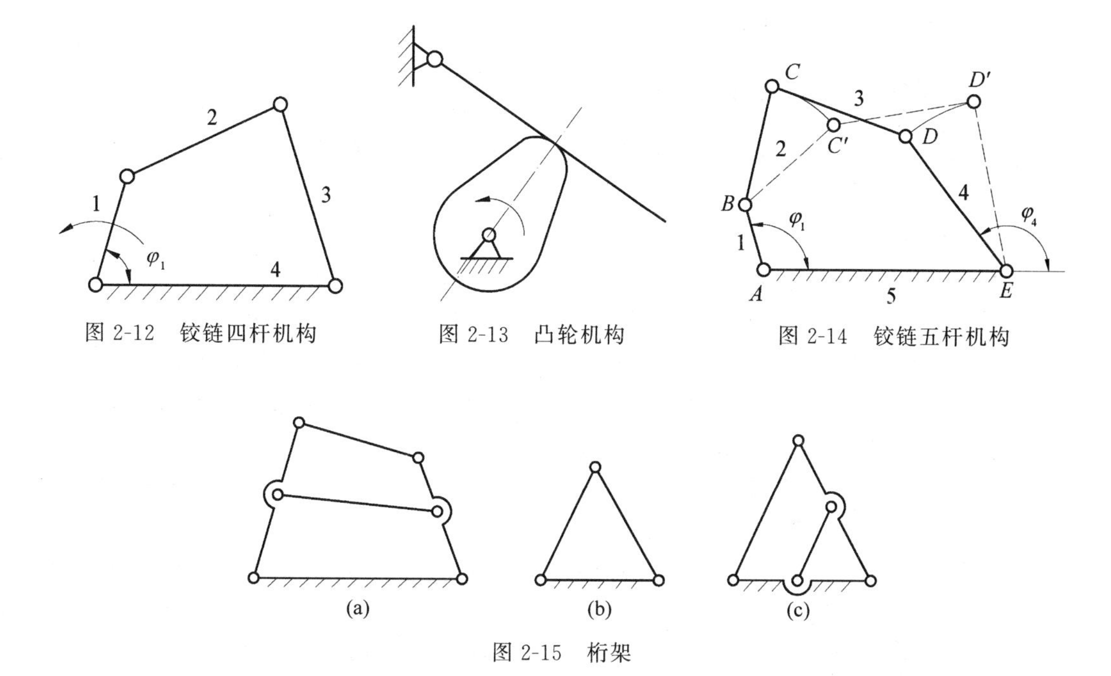

图 2-12　铰链四杆机构　　图 2-13　凸轮机构　　图 2-14　铰链五杆机构

图 2-15　桁架

图 2-15(c)所示结构的自由度为

$$F=3\times3-2\times5-0=-1$$

由上面计算可见,图 2-12、图 2-13 所示机构的自由度均为 1,即这些机构各构件在每瞬间的位置只要有一个独立参数即可确定。如果在这些机构中指定一个构件,使它按给定的运动规律运动(通常是指定一个与机架相连的构件,以等角速转动或等速直线运动),这时机构中的其他构件均能作确定不变的运动,并且是这一运动规律的函数。图 2-14 所示的五杆机构,它的自由度为 2,如果指定构件 1 和 4 按给定的运动规律运动时,机构中其他构件也有确定不变的运动。图 2-15(a)、(b)的自由度为零,说明它们是不能产生相对运动的刚性桁架(truss)。图 2-15(c)的自由度为-1,$F<0$ 说明它所受的约束过多,已成为超静定桁架。

在机构运动分析时,给定运动规律的构件称为原动件,它一般与机架相连,在机构运动简图中附有箭头,以区别于其他构件。由上述分析可以得出结论:为使机构有完全确定的运动,则必须使机构中的原动构件数与机构自由度数相等。这就是机构具有确定运动的条件。

例 2-2　试计算图 2-11 所示小型压力机的机构自由度。

解:此机构中滚子 5 绕其自身轴线转动为一局部自由度,设想将滚子 5 与构件 4 固联成一个构件,这样机构的活动构件数 $n=7$,低副 $p_L=9$,高副 $p_H=2$,代入式(2-1)得

$$F=3\times7-2\times9-1\times2=1$$

此机构应具有一个原动件,以获得确定的运动。

例 2-3　试计算图 2-16 所示凸轮连杆机构的自由度?

解:此机构中 $n=7$,低副 $P_L=9$,高副 $P_H=1$,代入式(2-1)得

$$F=3\times7-2\times9-1=2$$

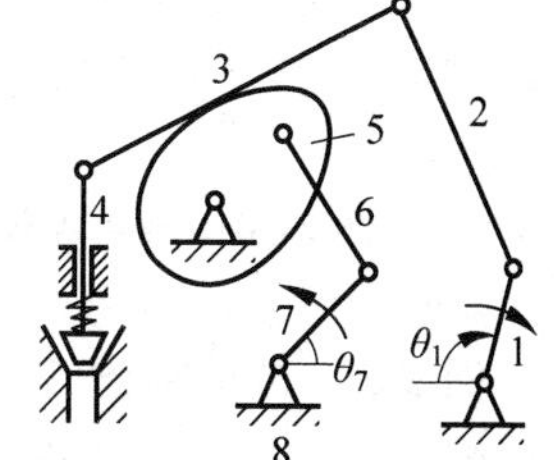

图 2-16　凸轮连杆机构

此机构通常取杆1和杆7为原动件,独立位置参数为 θ_1 和 θ_7。

2. 计算机构自由度时应注意的事项

应用式(2-1)计算平面机构的自由度时,必须注意下述几种情况,否则会得到错误的结果。

1) 复合铰链

两个以上的构件在同一轴线上用转动副连接便形成复合铰链(compound hinges)。如图2-17所示是三个构件组成的复合铰链,图2-17(a)是它的主视图。从图2-17(b)中可以看出,这三个构件共组成两个转动副,而不是一个转动副。因此在计算机构自由度时忽略了这种复合铰链就会漏算转动副的个数。

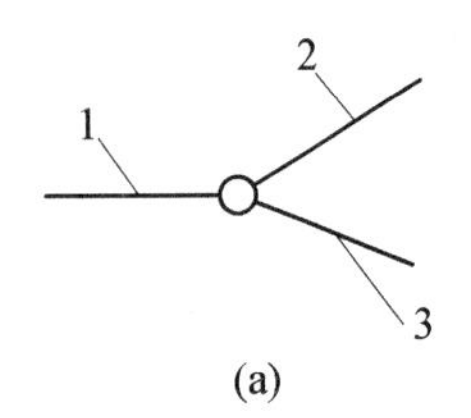

(a)

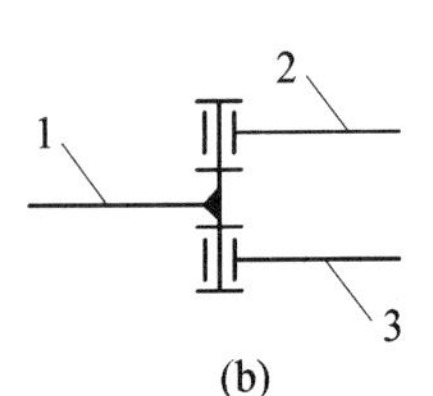

(b)

图2-17 复合铰链

例2-4 试计算图2-18中的圆盘锯主体机构(直线机构)的自由度。

解:机构中共有7个活动构件(即 $n=7$);在 B、C、D、E 四处都是由3个构件组成的复合铰链,故各有2个转动副,整体机构共有10个转动副(即 $p_L=10$)。由式(2-1)可得机构的自由度为

$$F=3n-2p_L-p_H=3\times7-2\times10=1$$

即此机构的自由度为1。原动件为杆2,当它摆动时,圆盘锯中心 F 将确定地沿直线 mm 移动。

2) 局部自由度

机构中有时会出现这样一类自由度,它的存在与否都不影响整个机构的运动规律。这类自由度称为局部自由度(passive degree of freedom),在计算机构自由度时应予排除,然后进行计算。

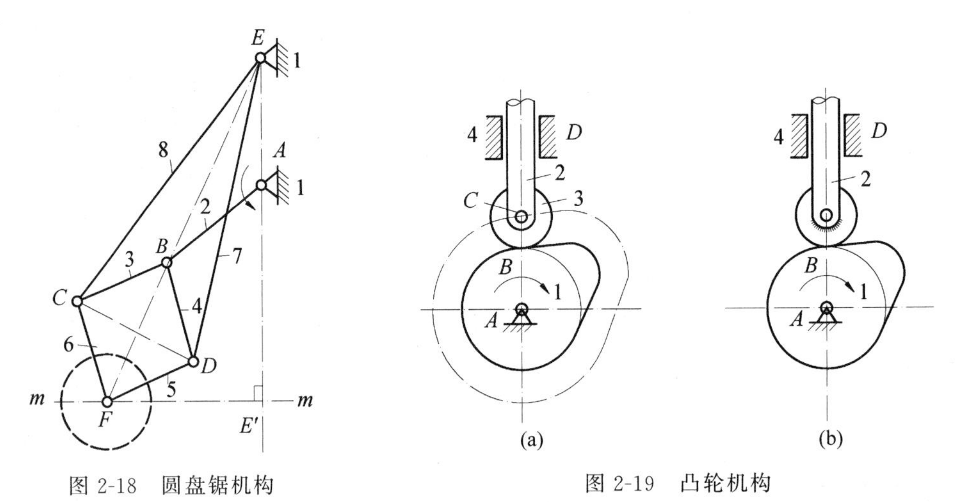

图2-18 圆盘锯机构

图2-19 凸轮机构

例2-5 试计算图2-19所示滚子从动件凸轮机构的自由度。

解:图2-19(a)中凸轮1为原动件,当凸轮转动时,通过滚子3驱使从动件2以一定的运动规律在机架4中往复移动。不难看出,无论滚子3是否转动都不影响从动件2的运动。

因此滚子绕其中心的转动是一个局部自由度。在计算机构自由度时，可设想将滚子与从动件焊成一体，如图 2-19(b)所示，这样转动副 C 便不存在。这时机构具有 2 个活动构件，1 个转动副，1 个移动副和 1 个高副。由式(2-1)可得机构自由度为

$$F = 3n - 2p_L - p_H = 3 \times 2 - 2 \times 2 - 1 = 1$$

局部自由度虽然与整体机构的运动无关，但滚子可使高副接触处变滑动摩擦为滚动摩擦，从而减少磨损和延长凸轮的工作寿命。

3) 虚约束

在运动副中，有些约束对机构自由度的影响是重复的。这些重复的约束称为**虚约束**(redundant constraint)，在计算机构自由度时应除去不计。

图 2-20(a)所示的平行四边形机构中，连杆 2 作平面运动，其上各点的轨迹均为圆心在 O_1O_3 线上半径等于 AO_1 的圆弧。根据式(2-1)，该机构的自由度为

$$F = 3n - 2p_L - p_H = 3 \times 3 - 2 \times 4 = 1$$

现如图 2-20(b)所示，如果在该机构中再加上一个构件 MN，与构件 1、3 平行而且长度相等，显然这对该机构的运动并不会发生任何影响，但此时机构的自由度却变为

$$F = 3 \times 4 - 2 \times 6 = 0$$

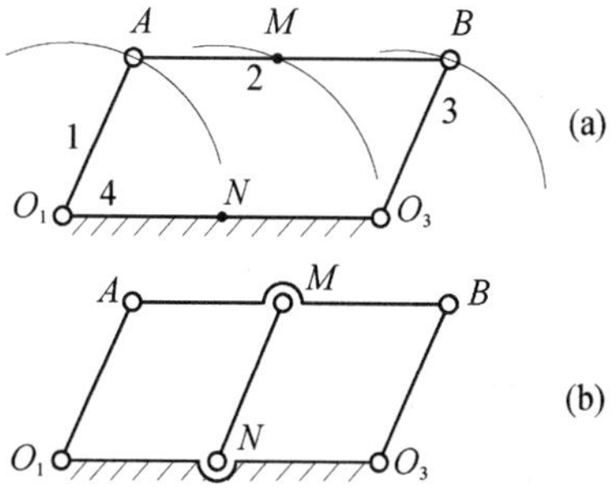

图 2-20　平行四边形机构

这是因为加上构件 MN 后，虽然多了 3 个自由度，但由于构成了转动副 M 及 N，却各引入了两个约束，所以结果相当于对机构多引入了一个约束。而这个约束，对机构的运动并没有约束作用，所以它是一个虚约束。在计算机构的自由度时，应将虚约束除去不计，故该机构的自由度实际上仍为 1。

机构中的虚约束常发生在下述情况：

(1) 如果两构件上的两点之间的距离始终保持不变，在这两点间加一个构件，并用运动副相连接，如图 2-20(b)所示。

(2) 两构件同时在几处接触而构成几个移动副，且各移动副的导路互相平行，见图 2-21(a)；或者两构件同时在几处接触而构成几个转动副，且各转动副的轴线互相重合，见图 2-21(b)。

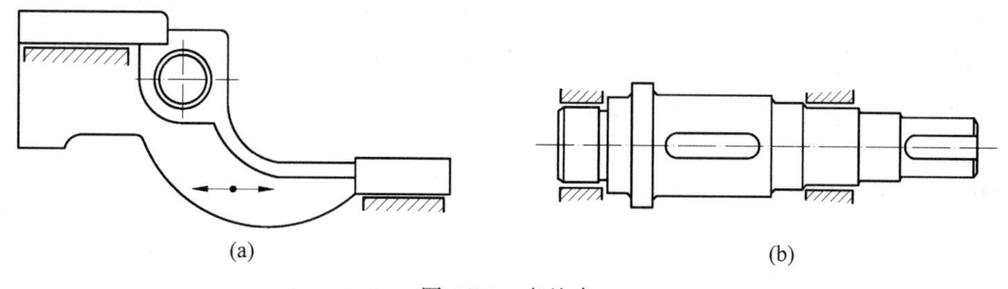

(a)　(b)

图 2-21　虚约束

(3) 在输入件与输出件之间用多组完全相同的运动链来传递运动时，只有一组起独立传递运动的作用，其余各组常引入虚约束。例如图 2-22 所示行星轮系，为了受力均衡而采用三个行星轮对称布置，实际上只需一个行星轮便能满足运动要求。在这里，每添加一个行

星轮(包括两个高副和一个低副)便引入一个虚约束。

(4) 两构件在多处组成平面高副,且高副元素接触处的公法线相重合,如图2-23(a)所示,凸轮副的高副元素同时在 A 处和 B 处接触,且接触处公法线 nn 重合,仅计算一处高副约束,其余视为虚约束,图2-23(b)则不存在虚约束。

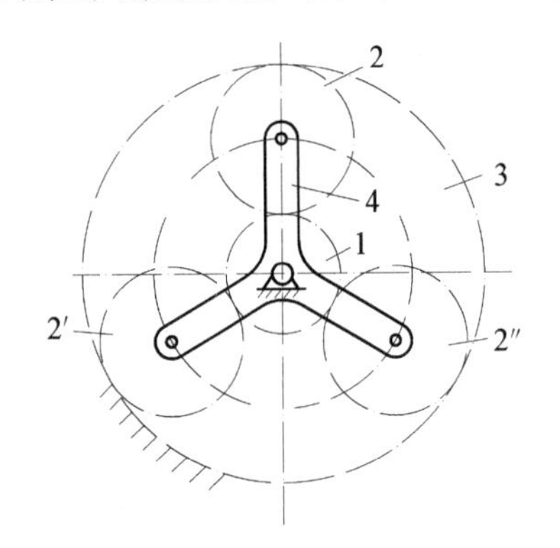

图2-22　行星轮系虚约束

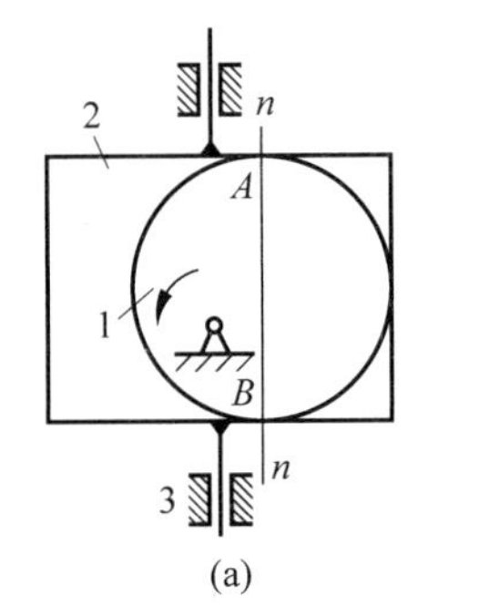

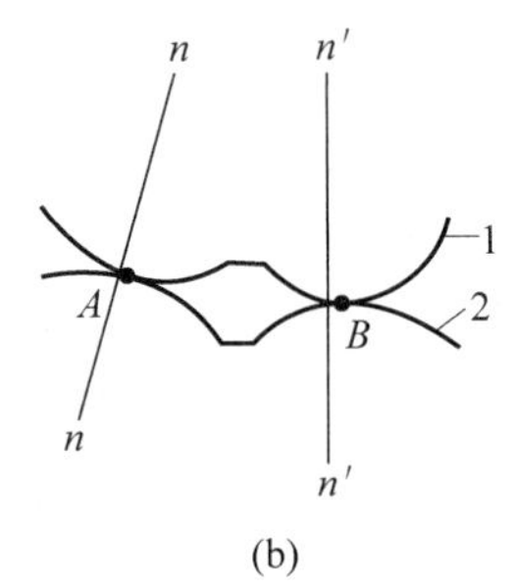

图2-23　凸轮高副虚约束

虚约束不影响机构的运动,而引入虚约束往往可以增加构件的刚性,并改善其受力状况,提高机构的承载能力,因此在结构设计中常被广泛采用。但必须指出,虚约束是在特定几何条件下的产物,如若特定的几何条件未能得到满足(如两构件构成多个转动副,而它们的相对转动轴线并未重合,或者两构件组成多个移动副而相对移动方位并不一致),那么这种情况下引入的约束就会成为实际的约束,而不是虚约束了,由此将导致自由度减少,甚至造成不能相对运动。因此,在结构设计中有意利用虚约束时,应该严格控制加工制造的误差,以确保满足虚约束存在的条件。

综上所述,计算机构自由度时,应注意到是否存在复合铰链以及复合铰链所含的转动副数目,对具有局部自由度和虚约束的机构,可先画出去除局部自由度和虚约束的机构简图,然后再用式(2-1)计算。

例2-6　计算图2-24所示机构的自由度并确定其应有的原动件。

解:图中滚子2处有局部自由度,F 及 F' 为构件5的公共导路的移动副,其中之一为虚约束,将局部自由度、虚约束去除。由于 $n=4$,$p_L=5$,$p_H=1$,则机构自由度为

$$F=3\times4-2\times5-1\times1=1$$

该机构应有一个原动件,取凸轮1。

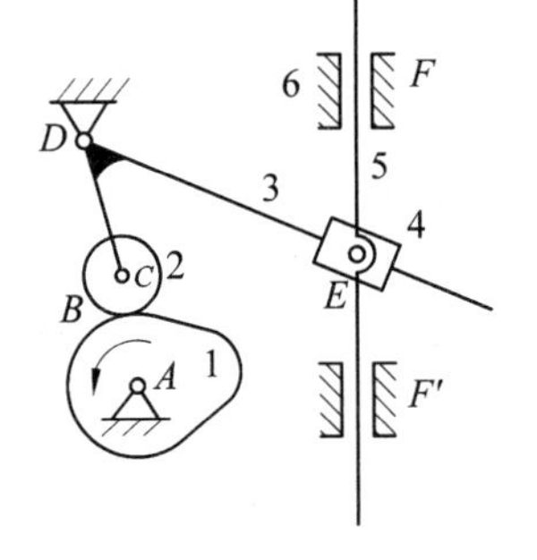

图2-24　直线移动机构

2.5　平面机构的组成原理及结构分析

1. 平面机构的组成原理

任何机构中都包含原动件、机架和从动件系统三部分。由于机架的自由度为零,一般每

个原动件的自由度为 1，且根据运动链成为机构的条件可知，机构的自由度数与原动件数应相等，所以，从动件系统的自由度数必然为零。机构的从动件系统一般还可以进一步分解成若干个不可再分的自由度为零的构件组合，这种组合称为基本杆组或阿苏尔杆组（Assur group），简称杆组。把若干个自由度为零的基本杆组依次连接到原动件和机架上，就可以组成一个新的机构，其自由度数与原动件数目相等。这就是机构的组成原理。

对于只含低副的平面机构，若杆组中有 n 个活动构件，p 个低副，因杆组自由度为零，故有

$$3n-2p=0 \quad 或 \quad p=\frac{3}{2}n \tag{2-2}$$

为保证 n 和 p 均为整数，n 只能取 2，4，6 等偶数。根据 n 的取值不同，杆组可以分为以下情况：

（1）$n=2$，$p=3$ 的双杆组。双杆组是最简单、也是应用最多的基本杆组，由 2 个构件和 3 个低副构成，又称为Ⅱ级杆组（binary-group）。如图 2-25 所示为常见的几种形式。

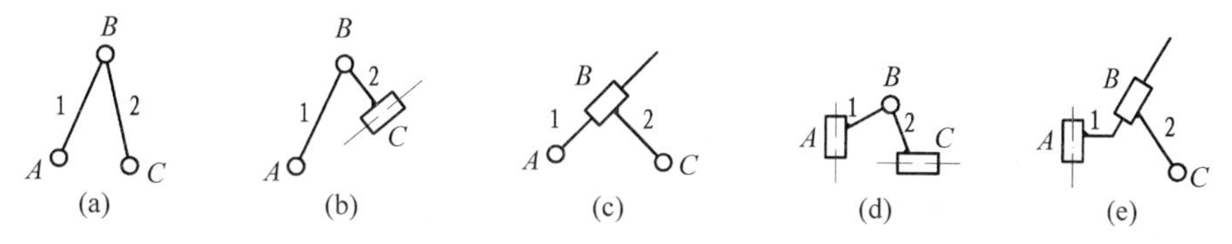

图 2-25　Ⅱ级杆组常见形式

（2）$n=4$，$p=6$ 的多杆组。多杆组中最常见的是如图 2-26 所示的Ⅲ级杆组（tenary-group），其特征是具有一个三副构件。至于较Ⅲ级杆组更高级别的基本杆组，因在实际机构中很少遇到，故此处不作介绍。

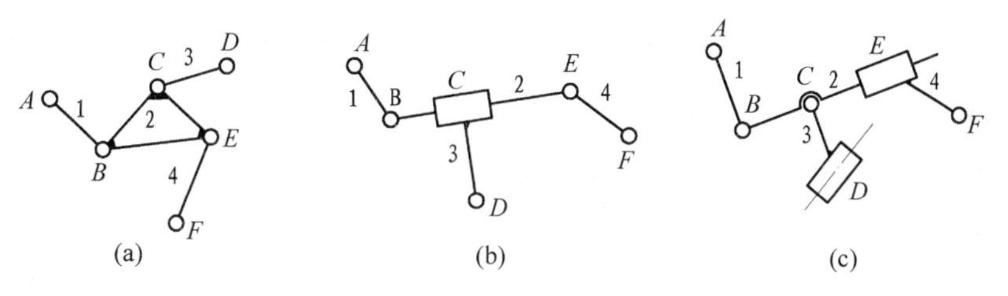

图 2-26　Ⅲ级杆组常见形式

2. 平面机构的结构分析

1）平面机构中的高副低代

为了便于对含有高副的平面机构进行分析研究，可以将机构中的高副根据一定的条件虚拟地以低副和构件的适当组合加以代替，这种用低副代替高副的方法称为高副低代（substitute higher pair mechanism by lower pair mechanism）。

进行高副低代必须满足以下条件：

（1）代替前后机构的自由度保持不变。

（2）代替前后机构的瞬时速度和瞬时加速度完全相同。

对于一般的高副元素为非圆曲线的高副机构，由于高副元素在不同的位置接触时，其曲率半径和曲率中心位置不同，因此就有不同的瞬时替代机构。如果两高副元素是曲线，则引

入一虚拟构件和两个转动副替代高副，且转动副中心配置于两高副元素接触点处的曲率中心；如果两高副元素之一为直线，则因直线的曲率中心已趋于无穷远，故该替代转动副演化为移动副；如果两高副元素之一为一个点，则因该点曲率半径为零，故该曲率中心即为接触点本身。不同类型的高副低代形式见表2-1。

表2-1 常见的高副低代类型

高副元素	曲线和曲线	曲线和直线	曲线和点	点和直线
高副机构	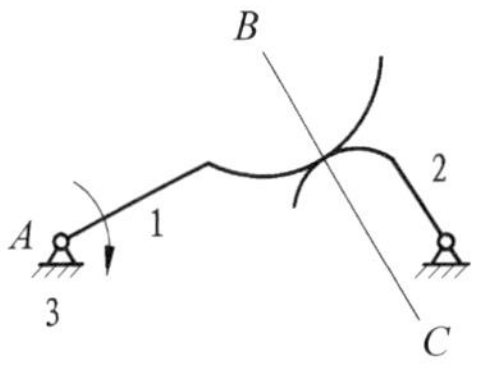	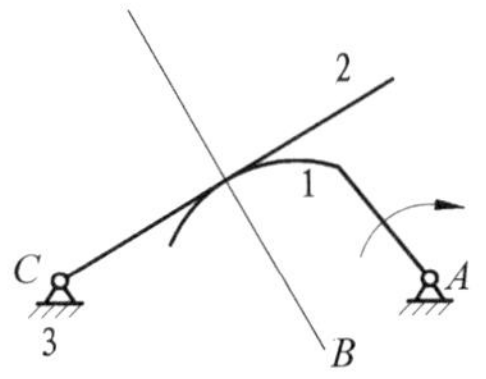	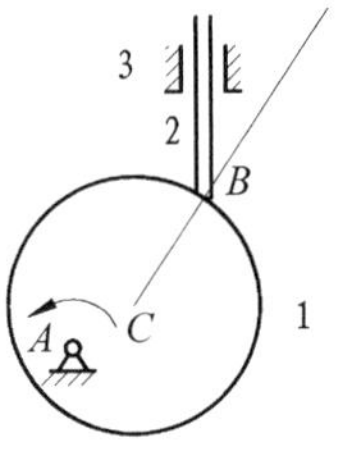	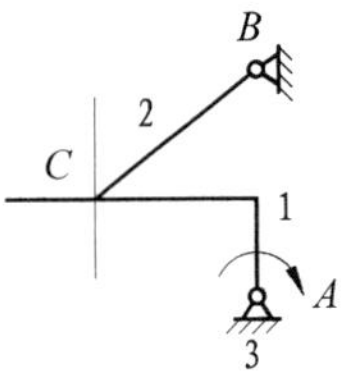
替代机构	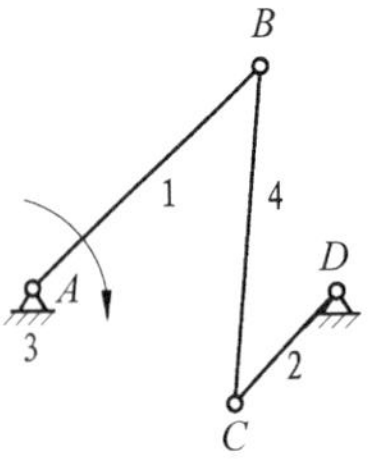	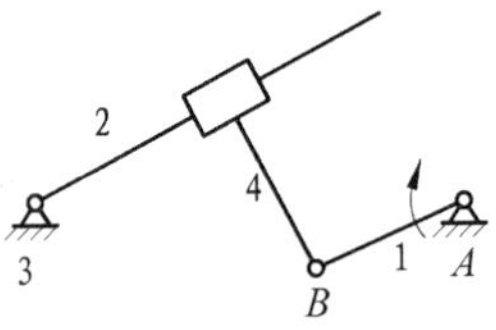	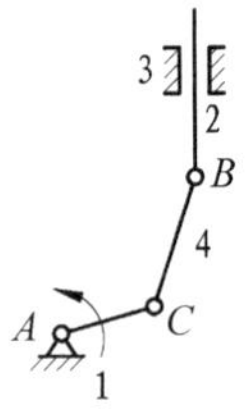	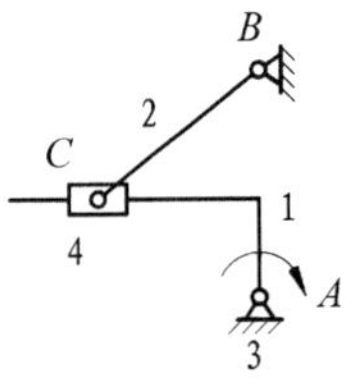

2）平面机构结构分析的步骤

机构结构分析的目的是了解机构的组成，并确定机构的级别。对于任一平面机构，其结构分析的步骤如下：

(1) 正确计算机构的自由度，注意除去机构中的虚约束和局部自由度。

(2) 指定机构的原动件，不同的原动件会对应不同的机构结构组成和不同的机构级别。

(3) 将机构中的全部平面高副替代为低副。

(4) 从远离原动件的构件开始拆分杆组。先试拆Ⅱ级杆组，再试拆Ⅲ级杆组。再拆出一个杆组后，留下的部分仍应是一个与原机构有相同自由度的机构，直至全部杆组拆出只剩下原动件和机架为止。

(5) 根据所拆出的基本杆组的最高级别决定机构的级别。

例2-7 对图2-27所示的破碎机进行结构分析，分别取构件1和构件5为原动件。

取构件1为原动件，可依次拆出构件5与4、构件2与3两个Ⅱ级杆组，最后剩下原动件1和机架6，由于拆出的最高级别的杆组是Ⅱ级杆组，故机构的级别是Ⅱ级机构，如图2-27(b)所示。

取构件5为原动件，则可拆下由构件1、2、3和4组成的Ⅲ级杆组，最后剩下原动件5和机架6，此时机构成为Ⅲ级机构，如图2-27(c)所示。

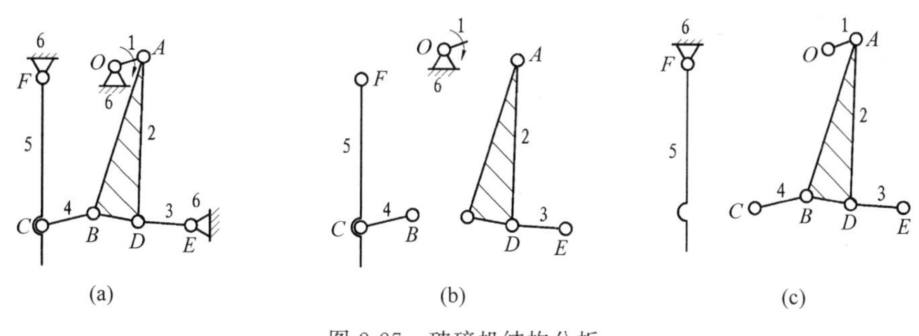

图 2-27　破碎机结构分析

(a) 破碎机运动简图；(b) 拆为Ⅱ级机构；(c) 拆为Ⅲ级机构

2.6　开链机构简介

随着机械化、自动化的不断发展，空间开式运动链的应用日益广泛，大部分应用于机械手和机器人等方面。开链机构的特点是自由度较多，所以为了使开式运动链成为具有运动确定性的机构，所需输入参数或原动件的个数也较多。

如图 2-28 所示为圆柱坐标式机械手，它结构简单，能达到较高的定位精度。手臂具有两个直线运动和一个回转运动，即可以沿 x 轴的伸缩和沿 z 轴的升降以及绕 z 轴的回转；此外手爪能相对手臂回转。图 2-28(b)为机械手的运动简图，有 4 个活动构件和 4 个运动副。在开链机构中，活动构件数 n 应等于运动副数 p，因此，开链机构的自由度应等于各类运动副相对自由度的总和，即

$$F=\sum_{i=1}^{p} f_i \tag{2-3}$$

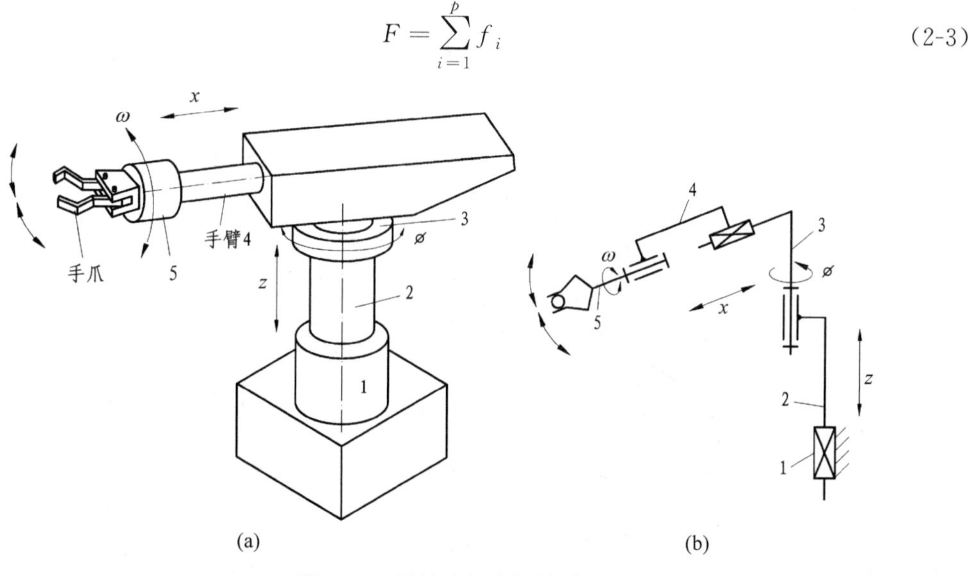

图 2-28　圆柱坐标式机械手

(a) 结构简图；(b) 运动简图

拓展性阅读文献指南

计算所设计的运动链的自由度,并判断其能否成为机构,是设计工作中十分重要的一步。本章着重讨论了平面机构自由度计算时需要注意的问题,若需深入研究空间机构自由度计算,可参阅:①张启先编著的《空间机构的分析与综合》(上册),机械工业出版社,1984。②黄真、赵永生、赵铁石编著的《高等空间机构学》(第 2 版),高等教育出版社,2014。

思 考 题

2-1 什么是机构运动简图?绘制机构运动简图的目的是什么?如何绘制?

2-2 在计算平面机构的自由度时,应注意哪些事项?

2-3 在平面机构中,高副低代的目的是什么?如何进行代替?

2-4 杆组在机构结构分析中有何特点?如何确定杆组的级别?

2-5 从机构结构分析的观点看,自由度为 F 的机构,其机构的组成是什么?

2-6 平面机构结构分析的步骤是什么?

习 题

2-1 画出题 2-1 图的机构运动简图,并计算其自由度。

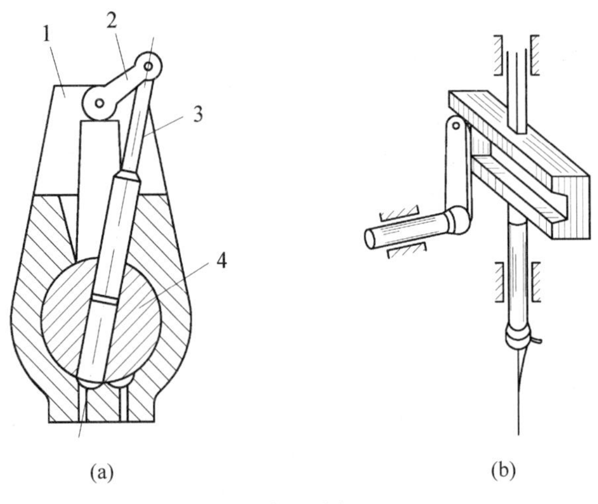

题 2-1 图

(a) 油泵机构;(b) 缝纫机引线机构;(c) 碎石机机构;(d) 回转柱塞泵机构

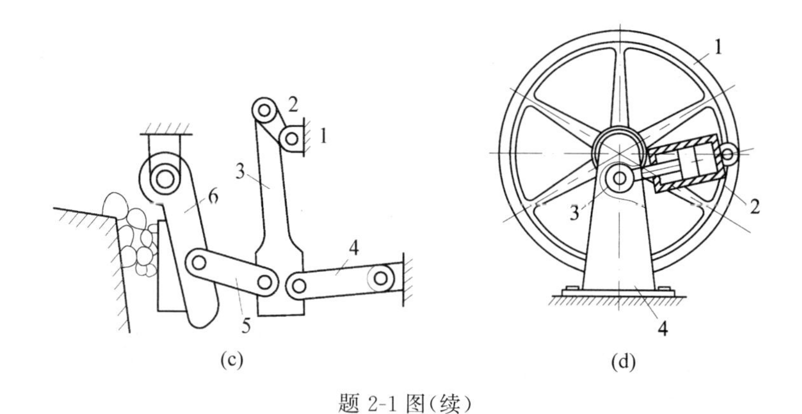

题 2-1 图(续)

2-2　题 2-2 图示为一简易冲床的初拟设计方案。设计者的思路是：动力由齿轮 1 输入，使轴 A 连续回转；而固装在轴 A 上的凸轮 2 与杠杆 3 组成的凸轮机构将使冲头 4 上下运动以达到冲压的目的。试绘出其机构运动简图，分析其运动是否确定，并提出修改措施。

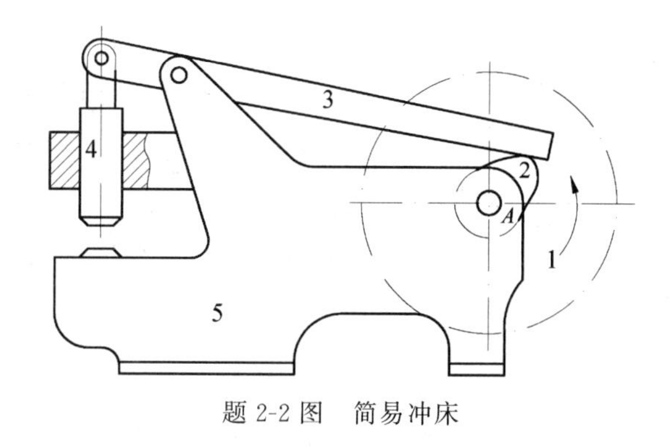

题 2-2 图　简易冲床

2-3　题 2-3 图示为一自动倾卸机构，试绘制其机构运动简图，并计算其自由度。

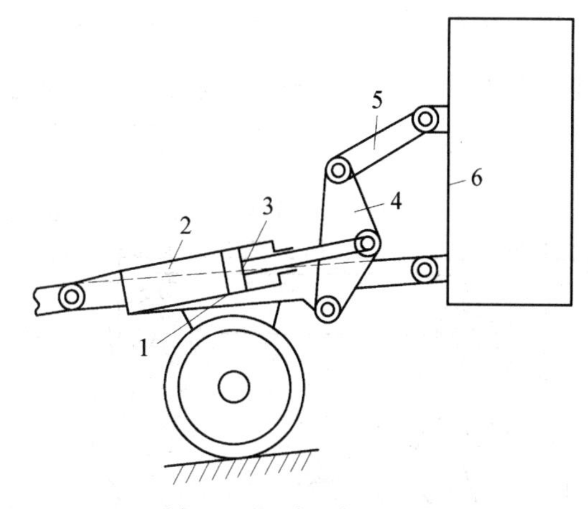

题 2-3 图　自动倾卸机构

2-4　计算题 2-4 图示平面机构的自由度，将其中的高副化为低副，确定机构所含杆组的数目和级别，并判断机构的级别。机构中的原动件用圆弧箭头表示。

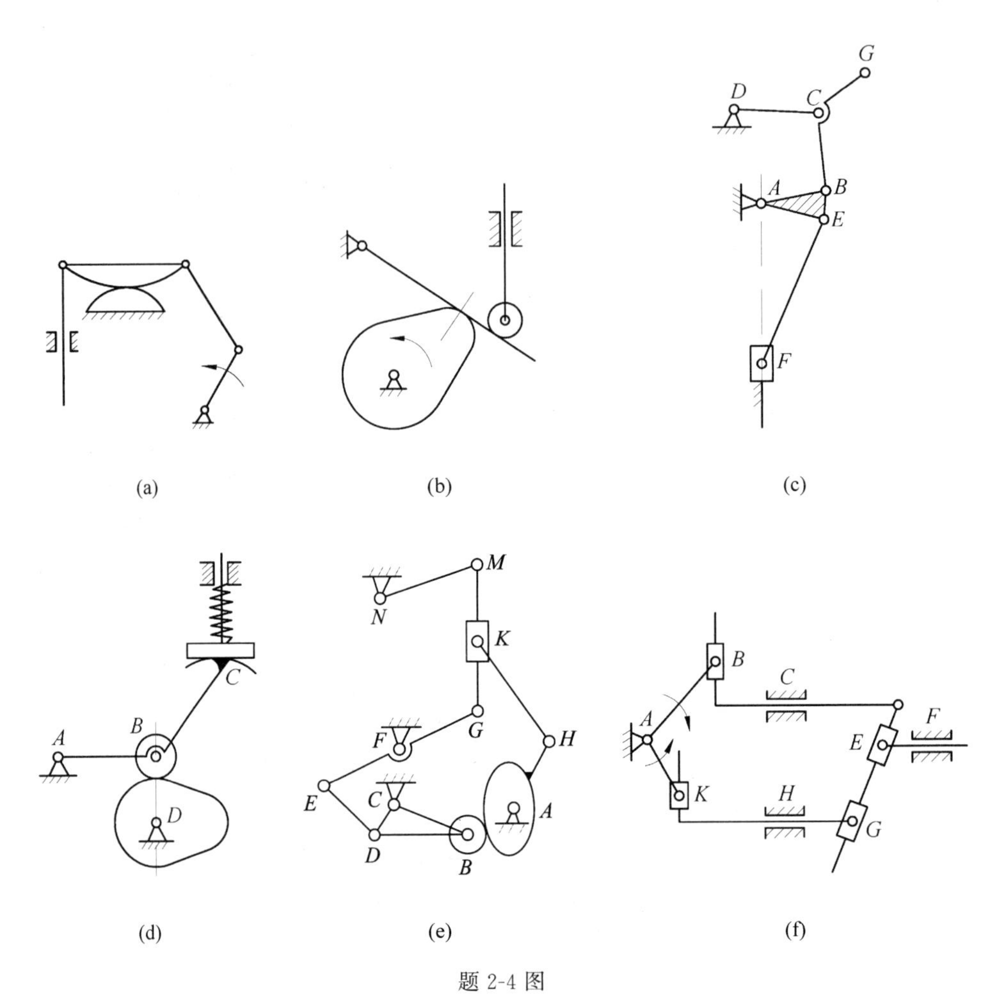

题 2-4 图

(a) 滚动杠杆机构；(b) 凸轮拨杆机构；(c) 缝纫机刺布和挑线机构；

(d) 内燃机配气凸轮机构；(e) 电锯机构；(f) 总和机构

2-5　如题 2-5 图所示为以物料步进输送机构,试绘制该机构运动简图,并计算该机构的自由度。

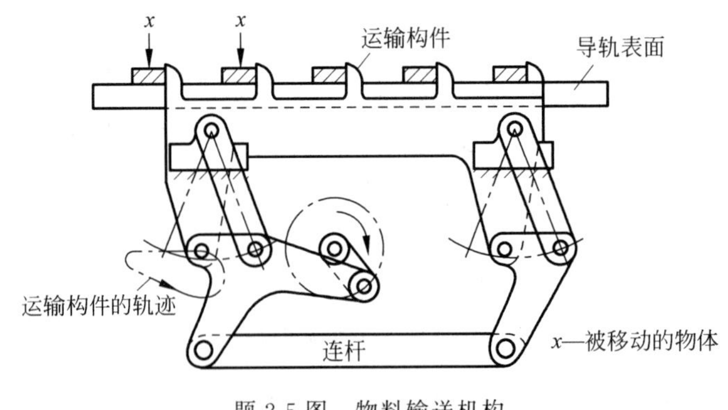

题 2-5 图　物料输送机构

2-6　如题 2-6 图所示为以人体义肢膝关节机构，若以胫骨 1 为机架，试绘制该机构运动简图，并计算该机构的自由度。

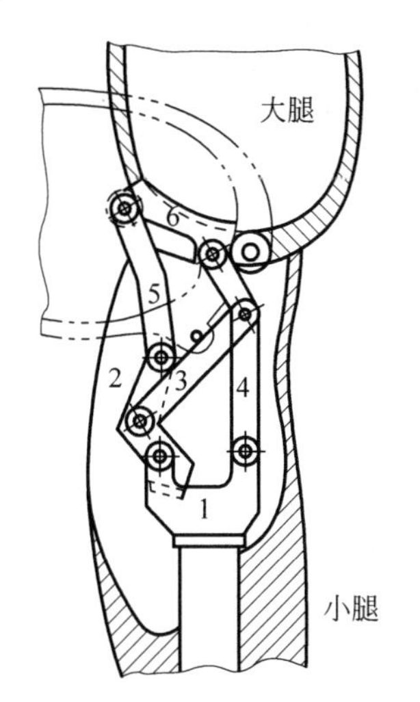

题 2-6 图　人体义肢膝关节机构

第3章

平面机构的运动分析

内容提要：本章主要论述如何确定构件上所研究点的位移、速度和加速度以及各构件的角位移、角速度和角加速度。重点介绍瞬心法及相对运动图解法。对解析法进行了简要的论述。

本章重点：相对运动图解法和瞬心法。

本章难点：相对运动图解法。

3.1 研究机构运动分析的目的和方法

机构运动分析的目的是在已知起始构件的运动规律时，分析机构在运动过程中构件上各点的位移、速度和加速度，以及构件的位置、角速度和角加速度。

机构运动分析的目的，不仅是为了掌握现有机构的运动性能，而且对于设计和使用新机构也是必需的。例如，为了确定机械外壳的轮廓或为了避免各构件互相碰撞，必须确定机构某些点的运动轨迹。此外，设计机构时也常需要合理地选择机构构件上某些点的运动轨迹。

某些机构中构件的速度大小及其变化规律，常常直接影响机械的工艺性能。例如，牛头刨床刨头的工作行程速度变化规律直接影响刀具寿命和加工质量。当求机构上各点的加速度时，也必须先知道各点的速度。对于高速运动的机械或重型机械，构件产生的惯性力较大，在进行机构动态静力分析、功率的确定和构件的强度设计时，都必须考虑到惯性力的影响。为了确定惯性力，则必须先进行加速度分析。此外，研究机构的运动分析还有助于进行机构的综合。

本章在进行机构运动分析时，将不考虑机构构件的弹性变形和运动副间隙对机构运动的影响，也不考虑作用在机构上的外力对机构运动的影响。

研究平面机构运动分析的方法有图解法、解析法及实验法三种。而图解法又可分为速度瞬心法、相对运动图解法和运动线图法等。解析法也由于所用的数学工具的不同，有直角坐标解析法、复数法等。

3.2 速度瞬心及其在速度分析中的应用

作机构速度分析的图解法，有速度瞬心法和相对运动法等。对简单机构来说，应用速度瞬心分析速度，往往显得既直观又方便。

1. 速度瞬心

由理论力学可知：一个刚体1相对另一固定坐标系或静止刚体2作平面运动时(图3-1)，在任一瞬时，该平面运动都可看做绕某一相对静止点的转动，该点称为瞬时速度中心，简称瞬心(instant center of velocity)。由于瞬心是两个刚体1和2上无相对速度的瞬时重合点，故可用 P_{12} 表示。在图3-1中，v_{A1A2} 为刚体1上的 A_1 点相对于刚体2上的重合点 A_2 的速度，v_{B1B2} 的含义也相仿。

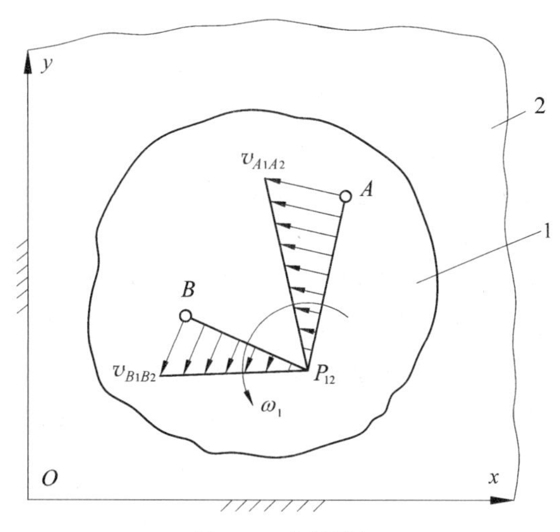

图3-1 速度瞬心

图3-1所示的瞬心概念，不仅直接适用于机构中运动构件与固定构件的运动关系，也可适用于一运动构件与另一运动构件的运动关系。在机构中，运动构件相对固定构件，由于绝对速度为零而无相对速度的瞬心，称为绝对瞬心(absolute instant center of velocity)；一个运动构件相对另一运动构件，由于绝对速度相同而无相对速度的瞬心，称为相对瞬心(relative instant center of velocity)。

2. 瞬心的求法

由于每两个构件之间有一个瞬心，故对于含有 k 个构件的机构，所有瞬心的总数应等于在 k 个构件中每次任取两构件的组合数，即

$$N = C_k^2 = \frac{k(k-1)}{2} \tag{3-1}$$

例如，平面四杆机构中共有6个瞬心等。至于瞬心的求法，则有直接观察法和三心定理法。

1) 直接观察法

当两构件直接以转动副相连时，见图3-2(a)，铰链中心即为瞬心 P_{12}。

当两构件以移动副相连时，见图3-2(b)，构件1上各点相对于构件2的移动速度都平行于导路方向，因此瞬心 P_{12} 位于垂直于移动副导路的无穷远处。

当两构件组成纯滚动的高副时，接触点的相对速度为零，所以接触点就是相对瞬心，如图3-2(c)所示。

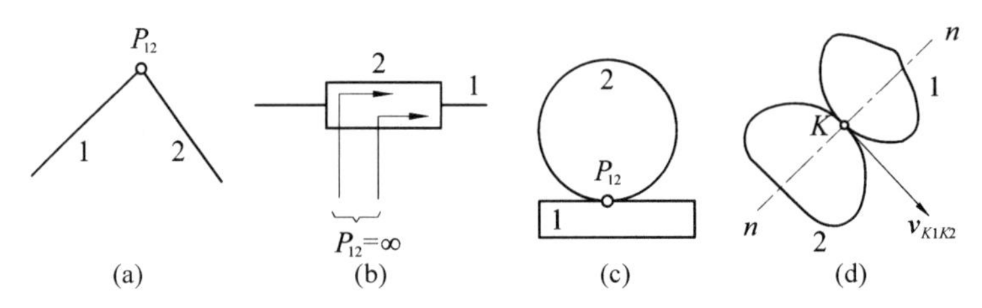

图 3-2 运动到相对时的瞬心

当两构件组成高副时(图 3-2(d)),由于高副构件一般具有两个相对运动自由度,不能事先确定构件 1 上某两点对构件 2 的相对速度方向,因而不能得出瞬心 P_{12} 的确定位置。但是,从两构件必须保持接触出发,可知构件 1 上 K 点(与构件 2 的接触点)的相对速度必定沿着高副公切线 tt 的方向,故瞬心 P_{12} 虽不能完全确定,但必位于高副接触点的公法线 nn 上。当两构件作纯滚动时,接触点 K 无相对速度,K 点就是瞬心 P_{12}。

2) 三心定理法

所谓三心定理法(Kennedy-Aronhdd theorem),即作相对运动的三个构件的三个瞬心必在同一条直线上。以图 3-3 所示三个构件为例,1、2 两构件的瞬心 P_{12},一定位于其余两个瞬心 $P_{13}P_{23}$ 的连线上,因为瞬心应是两构件上速度大小、方向都一致的重合点,而不在该连线上的任何重合点,如 K 点,速度 v_{K1} 和 v_{K2} 在方向上都无法一致。

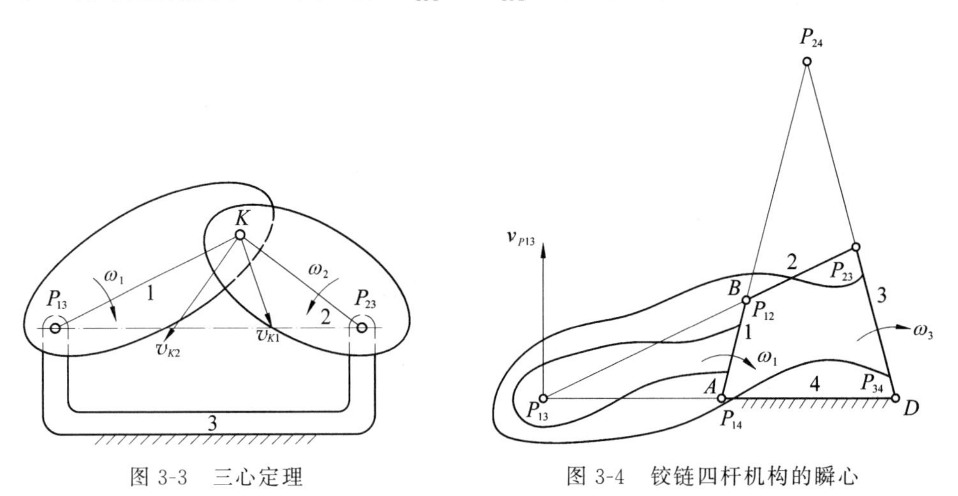

图 3-3 三心定理　　　　图 3-4 铰链四杆机构的瞬心

例 3-1 求图 3-4 所示的铰链四杆机构的瞬心。

解:该机构的相对瞬心数目为 $N=\dfrac{4\times(4-1)}{2}=6$,由图 3-4 可知,该机构的转动副 A、B、C 及 D 分别为瞬心 P_{14}、P_{12}、P_{23} 及 P_{34}。由三心定理可知,构件 4、1、2 的三个瞬心 P_{14}、P_{12} 及 P_{24} 应位于同一直线上,构件 4、3、2 的三个瞬心 P_{34}、P_{23} 及 P_{24} 也应位于同一直线上。因此,该两直线 $\overline{P_{14}P_{12}}$、$\overline{P_{34}P_{23}}$ 的交点就是瞬心 P_{24}。

同理,直线 $\overline{P_{34}P_{14}}$ 和直线 $\overline{P_{23}P_{12}}$ 的交点就是瞬心 P_{13}。

因为构件 4 是机架,所以瞬心 P_{14}、P_{24} 和 P_{34} 是绝对速度瞬心;而瞬心 P_{13}、P_{12} 和 P_{23} 则是相对速度瞬心。

3. 速度瞬心法在机构速度分析上的应用

1）铰链四杆机构

如图3-4所示，因 P_{13} 是相对速度瞬心，即是构件1和构件3上具有同一绝对速度的重合点，所以其速度大小为

$$v_{P13}=\omega_1 l_{P14P13}=\omega_3 l_{P13P34}$$

则

$$\frac{\omega_1}{\omega_3}=l_{P13P34}/l_{P14P13}=\overline{P_{13}P_{34}}/\overline{P_{14}P_{13}} \tag{3-2}$$

式中，$\frac{\omega_1}{\omega_3}$为该机构的原动件1与从动件3的瞬时角速度之比。

式(3-2)表明两构件的角速度与其绝对速度瞬心至相对速度瞬心的距离成反比。如图3-4所示，P_{13} 在 P_{34} 和 P_{14} 的同一侧，因此 ω_1 和 ω_3 的方向相同；如果 P_{13} 在 P_{34} 和 P_{14} 之间，则 ω_1 与 ω_3 的方向相反。

应用相同的方法也可以求得该机构其他任意两构件的角速度比的大小和角速度的方向。

2）曲柄滑块机构

如图3-5所示，已知各构件的长度、位置及构件1的角速度 ω_1，求滑块 C 的速度。为求 v_C，可先根据三心定理求构件1、3的相对速度瞬心 P_{13}。滑块3作直线移动，其上各点速度相等，将 P_{13} 看成是滑块上的一点，根据瞬心定义 $v_C=v_{P13}$。所以 $v_C=l_{AP13}\omega_1=\mu_1\overline{AP_{13}}\omega_1$。

3）滑动兼滚动接触的高副机构

如图3-6所示凸轮机构中，已知凸轮2的角速度 ω_2 和长度比例尺 μ_1，用瞬心法求从动件3此时的速度 v_3。1,2两构件组成转动副，直接观察可得 P_{12}，1,3两构件组成移动副，P_{13} 在垂直于构件3导路的无穷远，由三心定理可知，P_{13} 与 P_{12}，P_{23} 必须在同一条线上，另一方面，P_{23} 应在过接触点的公法线 nn 上，故交点便是 P_{23}。

$$v_3=\omega_2\overline{P_{12}P_{23}}\mu_1 \tag{3-3}$$

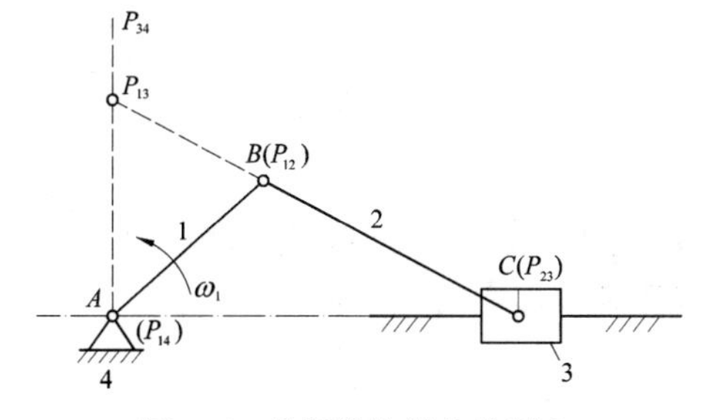

图3-5　曲柄滑块机构的瞬心

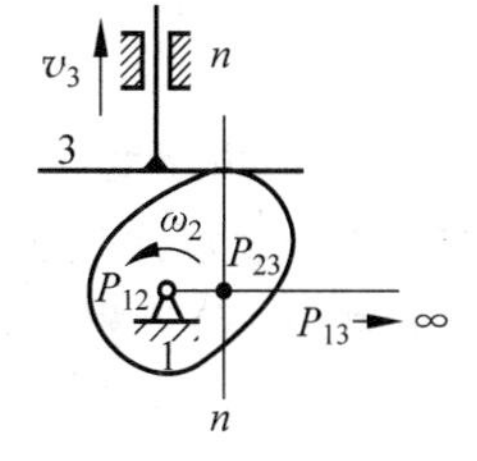

图3-6　平底从动件盘形凸轮机构

用瞬心法来求简单机构的速度是很方便的。但对构件数目繁多的复杂机构，由于瞬心数目很多，求解时就比较复杂，且作图时它的某些瞬心的位置往往会落在图纸范围之外，另外这种方法不能用于求解机构的加速度问题。

3.3 用相对运动图解法求机构的速度和加速度

相对运动图解法(relative kinematic graphic method),是根据相对运动原理列出矢量方程式,并用一定的比例尺作矢量多边形,求解构件的速度和加速度。这种方法的优点是简单直观、概念清楚,在一般工程实践上有足够的精确度,如将机构分解为基本组后,也可应用于比较复杂的机构。

1. 在同一构件上点间的速度和加速度的求法

在图3-7(a)所示的铰链四杆机构中,已知各构件的长度及构件1的位置、角速度 ω_1 和角加速度 ε_1,求构件2的角速度 ω_2、角加速度 ε_2 及其上点 C 和 E 的速度和加速度,以及构件3的角速度 ω_3 和角加速度 ε_3。

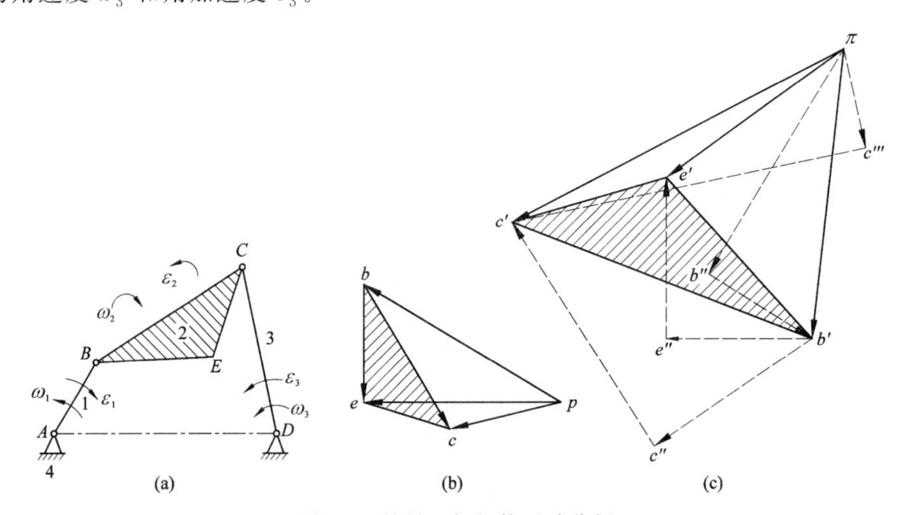

图3-7　铰链四杆机构运动分析

(a) 铰链四杆机构;(b) 速度多边形;(c) 加速度多边形

1) 绘制机构位置图

根据已知各构件的长度、构件1的位置,用选定的比例尺 μ_l 从构件1开始按几何作图法绘制机构位置图。

2) 确定速度和角速度

由于构件1角速度 ω_1 的大小、方向已知,故 B 点的速度 v_B 大小和方向也已知。为求构件2上点 C 的速度,可根据同一构件上相对速度原理写出相对速度矢量方程式:

	$\boldsymbol{v}_C$	=	$\boldsymbol{v}_B$	+	$\boldsymbol{v}_{CB}$
方向:	$\perp CD$		$\perp AB$		$\perp CB$
大小:	?		$\omega_1 l_{AB}$		?

式中,$\boldsymbol{v}_C$、$\boldsymbol{v}_B$ 表示点 C、B 的绝对速度;$\boldsymbol{v}_{CB}$ 表示点 C 相对点 B 的相对速度,其方向垂直于 CB,大小未知;点 C 的速度方向垂直于 CD,大小未知。在上面矢量方程式中,仅 $\boldsymbol{v}_C$ 和 $\boldsymbol{v}_{CB}$ 的大小未知,故可用图解法求解。为此可在图上任取一点 p,作代表 $\boldsymbol{v}_B$ 的矢量 $\boldsymbol{pb}$,其

方向垂直于AB，指向与ω_1转向一致，长度等于v_B/μ_v，其中μ_v为速度比例尺，单位为$\frac{m/s}{mm}$。过p点作直线垂直于$\overline{CD}$代表$\boldsymbol{v}_C$的方向线，再过点b作直线垂直于$\overline{CB}$代表$\boldsymbol{v}_{CB}$的方向线，这两方向线交点为c(图3-7(b))，则矢量$\boldsymbol{pc}$和$\boldsymbol{bc}$便分别代表$\boldsymbol{v}_C$和$\boldsymbol{v}_{CB}$，其大小为$v_C=\mu_v\overline{pc}$及$v_{CB}=\mu_v\overline{bc}$。

为求点E的速度$\boldsymbol{v}_E$，同理根据同一构件上点E相对点C及点E相对点B的相对速度原理写出相对速度矢量方程式

	$\boldsymbol{v}_E$	=	$\boldsymbol{v}_C$	+	$\boldsymbol{v}_{EC}$	=	$\boldsymbol{v}_B$	+	$\boldsymbol{v}_{EB}$
方向：	?		$\perp CD$		$\perp EC$		$\perp AB$		$\perp EB$
大小：	?		$\mu_v\overline{pc}$		?		$\omega_1 l_{AB}$		?

由于点E的速度$\boldsymbol{v}_E$的大小与方向均未知，故必须借助于点E相对点C和点E相对点B的两个相对速度矢量方程式联立求解，这时式中仅包含$\boldsymbol{v}_{EC}$和$\boldsymbol{v}_{EB}$的大小为未知而可以求解。如图3-7(b)所示，过点b作直线垂直于$\overline{EB}$代表$\boldsymbol{v}_{EB}$的方向线，再过点C作直线垂直于$\overline{EC}$代表$\boldsymbol{v}_{EC}$的方向线，该两方向线交于点e，连接pe，则向量$\boldsymbol{pe}$便代表$\boldsymbol{v}_E$，其大小为

$$v_E=\mu_v\overline{pe}$$

如图3-7(b)所示，由各速度矢量构成的多边形$pbec$称为速度多边形(velocity vector polygon of mechanism)，对照图3-7中的(a)和(b)可以看出，在速度多边形中，代表各相对速度的矢量$\boldsymbol{bc}$、$\boldsymbol{ce}$和$\boldsymbol{be}$分别垂直于机构图中的$\overline{BC}$、$\overline{CE}$和$\overline{BE}$，因此$\triangle bce$和$\triangle BCE$相似，且两三角形顶角字母bce和BCE的顺序相同均为顺时针方向，图形bce称为图形BCE的速度影像(velocity image of link)。当已知一构件上两点的速度时，则该构件上其他任一点的速度便可利用速度影像与构件图形相似的原理求出。必须强调指出：相对速度的方向垂直于机构位置图上与之对应的两点连线，这是就同一构件上的两点而言的，因而速度影像的相似原理只能应用于同一构件上的各点，而不能应用于机构的不同构件上的各点。

在速度多边形中，点p称为极点，代表该构件上速度为零的点；连接点p与任一点的矢量便代表该点在机构图中的同名点的绝对速度，其指向是从p指向该点；而连接其他任意两点的矢量便代表该两点在机构图中的同名点间的相对速度，其指向与速度的脚标相反，例如矢量$\boldsymbol{bc}$代表$\boldsymbol{v}_{CB}$而不是$\boldsymbol{v}_{BC}$。

构件2的角速度$\omega_2=\frac{v_{CB}}{l_{CB}}=\mu_v\frac{\overline{bc}}{l_{CB}}$，将代表$\boldsymbol{v}_{CB}$的矢量$\boldsymbol{bc}$平移到机构图上的点$C$，可知$\omega_2$的转向为顺时针方向。同理可得构件3的角速度$\omega_3=\frac{v_C}{l_{CD}}=\mu_v\frac{\overline{pc}}{l_{CD}}$，将代表$\boldsymbol{v}_C$的矢量$\boldsymbol{pc}$平移到机构图上的点$C$，可知$\omega_3$的转向为逆时针方向。

3）确定加速度和角加速度

在进行加速度分析时，因构件1的角速度ω_1和角加速度ε_1的大小、方向都已知，故点B的法向加速度$\boldsymbol{a}_B^n$和切向加速度$\boldsymbol{a}_B^t$也已知，为求构件2上点C的加速度，可根据同一构件上相对加速度原理写出相对加速度矢量方程式

$$\boldsymbol{a}_C=\boldsymbol{a}_B+\boldsymbol{a}_{CB}$$

或

$$\begin{array}{lccccccccccc} & \boldsymbol{a}_C^{\mathrm{n}} & + & \boldsymbol{a}_C^{\mathrm{t}} & = & \boldsymbol{a}_B^{\mathrm{n}} & + & \boldsymbol{a}_B^{\mathrm{t}} & + & \boldsymbol{a}_{CB}^{\mathrm{n}} & + & \boldsymbol{a}_{CB}^{\mathrm{t}} \\ \text{方向:} & C\to D & & \perp CD & & B\to A & & \perp AB & & C\to B & & \perp CB \\ \text{大小:} & \dfrac{v_C^2}{l_{CD}} & & ? & & \omega_1^2 l_{AB} & & \varepsilon_1 l_{AB} & & \dfrac{v_{CB}^2}{l_{CB}} & & ? \end{array}$$

式中,$\boldsymbol{a}_{CB}^{\mathrm{n}}$ 表示点C相对点B的法向加速度,其方向为从C指向B;$\boldsymbol{a}_{CB}^{\mathrm{t}}$ 表示点C相对点B的切向加速度,其方向垂直CB。又因速度多边形已作出,所以上式法向加速度都可求出,仅有$\boldsymbol{a}_C^{\mathrm{t}}$和$\boldsymbol{a}_{CB}^{\mathrm{t}}$的大小未知,同样可以用图解法求解。如图3-7(c)所示,在图上任取一点π,作$\boldsymbol{\pi b''}$代表$\boldsymbol{a}_B^{\mathrm{n}}$,方向为平行$\overline{AB}$并从$B$指向$A$,长度为$(\omega_1^2 l_{AB})/\mu_{\mathrm{a}}$,其中$\mu_{\mathrm{a}}$为加速度比例尺,单位是$\dfrac{\mathrm{m/s^2}}{\mathrm{mm}}$;过$b''$作$b''b'$代表$\boldsymbol{a}_B^{\mathrm{t}}$,方向垂直$\overline{AB}$,长度为$(\varepsilon_1 l_{AB})/\mu_{\mathrm{a}}$,连接$\boldsymbol{\pi b'}$,它表示$\boldsymbol{a}_B$。再过$b'$作$\boldsymbol{b'c''}$代表$\boldsymbol{a}_{CB}^{\mathrm{n}}$,方向是平行$\overline{CB}$并从$C$指向$B$,长度为$\left(\dfrac{v_{CB}^2}{l_{CB}}\right)\Big/\mu_{\mathrm{a}}$;过$c''$作垂直$\overline{CB}$代表$\boldsymbol{a}_{CB}^{\mathrm{t}}$的方向线$c''c'$。又用同一比例尺从点$\pi$作$\boldsymbol{\pi c'''}$代表$\boldsymbol{a}_C^{\mathrm{n}}$,方向是平行$CD$并从$C$指向$D$,长度为$\left(\dfrac{v_C^2}{l_{CD}}\right)\Big/\mu_{\mathrm{a}}$;接着过$c'''$作垂直$\overline{CD}$代表$\boldsymbol{a}_C^{\mathrm{t}}$的方向线$c'''c'$。该两方向线$c''c'$和$c'''c'$相交于$c'$,连接$\pi c'$,则矢量$\boldsymbol{\pi c'}$便代表$\boldsymbol{a}_C$,其大小为$a_C=\mu_{\mathrm{a}}\overline{\pi c'}$。

为求点E的加速度,可先求构件2的角加速度ε_2,其大小$\varepsilon_2=\dfrac{a_{CB}^{\mathrm{t}}}{l_{CB}}=\dfrac{\mu_{\mathrm{a}}\overline{c''c'}}{l_{CB}}$,将代表$\boldsymbol{a}_{CB}^{\mathrm{t}}$的矢量$\boldsymbol{c''c'}$平移到机构位置图上的点$C$,可确定$\varepsilon_2$的方向为逆时针方向。同理可得构件3的角加速度$\varepsilon_3=\dfrac{a_C^{\mathrm{t}}}{l_{CD}}=\dfrac{\mu_{\mathrm{a}}\overline{c'''c'}}{l_{CD}}$,将代表$\boldsymbol{a}_C^{\mathrm{t}}$的矢量$\boldsymbol{c'''c'}$平移到机构图上的点$C$,可得$\varepsilon_3$的方向亦是逆时针方向。

再根据构件2上B、E两点相对加速度原理可写出

$$\begin{array}{lccccccc} & \boldsymbol{a}_E & = & \boldsymbol{a}_B & + & \boldsymbol{a}_{EB}^{\mathrm{n}} & + & \boldsymbol{a}_{EB}^{\mathrm{t}} \\ \text{方向:} & ? & & \pi\to b' & & E\to B & & \perp EB \\ \text{大小:} & ? & & \mu_{\mathrm{a}}\overline{\pi b'} & & \omega_2^2 l_{EB} & & \varepsilon_2 l_{EB} \end{array}$$

上式中只有$\boldsymbol{a}_E$大小和方向未知,故可图解求得。在图3-7(c)中,从b'作$\boldsymbol{b'e''}$代表$\boldsymbol{a}_{EB}^{\mathrm{n}}$,方向平行$\overline{EB}$且从$E$指向$B$,长度为$\dfrac{\omega_2^2 l_{EB}}{\mu_{\mathrm{a}}}$;再从$e''$作$\boldsymbol{e''e'}$代表$\boldsymbol{a}_{EB}^{\mathrm{t}}$,方向为垂直$\overline{EB}$,长度为$\dfrac{\varepsilon_2 l_{EB}}{\mu_{\mathrm{a}}}$。连接$\boldsymbol{\pi e'}$得点$E$的加速度$\boldsymbol{a}_E$,其大小为$a_E=\mu_{\mathrm{a}}\overline{\pi e'}$。

图3-7(c)中由各加速度矢量构成的多边形称为加速度多边形(acceleration vector polygon)。

由加速度多边形可得

$$a_{CB}=\sqrt{(a^{n}_{CB})^2+(a^{t}_{CB})^2}=\sqrt{(l_{CB}\omega_2^2)^2+(l_{BC}\varepsilon_2)^2}$$
$$=l_{BC}\sqrt{\omega_2^4+\varepsilon_2^2}$$

同理可得
$$a_{EB}=l_{EB}\sqrt{\omega_2^4+\varepsilon_2^2}$$
$$a_{EC}=l_{EC}\sqrt{\omega_2^4+\varepsilon_2^2}$$

所以
$$a_{CB}:a_{EB}:a_{EC}=l_{BC}:l_{EB}:l_{EC}$$

或
$$\mu_a b'c':\mu_a b'e':\mu_a c'e'=\mu_1\overline{BC}:\mu_1\overline{EB}:\mu_1\overline{EC}$$

即
$$\overline{b'c'}:\overline{b'e'}:\overline{c'e'}=\overline{BC}:\overline{EB}:\overline{EC}$$

由此可见，$\triangle b'c'e'$与机构位置中$\triangle BCE$相似，且两三角形顶角字母顺序方向一致，图形$b'c'e'$称为图形BCE的加速度影像(acceleration image of link)。当已知一构件上两点的加速度时，利用加速度影像便能很容易地求出该构件上其他任一点的加速度。必须强调指出：与速度影像一样，加速度影像的相似原理只能应用于机构中同一构件上的各点，而不能应用于不同构件上的各点。

在加速度多边形中，点π称为极点，代表该构件上加速度为零的点；连接点π和任一点的矢量便代表该点在机构图中的同名点的绝对加速度，其指向从π指向该点；连接带有角标"′"的其他任意两点的矢量，便代表该两点在机构图中的同名点间的相对加速度，其指向与加速度的脚标相反，例如矢量$\boldsymbol{b'c'}$代表$\boldsymbol{a}_{CB}$而不是$\boldsymbol{a}_{BC}$；代表法向加速度和切向加速度的矢量都用虚线表示，例如$\boldsymbol{b'c''}$和$\boldsymbol{c''c'}$分别代表$\boldsymbol{a}^{n}_{CB}$和$\boldsymbol{a}^{t}_{CB}$。

2. 组成移动副两构件的重合点间的速度和加速度的求法

如图3-8(a)所示的四杆机构中，已知机构的位置、各构件的长度及构件1的等角速度ω_1，求构件3的角速度ω_3和角加速度ε_3。

在图3-8(a)中，构件2与构件3组成移动副，构件2上点B_2与构件3上点B_3为组成移动副两构件的重合点，同样可根据相对运动原理列出相对速度和相对加速度矢量方程式，作速度多边形和加速度多边形。

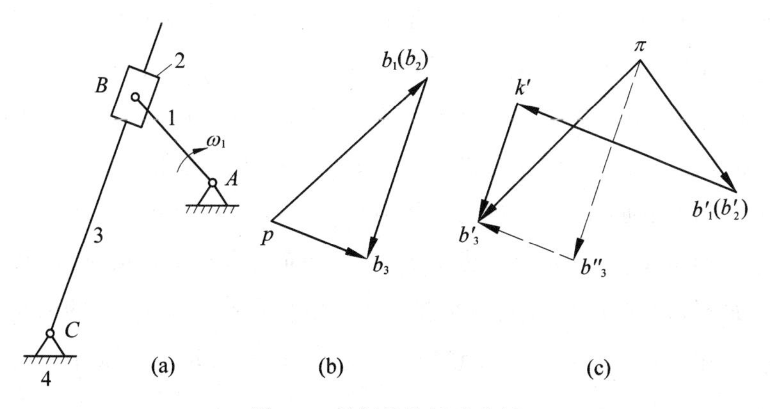

图3-8 导杆机构运动分析

1) 确定构件3的角速度ω_3

已知构件1上B点的速度$\boldsymbol{v}_{B1}=\omega_1 l_{AB}$，其方向垂直于$AB$而指向与$\omega_1$转向一致；因

为构件2与构件1用转动副 B 相连,所以 $\boldsymbol{v}_{B2}=\boldsymbol{v}_{B1}$,构件2、3组成移动副,其重合点 B 的相对速度矢量方程式为

$$\begin{array}{lccc} & \boldsymbol{v}_{B3} & = \quad \boldsymbol{v}_{B2} & + \quad \boldsymbol{v}_{B3B2} \\ \text{方向:} & \perp BC & \perp AB & /\!/BC \\ \text{大小:} & ? & \omega_1 l_{AB} & ? \end{array}$$

式中,仅 $\boldsymbol{v}_{B3}$ 和 $\boldsymbol{v}_{B3B2}$ 的大小为未知,故可用图解法求解。画速度多边形时,任取一点 p 为极点,见图3-8(b),过 p 作 $\boldsymbol{pb}_2$ 代表点 B_2 的速度 $\boldsymbol{v}_{B2}$,其速度比例尺为

$$\mu_{\mathrm{v}}=\frac{\omega_1 l_{AB}}{\overline{pb_2}}\ \frac{\mathrm{m/s}}{\mathrm{mm}}$$

然后过点 b_2 作 $\boldsymbol{v}_{B3B2}$ 的方向线 b_2b_3,再过点 p 作 $\boldsymbol{v}_{B3}$ 的方向线 pb_3,两方向线交于点 b_3,得速度多边形 pb_2b_3,矢量 $\boldsymbol{pb}_3$ 即代表 $\boldsymbol{v}_{B3}$,故构件3的角速度为

$$\omega_3=\frac{v_{B3}}{l_{B3C}}=\frac{\mu_{\mathrm{v}}\overline{pb_3}}{l_{B3C}}$$

将代表 $\boldsymbol{v}_{B3}$ 的矢量 $\boldsymbol{pb}_3$ 平移到机构图上的点 B,可知 ω_3 的转向为顺时针方向。

2) 确定构件3的角加速度 ε_3

由理论力学可知,点 B_3 的绝对加速度与其重合点 B_2 的绝对加速度之间的关系为

$$\boldsymbol{a}_{B3}=\boldsymbol{a}_{B2}+\boldsymbol{a}^{\mathrm{k}}_{B3B2}+\boldsymbol{a}^{\mathrm{r}}_{B3B2}$$

其中

$$\boldsymbol{a}_{B3}=\boldsymbol{a}^{\mathrm{n}}_{B3}+\boldsymbol{a}^{\mathrm{t}}_{B3}$$

故

$$\begin{array}{lccccc} & \boldsymbol{a}^{\mathrm{n}}_{B3} & + \quad \boldsymbol{a}^{\mathrm{t}}_{B3} & = \quad \boldsymbol{a}_{B2} & + \quad \boldsymbol{a}^{\mathrm{k}}_{B3B2} & + \quad \boldsymbol{a}^{\mathrm{r}}_{B3B2} \\ \text{方向:} & B_3\rightarrow C & \perp B_3C & B_2\rightarrow A & \perp B_3C & /\!/B_3C \\ \text{大小:} & \omega_3^2 l_{B3C} & ? & \omega_1^2 l_{AB} & 2\omega_3 v_{B3B2} & ? \end{array}$$

式中,$\boldsymbol{a}^{\mathrm{n}}_{B3}$ 和 $\boldsymbol{a}^{\mathrm{t}}_{B3}$ 是 $\boldsymbol{a}_{B3}$ 的法向和切向分加速度;$\boldsymbol{a}^{\mathrm{r}}_{B3B2}$ 为点 B_3 对于 B_2 的相对加速度,在一般情况下,$\boldsymbol{a}^{\mathrm{r}}_{B3B2}=\boldsymbol{a}^{\mathrm{n}}_{B3B2}+\boldsymbol{a}^{\mathrm{t}}_{B3B2}$,但是在目前情况下,由于构件2和构件3组成移动副,所以 $\boldsymbol{a}^{\mathrm{n}}_{B3B2}=0$,则 $\boldsymbol{a}^{\mathrm{r}}_{B3B2}=\boldsymbol{a}^{\mathrm{t}}_{B3B2}$,其方向平行于相对移动方向;$\boldsymbol{a}^{\mathrm{k}}_{B3B2}$ 为哥氏加速度,它的大小为 $\boldsymbol{a}^{\mathrm{k}}_{B3B2}=2\omega_2 \boldsymbol{v}_{B3B2}\sin\theta$,其中 θ 为相对速度 $\boldsymbol{v}_{B3B2}$ 和牵连角速度 $\omega_2(=\omega_3)$ 矢量之间的夹角。但是对于平面运动,ω_2 的矢量垂直于运动平面,而 $\boldsymbol{v}_{B3B2}$ 位于运动平面之内,故 $\theta=90°$,从而有 $\boldsymbol{a}^{\mathrm{k}}_{B3B2}=2\omega_2 \boldsymbol{v}_{B3B2}$。哥氏加速度 $\boldsymbol{a}^{\mathrm{k}}_{B3B2}$ 的方向是将 $\boldsymbol{v}_{B3B2}$ 沿 ω_2 的转动方向转90°(即图3-8(c)中 $\boldsymbol{b}_1'\boldsymbol{k}'$ 的方向)。在上面的矢量方程式中只有 $\boldsymbol{a}^{\mathrm{t}}_{B3}$ 和 $\boldsymbol{a}^{\mathrm{r}}_{B3B2}$ 的大小为未知,故可用图解法求解。如图3-8(c)所示,从任意极点 π 连续作矢量 $\boldsymbol{\pi b}_2'$ 和 $\boldsymbol{b}_2'\boldsymbol{k}'$ 代表 $\boldsymbol{a}_{B2}$ 和 $\boldsymbol{a}^{\mathrm{k}}_{B3B2}$,其加速度比例尺 $\mu_{\mathrm{a}}=\dfrac{a_{B2}}{\pi b_2'}\ \dfrac{\mathrm{m/s^2}}{\mathrm{mm}}$;再过点 π 作矢量 $\boldsymbol{\pi b}_3''$ 代表 $\boldsymbol{a}^{\mathrm{n}}_{B3}$,然后过点 k' 作直线 $k'b_3'$ 平行于线段 $\overline{CB_3}$ 代表 $\boldsymbol{a}^{\mathrm{r}}_{B3B2}$ 的方向线,并过点 b_3'' 作直线 $b_3''b_3'$ 垂直于线段 $\overline{CB_3}$,代表 $\boldsymbol{a}^{\mathrm{t}}_{B3}$ 的方向线,它们相交于 b_3',则矢量 $\boldsymbol{\pi b}_3'$ 便代表 $\boldsymbol{a}_{B3}$。

构件 3 的角加速度为

$$\varepsilon_3=\frac{a_{B3}^{t}}{l_{CB}}=\frac{\mu_a\overline{b''_3b'_3}}{\mu_l\overline{CB_3}}$$

将代表 a_{B3}^{t} 的矢量 $b''_3b'_3$ 平移到机构图上的点 B_3，可知 ε_3 的方向为逆时针方向。

例 3-2 如图 3-9 所示的六杆机构，已知各构件的长度：$l_{AB}=60\text{mm}$，$l_{BC}=180\text{mm}$，$l_{DE}=200\text{mm}$，$l_{CD}=120\text{mm}$，$l_{EF}=300\text{mm}$，$h=80\text{mm}$，$h_1=85\text{mm}$，$h_2=225\text{mm}$；$\varphi_1=120°$。起始构件 AB 以 $\omega_1=100(\text{rad/s})$ 等速回转。求 F 点的速度 v_F 和加速度 a_F，以及 ω_4。

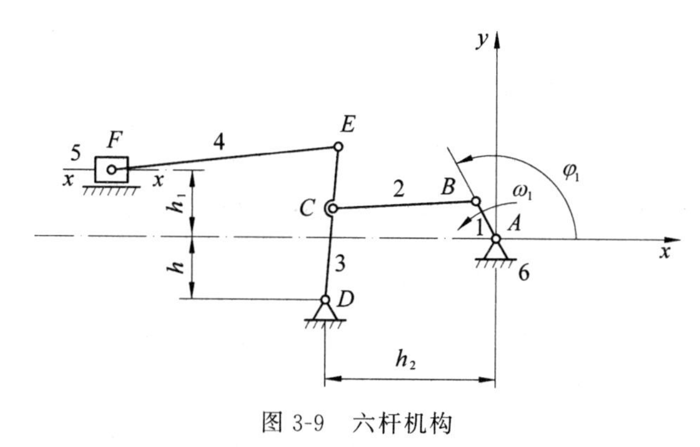

图 3-9 六杆机构

解：(1) 选定机构长度比例尺 $\mu_l=0.01(\text{m/mm})$ 作机构运动简图。

(2) 把机构分解为两个机构，先求解由机架 6、构件 1、2 和构件 3 组成的曲柄摇杆机构，再解由构件 3、4 和构件 5 组成的曲柄滑块机构。

(3) 求 v_F 和 ω_4。

① 因为 $v_B=\omega_1\cdot l_{AB}=100\times0.06=6(\text{m/s})$，作速度矢量多边形时，取长度为 30mm 的矢量 pb 代表 v_B，则速度比例尺为

$$\mu_v=\frac{v_B}{\overline{pb}}=\frac{6}{30}=0.2\text{m/(s}\cdot\text{mm)}$$

② 根据相对运动原理，写出构件 2 上 C 点的速度矢量方程式

$$v_C \quad = \quad v_B \quad + \quad v_{CB}$$

方向：$\perp\overline{CD}$ $\quad\perp\overline{AB}$ $\quad\perp\overline{BC}$

大小：? $\quad\mu_v\overline{pb}$ $\quad$?

如图 3-10(a)所示，按上式作速度矢量多边形 pbc 得

$$v_C=\mu_v\cdot\overline{pc}=0.2\times27=5.4(\text{m/s})$$

$$v_{CB}=\mu_v\cdot\overline{bc}=0.2\times18=3.6(\text{m/s})$$

③ 按速度影像原理

$$\frac{\overline{pc}}{\overline{pe}}=\frac{\overline{CD}}{\overline{ED}}=\frac{0.12}{0.2}$$

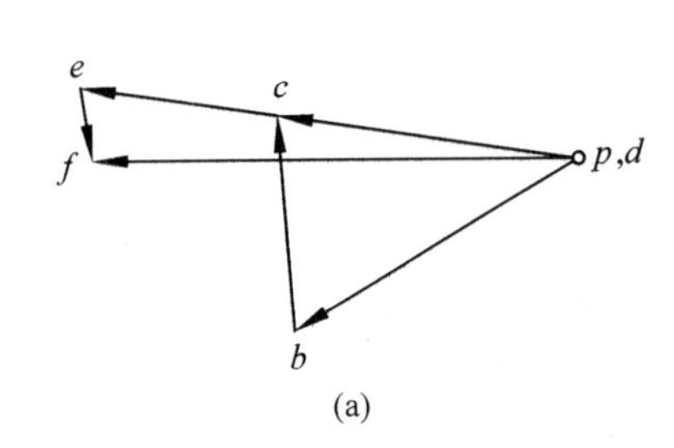

(a)

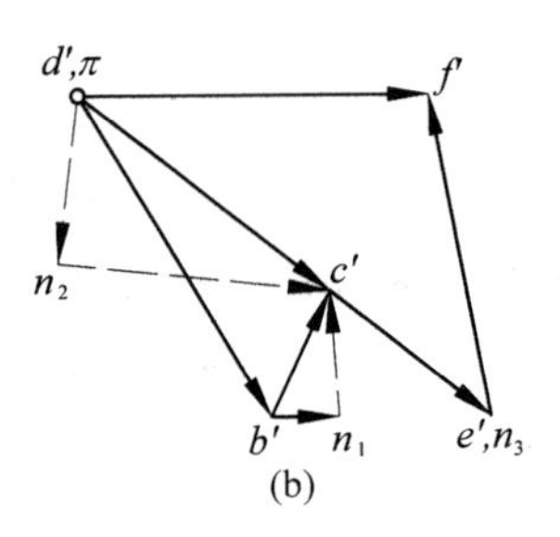

(b)

图 3-10 六杆机构运动分析图

(a) 速度多边形；(b) 加速度多边形

所以
$$\overline{pe}=27\times\frac{0.2}{0.12}=45(\text{mm})$$
$$\boldsymbol{v}_E=\mu_v\cdot\overline{pe}=0.2\times45=9(\text{m/s})$$

④ 根据相对运动原理,写出构件 4 上 F 点的速度矢量方程式

$\boldsymbol{v}_F$	=	$\boldsymbol{v}_E$	+	$\boldsymbol{v}_{FE}$
方向：$/\!/xx$		$/\!/\overline{pe}$		$\perp\overline{EF}$
大小：?		$\mu_v\overline{pe}$		?

如图 3-10(b)所示,按上式作速度矢量多边形 pef 得
$$\boldsymbol{v}_F=\mu_v\overline{pf}=0.2\times44=8.8(\text{m/s})$$
$$\boldsymbol{v}_{EF}=\mu_v\overline{ef}=0.2\times6=1.2(\text{m/s})$$

⑤ 构件 4 的角速度
$$\omega_4=\frac{v_{EF}}{l_{EF}}=\frac{1.2}{0.3}=4\ (\text{rad/s})\quad(\text{逆时针方向})$$

(4) 求 $\boldsymbol{a}_F$。

① 因为 $\boldsymbol{a}_B=\omega_1^2\cdot l_{AB}=100^2\times0.06=600\ (\text{m/s}^2)$,作加速度矢量多边形时,取长度为 30(mm)的矢量 $\boldsymbol{\pi b'}$代表 $\boldsymbol{a}_B$,则加速度比例尺为
$$\mu_a=\frac{\boldsymbol{a}_B}{\overline{\pi b'}}=\frac{600}{30}=20\ (\text{m/(s}^2\cdot\text{mm))}$$

② 根据相对运动原理,写出构件 2 上 C 点的加速度矢量方程式

$\boldsymbol{a}_C^n$	+	$\boldsymbol{a}_C^t$	=	$\boldsymbol{a}_B$	+	$\boldsymbol{a}_{CB}^n$	+	$\boldsymbol{a}_{CB}^t$
方向：$C\to D$		$\perp\overline{CD}$		$B\to A$		$C\to B$		$\perp\overline{BC}$
大小：$\mu_a\overline{\pi n_2}$		?		$\mu_a\overline{\pi b'}$		$\mu_a\overline{b'n_1}$		?

式中
$$\overline{\pi n_2}=\frac{a_C^n}{\mu_a}=\frac{(\overline{pc}\mu_v)^2}{l_{CD}\mu_a}=\frac{(27\times0.2)^2}{0.12\times20}=12.15(\text{mm})$$
$$\overline{b'n_1}=\frac{a_{CB}^n}{\mu_a}=\frac{(\overline{bc}\mu_v)^2}{l_{BC}\mu_a}=\frac{(18\times0.2)^2}{0.18\times20}=3.6(\text{mm})$$

如图 3-10(b)所示,按上式作加速度矢量多边形 $\pi n_2c'n_1b'$得

$$a_C=\mu_a\overline{\pi c'}=20\times24=480(\text{m/s}^2)$$

③ 按加速度影像原理

$$\frac{\overline{\pi c'}}{\overline{\pi e'}}=\frac{\overline{CD}}{\overline{DE}}=\frac{0.12}{0.2}$$

所以

$$\overline{\pi e'}=24\times\frac{0.2}{0.12}=40(\text{mm})$$

$$\boldsymbol{a}_E=\mu_a\overline{\pi e'}=20\times40=800(\text{m/s}^2)$$

④ 根据相对运动原理，写出构件 4 上 F 点的加速度矢量方程式

$$\begin{array}{lcccc} & \boldsymbol{a}_F = & \boldsymbol{a}_E + & \boldsymbol{a}_{FE}^{n} + & \boldsymbol{a}_{FE}^{t} \\ \text{方向：} & /\!/xx & /\!/\overline{\pi e'} & F\to E & \perp\overline{EF} \\ \text{大小：} & ? & \mu_a\overline{\pi e'} & \mu_a\overline{e'n_3} & ? \end{array}$$

式中

$$\overline{e'n_3}=\frac{a_{FE}^{n}}{\mu_a}=\frac{(\overline{ef}\mu_v)^2}{l_{EF}\mu_a}=\frac{(6\times0.2)^2}{0.3\times20}=0.24(\text{mm})$$

如图 3-10(b)所示，作加速度矢量多边形 $\pi e'n_3f'$ 得

$$\boldsymbol{a}_F=\mu_a\overline{\pi f'}=20\times28=560(\text{m/s}^2)$$

$$\boldsymbol{a}_{FE}^{t}=\mu_a\overline{e'f'}=20\times25.2=504(\text{m/s}^2)$$

3.4 用解析法求机构的位置、速度和加速度

图解法求解机构的位置、速度和加速度较为形象直观，但作图繁琐，精度较低，因此对于要求精度较高的机构和复杂机构，通常采用解析法。随着计算机的普及和发展，用解析法进行机构运动分析在工程上已得到广泛应用。解析法采用不同的数学工具，运算方法和过程都不同，本节主要介绍最基本的矢量法。

1. 铰链四杆机构

在图 3-11 所示的铰链四杆机构中，已知杆长分别为 l_1、l_2、l_3、l_4，原动件 1 的转角为 φ_1 及等角速度为 ω_1，要求确定连杆和摇杆的转角、角速度和角加速度。

选取坐标轴如图 3-11 所示，将机构看作一封闭的矢量多边形，该机构的位置矢量方程式为

$$\boldsymbol{l}_1+\boldsymbol{l}_2=\boldsymbol{l}_4+\boldsymbol{l}_3$$

将上式投影在 x 轴和 y 轴上得

$$\left.\begin{aligned} l_1\sin\varphi_1+l_2\sin\varphi_2&=l_3\sin\varphi_3\\ l_1\cos\varphi_1+l_2\cos\varphi_2&=l_4+l_3\cos\varphi_3 \end{aligned}\right\}\tag{3-4}$$

令

$$b=l_1\sin\varphi_1,\quad a=l_1\cos\varphi_1-l_4$$

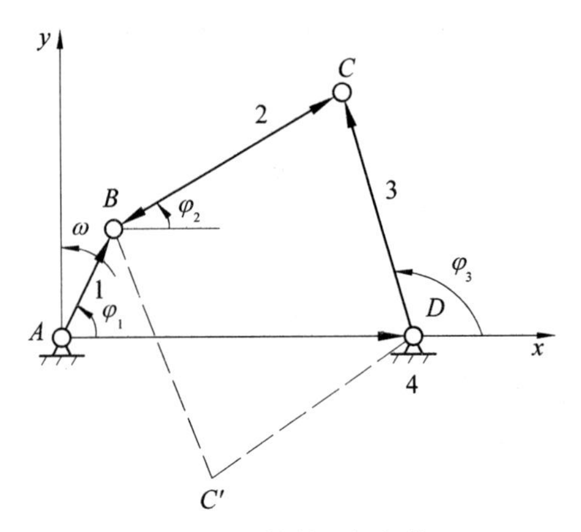

图3-11　铰链四杆机构

则

$$\left.\begin{aligned} b+l_2\sin\varphi_2=l_3\sin\varphi_3 \\ a+l_2\cos\varphi_2=l_3\cos\varphi_3 \end{aligned}\right\} \tag{3-5}$$

将式(3-5)两边平方后相加,然后整理改写成三角函数方程式

$$A\sin\varphi_2+B\cos\varphi_2=C \tag{3-6}$$

式中:

$$A=2bl_2$$

$$B=2al_2$$

$$C=l_3^2-(b^2+a^2+l_2^2)$$

由三角函数关系可知

$$\sin\varphi_2=\frac{2\tan\dfrac{\varphi_2}{2}}{1+\tan^2\dfrac{\varphi_2}{2}}$$

$$\cos\varphi_2=\frac{1-\tan^2\dfrac{\varphi_2}{2}}{1+\tan^2\dfrac{\varphi_2}{2}}$$

代入式(3-6),整理后得

$$(B+C)\tan^2\frac{\varphi_2}{2}-2A\tan\frac{\varphi_2}{2}-(B-C)=0$$

由此可得

$$\varphi_2=2\arctan\frac{A\pm\sqrt{A^2+B^2-C^2}}{B+C} \tag{3-7}$$

在计算中,为了正确选择“±”号,可利用初始形式参数 M。通常,在机构整个运动过程中,如果 C 点在 BD 连线的某一侧,它永远就在该侧,如果在机构运动过程中,发生 C 点从

$\overline{BD}$ 一侧转移到另一侧，则说明机构本身含有不定因素，这样，作为机构来说是有缺陷的，一般不宜使用，或采取措施后再用。因此，可引入初始形式参数，当 BCD 按顺时针方向排列时，取 $M=+1$，当 BCD 按逆时针方向排列时如图 3-11 虚线所示，取 $M=-1$。因此，可写成

$$\varphi_2=2\arctan\frac{A+M\sqrt{A^2+B^2-C^2}}{B+C} \tag{3-8}$$

构件 3 的角位置 φ_3，可以仿用上述方法，但为方便起见，可先求出 C 点的坐标：

$$\left.\begin{aligned} x_C&=l_1\cos\varphi_1+l_2\cos\varphi_2\\ y_C&=l_1\sin\varphi_1+l_2\sin\varphi_2 \end{aligned}\right\} \tag{3-9}$$

则

$$\varphi_3=\arctan\frac{y_C}{x_C-l_4} \tag{3-10}$$

将式(3-4)对时间 t 求异，并整理成

$$\left.\begin{aligned} l_2\omega_2\cos\varphi_2-l_3\omega_3\cos\varphi_3&=-l_1\omega_1\cos\varphi_1\\ l_2\omega_2\sin\varphi_2-l_3\omega_3\sin\varphi_3&=-l_1\omega_1\sin\varphi_1 \end{aligned}\right\} \tag{3-11}$$

式(3-11)是未知量 ω_2，ω_3 的线性方程组，由克莱姆法则解得

$$\omega_2=-\frac{l_1\sin(\varphi_1-\varphi_3)}{l_2\sin(\varphi_2-\varphi_3)}\omega_1 \tag{3-12}$$

$$\omega_3=\frac{l_1\sin(\varphi_1-\varphi_2)}{l_3\sin(\varphi_3-\varphi_2)}\omega_1 \tag{3-13}$$

再将式(3-11)对时间求导，且已知 $\frac{d\varphi_1}{dt}=\omega_1=$ 常数，得

$$\left.\begin{aligned} l_2\varepsilon_2\cos\varphi_2-l_3\varepsilon_3\cos\varphi_3&=l_1\omega_1^2\sin\varphi_1+l_2\omega_2^2\sin\varphi_2-l_3\omega_3^2\sin\varphi_3\\ -l_2\varepsilon_2\sin\varphi_2+l_3\varepsilon_3\sin\varphi_3&=l_1\omega_1^2\cos\varphi_1+l_2\omega_2^2\cos\varphi_2-l_3\omega_3^2\cos\varphi_3 \end{aligned}\right\} \tag{3-14}$$

式(3-14)是未知量 ε_2，ε_3 的线性方程组，由克莱姆法则解得

$$\varepsilon_2=\frac{l_3\omega_3^2-l_1\omega_1^2\cos(\varphi_1-\varphi_3)-l_2\omega_2^2\cos(\varphi_2-\varphi_3)}{l_2\sin(\varphi_2-\varphi_3)} \tag{3-15}$$

$$\varepsilon_3=\frac{l_1\omega_1^2\cos(\varphi_1-\varphi_2)+l_2\omega_2^2-l_3\omega_3^2\cos(\varphi_3-\varphi_2)}{l_3\sin(\varphi_3-\varphi_2)} \tag{3-16}$$

2. 导杆机构

以上方法，即先写出机构的封闭矢量多边形在 x、y 坐标轴上的投影方程式，然后分别对时间求导，即可求所需的运动参数。这种方法能给出各运动参数与机构尺寸间的解析关系，可写出机构某些点的轨迹方程，有助于合理选择机构的尺寸。矢量解析法还有一种较为简单的形式，即复数矢量法(method of complex vector)，其将机构视为一封闭矢量多边形，并用复数的形式来表示封闭矢量方程式；再将矢量方程式分别对所建立的直角坐标系进行投影。现以导杆机构为例说明。

在图 3-12 所示的导杆机构中，已知曲柄的长度 l_1、转角 φ_1、等角速度 ω_1 及中心距 l_4，

要求确定导杆的转角 φ_3、角速度 ω_3 和角加速度 ε_3，以及滑块在导杆上的位置 s、滑动速度 $\boldsymbol{v}_{B2B3}$ 及加速度 $\boldsymbol{a}_{B2B3}$。

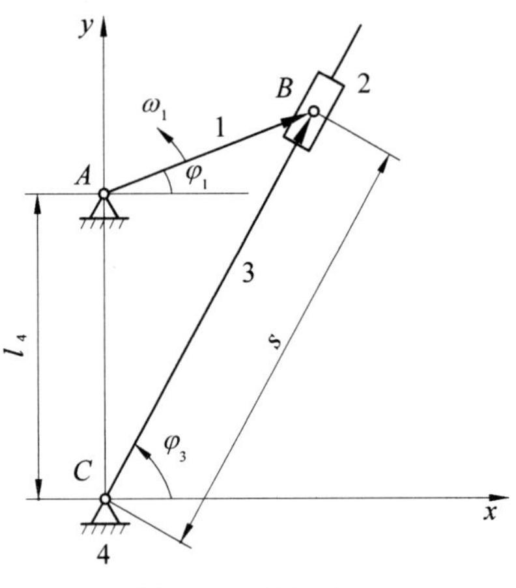

图 3-12 导杆机构

1）位置分析

如图 3-12 所示，该机构的封闭矢量方程式为

$$\boldsymbol{l}_4+\boldsymbol{l}_1=\boldsymbol{s}$$

即

$$l_4\mathrm{i}+l_1\mathrm{e}^{\mathrm{i}\varphi_1}=s\mathrm{e}^{\mathrm{i}\varphi_3} \tag{3-17}$$

按欧拉公式展开，分别取实部和虚部相等，即

$$l_4\mathrm{i}+l_1(\cos\varphi_1+\mathrm{i}\sin\varphi_1)=s(\cos\varphi_3+\mathrm{i}\sin\varphi_3)$$

$$l_1\cos\varphi_1=s\cos\varphi_3$$

$$l_4+l_1\sin\varphi_1=s\sin\varphi_3$$

两式相除得

$$\tan\varphi_3=\frac{l_1\sin\varphi_1+l_4}{l_1\cos\varphi_1} \tag{3-18}$$

求得角 φ_3 后可得

$$s=\frac{l_1\cos\varphi_1}{\cos\varphi_3} \tag{3-19}$$

2）速度分析

将式(3-17)对时间求导数得

$$l_1\omega_1\mathrm{i}\mathrm{e}^{\mathrm{i}\varphi_1}=v_{B2B3}\mathrm{e}^{\mathrm{i}\varphi_3}+s\omega_3\mathrm{i}\mathrm{e}^{\mathrm{i}\varphi_3} \tag{3-20}$$

两边乘 $\mathrm{e}^{-\mathrm{i}\varphi_3}$ 后展开，并取实部和虚部得

$$v_{B2B3}=-l_1\omega_1\sin(\varphi_1-\varphi_3) \tag{3-21}$$

$$s\omega_3=l_1\omega_1\cos(\varphi_1-\varphi_3)$$

则

$$\omega_3=\frac{l_1\omega_1\cos(\varphi_1-\varphi_3)}{s} \tag{3-22}$$

3）加速度分析

将式(3-20)对时间求导数得

$$-l_1\omega_1^2\mathrm{e}^{\mathrm{i}\varphi_1}=(a_{B2B3}-s\omega_3^2)\mathrm{e}^{\mathrm{i}\varphi_3}+(s\varepsilon_3+2v_{B2B3}\omega_3)\mathrm{i}\mathrm{e}^{\mathrm{i}\varphi_3} \tag{3-23}$$

两边乘以 $\mathrm{e}^{-\mathrm{i}\varphi_3}$ 后展开，并取实部和虚部得

$$-l_1\omega_1^2\cos(\varphi_1-\varphi_3)=a_{B2B3}-s\omega_3^2$$

$$-l_1\omega_1^2\sin(\varphi_1-\varphi_3)=s\varepsilon_3+2v_{B2B3}\omega_3$$

故

$$a_{B2B3}=s\omega_3^2-l_1\omega_1^2\cos(\varphi_1-\varphi_3) \tag{3-24}$$

$$\varepsilon_3=-\frac{2v_{B2B3}\omega_3+l_1\omega_1^2\sin(\varphi_1-\varphi_3)}{s} \tag{3-25}$$

3.5 运动线图

以上各节仅就机构在某一位置时来研究其运动情况，但是实际上常常要求知道在整个运动循环中机构的运动变化规律。为此可以用解析法或图解法求出机构在彼此相距很近的一系列位置时的位移、速度和加速度或角位移、角速度和角加速度，然后将所得的这些值对时间或原动构件转角列成表或画成图，这些图便称为**运动线图**。画运动线图比列表更直观，它可以查得任一瞬时机构的运动参数，并可以清楚地看出机构的运动变化情形。

图 3-13(a)所示曲柄滑块机构中滑块 C 的运动线图见图 3-13(b)。滑块 C 的运动线图是根据位移 s_C、速度 v_C、加速度 a_C 的解析式，编制成计算机程序，运算时取不同转角 φ_1，由计算机计算出滑块 C 不同位置时的位移 s_C、速度 v_C、加速度 a_C 值。将这些值连成光滑曲线，输出运动线图如图 3-13(b)所示。通过运动线图可以清楚地看出机构运动时位移、速度、加速度的变化规律，从而全面了解机构的运动特性。

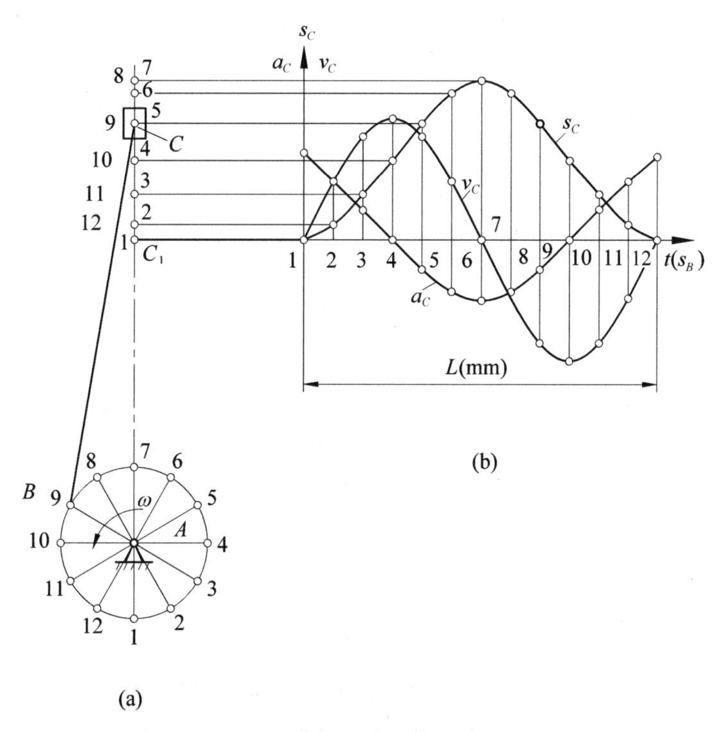

图 3-13　曲柄滑块机构运动线图

拓展性阅读文献指南

详细了解平面机构运动分析的方法可参阅：曹惟庆等著《连杆机构分析与综合》(第二版)，科学出版社，2002。

有关连杆机构运动分析的解析方法及工具,可参照陈文华编《*ADAMS*2007 机构设计与分析范例》,机械工业出版社,2009。

思　考　题

3-1　瞬心有几种?各有何不同?

3-2　如何考虑机构中不组成运动副的两构件的速度瞬心?

3-3　利用速度瞬心,在机构运动分析中可以求哪些运动参数?

3-4　在平面机构运动分析中,哥氏加速度大小及方向如何确定?

习　　题

3-1　求题3-1图所示机构中的所有速度瞬心。

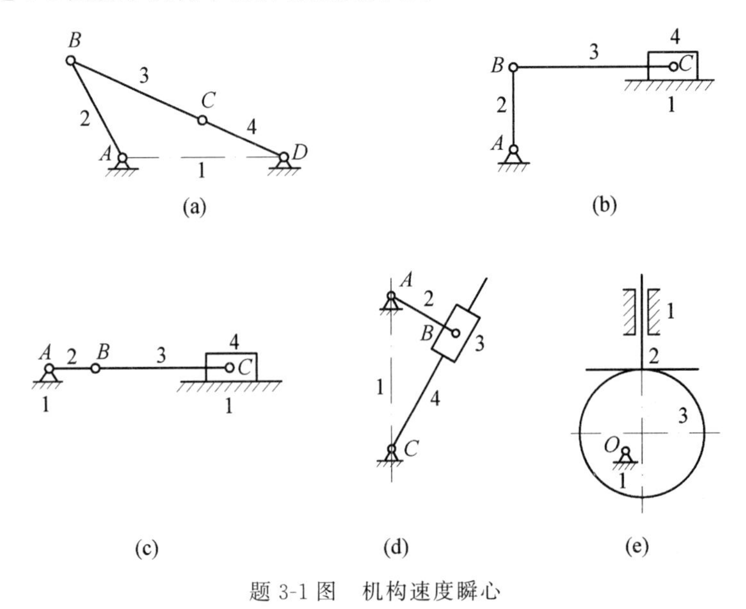

题3-1图　机构速度瞬心

3-2　题3-2图所示的凸轮机构中,凸轮的角速度 $\omega_1=10\mathrm{s}^{-1}$,$R=50\mathrm{mm}$,$l_{AO}=20\mathrm{mm}$,试求当 $\varphi=0°$、$45°$及$90°$时,构件2的速度 v。

3-3　题3-3图所示机构,由曲柄1、连杆2、摇杆3及机架6组成铰链四杆机构,轮$1'$与曲柄1固接,其轴心为 B,轮4分别与轮$1'$和轮5相切,轮5活套于轴 D 上。各相切轮之间作纯滚动。试用速度瞬心法确定曲柄1与轮5的角速比 ω_1/ω_5。

3-4　题3-4图所示的凸轮机构中,已知 $R=50\mathrm{mm}$,$l_{OA}=20\mathrm{mm}$,$l_{AC}=80\mathrm{mm}$,$\varphi_1=90°$,凸轮1的等角速度 $\omega_1=10\mathrm{s}^{-1}$(逆时针转动)。

(1)试用瞬心法求从动杆2的角速度 ω_2;

(2)试用低副代替高副,由图解法求从动杆2的角速度 ω_2。

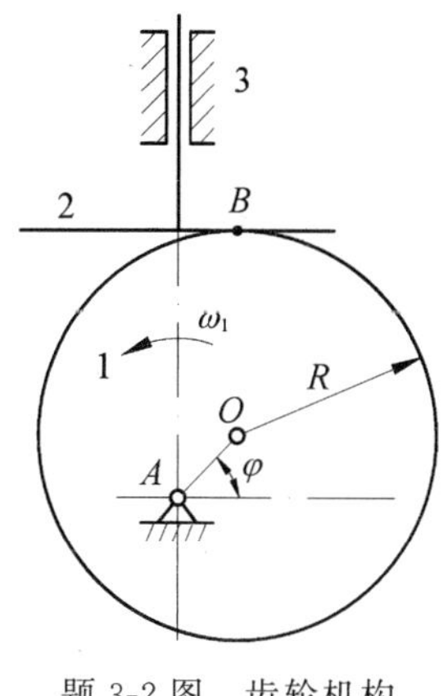

题 3-2 图　齿轮机构

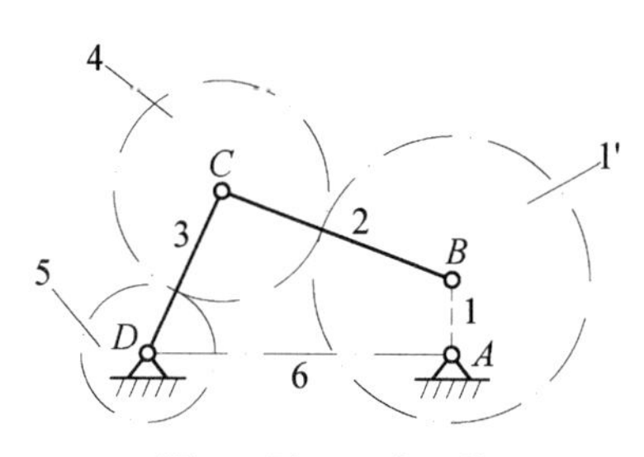

题 3-3 图　组合机构

3-5　题 3-5 图所示的颚式破碎机中，已知：$x_D=260\text{mm}$，$y_D=480\text{mm}$，$x_G=400\text{mm}$，$y_G=200\text{mm}$，$l_{AB}=l_{CE}=100\text{mm}$，$l_{BC}=l_{BE}=500\text{mm}$，$l_{CD}=300\text{mm}$，$l_{EF}=400\text{mm}$，$l_{GF}=685\text{mm}$，$\varphi_1=45°$，$\omega_1=30\text{rad/s}$（逆时针）。求 ω_5 和 ε_5。

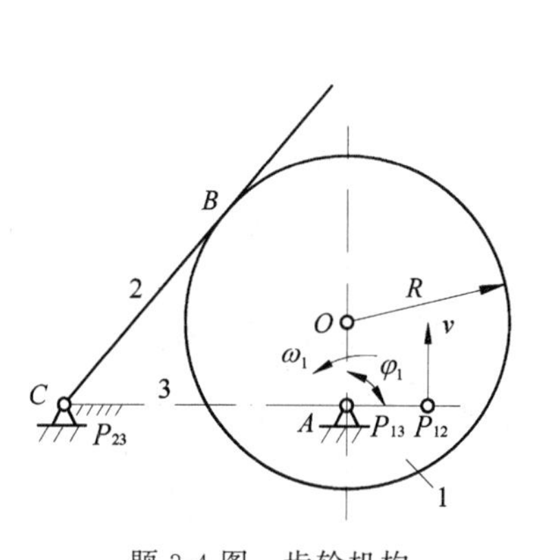

题 3-4 图　齿轮机构

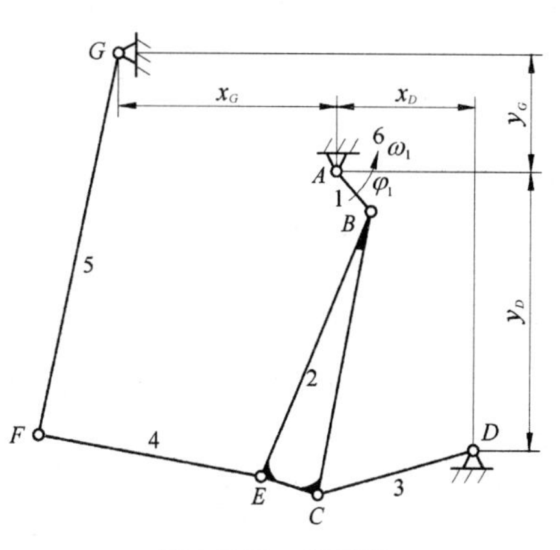

题 3-5 图　破碎机

3-6　题 3-6 图所示的曲柄摇块机构中，已知 $l_{AB}=30\text{mm}$，$l_{AC}=100\text{mm}$，$l_{BD}=50\text{mm}$，$l_{DE}=40\text{mm}$，$\varphi_1=45°$，等角速度 $\omega_1=10\text{rad/s}$，求点 E、D 的速度和加速度，构件 3 的角速度和角加速度。

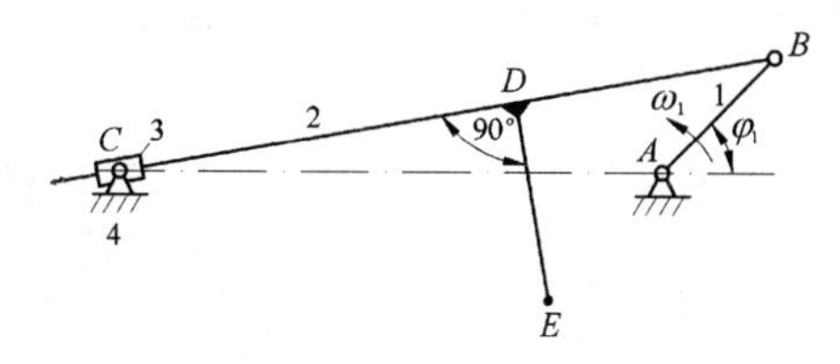

题 3-6 图　曲柄摇块机构

3-7　题 3-7 图所示机构中，设已知 $l_{O1O2}=140\text{mm}$，$l_{O1B}=180\text{mm}$，$\varphi_1=60°$，$\omega_1=0$，$\varepsilon_1=25\text{s}^{-2}$，求 B 点的速度和加速度。

3-8　题 3-8 图所示机构中，已知 $l_{AB}=l_{BC}=100\text{mm}$，$l_{CD}=50\text{mm}$，$l_{AC}=100\sqrt{2}\,\text{mm}$，

$\omega_1=10s^{-1}$(顺时针转动),$\varepsilon_1=0$,试求 v_D、a_D 及 ε_3。

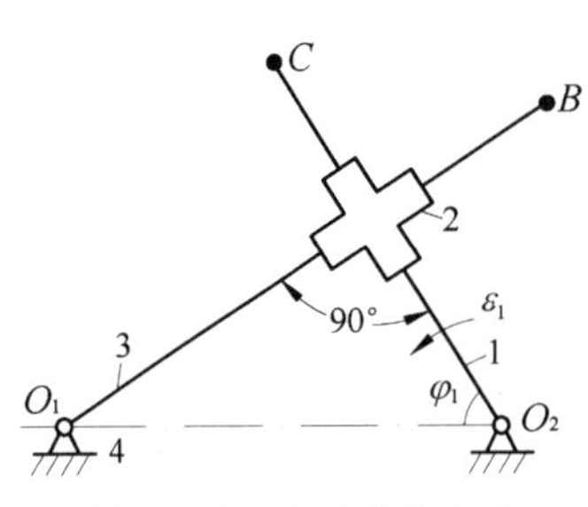

题 3-7 图 十字滑块机构

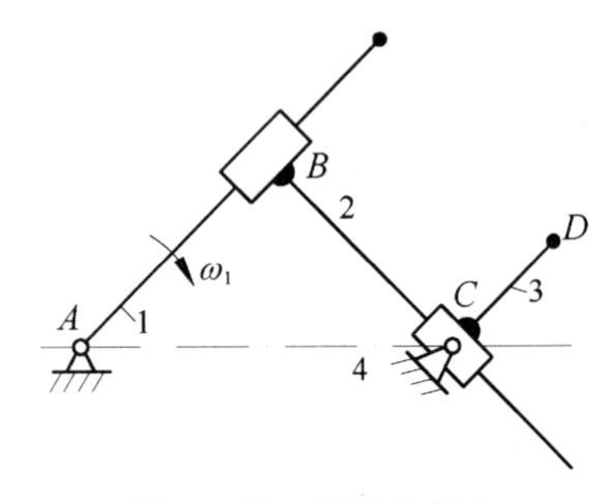

题 3-8 图 双滑块机构

3-9 题 3-9 图所示正弦机构中,曲柄 1 长度 $l_1=0.05$m,角速度 $\omega_1=20$rad/s(常数),试分别用图解法和解析法确定该机构在 $\varphi_1=45°$时导杆 3 的速度 v_3 与加速度 a_3。

3-10 题 3-10 图所示机构中,已知 $l_{AE}=70$mm,$l_{AB}=40$mm,$l_{EF}=70$mm,$l_{DE}=35$mm,$l_{CD}=75$mm,$l_{BC}=50$mm,$\varphi_1=60°$,构件 1 以等角速度 $\omega_1=10$rad/s 逆时针方向转动,试求点 C 的速度和加速度。

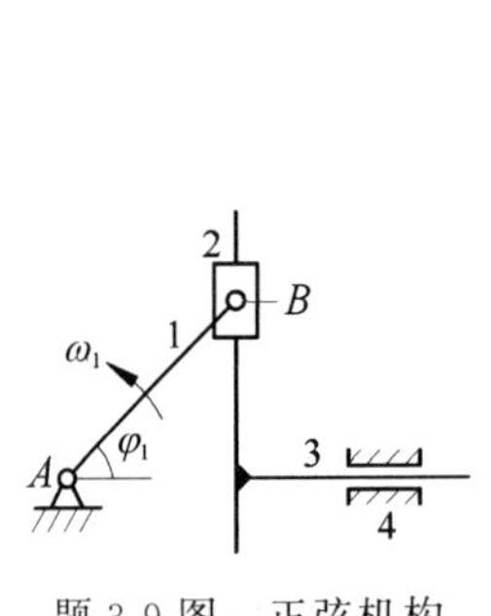

题 3-9 图 正弦机构

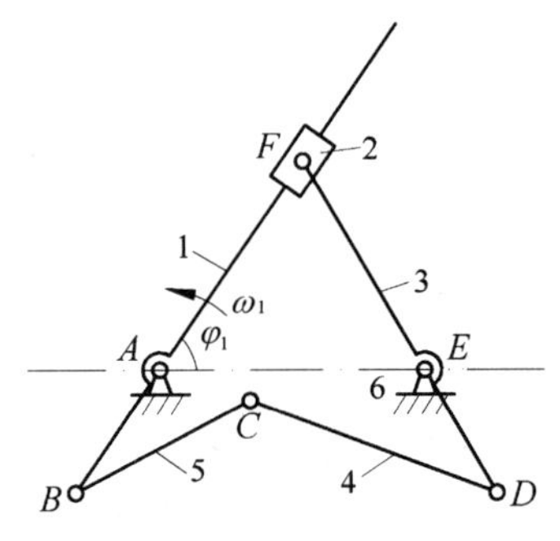

题 3-10 图 六杆机构

3-11 试用解析法写出题 3-10 图中 C 点的位置、速度和加速度方程。

3-12 题 3-12 图所示曲柄滑块机构中,已知 $l_{AB}=100$mm,$l_{BC}=330$mm,$n_1=1500$r/min,$\varphi_1=60°$,试用解析法求滑块的速度和加速度。

3-13 题 3-13 图所示的采煤的钻探机构中,已知 $l_{BC}=280$mm,$l_{AB}=840$mm,$l_{AD}=1300$mm,$\theta=15°$及等角速度 $\omega_{21}=1$rad/s,求点 C、D 的速度和加速度。

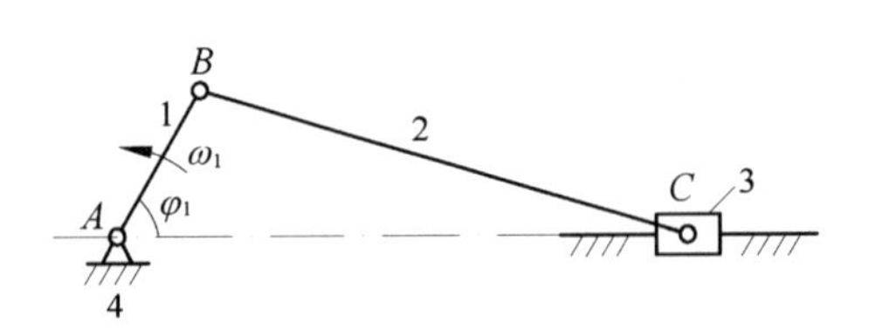

题 3-12 图 曲柄滑块机构

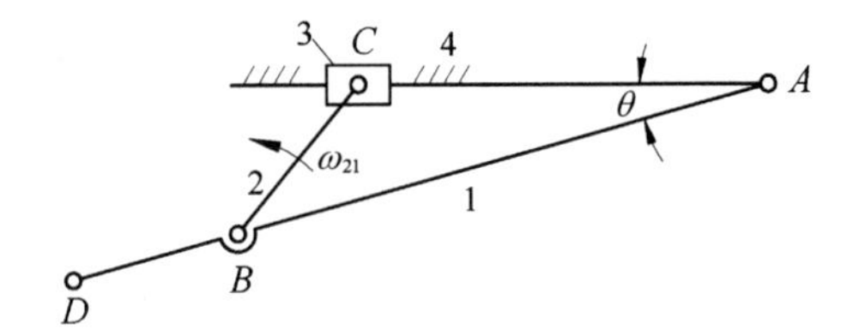

题 3-13 图 钻探机构

3-14 题 3-14 图所示的导杆机构中,已知:$l_{AB}=38$mm,$l_{CB}=20$mm,$l_{DE}=50$mm,$x_D=150$mm,$y_D=60$mm,构件 1 逆时针以等角速度 $\omega_1=20$rad/s 转动。试用图解法求构

件3的角速度 ω_3 和角加速度 ε_3，以及点 E 的速度 v_E 和加速度 a_E。

3-15　如题3-15图所示摆动导杆机构中，已知曲柄 AB 以等角速度 $\omega_1=20\mathrm{rad/s}$ 转动，$l_{AB}=100\mathrm{mm}$，$l_{AC}=200\mathrm{mm}$，$\angle ABC=90°$，试用解析法求构件3的角速度 ω_3 和角加速度 ε_3。

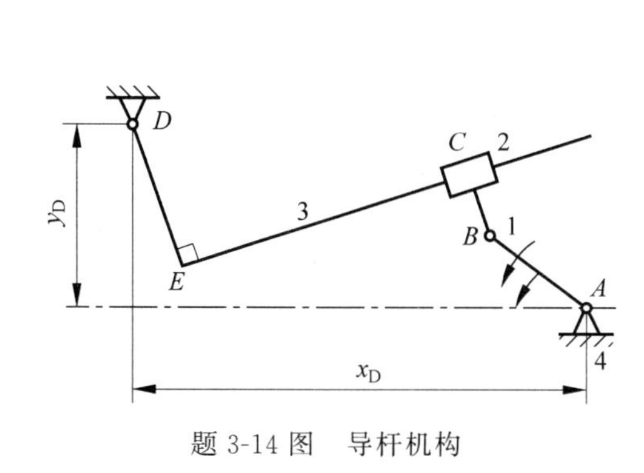

题3-14图　导杆机构

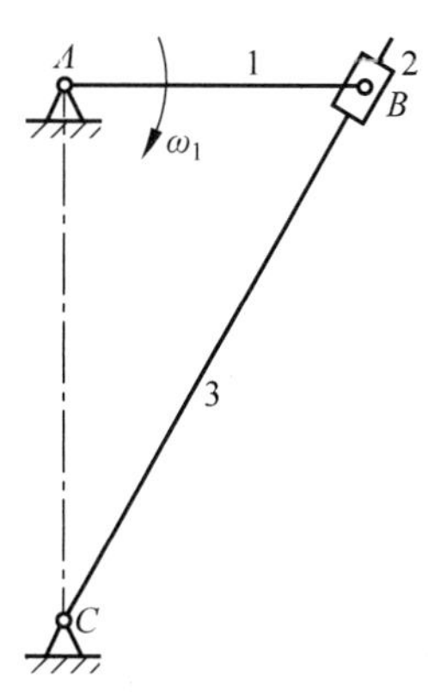

题3-15图　摆动导杆机构

第3篇 常用机构及其设计

第4章

连 杆 机 构

内容提要：本章主要对平面连杆机构进行分析和设计，并简要介绍空间连杆机构。本章首先以铰链四杆机构为基本型式介绍平面连杆机构的类型、特点、演化和应用；在此基础上，对平面连杆机构的运动和动力特性进行了分析阐述，内容包括整转副存在条件、压力角和传动角、急回特性和死点位置；本章介绍了连杆机构的设计，包括图解法和解析法。最后简单介绍了空间连杆机构，包括空间连杆机构的自由度计算和坐标变换方法。

本章重点：平面连杆机构的运动和动力特性，包括整转副存在条件、压力角和传动角、急回特性和死点位置；连杆机构的图解设计方法，包括按给定连杆或连架杆的位置进行设计、按照行程速度变化系数进行设计的方法。

本章难点：平面连杆机构的压力角和急回特性，按给定连杆或连架杆的位置图解法设计四杆机构。

4.1 平面连杆机构设计的类型、特点和应用

平面连杆机构(planar linkage mechanism)是一种常见的传动机构，是指构件全部用低副连接而成的机构，故又称低副机构(lower-pair mechanism)。平面连杆机构广泛应用于各种机器、仪器以及操纵控制装置中。如往复式发动机(reciprocating engine)、抽水机(water pump)和空气压缩机(air compressor)以及牛头刨床(squaring machine)、插床(slotting machine)、挖掘机(excavator)、装卸机(charging crane)、颚式破碎机(jaw crusher)、摆动式输送机、印刷机械(printing mechanism)、纺织机械(textile machinery)等机器中的主要机构都是平面连杆机构。

1. 平面连杆机构的特点

由于平面连杆机构的运动副全是面接触的低副，因此它的单位面积压力小，磨损也小，使用寿命长。因为组成低副的接触表面都是平面和圆柱面，所以加工制造容易，并可得到较高的精度。此外，低副的接触是依靠本身的几何约束来实现的，不需要另外的装置来保证运动副的接触。由于连杆机构有众多优点，所以得到了广泛应用。

平面连杆机构也有一些缺点，例如要准确地实现既定的运动或轨迹比较困难，有时为了满足设计和使用的要求，需要增加构件和运动副的数目。这不仅使机构复杂，而且运动副数目的增加，又会因运动副间隙的存在而增加机构的累积误差，使预定运动规律发生偏差。同时运动副的增加，还会增加摩擦损耗，降低效率，有时甚至会发生自锁。此外，平面连杆机构

的设计计算以及动力平衡等均较复杂。但是随着计算技术和计算机的发展，以及有关设计软件的开发，平面连杆机构的设计和计算精度有了较大提高，能满足工程上不同的要求。

2. 平面连杆机构的类型和应用

1）平面四杆机构的基本型式及其应用

图 4-1 所示的所有运动副均为转动副的平面四杆机构称为铰链四杆机构（revolute four-bar linkage）。它是平面四杆机构最基本的型式，其他型式的四杆机构都可看成是在它的基础上通过演化而成的。在此机构中构件 4 为机架（frame），构件 1、3 与机架相联，称为连架杆（side link），构件 2 称为连杆（coupler）。在连架杆中，能作整周回转的称为曲柄（crank），而只能在某一定角度范围内摆动的称为摇杆（rocker）。

在铰链四杆机构中，若组成某转动副的两个构件能作整周相对转动，则该转动副又可称为整转副（fully rotating revolute），例如图 4-1(a)中的 A 和 B。不能作整周相对转动的则称为摆动副（partially rotating revolute），例如图 4-1(a)中的 C 和 D。

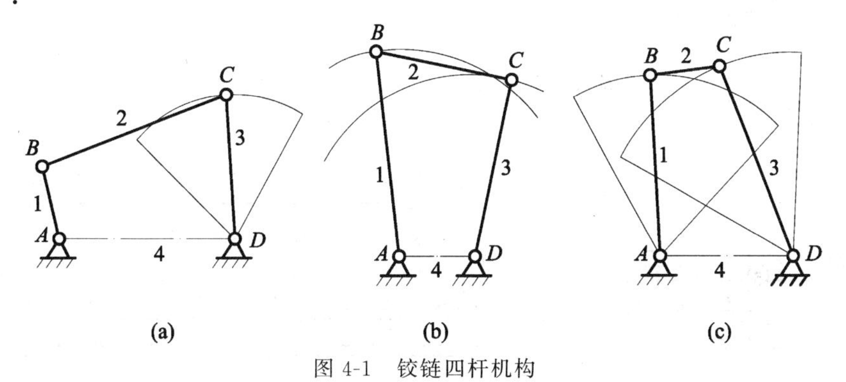

图 4-1　铰链四杆机构

(a) 曲柄摇杆机构；(b) 双曲柄机构；(c) 双摇杆机构

铰链四杆机构根据其两连架杆运动形式的不同，又可分为三种型式。

(1) 曲柄摇杆机构：在铰链四杆机构中，若两个连架杆之一为曲柄而另一是摇杆，则此机构称为曲柄摇杆机构（crank-rocker mechanism），如图 4-1(a)所示。在这种机构中，当曲柄为原动件，摇杆为从动件时，可将曲柄的连续转动转变成摇杆的往复摆动，此种机构应用广泛，如图 4-2 所示的雷达天线俯仰机构为曲柄摇杆机构。在曲柄摇杆机构中，也有以摇杆为原动件的，如图 4-3 所示的缝纫机踏板机构便属于这种情况。

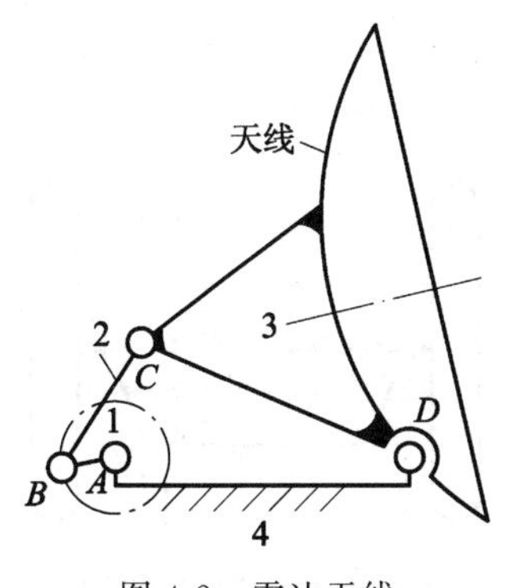

图 4-2　雷达天线

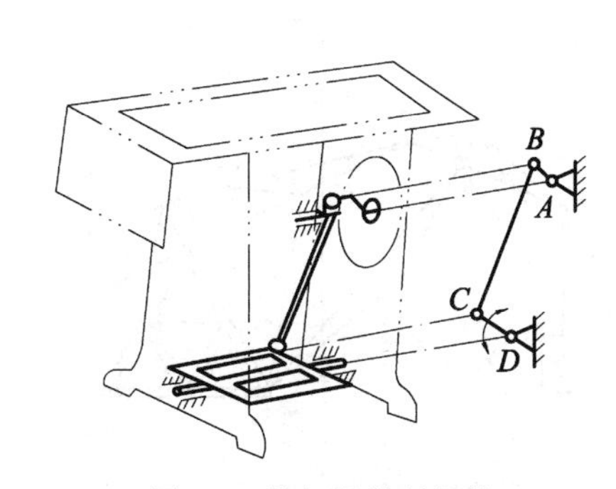

图 4-3　缝纫机踏板机构

(2) 双曲柄机构：若四杆机构的两连架杆均为曲柄，则此四杆机构称为双曲柄机构(double-crank mechanism)，如图4-1(b)所示的双曲柄机构。图4-4所示为惯性筛机构，它由一个双曲柄机构再串联一个曲柄滑块机构组成。当主动曲柄1匀速转动时，筛子6的加速度是变化的，从而产生惯性力以筛分物体。

如两曲柄的长度相等，连杆与机架的长度也相等，则称为平行双曲柄机构(parallel-crank mechanism)或平行四边形机构(图4-5)。如图4-6所示为天平中使用的平行四边形机构，它能使天平托盘1、2始终处于水平位置。图4-7所示的机车车轮联动机构也是平行四边形机构的应用实例。

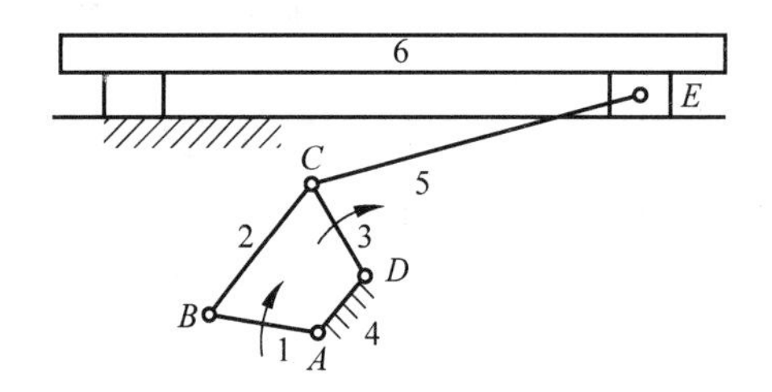

图4-4　双曲柄机构在惯性筛上的应用

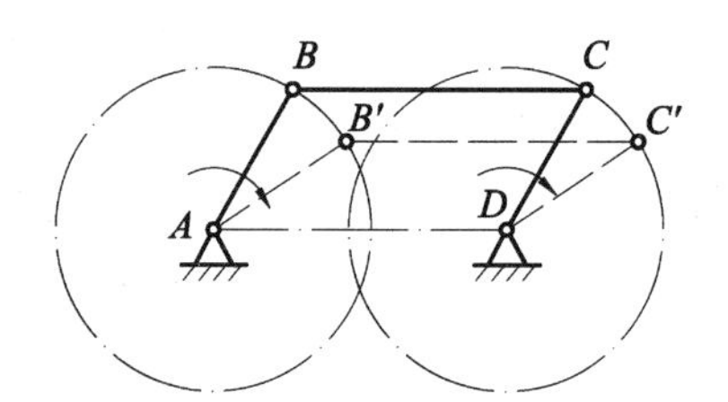

图4-5　平行四边形机构

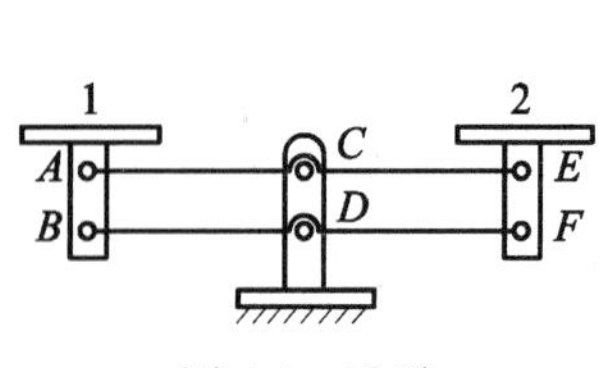

图4-6　天平

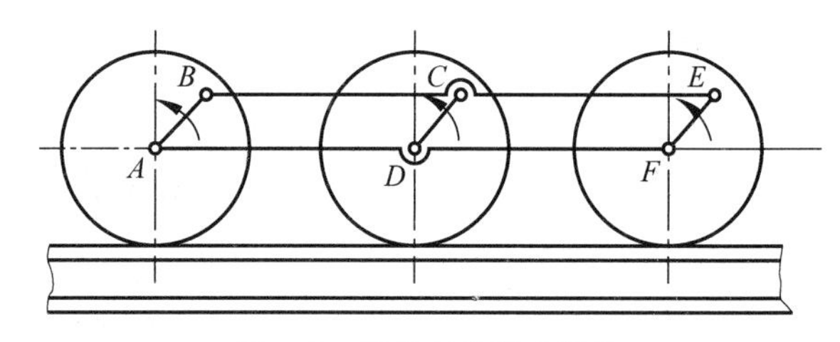

图4-7　机车车轮联动机构

(3) 双摇杆机构：若四杆机构的两连架杆均为摇杆，则此四杆机构称为双摇杆机构(double-rocker mechanism)，如图4-1(c)所示。这种机构应用也很广泛，如图4-8所示即为双摇杆机构在鹤式起重机中的应用。当摇杆 AB 摆动时，另一摇杆 CD 随之摆动，杆长设计合理时可使得悬挂在 E 点上的重物能沿近似水平直线的方向移动。

在双摇杆机构中，若两摇杆长度相等，则称为等腰梯形机构(isosceles trapezoid mechanism)。在汽车及拖拉机中，常用这种机构操纵前轮的转向(图4-9)。

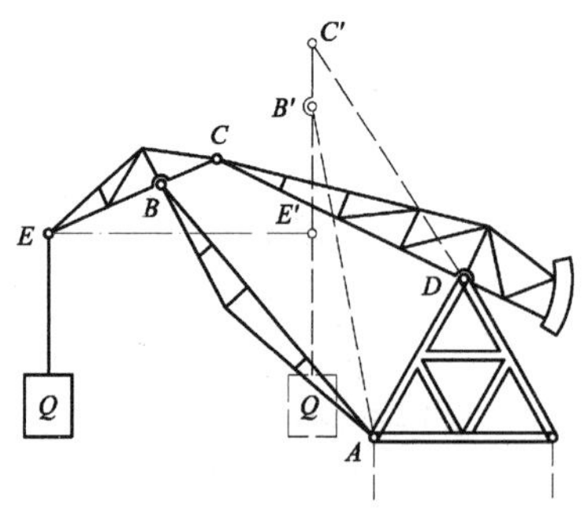

图4-8　鹤式起重机

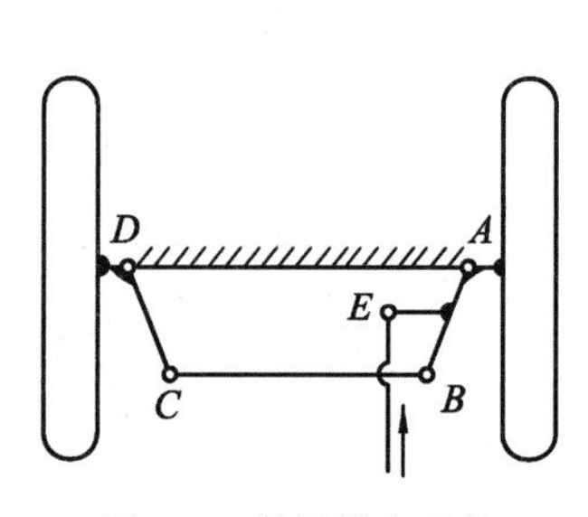

图4-9　车辆转向机构

2）平面四杆机构的演化型式及其应用

上面我们介绍了平面四杆机构的一些基本型式。在实际机器中，由于各种需要，所应用的连杆机构是多种多样的。这些机构的外形和构造可能很不相同，但它们却往往与前面介绍的那些基本型式的四杆机构之间具有相同的相对运动特性。可以认为，这些四杆机构都是通过改变某些构件的形状、相对长度、运动副的尺寸，或者选择不同的构件作为机架等方法，由四杆机构的基本型式演化而成的。下面就以平面四杆机构为例，说明平面铰链四杆机构怎样通过下列几种途径，演化成其他型式的平面四杆机构。

（1）转动副转化为移动副

如将图 4-10(a)所示铰链四杆机构的摇杆 CD 的长度增加至无穷大，则转动副 D 移至无穷远处，转动副 C 的轨迹变为直线，转动副 D 转化为移动副，该机构可变为如图 4-10(b)所示的偏置曲柄滑块机构(offset slider-crank mechanism)；当 $e=0$，变为对心曲柄滑块机构(in-line slider-crank mechanism)(图 4-10(c))。内燃机、往复式抽水机、空气压缩机及冲床等的主机构都是曲柄滑块机构。

曲柄滑块机构(slider-crank mechanism)是最常见的含有一个移动副的四杆结构。这种机构广泛用于冲床、内燃机、蒸汽机和空气压缩机等机械中。

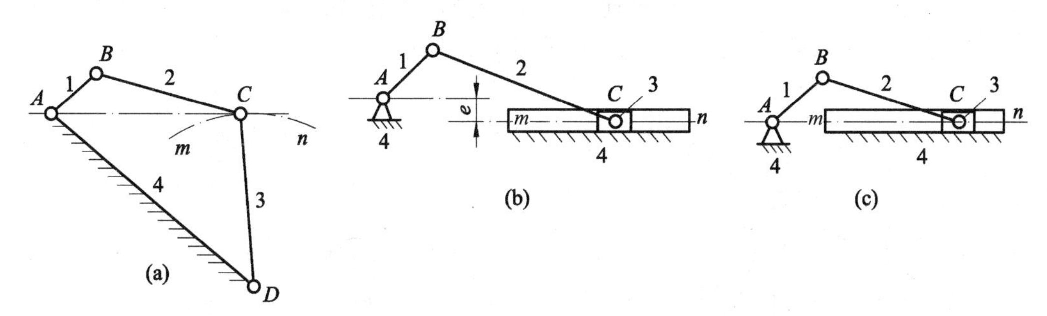

图 4-10　转动副转化为移动副

若将图 4-10 中连杆 2 与滑块 3 组成的 C 转动副转化为移动副，则形成了正弦(sinusoid mechanism)机构，如图 4-11 所示，其从动件的位移 h 随原动件转角 α 的正弦而变化，即 $h=L\sin\alpha$。

若将图 4-10 中曲柄 1 与连杆 2 组成的转动副 B 转化为移动副，则形成了正切机构(tangent mechanism)，如图 4-12 所示，其从动件的位移 h 随原动件转角 α 的正切而变化，即 $h=L\tan\alpha$。

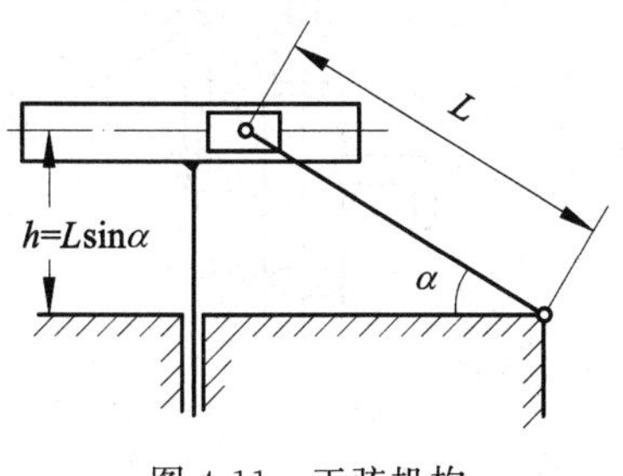

图 4-11　正弦机构

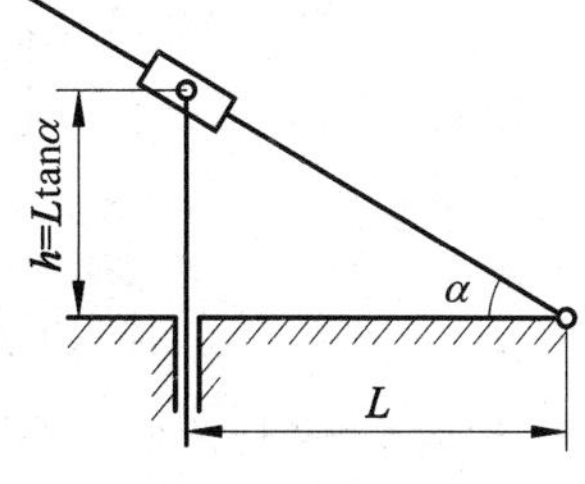

图 4-12　正切机构

(2) 取不同构件为机架

图4-1所示铰链四杆机构的三种基本型式可看做以曲柄摇杆机构取不同构件作为机架而得到的。四杆机构中各个转动副是整转副还是摆转副,只取决于各杆间相对尺寸的大小,而与固定哪个构件为机架无关。如在表4-1所示的曲柄摇杆机构中,各构件间的尺寸关系决定了与最短杆相连的两个转动副A和B是整转副,另外两个转动副C、D是摆转副,无论固定哪个构件为机架,这种情况都不会变。因此,当固定与最短构件AB相邻的构件AD或BC为机架时,便得到曲柄摇杆机构,如表4-1所示;当固定与最短构件相对的构件CD为机架时,便得到双摇杆机构;而当固定最短构件AB为机架时,便得到双曲柄机构。

将图4-10(c)中的曲柄AB作为机架,则得到了导杆机构。如图4-13所示,四杆机构的BC杆为曲柄,而另一连架杆4对滑块的运动起导路的作用,故称为导杆(guide bar)。若$BC>AB$,则导杆机构中的导杆能作整周回转,则称为转动导杆机构(rotating guide-bar mechanism)。图4-14所示的小型刨床就是由转动导杆机构再串联一个曲柄滑块机构组成的。若$BC<AB$,则导杆只能在某一角度范围内摆动,则称摆动导杆机构(oscillating guide-bar mechanism)。当取构件2为机架时(表4-1),因C仍为摆转副,滑块3只能摇动,而AB可以整周转动,故称为曲柄摇块机构。图4-15所示的驱动插刀切削的机构为该机构在Y54插齿机上的应用。当取滑块3为机架时(表4-1),导杆4只能在滑块中移动,故称为移动导杆机构。图4-16所示的手压式抽水机就是采用了这类机构。

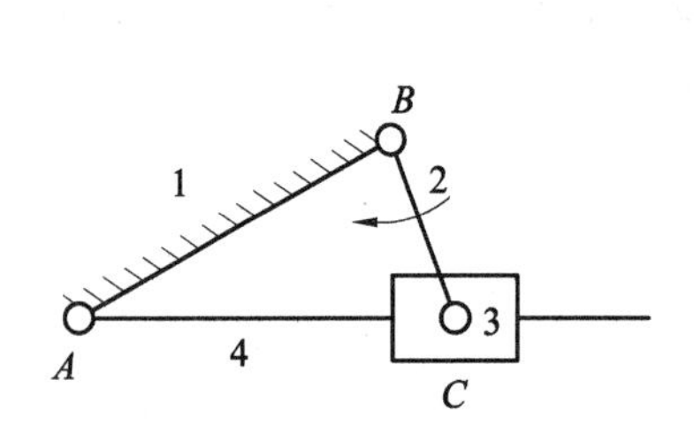

图4-13 导杆机构

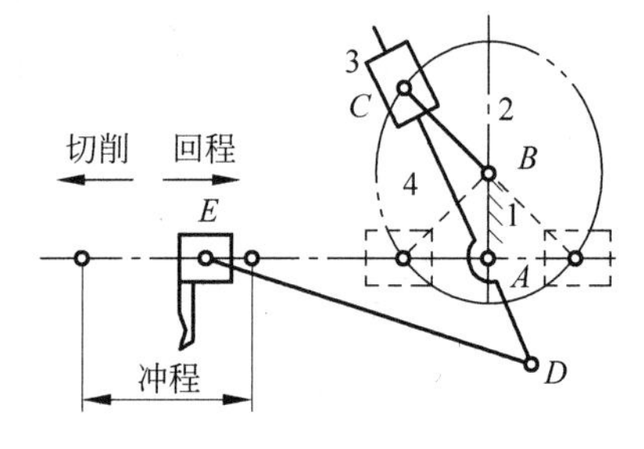

图4-14 小型刨床

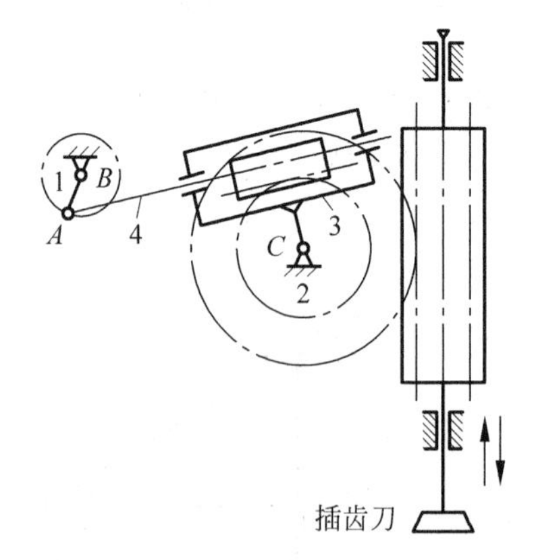

图4-15 曲柄摇块机构在Y54插齿机上的应用

1—曲柄;2—齿轮;3—摆块;4—导杆

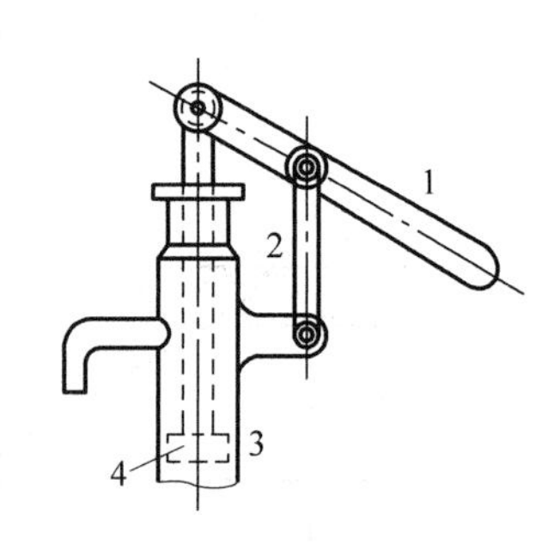

图4-16 手压抽水机

取不同构件为机架，则可以转化成不同形式的平面四杆机构，详见表 4-1。

表 4-1　平面四杆机构主要类型

作为机架的构件	铰链四杆机构	含一个移动副的四杆机构	含两个移动副的四杆机构	
4	曲柄摇杆	曲柄滑块	曲柄移动导杆(正弦)	正切
1	双曲柄	转动导杆	双转块	滑块摇杆
2	曲柄摇杆	曲柄摇块	曲柄移动导杆	摇杆导杆
3	双摇杆	移动导杆	双滑块	滑块摇块

(3) 扩大转动副

在图 4-17(a)所示曲柄摇杆机构中，构件 1 为曲柄，构件 3 为摇杆，将转动副 B 半径逐渐扩大直至超过曲柄 AB 的长度，便得到图 4-17(b)所示机构，这时曲柄 1 演变为一几何中心与回转中心不相重合的圆盘，此盘称为**偏心轮**(eccentric disk)，其偏心距就等于曲柄长度。此种扩大转动副的方法同样也可用于曲柄滑块机构，如图 4-17(c)所示。曲柄为偏心轮的机构称为**偏心轮机构**(eccentric mechanism)，这种机构都用于曲柄销承受较大冲击载荷、曲柄位于直轴中部或曲柄长度较短的机构中，如破碎机、内燃机、冲床等。

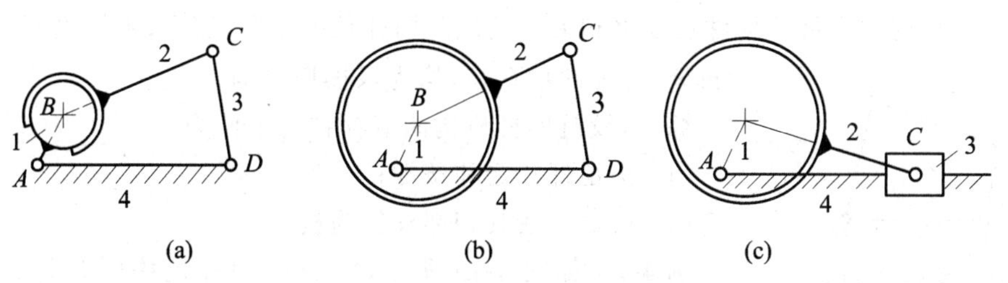

图 4-17　偏心轮机构的演化

4.2 平面连杆机构的运动和动力特性

1. 整转副存在条件

铰链四杆机构中,是否存在整转副取决于各个构件的相对长度关系。图4-18所示为曲柄摇杆机构,其中1为曲柄,3为摇杆,各构件的长度分别用 a、b、c、d 来表示。当曲柄 AB 回转一周时,它与连杆两次共线:曲柄位于 AB_1 时,它与连杆重叠共线,摇杆位于相应位置 C_1D;曲柄位于 AB_2 时,它与连杆拉直共线,摇杆的相应位置为 C_2D。两次共线位置分别构成$\triangle AC_1D$ 和$\triangle AC_2D$。在$\triangle AC_1D$ 中,有

$$\left.\begin{array}{l} b-a+d\geqslant c \\ b-a+c\geqslant d \end{array}\right\}$$

在$\triangle AC_2D$ 中,　$b+a\leqslant c+d$

所以有

$$\left.\begin{array}{l} c+a\leqslant b+d \\ d+a\leqslant b+c \\ b+a\leqslant c+d \end{array}\right\} \tag{4-1}$$

上式两两相加得

$$\left.\begin{array}{l} a\leqslant b \\ a\leqslant c \\ a\leqslant d \end{array}\right\} \tag{4-2}$$

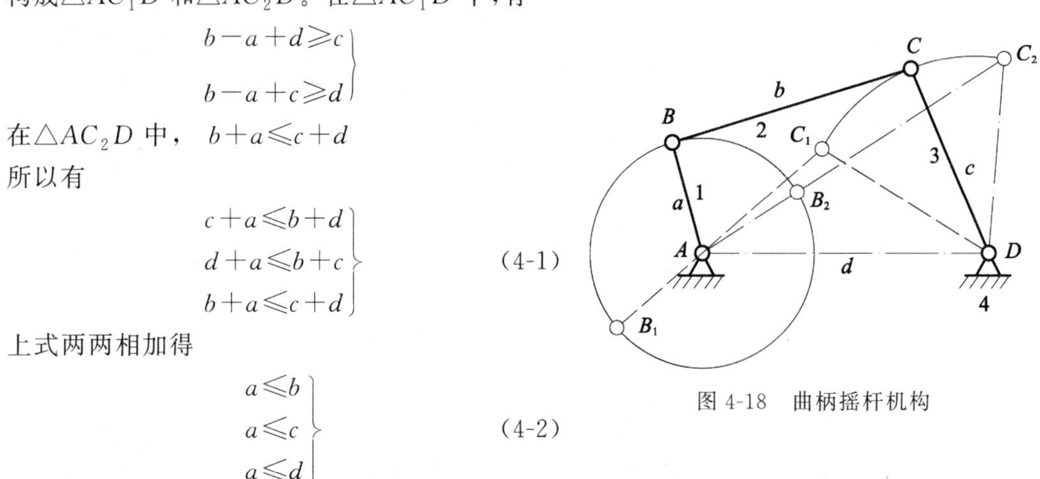

图4-18　曲柄摇杆机构

由式(4-1)与式(4-2)可见,铰链四杆机构存在整转副的条件是:最短杆与最长杆的长度之和小于等于其余两杆长度之和。

上述条件又可简称为杆长之和条件。若某铰链四杆机构满足杆长之和条件,则该机构存在整转副,并且由式(4-2)可知,与最短杆相联的转动副为整转副。

在4.1节中,曾讨论过选取不同构件为机架时,可得到不同型式的机构。如果铰链四杆机构中最短构件与最长构件的长度之和小于或等于其他两构件长度之和,且:

(1) 以最短构件的相邻构件为机架时,该机构为曲柄摇杆机构,最短构件为曲柄,而与机架相联的另一构件为摇杆;

(2) 以最短构件为机架时,该机构为双曲柄机构,其相邻两构件均为曲柄;

(3) 以最短构件的对边构件为机架时,无曲柄存在,该机构为双摇杆机构。

如果最短构件与最长构件长度之和大于其他两构件长度之和,那么,不管以哪一个构件为机架,都无曲柄存在,均为双摇杆机构。

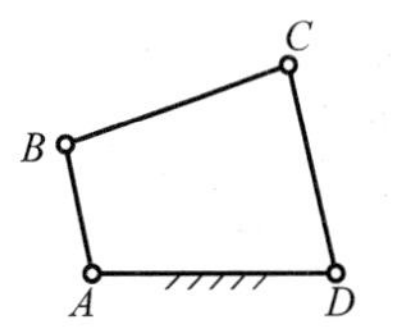

图4-19　判断铰链四杆机构类型

综上,铰链四杆机构曲柄存在的条件为:

(1) 满足杆长之和条件;

(2) 最短杆或其相邻杆作为机架。

例4-1　如图4-19所示,一铰链四杆机构的各杆长分别为 $l_{AB}=100\text{mm}$,$l_{BC}=250\text{mm}$,$l_{CD}=300\text{mm}$,$l_{AD}=400\text{mm}$,其中

AD 为机架,判断该机构中是否存在曲柄及机构的类型。

解:首先按照杆长之和条件进行判断。

由于最长杆与最短杆之和为 $l_{AB}+l_{AD}=100+400=500(\mathrm{mm})$

小于其余两杆之和 $l_{BC}+l_{CD}=250+300=550(\mathrm{mm})$

因此,该机构满足杆长之和条件,存在整转副,且与最短杆 AB 相连的转动副 A 和 B 为整转副,C 和 D 则为摆动副。

由于 A 为整转副,即 AB 相对于机架 AD 作整周转动,则 AB 为曲柄。由于 D 为摆动副,即 CD 只能相对于机架 AD 摆动,则 CD 为摇杆。所以,机构类型为曲柄摇杆。

对例题 1 可以进行深入讨论。若取 AB 为机架,由转动副 A 和 B 均为整转副,所以机构为双曲柄机构;若取 BC 为机架,则为曲柄摇杆机构;若取 CD 为机架,由于转动副 C 和 D 均为摆动副,则机构为双摇杆机构。

例 4-2 如上题所示,若构件 BC 杆长变为 150mm,其余杆长不变,判断取不同构件为机架时,机构的类型。

解:因为 $l_{AB}+l_{AD}=100+400>l_{BC}+l_{CD}=150+300$

所以,机构不存在整转副,无论取哪个构件为机架,均为双摇杆机构。

2. 压力角和传动角

在机构中,如图 4-20 所示的曲柄摇杆机构,若不考虑构件的重力、惯性力和运动副中的摩擦力等的影响,则当原动构件为曲柄时,连杆为二力杆,连杆作用于从动件摇杆上的力 P 沿 BC 方向,力 P 的作用线与力作用点 C 的绝对速度 v_C 之间所夹的锐角 α 称为压力角(pressure angle)。力 P 在 v_C 方向能做功的有效分力 $P_t=P\cos\alpha$,显然,这个分力越大越好;而力 P 沿从动件摇杆方向的分力 $P_n=P\sin\alpha$ 不做有用功,故越小越好。由此可知,压力角 α 越小对机构工作越有利。

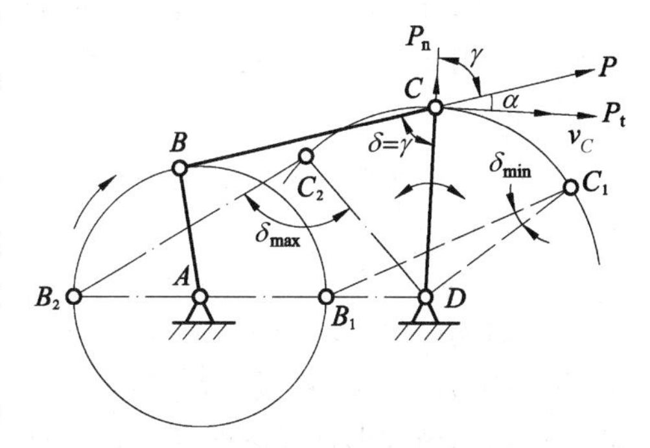

图 4-20 曲柄摇杆机构的压力角

压力角 α 的余角 γ 称为传动角(transmission angle),γ 越大对机构工作越有利。由于传动角 γ 有时可以从平面连杆机构的运动简图上直接观察其大小,故平面连杆机构设计中常采用 γ 来衡量机构的传动质量。当机构运转时,其传动角的大小是变化的,为了保证机构传动良好,设计时通常应使 $\gamma_{\min}\geqslant 40°$;对于高速和大功率的传动机械,应使 $\gamma_{\min}\geqslant 50°$。为此,需确定 $\gamma=\gamma_{\min}$ 时的机构位置,并检验 $\gamma_{\min}$ 的值是否不小于上述许用值。

如图 4-20 所示,若连杆 2 与从动件 3 的夹角为 δ,其可能取值范围为 $0°\sim180°$。显然,当 $\delta\leqslant 90°$时,$\gamma=\delta$;当 $\delta>90°$时,$\gamma=180°-\delta$。若 δ 角的极限值为 $\delta_{\min}$ 和 $\delta_{\max}$,则最小传动角 $\gamma_{\min}$ 与 $\delta_{\min}$ 或 $\delta_{\max}$ 有着确定关系。因 $\delta_{\min}$、$\delta_{\max}$ 分别对应于曲柄 1 与机架 4 重叠共线和拉直共线位置,其值为

$$\cos\delta_{\min}=\frac{b^2+c^2-(d-a)^2}{2bc} \tag{4-3}$$

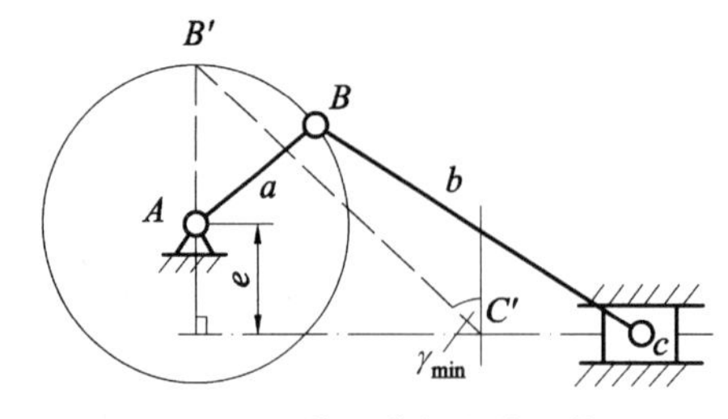

图 4-21　偏置曲柄滑块机构

$$\cos\delta_{max}=\frac{b^2+c^2-(d+a)^2}{2bc} \tag{4-4}$$

在偏置曲柄滑块机构中，当原动构件为曲柄时，γ_{min} 位置的确定如图 4-21 所示。对于对心曲柄滑块机构，其 γ_{min} 的位置也可用同样方法确定。在摆动导杆机构中，当原动构件为曲柄时，机构在各个位置上的压力角 α 都等于零，即传动角 γ 都等于 90°。

3. 行程速度变化系数

对于原动件(曲柄)作匀速定轴转动时、从动件相对于机架作往复运动(摆动或移动)的连杆机构，从动件正行程和反行程的位移量相同，而所需的时间一般并不相等，正反两个行程的平均速度也就不相等。这种现象称为机构的**急回特性**(quick return characteristic)。为反映机构急回特性的相对程度，引入**从动件行程速度变化系数**(coefficient of travel speed variation)，用 K 表示，其值为

$$K=\frac{\text{从动件快行程平均速度}}{\text{从动件慢行程平均速度}}(\geqslant 1)$$

在图 4-22 所示的曲柄摇杆机构中，曲柄 1 与连杆 2 重叠共线的 AB_1 和拉直共线的 AB_2 分别对应于从动件的两个极限位置 C_1D 和 C_2D，矢径 AB_1 和 AB_2 将以 A 为圆心、曲柄长为半径的圆分割为圆心角不等的两部分，其中圆心角大者用 $\varphi_1(\geqslant 180°)$ 表示，小者用 $\varphi_2(\leqslant 180°)$ 表示，由

$$\varphi_1=180°+\theta,\quad \varphi_2=180°-\theta$$

可得

$$\theta=(\varphi_1-\varphi_2)/2$$

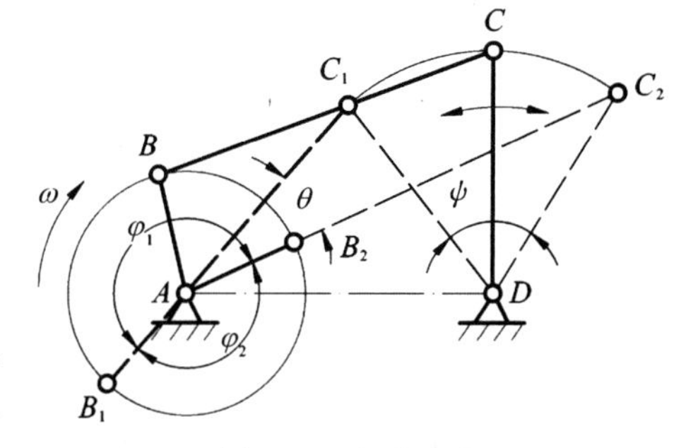

图 4-22　极位夹角

若曲柄以匀速转过 φ_1 和 φ_2 对应的时间分别为 t_1(对应于从动件慢行程)和 t_2(对应于从动件快行程)，则根据行程速度变化系数的定义，有

$$K=\frac{\psi/t_2}{\psi/t_1}=\frac{t_1}{t_2}=\frac{\varphi_1}{\varphi_2}=\frac{180°+\theta}{180°-\theta} \tag{4-5}$$

因此，机构的急回特性也可用 θ 角来表征。由于 θ 与从动件极限位置对应的曲柄位置有关，故称其为**极位夹角**(the crank acute angle between two limit positions)。对于曲柄摇杆机构，极位夹角即为 $\angle C_1AC_2$，其值与机构尺寸有关，可能小于 90°，也可能大于 90°，一般范围为 0°～180°。可以通过 K 进行计算，见式 4-6。

$$\theta=180°\frac{K-1}{K+1} \tag{4-6}$$

除曲柄摇杆机构外，偏置曲柄滑块机构和导杆机构也有急回特性。图 4-23(a)、(b)所示的曲柄滑块机构，极位夹角为 $\theta=\angle C_1AC_2<90°$。滑块慢行程的方向与曲柄的转向和偏置方向有关。当偏距 $e=0$ 时，$\theta=0$，即对心曲柄滑块机构无急回特性。

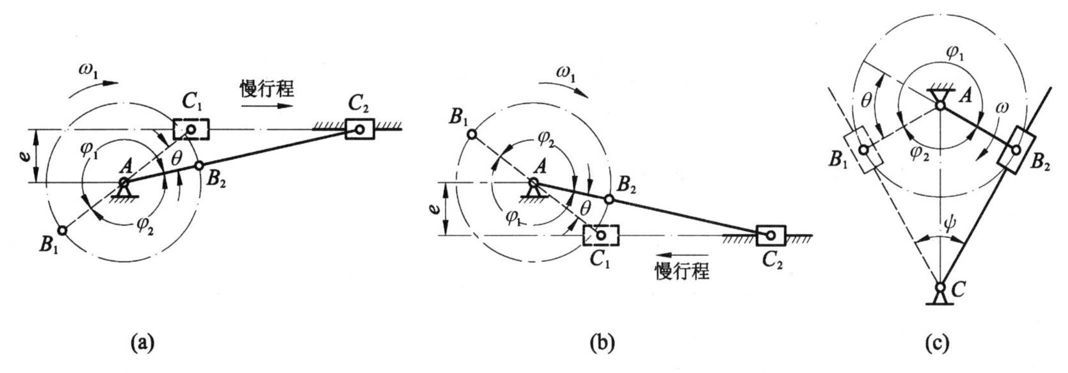

图 4-23 机构的极位夹角

(a) 导路偏上的偏置曲柄滑块机构；(b) 导路偏下的偏置曲柄滑块机构；(c) 摆动导杆机构

图 4-23(c)表示了摆动导杆机构的极位夹角，其取值范围为(0°,180°)，并有 $\psi=\theta$。导杆慢行程摆动方向总是与曲柄转向相同。

4. 死点位置

在曲柄摇杆机构中，如图 4-24 所示，若取摇杆作为原动件，则摇杆在两极限位置时，通过连杆加于曲柄的力 P 将经过铰链 A 的中心，此时传动角 $\gamma=0$，即 $\alpha=90°$，故 $P_t=P\cdot\cos\alpha=0$，它不能推动曲柄转动，而使整个机构处于静止状态。这种位置称为**死点**(dead point)。对传动而言，机构有死点是一个缺陷，需设法加以克服，例如可利用构件的惯性通过死点。缝纫机在运动中就是依靠皮带轮的惯性来通过死点的。也可以采用机构错位排列的办法，即将两组以上的机构组合起来，使各组机构的死点错开。

机构的死点位置并非总是起消极作用。在工程中，也常利用死点位置来实现一定的工作要求。例如图 4-25 所示工件夹紧机构(clamping device)，当在 P 力作用下夹紧工件时，铰链中心 B、C、D 共线，机构处于死点位置，此时工件加在构件 1 上的反作用力 Q 无论多大，也不能使构件 3 转动，这就保证在去掉外力 P 之后，仍能可靠夹紧工件。当需要取出工件时，只要在手柄上施加向上的外力，就可使机构离开死点位置，从而松脱工件。

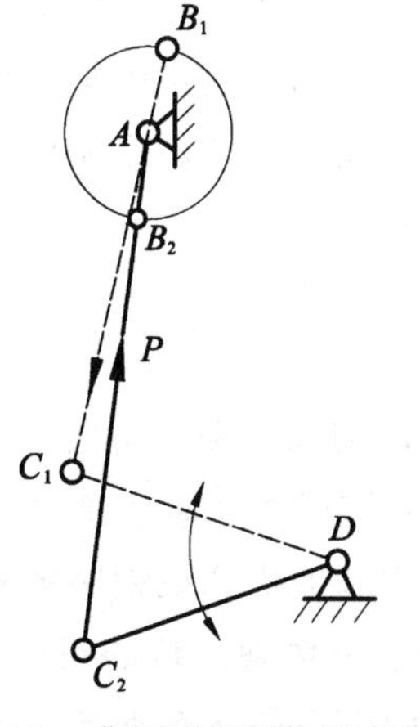

图 4-24 曲柄摇杆机构死点位置

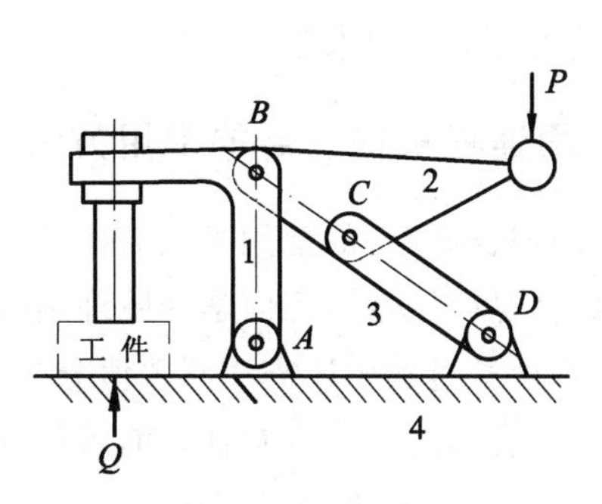

图 4-25 工件夹紧机构

4.3 平面连杆机构的综合概述

1. 平面连杆机构综合的基本问题

平面连杆机构综合所要完成的任务是：首先是方案设计，即型综合(type synthesis)；然后是机构的尺度综合(dimensional synthesis)，即根据机构所要完成的运动功能而提出的设计条件，如运动条件、几何条件和传力条件等，确定机构各构件的运动学尺寸，这里的运动学尺寸包括各运动副之间的相对位置尺寸或角度尺寸以及实现连杆上某点给定轨迹时的位置参数；最后，画出机构的运动简图(kinematic diagram)。

平面连杆机构综合的基本问题有两大类。

1) 实现已知的运动规律

在这类问题中，要求设计平面连杆机构实现以下运动要求：

(1) 导引它的一个构件通过几个给定位置，称为刚体导引(body guidance)机构的综合。

(2) 实现主、从动件的角位移或线位移之间的给定关系，称为函数生成(function generation)机构的综合。其中包括满足主、从动件之间若干给定位置的对应问题，或减少一些给定位置而增加一些速度、加速度的要求。每种机构所能实现的对应位置的最大数目，取决于该机构的类型和结构。

2) 实现已知的轨迹

在这类问题中，要求设计平面连杆机构，使连杆上某点或者铰链中心能在机架平面上精确地通过若干指定的点或近似地描出给定的曲线，称为轨迹生成(path generation)机构的综合。

以上两类综合问题中，如不涉及速度和加速度，又都称为按已知位置的综合问题。在生产实践中，各种机器所需满足的运动要求是多种多样的，除了上述基本问题外，还有其他的运动要求以及各种运动要求的组合。如实现已知的传动比、死点的位置、大停歇运动等；既要满足机构中某一构件的位置、速度和加速度的要求，又要满足机构中某一构件的大停歇运动的要求；在实现已知轨迹的同时还要求与原动件的转角相对应；除满足给定运动要求外还需满足动力性能的要求等。

2. 平面连杆机构综合的常用方法

平面连杆机构综合的常用方法有图解法(graphic method)和解析法(analytic method)两种。图解法是应用运动几何学的原理画图进行求解；解析法是通过建立数学模型用数学解析求解，在求解过程中还需用到数值分析、计算机编程和上机调试程序等知识。在解析法中又有精确综合和近似综合两种。前者是基于满足若干个精确点位的机构运动要求，推导出所需要的解析式，在推导过程中不考虑机构由于结构引入的运动误差；后者是用机构实际可以实现的运动与期望机构所实现的运动二者间的偏差表达式，建立机构综合的数学解析式，在综合中同时考虑了机构所实现的误差分布情况。另外，随着机械最优化技术的发展，在平面机构的综合中，常常应用最优化技术，在顾及其他要求的基础上，综合出某项或某些要求最优的平面连杆机构。

平面连杆机构解析法综合中经常使用位移矩阵法。这是因为位移矩阵(displacement matrix)法不但与运动分析紧密结合，而且应用面广，既可用于平面机构的运动综合，也可用于空间机构的运动综合；既可用于刚体导引机构的运动综合，也可以用于函数生成机构与轨迹生成机构的运动综合。该方法的主要步骤是，首先建立运动设计的方程，可能是线性方程组，也可能是非线性方程组；然后用数值方法通过编程计算该方程组的解，从而求得机构参数的待求量。有关位移矩阵法的详细内容可以查阅机械原理的相关参考文献。

4.4　平面连杆机构的综合——作图法

1. 按照连杆给定位置设计四杆机构

1) 连杆位置用动铰链中心 B、C 两点表示

如图 4-26 所示，连杆位置用动铰链中心 B、C 两点表示。连杆经过三个预期位置序列 B_1C_1、B_2C_2 和 B_3C_3，其四杆机构的设计过程如下：由于机构运动过程中 B 点的运动轨迹是以 A 点为圆心的圆弧，故可分别作 B_1B_2 和 B_2B_3 的中垂线，其交点即为固定铰链中心 A，同理，分别作 C_1C_2 和 C_2C_3 的中垂线(midnormal)，其交点(intersection point)为固定铰链中心 D，则 AB_1C_1D 即为所求铰链四杆机构在第一位置时的机构图。当按比例作图时，由图上量得尺寸乘以比例尺后即得两连架杆和机架的长度。特殊情况，若 B_1、B_2、B_3 或 C_1、C_2、C_3 位于一条直线上，则得含一个移动副的四杆机构。

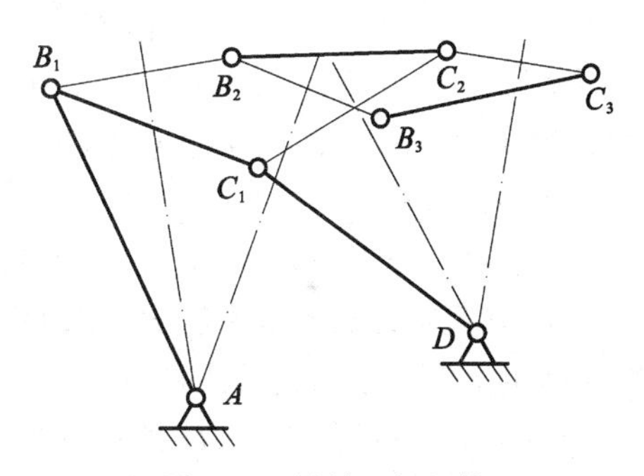

图 4-26　设计四杆机构

实现 BC 三个位置的四杆机构是唯一的。如果仅给定 BC 的两个位置，则有无穷多个解。

如图 4-27 所示的加热炉门，只要求实现炉门关和开的两个位置 B_1C_1 和 B_2C_2，这时固定铰链 A 点的位置必在 B_1B_2 连线的垂直平分线 b_{12} 上，D 点的位置必在 C_1C_2 连线的垂直平分线 c_{12} 上，因此有无穷解。但实际设计时可以加上其他附加条件，如两连架杆之长、固定铰链安装范围、许用传动角等以获得确定解。

2) 连杆位置用连杆平面上任意两点表示

如图 4-28 所示，已知连杆平面上两点 M、N 的三个预期位置序列为 M_1N_1、M_2N_2 和 M_3N_3，两固定铰链(fixed pivots)中心位于 A、D 位置，要求确定连杆及两连架杆的长度。

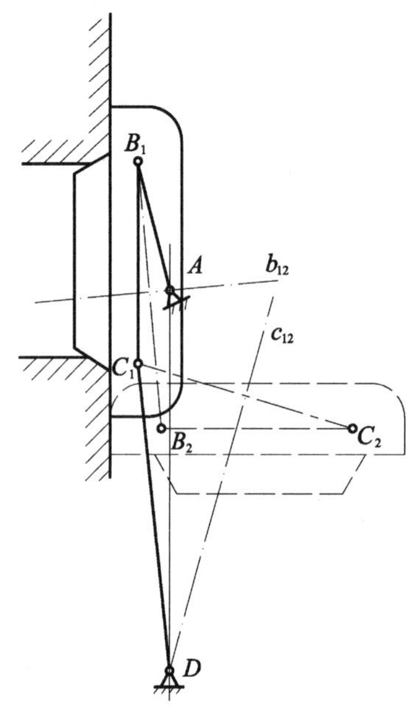

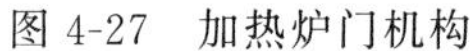
图 4-27 加热炉门机构

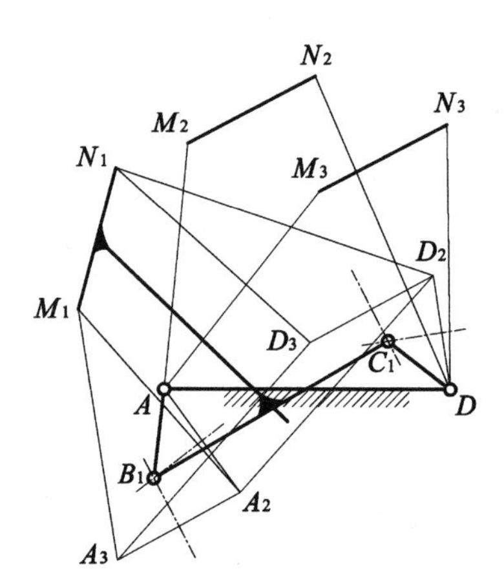

图 4-28 转换机架法

此问题可采用转换机架法(converting frame method)进行设计,即取连杆的第一个位置 M_1N_1(也可取第二或第三个位置)为“新机架”,找出 A、D 相对于 M_1、N_1 的位置序列,从而将原问题转化为已知 A、D 相对于 M_1N_1 三个位置的设计问题。为此将四边形 AM_2N_2D 和 AM_3N_3D 予以刚化,并搬动这两个四边形使 M_2N_2 和 M_3N_3 均与 M_1N_1 重合,即作四边形 $A_2M_1N_1D_2$ 和 $A_3M_1N_1D_3$ 分别全等于四边形 AM_2N_2D 和 AM_3N_3D。此时原来对应于 M_2N_2 和 M_3N_3 的 AD 则到达 A_2D_2 和 A_3D_3,分别作 AA_2 和 A_2A_3 的中垂线,其交点即为铰链中心 B_1,而 DD_2 和 D_2D_3 中垂线的交点为铰链中心 C_1,AB_1C_1D 即为满足给定要求的铰链四杆机构。

当两固定铰链中心 A、D 的位置未给定时,四杆机构可实现连杆平面上两点 M、N 的 4 个或 5 个预期位置序列,其设计需要用到圆点曲线和中心点曲线理论,必要时可参考相关文献。

2. 按给定两连架杆位置设计四杆机构

如图 4-29(a)所示,设已知连架杆 AB 的三个位置 AB_1、AB_2、AB_3 和另一连架杆 CD 的三个对应位置 DE_1、DE_2、DE_3。这时机构综合的主要问题是确定连接构件 BC 和 CD 的转动副 C 的位置。当 C 点位置确定后,机构尺寸即可确定。

为了综合方便,可以利用相对运动原理确定 C 点位置。如图 4-29(b)所示,将整个机构绕 D 点反向转动,使 CD 构件从 DE_2 位置反转 $\angle E_2DE_1$ 回到 DE_1 位置,这时 B_2、E_2 和 D 点所构成的三角形 B_2E_2D 转到 $B_2'E_1D$ 位置,得 B_2' 点。同理,再使整个机构从 DE_3 位置反转 $\angle E_3DE_1$ 回到 DE_1 位置,这时 B_3、E_3、D 点所构成的 $\triangle B_3E_3D$ 转到 $B_3'E_1D$ 位置,得 B_3' 点。反转后原机构的综合问题转化为以 CD 为固定构件、AB 为连杆,已知连杆上 B 点的三个位置 B_1、B_2'、B_3' 求转动副 C 的位置问题。由于这三点在以 C 为圆心的圆周上,

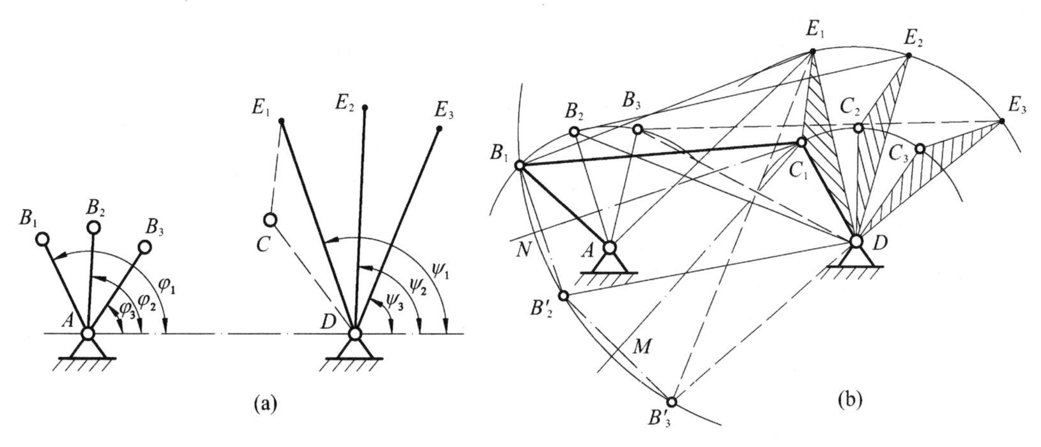

图 4-29　给定两连架杆位置设计四杆机构

所以作 B_1B_2' 和 $B_2'B_3'$ 的垂直平分线 N 和 M，它们的交点即为转动副 C 的位置（即图中 C_1 点位置）。

如果已知两连架杆的两对对应位置，机构有无穷个解，也可以加入附加条件，以获得确定解。

3. 按给定的行程速度变化系数设计四杆机构

当设计曲柄摇杆机构、导杆机构和偏置曲柄滑块机构等具有急回(quick return)特性的机构时，为使所设计的机构能保证一定的急回要求，应给定行程速度变化系数(coefficient of travel speed variation)K。此时可利用机构在极限位置时的几何关系，再结合其他辅助条件进行设计。

已知摇杆的长度、摆角 ψ 及行程速度变化系数 K，要求设计曲柄摇杆机构。

设计步骤如下(参见图 4-30)：

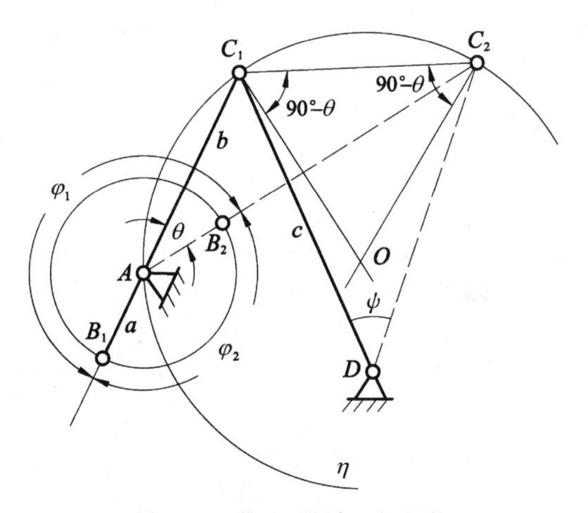

图 4-30　按 K 设计四杆机构

(1) 按 $\theta=180°\dfrac{K-1}{K+1}$ 算出 θ 值。

(2) 任意选定转动副 D 的位置，并按选定的比例尺 μ_1，由摇杆长和 ψ 角作出摇杆的两

个极限位置 DC_1 和 DC_2。

(3) 连 C_1C_2,并作$\angle C_1C_2O=\angle C_2C_1O=90°-\theta$,得 C_1O 和 C_2O 的交点 O。以点 O 为圆心和 OC_1 为半径作圆 η。由于该圆的圆心角为 2θ,即圆周角为 θ,因此可在 η 圆周上任取一点作为铰链中心 A,$\angle C_1AC_2=\theta$,满足极位夹角 θ 的要求,由于点 A 是在圆 η 的圆周上任意取的,因此可有无穷多解,如果另有辅助条件,例如给定机架长度 d 或给定 C_2 处的传动角 γ,则点 A 的位置便完全确定了。

(4) 当点 A 的位置确定后,按极限位置时,曲柄与连杆共线的原理可得

$$\left.\begin{aligned}\overline{AC_1}=\overline{BC}-\overline{AB}\\ \overline{AC_2}=\overline{BC}+\overline{AB}\end{aligned}\right\}$$

由此可解出 $\overline{AB}$,$\overline{BC}$,则曲柄长 $a=\overline{AB}\times\mu_1$,连杆长 $b=\overline{BC}\times\mu_1$。

如果要设计的是曲柄滑块机构,则根据机构的演化原理可知,这时转动中心 D 在无穷远处,原摇杆的两极限位置这时已成为已知滑块的两极限位置,滑块两极限位置之间的距离称为**行程**(stroke)。若再加上其他辅助条件如转动副 A 至导路的偏距 e,便可按上述相同的方法设计出该机构。

4. 按预定轨迹上的多个点位设计

当选定的点位多于 5 个时,可借助实验方法(experimental method)进行图解设计,现介绍如下。

如图 4-31 所示,设已知原动件 AB 的长度及其回转中心 A 和连杆上描点 M 的位置。现要求设计一四杆机构使连杆上的 M 点能沿着预定的轨迹 K_M 运动。

现该四杆机构中仅活动铰链 C 和固定铰链 D 的位置未知。为解决此设计问题,可在连杆上取若干点 C、C'、C''、…,再让连杆上的描点 M 沿着给定的轨迹运动,活动铰链 B 在其轨迹圆上运动,此时边杆上各 C 点将描出各自的连杆曲线(见图 4-31)。在此曲线中,找出圆弧或近似圆弧(或近似直线),描绘该曲线的点 C 即可作为活动铰链点 C,而此曲线的曲率中心即为固定铰链 D,四杆机构设计完成。

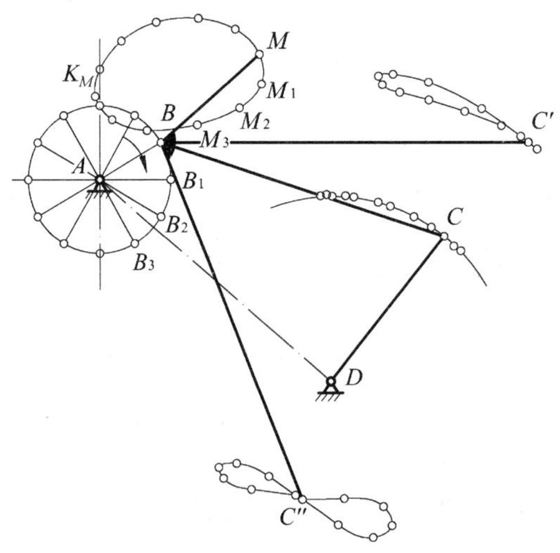

图 4-31 按预定轨迹上的多个点位设计四杆机构

4.5　平面连杆机构的综合——解析法

1. 按给定连杆位置设计四杆机构

对于图 4-32 所示铰链四杆机构，在机架上建立固定坐标系 Oxy。已知连杆平面上两点 M、N 在该坐标系中的位置坐标序列为 $M_i(x_{Mi},y_{Mi})$、$N_i(x_{Ni},y_{Ni})(i=1,2,\cdots,n)$，以 M 为原点在连杆上建立动坐标系 $Mx'y'$，其中 x'轴正向为 $M\to N$ 的指向。设 B、C 两点在动坐标系中的位置坐标为$(x'_B、y'_B)$、$(x'_C、y'_C)$，在固定坐标系中与 M_i、N_i 相对应的位置坐标为(x_{Bi},y_{Bi})、(x_{Ci},y_{Ci})，则 B、C 两点分别在固定坐标系和动坐标系中的坐标变换关系为

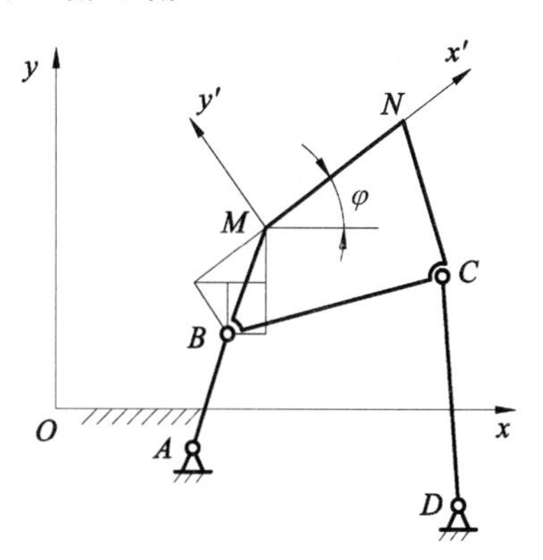

图 4-32　曲柄摇杆机构坐标系

$$\left.\begin{aligned}x_{Bi}&=x_{Mi}+x'_B\cos\varphi_i-y'_B\sin\varphi_i\\y_{Bi}&=y_{Mi}+x'_B\sin\varphi_i+y'_B\cos\varphi_i\end{aligned}\right\}\tag{4-7}$$

$$\left.\begin{aligned}x_{Ci}&=x_{Mi}+x'_C\cos\varphi_i-y'_C\sin\varphi_i\\y_{Ci}&=y_{Mi}+x'_C\sin\varphi_i+y'_C\cos\varphi_i\end{aligned}\right\}\tag{4-8}$$

其中，φ_i 为 x 轴正向至 x'轴正向沿逆时针方向的夹角，由下式给出：

$$\varphi_i=\arctan\frac{y_{Mi}-y_{Ni}}{x_{Mi}-x_{Ni}}\tag{4-9}$$

若固定铰链中心 A、D 在固定坐标系中的位置坐标记为(x_A,y_A)和(x_D,y_D)，则根据机构运动过程中两连架杆长度不变的条件可得

$$(x_{Bi}-x_A)^2+(y_{Bi}-y_A)^2=(x_{B1}-x_A)^2+(y_{B1}-y_A)^2\quad(i=2,3,\cdots,n)\tag{4-10}$$

$$(x_{Ci}-x_D)^2+(y_{Ci}-y_D)^2=(x_{C1}-x_D)^2+(y_{C1}-y_D)^2\quad(i=2,3,\cdots,n)\tag{4-11}$$

将式(4-7)代入式(4-10)并整理得

$$E_ix'_B-F_iy'_B+G_i=0\quad(i=2,3,\cdots,n)\tag{4-12}$$

式中

$$E_i=(x_{Mi}\cos\varphi_i-x_{M1}\cos\varphi_1)+(y_{Mi}\sin\varphi_i-y_{M1}\sin\varphi_1)-x_A(\cos\varphi_i-\cos\varphi_1)-y_A(\sin\varphi_i-\sin\varphi_1)\tag{4-13}$$

$$F_i=(x_{Mi}\sin\varphi_i-x_{M1}\sin\varphi_1)-(y_{Mi}\cos\varphi_i-y_{M1}\cos\varphi_1)-x_A(\sin\varphi_i-\sin\varphi_1)+y_A(\cos\varphi_i-\cos\varphi_1)\tag{4-14}$$

$$G_i=(x_{Mi}^2+y_{Mi}^2)/2-(x_{M1}^2+y_{M1}^2)/2-x_A(x_{Mi}-x_{M1})-y_A(y_{Mi}-y_{M1})\tag{4-15}$$

当 A、D 位置未给定时，式(4-12)含有 4 个未知量 x'_B、y'_B和 x_A、y_A，共有$(n-1)$个方程，这些方程有解的条件为 $n\leqslant5$，即四杆机构最多能精确实现连杆 5 个给定位置。当 $n<5$

时，可预先选定某些机构参数，以获得唯一解。同样将式(4-8)代入式(4-11)，得含4个未知量 x'_C、y'_C 和 x_D、y_D 的 $(n-1)$ 个方程。求出 x'_B、y'_B、x_A、y_A 和 x'_C、y'_C、x_D、y_D 后，利用上述关系即可求得连杆、机架及两连架杆的长度。

若 A、D 位置预先给定，则四杆机构最多可精确实现连杆的三个预期位置。

例 4-3　在图4-32所示的铰链四杆机构中，已知连杆的三个位置：$x_{M1}=10\text{mm}$，$y_{M1}=32\text{mm}$，$\varphi_1=52°$；$x_{M2}=36\text{mm}$，$y_{M2}=39\text{mm}$，$\varphi_2=29°$；$x_{M3}=45\text{mm}$，$y_{M3}=24\text{mm}$，$\varphi_3=0°$。两固定铰链中心位置坐标为 $A(0,0)$ 和 $D(63,0)$，单位为mm。试求连杆及两连架杆的长度。

解：由式(4-13)～式(4-15)可得

当 $i=2$ 时，

$$E_2=36\times\cos29°-10\times\cos52°+39\times\sin29°-32\times\sin52°=19.02$$

$$F_2=36\times\sin29°-10\times\sin52°-39\times\cos29°+32\times\cos52°=-4.84$$

$$G_2=(36^2+39^2)/2-(10^2+32^2)/2=846.5$$

当 $i=3$ 时，

$$E_3=45-10\times\cos52°-32\times\sin52°=13.63$$

$$F_3=-10\times\sin52°-24+32\times\cos52°=-12.18$$

$$G_3=(45^2+24^2)/2-(10^2+32^2)/2=738.5$$

将以上数据代入式(4-12)，联立求解两个方程得：$x'_B=-40.65\text{mm}$，$y'_B=-15.15\text{mm}$。再将其代入连杆第一个位置对应的式(4-7)，有

$$x_{B1}=10-40.65\times\cos52°+15.15\times\sin52°=-3.09(\text{mm})$$

$$y_{B1}=32-40.65\times\sin52°-15.15\times\cos52°=-9.36(\text{mm})$$

因此，连架杆 AB 的长度为

$$l_{AB}=\sqrt{(x_{B1}-x_A)^2+(y_{B1}-y_A)^2}=9.86\text{mm}$$

同法可得：$x'_C=34.6\text{mm}$，$y'_C=48.92\text{mm}$。将其代入连杆第一个位置对应的式(4-8)有：$x_{C1}=69.85\text{mm}$，$y_{C1}=29.15\text{mm}$。由此可求得连杆 BC 及连架杆 CD 的长度为

$$l_{BC}=\sqrt{(x_{B1}-x_{C1})^2+(y_{B1}-y_{C1})^2}=82.48\text{mm}$$

$$l_{CD}=\sqrt{(x_{C1}-x_D)^2+(y_{C1}-y_D)^2}=29.94\text{mm}$$

2. 按给定的传动角设计四杆机构

传递动力较大的四杆机构常根据其许用的传动角(allowable transmission angle)进行设计。现在我们就研究要求保证机构的传动角 γ 不小于某一极限值 $\gamma_{\min}$ 时四杆机构的设计问题。

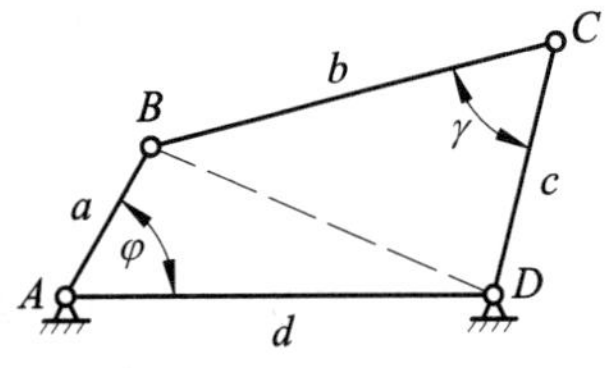

图4-33　按 γ 设计四杆机构

如图4-33所示，设以 a、b、c、d 分别表示四杆机构各杆的长度，则当机构在任意位置时，得

$$\left.\begin{aligned}\overline{BD}&=a^2+d^2-2ad\cos\varphi\\ \overline{BD}&=b^2+c^2-2bc\cos\gamma\end{aligned}\right\}\tag{4-16}$$

上式中的 BD 是 B、D 两运动副轴线间的距离，它随机构位置

不同而改变。由上式可得

$$\cos\gamma=\frac{b^2+c^2-a^2-d^2+2ad\cos\varphi}{2bc} \tag{4-17}$$

由上式可以看出，四杆机构的传动角 γ 随各杆长度的不同而不同，同时它又随原动件 AB 的转角 φ 的改变而变化。但 $\cos\varphi$ 之值在 -1 与 $+1$ 之间变化。当 $\cos\varphi=-1$ 时，有

$$\cos\gamma=\frac{b^2+c^2-(a+d)^2}{2bc}$$

此时 $\cos\gamma$ 之值最小，即 γ 角为最大。当 $\cos\varphi=+1$ 时，有

$$\cos\gamma=\frac{b^2+c^2-(d-a)^2}{2bc}$$

此时 $\cos\gamma$ 之值最大，即 γ 角为最小。由此可得传动角 γ 的两个极限值为

$$\gamma_{\max}=\arccos\frac{b^2+c^2-(a+d)^2}{2bc} \tag{4-18}$$

$$\gamma_{\min}=\arccos\frac{b^2+c^2-(d-a)^2}{2bc} \tag{4-19}$$

以上两个方程式中共有 6 个参数，即 a、b、c、d、$\gamma_{\max}$ 和 $\gamma_{\min}$。如果要这两个方程式可解，必须给定 4 个参数。在一般情况下，给定的 4 个参数是 $\gamma_{\max}$、$\gamma_{\min}$、a 和 d。

3. 按给定两连架杆对应位移设计四杆机构

在图 4-34 所示的铰链四杆机构(revolute four-bar mechanism)中，已知两连架杆 AB 和 DC 沿逆时针方向的对应角位移序列为 φ_{1i} 和 ψ_{1i} $(i=2,3,\cdots,n)$，要求确定各构件的长度 a、b、c、d。

以 A 为原点、机架 AD 为 x 轴建立直角坐标系 A_{xy}，则两连架杆 AB 和 CD 相对于 x 轴的位置角之间有如下关系：

$$\left.\begin{aligned} a\cos\varphi+b\cos\delta&=d+c\cos\psi \\ a\sin\varphi+b\sin\delta&=d+c\sin\psi \end{aligned}\right\} \tag{4-20}$$

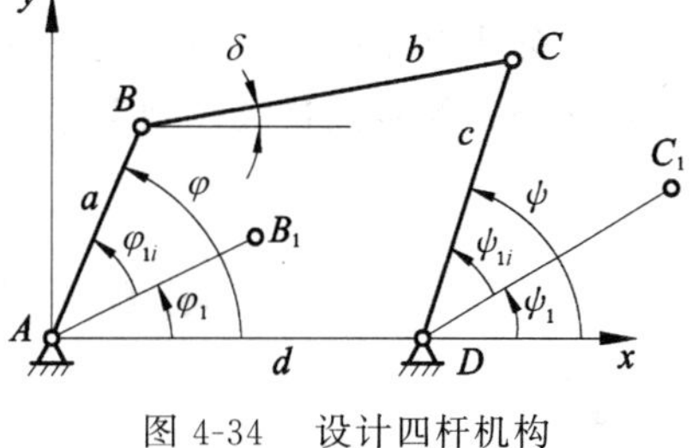

图 4-34　设计四杆机构

因两连架杆角位移的对应关系，只与各构件的相对长度有关，为此以 AB 的长度 a 为基准，并设

$$m=\frac{b}{a},\quad n=\frac{c}{a},\quad p=\frac{d}{a} \tag{4-21}$$

将其代入式(4-20)得

$$\left.\begin{aligned} m\cos\delta&=p+n\cos\psi-\cos\varphi \\ m\sin\delta&=n\sin\psi-\sin\varphi \end{aligned}\right\}$$

将上式等号两边平方后相加并整理得

$$\cos\varphi=P_0\cos\psi+P_1\cos(\psi-\varphi)+P_2 \tag{4-22}$$

式中

$$P_0=n,\quad P_1=-\frac{n}{p},\quad P_2=\frac{p^2+n^2+1-m^2}{2p} \tag{4-23}$$

若两连架杆 AB 和 DC 第一位置线相对 x 轴的夹角分别记为 φ_1 和 ψ_1，则两连架杆第 i 位置相对于 x 轴的夹角分别为$(\varphi_{1i}+\varphi_1)$和$(\psi_{1i}+\psi_1)$。将式(4-22)用于两连架杆的第一和第 i 位置，有

$$\left.\begin{aligned}&\cos\varphi_1=P_0\cos\psi_1+P_1\cos(\psi_1-\varphi_1)+P_2\\&\cos(\varphi_{1i}+\varphi_1)=P_0\cos(\psi_{1i}+\psi_1)+P_1\cos[(\psi_{1i}+\psi_1)-(\varphi_{1i}+\varphi_1)]+P_2\end{aligned}\right\}\tag{4-24}$$

式(4-25)中含有 P_0、P_1、P_2、φ_1 和 ψ_1 共5个未知量，共有 n 个方程，这些方程有解的条件为 $n\leqslant 5$，即铰链四杆机构最多能精确实现两连架杆四组对应角位移(angular displacement)，也即两连架杆5组对应角位置。

若 φ_1 和 ψ_1 也预先给定，则铰链四杆机构最多能精确实现两连架杆两组对应角位移，此时式(4-25)可写为

$$\left.\begin{aligned}&\cos\varphi_1=P_0\cos\psi_1+P_1\cos(\psi_1-\varphi_1)+P_2\\&\cos(\varphi_{12}+\varphi_1)=P_0\cos(\psi_{12}+\psi_1)+P_1\cos[(\psi_{12}+\psi_1)-(\varphi_{12}+\varphi_1)]+P_2\\&\cos(\varphi_{13}+\varphi_1)=P_0\cos(\psi_{13}+\psi_1)+P_1\cos[(\psi_{13}+\psi_1)-(\varphi_{13}+\varphi_1)]+P_2\end{aligned}\right\}\tag{4-25}$$

由以上三个线性方程组可解出 P_0、P_1 和 P_2。将 P_0、P_1 和 P_2 值代入式(4-24)即得各构件的相对长度 m、n、p。再根据实际需要选定构件 AB 的长度 a 后，其他构件的长度 b、c、d 便可确定。

由于受到机构待定尺寸参数个数的限制，四杆机构最多只能精确实现两连架杆5组对应位置。如果给定的对应位置超过5组，甚至希望机构在一定运动范围内，两连架杆对应位置参数能满足给定的连续函数关系，那么四杆机构只能近似实现给定运动规律。

4.6 空间连杆机构简介

在连杆机构中，若构件不在同一平面或相互平行的平面内运动，则这种连杆机构就称为**空间机构**(spatial mechanism)。

1. 空间机构的自由度

任意一个自由构件在空间具有沿 x、y、z 三个方向的移动和分别绕 x、y、z 轴的三个转动，即一个自由构件在空间具有6个自由度。空间连杆机构常用的运动副如图4-35所示。

根据运动副所允许的自由度的数目，可把运动副分成5类(或按运动副引入的约束数目，把运动副分成5级)：有1个自由度(或引入5个约束)的运动称为1类副(或Ⅴ级副)，例如图4-35(a)、(b)、(c)所示转动副R、移动副P、螺旋副H；有2个自由度(或引4个约束)的运动副称为2类副(或Ⅳ级副)，例如图4-35(d)、(e)所示圆柱副C、球销副S′；有3个自由度(或引入3个约束)的运动副称为3类副(或Ⅲ级副)，例如图4-35(f)、(g)所示球面副S、双平面副E，依次类推。图4-35(h)，(i)为4类副(或Ⅱ级副)球槽副和5类副(或Ⅰ级副)面球副。

若某空间运动链由 N 个构件组成，当其中之一为机架时，所剩活动构件数为 $n=N-$

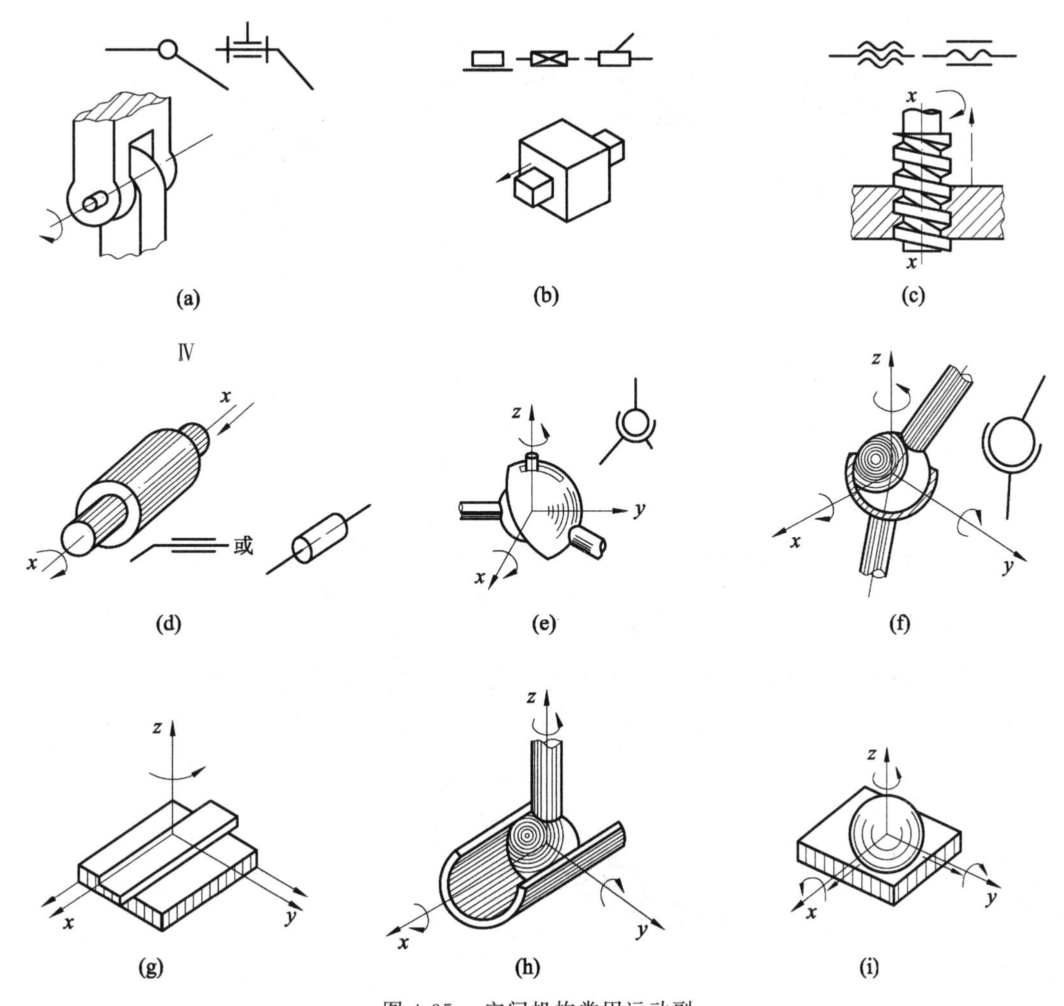

图 4-35　空间机构常用运动副

(a) Ⅴ 级副(转动副 R)；(b) Ⅴ 级副(移动副 P)；(c) Ⅴ 级副(螺旋副 H)；
(d) Ⅳ 级副(圆柱副 C)；(e) Ⅳ 级副(球销副 S′)；(f) Ⅲ 级副(球面副 S)；
(g) Ⅲ 级副(双平面副 E)；(h) Ⅱ 级副(球槽副)；(i) Ⅰ 级副(面球副)

1。这些活动构件在组成运动链之前共有 $6n$ 个自由度，如果在组成运动链时共加入 P_1 个Ⅰ级副，P_2 个 Ⅱ 级副，P_3 个 Ⅲ 级副，P_4 个 Ⅳ 级副，P_5 个 Ⅴ 级副，则总约束数为 $5P_5+4P_4+3P_3+2P_2+P_1$。因此空间运动链相对于机架的自由度为

$$F=6n-5P_5-4P_4-3P_4-2P_2-P_1 \tag{4-26}$$

该式称为一般空间机构的结构分式。

应该指出式(4-26)仅适用于构件相对于机架具有 6 个独立运动的一般空间机构。

例 4-4　求图 4-36 所示的飞机起落架 RSCS 机构的自由度。构件 1 为原动件，判断其运动是否确定。

解：该机构是由一个 Ⅴ 级转动副(A)、一个 Ⅴ 级移动副(D) 和两个 Ⅲ 级球副(B、C) 所组成的空间四杆机构。用式(4-26)计算其自由度为

$$F=6n-5P_5-4P_4-3P_4-2P_2-P_1=6\times3-5\times2-3\times2=2$$

分析机构运动发现，构件 2 绕其自身轴线($\overline{BC}$) 的转动为一个局部自由度(passive

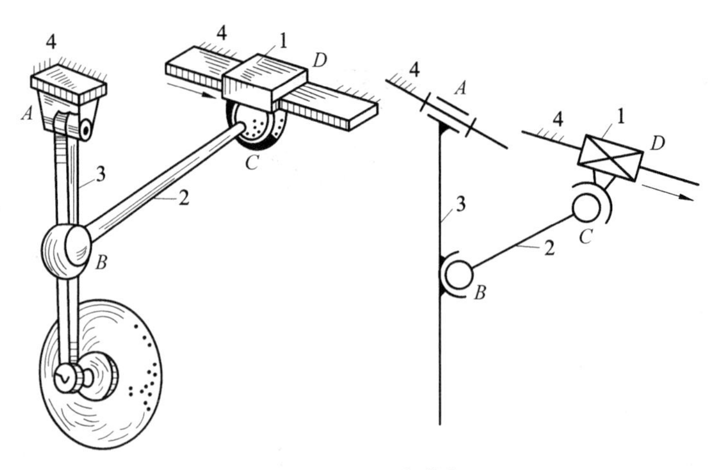

图 4-36　飞机起落架

1—滑块；2—连杆；3—摆杆；4—机架

DOF)。因此,应在机构自由度中去除局部自由度,此时此机构的自由度应为

$$F=6n-5P_5-4P_4-3P_4-2P_2-P_1$$
$$=6\times3-5\times2-3\times2-1=1$$

当构件1为原动件时,原动件数与自由度数相等,该机构运动是确定的。

例 4-5　图4-37所示为机器人主体机构,试计算该机构(除手爪 E 不计)的自由度。

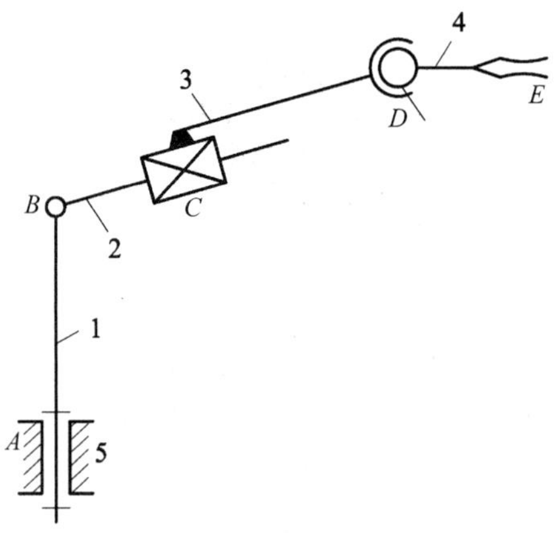

图 4-37　机器人主体机构

1—立轴；2—大臂；3—小臂；4—手腕；5—机架

解:此机器人机构为开链机构(open chain mechanism),其中运动副 A 和 B 为Ⅴ级转动副,C 为Ⅴ级移动副,D 为Ⅳ级球销副,E 为手爪其自由度不计。此机构有4个运动件1、2、3、4,一个固定件5。开链机构也用空间机构组成公式(4-26)计算自由度,计算如下:

$$F=6n-5P_5-4P_4-3P_4-2P_2-P_1=6\times4-5\times3-4\times1=5$$

为了使机器人具有很好的灵活机动性,所以其机构自由度一般都较多。为了使该开式链有确定运动而成为机构,必须通过原动件1、2、3、4分别输入5个独立运动。

空间机构中具有公共约束的机构作自由度计算时,一定要分析出公共约束数 m,然后再利用修改的公式(4-27),才能获得正确的结果。设机构具有几个活动构件,则具有公共约束的空间机构,其自由度公式为

$$F=(6-m)n-\sum_{i=1}^{5-m}(6-m-i)P_{6-i} \tag{4-27}$$

例如，当 $m=2$ 时，由式(4-27)得

$$F=(6-2)n-(6-2-1)P_{6-1}=4n-3P_5-2P_4-P_3$$

2. 应用

空间连杆机构和平面连杆机构一样，可以实现刚体导引、再现函数和再现轨迹的要求。

空间连杆机构可分为闭链型和开链型两种。

(1) 闭链型。闭链型空间连杆机构在航空运输机械、轻工机械、农业机械、汽车和各种仪表中已得到较多的应用。如图 4-38 所示的飞机起落架，它是由一个转动副 R、一个移动副 P 和两个球面副 S 组成的 RSPS 空间四杆机构。当液压油缸在液压油的作用下伸缩时，支柱绕机架摆动，从而达到收放机轮的目的。

图 4-39 所示为一种用于联合收割机上的摆盘式切割机构。主轴 1 的转动通过摆盘 2 使叉架轴 3(摇杆)往复摆动，再通过连杆 4 带动割刀 5 沿着与主轴 1 平行的方向往复移动，从而进行切割工作。由图可知，所有转动副轴线汇交于一点的摆盘机构 1-2-3 属于球面曲柄摇杆机构。

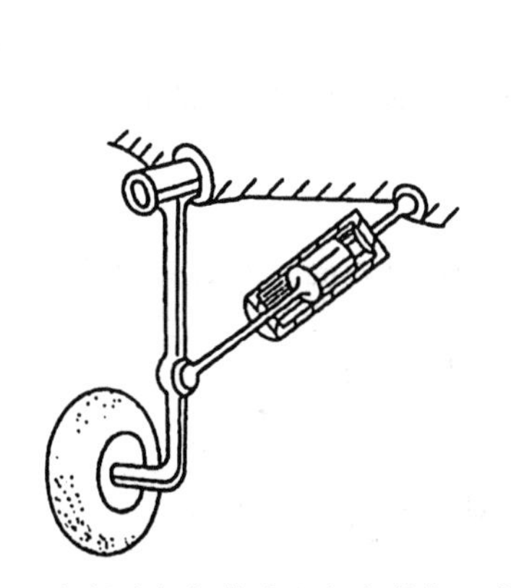

图 4-38　空间连杆机构在飞机起落架上的应用

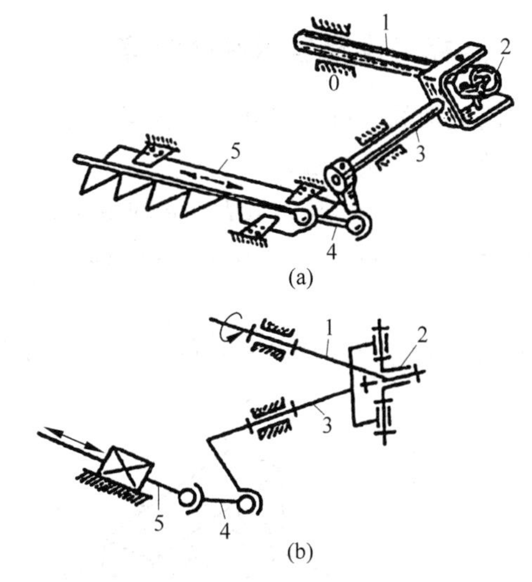

图 4-39　空间连杆机构在联合收割机上的应用

(a) 实物简图；(b) 机构简图

1—主轴；2—摆盘；3—摇杆；4—连杆；5—割刀

图 4-40 所示为一种仪表中的拨杆机构。其中含有两个转动副和一个由圆柱-圆柱接触高副的空间三杆高副机构 0-1-2-0，能将机构件 1 的角位移传递并放大为构件 2 的角位移。

(2) 开链型。开链型空间连杆机构主要用于机械手和机器人中。开式链机构的特点是自由度比较多，故原动件的个数也较多。

图 4-41 所示为一种极坐标式工业机械手及其运动简图。除手部的自由度外，该工业机械手还有三个自由度，即两个转动和一个移动。图中两个转动自由度采用蜗轮蜗杆减速传动来提供输入转角；一个移动采用螺旋传动来提供输入位移。

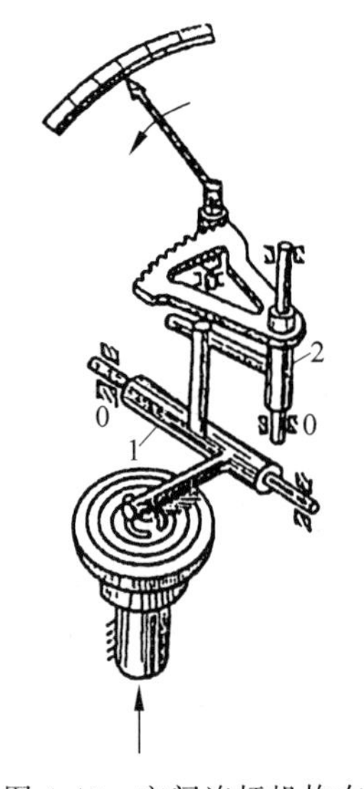

图 4-40 空间连杆机构在仪表中的应用

0—机架;1—拨杆;2—摆杆

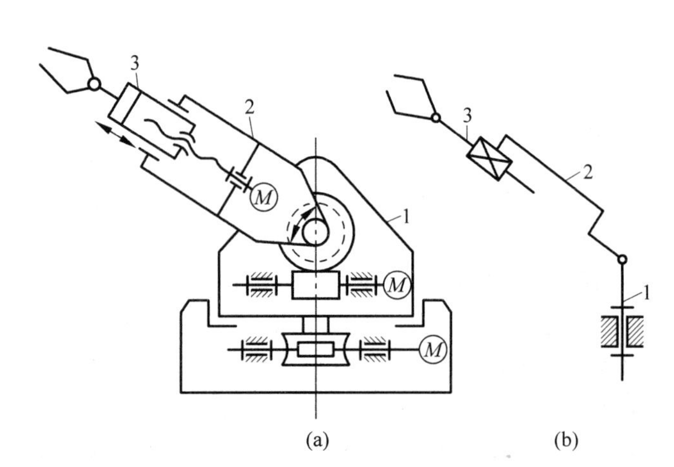

图 4-41 极坐标式工业机械手

(a) 实物简图;(b) 机构简图

1—立轴;2—摆杆;3—手臂

3. 坐标变换及坐标变换矩阵

空间机构的分析与综合涉及各构件之间的空间位置关系,这就需要了解和掌握各坐标系之间的坐标变换方法。

如图 4-42 所示,某矢量 $\boldsymbol{l}=l\boldsymbol{e}$ 的单位矢量 $\boldsymbol{e}$ 对三个坐标轴的投影,就是矢量 $\boldsymbol{l}$ 的方向余弦(direction cosine)$\cos\alpha$、$\cos\beta$、$\cos\gamma$,即

$$\boldsymbol{e}=[\cos\alpha,\cos\beta,\cos\gamma]^{\mathrm{T}}$$

因 $\cos^2\alpha+\cos^2\beta+\cos^2\gamma=1$,故三个方向角或方向余弦中,只有两个是独立的。

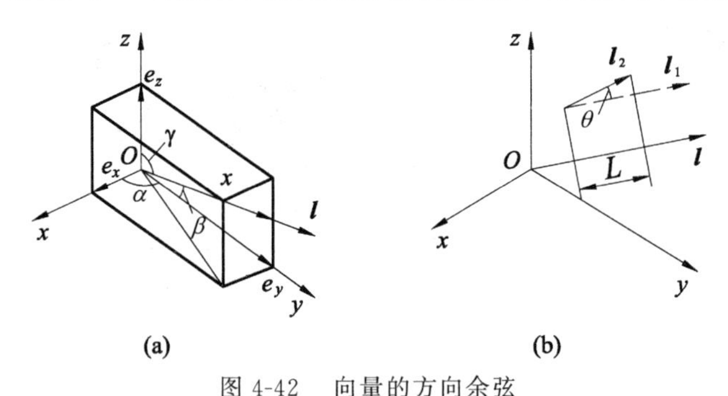

图 4-42 向量的方向余弦

设 $\boldsymbol{e}_1$、$\boldsymbol{e}_2$ 分别是矢量 $\boldsymbol{l}_1$、$\boldsymbol{l}_2$ 的单位矢量(unit vector),即

$$\boldsymbol{e}_1=\cos\alpha_1\boldsymbol{i}+\cos\beta_1\boldsymbol{j}+\cos\gamma_1\boldsymbol{k}$$

$$\boldsymbol{e}_2=\cos\alpha_2\boldsymbol{i}+\cos\beta_2\boldsymbol{j}+\cos\gamma_2\boldsymbol{k}$$

式中,$\boldsymbol{i}$、$\boldsymbol{j}$、$\boldsymbol{k}$ 分别为坐标轴 x、y、z 的单位矢量。由此可知,两矢量间的夹角 θ 的余弦可按下式计算:

$$\cos\theta=\boldsymbol{e}_1\cdot\boldsymbol{e}_2=\cos\alpha_1\cos\alpha_2+\cos\beta_1\cos\beta_2+\cos\gamma_1\cos\gamma_2 \tag{4-28}$$

空间共原点的某一坐标系对另一坐标系的方位可以认为是绕坐标轴经过一次、两次或三次连续转动而得。

1）绕坐标轴转动的坐标变换矩阵

如图4-43(a)所示，设任一矢量$\boldsymbol{r}$在共原点的i、j坐标系中分别用$\boldsymbol{r}_i$、$\boldsymbol{r}_j$表示，则根据坐标变换关系可知

$$\boldsymbol{r}_i=\boldsymbol{R}_{ij}\boldsymbol{r}_j \tag{4-29}$$

式中，$\boldsymbol{R}_{ij}$为旋转变换矩阵，其下标ij表示从j坐标系到i坐标系的变换。若坐标系间的变换分别绕x、z轴旋转λ_{ij}角和φ_{ij}角，则可推得$\boldsymbol{R}_{ij}$的表达式分别为

$$\boldsymbol{R}_{ij}^{x}=\begin{bmatrix}1 & 0 & 0\\ 0 & \cos\lambda_{ij} & -\sin\lambda_{ij}\\ 0 & \sin\lambda_{ij} & \cos\lambda_{ij}\end{bmatrix},\quad \boldsymbol{R}_{ji}^{z}=\begin{bmatrix}\cos\varphi_{ij} & -\sin\varphi_{ij} & 0\\ \sin\varphi_{ij} & \cos\varphi_{ij} & 0\\ 0 & 0 & 1\end{bmatrix}$$

上两式中，$\boldsymbol{R}_{ij}^{x}$、$\boldsymbol{R}_{ij}^{z}$的上标x、z表示旋转坐标轴分别为x、z轴。

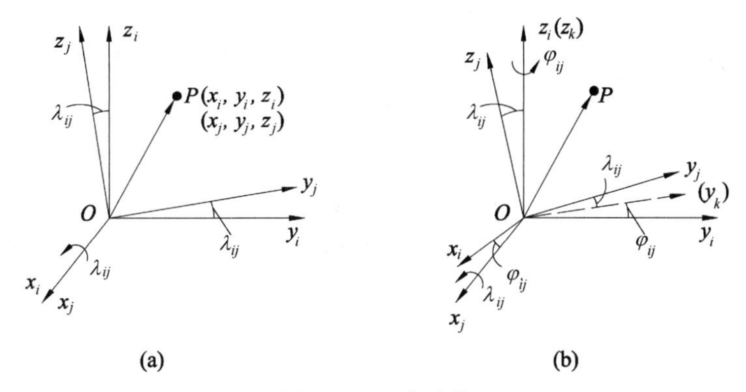

图4-43　坐标变换

若从i坐标系变换到j坐标系，则相应的旋转变换矩阵为

$$\boldsymbol{R}_{ji}^{x}=(\boldsymbol{R}_{ij}^{x})^{\mathrm{T}}=\begin{bmatrix}1 & 0 & 0\\ 0 & \cos\lambda_{ij} & \sin\lambda_{ij}\\ 0 & -\sin\lambda_{ij} & \cos\lambda_{ij}\end{bmatrix},\quad \boldsymbol{R}_{ji}^{z}=(\boldsymbol{R}_{ij}^{z})^{\mathrm{T}}=\begin{bmatrix}\cos\varphi_{ij} & \sin\varphi_{ij} & 0\\ -\sin\varphi_{ij} & \cos\varphi_{ij} & 0\\ 0 & 0 & 1\end{bmatrix}$$

于是有

$$\boldsymbol{r}_j=\boldsymbol{R}_{ji}\boldsymbol{r}_i$$

2）绕坐标轴多次转动的坐标变换矩阵

设坐标变换顺序为$Ox_iy_iz_i$绕z轴旋转角φ_{ij}，通过中间过渡坐标系$Ox_ky_kz_k$，再由$Ox_ky_kz_k$绕x_k轴旋转角λ_{ij}，得到$Ox_jy_jz_j$(见图4-43(b))，则矢量$\boldsymbol{r}$由j到k，然后到i坐标系的坐标变换为

$$\boldsymbol{r}_i=\boldsymbol{R}_{ik}\boldsymbol{r}_k=\boldsymbol{R}_{ik}\boldsymbol{R}_{kj}\boldsymbol{r}_j=\boldsymbol{R}_{ij}\boldsymbol{r}_j$$

由此可求得

$$\boldsymbol{R}_{ij}=\boldsymbol{R}_{ik}\boldsymbol{R}_{kj}=\begin{bmatrix}\cos\varphi_{ij} & -\cos\lambda_{ij}\sin\varphi_{ij} & \sin\lambda_{ij}\sin\varphi_{ij}\\ \sin\varphi_{ij} & \cos\lambda_{ij}\cos\varphi_{ij} & -\sin\lambda_{ij}\cos\varphi_{ij}\\ 0 & \sin\lambda_{ij} & \cos\lambda_{ij}\end{bmatrix} \tag{4-30}$$

同理,可推得绕坐标轴多次转动的坐标变换矩阵,在此不作叙述。

3) 矢量的坐标变换(transformation of coordinates)

由于矢量的三个方向余弦可看作为一个单位矢量终点的三个坐标,故在图4-43(b)中,如果已知矢量 $\boldsymbol{p}$ 在坐标系 $Ox_jy_jz_j$ 中的方向余弦,则由式(4-30)可求出该矢量在坐标系 $Ox_iy_iz_i$ 中的方向余弦为

$$\begin{bmatrix}\cos(x_i,p)\\\cos(y_i,p)\\\cos(z_i,p)\end{bmatrix}=\boldsymbol{R}_{ij}\begin{bmatrix}\cos(x_j,p)\\\cos(y_j,p)\\\cos(z_j,p)\end{bmatrix}\tag{4-31}$$

如图4-44所示,坐标系 $O_jx_jy_jz_j$ 可以看成为由坐标系 $O_ix_iy_iz_i$ 先沿 z_i 轴平移 S_i,并绕 z_i 轴转过角 φ_{ij},再沿 x_j 轴平移距离 h_j,并绕 x_j 轴转过角 λ_{ij} 所得到的。显然轴 x_j 与 z_i 和 z_j 的公垂线重合,垂足分别为 O_k 和 O_j,而 h_j 为轴 z_i 与 z_j 之间的距离,且是沿 x_j 给定的。由图中矢量关系可知

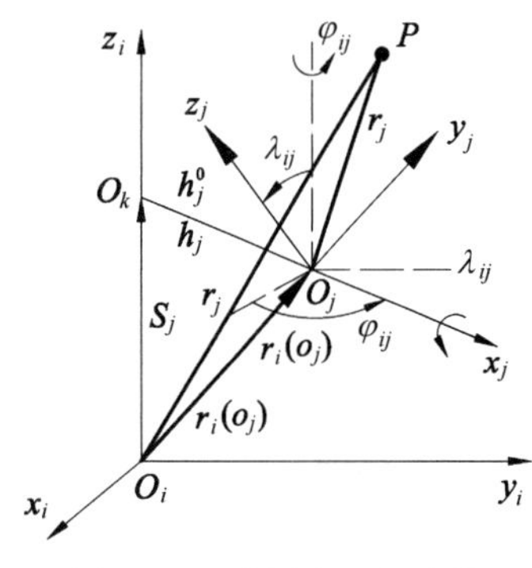

图4-44 共原点坐标变换

$$\boldsymbol{O}_{ij}=\boldsymbol{O}_i\boldsymbol{O}_k=\boldsymbol{O}_k\boldsymbol{O}_j$$

写成矩阵形式为

$$\boldsymbol{r}_i^{(O_j)}=\boldsymbol{s}_i^{(O_k)}+\boldsymbol{R}_{ij}\boldsymbol{h}_j^{(O_j)}$$

其中,$\boldsymbol{s}_i^{(O_k)}=[0,0,s_i]^{\mathrm{T}}$,$\boldsymbol{h}_j^{(O_j)}=[\boldsymbol{h}_j,0,0]^{\mathrm{T}}$

又设 $\boldsymbol{r}_i$ 和 $\boldsymbol{r}_j$ 分别为点 P 在 i 坐标系和 j 坐标系中的位置矢量,则由图4-44可知

$$\boldsymbol{r}_i=\boldsymbol{r}_i^{(O_j)}+\boldsymbol{R}_{ji}\boldsymbol{r}_j$$

或写成

$$\begin{bmatrix}\boldsymbol{r}_i\\1\end{bmatrix}=\begin{bmatrix}\boldsymbol{R}_{ij}&\boldsymbol{r}_i^{(O_j)}\\0&1\end{bmatrix}\begin{bmatrix}\boldsymbol{r}_j\\1\end{bmatrix}=\boldsymbol{M}_{ij}\begin{bmatrix}\boldsymbol{r}_j\\1\end{bmatrix}$$

其中,$\boldsymbol{M}_{ij}$ 为四阶矩阵,根据 $\boldsymbol{R}_{ij}$,$\boldsymbol{r}_i^{(O_j)}$ 的表达式及上式可推得

$$\boldsymbol{M}_{ij}=\begin{bmatrix}\boldsymbol{R}_{ij}&\boldsymbol{r}_i^{(O_j)}\\0&1\end{bmatrix}=\begin{bmatrix}\cos\varphi_{ij}&-\cos\lambda_{ij}\sin\varphi_{ij}&\sin\lambda_{ij}\sin\varphi_{ij}&h_j\cos\varphi_{ij}\\\sin\varphi_{ij}&\cos\lambda_{ij}\cos\varphi_{ij}&-\sin\lambda_{ij}\cos\varphi_{ij}&h_j\sin\varphi_{ij}\\0&\sin\lambda_{ij}&\cos\lambda_{ij}&s_i\\0&0&0&1\end{bmatrix}$$

称此矩阵为Hartenberg-Denavit矩阵,简称H-D矩阵。它是空间低副机构分析的基本矩阵(注意:H-D矩阵不适合于球面副)。可以证明,H-D矩阵有逆矩阵,即 $\boldsymbol{M}_{ji}=\boldsymbol{M}_{ij}^{-1}$。

利用H-D矩阵及其逆矩阵(inverse matrix),图4-44所示点 P 在两坐标系中的坐标变换的关系为

$$\begin{bmatrix}\boldsymbol{r}_i\\1\end{bmatrix}=\boldsymbol{M}_{ij}\begin{bmatrix}\boldsymbol{r}_j\\1\end{bmatrix},\quad\begin{bmatrix}\boldsymbol{r}_j\\1\end{bmatrix}=\boldsymbol{M}_{ji}\begin{bmatrix}\boldsymbol{r}_i\\1\end{bmatrix}=\boldsymbol{M}_{ij}^{-1}\begin{bmatrix}\boldsymbol{r}_i\\1\end{bmatrix}\tag{4-32}$$

以上坐标变换和坐标变换矩阵是进行空间机构分析和综合的最基本工具,也是较为有效的工具。关于空间机构详细的分析和综合可参考相关文献。

拓展性阅读文献指南

平面连杆机构广泛应用在各种机械设备中，下列书籍中收集了大量各种设计中经常使用的传统和现代机构以及机械装置的实例，并列举了它们的许多应用：①Neil Sclater，Nicholas P. Chironis 编，邹平译的《机械设计实用机构与装置图册（原书第 5 版）》，机械工业出版社，2015；②孙开元，骆素君编的《常见机构设计及应用图例》，化学工业出版社，2017；③孟宪源，姜琪编的《机构构型与应用》，机械工业出版社，2004。

连杆组合机构以及创新设计的相关内容可以参考：①华大年，华志宏编写的《连杆机构的设计与应用创新》，机械工业出版社，2008；②吕庸厚，沈爱红编的《组合机构设计与应用创新》，机械工业出版社，2008。

平面连杆机构的设计分为图解法、解析法和实验法三种，由于篇幅限制，本章只介绍了各种设计方法中的部分内容。若想深入研究，可以查阅：①肖人彬等编著的《机构轨迹生成理论及其创新设计》，科学出版社，2010；②华大年编著的《平面连杆机构设计》，上海科学技术出版社，1995；③杨黎明，杨志勤编的《机构选型与运动设计》，国防工业出版社，2007。

近年来，机械工程行业开始大量使用三维设计软件和动力学分析软件针对连杆机构进行仿真和动画演示，既快速便捷又形象直观。若需要，可参阅①高广娣编写的《典型机械机构 ADAMS 仿真应用》，电子工业出版社，2020；②John Gardner 著，周进雄，张陵译的《机构动态仿真使用 MATLAB 和 SIMULINK》，西安交通大学出版社，2002；③李滨城，徐超编写的《机械原理 MATLAB 辅助分析》，化学工业出版社，2018。

思　考　题

4-1　平面四杆机构最基本的型式是什么？由它演化为其他平面四杆机构有哪些具体途径？

4-2　如何依照各杆长度判别铰链四杆机构的型式？

4-3　什么是连杆机构的压力角、传动角？二者有何关系？其大小对机构有何影响？

4-4　如何确定铰链四杆机构、曲柄滑块机构的最大压力角的位置？

4-5　什么是偏心轮机构？它主要用于什么场合？

4-6　平面四杆机构中有可能存在死点位置的机构有哪些？它们存在死点位置的条件是什么？

4-7　铰链四杆机构中曲柄存在条件是否就是整转副存在条件？为什么？

4-8　曲柄摇杆机构中，当以曲柄作为原动件时，机构是否一定存在急回特性且无死点？为什么？

4-9　对心曲柄滑块机构和偏置曲柄滑块机构哪个具有急回特性？请画图说明为什么。

4-10　极位夹角在哪种情况下会大于 90°？试画图说明。

4-11 铰链四杆机构当曲柄为主动时,机构运动到死点时称为肘节位置,各构件的受力有何特点?

习 题

4-1 如题4-1图所示,设已知四杆运动链各杆件的长度为:$a=150\text{mm}$,$b=500\text{mm}$,$c=300\text{mm}$,$d=400\text{mm}$。试问:

(1) 当取杆件 d 为机架时,是否存在曲柄?如果存在,则哪一杆件为曲柄?

(2) 如选取别的杆件为机架,则分别得到什么类型的机构?

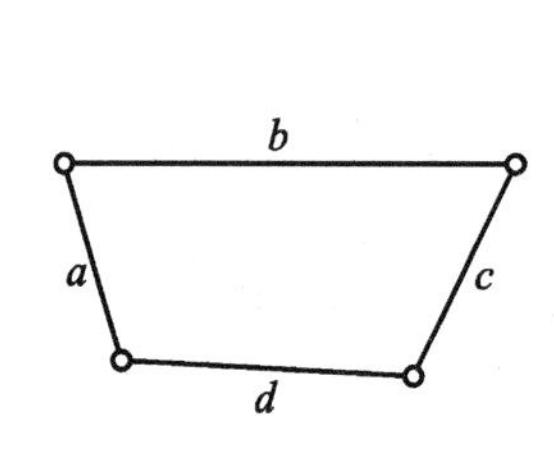

题4-1图 四杆运动链

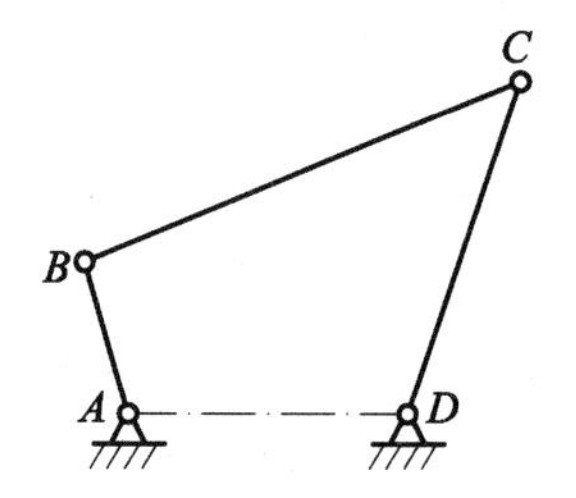

题4-2图 铰链四杆机构

4-2 在题4-2图所示铰链四杆机构中,已知:$l_{BC}=50\text{mm}$,$l_{CD}=35\text{mm}$,$l_{AD}=30\text{mm}$,AD 为机架,并且:

(1) 若此机构为曲柄摇杆机构,且 AB 为曲柄,求 l_{AB} 的最大值;

(2) 若此机构为双曲柄机构,求 l_{AB} 的范围;

(3) 若此机构为双摇杆机构,求 l_{AB} 的范围。

4-3 题4-3图所示两种曲柄滑块机构,若已知 $a=120\text{mm}$,$b=600\text{mm}$,对心时 $e=0$ 及偏置时 $e=120\text{mm}$,求此两机构的极位夹角 θ 及行程速度变化系数 K。在对心曲柄滑块机构中,若连杆 BC 为二力杆件,则滑块的压力角将在什么范围内变化?

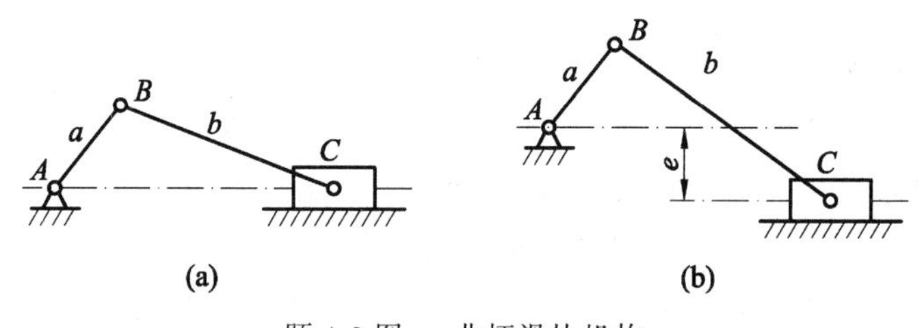

题4-3图 曲柄滑块机构

4-4 在题4-4图所示六杆机构中,已知:$l_1=20\text{mm}$,$l_2=53\text{mm}$,$l_3=35\text{mm}$,$l_4=40\text{mm}$,$l_5=20\text{mm}$,$l_6=60\text{mm}$,试确定:

(1) 构件 AB 能否整周回转?

(2) 滑块行程 h;

(3) 滑块的行程速度变化系数 K;

(4) 机构 DEF 中的最大压力角 α_{max}。

4-5　在题 4-5 图所示插床的摆动导杆机构中，已知 $l_{AB}=50$mm，$l_{AD}=40$mm 及行程速比系数 $K=1.4$，求曲柄 BC 的长度及插刀 P 的行程。又若需行程速比系数 $K=2$，则曲柄 BC 应调整为多长？此时插刀行程是否改变？

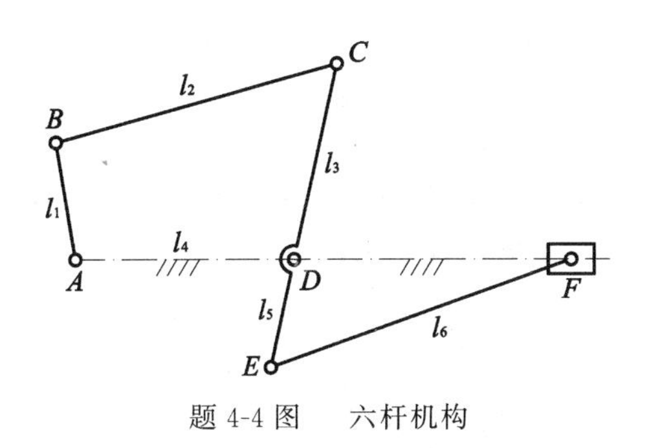

题 4-4 图　六杆机构

题 4-5 图　插床的摆动导杆机构

4-6　题 4-6 图所示为机床变速箱中操纵滑动齿轮的操纵机构，已知滑动齿轮行程 $H=60$mm，$l_{DE}=100$mm，$l_{CD}=120$mm，$l_{AD}=250$mm，其相互位置如题 4-6 图所示。当滑动齿轮在行程的另一端时，操纵手柄朝垂直方向，试设计此机构。

4-7　题 4-7 图所示用铰链四杆机构作为加热炉炉门的启闭机构。炉门上两铰链的中心距为 50mm，炉门打开后成水平位置时，要求炉门的外边朝上，固定铰链装在 yy 轴线上，其相互位置的尺寸如图上所示。试设计此机构。

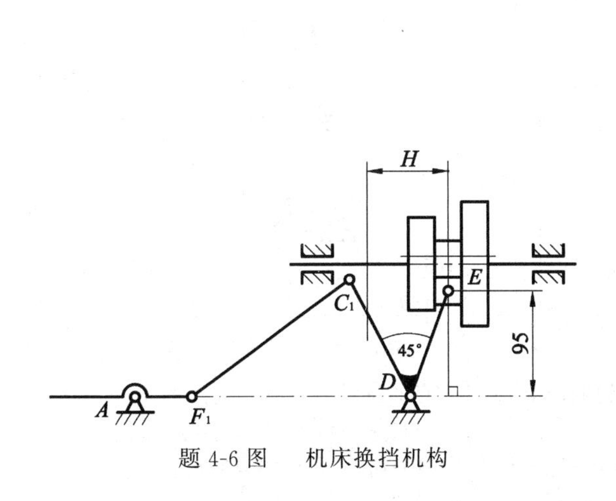

题 4-6 图　机床换挡机构

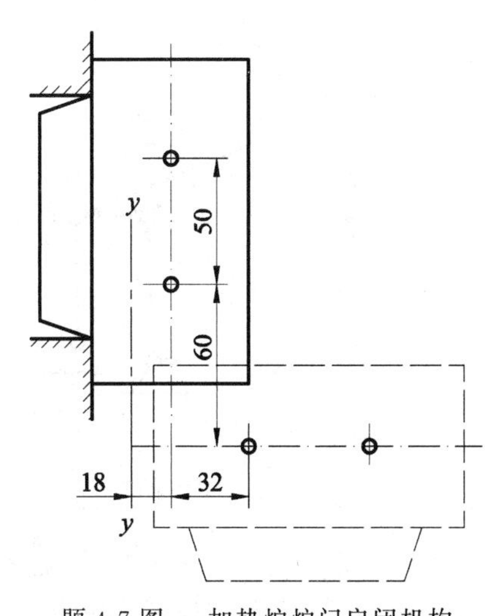

题 4-7 图　加热炉炉门启闭机构

4-8　如题 4-8 图，设计一个铰链四杆机构，已知其摇杆 CD 的长度 $l_{CD}=75$mm，行程速度变化系数 $K=1.5$，机架 AD 的长度 $l_{AD}=100$mm，摇杆的一个极限位置与机架之间的夹角 $\varphi'_3=45°$，求曲柄 的长度 l_{AB} 和连杆的长度 l_{BC}。

4-9　如题 4-9 图，设计一偏置曲柄滑块机构，已知滑块的行程速度变化系数 $K=1.5$，滑块的行程 $l_{C_1C_2}=50$mm，导路的偏距 $e=20$mm，求曲柄长度 l_{AB} 和连杆长度 l_{BC}。

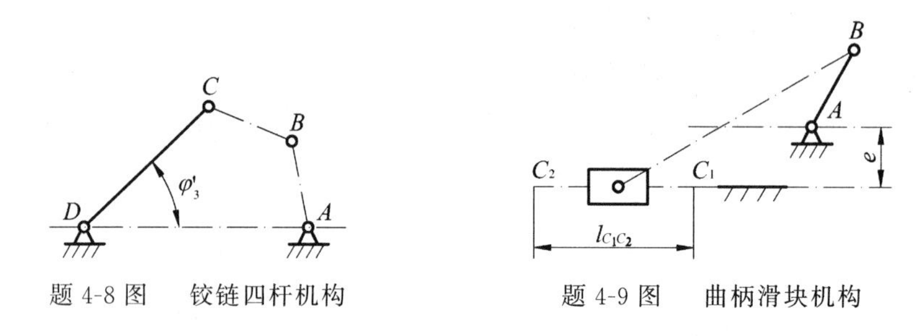

题4-8图 铰链四杆机构

题4-9图 曲柄滑块机构

4-10 在题4-10图所示铰链四杆机构中,已知 $l_{AB}=25\text{mm}$,$l_{AD}=36\text{mm}$,$l_{DE}=20\text{mm}$,原动件与从动件之间的对应的转角关系如图所示。试设计此机构。

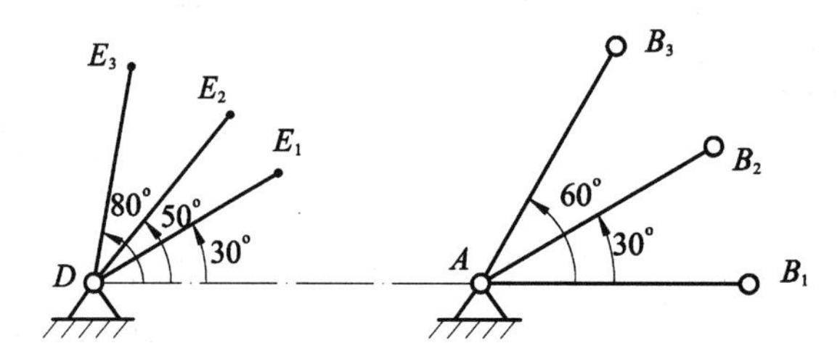

题4-10图 铰链四杆机构连架杆对应位置

4-11 如题4-11图(a)所示为一铰链四杆机构,其连杆上一点 E 的三个位置 E_1、E_2、E_3 位于给定直线上。现指定 E_1、E_2、E_3 和固定铰链中心 A、D 的位置如图(b)所示,并指定长度 $l_{CD}=95\text{mm}$,$l_{EC}=70\text{mm}$。用作图法设计这一机构,并简要说明设计的方法和步骤。

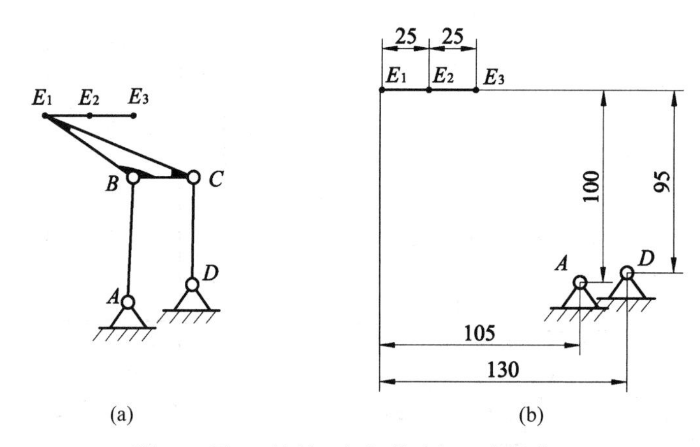

题4-11图 铰链四杆机构连杆上点的位置

4-12 如题4-12图所示,$l_{AB}=60\text{mm}$,$l_{BC}=130\text{mm}$,$l_{DC}=140\text{mm}$,$l_{AD}=200\text{mm}$,$\angle BAD=135°$。

(1) 确定该铰链四杆机构的类型。

(2) 若 AB 杆为主动件并以等角速转动,

(a) 标出图示位置的压力角 α 和传动角 γ;

(b) 标出 CD 杆的最大摆角 $\psi_{\max}$;

(c) 标出极位夹角 θ,并计算行程速度变化系数 K;

(d) 机构运动时是否会出现死点位置？为什么？

(e) 画出最大压力角 α_{max} 即最小传动角 γ_{min} 出现的位置，并标出最大压力角 α_{max} 和最小传动角 γ_{min}。

(3) 若 CD 杆为主动件，

(a) 标出图示位置的压力角 α' 和传动角 γ'；

(b) 机构运动时是否会出现死点位置？为什么？

(c) 画出最大压力角 α_{max} 即最小传动角 γ_{min} 出现的位置，并标出最大压力角 α_{max} 和最小传动角 γ_{min}。

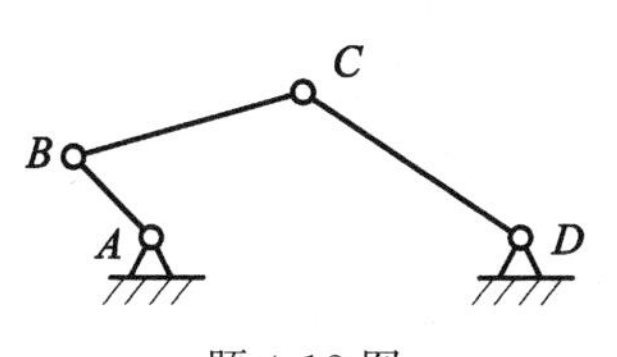

题 4-12 图

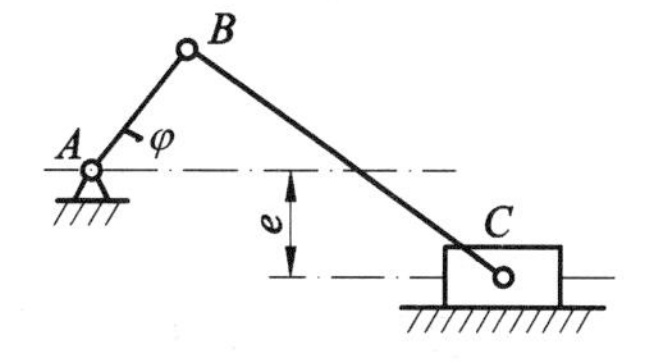

题 4-13 图

4-13　如题 4-13 图所示为偏置曲柄滑块机构，主动件曲柄 AB 匀角速转动。$l_{AB}=120\text{mm}$，$l_{BC}=250\text{mm}$，$e=60\text{mm}$，$\varphi=60°$。

(1) 标出滑块的行程 H；

(2) 标出极位夹角 θ，并计算行程速度变化系数 K；

(3) 标出给定位置的压力角 α 和传动角 γ；

(4) 画出最大压力角 α_{max} 即最小传动角 γ_{min} 出现的位置，并标出最大压力角 α_{max} 和最小传动角 γ_{min}。

4-14　如题 4-14 图的偏置曲柄滑块机构中，当曲柄 AB 从 1 位置逆时针转过 100° 到 2 位置时，滑块 C 从 C_1 位置移动到 C_2 位置；当曲柄 AB 再从 2 位置逆时针转过 100° 到 3 位置时，滑块 C 从 C_2 位置移动到 C_3 位置。试确定转动副中心 B 的位置 B_3。

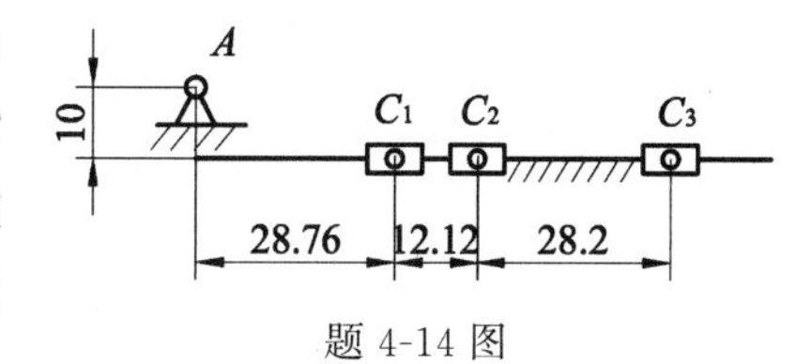

题 4-14 图

4-15　如题 4-15 图所示为偏置导杆机构，试作出在图示位置时的传动角以及机构的最小传动角及其出现的位置，并确定机构为转动导杆机构的条件。

4-16　如题 4-16 图所示为一牛头刨床的主传动机构，已知 $l_{AB}=75\text{mm}$，$l_{ED}=100\text{mm}$，行程速度变化系数 $K=2$，刨头 5 的行程 $H=300\text{mm}$。要求在整个行程中，刨头 5 有较小的压力角，试设计此机构。

4-17　请结合下列实际设计问题，选择自己感兴趣的题目，并通过需求背景调查进一步明确设计目标和技术要求，应用本章的知识完成相应的机构方案设计并绘制机构运动简图、计算自由度、分析其运动特性。

(1) 结合自身学习和生活的需要，设计一折叠床头小桌，或晾衣架，或折叠储物架等；

(2) 设计一个能帮助截瘫病人从轮椅上转入床上的机构；

(3) 设计适合办公室工作人员进行运动的健身器械系列，要求能够折叠存储；

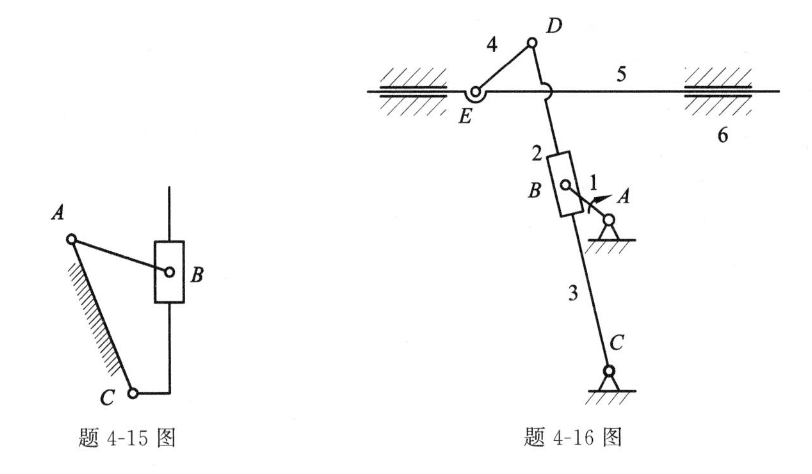

题 4-15 图

题 4-16 图

(4) 设计一个能够帮助羽毛球运动员进行训练的标准羽毛球发球机;

(5) 设计一个能乘坐一位小孩的活动座椅性质的娱乐器械,要求座椅运动方式新奇有趣且安全可靠。

第 5 章

凸 轮 机 构

内容提要：本章首先介绍凸轮机构的应用、类型及特点；在此基础上，介绍从动件的常用运动规律，包括等速、等加速等减速、正弦加速度、余弦加速度、多项式运动规律和组合运动规律；本章还介绍了凸轮轮廓曲线的反转设计方法，包括图解法和解析法，内容涵盖了直动、摆动从动件盘形凸轮、平底从动件盘形凸轮机构和摆动从动件圆柱凸轮机构；本章最后介绍了平面凸轮机构压力角与作用力之间的关系，根据许用压力角来选取基圆半径的方法以及滚子半径的选择方法。

本章重点：从动件的常用基本运动规律，凸轮轮廓曲线的反转图解设计方法，凸轮机构的压力角与基圆的关系，从动件滚子半径的选取方法。

本章难点：凸轮机构设计的反转法，凸轮机构的压力角。

5.1 凸轮机构的应用和分类

在设计机械时，为了完成一定的运动，常要求从动件的位移、速度或加速度按照预定的规律变化，尤其当从动件需按复杂的运动规律运动时，通常采用凸轮机构(cam mechanism)。

凸轮机构属高副机构，它一般由凸轮(cam)1、从动件(follower)2 和机架(frame)3 三个构件组成(图 5-1 及图 5-2)。凸轮是一个具有曲线轮廓或凹槽的构件，它通常作连续的等速转动，也有的作摆动或往复直线移动。从动件则按预定的运动规律作间歇的(也有作连续的)直线往复移动或摆动。

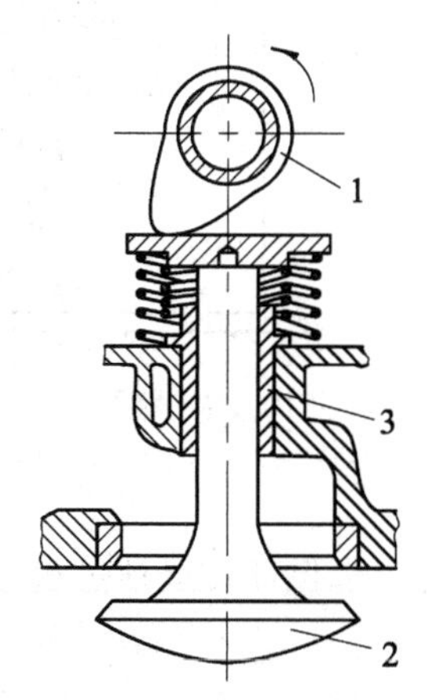

图 5-1　内燃机配气机构

1—凸轮；2—从动件；3—机架

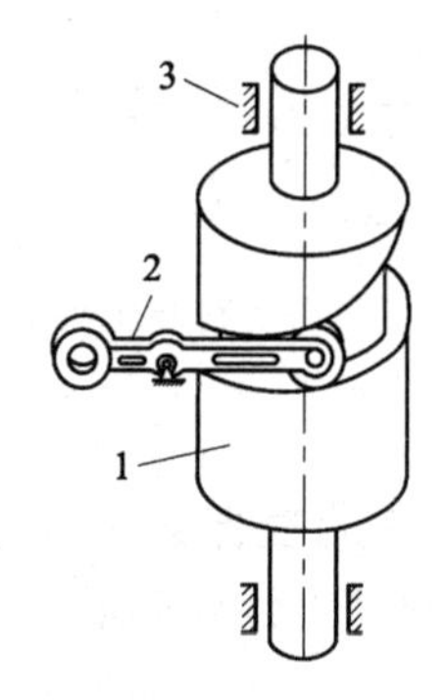

图 5-2　圆柱凸轮机构

1—凸轮；2—从动件；3—机架

图 5-1 所示为内燃机配气机构。当具有一定曲线轮廓的凸轮 1 等速转动时,迫使气阀 2 在固定的导套 3 中作往复运动,从而使气阀能按内燃机工作循环的要求把气阀开启或关闭。

图 5-2 所示为自动机床上控制刀架运动的凸轮机构。当圆柱凸轮 1 回转时,凸轮凹槽侧面迫使杆 2 摆动,从而驱使刀架运动。进刀和退刀的运动规律,由凹槽的形状来决定。

凸轮机构的优点是只要合理地设计凸轮的轮廓曲线,便可使从动件获得任意预定的运动规律,并且结构简单紧凑。因此,它广泛应用于各种机械、仪器和操纵控制装置中。例如,在内燃机中用以控制进气与排气阀门;在各种切削机床中用以完成自动送料和进退刀;在缝纫机、纺织机、包装机、印刷机等工作机中用以按预定的工作要求带动执行构件等。但由于凸轮与从动件是高副接触,接触应力较大,易于磨损,故这种机构一般用于传递动力不大的场合。

1. 凸轮机构的应用

凸轮机构结构简单、紧凑,通过合理设计凸轮的曲线轮廓,可实现从动件各种复杂的运动和动力要求。

1) 实现预期的位置要求

图 5-3 所示为自动送料凸轮机构。当凸轮 1 转动时,通过其圆柱体上的沟槽推动从动件 2 往复移动,将待加工毛坯 3 推到预定的位置。凸轮每转一周,从动件 2 即从储料器 4 中推出一个待加工毛坯。这种凸轮机构能够完成输送毛坯到达预期位置的功能对毛坯在移动过程中的运动规律没有特殊的要求。

2) 实现预期的运动规律要求

图 5-4 所示为绕线机中的凸轮机构。当"心形"凸轮 1 转动时,推动从动件 2 作往复摆动,其端部的导叉引导线绳均匀地从线轴 3 的一端缠绕到另一端;然后继续反向缠绕直至工作结束。

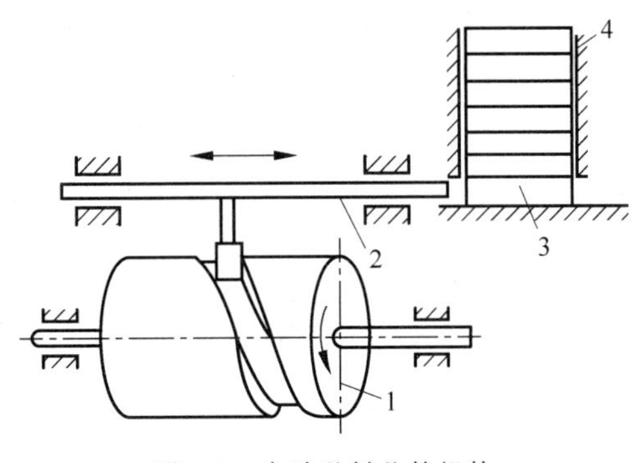

图 5-3 自动送料凸轮机构

1—凸轮;2—从动件;3—毛坯;4—储料器

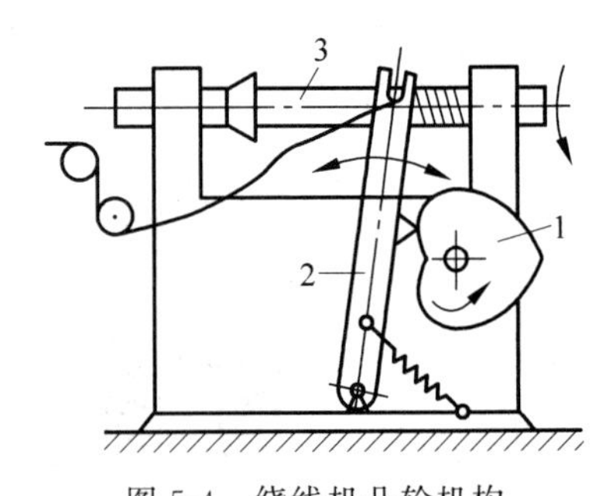

图 5-4 绕线机凸轮机构

1—凸轮;2—从动件;3—线轴

这种凸轮机构不仅要保证从动件的运动范围,而且要求保证在运动过程中的运动规律。

3) 实现运动与动力特性要求

单从运动学角度看,图 5-1 所示的内燃机配气凸轮也属于只实现预期位置要求的凸轮机构。但是,内燃机转速很高,凸轮要在非常短的时间内推动气阀开启或关闭。因此,要求这种凸轮机构不仅能够实现气阀的运动学要求,还应具有良好的动力学特性。

2. 凸轮机构的分类

凸轮机构的类型繁多,通常可按下述三种方法来分类。

1）按从动件的型式分类

（1）尖底从动件(knife-edge follower)凸轮机构(图 5-5)。这种从动件的结构最简单,但由于接触点会产生很大的磨损,故实际上很少用。不过,由于尖底从动件凸轮机构的分析与设计是研究其他型式从动件凸轮机构的基础,所以仍需加以讨论。

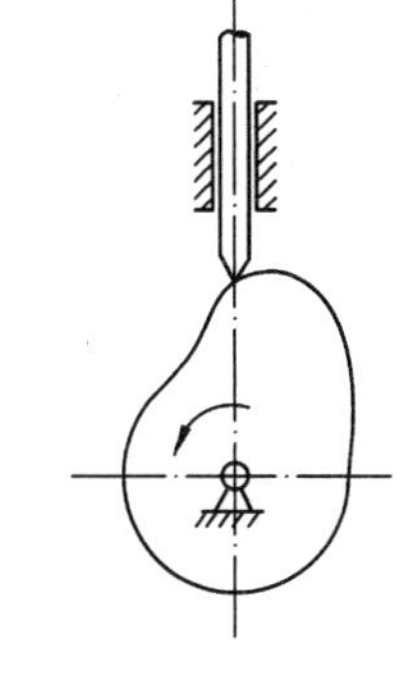

图 5-5　盘形凸轮机构

（2）滚子从动件(roller follower)凸轮机构(图 5-2)。这种从动件的一端装有可自由转动的滚子。由于滚子和凸轮轮廓之间为滚动摩擦,磨损较小,可用于传递较大的动力,因此应用最广。

（3）平底从动件(flat-faced follower)凸轮机构(图 5-1)。这种从动件所受凸轮的作用力方向不变(不考虑摩擦时与平底相垂直),且接触面间易于形成油膜,利用润滑,故常用于高速凸轮机构之中。这种从动件的缺点是不能与具有内凹轮廓和凹槽的凸轮相作用。

2）按凸轮的形状分类

按凸轮的形状可分成移动凸轮(translating cam)机构、盘形凸轮(plate cam or disc cam)机构、圆柱凸轮(cylindrical cam)机构、圆锥凸轮(cone cam)机构 4 种,见表 5-1。

表 5-1　凸轮机构的主要类型

按凸轮的形状分类	按从动件的形状和运动形式分类	
	直　动	摆　动
移动凸轮		
盘形凸轮		
圆柱凸轮		
圆锥凸轮		

3) 按锁合(凸轮与从动件维持高副接触)的方式分类

(a) 外力锁合(force-closed)。利用从动件的重量、弹簧力(图5-1)或其他外力使从动件与凸轮保持接触。

(b) 几何锁合(form-closed)。依靠凸轮和从动件的特殊几何形状而始终维持接触。例如图5-2所示圆柱凹槽凸轮,其凹槽两侧面间的距离等于滚子的直径,故能保证滚子与凸轮始终接触。显然,这种凸轮只能采用滚子从动件。又如图5-6所示机构,利用固定在同一轴上但不在同一平面内的主、回两个凸轮来控制一个从动件,主凸轮Ⅰ驱使从动件逆时针方向摆动;而回凸轮Ⅱ驱使从动件顺时针方向返回。再如图5-7所示等径凸轮和图5-8所示等宽凸轮,其从动件上分别装有相对位置不变的两个滚子和两个平底,凸轮运动时,其轮廓能始终与两个滚子(或平底)同时保持接触。显然,这两种凸轮只能在180°范围内自由设计其廓线,而另180°的凸轮廓线必须按照等径或等宽的条件来确定,因而其从动件运动规律的自由选择受到一定限制。

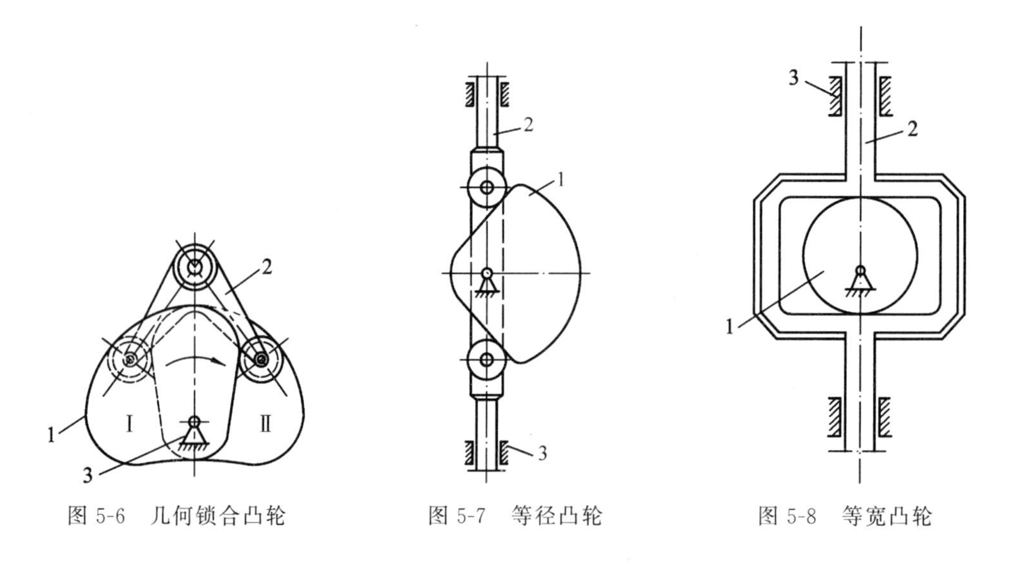

图5-6 几何锁合凸轮　　图5-7 等径凸轮　　图5-8 等宽凸轮

几何锁合的凸轮机构可以免除弹簧附加的阻力,从而减小驱动力和提高效率;它的缺点是机构外廓尺寸较大,设计也较复杂。

5.2 从动件的常用运动规律

如前所述,从动件的运动规律取决于凸轮轮廓曲线,如果从动件运动规律要求不同,则需要设计不同轮廓曲线的凸轮。所以设计凸轮时,必须先根据工作要求选定从动件的运动规律。

图5-9(a)所示为一尖底偏置直动从动件盘形凸轮机构。以凸轮轮廓曲线最小矢径 r_0 为半径所作的圆称为基圆(prime circle),r_0 称为基圆半径。凸轮回转中心 O 点至过接触从动件导路之间的偏置距离为 e,以 O 为圆心、e 为半径所作之圆称为偏距圆(offset circle)。图示位置为从动件开始上升的位置,这时尖底与凸轮轮廓上 A 点(基圆与曲线 AB 的连接点)接触。凸轮以逆时针转动,当矢径渐增的轮廓 AB 与尖底作用时,从动件以一定运动

规律被凸轮推向上方；待 B 转到 B' 时，从动件上升到距凸轮回转中心最远的位置。此过程从动件的位移 h（即为最大位移）称为行程（lift or the total travel），凸轮转过的角度 $\Phi=\angle B'OB(=\angle AOB_1)$ 称为推程运动角（the cam angle for rise）。注意：图中 $\angle AOB$ 不是推程运动角。当凸轮继续回转，以 O 为中心的圆弧 BC 与尖底作用时，从动件在最高最远位置停留，这时对应的凸轮转角 $\Phi_s=\angle BOC(=\angle B_1OC_1)$ 称为远休止角（the angle for outer dwell）。当矢径渐减的轮廓曲线段 CD 与尖底作用时，从动件以一定运动规律返回初始位置，此过程凸轮转过的角度 $\Phi'=\angle C_1OD$ 称为回程运动角（the angle for return）；同理，当基圆上 DA 段圆弧与尖底作用时，从动件在距凸轮回转中心最近的最低位置停留不动，这时对应的凸轮转角 Φ'_s 称为近休止角（the angle for inner dwell）。当凸轮继续回转时，从动件又重复进行升—停—降—停的运动循环。

从动件位移 s 与凸轮转角 Φ 之间的对应关系可用图 5-9(b) 所示的从动件位移线图（the displacement curve of the cam mechanism）来表示。由于大多数凸轮是作等速转动的，其转角与时间成正比，因此该线图的横坐标也代表时间 t。通过微分可以作出从动件速度线图和加速度线图，它们统称为从动件运动线图（the kinematic curve of the cam mechanism）。

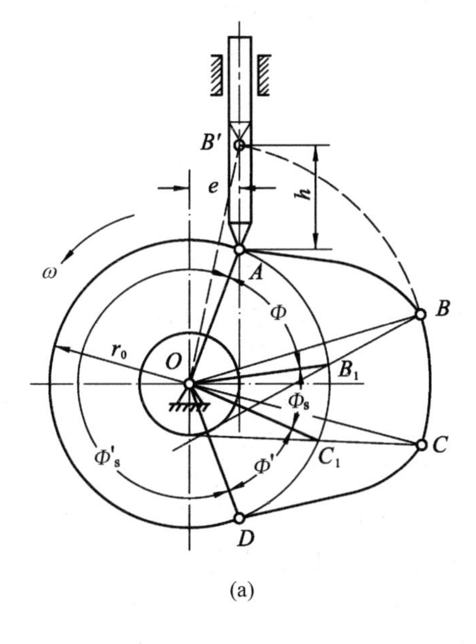

(a)

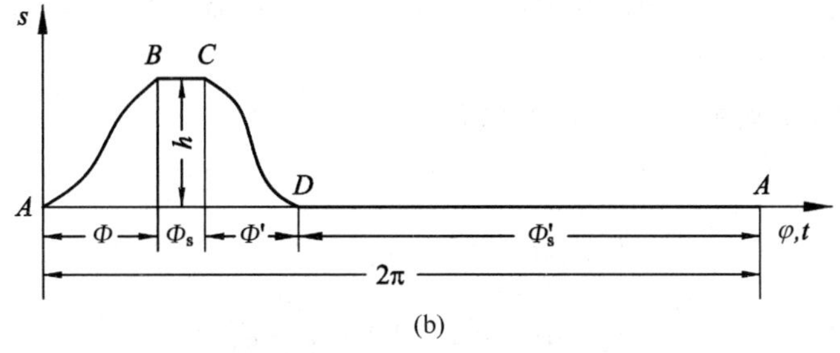

(b)

图 5-9 尖底偏置直动从动件凸轮机构

下面以从动件运动循环为升—停—降—停的凸轮机构为例，就凸轮以等角速 ω 回转时从动件的速度、加速度及其冲击特性来讨论几种基本的从动件运动规律。

1. 基本运动规律

常见的有等速、等加速等减速、余弦加速度和正弦加速度等运动规律。

1) 等速运动规律(constant velocity motion)

从动件的速度是常数,即

$$\left.\begin{aligned} &v=c_1 \\ \text{位移}\quad &s=\int v\mathrm{d}t=c_1t+c_2 \\ \text{加速度}\quad &a=\frac{\mathrm{d}v}{\mathrm{d}t}=0 \end{aligned}\right\} \tag{5-1}$$

设从动件走过行程 h 所需的时间为 t_0,相应的凸轮转角为 Φ,则由边界条件可得

$$t=0\ \text{时},\quad s=0, c_2=0$$

$$t=t_0\ \text{时},\quad s=h=c_1t_0, c_1=h/t_0$$

又因为凸轮通常总是以等角速度 ω 转动,于是得凸轮的转角 $\varphi=\omega t$,相应地,有 $\Phi=\omega t_0$。将此关系代入式(5-1)并整理后得

$$s=\frac{h}{\Phi}\varphi\quad(0\leqslant\varphi\leqslant\Phi) \tag{5-2}$$

$$v=\frac{h}{\Phi}\omega \tag{5-3}$$

$$a=0 \tag{5-4}$$

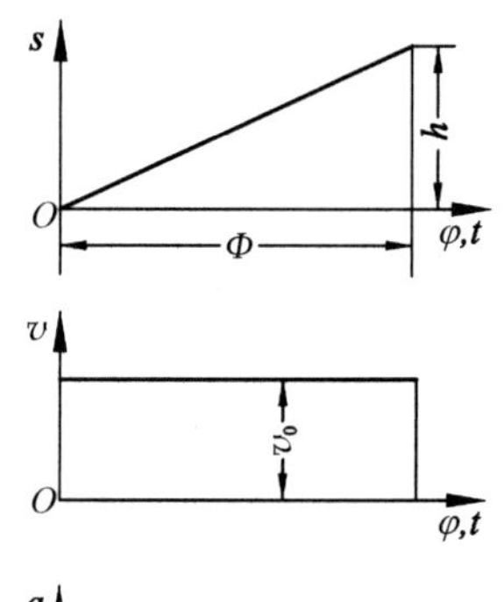

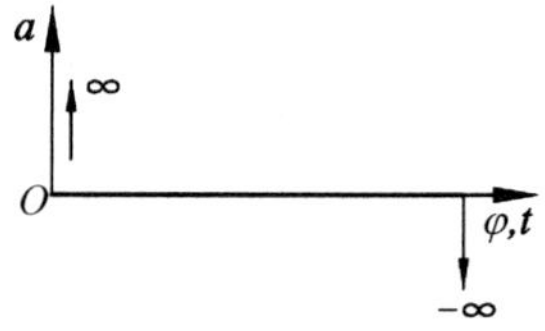

图 5-10　等速运动规律

按以上各式作出的从动件运动线图为图 5-10。在运动的开始与终止位置,由于速度有突变,加速度 $a=\lim\limits_{\Delta t\to 0}\dfrac{\Delta v}{\Delta t}=\lim\limits_{\Delta t\to 0}\dfrac{(h/t_0)-0}{\Delta t}=\infty$,使机构产生强烈的冲击,这种冲击称为刚性冲击(rigid impulse)。实际上,由于构件有弹性,不会产生无穷大的惯性力,但仍会在构件中引起很大的作用力,增大凸轮机构中各构件间的撞击力,因此这种运动规律只能用于低速。

2) 等加速等减速运动规律(constant acceleration and deceleration motion)

通常,从动件在前半个行程做等加速运动,后半个行程做等减速运动,加速度和减速度的绝对值相等,如图 5-11 所示。

在等加速区间,加速度 a 是常数,所以有

$$\left.\begin{aligned} &a=c_1 \\ &v=\int a\mathrm{d}t=c_1t+c_2 \\ &s=\int v\mathrm{d}t=c_1t^2/2+c_2t+c_3 \end{aligned}\right\} \tag{5-5}$$

由边界条件可得

$$t=0\ \text{时},\quad v=0, c_2=0$$

$$t=0\ \text{时},\quad s=0, c_3=0$$

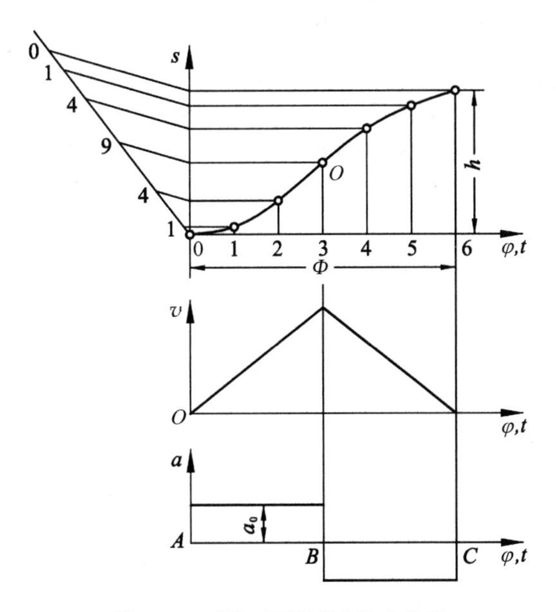

图 5-11　等加速等减速运动规律

$$t=\frac{t_0}{2}\text{时，}\quad s=\frac{h}{2}=c_1\frac{t_0^2}{8},c_1=\frac{4h}{t_0^2}$$

代入式(5-5) 并以 φ/ω、$\varPhi/\omega$ 分别代替 t、t_0，最后可得

$$\left.\begin{aligned}s&=\frac{2h}{\varPhi^2}\varphi^2\\v&=\frac{4h}{\varPhi^2}\omega\varphi\\a&=\frac{4h}{\varPhi^2}\omega^2\end{aligned}\right\}\tag{5-6}$$

等减速区间的方程是

$$\left.\begin{aligned}s&=h-\frac{2h}{\varPhi^2}(\varPhi-\varphi)^2\\v&=\frac{4h}{\varPhi^2}\omega(\varPhi-\varphi)\\a&=-\frac{4h}{\varPhi^2}\omega^2\end{aligned}\right\}\tag{5-7}$$

等加速等减速规律的运动线图如图 5-11 所示。由图可见，加速度曲线是水平直线，速度曲线是斜直线，而位移曲线是两段在 O 点光滑相连的抛物线，所以这种运动规律又叫做抛物线运动规律(parabolical motion)。

在开始运动的瞬时，加速度由近休止段的 0 突变到等加速段的 a。加速度 a 产生了有限值的突变，惯性力产生了有限值的突变，并在一瞬间加到了从动件上，因而引起柔性冲击(soft impulse)。同样，在中间位置和终止位置，加速度及惯性力产生了有限值的突变，也引起柔性冲击。可见，这种运动规律也不适用于高速。

3) 余弦加速度运动规律(cosine acceleration motion)

余弦加速度运动规律又称简谐运动规律。当质点在圆周上做匀速运动,其上在该圆直径上的投影所构成的运动称为简谐运动。当从动件按简谐运动规律运动时,其加速度曲线为余弦曲线,故又称为余弦加速度运动规律。这种运动规律的加速度方程是1/2个周期的余弦曲线,即

$$\left.\begin{aligned} a &= c_1\cos\frac{\pi}{t_0}t \\ v &= \int a\,\mathrm{d}t = c_1\frac{t_0}{\pi}\sin\frac{\pi}{t_0}t + c_2 \\ s &= \int v\,\mathrm{d}t = -c_1\frac{t_0^2}{\pi^2}\cos\frac{\pi}{t_0}t + c_2 t + c_3 \end{aligned}\right\} \tag{5-8}$$

由边界条件可得

$$t=0\text{ 时},\quad v=0,c_2=0$$

$$t=0\text{ 时},\quad s=0,c_3=c_1\frac{t_0^2}{\pi^2}$$

$$t=t_0\text{ 时},\quad s=h=2c_1\frac{t_0^2}{\pi^2},c_1=\frac{\pi^2 h}{2t_0^2}$$

代入式(5-8)并以 φ/ω、Φ/ω 分别代替 t、t_0,最后可得

$$\left.\begin{aligned} s &= \frac{h}{2}\left(1-\cos\frac{\pi}{\Phi}\varphi\right) \\ v &= \frac{\pi h}{2\Phi}\omega\sin\frac{\pi}{\Phi}\varphi \\ a &= \frac{\pi^2 h}{2\Phi^2}\omega^2\cos\frac{\pi}{\Phi}\varphi \end{aligned}\right\} \tag{5-9}$$

加速度变化率为

$$j = -\frac{\pi^3 h}{2\Phi^3}\omega^3\sin\frac{\pi}{\Phi}\varphi \tag{5-10}$$

余弦加速度运动规律的线图如图5-12所示。图中,加速度曲线是余弦曲线,速度曲线和 j 曲线是正弦曲线,而位移曲线是简谐运动曲线,所以这种运动规律也叫做简谐运动规律(simple harmonic motion)。此外,由图可见,对停—升—停型运动(图中实线所示),在从动件的起始和终止位置,加速度曲线不连续,仍产生柔性冲击,因此它只适用于中、低速。但对升—降—升型运动(图中虚线所示),加速度曲线变成连续曲线,无柔性冲击,故亦可用于高速。

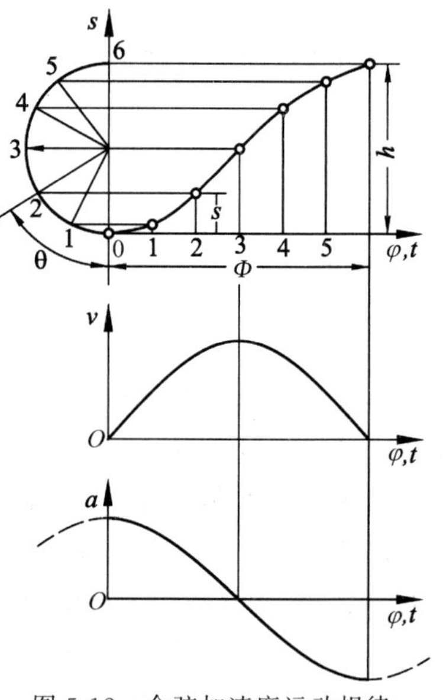

图5-12 余弦加速度运动规律

4) 正弦加速度运动规律(sine acceleration motion)

当滚子沿纵坐标轴做匀速纯滚动时,圆周上一点的轨迹为一摆线。此时该点在纵坐标轴上的投影随时

间变化的规律称为摆线运动规律。当从动件按摆线运动规律运动时，其加速度曲线为正弦曲线，故又称为正弦加速度运动规律。这种运动规律的加速度方程是整周期的正弦曲线，即

$$\left.\begin{aligned} a &= c_1 \sin \frac{2\pi}{t_0} t \\ v &= \int a\,\mathrm{d}t = -c_1 \frac{t_0}{2\pi} \cos \frac{2\pi}{t_0} t + c_2 \\ s &= \int v\,\mathrm{d}t = -c_1 \frac{t_0^2}{4\pi^2} \sin \frac{2\pi}{t_0} t + c_2 t + c_3 \end{aligned}\right\} \tag{5-11}$$

由边界条件可得

$$t = 0\ \text{时}, \quad v = 0, c_2 = c_1 \frac{t_0}{2\pi}$$

$$t = 0\ \text{时}, \quad s = 0, c_3 = 0$$

$$t = t_0\ \text{时}, \quad s = h = c_1 \frac{t_0^2}{2\pi}, c_1 = \frac{2\pi h}{t_0^2}$$

代入式(5-11)并以 φ/ω、Φ/ω 分别代替 t、t_0，最后可得

$$\left.\begin{aligned} s &= h\left(\frac{\varphi}{\Phi} - \frac{1}{2\pi} \sin \frac{2\pi}{\Phi} \varphi\right) \\ v &= \frac{h}{\Phi} \omega \left(1 - \cos \frac{2\pi}{\Phi} \varphi\right) \\ a &= \frac{2\pi h}{\Phi^2} \omega^2 \sin \frac{2\pi}{\Phi} \varphi \end{aligned}\right\} \tag{5-12}$$

加速度变化率为

$$j = \frac{4\pi^2 h}{\Phi^3} \omega^3 \cos \frac{2\pi}{\Phi} \varphi \tag{5-13}$$

从动件的运动线图如图5-13所示。由图可见，正弦加速度运动规律的加速没有突变，j 为有限值，因而这种运动规律即没有刚性冲击，又没有柔性冲击，并且振动、噪声、磨损都小，故适用于高速。

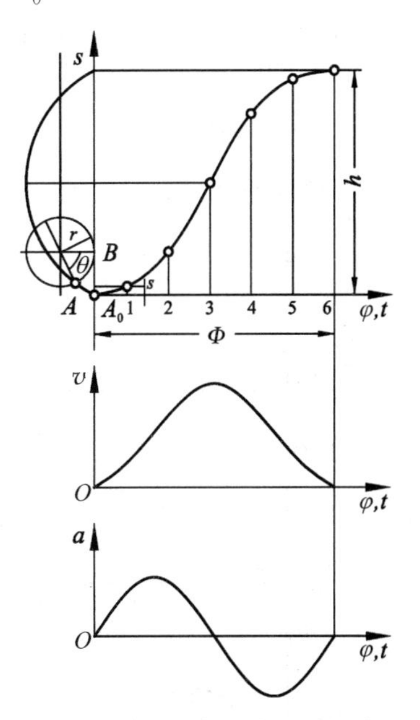

图5-13 正弦加速度运动规律

2. 多项式运动规律

多项式运动规律(polynomial motion)的从动件位移曲线的一般形式为

$$s = c_0 + c_1\varphi + c_2\varphi^2 + \cdots + c_n\varphi^n$$

式中，c_0、c_1、c_2、…、c_n 为 $n+1$ 个系数。这 $n+1$ 个系数可以根据对运动规律所提的 $n+1$ 个边界条件来确定。对从动件的运动所提的要求越多，相应多项式的方次 n 就越高。从理论上讲，多项式的方次和所能满足的给定条件是不受限制的，但方次越高，凸轮加工误差对从动件运动规律的影响越显著，所以 $n \geqslant 10$ 的多项式规律事实上很少使用。等速运动规律即为一次多项式运动规律，等加(或减)速运动规律即为二次多项式运动规律。5次多项式运动规律运动线图如图5-14所示。这种运动规律的最大速度和最大加速度值都小于正弦加

速度规律，故常用于高速凸轮中，其运动方程为

$$\left.\begin{aligned} s &= \left[10\left(\frac{\varphi}{\Phi}\right)^3 - 15\left(\frac{\varphi}{\Phi}\right)^4 + 6\left(\frac{\varphi}{\Phi}\right)^5\right]h \\ v &= \frac{30h\omega}{\Phi}\left[\left(\frac{\varphi}{\Phi}\right)^2 - 2\left(\frac{\varphi}{\Phi}\right)^3 + \left(\frac{\varphi}{\Phi}\right)^4\right] \\ a &= \frac{60h\omega^2}{\Phi^2}\left[\frac{\varphi}{\Phi} - 3\left(\frac{\varphi}{\Phi}\right)^2 + 2\left(\frac{\varphi}{\Phi}\right)^3\right] \end{aligned}\right\} \tag{5-14}$$

3. 组合运动规律

为了获得更好的运动特性，还可以把上述5种基本运动规律组合起来加以应用(或称运动曲线的拼接)，称为组合运动(combined motion)规律。组合时，两条曲线在拼接处必须保持连续。例如为了消除等速运动规律的刚性冲击，就应使速度曲线连续。图5-15所示等加速—等速—等减速组合运动规律就可以满足这一要求。不难看出，这种运动规律的加速度线图是不连续的，因此还存在柔性冲击。又如图5-16所示为变形正弦加速度规律的加速度线图，它是由三段正弦曲线组合而成的。第一段$\left(0\sim\frac{\Phi}{8}\right)$和第三段$\left(\frac{7\Phi}{8}\sim\Phi\right)$为周期等于$\frac{\Phi}{2}$的1/4波正弦曲线，第二段$\left(\frac{\Phi}{8}\sim\frac{7\Phi}{8}\right)$为振幅相同、周期等于$\frac{3\varphi}{2}$的半波正弦曲线，这几段曲线在拼接处相切，形成连续而光滑的加速度曲线。

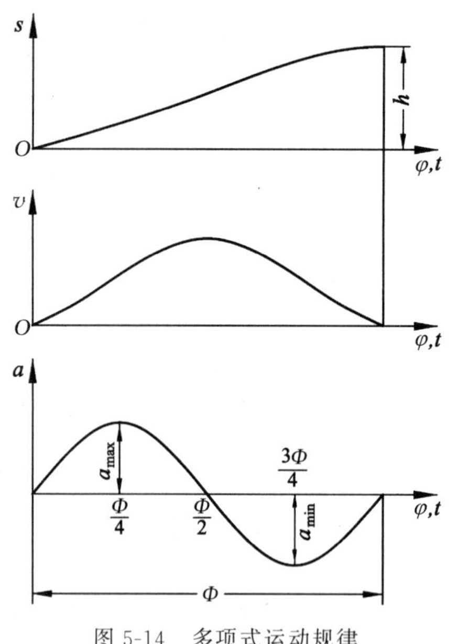

图5-14 多项式运动规律

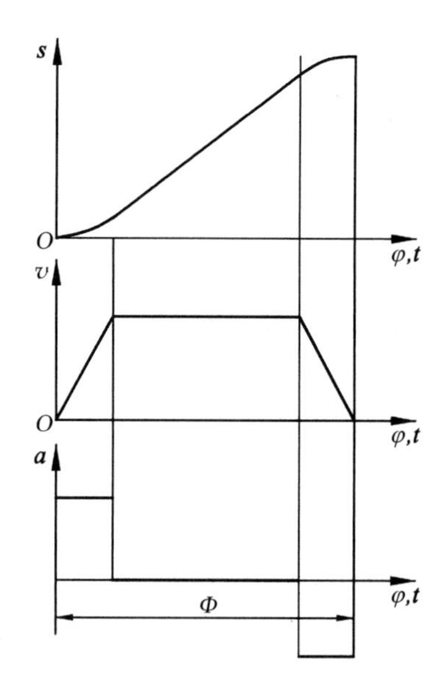

图5-15 组合运动规律

在选择从动件运动规律时，除考虑刚性冲击和柔性冲击外，还应对各种运动规律所具有的最大速度v_{max}、最大加速度a_{max}及其影响加以比较。①v_{max}越大，则动量mv越大。若从动件突然被阻止，过大的动量会导致极大的冲击力，危及设备和人身安全。因此，当从动件质量较大时，为了减小动量，应选择v_{max}值较小的运动规律。②a_{max}越大，惯性力越大，作

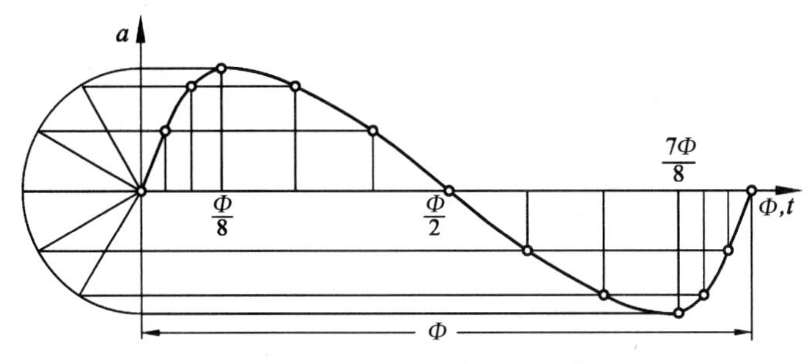

图 5-16　变形正弦加速度规律

用在高副接触处的应力越大，机构的强度和耐磨性要求也就越高。对于高速凸轮，为了减小惯性力的危害，应选择 a_{max} 值较小的运动规律。几种常用运动规律的 v_{max}、a_{max} 和冲击特性列于表 5-2。

表 5-2　从动件常用运动规律特性比较

运动规律	$v_{max}(h\omega/\Phi)$	$a_{max}(h\omega^2/\Phi^2)$	冲击	推荐应用范围
等速	1.00	∞	刚性	低速轻载
等加速等减速	2.00	4.00	柔性	中速轻载
5 次多项式	1.88	5.77		高速中载
简谐(余弦加速度)	1.57	4.93	柔性	中速中载
摆线(正弦加速度)	2.00	6.28		高速轻载
变形正弦加速度	1.76	5.53		高速重载

对于摆动从动件凸轮机构，其运动线图的横坐标表示凸轮转角，纵坐标则分别表示从动件的角位移、角速度和角加速度。这类运动线图具有的运动特性与上述相同。

5.3　平面凸轮廓线设计的作图法

当从动件的运动规律选定后，应作出位移线图，即用作图法作出凸轮的轮廓曲线。凸轮机构的类型虽然很多，但是用作图法绘制凸轮轮廓曲线时所依据的原理却是相同的。所以在讨论具体的作图方法之前，首先介绍一下以作图法(graphical synthesis)设计凸轮轮廓曲线的基本原理——反转法(principle of inversion)。

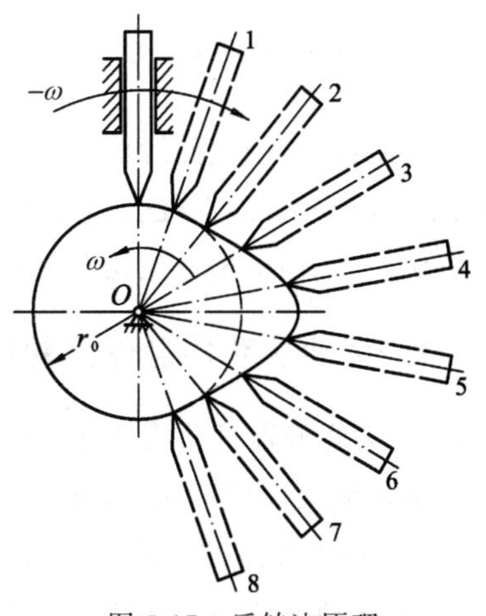

图 5-17　反转法原理

图 5-17 所示为一对心直动尖底从动件盘状凸轮机构，以凸轮最小矢径 r_0 为半径的圆是凸轮的基圆(prime circle)。当凸轮以角速度 ω 绕轴心 O 回转时，就推动从动件按预期的运动规律运动。现设想将整个凸轮机构以角速度 $-\omega$ 绕轴心 O 转动。显然，凸轮与从动件之间的相对运动不会发生改变。但这时凸轮将静止不动，而从动件则一方面随其导轨绕轴心 O 转动；一方面又在其导

轨内作预期的往复移动。由图可见,从动件在这种复合运动中,其尖底的运动轨迹就是凸轮的轮廓曲线,这种获得凸轮轮廓曲线的方法即为反转法。偏置直动尖底从动件盘状凸轮机构按反转法的设计图如图 5-18 所示,具体设计步骤以后有详细的讲解。同理,如图 5-18 所示,若为滚子从动件凸轮机构,则从动件在这种复合运动中,其滚子的轨迹将形成一个圆族,而凸轮轮廓曲线就是与这个圆族相切的曲线(即圆族的包络线)。又如图 5-19 所示,若为平底直动从动件凸轮机构,则从动件在这种复合运动中,其平底的轨迹将形成一个直线族,而凸轮轮廓曲线就是这个直线族的包络线。

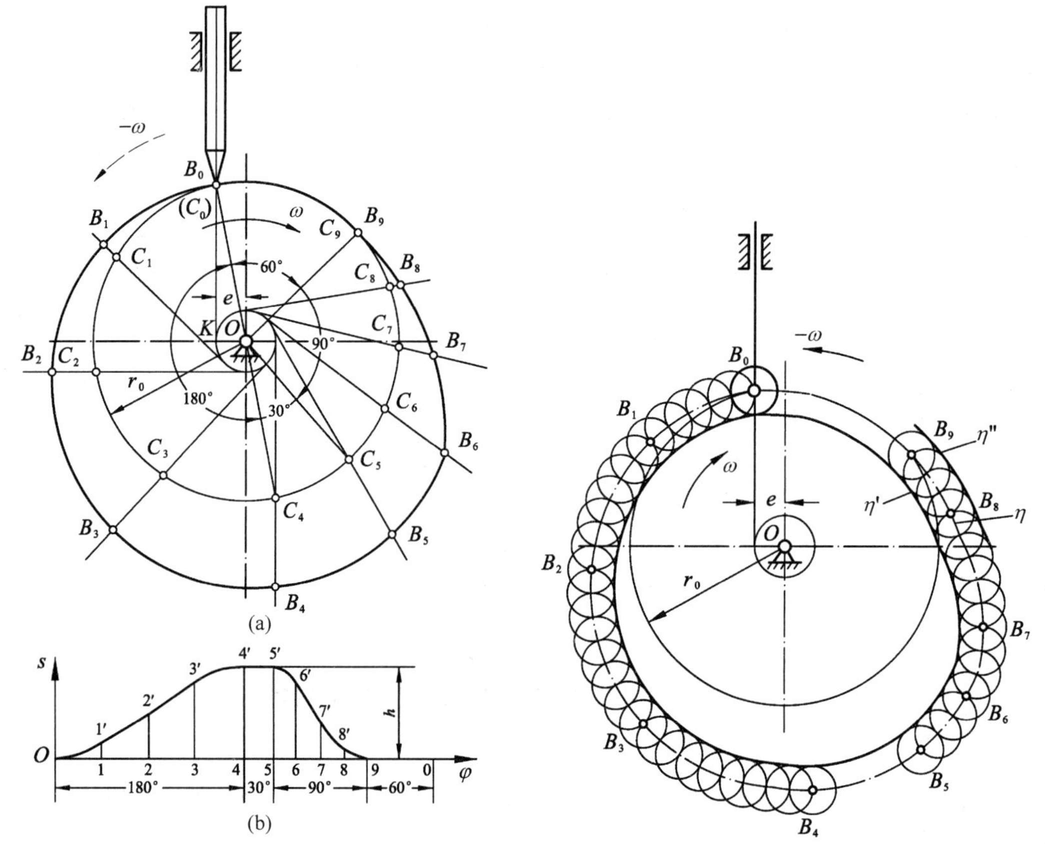

图 5-18 直动从动件凸轮轮廓设计　　图 5-19 滚子从动件凸轮轮廓设计

由此可见,凸轮轮廓曲线的设计,实质上就是根据上述的反转法求推杆的高副元素(尖底、滚子或平底等)在复合运动中所形成的曲线族的包络线(尖底推杆可视为滚子半径为零的特例)。下面就来讨论绘制凸轮轮廓曲线的具体方法。

1. 直动从动件盘形凸轮机构

1) 尖底偏置直动从动件凸轮机构

给定从动件位移线图如图 5-18(b)所示,设凸轮以等角速度 ω 顺时针转动,其基圆半径为 r_0,从动件导路的偏距为 e,要求绘出凸轮的轮廓图(图 5-18(a))。

(1) 选取合适的比例尺 μ_s 作从动件位移曲线,如图 5-18(b)所示。

(2) 选定合适的比例尺 μ_1(建议取 $\mu_1=\mu_s$),以 r_0 为半径画出基圆,以 e 为半径画出偏距圆,过 K 点作从动件导路,并与偏距圆相切,导路与基圆的交点 $B_0(C_0)$即为从动件尖底的初始位置。

(3) 将位移线图 s-φ 的推程运动角和回程运动角分别作若干等分(图中各为作四等分)。

(4) 自 OC_0 开始,沿 ω 的相反方向取推程运动角(180°)、远休止角(30°)、回程运动角(90°)、近休止角(60°),在基圆上得 C_4、C_5、C_9 诸点。将推程运动角和回程运动角分成与图 5-18(b)对应的等分,得 C_1、C_2、C_3 和 C_6、C_7、C_8 诸点。

(5) 过 C_1、C_2、C_3、… 作偏距圆的一系列切线,它们便是反转后从动件导路的一系列位置。

(6) 沿以上各切线自基圆开始量取从动件相应的位移量,即取线段 $C_1B_1=11'$,$C_2B_2=22'$,…,得反转后尖底的一系列位置 B_1、B_2、…。

(7) 将 B_0、B_1、B_2、…连成光滑曲线(B_4 和 B_5 之间以及 B_9 和 B_0 间均为以 O 为中心的圆弧),便得到所求的凸轮轮廓,如图 5-18(a)所示。

2) 滚子偏置直动从动件凸轮机构

如果采用滚子从动件,则如图 5-19 所示,首先把滚子中心当作尖底从动件的尖底,按照上述方法求出一条轮廓曲线 η;再以 η 上各点为中心画一系列滚子,最后作这些滚子的内包络线 η'(对于凹槽凸轮还应作外包络线 η''),它便是滚子从动件凸轮的实际轮廓曲线(cam contour),而 η 被称为此凸轮的理论轮廓曲线(pitch curve)。设计滚子从动件凸轮机构时,凸轮的基圆半径是指理论轮廓曲线的基圆半径。

在以上两图中,当 $e=0$ 时,即得对心直动从动件凸轮机构。这时,偏距圆的切线化为过点 O 的径向射线,凸轮轮廓的设计方法与上述相同。

3) 平底直动从动件凸轮机构

如果采用平底从动件,凸轮实际轮廓的求法也与上述相仿。如图 5-20 所示(在绘制该凸轮机构的凸轮轮廓曲线时,可以通过导路平移,使从动件与机架相对移动的导路通过凸轮回转中心 O),首先把平底与导路的交点 B_0 看作尖底,运用尖底从动件凸轮的设计方法求出参考点反转后的一系列位置 B_1、B_2、B_3、…;其次,对这些点画出一系列平底,得一直线族;最后作此直线族的包络线,便可得到凸轮实际轮廓曲线。由于平底上与实际轮廓曲线相切的点是随机构位置变化的,为了保证在所有位置平底都能与轮廓曲线相切,平底左右两侧的宽度必须分别大于导路左右最远切点的距离 b'和 b''。

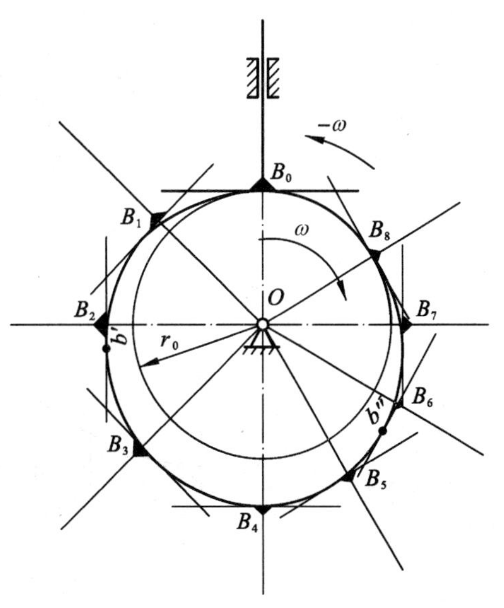

图 5-20　平底从动件凸轮轮廓设计

从作图过程不难看出,对于平底直动从动件,只要不改变导路的方向,无论导路对心或偏置,无论取哪一点为参考点,所得出的直线族和凸轮实际轮廓曲线都是一样的。

2. 摆动从动件盘形凸轮机构

摆动从动件盘形凸轮轮廓的设计,同样可以应用上述反转法进行,所不同的是从动件的预期运动规律是用从动件的角位移来表示的。

图5-21(a)所示为一尖底摆动从动件盘形凸轮机构,已知凸轮的基圆半径r_0、凸轮与摆杆的中心距l_{OA}、摆杆长度l_{AB},当凸轮以等角速度ω顺时针方向回转时,摆动从动件逆时针方向向外摆动,其最大摆角为$\psi_{\max}$,并给出了从动件摆杆摆角的运动规律,这种凸轮轮廓的设计可按下述步骤进行。

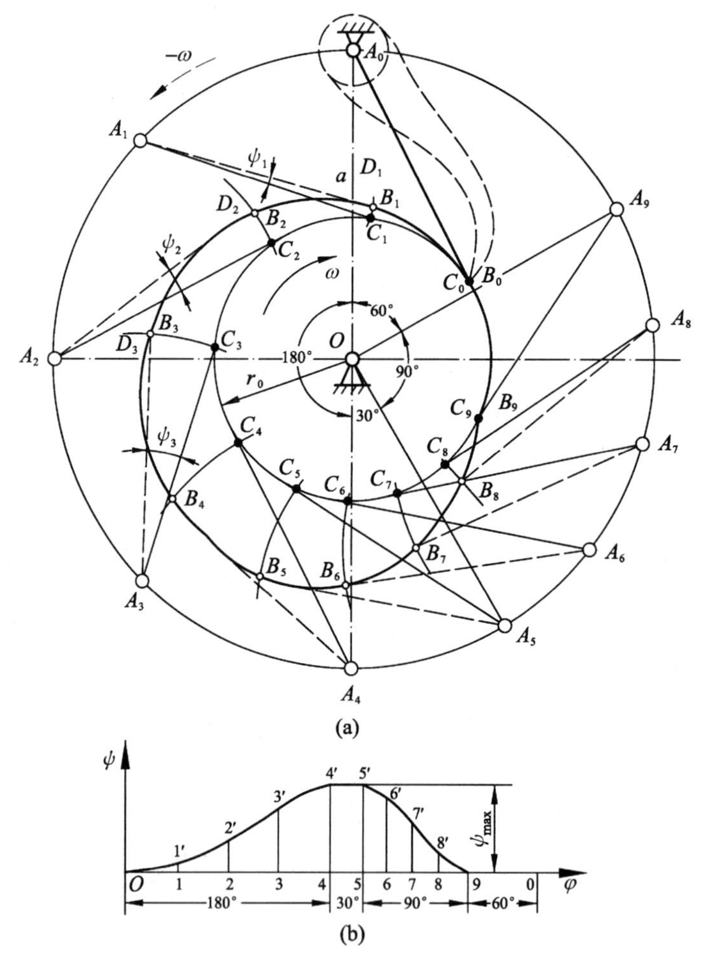

图5-21 摆动从动件凸轮轮廓设计

(1) 选择合适的比例尺作ψ-φ位移线图,如图5-21(b)所示,现将ψ-φ线图的推程运动角和回程运动角分别作若干等分(图中各为作四等分)。

(2) 选定合适的比例尺μ_1,根据给定的l_{OA}定出O、A_0的位置。以O为圆心,以r_0为半径画出基圆,以A_0为圆心、l_{AB}为半径画弧,两者交于点$B_0(C_0)$(如果要求从动件推程是顺时针方向摆动时 B_0 在 OA_0 的左边)，从而定出从动件尖底的起始位置。

(3) 根据反转法原理，将机架 OA_0 以 $-\omega$ 方向转动，这时点 A 将位于以 O 为圆心、OA 为半径的圆周上，因此，以 O 为中心、OA 为半径画圆，沿 $-\omega$ 方向从 OA_1 开始，依次取推程角 $\varphi=180°$、远休止角 $\varphi_s=30°$、回程角 $\varphi'=90°$和近休止角 $\varphi_s'=60°$，再将推程角和回程角分为与图 5-21(b)对应相等的等分，得点 A_1、A_2、A_3、…，它们便是反转后从动件回转中心的一系列位置。

(4) 以 l_{AB} 为半径，以 A_1、A_2、A_3、…为圆心作一系列圆弧 $\overset{\frown}{C_1D_1}$、$\overset{\frown}{C_2D_2}$、$\overset{\frown}{C_3D_3}$、…，分别与基圆交于 C_1、C_2、C_3、…，由 C_1、C_2、开始在 $\overset{\frown}{C_1D_1}$、$\overset{\frown}{C_2D_2}$、…圆弧上截取对应于图 5-21(b)的摆角 ψ_1、ψ_2、ψ_3、…，得点 B_1、B_2、B_3、…。

(5) 将点 B_1、B_2、B_3、…连成光滑曲线，便得到尖底从动件的凸轮轮廓。

从图中可看到，凸轮轮廓线与直线 AB 在某些位置(如 A_2B_2，A_3B_3 等)已经相交，故在考虑具体结构时，应将从动件做成弯杆以避免两构件相碰。

同前所述，如采用滚子或平底从动件，那么上述 B_1、B_2、B_3 等点即为参考点的运动轨迹。过这些点作一系列滚子或平底，最后作其包络线即可得到实际轮廓曲线。

3. 摆动从动件圆柱凸轮机构

圆柱凸轮展开成平面后便成为移动凸轮，因此可以用平面凸轮的设计方法来绘制其展开轮廓曲线。

对于图 5-22 所示摆动从动件圆柱凸轮机构，设已知平均圆柱半径 r_m、从动件长度 l、滚子半径 r_T、从动件运动规律 $\psi=\psi(\varphi)$及凸轮回转方向，其展开轮廓曲线可近似绘制如下：

(1) 图 5-22(c)所示，作 OA 线垂直于凸轮回转轴线，作$\angle OAB_0=\dfrac{1}{2}\psi_{max}$，从而得出从动件的初始位置 AB_0。再根据选定的 ψ-φ 线图(图 5-22(b))画出从动件的各个位置 AB_1'、AB_2'、AB_3'、…。

(2) 取线段 B_0B_0 之长为 $2\pi r_m$。沿 $-v_1$ 方向将 B_0B_0 分为与图 5-22(b)横轴对应的等份，得点 C_1、C_2、C_3、…，过这些点画一系列中心在 OA 线上、半径等于 l 的圆弧。

(3) 自 B_1'作水平线交过 C_1 的圆弧于点 B_1，自 B_2'作水平线交过 C_2 的圆弧于点 B_2，…，将 B_0、B_1、B_2、…，连成光滑曲线，便得到展开图的理论轮廓曲线。

(4) 以理论轮廓曲线上诸点为圆心画一系列滚子，而后作两条包络线，即得该凸轮展开图的实际轮廓曲线(图中未画出)。

对于摆动从动件圆柱凸轮机构的摆角不宜过大，因为从动件摆动后，其滚子将不再处在以 R_m 为半径的圆柱面中；摆角过大时滚子甚至可能与外圆柱面脱离接触。为了减小摆角产生的误差，如图 5-22(a)所示，通常令从动件的中间位置 AB 垂直于凸轮轴，而且从动件在极端位置和中间位置时，其滚子中心 B_0、B'和 B 至凸轮轴线的距离亦应相等。

直动从动件圆柱凸轮机构可看作是从动件杆长 l 趋近于无穷大时的摆动从运件圆柱凸轮机构，凸轮轮廓设计与上述方法类似。

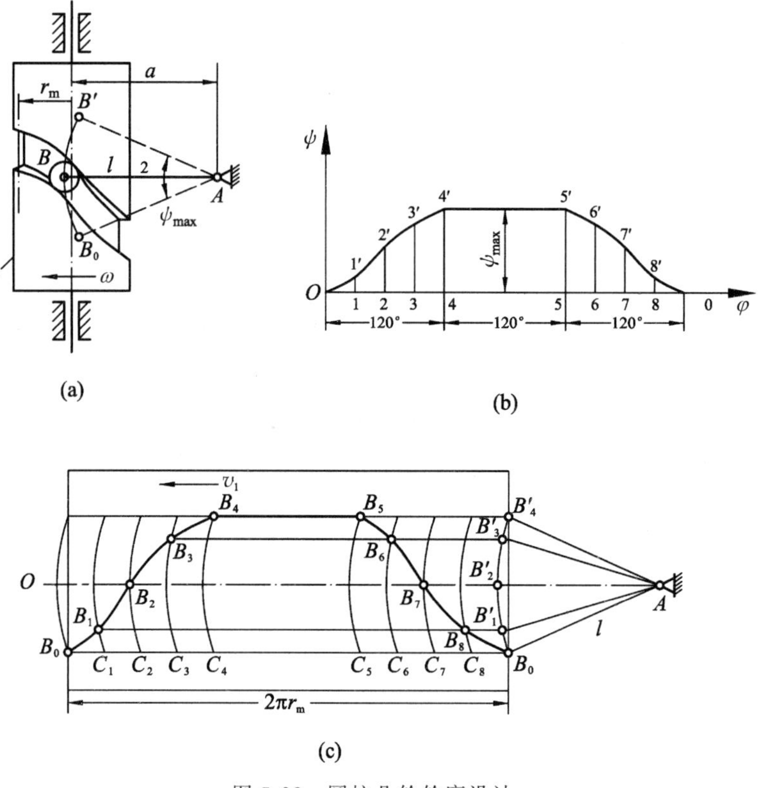

图 5-22 圆柱凸轮轮廓设计

5.4 平面凸轮廓线设计的解析法

用作图法设计凸轮,误差较大,但对于从动件运动规律要求不太严格的凸轮机构(如一般操纵用凸轮机构),用作图法比较简单。对于某些凸轮设计,例如高速凸轮、靠模凸轮等,常要求精确地求出凸轮轮廓和转角间的函数关系,因此需用解析法(analytical synthesis)设计,而且解析法还能适应计算机辅助设计和制造的需要。

1. 滚子从动件盘形凸轮

1) 理论轮廓曲线方程

(1) 直动从动件盘形凸轮机构

图 5-23 所示为偏置直动滚子从动件盘形凸轮机构。在求凸轮理论廓线(pitch curve of the cam)的方程时,仍用反转法给整个机构一个绕凸轮轴心 O 的公共角速度 $-\omega$,这时凸轮将固定不动,而从动件将沿 $-\omega$ 方向转过角度 φ,滚子中心将位于 B 点。在图示直角坐标系中,B 点的坐标,亦即理论廓线的方程为

$$\left.\begin{aligned} x &= (s_0 + s)\cos\varphi - e\sin\varphi \\ y &= e\cos\varphi + (s_0 + s)\sin\varphi \end{aligned}\right\} \tag{5-15}$$

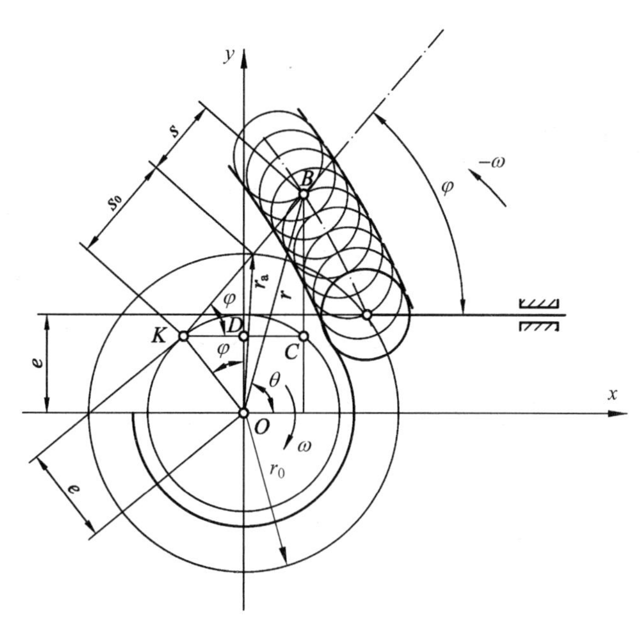

图 5-23　直动从动件凸轮机构坐标系

式中，x、y 为理论廓线上点的直角坐标；e 为偏距；φ 为凸轮的转角；s 为从动件的位移；s_0 为从动件在起始位置时滚子中心 B 的高度，$s_0=\sqrt{r_a^2-e^2}$，其中 r_a 为理论廓线的基圆半径，$r_a=r_0+r_T$，r_T 为滚子半径，r_0 为基圆半径。

(2) 摆动从动件盘形凸轮机构

图 5-24 所示为摆动滚子从动件盘形凸轮机构。在求凸轮理论廓线的方程时，仍用反转法使凸轮固定不动，而从动件沿 $-\omega$ 方向转过角度 φ，滚子中心将位于 B 点。由图可见，在图示直角坐标系中，B 点的坐标，亦即理论廓线的方程为

$$\left.\begin{aligned} x &= a\cos\varphi - l\cos(\psi+\psi_0-\varphi) \\ y &= a\sin\varphi + l\sin(\psi+\psi_0-\varphi) \end{aligned}\right\} \tag{5-16}$$

式中，a 为凸轮轴心 O 与从动件轴心 A 之间的中心距；l 为从动件的长度；φ 为凸轮的转角；ψ_0 为从动件的起始位置 AB_0 与轴心连线 OA_0 之间的夹角；ψ 为从起始位置起算的从动件转角，由图中$\triangle OA_0B_0$ 可见：

$$\psi_0=\arccos\frac{a^2+l^2-(r_0+r_T)^2}{2al} \tag{5-17}$$

在设计凸轮廓线时，通常 e、r_0、r_T、a、l 等是已知的尺寸，而 s 和 ψ 是 φ 的函数，它们分别由已选定的位移方程 $s=s(\varphi)$和角位移方程 $\psi=\psi(\varphi)$确定，所以式(5-15)～式(5-17)中的 x 和 y 都是凸轮转角 φ 的函数。

2) 实际廓线方程

如前所述，滚子从动件盘形凸轮的实际廓线(cam contour)是圆心在理论廓线上的一族滚子圆的包络线。由微分几何可知，包络线的方程为

$$\left.\begin{aligned} & f(x_1,y_1,\varphi)=0 \\ & \frac{\partial f}{\partial\varphi}(x_1,y_1,\varphi)=0 \end{aligned}\right\} \tag{5-18}$$

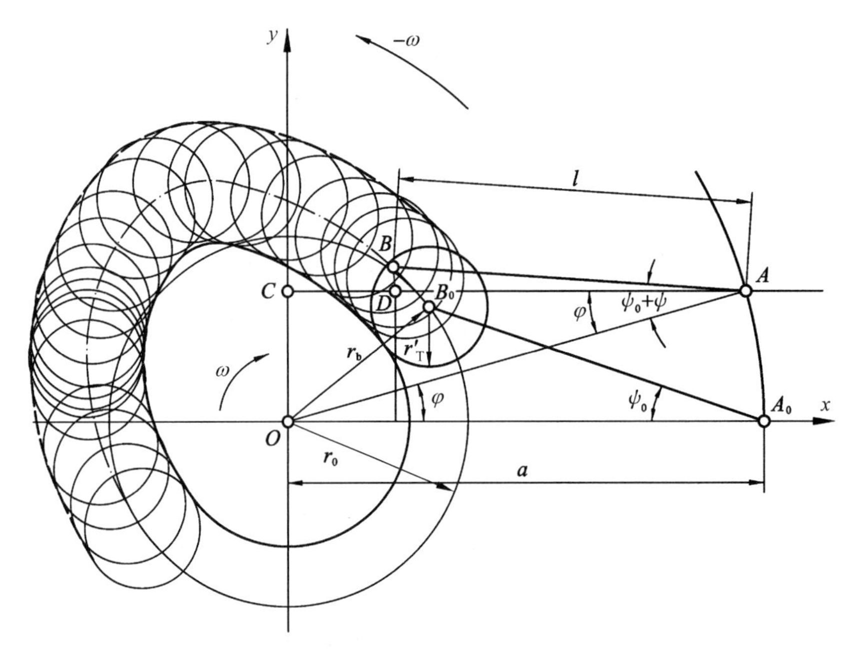

图 5-24 摆动从动件凸轮机构设计

式中,x_1、y_1 为凸轮实际廓线上点的直角坐标。

对于滚子从动件凸轮,由于产生包络线(即实际廓线)的曲线族是一族滚子圆,其圆心在理论廓线上,圆心的坐标由式(5-15)～式(5-16)确定,所以由式(5-18)有

$$f(x_1,y_1,\varphi)=(x_1-x)^2+(y_1-y)^2-r_T^2=0 \tag{5-19}$$

和

$$\frac{\partial}{\partial_\varphi}f(x_1,y_1,\varphi)=-2(x_1-x)\frac{dx}{d\varphi}-2(y_1-y)\frac{dy}{d\varphi}=0$$

或

$$(x_1-x)=-(y_1-y)\frac{dy/d\varphi}{dx/d\varphi} \tag{5-20}$$

将式(5-19)和式(5-20)联立求解 x_1 和 y_1,即得滚子从动件盘形凸轮的实际廓线参数方程:

$$\left.\begin{aligned}x_1&=x\pm r_T\frac{dy/d\varphi}{\sqrt{\left(\dfrac{dx}{d\varphi}\right)^2+\left(\dfrac{dy}{d\varphi}\right)^2}}\\y_1&=y\mp r_T\frac{dx/d\varphi}{\sqrt{\left(\dfrac{dx}{d\varphi}\right)^2+\left(\dfrac{dy}{d\varphi}\right)^2}}\end{aligned}\right\} \tag{5-21}$$

式中,上面的一组加减号表示一根外包络廓线,下面的一组加减号表示另一根内包络廓线,而 $dx/d\varphi$ 和 $dy/d\varphi$ 可分别由式(5-15)和式(5-16)对 φ 求导得到。

3) 刀具中心轨迹方程

在机床上用铣刀或砂轮加工凸轮廓线时,对于滚子从动件凸轮,通常都尽可能采用直径和滚子相同的刀具。刀具中心轨迹(locus of the center of milling cutter)方程就是理论廓

线方程，所以在凸轮工作图上只需标注或附有理论廓线和实际廓线的坐标值，供加工与检验使用。如果采用直径大于滚子的铣刀、砂轮等加工凸轮轮廓曲线(图5-25(a))，或者在线切割机上用钼丝(它的直径很小)等加工凸轮廓线(图5-25(b))，这时由于刀具中心不在理论廓线上，所以还需要在图纸上标注或附有刀具中心轨迹的坐标值，供加工时使用。

由图5-25可见，用刀具加工凸轮轮廓曲线时，刀具中心轨迹曲线(图中虚线所示)是一条与实际廓线处处相差刀具半径的等距曲线，或者说，是一条与理论廓线处处相差$|r_c-r_T|$的等距曲线，r_c为刀具半径。因此，在$r_c>r_T$时(图5-25(a))，刀具中心轨迹将是以理论廓线上各点为圆心，以r_c-r_T为半径的一族假想滚子圆的外包络线；在$r_c<r_T$时(图5-25(b))，刀具中心轨迹曲线将是以理论廓线上各点为圆心，以r_T-r_c为半径的一族假想滚子圆的内包络线。由此可见，只要将式(5-21)中的r_T用$|r_c-r_T|$代替，就得到刀具中心轨迹的参数方程：

$$\left.\begin{aligned} x_2 &= x \pm |r_c-r_T| \frac{dy/d\varphi}{\sqrt{\left(\dfrac{dx}{d\varphi}\right)^2+\left(\dfrac{dy}{d\varphi}\right)^2}} \\ y_2 &= y \mp |r_c-r_T| \frac{dx/d\varphi}{\sqrt{\left(\dfrac{dx}{d\varphi}\right)^2+\left(\dfrac{dy}{d\varphi}\right)^2}} \end{aligned}\right\} \tag{5-22}$$

式中，x_2、y_2为刀具中心轨迹的直角坐标，当$r_c>r_T$时，取上面的一组加减号；$r_c<r_T$时，取下面的一组加减号。

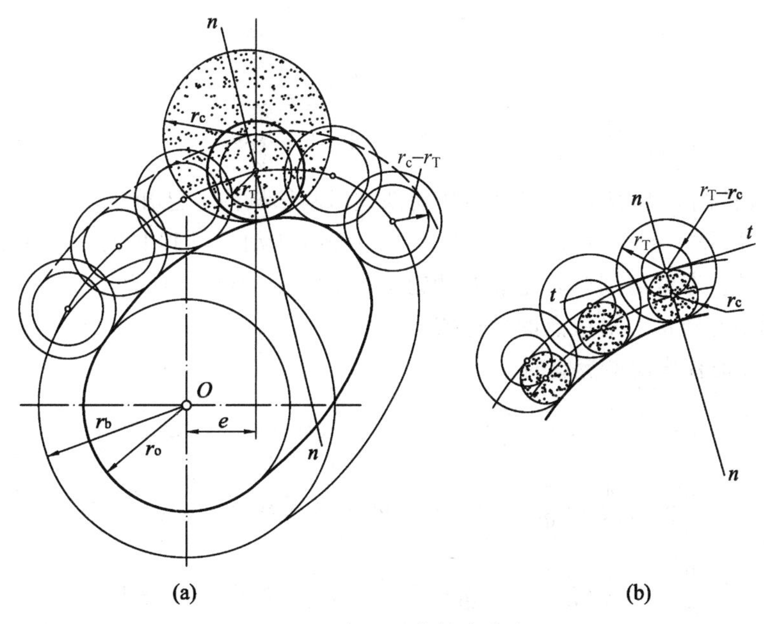

图5-25 加工凸轮轮廓曲线

2. 平底从动件盘形凸轮

1) 凸轮轮廓线方程

图5-26所示为直动平底从动件盘形凸轮机构。

对心直动平底从动件凸轮廓线的直角坐标参数方程为

$$\left.\begin{aligned} x_1 &= (r_0 + s)\cos\varphi - \frac{ds}{d\varphi}\sin\varphi \\ y_1 &= (r_0 + s)\cos\varphi - \frac{ds}{d\varphi}\cos\varphi \end{aligned}\right\} \tag{5-23}$$

当基圆半径 r_0 和从动件位移方程 $s = s(\varphi)$ 已知时,代入上式即可求得所需的凸轮廓线。

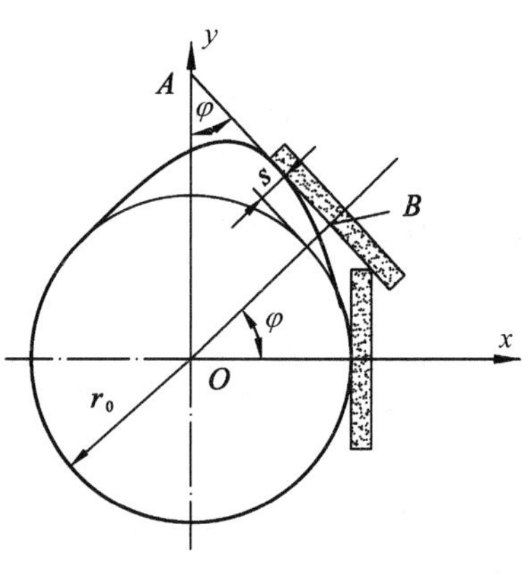

图 5-26 平底凸轮机构坐标系

2) 刀具中心轨迹方程

可用圆形截面的刀具(铣刀、砂轮、钼丝等)或矩形截面的刀具(平面砂轮等)加工,如图 5-27 所示。

在用矩形截面的刀具加工时,刀具上 B 点的轨迹方程为

$$\left.\begin{aligned} x_2 &= (r_0 + s)\cos\varphi \\ y_2 &= (r_0 + s)\sin\varphi \end{aligned}\right\} \tag{5-24}$$

用圆形截面的刀具加工时,由于刀具中心轨迹曲线是一条与凸轮廓线处处相差刀具圆半径 r_c 的等距曲线,因而可以把它看成是以凸轮廓线上各点为圆心,以 r_c 为半径的一族假想圆的外包络线,所以刀具中心轨迹的直角坐标参数方程为

$$\left.\begin{aligned} x_2 &= x_1 + r_c \frac{dy_1/d\varphi}{\sqrt{\left(\dfrac{dx_1}{d\varphi}\right)^2 + \left(\dfrac{dy_1}{d\varphi}\right)^2}} \\ y_2 &= y_1 - r_c \frac{dx_1/d\varphi}{\sqrt{\left(\dfrac{dx_1}{d\varphi}\right)^2 + \left(\dfrac{dy_1}{d\varphi}\right)^2}} \end{aligned}\right\} \tag{5-25}$$

例 5-1 设计图 5-27 所示平底直动从动件盘形凸轮机构。已知 $\Phi = 90°$,$\Phi_s = 60°$,$\Phi' = 90°$,$\Phi'_s = 120°$,行程 $h = 10\text{mm}$,基圆半径 $r_0 = 30\text{mm}$,从动件推程和回程均作简谐运动,凸轮转向为顺时针。若取磨削凸轮轮廓的砂轮半径 $r_c = 40\text{mm}$,试计算 $\varphi = 30°$时凸轮实际轮廓曲线和刀具中心轨迹上对应点的坐标值。

解:从动件推程作简谐运动时,

$$s = \frac{h}{2}\left(1 - \cos\frac{\pi}{\Phi}\varphi\right) = \frac{10}{2} \times (1 - \cos 60°) = 2.5(\text{mm})$$

$$\frac{ds}{d\varphi} = \frac{h\pi}{2\Phi}\sin\frac{\pi}{\Phi}\varphi = 10 \times \sin 60° = 8.66(\text{mm})$$

$$\frac{d^2s}{d\varphi^2} = \frac{h}{2}\left(\frac{\pi}{\Phi}\right)^2\cos\frac{\pi}{\Phi}\varphi = 2 \times 10 \times \cos 60° = 10(\text{mm})$$

(1) 求实际轮廓曲线坐标值(X,Y)

由式(5-23)得

$$X = (r_0 + s)\cos\varphi - \frac{ds}{d\varphi}\sin\varphi = (30 + 2.5) \times \frac{\sqrt{3}}{2} - 8.66 \times \frac{1}{2} = 23.82(\text{mm})$$

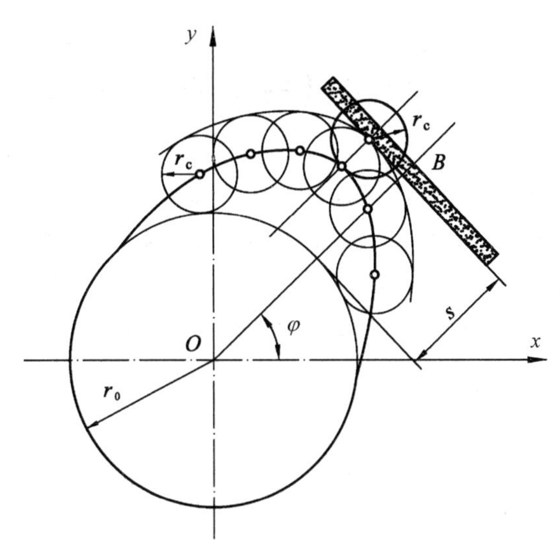

图 5-27　凸轮轮廓加工

$$Y=(r_0+s)\sin\varphi-\frac{\mathrm{d}s}{\mathrm{d}\varphi}\cos\varphi=(30+2.5)\times\frac{1}{2}-8.66\times\frac{\sqrt{3}}{2}=23.75(\mathrm{mm})$$

对上式求导得

$$\frac{\mathrm{d}X}{\mathrm{d}\varphi}=-(r_0+s)\sin\varphi+\cos\varphi\frac{\mathrm{d}s}{\mathrm{d}\varphi}-\frac{\mathrm{d}s}{\mathrm{d}\varphi}\cos\varphi-\sin\varphi\frac{\mathrm{d}^2s}{\mathrm{d}\varphi^2}$$

$$=-(30+2.5)\times\frac{1}{2}-\frac{1}{2}\times10=-21.25(\mathrm{mm})$$

$$\frac{\mathrm{d}Y}{\mathrm{d}\varphi}=-(r_0+s)\cos\varphi+\sin\varphi\frac{\mathrm{d}s}{\mathrm{d}\varphi}-\frac{\mathrm{d}s}{\mathrm{d}\varphi}\sin\varphi-\cos\varphi\frac{\mathrm{d}^2s}{\mathrm{d}\varphi^2}$$

$$=(30+2.5)\times\frac{\sqrt{3}}{2}+\frac{\sqrt{3}}{2}\times10=36.81(\mathrm{mm})$$

(2) 求刀具中心轨迹坐标值(X_C,Y_C)

由式(5-4)得

$$X_C=X+r_c\frac{\mathrm{d}Y/\mathrm{d}\varphi}{\sqrt{(\mathrm{d}X/\mathrm{d}\varphi)^2+(\mathrm{d}Y/\mathrm{d}\varphi)^2}}$$

$$=23.82+40\times\frac{36.81}{\sqrt{21.25^2+36.81^2}}=58.46(\mathrm{mm})$$

$$Y_C=Y-r_c\frac{\mathrm{d}X/\mathrm{d}\varphi}{\sqrt{(\mathrm{d}X/\mathrm{d}\varphi)^2+(\mathrm{d}Y/\mathrm{d}\varphi)^2}}$$

$$=23.75-40\times\frac{-21.25}{\sqrt{21.25^2+36.81^2}}=43.75(\mathrm{mm})$$

实际设计时,为了获得足够多的点的坐标值,可在 $0\leqslant\varphi\leqslant2\pi$ 范围内每隔一定步长给一个 φ 值进行计算。这种大量重复的计算工作通常由计算机来完成。

5.5 平面凸轮机构基本尺寸的确定

前两节所介绍的作图法和解析法设计凸轮轮廓曲线，其基圆半径 r_0、直动从动件的偏距 e 或摆动从动件与凸轮的中心距 a、滚子半径 r_T 等基本尺寸都是事先给定的，而在工程实际中，这些尺寸需要设计人员自行确定。在本节，我们将从凸轮机构的传动特性、运动是否失真、结构是否紧凑等方面出发，对上述尺寸的选择方法加以详细讨论。

1. 压力角与作用力的关系

图 5-28 所示为偏置直动滚子从动件盘形凸轮机构在推程中任一位置的受力情况，其中：Q 为从动件的载荷(包括生产阻力、自重、惯性力和弹簧力)；F 是不考虑滚子摩擦时凸轮施加于从动件的推力；N_A、N_B 和 fN_A、fN_B 分别是导路对从动件的法向反力和摩擦力；f 是导路与从动件之间的摩擦系数。

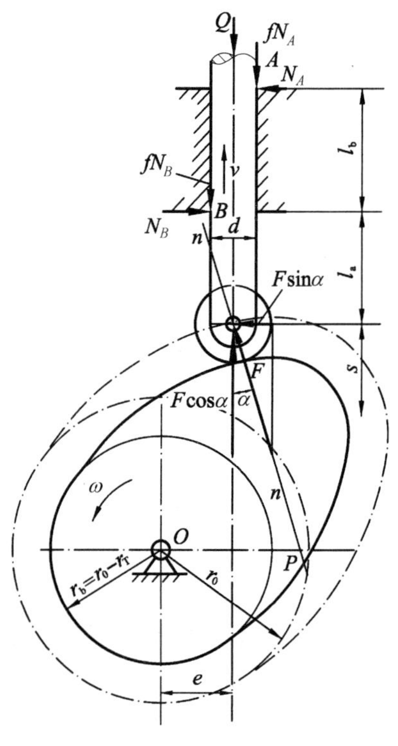

图 5-28 凸轮机构受力

凸轮机构中，不考虑摩擦时凸轮和从动件之间的推力作用线与从动件上力作用点的速度方向线所夹的锐角，称为从动件压力角(pressure angle)。因此，对于图示的滚子从动件凸轮机构，过滚子中心所作理论轮廓曲线的法线 n-n 与导路中心线的夹角 α 就是压力角。机构在不同位置时，压力角 α 的大小不同。

对于图 5-20 所示的平底从动件凸轮机构，由于凸轮在任何位置时，推力的作用线 n-n 都垂直于平底，它与速度方向线即导路中心线的夹角总是零，所以压力角恒为零。

现在将图 5-28 中的推力 F 分解成沿导路中心线的分力 $F\cos\alpha$ 和 $F\sin\alpha$，并取滚子从动件为分离体，则由力的平衡条件可写出

$$\sum F_X = N_B - N_A - F\sin\alpha$$

$$\sum F_Y = F\cos\alpha - Q - f(N_A + N_B) = 0$$

$$\sum M_B = \frac{d}{2}Q + fN_A d - l_b N_A + l_a F\sin\alpha - \frac{d}{2}F\cos\alpha = 0$$

式中，l_b 为导路的长度；l_a 为从动件上滚子中心伸出导路的长度；d 为从动件的直径。

从上述力的平衡条件 3 个等式中消去 N_A 和 N_B，略去 f^2d，得

$$\frac{F}{Q} = \frac{1}{\cos\alpha - f\left(\frac{2l_a + l_b}{l_b}\right)\sin\alpha} \tag{5-26}$$

由式(5-26)可知，若其他条件不变，则当压力角 $\alpha=0$ 时，$\frac{F}{Q}=1$，即 $F=Q$；当 $\alpha>0$ 时，$\frac{F}{Q}>1$，即克服同样的 Q 所需的推力 F 增大；当 α 增大到使式(5-26)中分母等于零，即

$$\cos\alpha_{\text{lim}}-f\left(\frac{2l_{\text{a}}+l_{\text{b}}}{l_{\text{b}}}\right)\sin\alpha_{\text{lim}}=0$$

或

$$\alpha_{\text{lim}}=\arctan\frac{l_{\text{b}}}{f(2l_{\text{a}}+l_{\text{b}})} \tag{5-27}$$

α_{lim} 为机构开始出现自锁时的压力角，称为极限压力角(limit pressure angle)。实践证明，当 α 增大到接近 α_{lim} 时，即使尚未发生自锁，也会导致驱动力急剧增大，轮廓严重磨损，效率迅速降低。因此，实际设计中规定了压力角的许用值[α]。

由此可见，为使凸轮机构工作可靠，受力良好，必须对压力角进行限制。根据理论分析和实践经验，推荐许用压力角(allowable pressure angle)[α]取以下数值：

(1) 工作行程时：

对于直动从动件凸轮机构，取[α]=30°～38°；

对于摆动从动件凸轮机构，取[α]=40°～50°。

(2) 回程时：取[α]=70°～80°。

2. 按许用压力角确定基圆半径

1) 滚子(尖底)直动从动件盘形凸轮机构

在图5-26中，过轮廓接触点作公法线 nn，交过点 O 的导路垂线于点 P。该点即为凸轮与从动件的相对速度瞬心，且 $l_{OP}=\frac{v}{\omega}=\mathrm{d}s/\mathrm{d}\varphi$。由此可得直动从动件盘形凸轮机构的压力角计算公式为

$$\alpha=\arctan\left[\frac{1}{y}\left(\frac{\mathrm{d}s}{\mathrm{d}\varphi}-e\right)\right] \tag{5-28}$$

式中，

$$y=s+\sqrt{r_0^2-e^2} \tag{5-29}$$

由于从动件的位移 s 是凸轮转角 φ 的函数，所以 y 和 α 也都是 φ 的函数，而当压力角达到最大值 $\alpha=\alpha_{\max}$ 时，有 $\mathrm{d}\alpha/\mathrm{d}\varphi=0$，因此，如以 φ_{P} 和 y_{P} 分别表示 $\alpha=\alpha_{\max}$ 时的 φ 和 y，则将式(5-28)中的 α 对 φ 求导并令其为零可得

$$\frac{1}{y}\frac{\mathrm{d}^2s}{\mathrm{d}\varphi^2}-\frac{1}{y^2}\frac{\mathrm{d}y}{\mathrm{d}\varphi}\left(\frac{\mathrm{d}s}{\mathrm{d}\varphi}-e\right)=0$$

$$y_{\text{P}}=\frac{\left(\frac{\mathrm{d}y}{\mathrm{d}\varphi}\right)_{\text{P}}\left[\left(\frac{\mathrm{d}s}{\mathrm{d}\varphi}\right)_{\text{P}}-e\right]}{\left(\frac{\mathrm{d}^2s}{\mathrm{d}\varphi^2}\right)_{\text{P}}}=\frac{\left(\frac{\mathrm{d}s}{\mathrm{d}\varphi}\right)_{\text{P}}\left[\left(\frac{\mathrm{d}s}{\mathrm{d}\varphi}\right)_{\text{P}}-e\right]}{\left(\frac{\mathrm{d}^2s}{\mathrm{d}\varphi^2}\right)_{\text{P}}} \tag{5-30}$$

将式(5-30)代入式(5-28)，得

$$\tan\alpha_{max}=\frac{\left(\frac{d^2s}{d\varphi^2}\right)_P}{\left(\frac{ds}{d\varphi}\right)_P} \tag{5-31}$$

在以上两式中,下标P表示$\alpha=\alpha_{max}$时的有关数值。若从动件的运动规律为已知,则可进一步写出不同运动规律时求y_P和$\tan\alpha_{max}$的公式。例如,当对心直动从动件以正弦加速度规律运动时,由式(5-12)知

$$\left.\begin{aligned}
s&=h\left(\frac{\varphi}{\Phi_0}-\frac{1}{2\pi}\sin\frac{2\pi}{\Phi_0}\varphi\right)\\
\frac{ds}{d\varphi}&=\frac{v}{\omega}=\frac{h}{\Phi_0}\left(1-\cos\frac{2\pi}{\Phi_0}\varphi\right)=\frac{2h}{\Phi_0}\sin^2\frac{\pi}{\Phi_0}\varphi\\
\frac{d^2s}{d\varphi^2}&=\frac{4\pi h}{\Phi_0^2}\sin\frac{\pi}{\Phi_0}\varphi\cos\frac{\pi}{\Phi_0}\varphi
\end{aligned}\right\} \tag{5-32}$$

将它们代入式(5-30)和式(5-31),就得到对心直动从动件以正弦加速度规律运动时求y_P和α_{max}的公式:

$$y_P=r_P=\frac{h}{\pi}\tan\frac{\pi}{\Phi_0}\varphi_P\sin^2\frac{\pi}{\Phi_0}\varphi_P \tag{5-33}$$

$$\tan\alpha_{max}=\frac{2\pi}{\Phi_0}\cot\frac{\pi}{\Phi_0}\varphi_P \tag{5-34}$$

对于某些常用运动规律,利用式(5-29)和式(5-30)可根据选定的许用压力角求解凸轮的基圆半径,求解的步骤如下:

(1) 将从动件运动规律的$\frac{ds}{d\varphi}$、$\frac{d^2s}{d\varphi^2}$表示式以及给定的$\alpha_{max}=[\alpha]$代入式(5-31),求得φ_P值;

(2) 由式(5-30)求出y_P值;

(3) 由位移方程$s=f(\varphi)$求出与φ_P对应的s_P值;

(4) 由式(5-29)得$y_P-s_P=\sqrt{r_0^2-e^2}$,则

$$r_0=\sqrt{(y_P-s_P)^2+e^2} \tag{5-35}$$

由此求出理论廓线的基圆半径r_0;

(5) 由$r_b=r_0-r_T$求出实际廓线的基圆半径r_b。

例 5-2 求对心滚子直动从动件盘形凸轮的基圆半径。已知:许用压力角$[\alpha]=45°$,凸轮转过$\varphi_0=120°$时从动件以正弦加速度运动规律上升$h=80\text{mm}$,滚子半径$r_T=15\text{mm}$。

解:(1) 求φ_P

将$\varphi_0=120°\times\frac{\pi}{180°}=2.09\text{rad}$,$\tan[\alpha]=\tan45°=1$代入式(5-34),得

$$\varphi_P=\frac{\varphi_0}{\pi}\text{arccot}\frac{\varphi_0\tan[\alpha]}{2\pi}=\frac{2.09}{3.14}\text{arccot}\frac{2.09\times1}{2\times3.14}=47°39'$$

(2) 求y_P

由式(5-33)得

$$y_P = r_P = \frac{80}{3.14}\tan\left(\frac{3.14}{2.09}\times 47.65°\right)\sin^2\left(\frac{3.14}{2.09}\times 47.65°\right) = 68.90(\text{mm})$$

(3) 求 s_P

由式(5-32)得

$$s_P = h\left(\frac{\varphi_P}{\varphi_0} - \frac{1}{2\pi}\sin\frac{2\pi}{\varphi_0}\varphi_P\right) = 80\left(\frac{47.65°}{120°} - \frac{1}{2\times 3.14}\sin\frac{2\times 3.14\times 47.65°}{2.09}\right) = 24.13(\text{mm})$$

(4) 求 r_0

在式(5-35)中，令 $e=0$，得

$$r_0 = y_P - s_P = r_P - s_P = 68.90 - 24.13 = 44.77(\text{mm})$$

r_0 应圆整为整数以便设计计算，今取 $r_0 = 50\text{mm}$。

(5) 求 r_b

$$r_b = r_0 - r_T = 50 - 15 = 35(\text{mm})$$

2) 滚子(尖底)摆动从动件盘形凸轮机构

在图 5-29 所示摆动从动件盘形凸轮机构中，过接触点 B 作法线 nn，交连心线于点 P，该点即为凸轮与从动件的相对速度瞬心，且

$$\frac{d\psi}{d\varphi} = \frac{\omega_2}{\omega_1} = \frac{(a - l_{AP})}{l_{AP}} \tag{a}$$

由直角三角形 PDB 得

$$\tan\alpha = \frac{l_{BD}}{l_{PD}} = \frac{|l_{AB} - l_{AD}|}{l_{PD}} = \frac{|l - l_{AP}\cos(\psi_0 + \psi)|}{l_{AP}\sin(\psi_0 + \psi)} \tag{b}$$

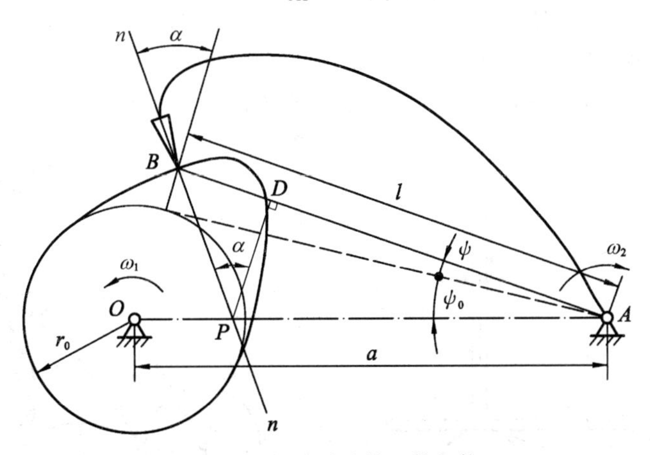

图 5-29　摆动从动件凸轮机构

综合式(a)、(b)，得计算任意位置压力角的一般公式为

$$\tan\alpha = \frac{\left|a\cos(\psi_0 + \psi) - l\cdot\frac{d\psi}{d\varphi} - l\right|}{a\sin(\psi_0 + \psi)} \tag{5-36}$$

式中，ψ_0 为从动件初位角，可由下式计算：

$$\psi_0 = \arccos\frac{a^2 + l^2 - r_0^2}{2al} \tag{5-37}$$

由式(5-36)和式(5-37)可以看出，影响压力角 α 的因素较多，且关系较为复杂。当从动件长度 l 和运动规律 $\psi=\psi(\varphi)$ 给定之后，压力角 α 的大小取决于基圆半径 r_0 和中心距 a。

3) 平底直动从动件盘形凸轮机构

如图 5-30 所示的平底直动从动件盘形凸轮机构，由于压力角恒等于零，因此不能按照压力角确定凸轮的基本尺寸。但是，平底从动件有一个特点，它只能与外凸的轮廓曲线相作用，当基圆半径太小时，会出现轮廓曲线变尖或包络线相交，加工时这部分将被切掉，凸轮轮廓曲线将被破坏，导致从动件运动失真，如图 5-30 所示。为避免出现这一现象，则要基圆半径满足下式：

$$r_0 \geqslant \rho_{\min} - \left(\frac{\mathrm{d}^2 s}{\mathrm{d}\varphi^2} + s\right)_{\min}$$

式中，$\rho_{\min}$ 为凸轮轮廓的最小曲率半径；$\left(\frac{\mathrm{d}^2 s}{\mathrm{d}\varphi^2} + s\right)_{\min}$ 为 $\frac{\mathrm{d}^2 s}{\mathrm{d}\varphi^2}$ 与 s 之和的最小值。

3. 滚子半径的选择

理论轮廓曲线求出之后，如滚子半径选择不当，其实际轮廓曲线也会出现过度切割而导致运动失真(motion distortion or undercutting)。如图 5-31 所示，ρ 为理论轮廓曲线某点的曲率半径，ρ' 为实际轮廓曲线对应点的曲率半径，r_T 为滚子半径。当理论轮廓曲线内凹时，如图中点 A 所示，$\rho'=\rho+r_T$，可以得出正常的实际轮廓曲线。当理论轮廓曲线外凸时，$\rho'=\rho-r_T$。它可分为三种情况：①$\rho>r_T$，$\rho'>0$，这时也可以得出正常实际轮廓曲线，如图中点 B 所示；②$\rho=r_T$，$\rho'=0$，这时实际轮廓曲线变尖，这种轮廓曲线极易磨损，不能付之实用；③$\rho<r_T$，如图中点 C 所示，这时 ρ' 为负值，实际轮廓曲线已相交，交点以外的轮廓曲线事实上已不存在，因而导致从动件运动失真。综上所述可知，滚子半径 r_T 必须小于理论轮廓曲线外凸部分的最小曲率半径 $\rho_{\min}$。设计时建议取 $r_T \leqslant 0.8\rho_{\min}$。

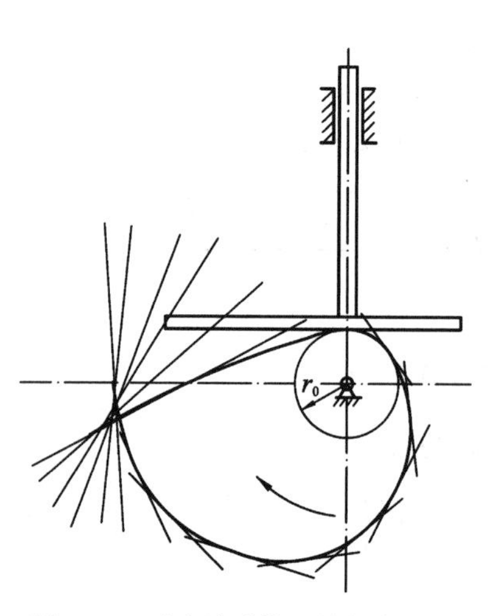

图 5-30 平底从动件凸轮轮廓失真

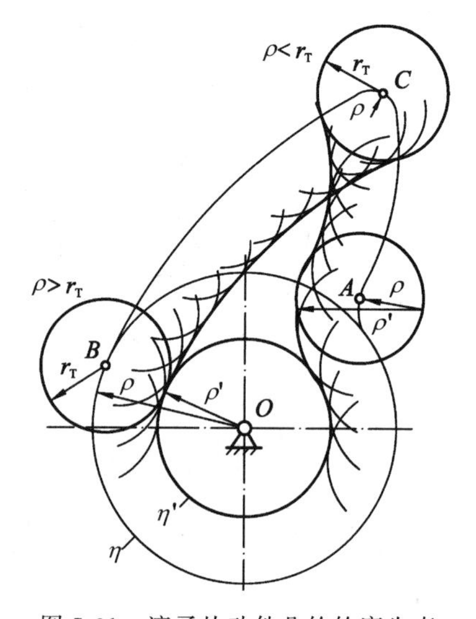

图 5-31 滚子从动件凸轮轮廓失真

一般实际轮廓曲线最小曲率半径应大于 1～5mm。如果不能满足，则加大基圆半径，重新设计凸轮轮廓。

拓展性阅读文献指南

有关空间凸轮机构的设计与凸轮机构的强度、加工、综合测量以及应用实例，可以参考刘昌祺等主编的《自动机械凸轮机构实用设计手册》，科学出版社，2019。

高速凸轮机构分析设计、凸轮机构工作性能反求和原始误差校正设计以及凸轮机构的应用创新等，可以参考石永刚、吴央芳主编的《凸轮机构设计与应用创新》，机械工业出版社，2007。

在工程实际应用中，除本章介绍的常用运动规律外，有时还需针对不同的应用场合选择、设计其他形式的从动件运动规律。其他常用的从动件运动规律以及凸轮机构的工程加工方法，可以参考阅读：①Robert L. Norton 编著的 *Cam Design and Manufacturing Handbook*，Industrial Press Inc.，2009；②Fan Yu Chen 编著的 *Mechanics and Design of Cam Mechanisms*，Pergamon Press Inc.，1982；③Harold A. Rothbart 编著的 *Cam Design Handbook*，McGraw-Hill Inc.，2004。后者还对凸轮机构运动时的动态精度进行了分析和介绍。

思　考　题

5-1　连杆机构和凸轮机构在组成方面有什么不同？各有什么优缺点？

5-2　凸轮机构中的力锁合和几何锁合各有什么优缺点？

5-3　什么是从动件的运动规律？常用的从动件基本运动规律各有什么特点？在选择或设计从动件运动规律时应注意哪些问题？

5-4　什么是凸轮机构的偏距圆？在用图解法设计直动从动件盘形凸轮的轮廓线时，偏距圆有何用途？

5-5　在直动从动件盘形凸轮机构的设计中，从动件导路偏置的主要目的是什么？偏置方向如何确定？

5-6　滚子从动件盘形凸轮机构凸轮的理论轮廓曲线与实际轮廓曲线之间存在什么关系？两者是否相似？

5-7　滚子从动件盘形凸轮的基圆与该凸轮实际轮廓线上最小矢径所在的圆有何区别与联系？

5-8　已知一滚子直动从动件盘形凸轮机构，因滚子损坏，现更换了一个外径与原滚子不同的新滚子。试问更换滚子后从动件的运动规律和行程是否发生变化？为什么？

5-9　什么是凸轮机构的压力角？在其他条件相同的情况下，改变基圆半径的大小对凸轮机构的压力角有何影响？

5-10　滚子从动件凸轮机构中，选取滚子半径时应满足什么条件？

5-11　设计直动滚子从动件盘形凸轮机构时，能否用从动件的位移减去滚子的半径，再按照反转法来设计凸轮的实际轮廓？

习　题

5-1　题5-1图(a)和图(b)所示分别为滚子对心直动从动件盘形凸轮机构和滚子偏置直动从动件盘形凸轮机构，已知 $R=100\text{mm}$，$OA=20\text{mm}$，$e=10\text{mm}$，$r_T=10\text{mm}$，试用图解法确定：当凸轮自图示位置(从动件最低位置)顺时针方向回转90°时两机构的压力角及从动件的位移值。

5-2　在题5-2图所示槽形凸轮机构中，槽形尺寸及从动件相对凸轮转轴中心的位置如图所示。取图示位置为起始位置，凸轮顺时针匀速转动。

(1) 试绘出从动件的位移曲线，在曲线图上标出从动件的行程。

(2) 如凸轮转速 $\omega=2\text{s}^{-1}$，当凸轮从图示位置转过45°时，试求从动件的速度。

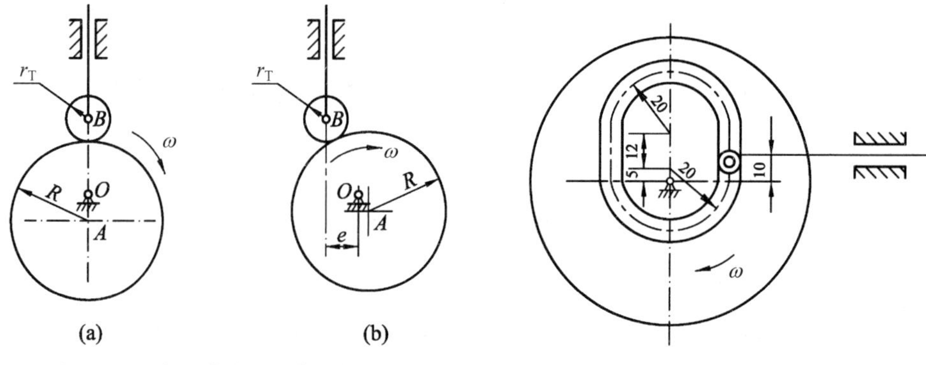

题5-1图　滚子直动从动件凸轮机构　　　题5-2图　槽形凸轮机构

5-3　设计一偏置直动滚子从动件盘形凸轮机构，凸轮回转方向及从动件初始位置如题5-3图所示。已知偏距 $e=10\text{mm}$，基圆半径 $r_0=40\text{mm}$，滚子半径 $r_T=10\text{mm}$，从动件运动规律如下：$\Phi=150°$，$\Phi_s=30°$，$\Phi'=120°$，$\Phi'_s=60°$，从动件在推程以简谐运动规律上升，行程 $h=20\text{mm}$；回程以等加速等减速运动规律返回原处，试绘出从动件位移线图及凸轮轮廓曲线。

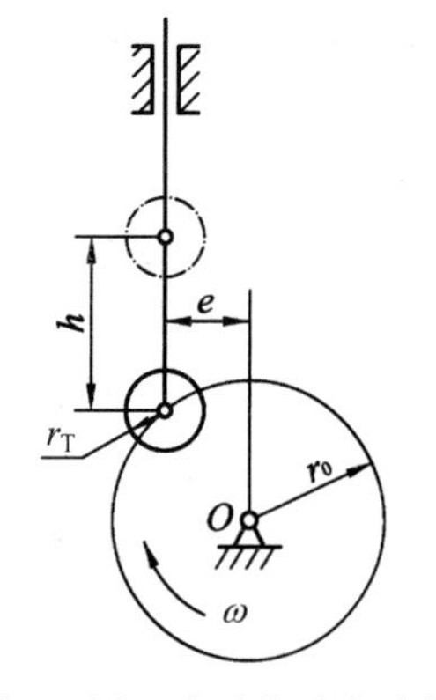

题5-3图　滚子直动从动件凸轮机构

5-4　设计一平底直动从动件盘形凸轮机构，凸轮回转方向及从动件初始位置如题5-4图所示。已知基圆半径 $r_0=60\text{mm}$，行程 $h=20\text{mm}$，从动件运动规律同题5-3。试绘出该机构凸轮轮廓曲线并决定从动件底面应有的长度。

5-5　设计一平底摆动从动件盘形凸轮机构，凸轮回转方向和从动件初始位置如题5-5图所示。已知 $l_{OA}=75\text{mm}$，$r_0=30\text{mm}$，从动件运动规律如下：$\Phi=180°$，$\Phi_s=0°$，$\Phi'=180°$，$\Phi'_s=0°$，从动件推程以简谐运动规律顺时针摆动，$\varphi_{max}=15°$；回程以等加速等减速运动规律返回原处。试绘出凸轮轮廓曲线并确定从动件的长度。

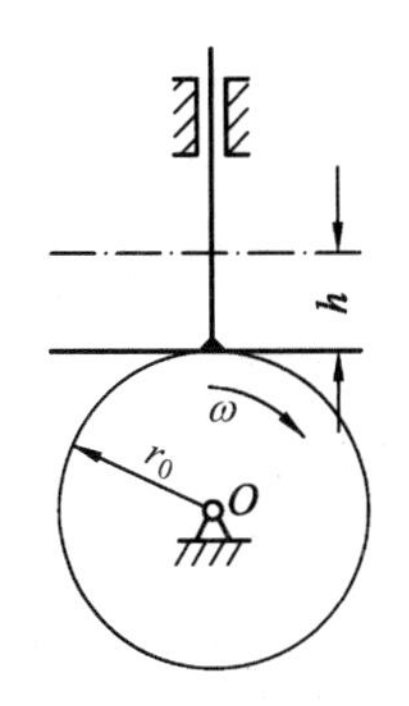

题 5-4 图　平底从动件凸轮机构

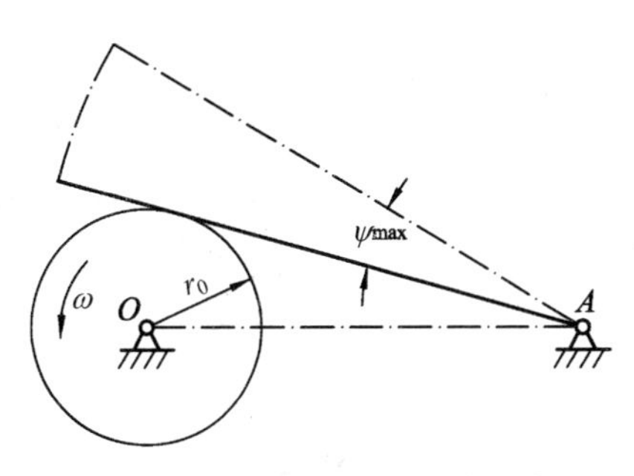

题 5-5 图　摆动从动件凸轮机构

5-6　用图解法设计滚子摆动从动件盘形凸轮机构，凸轮回转方向和从动件起始位置如题 5-6 图所示。已知：$x=50\text{mm}$，$y=20\text{mm}$，$l=46\text{mm}$，$r_0=15\text{mm}$，$r_T=5\text{mm}$，$\beta_m=24°$及从动件运动规律为：凸轮回转 $\Phi=120°$，从动件推程为简谐运动规律；凸轮再转 $\Phi_s=60°$，从动件静止；凸轮继续转 $\Phi'=120°$，从动件回程为简谐运动规律；凸轮再转 $\Phi'_s=60°$，从动件又静止。试确定：

(1) 从动件的位移曲线；

(2) 凸轮的理论轮廓与工作轮廓；

(3) 凸轮转角 $\varphi=30°,60°,90°$及 $120°$时机构压力角值及凸轮工作轮廓的极坐标值。

5-7　推导题 5-7 图示滚子偏置直动从动件盘形凸轮轮廓方程式。已知：凸轮基圆半径 $r_0=50\text{mm}$，$e=10\text{mm}$，滚子半径 $r_T=10\text{mm}$，从动件行程 $h=30\text{mm}$ 及其运动规律为：凸轮回转 $\Phi=180°$，从动件推程为正弦加速度运动规律；凸轮再转 $\Phi_s=60°$，从动件静止；凸轮继续转 $\Phi'=120°$，从动件回程为正弦加速度运动规律。试用解析法计算：当凸轮转角 $\varphi=90°,210°$及 $300°$时凸轮工作轮廓的极坐标值及机构压力角值。

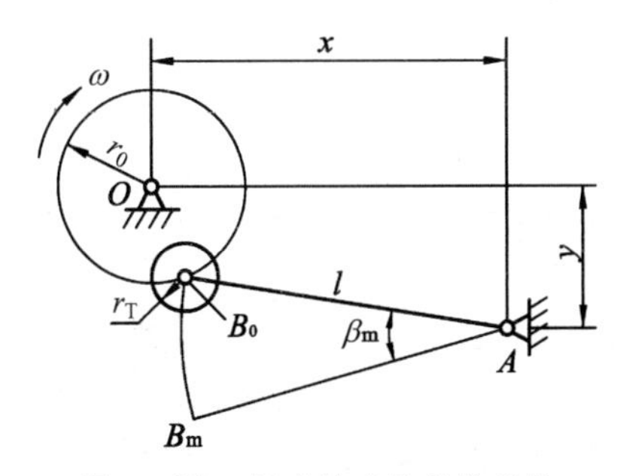

题 5-6 图　摆动从动件凸轮机构

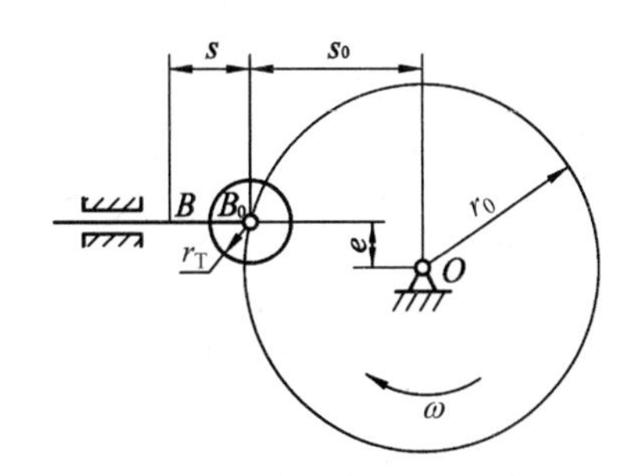

题 5-7 图　直动从动件凸轮机构

5-8　在题 5-8 图所示两个凸轮机构中，凸轮均为偏心轮，转向如图所示。已知参数为 $R=30\text{mm}$，$l_{OA}=10\text{mm}$，$e=15\text{mm}$，$r_T=5\text{mm}$，$l_{OB}=50\text{mm}$，$l_{BC}=40\text{mm}$。E、F 为凸轮与滚子的两个接触点。试在图上标出：

(1) 从 E 点接触到 F 点接触凸轮所转过的角度 φ；

(2) F 点接触时的从动件压力角 α_F；

(3) 由 E 点接触到 F 点接触从动件的位移 S(图(a))和 ψ(图(b))；

(4) 画出凸轮理论轮廓曲线,并求基圆半径 r_0;

(5) 找到机构出现最大压力角 α_{max} 的位置,并标出 α_{max}。

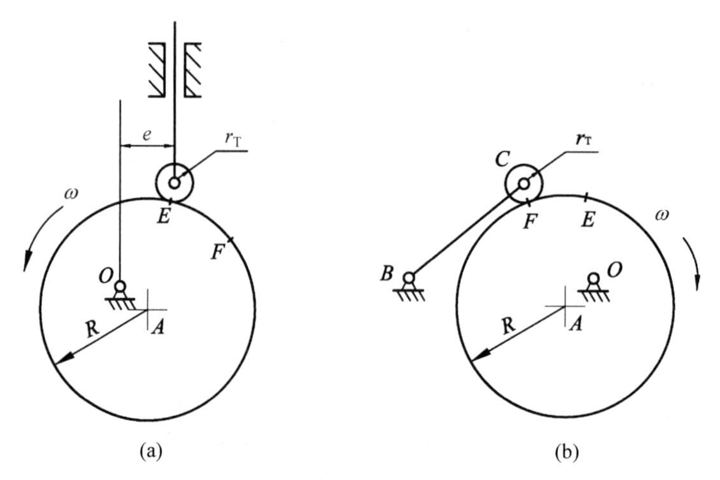

题 5-8 图　滚子从动件凸轮机构

5-9　题 5-9 图所示凸轮机构中,$R=40\text{mm}$,$a=20\text{mm}$,$e=10\text{mm}$。试列式计算凸轮的基圆半径 r_0 和从动件的行程 h。

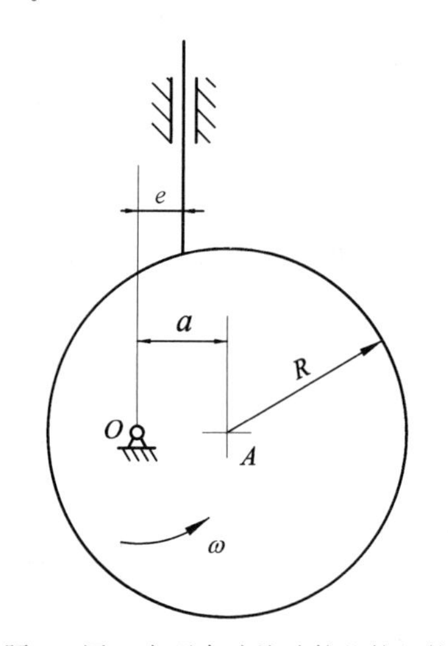

题 5-9 图　尖顶直动从动件凸轮机构

第 6 章

齿轮机构及其设计

内容提要：本章简要介绍了齿轮机构的类型与应用，在对齿廓啮合的基本定律和渐开线特性进行阐述的基础上，对标准渐开线齿轮的参数、几何尺寸和传动特性进行了较详细的论述，对渐开线齿轮的加工原理和方法、不根切的最少齿数和变位齿轮传动进行了介绍，本章最后对斜齿圆柱齿轮机构、交错轴斜齿轮机构、蜗杆蜗轮机构、圆锥齿轮机构的原理、特点和参数计算等进行了介绍，并简要介绍了圆弧齿轮等新型齿轮传动机构。

本章重点：齿廓啮合的基本定律，渐开线的特性和渐开线齿轮的几何参数计算，渐开线齿轮正确啮合条件、传动的可分性和重合度，渐开线齿廓的根切和最少齿数，渐开线齿轮传动无侧隙啮合的条件，当量齿轮与背锥的概念，斜齿轮、圆锥齿轮和蜗杆蜗轮传动的特点和参数的计算等。

本章难点：渐开线齿廓任意圆的齿厚，变位齿轮、变位系数及变位齿轮传动的几何参数，斜齿轮的当量齿轮与当量齿数，圆锥齿轮传动背锥的概念。

6.1 齿轮机构的应用与分类

齿轮机构(gear mechanism)是机械中最为常用的传动机构之一，应用极为广泛。与其他传动机构相比，齿轮机构有很多优点，如：传动比准确、传动效率高、所传递的功率及速度范围大、传动平稳、结构紧凑、工作可靠、维护简单及寿命长等。其缺点为：安装精度要求和制造成本较高，而低精度齿轮在传动时，会发生噪声及振动，此外也不适于远距离传动。

齿轮机构的类型很多，根据两齿轮轴间位置的不同可作如下分类。

1. 用于两平行轴间传动的齿轮机构

如图 6-1 和图 6-2 所示，用两个圆柱形齿轮安装在两根平行轴上来传动的机构，称为圆柱齿轮机构(circular gears mechanism)。按齿轮的齿向不同，圆柱齿轮又分为直齿圆柱齿轮(spur gear)(图 6-1(a))、斜齿圆柱齿轮(helical gear)(图 6-1(b))和人字齿圆柱齿轮(double helical gear)(图 6-1(c))。按两轮转向的异同，圆柱齿轮机构又可分为外啮合圆柱齿轮机构(external meshing gears mechanism)(图 6-1)和内啮合圆柱齿轮机构(internal meshing gears mechanism)(图 6-2)，前者两轮转向相反，后者两轮转向相同。在一对圆柱齿轮传动中，若一个齿轮的半径为无限大时，齿轮即成为齿条(rack)，这种机构称为齿轮齿条机构(rack and pinion mechanism)(图 6-3)，此时齿轮绕定轴转动而齿条作直线运动。

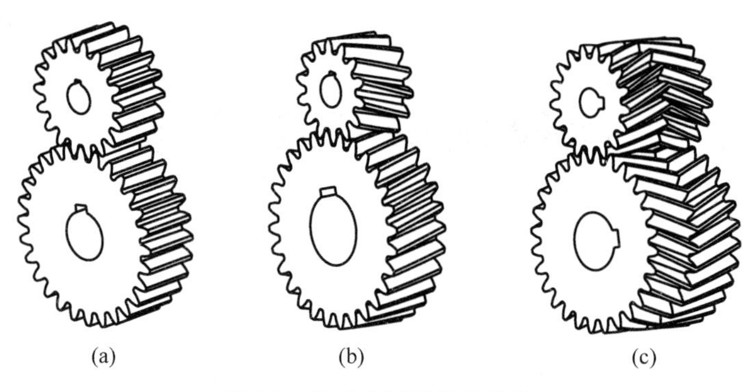

图 6-1 外啮合圆柱齿轮机构
(a) 直齿圆柱齿轮机构；(b) 斜齿圆柱齿轮机构；(c) 人字齿圆柱齿轮机构

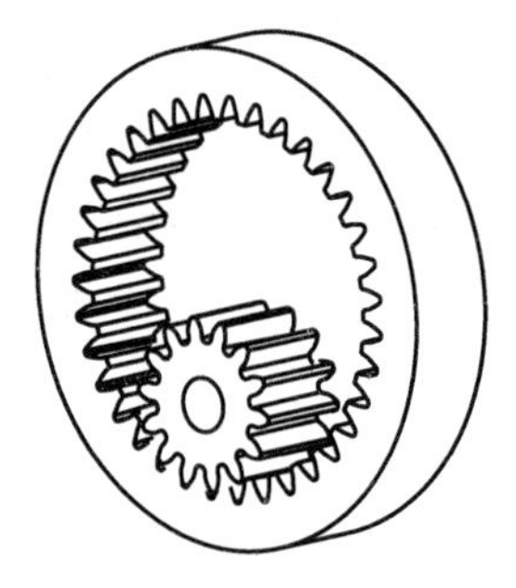

图 6-2 内啮合圆柱齿轮机构

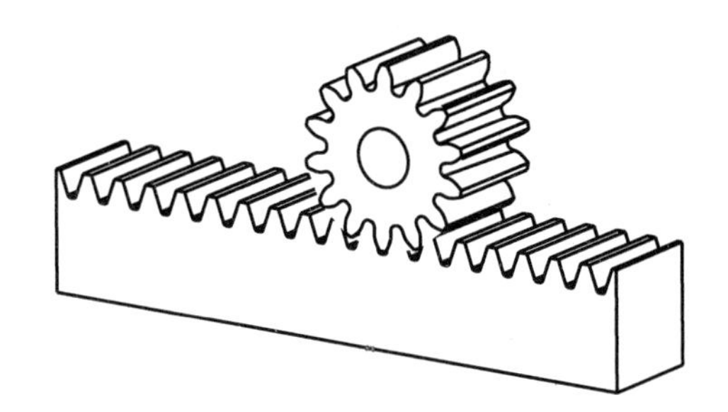

图 6-3 齿轮齿条机构

2. 用于两相交轴间的传动齿轮机构

如图 6-4 所示，用两个圆锥形齿轮安装在两根相交轴上来传动的机构，称为圆锥齿轮机构(bevel gear mechanism)。按轮齿的齿向不同，圆锥齿轮又可以分为直齿圆锥齿轮(straight bevel gear)(图 6-4(a))、斜齿圆锥齿轮(helical bevel gear)(图 6-4(b))和螺旋齿圆锥齿轮(spiral bevel gear)(图 6-4(c))。

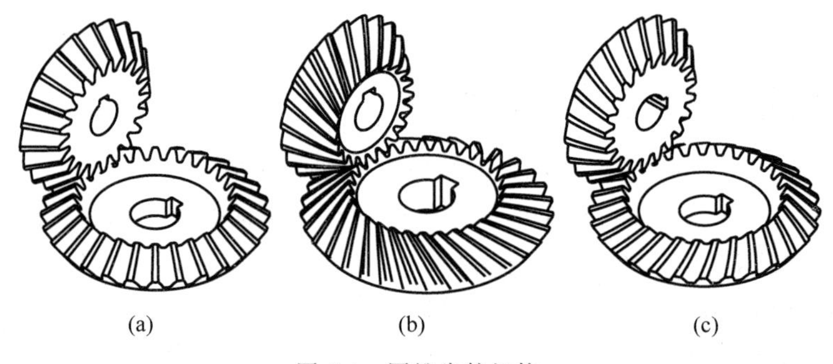

图 6-4 圆锥齿轮机构
(a) 直齿圆锥齿轮机构；(b) 斜齿圆锥齿轮机构；(c) 曲线齿圆锥齿轮机构

3. 用于两交错轴间的齿轮传动

两根既不平行也不相交的轴称为交错轴。两交错轴间的齿轮传动机构，有交错轴斜齿轮机构(crossed helical gears mechanism)(图 6-5)、准双曲面齿轮机构(hypoid gears mechanism)(图 6-6)和蜗杆蜗轮机构(worm and worm wheel mechanism)(图 6-7)等。

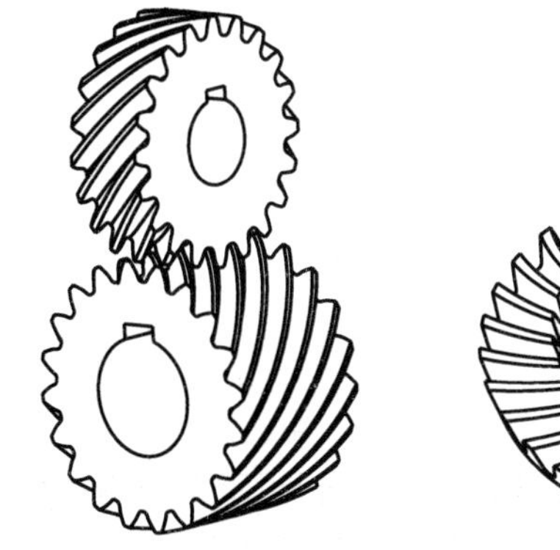

图 6-5　交错轴斜齿轮机构

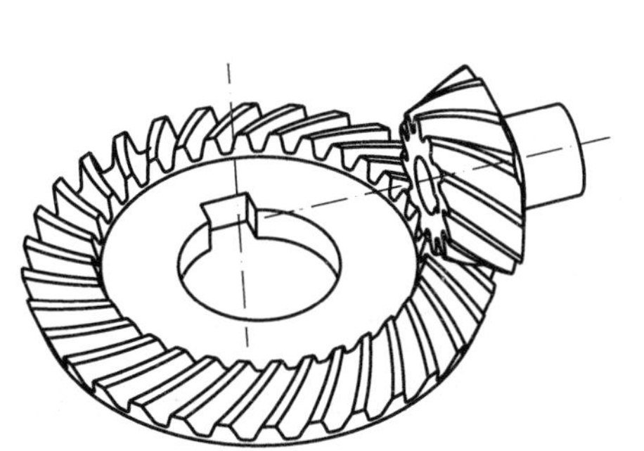

图 6-6　准双曲面齿轮机构

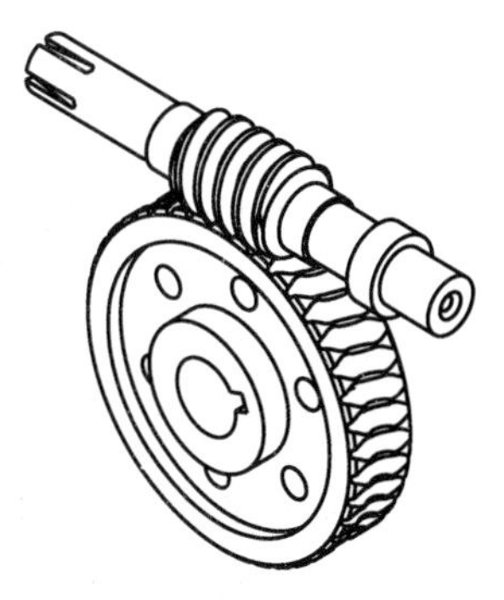

图 6-7　蜗杆蜗轮机构

6.2　齿廓啮合基本定律

齿轮机构是一种高副机构，它所传递的主要是回转运动。两轮的瞬时角速度之比称为传动比(drive ratio)。我们把两条齿廓曲线的相互接触称为啮合(mesh or engagement)。

图 6-8 表示一对齿轮的两个齿廓曲线在 K 点啮合。点 O_1 即为瞬心 P_{13}，点 O_2 即为瞬心 P_{23}，由"三心定理"可知齿轮 1 与齿轮 2 的瞬心 P_{12} 应与 P_{13}、P_{23} 共线，而 P_{12} 又应在高副接触点 K 的齿廓公法线 nn 上。因此，在公法线 nn 和连心线 O_1O_2 的交点上得到 P_{12} 的位置，在齿轮机构中，瞬心 P_{12} 用符号 P 表示，称为节点(pitch point)。由瞬心的概念，得知

$$v_P = \omega_1 \cdot \overline{O_1P} = \omega_2 \cdot \overline{O_2P}$$

所以，这时齿轮的瞬时传动比为

$$i_{12} = \frac{\omega_1}{\omega_2} = \frac{\overline{O_2P}}{\overline{O_1P}}$$

节点 P 在每个齿轮运动平面上的轨迹称为该齿轮的瞬心线(instantaneous center line)。由于两轮中心距 O_1O_2 的长度为定值，若传动比 i_{12} 为定值，则节点 P 的位置应固定不动。节点 P 在两个齿轮运动平面上的轨迹是两个圆，即两啮合齿轮的瞬心线是两个圆，称为节圆(pitch circle)，这种齿轮称为圆形齿轮，如图 6-8(b)所示。对于变传动比传动，两啮合齿轮的瞬心线为两条非圆曲线，这种齿轮称为非圆齿轮，如图 6-8(a)所示。

综上分析可知，如欲使一对齿轮的瞬时传动比为常数，那么其齿廓的形状必须满足：不论两齿廓在哪一点啮合，过啮合点所作的齿廓公法线都与连心线交于一定点 P。此即为定传动比传动时的齿廓啮合基本定律(the fundamental law of gearing)。

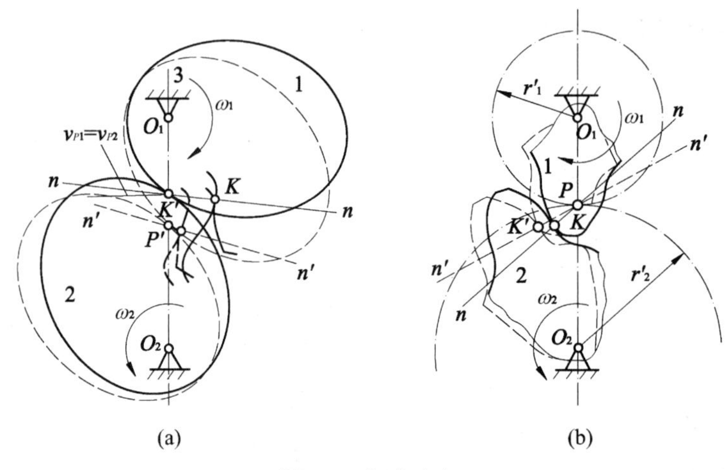

图 6-8 齿廓啮合

因两轮在节点 P 处的相对速度等于零,故一对齿轮齿廓的啮合过程相当于两轮瞬心线的纯滚动。圆形平面齿轮的传动可以视为其节圆的纯滚动。若设两轮节圆半径分别为 r_1' 和 r_2',则其传动比为

$$i_{12}=\frac{\omega_1}{\omega_2}=\frac{\overline{O_2P}}{\overline{O_1P}}=\frac{r'_2}{r'_1}=\text{常数} \tag{6-1}$$

凡满足齿廓啮合基本定律的一对齿轮的齿廓称为共轭齿廓(conjugate profiles)。共轭齿廓的齿廓曲线称为共轭曲线(conjugate curve)。

当给定一条齿廓曲线,一般总可以得到与它共轭的另一条齿廓曲线,因此可以作为共轭齿廓的曲线是很多的。但是齿廓曲线的选择除了要满足给定传动比的要求外,还必须从设计、制造、测量、安装及使用等方面综合考虑。对于定传动比的齿轮机构,通常采用的齿廓曲线仅有渐开线、摆线,圆弧等少数几种。其中渐开线齿廓能够较为全面地满足上述要求,故目前绝大部分的齿轮都采用渐开线作为齿廓。本章将主要研究渐开线齿轮。

6.3 渐开线的形成及其特性

1. 渐开线的形成

如图 6-9 所示,当一直线沿半径为 r_b 的圆周作纯滚动时,直线上任一点的轨迹称为该圆的渐开线(involutes)。这个圆称为基圆(base circle),该直线称为发生线(generating line),图中 θ_K 称为渐开线 AK 的展角(unfolding angle)。由渐开线的形成过程可知,渐开线有如下几何性质:

(1) 发生线在基圆上所滚过的弧长 $\overset{\frown}{AN}$ 等于发生线上所滚过的长度 $\overline{NK}$,即 $\overset{\frown}{AN}=\overline{NK}$。

(2) 渐开线上任一点 K 的法线 $\overline{NK}$ 必切于基圆,且 $\overline{NK}$ 为渐开线上 K 点的曲率半径。由此可见,渐开线上越接近基圆的点的曲率半径越小,曲率越大。渐开线在基圆上点的曲率半径为零。

(3) 渐开线的形状取决于基圆的大小。如图 6-10 所示，基圆半径越大则渐开线越平直，当基圆半径为无限大时(即齿条)，渐开线成为直线。

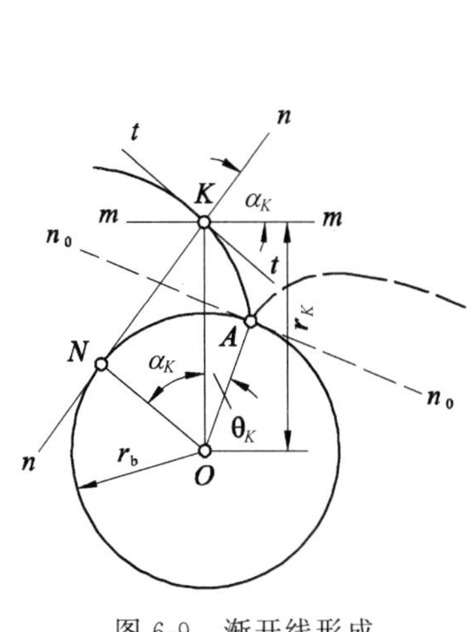

图 6-9　渐开线形成

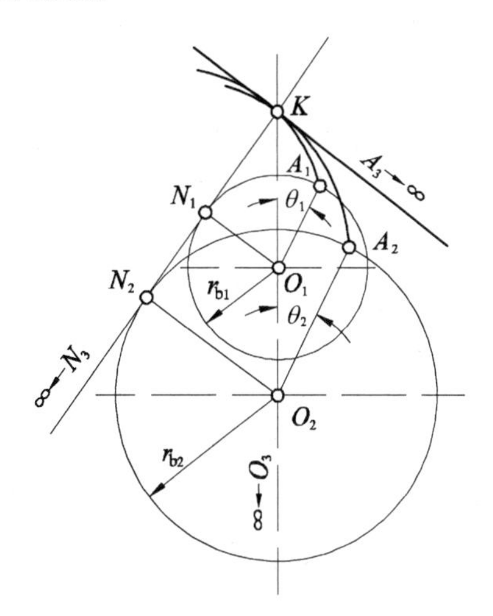

图 6-10　渐开线性质

(4) 同一基圆所生成的任意两条渐开线间的公法线(common normal line)长度处处相等，如图 6-11 所示，$\overline{A_2B_1}=\overline{A_1B_2}$，$\overline{A_1C_1}=\overline{A_2C_2}$，$\overline{B_1C_2}=\overline{B_2C_1}$。

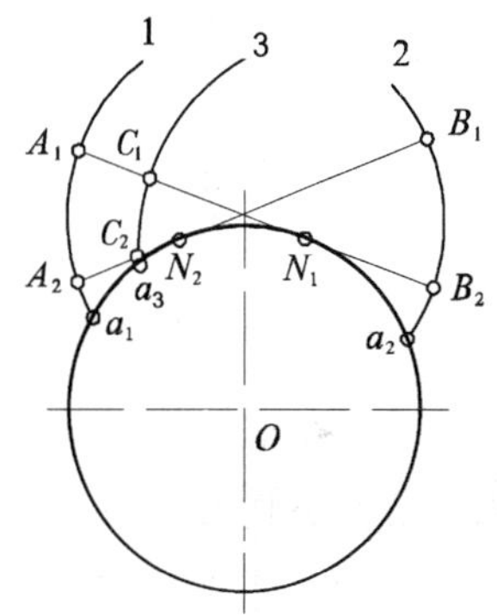

图 6-11　公法线

(5) 基圆以内无渐开线。

根据渐开线的形成，可以推导出渐开线的参数方程式。如图 6-9 所示，在以 O 为极点，OA 为极轴的极坐标中，渐开线上任一点 K 的坐标由展角 θ_K 和向径 r_K 决定。把法线 NK 与直线 mm(mm 与 OK 垂直)之间所夹的锐角称为齿廓在该点的压力角(pressure angle)，记为 α_K，r_b 为基圆半径。

根据渐开线的性质，由△OKN 中的关系可得

$$r_K=\frac{r_b}{\cos\alpha_K} \tag{a}$$

又

$$\tan\alpha_K=\frac{\overline{NK}}{\overline{ON}}=\frac{\overset{\frown}{AN}}{r_b}=\frac{r_b(\alpha_K+\theta_K)}{r_b}=\alpha_K+\theta_K$$

即

$$\theta_K=\tan\alpha_K-\alpha_K$$

上式表明展角 θ_K 是压力角 α_K 的函数，故 θ_K 又称为角 α_K 的渐开线函数(involute function)，工程上用 $\text{inv}\alpha_K$ 表示 θ_K，即

$$\theta_K=\text{inv}\alpha_K=\tan\alpha_K-\alpha_K \tag{b}$$

联立上述(a)、(b)两式即得渐开线的极坐标参数方程式为

$$\left.\begin{aligned}r_K&=\frac{r_b}{\cos\alpha_K}\\ \theta_K&=\text{inv}\alpha_K=\tan\alpha_K-\alpha_K\end{aligned}\right\} \tag{6-2}$$

利用上式，已知渐开线上 K 点的压力角 α_K，可以求出该点的渐开线函数 θ_K，反之亦

然。工程上为便于查用,常把 α_K 和 $\mathrm{inv}\alpha_K$ 的关系列成表格,称为渐开线函数表。

2. 渐开线齿廓

1) 渐开线齿廓能满足定传动比的要求

如图 6-12 所示,两齿轮上一对渐开线齿廓 g_1、g_2 在任意点 K 啮合,过点 K 作这对齿廓的公法线 N_1N_2,根据渐开线的性质可知,公法线 N_1N_2 必同时与两基圆相切,即公法线 N_1N_2 为两轮基圆的一条内公切线。又因两齿轮基圆的大小和安装位置均固定不变,因此两基圆一侧的内公切线 N_1N_2 是唯一的,亦即两齿廓在任意点(如点 K 及 K')啮合的公法线 N_1N_2 是一条定直线,而且该直线与连心线 O_1O_2 的交点 P 是固定的,点 P 即为固定节点,则两轮的传动比 i_{12} 是常数。因图中 $\triangle O_1N_1P$ 和 $\triangle O_2N_2P$ 相似,故两轮的传动比为

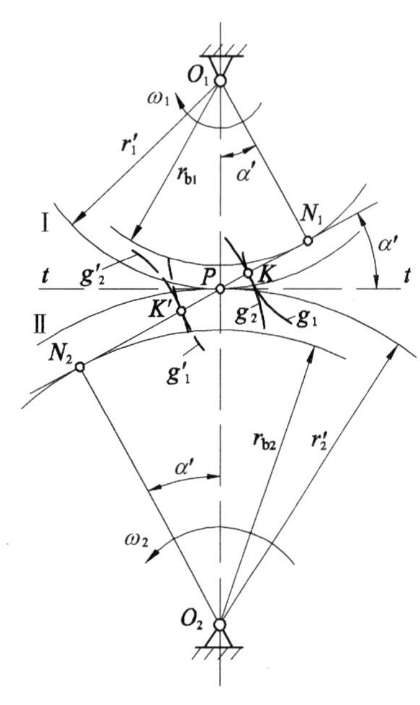

图 6-12 渐开线齿廓

$$i_{12}=\frac{\omega_1}{\omega_2}=\frac{\overline{O_2P}}{\overline{O_1P}}=\frac{r'_2}{r'_1}=\frac{r_{b2}}{r_{b1}}=常数 \tag{6-3}$$

式中:r'_1 和 r'_2 为两轮的节圆半径。

2) 渐开线齿廓啮合的特点

(1) 渐开线齿廓的啮合线是直线。由上可知,一对渐开线齿廓从开始啮合到脱离接触,所有的啮合点均在直线 N_1N_2 上,直线 N_1N_2 是齿廓接触点在固定平面内的轨迹,称为啮合线(line of action)。显然一对渐开线齿廓的啮合线、公法线及两基圆的公切线三线重合。

(2) 渐开线齿廓啮合的啮合角不变。两齿轮啮合的任一瞬时,过接触点的齿廓公法线与两轮节圆公切线之间所夹的锐角称为啮合角(working pressure angle),用 α' 表示,如图 6-12 所示。显然齿廓的啮合角是不变的。在齿轮传动中,两齿廓间正压力的方向是沿其接触点的公法线方向,该方向随啮合角的改变而变化。渐开线齿廓啮合的啮合角不变,故齿廓间正压力的方向也始终不变。这对于齿轮传动的平稳性是十分有利的。

(3) 渐开线齿廓啮合具有可分性。由式(6-3)可知,渐开线齿轮的传动比取决于其基圆的大小,而齿轮一经设计加工好后,它们的基圆也就固定不变了,因此当两轮的中心距略有改变时,两齿轮仍能保持原传动比,此特点称为渐开线齿廓啮合的可分性(separability)。这一特点对渐开线齿轮的制造、安装都是十分有利的。

6.4 渐开线齿轮的各部分名称及标准齿轮的尺寸

1. 齿轮各部分名称

图 6-13 所示为一直齿外齿轮的一部分。齿轮上每一个用于啮合的凸起部分均称为齿(tooth)。每个齿都具有两个对称分布的齿廓。一个齿轮的轮齿总数称为齿数(number of teeth)，用 z 表示。齿轮上两相邻轮齿之间的空间称为齿槽(tooth space)。过所有齿顶端的圆称为齿顶圆(addendum circle)，其半径和直径分别用 r_a 和 d_a 表示。过所有齿槽底边的圆称为齿根圆(dedendum circle)，其半径和直径分别用 r_f 和 d_f 表示。

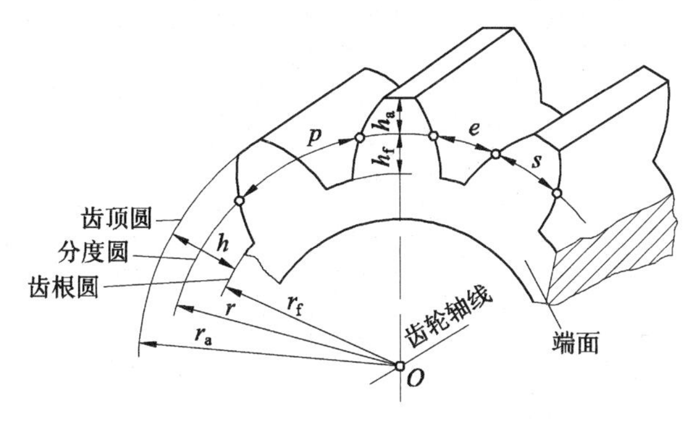

图 6-13 齿轮各部分名称

在任意半径 r_k 的圆周上，相邻两齿同侧齿廓间的弧线长度称为该圆上的齿距或周节(pitch)，以 p_k 表示；同一轮齿两侧齿廓间的弧线距离称为该圆上的齿厚(tooth thickness)，以 s_k 表示；而相邻两齿廓间的弧线长度称为该圆上的齿槽宽(space width)，以 e_k 表示，故

$$p_k = s_k + e_k \tag{6-4}$$

设齿轮齿数为 z，则

$$p_k = \frac{\pi d_k}{z} \quad 或 \quad d_k = \frac{p_k}{\pi} z$$

齿轮不同圆周上的齿距和压力角是不同的，为计算方便，规定一个半径为 r 的圆，作为齿轮几何计算的基准，该圆称为分度圆(reference circle)。分度圆上的齿距、齿厚和齿槽宽分别以 p、s、e 表示，见图 6-13。所有分度圆上的参数，不再冠以分度圆注脚，而直接用字母表示。因此，分度圆直径为

$$d = \frac{p}{\pi} z$$

上式包含无理数 π，导致计算和测量均不方便。为此，取比值 $\frac{p}{\pi}$ 为一较完整的数，称为模数(module)，以 m 表示，单位为 mm，则

$$m = \frac{p}{\pi} = \frac{d}{z}$$

即

$$d = mz$$

而

$$p = \pi m = s + e \tag{6-5}$$

模数 m 是决定齿轮尺寸的一个基本参数。齿数相同的齿轮，模数越大，其尺寸也越大，如图 6-14 所示。

为了设计、制造、检验及使用的方便，齿轮的模数值已标准化，GB/T 1357—2008/ISO 54：1996 规定的渐开线圆柱齿轮标准模数系列见表 6-1。

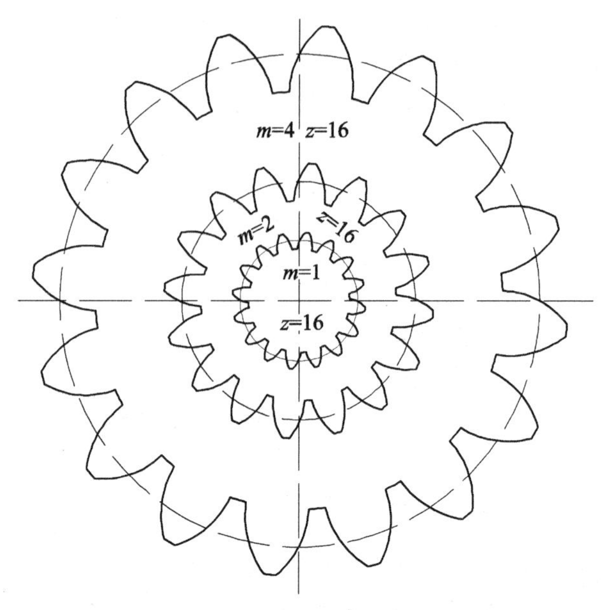

图 6-14 不同模数的齿轮

表 6-1 渐开线圆柱齿轮模数(GB/T 1357—2008) mm

第一系列	0.1	0.12	0.15	0.2	0.25	0.3	0.4	0.5	0.6	0.8	
	1	1.25	1.5	2	2.5	3	4	5	6	8	
	10	12	16	20	25	32	40	50			
第二系列	0.35	0.7	0.9	1.75	2.25	2.75	(3.25)	3.5	(3.75)	4.5	5.5
	(6.5)	7	9	(11)	14	18	22	23	(30)	36	45

注：1. 优先选用第一系列，括号内的模数尽可能不用。

2. 对于斜齿轮是指法向模数 m_n。

又由上述可知，渐开线齿廓在不同半径处的压力角是不同的，分度圆上的压力角简称为压力角，以 α 表示。为了设计、制造、检验及使用的方便，GB/T 1356—2001 中规定分度圆压力角的标准值为 $\alpha=20°$。此外，在某些场合也采用 $\alpha=14.5°$、$15°$、$22.5°$及 $25°$等的齿轮。

至此可以给分度圆下一个完整的定义：分度圆就是齿轮上具有标准模数和标准压力角的圆。

渐开线齿廓的形状均与齿数 z 这个基本参数有关。而齿轮各部分尺寸均以模数为基础进行计算，因此齿轮的齿顶高(addendum)和齿根高(dedendum)也不例外，即

$$h_a = h_a^* m \tag{6-6}$$

$$h_f = (h_a^* + c^*)m \tag{6-7}$$

式中，h_a^* 和 c^* 分别称为**齿顶高系数**(coefficient of addendum)和**顶隙系数**(coefficient of bottom clearance)。GB/T 1356—2001 规定其标准值为

$$h_a^* = 1, \quad c^* = 0.25$$

有时也采用短齿，其 $h_a^* = 0.8$，$c^* = 0.3$。

2. 标准直齿轮的几何尺寸

标准齿轮是指 m、α、h_a^*、c^* 均取标准值，具有标准的齿顶高和齿根高，而且分度圆上齿厚等于齿槽宽的齿轮；否则便是非标准齿轮。现将标准直齿圆柱齿轮几何尺寸的计算公式列于表 6-2 中。

表 6-2　标准直齿圆柱齿轮几何尺寸计算公式

名　　称	代号	计算公式	
		小　齿　轮	大　齿　轮
模数	m	（根据齿轮受力情况和结构要求确定，选取标准值）	
压力角	α	选取标准值	
分度圆直径	d	$d_1=mz_1$	$d_2=mz_2$
齿顶高	h_a	$h_{a1}=h_a^* m$	$h_{a2}=h_a^* m$
齿根高	h_f	$h_{f1}=(h_a^*+c^*)m$	$h_{f2}=(h_a^*+c^*)m$
齿全高	h	$h_1=h_{a1}+h_{f1}=(2h_a^*+c^*)m$	$h_2=h_{a2}+h_{f2}=(2h_a^*+c^*)m$
齿顶圆直径	d_a	$d_{a1}=d_1+2h_{a1}=(z_1+2h_a^*)m$	$d_{a2}=d_2+2h_{a2}=(z_2+2h_a^*)m$
齿根圆直径	d_f	$d_{f1}=d_1-2h_{f1}=(z_1-2h_a^*-2c^*)m$	$d_{f2}=d_2-2h_{f2}=(z_2-2h_a^*-2c^*)m$
基圆直径	d_b	$d_{b1}=d_1\cos\alpha$	$d_{b2}=d_2\cos\alpha$
齿距	p	$p=\pi m$	
基(法)节	p_b	$p_b=p\cos\alpha$	
分度圆齿厚	s	$s=\dfrac{\pi m}{2}$	
分度圆齿槽宽	e	$e=\dfrac{\pi m}{2}$	
节圆直径	d'	标准安装时　$d'=d$	
传动比	i	$i_{12}=\dfrac{\omega_1}{\omega_2}=\dfrac{d_{b2}}{d_{b1}}=\dfrac{d_2}{d_1}=\dfrac{d_2'}{d_1'}=\dfrac{z_2}{z_1}$	
标准中心距	a	$a=\dfrac{1}{2}(d_1+d_2)=\dfrac{m}{2}(z_1+z_2)$	
顶隙	c	$c=c^* m$	

3. 渐开线标准齿条

图 6-15 所示为一齿条(rack)，可以把它看作齿轮的一种特殊形式。因为当齿轮的齿数增大到无穷大时，其圆心将位于无穷远处，这时该齿轮的各个圆周都变成直线，渐开线齿廓也变为直线齿廓。齿条与齿轮相比有下列两个主要的不同点：

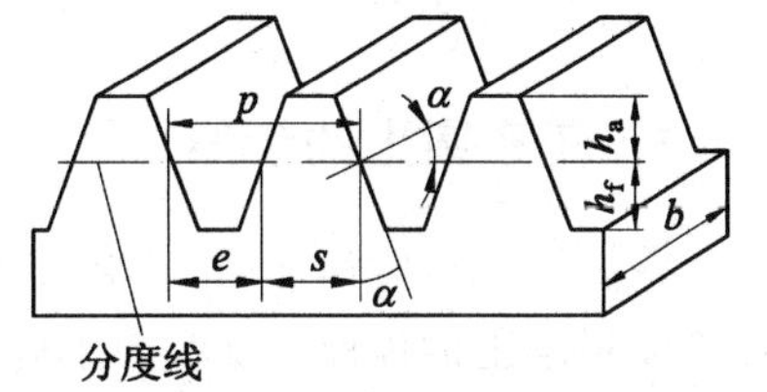

图 6-15　标准齿条

(1) 由于齿条的齿廓是直线，所以齿廓上各点的法线是平行的。而且在传动时齿条是作平动的，故齿条上各点速度的大小和方向均相同，所以齿条齿廓上各点的压力角都相等(即为标准值 20°或 15°)。由图 6-15 可见，齿条齿廓的压力角等于齿廓的倾斜角 α，此角称为齿形角。

(2) 由于齿条上各齿同侧的齿廓都是平行的，所以不论在分度线上、齿顶线上或与分度线平行的其他直线上,其周节均相等,即 $p_k=p=\pi m$。但只有在分度线上 $s=e$,在其他直线上的齿厚与齿间宽并不相等。

齿条各部分的尺寸,可参照外齿轮的计算公式。

4. 渐开线标准内齿轮

图6-16所示为一内齿圆柱齿轮(internal gears)。由于内齿轮的轮齿是分布在圆环的内表面上,故内齿轮与外齿轮相比有下列不同点:

(1) 内齿轮的齿厚相当于外齿轮的齿槽宽,内齿轮的齿槽宽就相当于外齿轮的齿厚。内齿轮的齿廓虽然也是渐开线的,但外齿轮的齿廓是外凸的,而内齿轮的齿廓却是内凹的。

(2) 内齿轮的齿顶圆在它的分度圆之内,齿根圆在它的分度圆之外,即齿根圆大于齿顶圆。

(3) 当内齿轮的齿顶部分齿廓全部为渐开线时,其齿顶圆必须大于它的基圆。

基于上述几点,则内齿轮有些基本尺寸的计算,也不同于外齿轮,计算公式见表6-3。

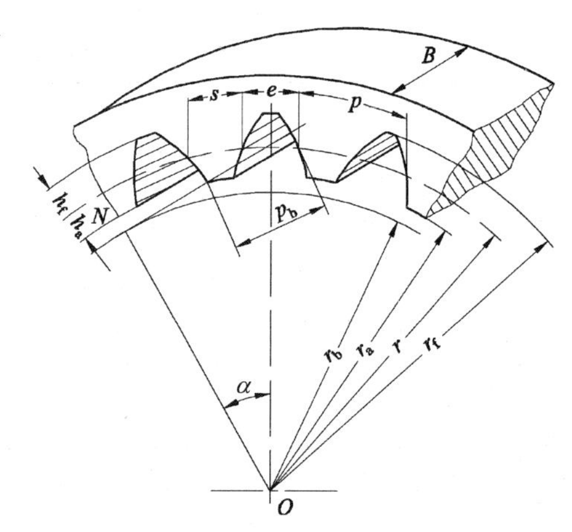

图6-16　标准内齿轮

表6-3　内齿轮几何尺寸计算公式

名　称	代　号	计算公式
分度圆直径	d	$d_2=mz_2$①
齿顶圆直径	d_a	$d_{a2}=m(z_2-2h_a^*)$
齿根圆直径	d_f	$d_{f2}=m(z_2+2h_a^*+2c^*)$
齿顶高	h_a	$h_{a2}=h_a^*m$
齿根高	h_f	$h_{f2}=(h_a^*+c)m$
齿距	p	$p=\pi m$
分度圆上的齿厚	s	$s=\dfrac{\pi m}{2}$
标准中心距	a	$a=\dfrac{1}{2}(d_2-d_1)=\dfrac{1}{2}(z_2-z_1)m$
顶隙	c	$c=c^*m$

① 因在内啮合齿轮传动中,内齿轮为大齿轮,故其各参数都加以下标"2"。

5. 任意圆上的齿厚

在设计和检验齿轮时,常常需要知道某一圆周上的齿厚。例如,为了检查齿顶强度,需计算齿顶圆上的齿厚;或者为了确定齿侧间隙而需要计算节圆上的齿厚等。

如图6-17所示,为决定半径为 r_k 的任意圆上的齿厚 s_k,可以将一轮齿的两侧齿廓渐开线延长交于C点,显然

$$s_k=2r_k(\theta_C-\theta_k)=2r_k(\mathrm{inv}\alpha_C-\mathrm{inv}\alpha_k)$$

由图6-17可见,分度圆齿厚

$$s=2r(\theta_C-\theta)=2r(\mathrm{inv}\alpha_C-\mathrm{inv}\alpha)$$

故

$$\mathrm{inv}\alpha_C=\frac{s}{2r}+\mathrm{inv}\alpha$$

代入前式整理后得

$$s_k=s\frac{r_k}{r}-2r_k(\mathrm{inv}\alpha_k-\mathrm{inv}\alpha)\tag{6-8}$$

根据上式可得顶圆齿厚公式

$$s_a=s\frac{r_a}{r}-2r_a(\mathrm{inv}\alpha_a-\mathrm{inv}\alpha)\tag{6-9}$$

式中，$\alpha_a=\arccos\frac{r_b}{r_a}$。

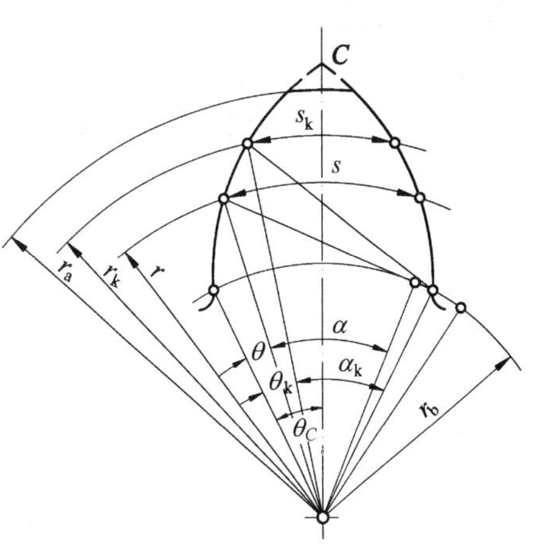

图 6-17　任意圆上的齿厚

同理，基圆齿厚公式为

$$s_b=s\cos\alpha+mz\cos\alpha\,\mathrm{inv}\alpha\tag{6-10}$$

6. 公法线长度

公法线长度(length of common normal line)是指两反向渐开线齿廓间的法向距离。公法线长度及其偏距是齿轮检验的一个重要参数。根据渐开线的性质，公法线必与基圆相切，如图 6-18 所示，公法线长度可用游标卡尺(或者公法线千分尺)直接量出。设测量时所跨的齿数为 k，则公法线长度 W 为一个基圆齿厚 s_b 和 $(k-1)$ 个基圆周节 p_b 之和，即

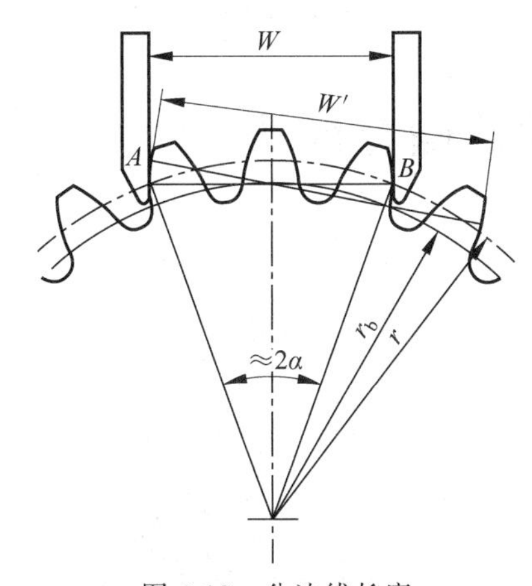

图 6-18　公法线长度

$$W=(k-1)p_b+s_b$$

将 $p_b=p\cos\alpha=\pi m\cos\alpha$ 和式(6-10)代入上述公式得

$$W=(k-1)\pi m\cos\alpha+s\cos\alpha+mz\cos\alpha\,\mathrm{inv}\alpha$$

简化后得

$$W=(k-1)\pi m\cos\alpha+m\cos\alpha\left(\frac{\pi}{2}+z\,\mathrm{inv}\alpha\right)$$

$$=m\cos\alpha[(k-0.5)\pi+z\,\mathrm{inv}\alpha]\tag{6-11}$$

上式表明，公法线长度是模数 m、齿数 z、压力角 α 和所跨齿数 k 的函数。如图 6-18 所示，测量公法线长度时，如果所跨齿数过多或过少，则会使卡脚在齿廓的顶部或根部接触，影响测量精度。因此，测量时游标卡尺的两卡脚尽量与齿廓切在中部，设两卡脚正好切在渐开线齿廓的分度圆上，则合理的跨齿数计算如下：

因为　$\overset{\frown}{AB}=2\alpha r=(k-0.5)p$；　$2\alpha r=d\alpha=mz\alpha$

所以　$mz\alpha=(k-0.5)\pi m$

$$k=\frac{\alpha}{\pi}z+0.5=\frac{\alpha}{180^\circ}z+0.5\tag{6-12}$$

因为 k 值必须为整数，所以实际上两卡脚与齿廓只能切于分度圆附近，但这不影响测量的结果。为简化计算和使用方便，通常将 $\alpha=20^\circ$ 和 $m=1$ 的标准齿轮公法线长度 W' 和跨齿数 k 计算并列表，可查相关的机械设计手册，实际应用时，可先查出 W' 值，然后乘上实际

齿轮的模数即可求得实际齿轮的公法线长度。

例 6-1 已知一渐开线标准直齿圆柱外齿轮，$z_1=21$，$m=5\text{mm}$。试求：(1)齿轮的顶圆齿厚；(2)公法线长度和跨测齿数。

解：(1) $s_a=s\dfrac{r_a}{r_1}-2r_a(\text{inv}\alpha_a-\text{inv}\alpha)$

$$\alpha_a=\arccos\frac{r_b}{r_a}=\arccos\frac{mz\cos\alpha/2}{m(z+2h_a^*)/2}=\arccos\frac{5\times21\times\cos20^\circ}{5\times(21+2\times1)}$$

$$=\arccos0.858=30.91^\circ=0.5395(\text{rad})$$

由式(6-2) $\text{inv}30.91^\circ=\tan30.91^\circ-0.5395=0.059285$，同理 $\text{inv}20^\circ=0.014904$

$$s_a=\frac{\pi m}{z}\times\frac{m(z+2h_a^*)}{mz}-m(z+2h_a^*)\times(0.059285-0.014904)$$

$$=\frac{1}{2}\times3.1416\times5\times\frac{5\times(21+2\times1)}{5\times21}-5\times(21+2\times1)\times(0.059285-0.014904)$$

$$=3.49(\text{mm})$$

(2) $k=\dfrac{\alpha}{180^\circ}z+0.5=\dfrac{20^\circ}{180^\circ}\times21+0.5=2.33+0.5=2.83$

k 取整数为 3

$$W=m\cos\alpha[(k-0.5)\pi+z\text{inv}\alpha]$$

$$=5\times\cos20^\circ\times[(3-0.5)\times3.1416+21\times0.014904]=38.373(\text{mm})$$

6.5 渐开线直齿圆柱齿轮的啮合传动

1. 渐开线齿轮正确啮合的条件

在 6.2 节中，我们已经得出结论：一对渐开线齿廓满足啮合基本定律，就能保证定传动比传动。但这并不是说任意的两个渐开线齿轮都能正确地传动。譬如说，一个齿轮的齿距很小，另一个齿轮的齿距很大，显然，这两个齿轮是无法啮合传动的。那么，一对渐开线齿轮要正确啮合传动，应该具备什么条件呢？为了解决这一问题，我们就来按图 6-19 所示的一对齿轮进行分析。如前所述，一对渐开线齿轮在传动时，它们的齿廓啮合点都应在啮合线 N_1N_2 上。因此，如图所示，要使处于啮合线上的各对轮齿都能正确地进入啮合，显然两齿轮的相邻两齿同侧齿廓间的法线距离应相等。齿轮上相邻两齿同侧齿廓间的法线距离 KK' 称为法向齿距(normal pitch)，以 p_n 表示。如果两齿轮的法向齿距相等，则当图示的前一对轮齿在啮合线上的 K 点相啮合时，后一对轮齿就可以正确地在啮合线上的 K'点进入啮合。而由图可知，KK'显然即是齿轮 1 的法向齿距，

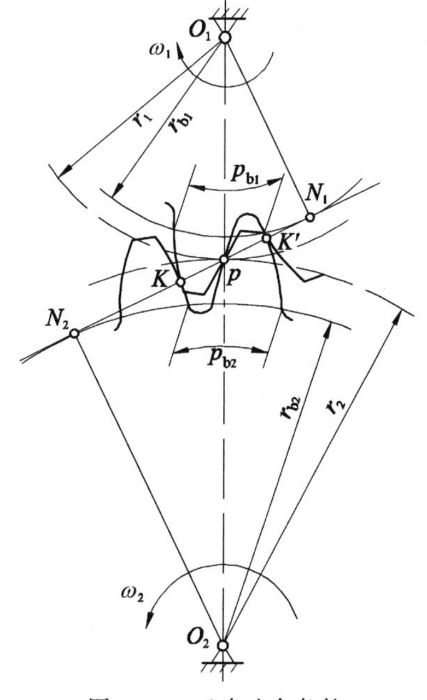

图 6-19 正确啮合条件

又是齿轮 2 的法向齿距。由以上分析可知：两齿轮要正确啮合，它们的法向齿距必须相等。又根据渐开线的性质，齿轮的法向齿距与其基圆上的基圆齿距(base pitch)(即基节 p_b)是相等的，故法向齿距也可以 p_b 表示，于是得

$$p_{b1} = p_{b2} \tag{6-13}$$

又因

$$\left.\begin{aligned} p_{b1} &= p_1\cos\alpha_1 = \pi m_1\cos\alpha_1 \\ p_{b2} &= p_2\cos\alpha_2 = \pi m_2\cos\alpha_2 \end{aligned}\right\} \tag{6-14}$$

将 p_{b1} 及 p_{b2} 代入式(6-13)后，可得两齿轮正确啮合的条件为

$$m_1\cos\alpha_1 = m_2\cos\alpha_2 \tag{6-15}$$

式中，m_1、m_2 及 α_1、α_2 分别为两轮的模数和压力角。如前所述，由于模数 m 和压力角 α 都已标准化了，所以，要满足式(6-15)，则应使

$$\left.\begin{aligned} m_1 &= m_2 = m \\ \alpha_1 &= \alpha_2 = \alpha \end{aligned}\right\} \tag{6-16}$$

这就是说，渐开线齿轮正确啮合的条件(proper meshing conditions)是：两齿轮的模数和压力角必须分别相等。

2. 标准齿轮传动的正确安装中心距

两啮合齿轮中心的距离称为中心距，由前所述一对渐开线圆柱直齿轮传动，相当于两节圆作纯滚动，则中心距 a' 为两节圆半径之和，即

$$a' = r_1' + r_2' \tag{6-17}$$

确定齿轮传动的中心距时应考虑齿侧间隙(backlash)(简称侧隙)，为避免齿轮反转时发生冲击和出现空程，理论上要求没有侧隙。实际上由于加工误差和防止工作时因温度升高而卡死，应有适当的侧隙，但此侧隙是在齿轮制造时以公差来保证的，理论计算时可不予考虑。理论上没有侧隙的传动中心距称为正确安装中心距，如图 6-20(a)所示。此时，一个齿轮的节圆齿厚应等于另一个齿轮的节圆齿槽宽，即

$$s_1' = e_2',\quad s_2' = e_1'$$

此为满足正确安装中心距的齿轮节圆应具备的条件。

两标准齿轮传动时，由于分度圆的模数相等，故

$$s_1 = e_1 = \frac{\pi m}{2} = s_2 = e_2$$

所以正确安装的两标准齿轮传动，节圆和分度圆应重合，而中心距称为标准中心距，其值为

$$a = r_1 + r_2 = \frac{m}{2}(z_1 + z_2) \tag{6-18}$$

一个齿轮的齿顶到与之相啮合齿轮的齿根圆的径向距离称为径向间隙(bottom clearance)，以 c 表示。如图 6-20 所示，正确安装下的一对标准齿轮传动的径向间隙为

$$c = h_f - h_a = c^* m \tag{6-19}$$

综上所述，一对齿轮啮合时，两轮的中心距总等于两轮节圆半径之和。当两轮按标准中心距安装时，两轮的节圆与各自的分度圆相重合。所谓啮合角也就是节圆压力角，即啮合线

$\overline{N_1N_2}$ 与节点 P 的速度矢量间的夹角，并用 α' 表示，如图 6-20(a)所示。当节圆与分度圆重合时，显然啮合角与分度圆上压力角相等，即 $\alpha'=\alpha$。

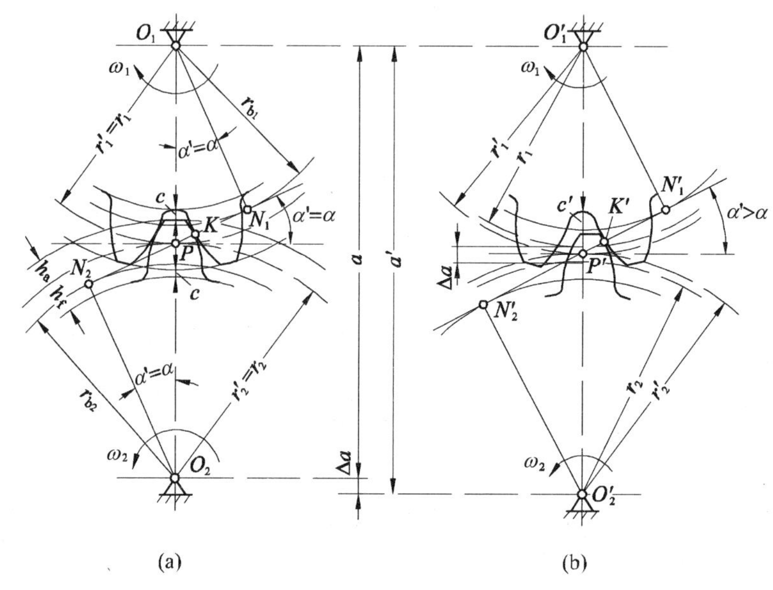

图 6-20　齿轮安装的中心距与啮合角

由于齿轮制造和安装的误差，两轮的实际中心距 a' 与标准中心距 a 略有变动。图 6-20(b)所示标准中心距增大 Δa，这时节圆与分度圆不再重合。由

$$r_1'=\frac{r_{b1}}{\cos\alpha'}=r_1\frac{\cos\alpha}{\cos\alpha'}$$

$$r_2'=\frac{r_{b2}}{\cos\alpha'}=r_2\frac{\cos\alpha}{\cos\alpha'}$$

则

$$a'=r_1'+r_2'=(r_1+r_2)\frac{\cos\alpha}{\cos\alpha'}=a\frac{\cos\alpha}{\cos\alpha'} \tag{6-20}$$

当实际中心距 a' 大于标准中心距 a 时，传动啮合角 α' 大于分度圆压力角 α。

图 6-21 为齿轮与齿条啮合传动的情况，啮合线 N_1N_2 与齿轮的基圆相切于 N_1 点，由于齿条的基圆为无穷大，故啮合线与其切点 N_2 在无穷远处。齿轮中心的连线与啮合线的交点 P 即为节点。

当齿轮与齿条正确安装时(即安装后，齿轮的分度圆与齿条的分度线相切)，齿轮的节圆与分度圆重合，齿条的节线与分度线重合。故传动的啮合角 α' 等于齿轮分度圆的压力角，也等于齿条的齿形角 α。

当齿轮与齿条作相对的远离或靠拢(相当于中心距改变)时，由于啮合线 N_1N_2 既要切于基圆又要保持与齿条的直线齿廓相垂直，因啮合角不会改变，所以齿轮与齿条啮合传动时，不

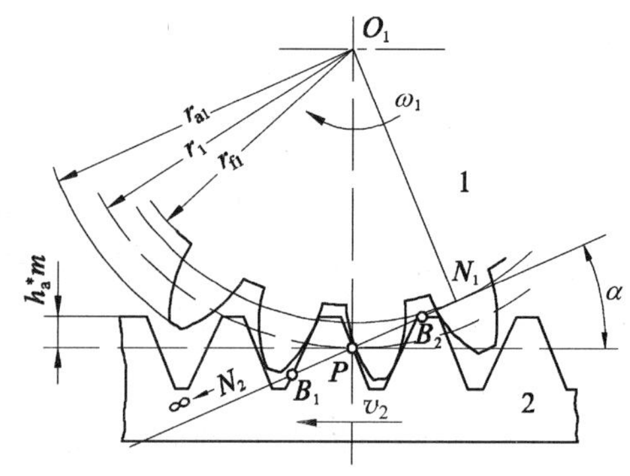

图 6-21　齿轮与齿条啮合

论是否正确安装，其啮合角恒等于齿形角。但在非正确安装时，齿条的节线与分度线是不重合的。

3. 渐开线齿轮连续传动的条件

为了保证齿轮传动的连续性，一对互相啮合的齿轮，当前一对轮齿脱离接触前，后一对轮齿必须进入啮合，即理论上至少有一对齿在啮合。当然同时啮合齿的对数越多，啮合越平稳，承载越大。

如图 6-22 所示的一对齿轮传动，设主动轮 1 的顶圆与啮合线的交点为 B_1，从动轮 2 的顶圆与啮合线的交点为 B_2，显然 B_2 点是两齿廓的啮合开始点；随着啮合传动的进行，轮齿的啮合点沿着啮合线 N_1N_2 移动，当啮合进行到 B_1 点时，两轮齿廓将脱离接触，故 B_1 点为两齿廓的啮合终止点，B_1B_2 称为实际啮合线，两齿廓从 B_2 点开始接触至 B_1 点终止接触所对应的齿轮分度圆所转过的弧长 $\overset{\frown}{CD}$ 称为作用弧，$\overset{\frown}{CD}$ 所对应的转角 φ_2 称为从动齿轮的作用角，相应主动齿轮的作用角为 φ_1。两齿轮齿廓中直接参加接触传动的部分称为齿廓工作段。如图所示，轮 1 的齿廓有效工作段是从轮 1 的齿顶开始，到以 O_1 为圆心，O_1B_2 为半径所作圆弧与轮 1 齿廓的交点，则半径为 O_1B_2 圆外的齿廓即为齿廓工作段，圆内齿廓为齿廓非工作段。同理可找出轮 2 齿廓工作段。

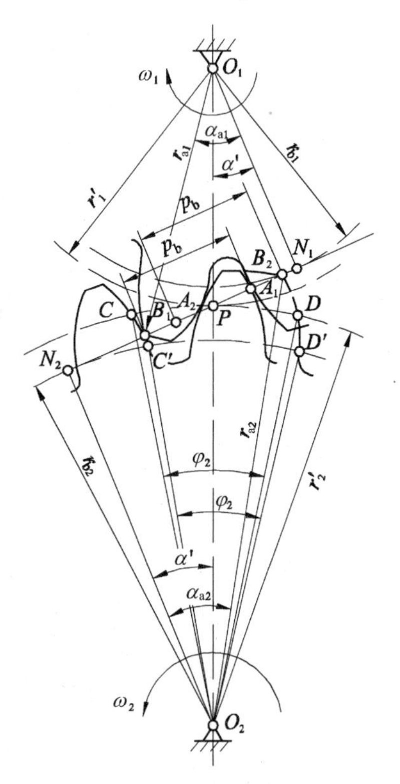

图 6-22　重合度计算示意图

由渐开线特性可知，渐开线齿轮两相邻同侧齿廓在啮合线上的距离等于基圆齿距 p_b。因此，齿轮传动过程中，为保证连续传动，应使两齿轮的实际啮合线 B_1B_2 之长大于或至少等于齿轮基圆齿距，即 $\overline{B_1B_2} \geqslant p_b$，或者说，作用弧的长度应大于等于分度圆上的齿距：$\overset{\frown}{CD} \geqslant p$。实际啮合线长度 $\overline{B_1B_2}$ 与基圆齿距 p_b 之比值称为重合度或重叠系数(contact ratio)，以 ε_α 表示：

$$\varepsilon_\alpha = \frac{\overline{B_1B_2}}{p_b} = \frac{\overset{\frown}{CD}}{p} \geqslant 1$$

由于

$$\overline{B_1B_2} = \overline{B_1P} + \overline{B_2P}$$

$$\overline{B_1P} = \overline{B_1N_1} - \overline{PN_1} = r_{b1}(\tan\alpha_{a1} - \tan\alpha') = \frac{mz_1}{2}\cos\alpha(\tan\alpha_{a1} - \tan\alpha')$$

$$\overline{B_2P} = \overline{B_2N_2} - \overline{PN_2} = \frac{mz_2}{2}\cos\alpha(\tan\alpha_{a2} - \tan\alpha')$$

所以

$$\varepsilon_\alpha = \frac{1}{2\pi}[z_1(\tan\alpha_{a1} - \tan\alpha') + z_2(\tan\alpha_{a2} - \tan\alpha')] \tag{6-21}$$

式中
$$\alpha_{a1}=\arccos\frac{r_{b1}}{r_{a1}},\quad \alpha_{a2}=\arccos\frac{r_{b2}}{r_{a2}}$$

由式(6-21)可知：

(1) ε_α 与模数无关；

(2) 齿数 z_1、z_2 增加时，ε_α 增加；

(3) 只增加中心距 a' 时，由于啮合角 α' 的增加，ε_α 将减少；

(4) 齿顶高系数 h_a^* 增加时，由于齿顶圆压力角 α_{a1} 和 α_{a2} 的增加，ε_α 亦增加。

对标准传动，因 $\alpha'=\alpha$，故

$$\varepsilon_\alpha=\frac{1}{2\pi}[z_1(\tan\alpha_{a1}-\tan\alpha)+z_2(\tan\alpha_{a2}-\tan\alpha)] \tag{6-22}$$

一对齿轮传动时，其重合度的大小，实质上表明了同时参与啮合的轮齿对数的多少。如前所述，当 $\varepsilon_\alpha=1$ 时，表明在一对齿轮传动的过程中，只有一对轮齿啮合。同理，当 $\varepsilon_\alpha=2$ 时，则表示同时啮合的有两对轮齿。如果 ε_α 不是整数，例如 $\varepsilon_\alpha=1.3$，则图 6-23 表明了这时两轮轮齿的啮合情况。由图可知，在实际啮合线上 B_2C 与 DB_1 两段范围内，即在两个 $0.3p_b$ 的长度上，有两对轮齿同时啮合；而在 CD 段范围内，即在 $0.7p_b$ 的长度上，则只有一对轮齿啮合。所以，CD 段称为**单齿啮合区**。CD 段两旁 $0.3p_b$ 的长度区为**双齿啮合区**，所以 30%时间内为两对齿啮合，70%的时间为一对齿啮合。

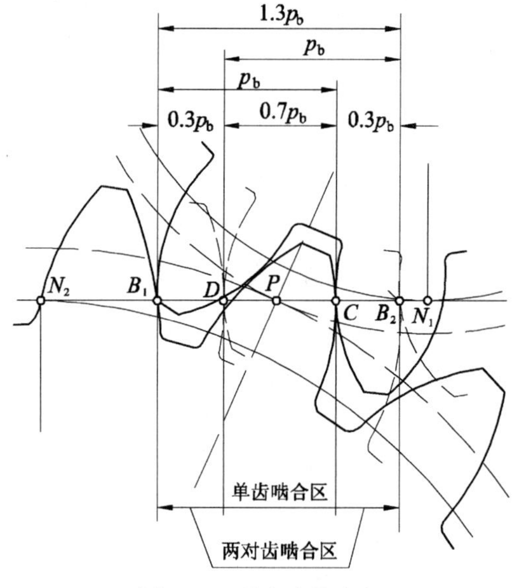

图 6-23 重合度的意义

齿轮传动的重合度越大，就意味着同时参与啮合的轮齿越多，这样，每对轮齿的受载就越小。对于圆柱直齿轮传动，当 $\alpha=20°$ 及 $h_a^*=1$，当两轮齿数趋于无穷大时，标准圆柱齿轮的最大重合度 $\varepsilon_{max}=1.981$。

对于内啮合直齿圆柱齿轮传动，z_1 是小齿轮，z_2 是内齿轮时，其重合度为

$$\varepsilon_\alpha=\frac{1}{2\pi}[z_1(\tan\alpha_{a1}-\tan\alpha')+z_2(\tan\alpha'-\tan\alpha_{a2})] \tag{6-23}$$

对于齿轮齿条传动，其重合度为

$$\varepsilon_\alpha=\frac{1}{2\pi}\left[z_1(\tan\alpha_{a1}-\tan\alpha')+\frac{2h_a^*}{\sin2\alpha}\right] \tag{6-24}$$

例 6-2　一对外啮合标准直齿圆柱齿轮传动，已知 $z_1=18$、$z_2=88$、$h_a^*=1$、$m=1\text{mm}$、$\alpha=20°$，实际中心距 $a'=53.5\text{mm}$。求这对齿轮的重合度。

解：(1) 计算齿轮的主要尺寸

$$d_1=mz_1=1\times18=18\text{mm}$$

$$d_2=mz_2=1\times88=88\text{mm}$$

$$d_{a1}=m(z_1+2)=20\text{mm}$$

$$d_{a2}=m(z_2+2)=90\text{mm}$$

$$d_{b1}=mz_1\cos\alpha=16.914\text{mm}$$

$$d_{b2}=mz_2\cos\alpha=82.693\text{mm}$$

$$\alpha'=\arccos\frac{a\cos\alpha}{a'}=\arccos\frac{\frac{1}{2}(18+88)\times\cos20°}{53.5}=21.42°=21°25'12''$$

$$\alpha_{a1}=\arccos\frac{d_{b1}}{d_{a1}}=\arccos\frac{16.914}{20}=32°15'10''$$

$$\alpha_{a2}=\arccos\frac{d_{b2}}{d_{a2}}=\arccos\frac{82.693}{90}=23°14'55''$$

(2) 计算重合度

$$\begin{aligned}\varepsilon_\alpha&=\frac{1}{2\pi}[z_1(\tan\alpha_{a1}-\tan\alpha')+z_2(\tan\alpha_{a2}-\tan\alpha')]\\&=\frac{1}{2\pi}[18(0.631-0.3923)+88(0.4296-0.3923)]\\&=1.206\end{aligned}$$

6.6　渐开线齿轮的加工

齿轮加工的方法很多，如注塑法、铸造法、冲压法、挤压法及切削法和3D打印等，其中最常用的方法是切削法。齿轮切削加工的工艺很多，但就其原理可分两类，即仿形法和展成法。

1. 仿形法

传统仿形法(form cutting)又称成形法，可分为铣削法和拉削法。我们仅介绍铣削法。这种方法是用圆盘铣刀(图6-24)或指状铣刀(图6-25)在普通铣床上将轮坯齿槽部分的材料逐一铣掉，其铣刀的轴向剖面形状和齿轮齿槽的齿廓形状完全相同。如图6-24所示，铣齿时铣刀绕自己的轴线回转，同时轮坯沿其轴线方向送进。当铣完一个齿槽后，轮坯便退回原处,然后用分度头将它转过$\frac{360^\circ}{z}$的角度,再铣第二个齿槽,这样一个齿槽一个齿槽地铣削,直到铣完所有齿槽为止。

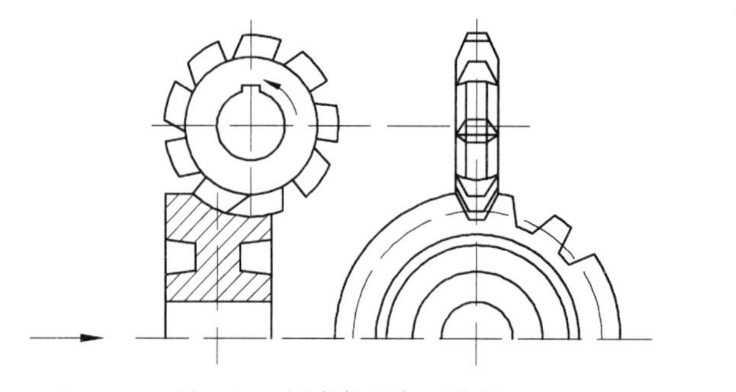

图 6-24 圆盘铣刀加工齿轮

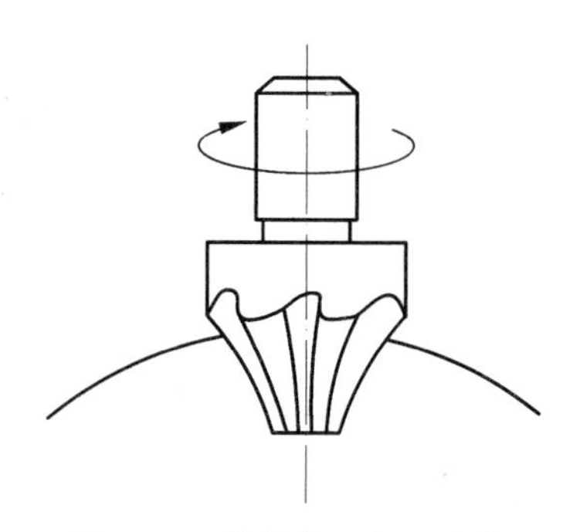

图 6-25 指状铣刀加工齿轮

这种方法的缺点是:

(1) 加工精度低。因为齿轮齿廓的形状取决于基圆的大小,而基圆半径 $r_b=\frac{mz}{2}\cos\alpha$,所以对于一定模数和压力角的一套齿轮,如欲制造精确,则必须每一种齿数就有一把铣刀,这是不可能的。因此,为了简化刀具数,实际上是采用 8 把一套或 15 把一套铣刀,其每一把铣刀可切削齿数在一定范围内的齿轮。表 6-4 列出 8 把一套铣刀各号刀加工齿数的范围。为了保证加工出来的齿轮在啮合时不会卡住,每一号铣刀的齿形都是按所加工的一组齿轮中齿数最少的那个齿轮的齿形制成的,因此用这把铣刀切削同组其他齿数的齿轮时,其齿形有误差。

(2) 这种方法的切削不是连续的,故生产率低,不适用于大批生产。它的优点是在普通铣床上就可以加工齿轮,所以在修配和小批生产中还常采用。

表 6-4 各号铣刀切制齿轮的齿数范围

铣刀号数	1	2	3	4	5	6	7	8
所切齿轮的齿数	12~13	14~16	17~20	21~25	26~34	36~54	56~134	≥135

但是,随着数控技术的快速发展,20 世纪末以来,成形砂轮磨齿机得到了广泛的应用,它采用砂轮磨损在线检测和数控砂轮实时修整技术以及周向精密分齿技术,使磨齿精度可达到 3 级以上。成形磨齿在很多领域有逐步取代展成磨齿的趋势。

2. 展成法

展成法亦称包络法或范成法(generating cutting),是目前齿轮加工中最常用的一种方法。它是运用包络法求共轭曲线的原理来加工齿廓的。用展成法加工齿轮时,常用的刀具有齿轮插刀、齿条插刀和齿轮滚刀等。

图 6-26 所示为用齿轮插刀加工齿轮的情形。齿轮插刀的外形就是一个具有刀刃的外齿轮,当我们用一把齿数为 z_c 的齿轮插刀,去加工一模数 m、压力角 α 与该插刀相同而齿数为 z 的齿轮时,将插刀和轮坯装在专用的插齿机床上,通过机床的传动系统使插刀与轮坯

按恒定的传动比$i=\frac{\omega_c}{\omega}=\frac{z}{z_c}$回转，并使插刀沿轮坯的齿宽方向作往复切削运动，这样，刀具的渐开线齿廓就在轮坯上包络出与刀具齿廓共轭的渐开线齿廓(图6-26(b))。

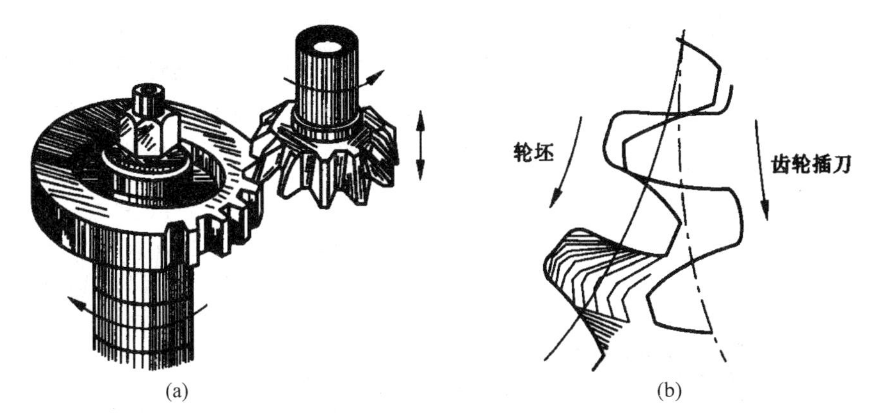

图6-26 齿轮插刀加工齿轮

(a) 齿轮插刀；(b) 范成运动

在用齿轮插刀加工齿轮时，刀具与轮坯之间的相对运动主要有以下几种：

(1) 展成运动。即齿轮插刀与轮坯以恒定的传动比$i=\frac{\omega_c}{\omega}=\frac{z}{z_c}$作回转运动，就如一对齿轮啮合传动一样。

(2) 切削运动。即齿轮插刀沿着轮坯的齿宽方向作往复切削运动。

(3) 进给运动。即为了切出轮齿的高度，在切削的过程中，齿轮插刀还需向轮坯的中心移动，直至达到规定的中心距为止。

(4) 让刀运动。为了防止在切削运动中，插刀向上退刀时与轮坯发生摩擦，损伤已切好的齿面。所以，在插刀退刀时，轮坯还需要让开一段小的距离(在插刀向下切削时，轮坯又恢复到原来的位置)的让刀运动。

图6-27所示为用齿条插刀加工齿轮的情形，加工时刀具与轮坯的展成运动相当于齿轮与齿条的啮合传动。齿条插刀的移动速度$v=\frac{d}{2}\omega=\frac{mz}{2}\omega$。其切齿原理与用齿轮插刀加工齿轮的原理相同。

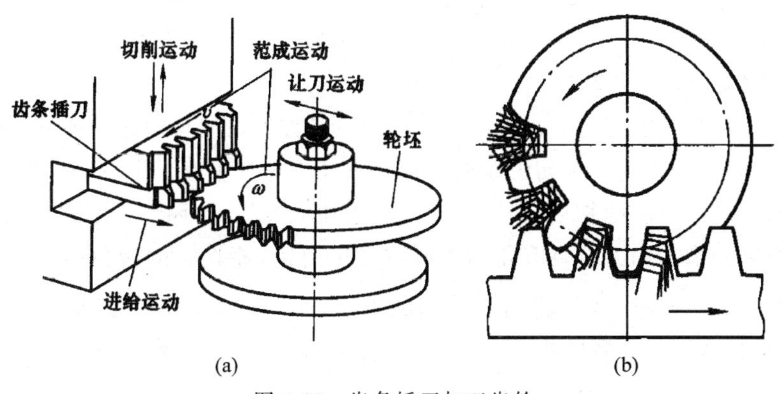

图6-27 齿条插刀加工齿轮

不论用齿轮插刀或齿条插刀加工齿轮,其切削都不是连续的,这就影响了生产率的提高。因此,在生产中更广泛地采用齿轮滚刀来加工齿轮。如图 6-28(a)所示,就是用齿轮滚刀加工齿轮的情形。滚刀的形状像一个螺旋,它在轮坯端面上的投影为一齿条,滚刀转动时就相当于这个齿条在移动,如图 6-28(b)所示。如果是单头齿轮滚刀,当滚刀回转一周时,就相当于这个齿条移动一个齿距。所以用滚刀切制齿轮的原理与齿条插刀切制齿轮的原理基本相同,不过齿条插刀的切削运动和展成运动已为滚刀刀刃的螺旋运动所代替。并且为了切制具有一定轴向宽度的齿轮,滚刀在回转的同时还须有平行于轮坯轴线的缓慢移动,见图 6-28(a)所示箭头Ⅲ。

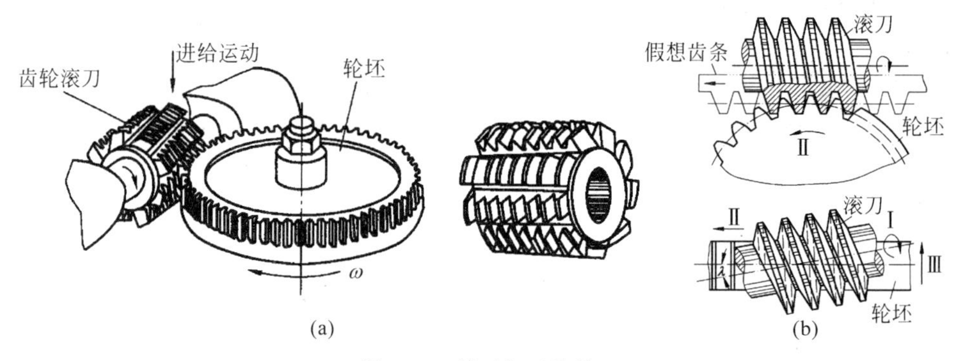

图 6-28 滚刀加工齿轮

用展成法加工齿轮时,只要刀具和被加工齿轮的模数 m 和压力角 α 均相同,则不管被加工齿轮齿数的多少,都可以用同一把刀具加工出来。而且生产率较高,所以在大批量生产中多采用这种方法。但对于内齿轮,通常只能采用齿轮插刀进行加工。

3. 标准齿条形刀具切制标准齿轮

标准齿条形刀具的齿形如图 6-29 所示,它仅比标准齿条在齿顶部高出 $c^* m$ 一段,其他部分完全一样。刀具的顶刃和侧刃之间用圆弧角光滑过渡。加工齿轮时,刀具顶刃切出齿根圆,而侧刃切出渐开线齿廓。至于圆弧角刀刃,则切出轮齿根部的非渐开线齿廓曲线,称为过渡曲线,该曲线将渐开线齿廓和齿根圆光滑地连接起来。在正常情况下,齿廓过渡曲线不参加啮合。刀具齿根部的 $c^* m$ 段高度为刀具和轮坯之间的顶隙。

为了以后讨论方便,我们把刀具中线到齿顶部距离为 $h_a^* m$ 的直线称为刀具齿顶线(图 6-29 中虚线),以区别于刀具顶刃线。刀具齿顶线以下的刀具侧刃为直线,它切出齿轮轮廓的渐开线部分。

用标准齿条形刀具加工标准齿轮如图 6-30 所示,首先根据被切齿轮的基本参数选择相应的刀具,并将轮坯的外圆按被切齿轮的齿顶圆直径预先加工好。展成法切削轮齿时,应使刀具的中线与轮坯的分度圆相切,即刀具的中线为加工节线,轮坯的分度圆为加工节圆。这样展成加工出来的齿轮和刀具具有相同的模数和压力角,而且它的齿顶高为 $h_a^* m$,齿根高为$(h_a^* + c^*)m$。又因展成运动相当于无侧隙啮合,所以加工出来的齿轮的齿厚等于刀具齿槽宽,而其齿槽宽等于刀具的齿厚,并且均是标准值 $\pi m/2$。显然这样加工出来的齿轮是标准齿轮。

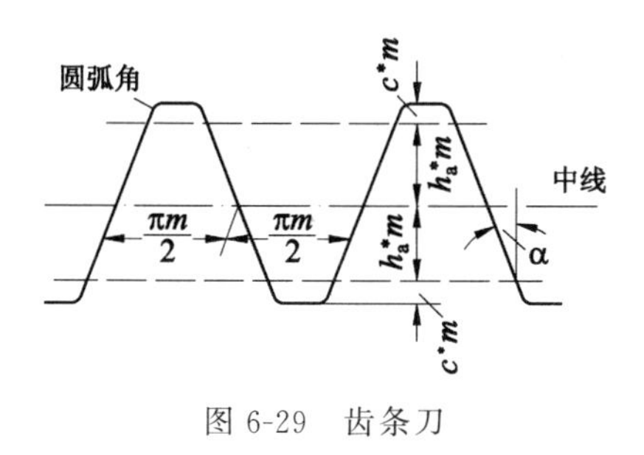

图 6-29 齿条刀

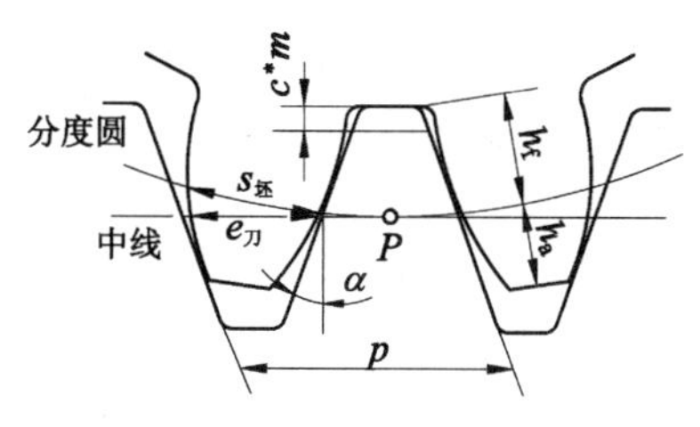

图 6-30 齿条刀加工标准齿轮

6.7 渐开线齿廓的根切现象和不发生根切的最小齿数

1. 渐开线齿廓的根切现象

用展成法加工齿轮时，若刀具的齿顶线或齿顶圆与啮合线的交点超过被切齿轮的极限点，则刀具的齿顶会将齿根的渐开线齿廓切去一部分，这种现象称为根切现象(cutter interference)，如图 6-31 所示。根切的齿廓将使轮齿的弯曲强度大大减弱，而且当根切侵入渐开线齿廓工作段时，将引起重合度的下降。严重的根切(使 $\varepsilon_\alpha<1$ 时)将破坏定传动比传动，影响传动的平稳性，故应力求避免根切。显然，不发生根切是保证齿轮传动质量的指标之一。

2. 标准外齿轮不发生根切的最小齿数

用展成法加工齿轮时，对于一定齿数的被切齿轮，其极限点的位置已经确定。因齿轮形刀具的齿顶线是圆，而齿条形刀具的齿顶线是直线，因此用齿条形刀具加工这个齿轮比用齿轮形刀具更易发生根切。也就是说，用齿条形刀具加工而不发生根切的齿轮，若用齿轮刀具来加工，则一定不会发生根切现象。因此，用标准齿条形刀具切制标准齿轮而刚好不发生根切时的被切齿轮的齿数称为最小齿数。

如图 6-32 所示，用标准齿条形刀具切制标准齿轮时，为了不发生根切现象，刀具的齿顶线不得超过极限点 N，即

$$h_a^* m \leqslant \overline{NM}$$

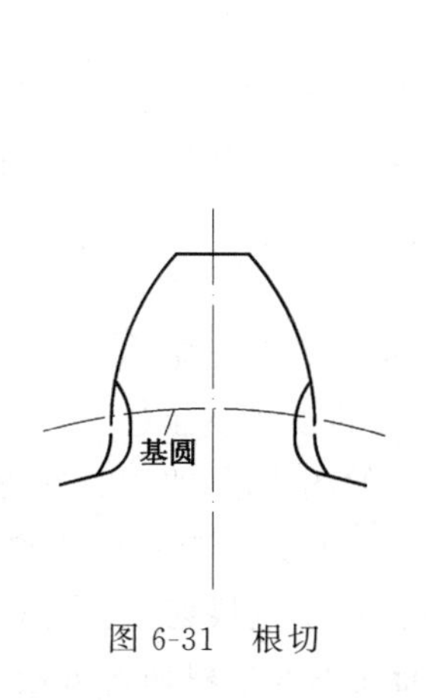

图 6-31 根切

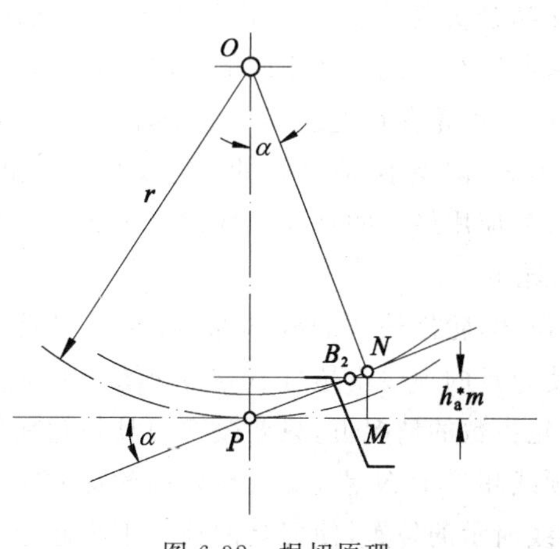

图 6-32 根切原理

但 $$\overline{NM}=\overline{PN}\sin\alpha=r\sin^2\alpha=\frac{mz}{2}\sin^2\alpha$$

代入前式并整理得

$$z\geqslant\frac{2h_a^*}{\sin^2\alpha}$$

因此

$$z_{\min}=\frac{2h_a^*}{\sin^2\alpha}\tag{6-25}$$

用标准齿条形刀具切制标准齿轮时,因 $\alpha=20°$ 及 $h_a^*=1$,则最少齿数 $z_{\min}=17$。当 $\alpha=20°$,$h_a^*=0.8$ 时,最小齿数 $z_{\min}=14$。

因此标准齿轮不发生根切的条件为:被切齿轮的齿数必须大于或等于最小齿数,即 $z\geqslant z_{\min}$。

6.8 变位齿轮

1. 齿轮的变位原理

1) 变位的目的

标准齿轮具有互换性好、设计计算简单等优点,但也存在许多不足之处,主要有:

(1) 一般来说,不能采用齿数 $z<z_{\min}$ 的齿轮。因用展成法加工齿轮时,如被切齿轮的齿数 $z<z_{\min}$,则将发生根切现象。

(2) 不适用于中心距 $a'\neq a=\frac{m}{2}(z_1+z_2)$ 的场合。因为当 $a>a'$,就根本无法安装;而当 $a<a'$ 时,虽然可以安装,但将产生较大的齿侧间隙(图 6-20(b)),而且重合度也随之降低,影响传动的平稳性。

(3) 在一对相互啮合的标准齿轮中,由于小齿轮齿廓渐开线的曲率半径较小,齿根厚度也较小,而啮合次数又较多,因而强度较低。同时小齿轮的最大滑动系数大于大齿轮的最大滑动系数,所以在其他条件相同的情况下,小齿轮容易损坏。

由于标准齿轮存在上述不足之处,因而就需要研究改善齿轮传动性能的方法,以便设计出承载能力大、体积小、质量轻的齿轮机构。为此,提出对齿轮进行必要的修正。齿轮修正的方法很多,应用最广的是采用变位修正法。

2) 齿轮的变位

如前所述,轮齿根切的根本原因,在于刀具的齿顶线超过了啮合极限点 N,要避免根切,就得使刀具的顶线不超过 N 点,如图 6-33 所示。要使刀具的顶线不超过 N 点,在不改变被切齿轮齿数的情况下,只要改变刀具与轮坯的相对位置。如图所示,当刀具在虚线位置时,其齿顶线超过了 N 点,所以被切齿轮必将发生根切,但如将刀具移出一段距离 xm,到达图中实线所示的位置,使刀具的顶线不再超过 N 点,就不会再发生根切了。这种用改变刀具与轮坯相对位置,达到用标准刀具制造 $z<z_{\min}$ 的齿轮而又不发生根切的方法,称为径

向变位法(addendum modification),采用变位法切制的齿轮称为变位齿轮(modified gear)。

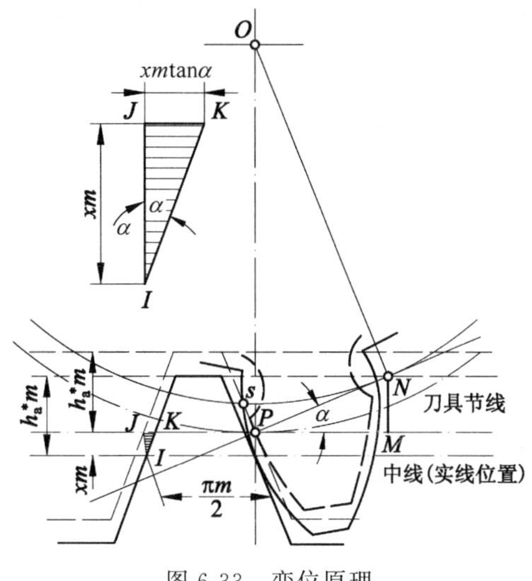

图 6-33 变位原理

以切制标准齿轮的位置为基准,刀具所移动的距离 xm 称为移距或变位,而 x 称为移距系数或变位系数(modification coefficient);并且规定刀具远离轮坯中心的移距系数为正,反之为负(在这种情况下齿轮的齿数一定要多于最少齿数,否则将发生根切),对应于 $x>0$、$x=0$ 及 $x<0$ 的变位分别称为正变位、零变位及负变位。

2. 最小变位系数

用展成法切制齿数少于最少齿数的齿轮时,为了避免发生根切,刀具必须作正变位切削,即刀具齿顶线刚好通过极限点 N 时,齿轮刚好不发生根切。如图 6-33 所示,则不发生根切的条件是

$$h_a^* m - xm \leqslant \overline{MN}$$

但是

$$\overline{MN} = \overline{PN}\sin\alpha = \overline{OP}\sin^2\alpha = \frac{mz}{2}\sin^2\alpha$$

式中,z 为被切齿轮的齿数。联立解以上两式,消去 m 后得

$$x \geqslant h_a^* - \frac{z}{2}\sin^2\alpha$$

由不根切最小齿数

$$z_{\min} = \frac{2h_a^*}{\sin^2\alpha}$$

得

$$x \geqslant h_a^* \frac{z_{\min} - z}{z_{\min}}$$

于是得不根切的最小变位系数为

$$x_{\min} = h_a^* \frac{z_{\min} - z}{z_{\min}} \tag{6-26}$$

对于 $\alpha=20°$,$h_a^*=1$ 的标准齿条形刀具,被切齿轮的最少齿数 $z_{\min}=17$,故

$$x_{\min} = \frac{17 - z}{17} \tag{6-27}$$

当齿轮的齿数 $z<z_{\min}$ 时，$x_{\min}$ 为正值，说明为了避免发生根切，该齿轮应采用正变位，其变位系数 $x \geqslant x_{\min}$；当 $z>z_{\min}$ 时，$x_{\min}$ 为负值，说明该齿轮在 $x \geqslant x_{\min}$ 的条件下采用负变位也不会发生根切。

3. 变位齿轮的几何尺寸

变位齿轮与标准齿轮相比，其齿顶高、齿根高、齿厚及齿槽宽等都发生了变化，现分述如下。

1）齿顶高与齿根高

用正变位法切制齿时，齿轮的分度圆直径是不变的(仍为 $d=mz$)，由于刀具从标准位置移出 xm 的距离，这时齿轮分度圆与刀具的中线不再相切，见图 6-33，这样切出的正变位齿轮，其齿根高较标准齿轮减小了一段 xm，即

$$h_f = h_a^* m + c^* m - xm = (h_a^* + c^* - x)m \tag{6-28}$$

而变位齿轮的齿顶高则应根据轮坯圆的大小而定，如果保持齿全高 $h=(2h_a^*+c^*)m$ 不变，则其轮坯圆的半径应较标准齿轮的轮坯圆半径增大 xm。即

$$h_a = h_a^* m + xm = (h_a^* + x)m \tag{6-29}$$

当负变位时，只要将两式中变位系数取负值，即可求出负变位齿轮的齿顶高和齿根高。

2）齿厚 s 和任意圆上的齿厚

如图 6-33 所示，当正变位时，由于刀具节线上的齿槽宽较中线上的齿槽宽大了一个增量 $2\overline{KJ}$，所以被切齿轮分度圆上的齿厚也增加了 $2\overline{KJ}$，而分度圆上的齿槽宽减少了 $2\overline{KJ}$。又由△IJK(见图 6-33 左上放大图)得 $\overline{KJ}=xm\tan\alpha$，因此正变位的变位齿轮的齿厚和齿槽宽分别为

$$s = \frac{\pi m}{2} + 2\overline{KJ} = m\left(\frac{\pi}{2} + 2x\tan\alpha\right) \tag{6-30}$$

$$e = \frac{\pi m}{2} - 2\overline{KJ} = m\left(\frac{\pi}{2} - 2x\tan\alpha\right) \tag{6-31}$$

若为负变位，则上式中的 x 为负值。与标准齿轮比较，正变位时，齿厚增大；负变位时，齿厚减小。

变位齿轮任意圆上的齿厚也发生变化，其值仍可用式(6-8)计算。计算齿顶圆齿厚、节圆齿厚和基圆齿厚时，只要把式中的 r_k 及 α_k 分别换成 r_a、α_a；r'、α'；r_b、$\alpha_b=0$ 即可。

对于正变位齿轮，变位系数不能过大，否则将引起齿顶变尖的现象，因此设计变位齿轮时，应校核齿顶厚，一般建议 $s_a \geqslant (0.25 \sim 0.40)$m。

综上所述对变位系数不同而其他参数相同的齿轮，它们的齿廓曲线都是同一圆的渐开线的不同段，它们的齿顶高、齿根高、齿厚及齿槽宽却不同，如图 6-34 所示。

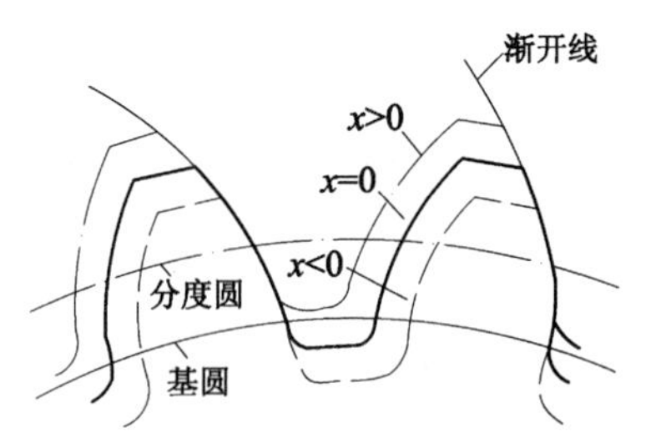

图 6-34　x 对齿顶厚的影响

3）啮合角 α' 和无侧隙啮合方程

对于变位齿轮传动，理论上都要求无齿侧间隙传动。对于变位齿轮，由于分度圆的齿厚与齿槽宽发生了变化，两节圆与分度圆不再重合，所以啮合角 α' 也不一定等于

分度圆压力角 α，但要求主动轮节圆上的齿厚等于从动轮节圆上的齿槽宽。因此，当用齿条形刀具加工一对变位齿轮，在无齿侧间隙啮合时，由 $s_1'=e_2'$ 和 $e_1'=s_2'$，经推导即可得无齿侧间隙啮合方程式为

$$\operatorname{inv}\alpha' = \frac{2(x_2 \pm x_1)}{z_2 \pm z_1}\tan\alpha + \operatorname{inv}\alpha \tag{6-32}$$

式中，“+”用于外啮合，“−”用于内啮合。

由该式即可算出一对变位齿轮传动的啮合角 α'。

4）中心距 a'

若一对无齿侧间隙啮合的变位齿轮变位系数之和 $x_\Sigma = x_2 \pm x_1 \neq 0$，则 $a' \neq a$，表明分度圆与节圆不重合。这时中心距 a' 为

$$a' = r_2' \pm r_1' = (r_2 \pm r_1)\frac{\cos\alpha}{\cos\alpha'} = a\frac{\cos\alpha}{\cos\alpha'} \tag{6-33}$$

设两变位齿轮的中心距 a' 与标准中心距 a 之差为 ym，即

$$ym = a' - a = (r_2 \pm r_1)\left(\frac{\cos\alpha}{\cos\alpha'} - 1\right)$$

$$y = \frac{z_2 \pm z_1}{2}\left(\frac{\cos\alpha}{\cos\alpha'} - 1\right) \tag{6-34}$$

y 称为中心距变动系数(center distance modification coefficient)。

公式中，“+”用于外啮合，“−”用于内啮合。

5）齿顶高变动系数

为了保持两轮之间无齿侧间隙啮合，就不能保持标准的径向间隙，反之就不能保持无齿侧间隙啮合，为了解决这一矛盾，使两轮按无齿侧间隙时的中心距 a' 安装，同时将两轮的齿顶减短一些，以满足标准径向间隙的要求。设齿轮的减短量为 σm，则

$$\sigma m = (x_1 + x_2)m - ym$$

$$\sigma = (x_1 + x_2) - y \tag{6-35}$$

σ 称为齿顶高变动系数(addendum modification coefficient)。

4. 变位齿轮传动

根据一对外啮合齿轮变位系数之和 $x_\Sigma = x_1 + x_2$ 的不同，可将齿轮传动分为三种类型：

(1) 标准齿轮传动

$$x_1 + x_2 = 0;\quad 且\quad x_1 = x_2 = 0$$

(2) 等移距变位齿轮传动

$$x_1 + x_2 = 0;\quad 且\quad x_1 = -x_2$$

(3) 不等移距变位齿轮传动

$$x_1 + x_2 \neq 0$$

1）标准齿轮传动

标准齿轮可视为变位系数 $x=0$ 的变位齿轮。因两齿轮的变位系数 $x_1 = x_2 = 0$，所以为了避免根切，两齿轮的齿数都必须大于最少齿数。

2) 等移距变位齿轮传动(又称高度变位齿轮传动)

等移距变位齿轮的变位系数,既然是一正一负,显然小齿轮应采用正变位,而大齿轮应采用负变位,并应同时保证大、小齿轮都不发生根切。为此,须使

$$z_1+z_2\geqslant 2z_{min} \tag{6-36}$$

可见两齿轮采用等移距变位时,其齿数之和必须大于或等于最少齿数的二倍。

等移距变位齿轮传动的啮合角,中心距变动系数和齿顶高变动系数与标准齿轮传动一样,由于 $x_1+x_2=0$,故等移距变位齿轮传动也是

$$a'=a;\quad \alpha'=\alpha;\quad y=0;\quad \sigma=0$$

等移距变位齿轮传动的优点是:可以减小齿轮机构的尺寸;提高齿轮的承载能力;改善齿轮的磨损。其缺点是:必须成对设计、制造和使用;重合度略有下降。

3) 不等移距变位齿轮传动(又称角度变位齿轮传动)

在这类传动中,如两轮变位系数之和大于零,即 $x_\Sigma=x_1+x_2>0$,则称为正传动。如两轮变位系数之和小于零,即 $x_\Sigma=x_1+x_2<0$,称为负传动。

(1) 正传动

由于 $x_1+x_2>0$,所以两轮齿数之和可以小于或等于 $2z_{min}$,也可以大于 $2z_{min}$。

由于 $x_1+x_2>0$,故根据式(6-30)~式(6-33)可知,正传动的啮合角、中心距变动系数和齿顶高变动系数为

$$a'>a;\quad \alpha'>\alpha;\quad y>0;\quad \sigma>0$$

(2) 负传动

由于 $x_1+x_2<0$,故仿前可得负传动的齿数条件为 $z_1+z_2>2z_{min}$。

在负传动中,因为 $x_1+x_2<0$,故根据式(6-32)~式(6-35)可知:负传动的啮合角、中心距变动系数和齿顶高变动系数为

$$a'<a;\quad \alpha'<\alpha;\quad y<0;\quad \sigma>0$$

由于正传动传动质量较高,所以在一般情况下,应多采用正传动。负传动一般只是在凑配中心距或在不得已的情况下才采用。

变位齿轮传动的计算公式见表 6-5。

表 6-5 变位齿轮传动的计算公式

名　　称	符号	标准齿轮传动	等移距变位齿轮传动	不等移距变位齿轮传动
变位系数	x	$x_\Sigma=x_1=x_2=0$	$x_1=-x_2$ $x_\Sigma=x_1+x_2=0$	$x_1\neq x_2$, $x_\Sigma=x_1+x_2\neq 0$
节圆直径	d'	$d'_1=d_1=z_1m$, $d'_2=d_2=z_2m$		$d'_1=d_1\dfrac{\cos\alpha}{\cos\alpha'}$, $d'_2=d_2\dfrac{\cos\alpha}{\cos\alpha'}$
啮合角	α'	$\alpha'=\alpha$		$\cos\alpha'=\dfrac{a}{a'}\cos\alpha$
齿顶高	h_a	$h_{a1}=h_{a2}=h_a^*m$	$h_{a1}=(h_a^*+x_1)m$ $h_{a2}=(h_a^*+x_2)m$	$h_{a1}=(h_a^*+x_1-\sigma)m$ $h_{a2}=(h_a^*+x_2-\sigma)m$
齿根高	h_f	$h_{f1}=h_{f2}=(h_a^*+c^*)m$	$h_{f1}=(h_a^*+c^*-x_1)m$ $h_{f2}=(h_a^*+c^*-x_2)m$	$h_{f1}=(h_a^*+c^*-x_1)m$ $h_{f2}=(h_a^*+c^*-x_2)m$

续表

名　　称	符号	标准齿轮传动	等移距变位齿轮传动	不等移距变位齿轮传动
齿顶圆直径	d_a	$d_{a1}=d_1\pm 2h_{a1}, d_{a2}=d_2\pm 2h_{a2}$		
齿根圆直径	d_f	$d_{f1}=d_1\mp 2h_{f1}, d_{f2}=d_2\mp 2h_{f2}$		
中心距	a	$a=\frac{1}{2}(d_2\pm d_1)$		$a'=(d_2'\pm d_1')/2$ $a'=a+ym$ $a'=a+(x_\Sigma-\sigma)m$
中心距变动系数	y	$y=0$		$y=\frac{z_2\pm z_1}{2}\left(\frac{\cos\alpha}{\cos\alpha'}-1\right)$
齿顶高变动系数	σ	$\sigma=0$		$\sigma=x_\Sigma-y$

注：齿顶圆、齿根圆直径公式中的“±”，上面的符号用于外齿轮，下面的符号用于内齿轮；中心距公式中，“+”用于外啮合，“−”用于内啮合。

例 6-3 已知一对渐开线齿轮 $z_1=12$；$z_2=43$；$m=5\text{mm}$；$a'=138\text{mm}$。试设计这对齿轮传动。

解：

$$a=\frac{m}{2}(z_1+z_2)=\frac{5}{2}\times(12+43)=137.5\text{mm}$$

由于：$a'>a$；$a'\cos\alpha'=a\cos\alpha$

$$\alpha'=\arccos\left(\frac{a\cos\alpha}{a'}\right)=\arccos\left(\frac{137.5\times\cos20^\circ}{138}\right)=\arccos(0.9363)=20.563^\circ$$

由无测隙传动方程式得：$x_1+x_2=\dfrac{(\text{inv}\alpha'-\text{inv}\alpha)(z_1+z_2)}{2\tan\alpha}$

由式(6-2)：$\text{inv}20^\circ=\tan20^\circ-20^\circ\times\dfrac{\pi}{180^\circ}=0.14904$

同样：$\text{inv}20.563^\circ=\tan20.563^\circ-20.563^\circ\times\dfrac{\pi}{180^\circ}=0.016247$

$$x_1+x_2=\frac{(0.016247-0.014904)\times(12\times43)}{2\times\tan20^\circ}=0.1015$$

齿轮 1 不根切的最小变位系数为：$x_{1\min}=\dfrac{17-12}{17}=0.2941$

取：$x_1=0.3$，则 $x_2=0.1015-0.3=-0.1985$

$$d_1=mz_1=5\times12=60(\text{mm})$$

$$d_2=mz_2=5\times43=215(\text{mm})$$

中心距变动系数：$y=\dfrac{a'-a}{m}=\dfrac{138-137.5}{5}=0.1$

齿顶高变动系数：$\Delta y=x_1+x_2-y=0.1015-0.1=0.0015$

其他尺寸计算参考表 6-5。

6.9 斜齿圆柱齿轮机构

1. 斜齿圆柱齿轮的齿廓形成和啮合原理

直齿圆柱齿轮的齿廓形成是在垂直于齿轮轴线的一个剖面(端面)上进行的,但实际上齿轮有一定宽度。如果考虑齿宽,直齿圆柱齿轮形成时应是发生面 S 沿基圆柱面作无滑动的滚动,而齿廓应当是发生面 S 上任一条与接触线 NN 平行的直线 KK 的轨迹——渐开线曲面(图 6-35)。渐开线圆柱直齿轮在啮合时,齿廓曲面的接触线是与轴平行的直线,如图 6-36 所示。这种接触方式,使得直齿轮机构在传动时容易发生冲击、振动和噪声。为了克服这一缺点,人们在实践中又提出了斜齿轮机构。

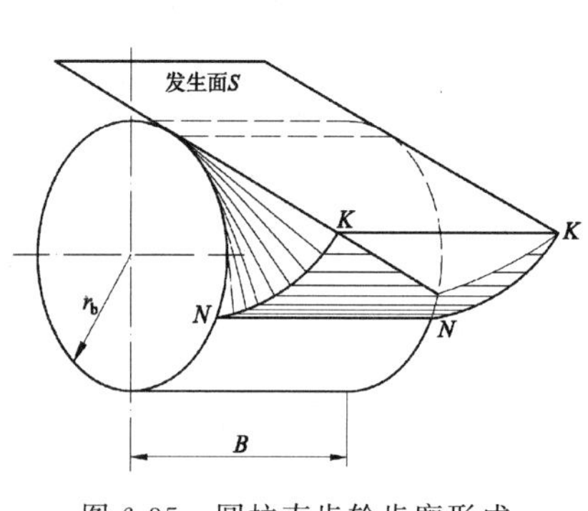

图 6-35 圆柱直齿轮齿廓形成

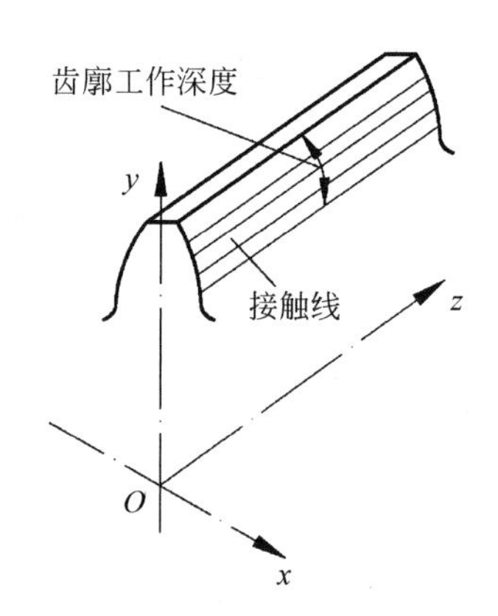

图 6-36 直齿轮齿廓接触线

斜齿轮齿廓的形成原理与直齿轮相似,所不同的是形成渐开面的直线 KK 不再与轴线平行,而是与轴线方向偏斜了一个角度 β_b(图 6-37)。这样,当发生面绕基圆柱作纯滚动时,斜线 KK 上每一点的轨迹都是一条渐开线。这些渐开线的集合,就形成了斜齿轮的齿廓曲面。由此可知,斜齿轮端面上的齿廓曲线仍是渐开线。又因为发生面绕基圆柱作纯滚动时,斜线 KK 上的各点是依次和基圆柱面相切,并在基圆柱面上形成一条由各渐开线起点所组成的螺旋线 NN。斜线 KK 在空间所形成的曲面称为**渐开螺旋面**(involute helicoid)。螺旋线 NN 的**螺旋角**(helix angle),即是斜线 KK 对轴线方向偏斜的 β_b 角,也就是斜齿轮基圆柱上的螺旋角。β_b 越大,轮齿越偏斜,$\beta_b=0$ 就成为直齿轮了。因此,可以认为直齿轮是斜齿轮的一个特例。

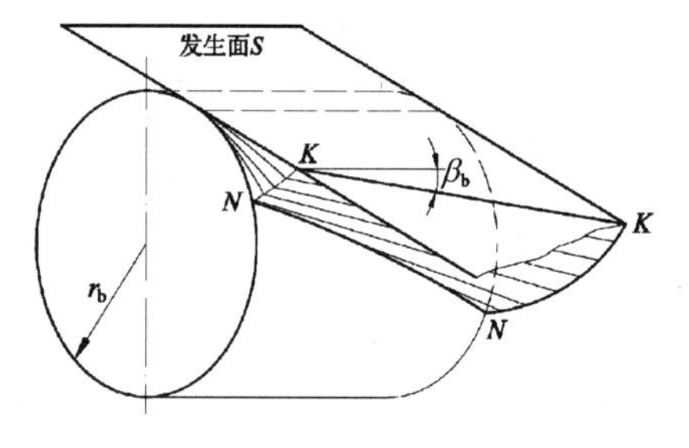

图 6-37 斜齿轮齿廓形成

图 6-38 所示为一对斜齿轮啮合的情况,当发生面(也就是啮合面)沿两基圆柱滚动时,平面 S 上的斜线 KK 就分别形成了两轮的齿面。由图可见,两齿面沿斜线 KK 接触。所以一对斜齿轮啮合时,其轮齿的瞬时接触线即为斜线 KK。斜齿轮齿面接触线,如图 6-39 所示。

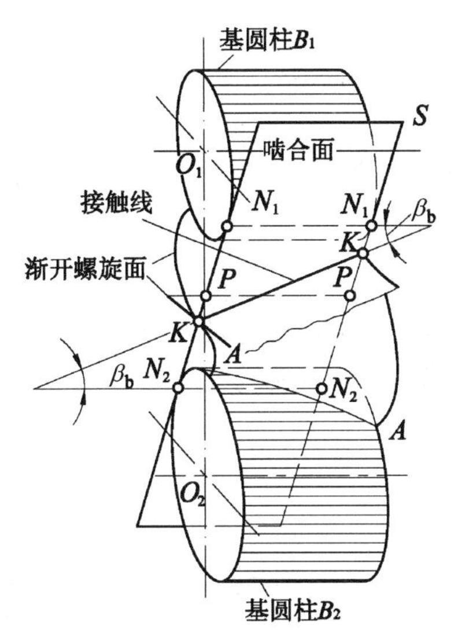

图 6-38　斜齿轮的啮合

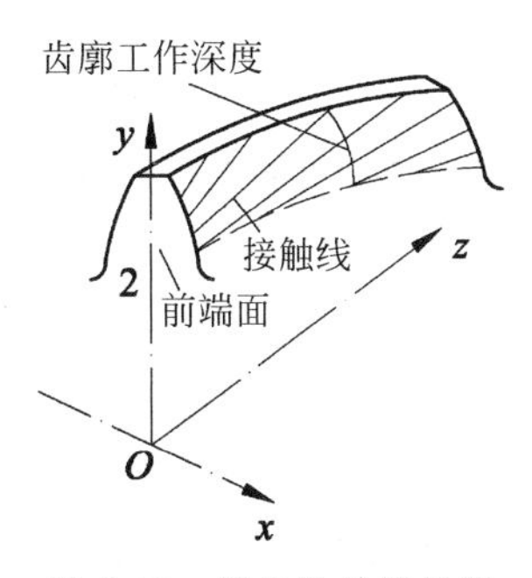

图 6-39　斜齿轮的接触线

由于斜齿轮传动是由主动轮齿根与从动轮齿顶沿齿宽方向逐渐进入啮合，再由主动轮齿顶与从动轮齿根沿齿宽方向逐渐退出啮合。因而不论从受力或传动来说都要比直齿轮传动好，而且平稳得多，冲击、振动及噪声大为减小，所以在高速大功率的传动中，斜齿轮传动获得了较为广泛的应用。但是，也因其轮齿是螺旋形的，会产生一个轴向分力，对轴的支承不利。

2. 斜齿轮的基本参数

斜齿轮与直齿轮有其相同之处，例如在端面上两者均具有渐开线齿廓的齿形等。但是由于斜齿轮的轮齿是螺旋形的，故在垂直于轮齿螺旋线方向的法面上，齿廓曲线及齿形都与端面的不同，所以在计算斜齿轮的尺寸时，首先就要分清楚端面和法面上各参数之间的关系。

1) 斜齿轮的螺旋角 β 及齿距 p

为便于说明，现把斜齿轮的分度圆柱面展开，成为一个矩形(图 6-40)，它的宽是斜齿轮的轮宽 b；长是分度圆的周长 πd。这时分度圆柱上轮齿的螺旋线便展成为一条斜直线，其与轴线的夹角为 β，即称为分度圆柱面上的螺旋角，简称**螺旋角**。为了减小传动时的轴向分力，螺旋角不宜过大，一般取 $\beta=8°\sim20°$(最大不超过 30°)。

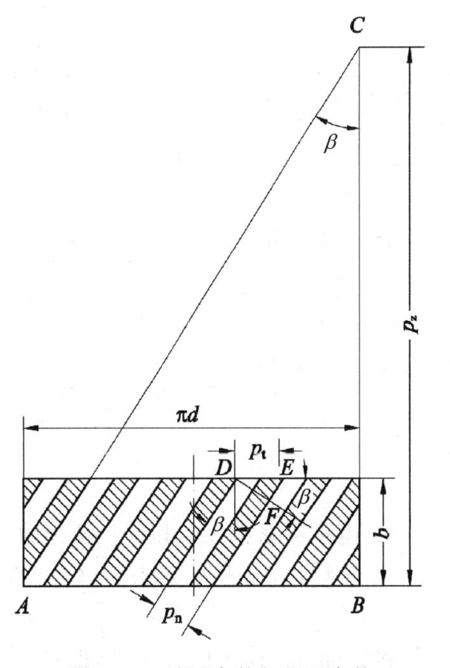

图 6-40　端面参数与法面参数

由图 6-40 所示的几何关系，可得

$$p_n = p_t \cos\beta \tag{6-37}$$

式中，p_n 为法面齿距；p_t 为端面齿距。

同理

$$p_{bn} = p_{bt} \cos\beta_b \tag{6-38}$$

式中，p_{bn} 为基圆柱法面齿距；p_{bt} 为基圆柱端面齿距。

而
$$p_{bn}=p_n\cos\alpha_n;\quad p_{bt}=p_t\cos\alpha_t \tag{6-39}$$

式中，α_n 为法面压力角；α_t 为端面压力角。

如图 6-40 所示，斜齿轮分度圆柱面上的螺旋角 β 为

$$\tan\beta=\frac{\pi d}{p_z}$$

式中，p_z 为螺旋线的导程，即螺旋线绕一周时它沿轮轴方向前进的距离。

因为斜齿轮各个圆柱面上的螺旋线的导程相同，所以基圆柱面上的螺旋角 β_b 应为

$$\tan\beta_b=\frac{\pi d_b}{p_z}$$

由以上两式得

$$\tan\beta_b=\frac{d_b}{d}\tan\beta=\tan\beta\cos\alpha_t \tag{6-40}$$

上式表明 $\beta_b<\beta$，并可推知，各圆柱面上的螺旋角是不等的。

2）法面模数 m_n 与端面模数 m_t

因为模数与齿距成正比，由式(6-36)可得法面模数 m_n 与端面模数 m_t 的关系式为

$$m_n=m_t\cos\beta \tag{6-41}$$

制造斜齿圆柱齿轮时，常用滚刀或成形铣刀来切齿。这些刀具在切齿时是沿着螺旋齿间的方向进刀的，因此刀具的模数应与斜齿轮的法面模数 m_n 一致。也就是说，必须按齿轮的法面模数来选定刀具的模数。所以斜齿轮的法面模数应为标准数值。而斜齿轮的几何尺寸是在端面内计算的。当法面模数为标准值时，端面模数就不再是标准值了。因此在斜齿轮的几何尺寸计算中，法面模数 m_n 是一个基本参数。

3）法面压力角 α_n 与端面压力角 α_t

为了便于分析，我们用斜齿条来说明。在图 6-41 所示的斜齿条中，平面 ABD 为前端面，平面 ACE 为法面，$\angle ACB=90°$。

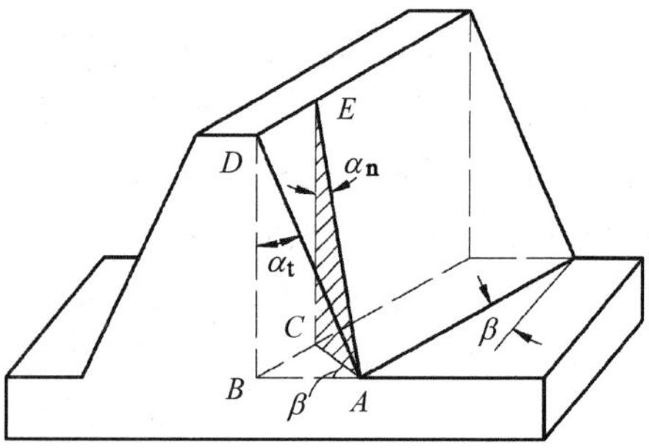

图 6-41 斜齿轮轮齿

在直角三角形 ABD、ACE 及 ABC 中

$$\tan\alpha_t=\frac{\overline{AB}}{\overline{BD}};\quad \tan\alpha_n=\frac{\overline{AC}}{\overline{CE}};\quad AC=\overline{AB}\cos\beta$$

又因 $\overline{BD}=\overline{CE}$，故得

$$\tan\alpha_n=\frac{\overline{AC}}{\overline{CE}}=\frac{\overline{AB}\cos\beta}{\overline{BD}}$$
$$=\tan\alpha_t\cos\beta \tag{6-42}$$

4）齿顶高系数 h_{an}^* 和 h_{at}^* 及顶隙系数 c_n^* 和 c_t^*

无论从法面或从端面来看，轮齿的齿顶高都是相同的，顶隙也是相同的，即

$$h_{an}^*m_n=h_{at}^*m_t\quad 及\quad c_n^*m_n=c_t^*m_t$$

将式(6-41)代入以上两式，即得

$$\left.\begin{aligned} h_{at}^{*} &= h_{an}^{*}\cos\beta \\ c_{t}^{*} &= c_{n}^{*}\cos\beta \end{aligned}\right\} \tag{6-43}$$

标准斜齿轮 $h_{an}^{*}=1, c_{n}^{*}=0.25$。

由于无论是用展成法或仿形法加工斜齿轮，刀具都是沿轮齿的螺旋齿槽方向进刀；又由于刀具齿形的法面参数为标准值，所以斜齿轮的法面参数应取标准值，设计、加工和测量斜齿轮时均以法面为基准。

3. 平行轴斜齿轮传动的正确啮合条件和重合度

1）正确啮合条件

平行轴斜齿轮在端面内的啮合相当于直齿轮的啮合，所以其端面正确啮合条件为

$$\alpha_{t1}=\alpha_{t2} \quad 和 \quad m_{t1}=m_{t2}$$

由图 6-38 可知，平行轴斜齿轮传动的两基圆柱螺旋角必相等，即 $\beta_{b1}=\pm\beta_{b2}$；又由式(6-40)及上述正确啮合条件可得 $\beta_1=\pm\beta_2$。因外啮合齿轮的螺旋角大小相等、方向相反，而内啮合时方向相同，故式中负号用于外啮合，正号用于内啮合。于是由式(6-40)、式(6-42)及啮合条件可得平行轴斜齿轮传动的正确啮合条件：

$$\left.\begin{aligned} \alpha_{n1} &= \alpha_{n2} = 20^\circ \\ m_{n1} &= m_{n2} \\ \beta_1 &= \pm\beta_2 \end{aligned}\right\} \quad 或 \quad \left.\begin{aligned} \alpha_{t1} &= \alpha_{t2} \\ m_{t1} &= m_{t2} \\ \beta_1 &= \pm\beta_2 \end{aligned}\right\} \tag{6-44}$$

2）重合度

在图 6-42 中示出两个端面参数完全相同的标准直齿轮和标准斜齿轮的啮合面。上图为一对直齿圆柱齿轮传动的啮合区，下图为与该直齿圆柱齿轮端面尺寸相同的一对平行轴斜齿圆柱齿轮传动的啮合区，直线 B_2B_2 表示在啮合平面内，一对轮齿进入啮合的位置，B_1B_1 则表示该对轮齿脱离啮合的位置。

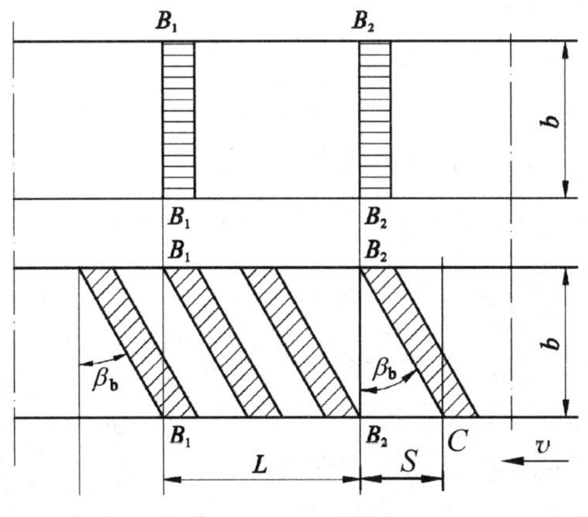

图 6-42　斜齿轮啮合区

对于直齿轮传动来说。其轮齿在 B_2B_2 处进入啮合时，就沿整个齿宽接触，在 B_1B_1 处脱离啮合时，也是沿整个齿宽分开，B_2B_2 与 B_1B_1 之间的区域为轮齿啮合区。故直齿轮传动的重合度为

$$\varepsilon_\alpha=\frac{\overline{B_1B_2}}{p_{bt}}=\frac{L}{p_{bt}}$$

式中,p_{bt} 为端面上的基圆齿距。

对于斜齿轮传动来说,其轮齿也是在 B_2B_2 处进入啮合,不过它不是沿整个齿宽全部进入啮合,而是由轮齿的上端先进入啮合后,随着齿轮的传动,才逐渐达到沿全齿宽接触。在 B_1B_1 处脱离啮合时也是轮齿的上端先脱离啮合,直到该对轮齿下端转到图6-42中 B_1 所示的位置时,这对轮齿才完全脱离接触。这样,斜齿轮传动的实际啮合区就比直齿轮传动增大了 $S=b\tan\beta_b$ 这一部分,因此其重合度也就比直齿轮传动者增加了一部分。设此重合度增量以 ε_β 表示,则

$$\varepsilon_\beta=\frac{S}{p_{bt}}=\frac{b\tan\beta_b}{\pi m_t\cos\alpha_t}=\frac{b\tan\beta\cos\alpha_t}{\pi m_n\cos\alpha_t/\cos\beta}=\frac{b\sin\beta}{\pi m_n}\tag{6-45}$$

所以斜齿轮传动的重合度 ε_γ 应为 ε_α 与 ε_β 之和,即

$$\varepsilon_\gamma=\varepsilon_\alpha+\varepsilon_\beta\tag{6-46}$$

式中,ε_β 是由于轮齿倾斜和齿轮具有一定的轴向宽度,而使斜齿轮传动增加了的一部分重合度,故称为**轴向重合度**,而 ε_α 可称为端面重合度,可用直齿轮的重合度公式求得,但要用端面啮合角 α_t' 代替 α',用端面顶圆压力角 α_{at} 代替 α_a,即

$$\varepsilon_\alpha=\frac{1}{2\pi}[z_1(\tan\alpha_{at1}-\tan\alpha_t')+z_2(\tan\alpha_{at2}-\tan\alpha_t')]\tag{6-47}$$

式(6-45)表明,平行轴斜齿轮的重合度还随螺旋角 β 及齿宽 b 的增大而增大,其值可以达到很大。

4. 斜齿轮的当量齿数

用仿形铣刀加工斜齿轮时,铣刀是沿螺旋齿槽的切线方向进刀的,所以必须按照齿轮的法面齿形来选择铣刀的号码。另外在计算斜齿轮轮齿的弯曲强度时,因为力是作用在法面内的,所以也需要知道它的法面齿形。

图6-43所示为斜齿轮的分度圆柱面,作法平面 $n—n$ 垂直于通过任一齿的齿厚中点 P 的分度圆柱螺旋线,则法面 $n—n$ 截该齿的齿形为斜齿轮的法面齿形。又此法面截斜齿轮的分度圆柱得一椭圆,它的长半轴 $a=\dfrac{r}{\cos\beta}$,短半轴 $b=r$。由图可见,点 P 附近的一段椭圆弧段与用椭圆在该点处的曲率半径 ρ 所画的圆弧非常接近,因此可以以 ρ 为分度圆半径与用斜齿轮的 m_n 和 α_n 分别为模数和压力角作一虚拟的直齿轮,其齿形与斜齿轮的法面齿形最接近。这个直齿轮称为斜齿轮的**当量齿轮**(virtual gear),它的齿数 z_v 称为**当量齿数**(virtual number of teeth)。

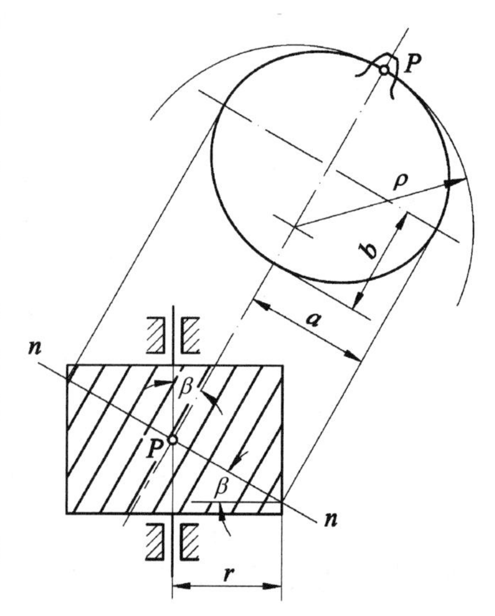

图6-43 斜齿轮的当量齿轮

由解析几何可知,椭圆在点 P 附近的曲率半径

ρ 为

$$\rho=\frac{a^2}{b}=\left(\frac{r}{\cos\beta}\right)^2\times\frac{1}{r}=\frac{r}{\cos^2\beta}$$

因此，当量齿数 z_{v} 为

$$z_{\mathrm{v}}=\frac{2\pi\rho}{\pi m_{\mathrm{n}}}=\frac{2r}{m_{\mathrm{n}}\cos^2\beta}=\frac{2}{m_{\mathrm{n}}\cos^2\beta}\left(\frac{m_{\mathrm{t}}z}{2}\right)$$

$$=\frac{z}{m_{\mathrm{n}}\cos^2\beta}\times\left(\frac{m_{\mathrm{n}}}{\cos\beta}\right)=\frac{z}{\cos^3\beta} \tag{6-48}$$

渐开线标准斜齿轮不发生根切的最少齿数可由式(6-49)求得

$$z_{\min}=z_{\mathrm{vmin}}\cos^3\beta \tag{6-49}$$

式中，z_{vmin} 为当量直齿标准齿轮不发生根切的最少齿数。

当量齿数除用于斜齿轮弯曲强度计算时确定齿形系数及铣刀号码的选择外，在斜齿轮变位系数的选择及齿厚测量时也要用到。

5. 平行轴斜齿轮的变位和几何尺寸计算

平行轴斜齿轮在端面内的几何尺寸关系与直齿轮相同，但在进行计算时，必须把法面标准参数换算为端面参数。

外啮合平行轴斜齿轮的标准中心距为

$$a=\frac{d_1+d_2}{2}=\frac{m_{\mathrm{t}}(z_1+z_2)}{2}=\frac{m_{\mathrm{n}}(z_1+z_2)}{2\cos\beta} \tag{6-50}$$

上式表明，在设计平行轴斜齿轮传动时，可通过改变螺旋角 β 的方法来凑中心距，而不必采用变位的方法。螺旋角 β 一般取 8°～15°。为克服斜齿轮传动产生轴向力的缺点，有时采用人字齿轮，人字齿轮的螺旋角 β 可以取为 20°～40°，如图 6-44 所示，其左右两排轮齿的螺旋角大小相等、方向相反，使轴向力自行抵消，但人字齿轮制造较难，故一般只用于高速重载传动。

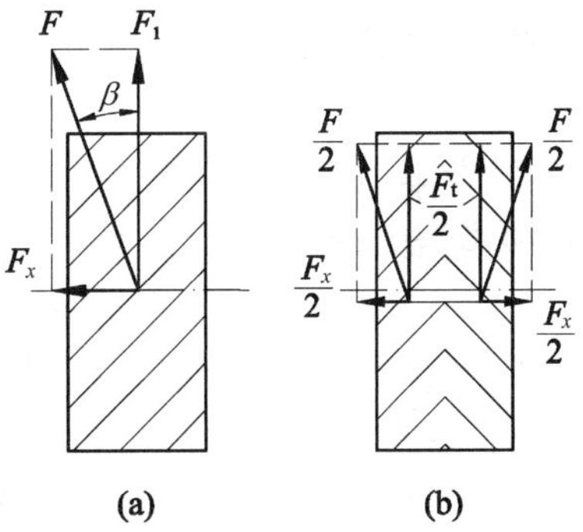

图 6-44　斜齿轮的轴向力

平行轴斜齿轮也可以采用变位齿轮传动。因为切制变位斜齿轮时，刀具的变位量无论是从端面还是从法面看均一样，即 $x_{\mathrm{t}}m_{\mathrm{t}}=x_{\mathrm{n}}m_{\mathrm{n}}$，所以有

$$x_{\mathrm{t}}=x_{\mathrm{n}}\cos\beta \tag{6-51}$$

为了计算方便，现将平行轴斜齿轮几何尺寸的计算公式列于表 6-6 中。

表 6-6　斜齿轮机构的几何尺寸计算公式

名　称	符号	计 算 公 式
端面啮合角	α_{t}'	$\mathrm{inv}\alpha_{\mathrm{t}}'=\frac{2(x_{\mathrm{t2}}\pm x_{\mathrm{t1}})}{z_2\pm z_1}\tan\alpha_{\mathrm{t}}+\mathrm{inv}\alpha_{\mathrm{t}}$，$\cos\alpha_{\mathrm{t}}'=\frac{a}{a'}\cos\alpha_{\mathrm{t}}$
分度圆直径	d	$d=m_{\mathrm{t}}z=m_{\mathrm{n}}z/\cos\beta$

续表

名　称	符号	计算公式
标准中心距	a	$a=(d_2\pm d_1)/2=m_t(z_2\pm z_1)/2=m_n(z_2\pm z_1)/2\cos\beta$
基圆直径	d_b	$d_b=d\cos\alpha_t$
节圆直径	d'	$d'=d_b/\cos\alpha_t'$
实际中心距	a'	$a'=(d_2'\pm d_1')/2=a\cos\alpha_t/\cos\alpha_t'=a+y_tm_t$
中心距变动系数	y_t	$y_t=\dfrac{z_2\pm z_1}{2}\left(\dfrac{\cos\alpha_t}{\cos\alpha_t'}-1\right)$
齿顶高变动系数	σ_t	$\sigma_t=x_{t1}+x_{t2}-y_t$
齿顶高	h_a	$h_a=(h_{at}^*+x_t-\sigma_t)m_t$
齿根高	h_f	$h_f=(h_{at}^*+c_t^*-x_t)m_t$
全齿高	h	$h=h_a+h_f=(2h_{at}^*+c_t^*-\sigma_t)m_t$
齿顶圆直径	d_a	$d_a=d\pm 2h_a$
齿根圆直径	d_f	$d_f=d\mp 2h_f$
总重合度	ε_γ	$\varepsilon_\gamma=\dfrac{1}{2\pi}[z_1(\tan\alpha_{at1}-\tan\alpha_t')\pm z_2(\tan\alpha_{at2}-\tan\alpha_t')]+\dfrac{b\sin\beta}{\pi m_n}$

注：表中有“±”和“∓”符号处，上面的符号用于外啮合，下面的符号用于内啮合。

例 6-4　某设备中原有一对标准直齿圆柱齿轮，已知 $z_1=25$，$i_{12}=5$，$m=3\text{mm}$，齿宽 $b=40\text{mm}$。为改善齿轮传动的平稳性，拟将其改为斜齿轮传动。为利用原有齿轮箱体，要求传动比、中心距和齿宽保持不变。试确定该对斜齿轮传动的齿数 z_1'，z_2'、模数 m_n、螺旋角 β，并计算其重合度。

解：原直齿圆柱齿轮传动的中心距为

$$a=mz_1(1+i_{12})/2=3\times 25\times(1+5)/2=225(\text{mm})$$

改为斜齿轮后，考虑不改变齿轮的几何尺寸，取法面模数 $m_n=3\text{mm}$，由不改变中心距和传动比条件，则

$$a'=a=m_nz_1'(1+i_{12})/(2\cos\beta)=3\times z_1'(1+5)/(2\cos\beta)=225(\text{mm})$$

因为 $\beta=8°\sim20°$，当 $\beta=20°$时，$z_1'=23.49$，$\beta=8°$时，$z_1'=24.75$，为限制 β，取 $z_1'=24$，则 $z_2'=i_{12}\times z_1'=5\times24=120$。重新计算螺旋角 β 为

$$\beta=\arccos[m_n(z_1'+z_2')/2a]=\arccos[3\times(24+120)/(2\times225)]=16.26°$$

斜齿轮传动总重合度 $\varepsilon_\gamma=\varepsilon_\alpha+\varepsilon_\beta$。其中，端面重合度为

$$\varepsilon_\alpha=[z_1'(\tan\alpha_{at1}-\tan\alpha_t')+z_2'(\tan\alpha_{at2}-\tan\alpha_t')]/2\pi$$

由于

$$\alpha_t'=\alpha_t=\arctan(\tan\alpha_n/\cos\beta)=\arctan(\tan20°/\cos16.26°)=20.763°$$

$$\begin{aligned}\alpha_{at1}&=\arccos(d_{b1}/d_{a1})=\arccos[m_tz_1'\cos\alpha_t/m_t(z_1'+2\times h_{an}^*\cos\beta)]\\&=\arccos[24\times\cos20.763°/(24+2\times\cos16.26°)]\\&=30.027°\end{aligned}$$

$$\begin{aligned}\alpha_{at2}&=\arccos(d_{b2}/d_{a2})=\arccos[z_2'\cos\alpha_t/(z_2'+2\times h_{an}^*\cos\beta)]\\&=\arccos[120\times\cos20.763°/(120+2\times\cos16.26°)]\\&=23.026°\end{aligned}$$

$$\varepsilon_\alpha = [24 \times (\tan 30.027° - \tan 20.763°) + 120 \times (\tan 23.026° - \tan 20.763°)]/(2\pi)$$
$$= 1.636$$

轴向重合度

$$\varepsilon_\beta = b\sin\beta/(\pi m_n) = 40 \times \sin 16.26°/(\pi \times 3) = 1.188$$

于是得

$$\varepsilon_\gamma = \varepsilon_\alpha + \varepsilon_\beta = 1.636 + 1.188 = 2.824$$

6.10　交错轴斜齿轮机构简介

交错轴斜齿轮机构(又称螺旋齿轮机构)用于实现两任意交错轴之间的传动,其单个齿轮就是斜齿圆柱齿轮,两齿轮轴线之间的夹角 Σ 称为**交错角**(shaft angle)。

1. 几何关系

图 6-45 所示,为一交错轴斜齿轮机构,两轮的分度圆柱面相切于 P 点,P 点位于两相错轴的公垂线上,该公垂线的长度就是交错轴斜齿轮机构的中心距 a,则

$$a = r_1 + r_2 = \frac{1}{2} m_n \left(\frac{z_1}{\cos\beta_1} + \frac{z_2}{\cos\beta_2} \right)$$

式中,r_1、r_2 分别为斜齿轮 1、2 的分度圆半径。

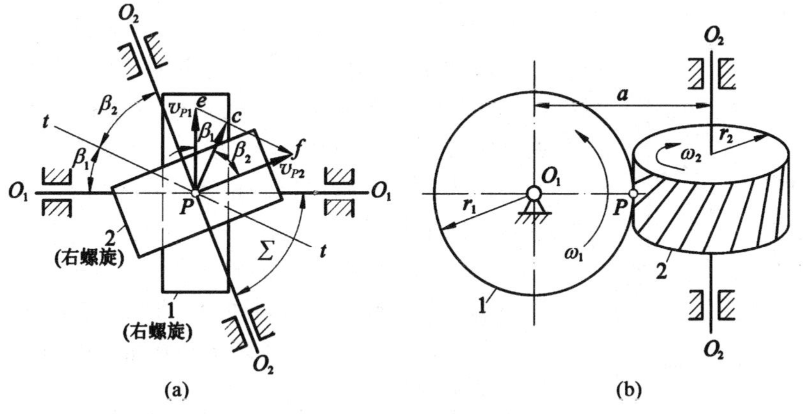

图 6-45　交错轴斜齿轮传动

设两轮的螺旋角分别为 β_1 和 β_2 时,则两轮的交错角为

$$\Sigma = |\beta_1 + \beta_2| \tag{6-52}$$

当两轮的螺旋角方向相同时,Σ 为两轮螺旋角之和,相反时,Σ 为两轮螺旋角之差。若 $\Sigma = 0$,此时两轮的螺旋角大小相等、方向相反,即为平行轴斜齿轮机构了。

2. 正确啮合条件

一对交错轴斜齿轮传动,其轮齿是在法面内相啮合的,因此,两齿轮法面的模数 m_n 及法面压力角 α_n 必须相等且为标准值。为保证两轮齿能相互啮合,其交错角与两轮的螺旋角又必须满足式(6-52),所以,交错轴斜齿轮传动的正确啮合条件为

$$\left.\begin{aligned}&m_{n1}=m_{n2},\quad \alpha_{n1}=\alpha_{n2}\\&\Sigma=|\beta_1+\beta_2|\end{aligned}\right\}\tag{6-53}$$

3. 传动比和从动轮转向的确定

设两轮的齿数分别为 z_1、z_2，则传动比为

$$i_{12}=\frac{\omega_1}{\omega_2}=\frac{z_2}{z_1}=\frac{d_2/m_{t2}}{d_1/m_{t1}}=\frac{d_2\cos\beta_2}{d_1\cos\beta_1}\tag{6-54}$$

交错轴斜齿轮机构的传动比同时由分度圆直径及螺旋角两参数来确定，这也是与平行轴斜齿轮不同的地方。

在交错轴斜齿轮传动中，从动轮的转向可用以下方法确定：如图 6-45(a)所示，设已知主动轮 1 角速度的大小和方向，则轮 1 在 P 点的速度 v_{P1} 垂直于轴线 O_1O_1，过 v_{P1} 的端点 e，作两齿廓公切线 tt 的平行线 ef 表示两齿廓相对滑动速度的方向，再过 P 点作轴线 O_2O_2 的垂直线，并与 ef 相交于 f 点，则 pf 代表从动轮 2 在 P 点的速度 v_{P2}，从动轮的转向即可由 v_{P2} 确定。

4. 传动特点

(1) 可通过改变螺旋角的大小来改变分度圆的直径，从而调整中心距的大小。

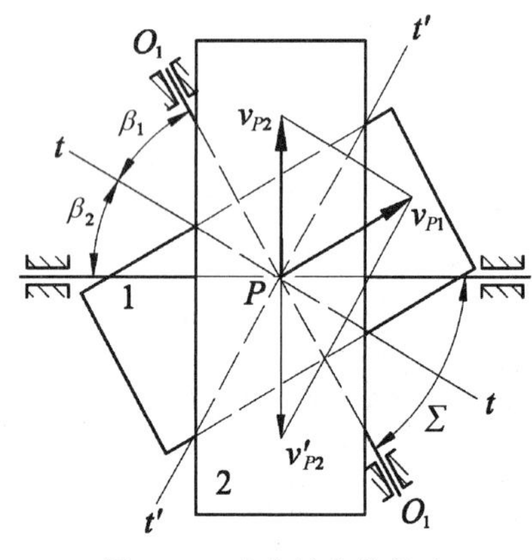

图 6-46 改变转向的传动

(2) 可以借改变螺旋角的方向来改变从动轮的转向。如图 6-46 所示，设齿轮 1 为主动轮，齿轮 2 为从动轮，则此时 v_{P1} 与 v_{P2} 的方向如图中实线所示。若改变主、从动轮的螺旋角方向，使轮齿的公切线改为 $t't'$ 线，则在主动轮 1 的速度 v_{P1} 仍保持不变的条件下，求得从动轮的速度为 v'_{P2}(图中虚线所示)。v'_{P2} 与原来的 v_{P2} 指向恰好相反，即从动齿轮的回转方向与原来的相反。

(3) 交错轴斜齿轮传动沿轮齿的齿向有相对滑动，因此，轮齿磨损较快，传动的效率较低。

(4) 在啮合时轮齿为点接触，接触应力较大，传动的承载能力较差。

(5) 啮合时产生轴向分力。

由于交错轴斜齿轮传动有上述特点，故不宜用于大功率和高速传动，一般只用于仪表及载荷不大的辅助传动中。

6.11 蜗杆蜗轮机构

蜗杆蜗轮机构也用来实现交错轴间的运动传递，其两轴夹角 Σ 通常为 90°。

1. 蜗杆蜗轮的形成

在 $\Sigma=\beta_1+\beta_2=90°$ 的交错轴斜齿轮传动中，如果将轮 1 的螺旋角 β_1 设计得远比轮 2 的

螺旋角 β_2 大，轮 1 的分度圆直径 d_1 远比轮 2 的分度圆直径 d_2 为小，而且轮 1 的轴向长度又较大，则轮 1 上的轮齿在其分度圆柱面上将形成完整的螺旋线，使其外形像一根螺杆，称为**蜗杆**(worm)(如图 6-47 中的轮 1)。与蜗杆相啮合的轮 2 称为**蜗轮**(worm wheel)。

这样的蜗杆蜗轮机构仍是交错轴斜齿轮机构，其啮合仍为点接触。为了改善接触情况，可将轮 2 圆柱表面的直母线改为圆弧形，部分地包住蜗杆，如图 6-48 所示，并用与蜗杆相似的滚刀(两者的差别仅是滚刀的外径略大，以便加工出顶隙)，展成切制蜗轮。这样加工出来的蜗轮与蜗杆啮合时，其齿廓间的接触为线接触。

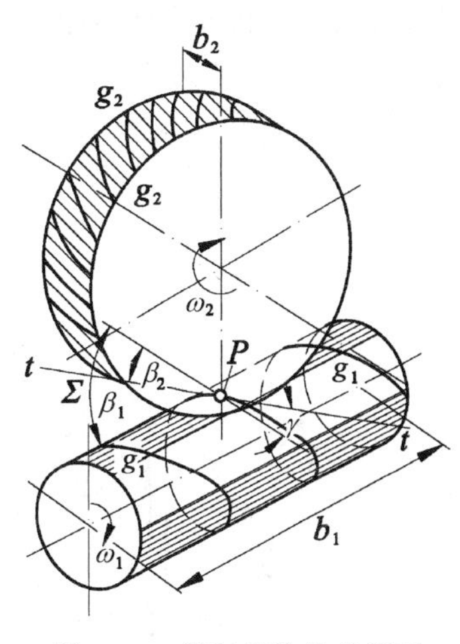

图 6-47　蜗杆蜗轮传动原理

蜗杆与螺杆相仿，也有左旋、右旋以及单头和多头之分，通常采用右旋蜗杆。蜗杆的头数就是其齿数(应从端面看)z_1，一般取 $z_1=1\sim10$。蜗杆在轴剖面内的齿形为齿条，过齿形中线处的圆柱称为蜗杆的分度圆柱，在此圆柱上轴向齿厚与齿槽宽相等。蜗杆分度圆柱面上螺旋线的导程角 $\gamma=90°-\beta_1=\beta_2$(参看图 6-47)。

2. 蜗杆蜗轮机构的分类

根据蜗杆形状的不同，蜗杆蜗轮机构可以分为圆柱蜗杆机构(图 6-48(a))、环面蜗杆机构(图 6-48(b))以及锥蜗杆机构(图 6-48(c))三类。

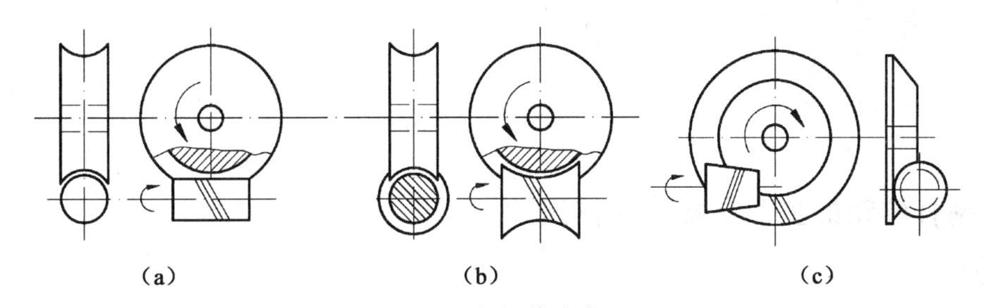

图 6-48　蜗杆传动类型

圆柱蜗杆机构又可以分为普通圆柱蜗杆和圆弧圆柱蜗杆两类机构。而普通圆柱蜗杆中最常用的是阿基米德蜗杆。普通圆柱蜗杆多用直母线刀刃加工，由于刀具安装位置不同以及加工方法的不同，生成的齿廓螺旋面在不同截面内所截得的齿廓曲线也不同。按蜗杆齿廓曲线的形状，普通圆柱蜗杆可以分为：①阿基米德圆柱蜗杆，简称 ZA 蜗杆；②法向直廓圆柱蜗杆，又称为延伸渐开线蜗杆，简称 ZN 蜗杆；③渐开线圆柱蜗杆，简称 ZI 蜗杆；④锥面包络圆柱蜗杆，简称 ZK 蜗杆。圆弧圆柱蜗杆机构如图 6-49 所示，此蜗杆在轴向截面或法向截面内的齿形为凹圆弧。

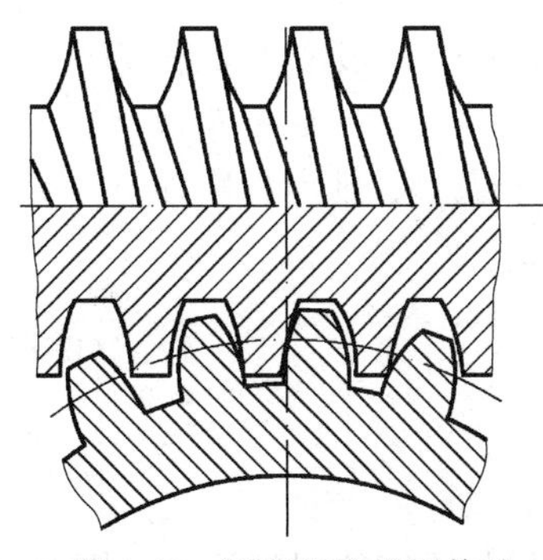
图 6-49　圆弧圆柱蜗杆传动

3. 蜗杆蜗轮传动正确啮合的条件

图 6-50 所示，为阿基米德蜗杆与蜗轮啮合的情况，若

过蜗杆的轴线作一截面垂直于蜗轮的轴线,这个截面称为主平面或中间平面。在主平面内,蜗轮的端面相当于一渐开线齿轮,蜗杆的轴剖面相当于一齿条。所以在主平面内,蜗轮与蜗杆啮合相当于齿轮与齿条的啮合。因此蜗轮蜗杆正确啮合的条件为:主平面内的模数和压力角彼此相等,即蜗轮端面的模数 m_{t2} 应等于蜗杆轴面的模数 m_{a1},蜗轮端面的压力角 α_{t2} 应等于蜗杆轴面的压力角 α_{a1},且为标准值。此外,还应保证蜗杆螺旋线导程角要等于蜗轮的螺旋角,且蜗杆与蜗轮的螺旋线方向相同,即:

$$\left.\begin{aligned} m_{t2} &= m_{a1} = m \\ \alpha_{t2} &= \alpha_{a1} = \alpha \\ \gamma &= \beta_2 \end{aligned}\right\} \tag{6-55}$$

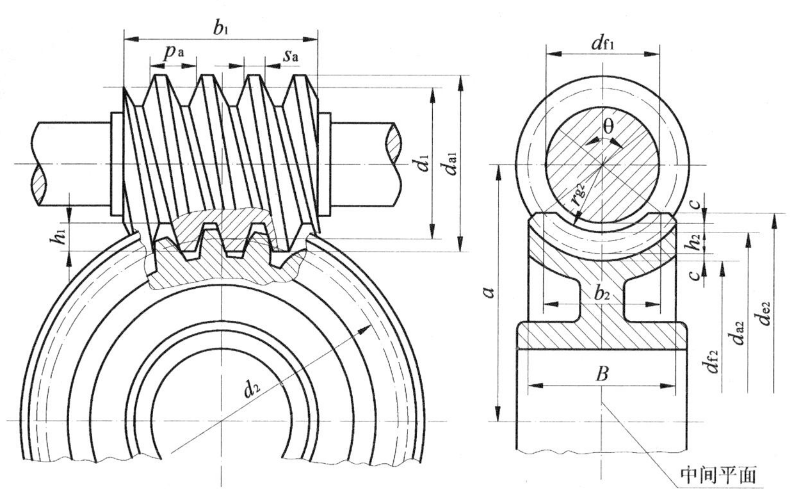

图 6-50 阿基米德蜗杆传动

4. 蜗杆传动的主要参数和几何尺寸

1) 模数 m

蜗杆模数系列与齿轮模数系列有所不同,GB/T 10088—2018 对蜗杆模数作出了规定。

2) 压力角 α

GB/T 10087—2018 规定,阿基米德蜗杆的压力角的标准值为 $\alpha=20°$。另外又规定,在动力传动中,当导程角 $\gamma>30°$时,推荐采用 $\alpha=25°$;在分度传动中,推荐用 $\alpha=15°$或 12°。

3) 蜗杆的头数 z_1 和蜗轮齿数 z_2

蜗杆头数 z_1 通常取 1~10,推荐取 $z_1=1、2、4、6$;蜗轮齿数 z_2 一般取为 27~80。

4) 导程角 γ

蜗杆的形成原理与螺旋相同,设其头数为 z_1,螺旋线的导程为 p_z,轴向齿距为 p_a,则有 $p_z=z_1p_a=z_1\pi m$。则蜗杆分度圆柱面上的导程角 γ 为

$$\tan\gamma=\frac{z_1p_a}{\pi d_1}=\frac{z_1m}{d_1} \tag{6-56}$$

式中,d_1 为蜗杆分度圆直径。

5) 蜗杆的分度圆直径 d_1 和蜗杆的直径系数 q

展成法切制蜗轮时,蜗轮滚刀外径稍大,其余尺寸和齿形均与相应的蜗杆相同。因此对

于同一模数的蜗杆，每有一种蜗杆的分度圆直径，相应就需要一把加工其蜗轮的滚刀，这样一来滚刀的数量势必很多，在设计、制造中是不允许的。所以，为了限制蜗轮滚刀的数目，国家标准规定将蜗杆的分度圆直径标准化(参看 GB/T 10088—2018)，且与其模数相搭配，并令 $d_1/m=q$，q 称为蜗杆的直径系数。GB/T 10085—2018 对蜗杆的模数 m 与分度圆直径 d_1 的搭配等列出了标准系列，详见表 6-7。

表 6-7　普通圆柱蜗杆传动的 m 和 d_1 搭配值

m/mm	d_1/mm	m/mm	d_1/mm	m/mm	d_1/mm	m/mm	d_1/mm
1	18	2.5	(22.4) 28 (35.5) 45	4	40 (50) 71	6.3	(80) 112
1.25	20 22.4	3.15	(28) 35.5 (45) 56	5	(40) 50 (63) 90	8	(63) 80 (100) 140
1.6	20 28	4	(31.5)	6.3	(50) 63	10	(71) 90 (112) 160
2	(18) 22.4 (28) 35.5						

注：摘自 GB/T 10085—2018，括号内的数值尽可能不用。

蜗杆的直径系数 q 在蜗杆传动设计中具有重要意义。$q=d_1/m=z_1/\tan\gamma$，在 z_1 一定时，q 小则导程角 γ 增大，可以提高传动效率。又在 m 一定时，q 大则 d_1 大，蜗杆的刚度增大。

6）蜗杆蜗轮传动的几何尺寸计算

蜗轮的分度圆直径 d_2 为

$$d_2=z_2m_{t2}=z_2m \tag{6-57}$$

其余参数计算与直齿轮公式相同，但齿顶高系数 $h_a^*=1$，顶隙系数 $c^*=0.2$。

蜗杆机构的标准中心距 a 为

$$a=(d_1+d_2)/2=m(q+z_2)/2 \tag{6-58}$$

7）蜗杆蜗轮传动的传动比及转向判断

蜗杆蜗轮的传动比为

$$i_{12}=\frac{\omega_1}{\omega_2}=\frac{z_2}{z_1}=\frac{d_2\tan\beta_1}{d_1}=\frac{d_2}{d_1\tan\gamma} \tag{6-59}$$

蜗杆蜗轮转向判别如图 6-51 所示，采用蜗杆的左右手螺旋定则。其判别方法是：根据蜗杆为右旋或左旋伸出右手或左手，伸出四指，顺着蜗杆转动方向握紧，则大拇指所指方向的相反方向为蜗轮的转向。

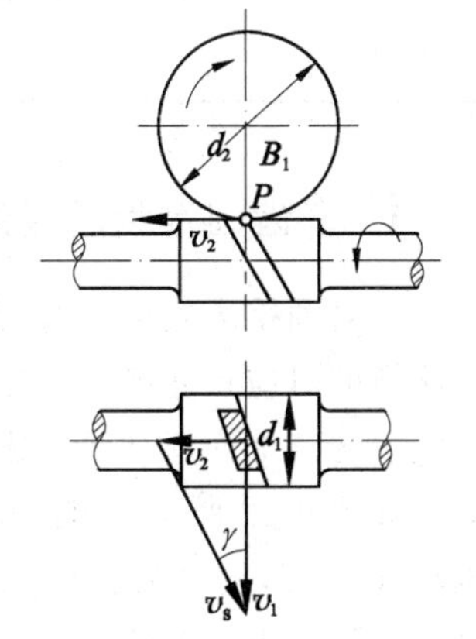

图 6-51　蜗杆传动转向判别

蜗杆蜗轮啮合时沿齿向相对速度由图 6-51 分析可得

$$v_s=\frac{v_1}{\cos\gamma}=\frac{\pi d_1n_1}{60000\cos\gamma}(\mathrm{m/s}) \tag{6-60}$$

式中，d_1 为蜗杆的分度圆直径，mm；n_1 为蜗杆转速，r/min。

滑动速度的大小,对传动啮合处的润滑情况及磨损、胶合有着很大的影响。一般取$v_s \leqslant 12\text{m/s}$。

5. 蜗杆传动的特点

蜗杆传动广泛用于各种机械和仪器中,它具有下列优点:①一级传动就可以得到很大的传动比,在动力传动中,一般$i=7\sim80$,在分度机构中可达500以上;②工作平稳无噪声;③可以自锁,这对于某些设备是很有意义的。

蜗杆传动的缺点是:①传动效率低,自锁蜗杆传动的效率低于50%;②因效率低,发热大,故不适用于功率过大(一般不超过100kW)的长期连续工作处;③需要比较贵重的青铜制造蜗轮齿圈。

6.12 圆锥齿轮机构

圆锥齿轮用于几何轴线相交的两轴间的传动,其运动可以看成是两个圆锥形摩擦轮在一起作纯滚动,该圆锥即节圆锥(pitch cone)。与圆柱齿轮相似,锥齿轮也分为分度圆锥、齿顶圆锥和齿根圆锥等。但和圆柱齿轮不同的是,齿的厚度沿锥顶方向逐渐减小。锥齿轮的轮齿也有直齿、斜齿和曲齿三种,本书只讨论直齿锥齿轮。锥齿轮传动中,两轴的夹角Σ一般可为任意值,但通常多为90°。

当两轴间的夹角$\Sigma=\delta_1+\delta_2=90°$时,其传动比(图6-53)为

$$i_{12}=\frac{n_1}{n_2}=\frac{d_2}{d_1}=\frac{z_2}{z_1}=\cot\delta_1=\tan\delta_2 \tag{6-61}$$

式中,δ_1、δ_2为分度圆锥顶角(reference cone angle)。

因此,传动比i一定时,两锥齿轮的节锥角也就一定。

为了计算和测量的方便,圆锥齿轮取大端模数为标准值,其模数系列见表6-8,压力角为20°,齿顶高系数$h_a^*=1$,顶隙系数$c^*=0.2$。

表6-8 锥齿轮标准模数系列(摘自GB/T 12368—1990) mm

…	1	1.125	1.25	1.375	1.5	1.75	2	2.25	2.5	2.75	3	3.25	
3.75	4	4.5	5	5.5	6	6.5	7	8	9	10	11	12	…

1. 直齿圆锥齿轮齿廓的形成

一对圆锥齿轮传动时,其锥顶相交于一点O,显然在两轮的工作齿廓上,只有与锥顶O等距离的对应点才能相互啮合,故其共轭齿廓应该为球面曲线。在这里我们只讨论球面渐开线齿廓。球面渐开线形成的原理可说明如下:

如图6-52所示,一圆平面S与一基圆锥相切于OP,设该圆平面的半径R'与基圆锥的锥距R相等,同时圆心O与锥顶重合。当圆平面沿基圆锥作纯滚动时,该平面的任意点B,将在空间展出一条渐开线AB。显然,该渐开线AB是在以锥顶O为球心、锥距R为半径的球面上,即为一球面渐开线。所以圆锥齿轮大端的齿廓曲线,在理论上应在以锥顶O为

球心、锥距 R 为半径的球面上。

2. 直齿锥齿轮的背锥和当量齿数

从理论上讲,锥齿轮的齿廓应为球面上的渐开线。但由于球面不能展成平面,致使锥齿轮的正确设计与制造有许多困难,故采用下述的近似方法。

如图 6-53 所示,自 P 点作 OP 的垂线 O_1P 与 O_2P,再以 O_1P 与 O_2P 为母线,以 O_1O、O_2O 为轴线作两个圆锥 O_1PA、O_2PB,该两圆锥称为两轮的背锥(back cone)。由图可知,在 P、B、A 点附近,背锥面与球面几乎重合,故可以近似地用背锥面上的齿廓来代替锥齿轮大端的球面齿廓。

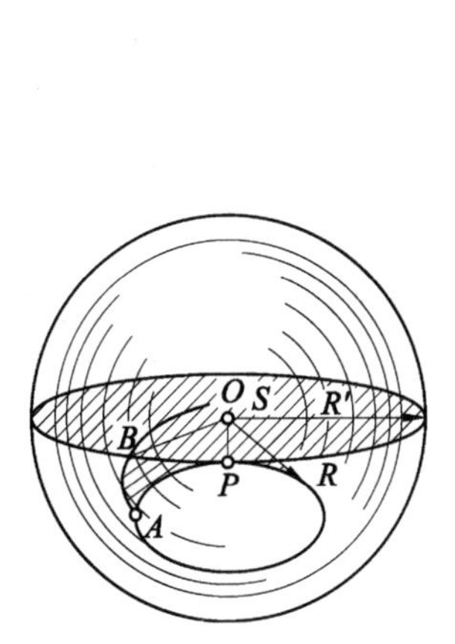

图 6-52　圆锥齿轮齿廓形成

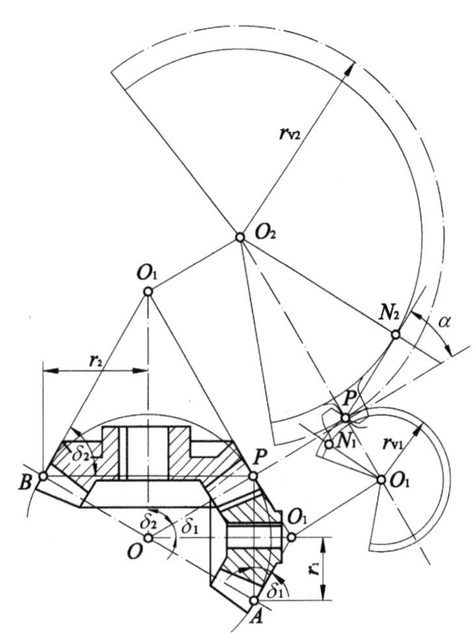

图 6-53　背锥与当量齿轮

将两轮的背锥展开成平面时,其形状为两个扇形。两扇形的半径以 r_{v1} 及 r_{v2} 表示。把这两扇形当作以 O_1 和 O_2 为中心的圆柱齿轮的节圆的一部分,以锥齿轮大端齿轮的模数为模数,并取标准压力角,即可画出该锥齿轮大端的近似齿廓。

两扇形齿轮的齿数 z_1 和 z_2 即为两锥齿轮的实际齿数,若将此两扇形补足成为完整的圆柱齿轮,则它们的齿数将增加为 z_{v1} 和 z_{v2}。z_{v1} 和 z_{v2} 称为该两锥齿轮的当量齿数(equivalent teeth number)。该圆柱齿轮称为锥齿轮的当量圆柱齿轮。

因
$$r_{v1}=\frac{d_1}{2\cos\delta_1}=\frac{mz_1}{2\cos\delta_1}\quad 及\quad r_{v1}=\frac{mz_{v1}}{2}$$

故
$$\frac{mz_1}{2\cos\delta_1}=\frac{mz_{v1}}{2}$$

即
$$z_{v1}=\frac{z_1}{\cos\delta_1}$$

同理
$$z_{v2}=\frac{z_2}{\cos\delta_2}\tag{6-62}$$

应用背锥与当量齿轮，就可以用圆柱齿轮的公式近似地计算锥齿轮的相关参数，例如求最少齿数、齿形系数和重合度等。

锥齿轮不产生根切的最少齿数 $z_{\min}$ 可由当量圆柱齿轮的最少齿数 z_{vmin} 来确定，即

$$z_{\min}=z_{\mathrm{vmin}}\cos\delta \tag{6-63}$$

由于一对直齿圆锥齿轮的啮合相当于一对当量齿轮的啮合，所以其正确啮合条件为：两个当量齿轮的模数和压力角应分别相等，亦即两个圆锥齿轮大端的模数和压力角应分别相等，且均为标准值，并且两轴线夹角等于两分度圆锥顶角之和。

3. 标准直齿圆锥齿轮的几何尺寸计算

如前所述，直齿圆锥齿轮的齿高是由大端到小端逐渐收缩，称为收缩齿圆锥齿轮。按照国标 GB/T 12369—1990 和 GB/T 12370—1990，这类齿轮又按顶隙的不同可分为不等顶隙收缩齿(图 6-54(a))和等顶隙收缩齿(图 6-54(b))两种。不等顶隙圆锥齿轮的缺点主要是齿根圆角半径和齿顶厚由大端到小端逐渐缩小，影响轮齿的强度。而等顶隙圆锥齿轮的顶隙沿齿长不变，均为大端顶隙，克服了不等顶隙的缺点，提高了轮齿强度，应用日趋广泛。

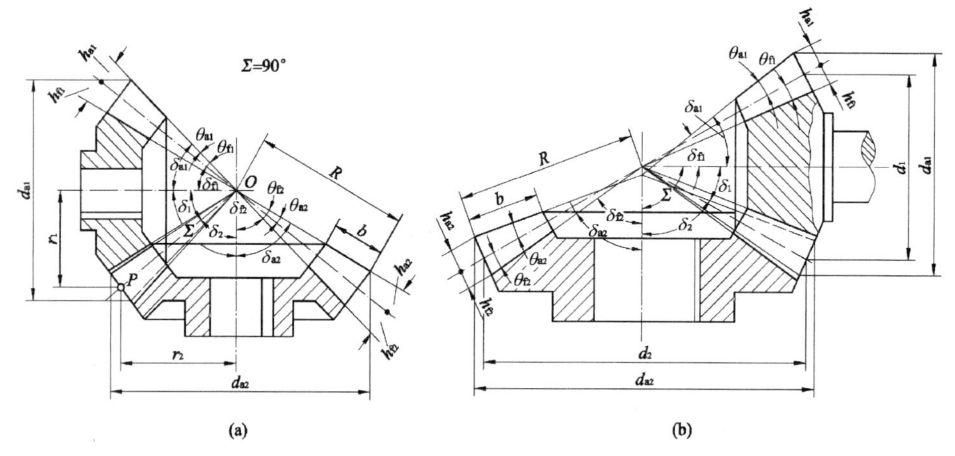

图 6-54 圆锥齿轮两种齿制

(a) 不等顶隙收缩齿；(b) 等顶隙收缩齿

标准圆锥齿轮几何尺寸计算公式列于表 6-9。

表 6-9 标准直齿圆锥齿轮几何尺寸计算公式($\Sigma=90°$)

名　称	代号	计算公式
分度圆锥角	δ	$\delta_2=\arctan(z_2/z_1)$；$\delta_1=90°-\delta_1$
齿顶高	h_a	$h_a=h_a^* m$
齿根高	h_f	$h_f=(h_a^*+c^*)m$
全齿高	h	$h=h_a+h_f=(2h_a^*+c^*)m$
顶隙	c	$c=c^* m$
分度圆直径	d	$d_1=mz_1, d_2=mz_2$
齿顶圆直径	d_a	$d_{a1}=d_1+2h_a\cos\delta_1, d_{a2}=d_2+2h_a\cos\delta_2$
齿根圆直径	d_f	$d_{f1}=d_1-2h_f\cos\delta_1, d_{f2}=d_2-2h_f\cos\delta_2$

续表

名 称	代号	计算公式
锥顶距	R	$R=\frac{1}{2}\sqrt{d_1^2+d_2^2}$
齿顶角	θ_a	不等顶隙收缩齿：$\theta_{a1}=\theta_{a2}=\arctan(h_a/R)$
		等顶隙收缩齿：$\theta_{a1}=\theta_{f2}, \theta_{a2}=\theta_{f1}$
齿根角	θ_{f1}	$\theta_{f1}=\theta_{f2}=\arctan(h_f/R)$
齿顶圆锥角	δ_a	$\delta_{a1}=\delta_1+\theta_{a1}, \delta_{a2}=\delta_2+\theta_{a2}$
齿根圆锥角	δ_f	$\delta_{f1}=\delta_1-\theta_{f1}, \delta_{f2}=\delta_2-\theta_{f2}$
分度圆齿厚	s	$s=\pi m/2$
当量齿数	z_v	$z_v=z/\cos\delta$
齿宽	b	$b\leqslant R/3$

6.13 圆弧齿轮机构简介

圆弧齿轮(circular-arc gear)的啮合与渐开线齿轮不同，如图 6-55 所示。这种齿轮的端面齿廓和法面齿廓为圆弧，其中小齿轮的齿是一个凸圆弧螺旋面，而大齿轮的齿是一个凹圆弧螺旋面。当一对圆弧齿轮啮合传动时，一对齿在每一个回转平面内仅啮合一瞬间便脱开，接着在次一回转平面内在同一相位又发生瞬时啮合和脱开，其余以此类推。这种齿轮的连续啮合传动是依靠其轴向重叠系数大于 1 来保证的，并且圆弧齿轮的轮齿均为斜齿。齿廓形成和啮合过程如图 6-56 所示。

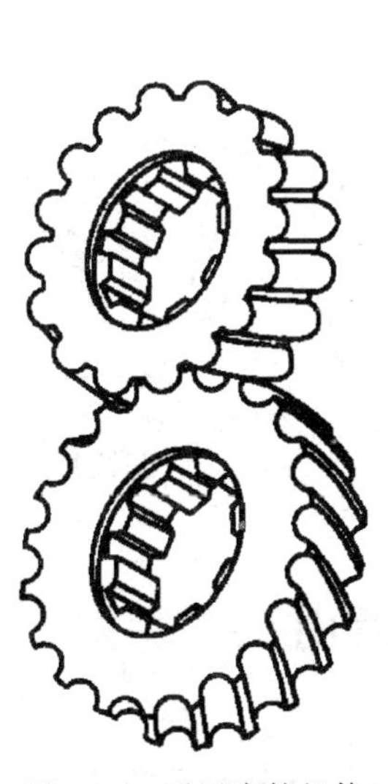

图 6-55 圆弧齿轮机构

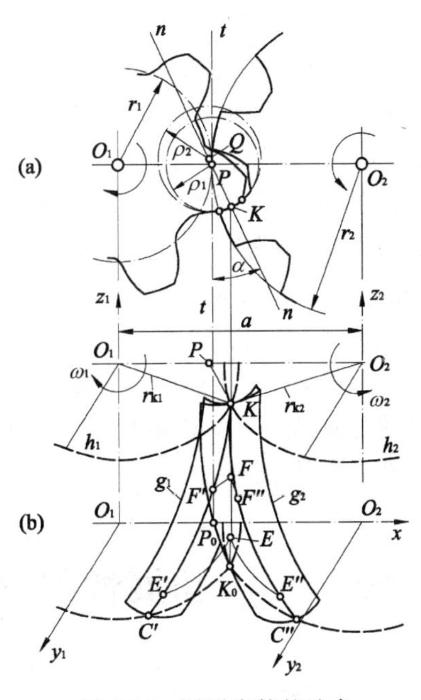

图 6-56 圆弧齿轮的啮合

由于圆弧齿轮在任一回转平面内的啮合情形完全相同，其啮合点的齿廓公法线总通过相对运动瞬心轴 PP_0 上的某一点，因此可知，圆弧齿轮机构也能保证定传动比传动，其传动比为

$$i_{12}=\frac{\omega_1}{\omega_2}=\frac{r_2}{r_1}=\frac{z_2}{z_1}=\text{常数} \tag{6-64}$$

圆弧齿轮的正确啮合条件与渐开线斜齿圆柱齿轮的正确啮合条件相同，即两轮的压力角相等、模数相等及分度圆柱螺旋角 β_1 和 β_2 大小相等而方向相反。

圆弧齿轮机构的优点为：

(1) 圆弧齿轮理论上是点接触，但经充分跑合后两齿面之间沿齿高方向形成线接触，而且在加载变形的条件下为面接触。在垂直于接触线的截面内，齿形的曲率半径比渐开线平行轴斜齿轮大得多，因而其接触强度比渐开线齿轮大得多。

(2) 圆弧齿轮的线接触是经跑合后形成的，因此它对制造误差和变形不敏感，适于受载的情况。

(3) 圆弧齿轮啮合过程中，啮合点沿轴向等速移动，形成两齿廓曲面之间的相对滚动，而且滚动速度很大，有利于充分跑合后齿面间油膜的形成，因此其磨损小，效率高。

(4) 圆弧齿轮在端面中沿齿高方向的相对滑动速度基本不变，故齿面磨损均匀，跑合性能好。

(5) 圆弧齿轮没有根切问题，小齿轮的齿数可以很少，故机构紧凑。

圆弧齿轮机构的主要缺点为：

(1) 圆弧齿轮的中心距及切齿深度的偏差会引起齿轮在齿高方向接触位置的改变，由此导致其承载能力的显著下降。

(2) 因为载荷不是分布在整个齿宽上，而是集中在接触线附近的区域，因此单圆弧齿轮(指上述的圆弧齿轮)的弯曲强度并不理想。

(3) 凸齿和凹齿的圆弧齿轮要分别用不同的刀具加工。

为了进一步提高圆弧齿轮的承载能力及改善其工艺性，又采用了双圆弧齿轮(图6-57)。它的齿顶为凸齿，齿根为凹齿，相啮合的齿轮具有相同的齿廓，因此可以用同一把刀具加工。在啮合时，从一个端面看，先是主动轮的凹部推动从动轮的凸部(图中点 K_T)，推一下即离开，然后又以它的凸部推动对方的凹部(图中点 K_A)。因此就整个齿宽而言，一对齿有两个接触点，这两个接触点沿各自的啮合线移动。又因它的齿宽一般总是大于轴向齿距，故实际上齿轮是多齿多点接触。因此，双圆弧齿轮的承载能力和传动的平稳性明显地提高了，但对中心距和切齿深度的偏差仍有一定的敏感性。

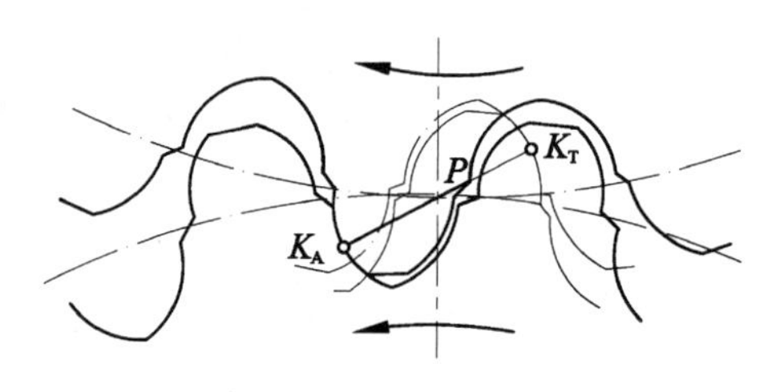

图 6-57 双圆弧齿轮

拓展性阅读文献指南

要全面了解各种齿轮传动的类型、工作原理、参数设计及制造等方面的知识，可参阅：①齿轮手册编委会编《齿轮手册》(上、下)，机械工业出版社，2004；②朱孝录主编《齿轮传动

设计手册》(第二版),化学工业出版社,2010。

渐开线齿轮由于其显著的优点成为目前应用最为广泛的一种齿轮机构,但其在承载能力和磨损均匀性等方面存在一些缺点,为了适应更高的传动要求,人们正在寻求和设计更合适的齿廓曲线,如圆弧齿廓、摆线齿廓等,要了解这类齿廓的啮合原理和特性,可参阅:①[俄]李特文著,国楷等译《齿轮几何学与应用理论》,上海科学技术出版社,2008;②吴序堂著《齿轮啮合原理》,西安交通大学出版社,2009。

齿轮传动设计中,为改进传动性能经常要使用变位齿轮,合理的变位系数选择影响因素很多,目前比较科学和完整的变位系数选择方法是封闭图法。要了解这方面的知识,可参阅:①朱景梓编著《渐开线齿轮变位系数的选择》,人民教育出版社,1982;②[日]仙波正莊著,张范孚译《齿轮变位》,上海科学技术出版社,1984。

齿轮传动技术在不断发展,各种具有特殊性能的新型齿轮机构不断地出现并得到应用,这方面的知识可参阅李华敏,李瑰贤等编著《齿轮机构设计与应用》,机械工业出版社,2007。

思 考 题

6-1 齿轮机构要连续、匀速和平稳地传动必须满足哪些条件?

6-2 渐开线具有哪些特性?渐开线齿轮传动具有哪些优点?

6-3 什么是齿轮传动的可分性?哪些齿轮传动具有可分性?

6-4 什么是重合度?重合度的大小与齿轮哪些参数有关?

6-5 齿轮传动中,节圆与分度圆、啮合角与压力角有什么区别?

6-6 什么是根切?根切的原因和避免根切的方法是什么?

6-7 齿轮为什么要进行变位修正?变位齿轮与标准齿轮相比,哪些参数产生了变化?如何确定变位系数?

6-8 变位齿轮传动有哪些方式?各有什么特点?适用于什么情况?

6-9 什么是齿轮的无侧隙啮合条件?齿轮实际传动中能否无侧隙啮合?

6-10 为什么斜齿轮的标准参数为法面参数,而几何尺寸却要按端面计算?

6-11 什么是斜齿轮的当量齿轮和当量齿数?当量齿轮的概念有什么用?

6-12 相比直齿轮,斜齿轮传动具有哪些优点?如何计算斜齿轮的端面和轴向重合度?

6-13 平行轴与交错轴斜齿轮传动有哪些异同点?交错轴斜齿轮传动适用于什么场合?

6-14 蜗杆传动有什么特点?什么是蜗杆传动的中间平面?为什么要规定和限制蜗杆的直径?

6-15 什么是直齿锥齿轮的背锥和当量齿轮?为什么要提出背锥和当量齿轮的概念?锥齿轮的正确啮合条件是什么?

6-16 圆弧齿轮传动有什么特点?你所了解的新型齿轮传动形式有哪些?

习　题

6-1　如图6-11所示,证明同一基圆展成的两支同侧渐开线或两支异侧渐开线上任何一点处的法向距离均相等。

6-2　一根渐开线在基圆半径 $r_b=50\text{mm}$ 的圆上发生,试求渐开线上向径 $r=65\text{mm}$ 的点的曲率半径 ρ、压力角 α 和展开角 θ。

6-3　一根渐开线在基圆半径 $r_b=50\text{mm}$ 的圆上发生,试求渐开线上压力角 $\alpha=20°$ 处的曲率半径 ρ、展开角 θ 和该点的向径 r。

6-4　当 $\alpha=20°$ 的渐开线标准齿轮的齿根圆和基圆相重合时,其齿数为多少?又若齿数大于求出的数值,则基圆和根圆哪一个大一些?

6-5　一个无侧隙啮合的齿轮、齿条传动。已知齿轮主动,逆时针转动,其余的条件见题6-5图。试在图上作出:①啮合线;②齿条节线;③齿轮节圆;④齿轮分度圆;⑤啮合角;⑥齿条齿廓上的工作段;⑦齿轮齿廓上的工作段。

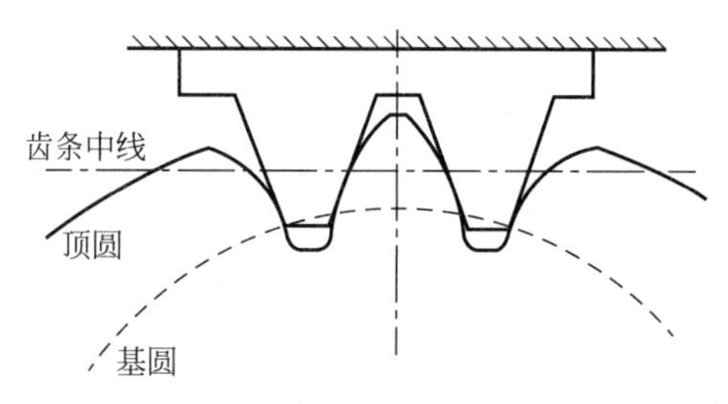

题6-5图　齿轮齿条传动

6-6　有一对渐开线标准直齿轮啮合,已知 $z_1=19$,$z_2=42$,$m=5\text{mm}$。

(1) 试求当 $\alpha'=20°$ 时,这对齿轮的实际啮合线 B_1B_2 的长、作用弧、作用角及重合度 ε_α;

(2) 绘出一对齿和两对齿的啮合区图(选适当的长度比例尺 μ_1,不用画出啮合齿廓),并按图上尺寸计算重合度。

6-7　一对外啮合标准直齿圆柱齿轮传动的中心距 $a=160\text{mm}$,齿数 $z_1=20$,$z_2=60$。试求该齿轮传动比、两齿轮的模数和分度圆、齿顶圆、齿根圆直径。

6-8　一对渐开线标准圆柱直齿轮外啮合传动。已知 $z_1=40$、传动比 $i_{12}=2.5$、$h_a^*=1$、$c^*=0.25$、$\alpha=20°$、$m=10\text{mm}$。

(1) 在标准安装时,试求小齿轮的尺寸(r_a、r_f、r_b、r、r'、p、s、e、p'、s'、e'、p_b)以及啮合的中心距 a 与啮合角 α'。

(2) 若安装的中心距 a' 比标准中心距 a 加大1mm,试求小齿轮的尺寸(r_a、r_f、r_b、r、r'、p、s、e、p'、p_b)以及啮合角 α'。

6-9　两个相同的渐开线标准直齿圆柱齿轮,其 $\alpha=20°$,$h_a^*=1$,在标准安装下传动。若两轮齿顶圆正好通过对方的啮合极限点 N,试求两轮理论上的齿数 z 应为多少?

6-10　采用标准齿条形刀具加工一渐开线直齿圆柱齿轮。已知刀具的齿形角 $\alpha=20°$,

刀具的齿距为 5πmm，加工时轮坯转动角速度为 $\omega=1$rad/s，刀具范成运动的线速度 $v=60$mm/s。试求被加工齿轮的模数 m、压力角 α、齿数 z 以及轮坯轴线至刀具中线的距离 a。

6-11 用标准齿条刀具切制直齿轮，已知齿轮参数 $z=35$，$h_a^*=1$，$\alpha=20°$。欲使齿轮齿廓的渐开线起始点在基圆上，试问是否需要变位？如需变位，其变位系数应取多少？

6-12 设计一对外啮合直齿圆柱齿轮，已知：模数 $m=10$，压力角 $\alpha=20°$，齿顶高系数 $h_a^*=1$，齿数 $z_1=z_2=12$，中心距 $a'=130$mm，试计算这对齿轮的啮合角 α' 及两轮的变位系数 x_1、x_2（取 $x_1=x_2$）。

6-13 有一对使用日久磨损严重的标准齿轮需要修复。按磨损情况，拟将小齿轮报废，修复大齿轮，修复后的大齿轮的齿顶圆要减小 8mm。已知 $z_1=24$，$z_2=96$，$m=4$mm，$\alpha=20°$，$h_a^*=1$，$c^*=0.25$。试设计这对齿轮传动。

6-14 有一对外啮合渐开线直齿圆柱齿轮传动。已知 $z_1=17$，$z_2=118$，$m=5$mm，$\alpha=20°$，$h_a^*=1$，$c^*=0.25$，$a'=337.5$mm。现发现小齿轮已严重磨损，拟将其报废。大齿轮磨损较轻（沿分度圆齿厚两侧的磨损量为 0.75mm），拟修复使用，并要求所设计的小齿轮的齿顶厚尽可能大些，问应如何设计这一对齿轮？

6-15 在某设备中有一对直齿圆柱齿轮，已知 $z_1=26$，$i_{12}=5$，$m=3$mm，$\alpha=20°$，$h_a^*=1$，齿宽 $b=50$mm。在技术改造中，为了改善齿轮传动的平稳性，降低噪声，要求在不改变中心距和传动比的条件下，将直齿轮改为斜齿轮，试确定斜齿轮的 z_1'、z_2'、m_n、β，并计算其重合度。

6-16 在一机床的主轴箱中有一发现渐开线标准直齿圆柱齿轮损坏，需要更换。经测量，其压力角 $\alpha=20°$，齿数 $z=40$，齿顶圆直径 $d_a=83.82$mm，跨 5 齿的公法线长度 $L_5=27.512$mm，跨 6 齿的公法线长度 $L_6=33.426$mm，试确定这个齿轮的模数。

6-17 设有一对外啮合圆柱齿轮，已知：模数 $m_n=2$，齿数 $z_1=21$，$z_2=22$，中心距 $a=45$mm，现不用变位而拟用斜齿圆柱齿轮来配凑中心距，问这对斜齿轮的螺旋角应为多少？

6-18 有一对斜齿轮传动，已知 $m_n=1.5$mm，$z_1=z_2=18$，$\beta=15°$，$\alpha_n=20°$，$h_{an}^*=1$，$c_n^*=0.25$，$b=14$mm。求：

(1) 齿距 p_n 和 p_t；

(2) 分度圆半径 r_1 和 r_2 及中心距 a；

(3) 重合度 ε_γ；

(4) 当量齿数 z_{v1} 和 z_{v2}。

6-19 一对交错轴斜齿轮传动，已知：$\Sigma=90°$，$\beta_1=30°$，$i_{12}=2$，$z_1=35$，$p_n=12.56$mm，试计算其中心距 a。

6-20 已知一对蜗杆蜗轮传动的参数为 $z_1=1$，$z_2=40$，$\alpha=20°$，$h_a^*=1$，$c^*=0.2$，$m=5$mm，$q=10$。试计算其几何尺寸和传动比。

6-21 有一对标准直齿圆锥齿轮。已知 $m=3$mm，$z_1=24$，$z_2=32$，$\alpha=20°$，$h_a^*=1$，$c^*=0.2$ 及 $\Sigma=90°$。试计算该对圆锥齿轮的几何尺寸。

6-22 在题 6-22 图所示回归轮系中，已知：$z_1=17$，$z_2=51$，$m_{12}=2$；$z_3=20$，$z_4=34$，$m_{34}=2.5$；各轮压力角 $\alpha=20°$。试问有几种传动方案可供选择？哪一种比较合理？

6-23 图示为一渐开线变位齿轮，其 $m=5$mm，$\alpha=20°$，$z=24$，变位系数 $x=0.05$，当用

跨棒距进行测量时，要求量棒2正好在分度圆处与齿廓相切。试求所需的测量棒半径 r_p 以及两测量棒外侧之间的跨棒距 L。（提示：$r_p=\overline{NC}-\overline{NB}$，$L=2(\overline{OC}+r_p)$）。

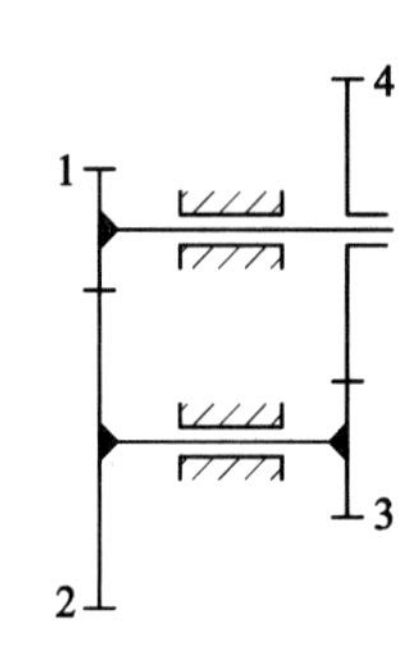

题6-22图　回归轮系

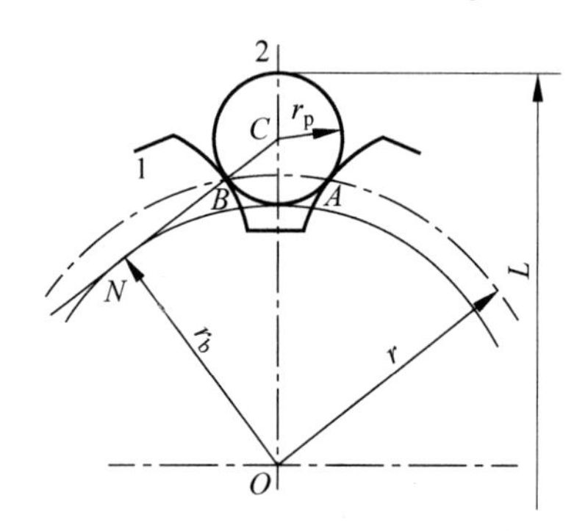

题6-23图　渐开线齿轮跨棒距测量

第 7 章

轮系及其设计

内容提要：本章主要介绍了轮系的类型、各种轮系传动比计算方法及轮系的典型应用，对行星轮系设计所要满足的条件进行了讨论，对新型行星齿轮传动的特点及应用也作了介绍。

本章重点：定轴轮系、周转轮系和复合轮系传动比计算。

本章难点：复合轮系传动比计算。

7.1 轮系及其分类

在第 6 章，我们研究了一对齿轮的啮合传动。但在机器中，一对齿轮组成的齿轮机构往往不能满足工程上的要求。为了达到大的减速比(或增速比)、变速、换向以及运动的合成与分解，需采用一系列相互啮合的齿轮将输入轴与输出轴连接起来，这种由多个齿轮组成的传动系统称为轮系(gear trains)。

根据轮系传动时各齿轮的轴线的几何位置是否固定，轮系可分为定轴轮系和周转轮系两种基本类型。

1. 定轴轮系

在传动时，如果轮系中所有齿轮的几何轴线位置是固定的，这种轮系就称为定轴轮系(ordinary gear train)或普通轮系(common gear train)，如图 7-1(a)所示。

2. 周转轮系

在传动时，至少有一个齿轮的轴线绕另一齿轮轴线转动的轮系称为周转轮系(epicyclic gear train)。如图 7-1(b)所示，其中齿轮 2 的轴线绕 O_1 轴线旋转。

3. 复合轮系

由两种基本轮系或几个周转轮系适当组合而成的轮系称为复合轮系(combined gear trains)。如图 7-2 所示，齿轮 1 和 2 为一定轴轮系，齿轮 2′、3、4 和系杆 H 为一周转轮系，两个轮系组成复合轮系。

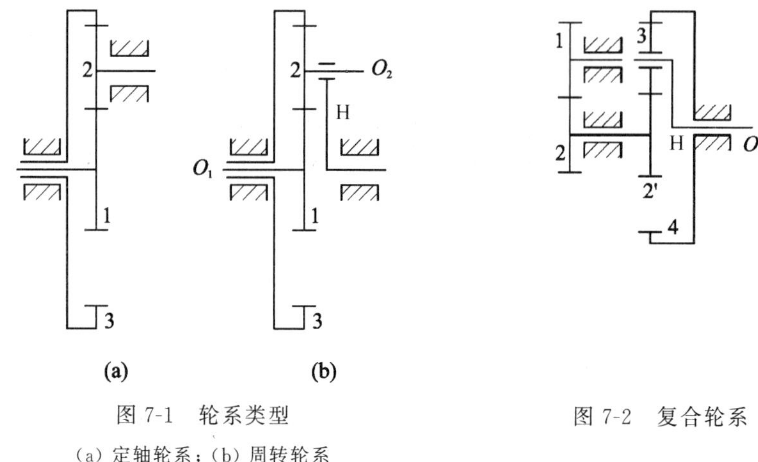

图 7-1 轮系类型

(a) 定轴轮系；(b) 周转轮系

图 7-2 复合轮系

7.2 定轴轮系传动比的计算

定轴轮系的传动比是指轮系中主动轮和从动轮的角速度之比。轮系传动比的计算内容包括传动比大小计算和从动轮的转向判定。

1. 传动比大小计算

如图 7-3 所示轮系为定轴轮系，分别以 z_1、z_2、$z_{2'}$、z_3、$z_{3'}$、z_4、z_5 表示各轮的齿数，ω_1、ω_2、$\omega_{2'}$、ω_3、$\omega_{3'}$、ω_4、ω_5 为各轮的角速度，则每对齿轮的传动比大小为

$$i_{12}=\frac{\omega_1}{\omega_2}=\frac{z_2}{z_1},\quad i_{2'3}=\frac{\omega_{2'}}{\omega_3}=\frac{z_3}{z_{2'}}$$

$$i_{3'4}=\frac{\omega_{3'}}{\omega_4}=\frac{z_4}{z_{3'}},\quad i_{45}=\frac{\omega_4}{\omega_5}=\frac{z_5}{z_4}$$

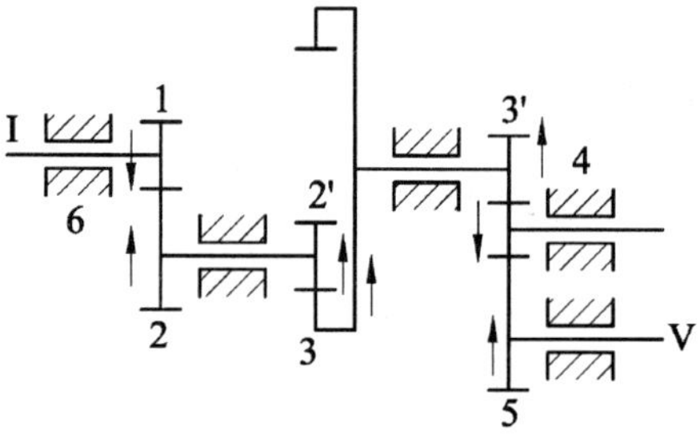

取齿轮 1 为主动轮，齿轮 5 为输出从动轮。将以上各式两边分别连乘得

$$i_{12}i_{2'3}i_{3'4}i_{45}=\frac{\omega_1\omega_{2'}\omega_{3'}\omega_4}{\omega_2\omega_3\omega_4\omega_5}=\frac{z_2z_3z_4z_5}{z_1z_{2'}z_{3'}z_4}=\frac{z_2z_3z_5}{z_1z_{2'}z_{3'}}$$

图 7-3 定轴轮系转向判别

其中：$\omega_{2'}=\omega_2$，$\omega_3=\omega_{3'}$，所以

$$i_{15}=\frac{\omega_1}{\omega_5}=\frac{\omega_1\omega_{2'}\omega_{3'}\omega_4}{\omega_2\omega_3\omega_4\omega_5}=\frac{z_2z_3z_5}{z_1z_{2'}z_{3'}} \tag{7-1}$$

上式表示定轴轮系中输入轴与输出轴的传动比为各对齿轮传动比的连乘积，其值等于各对齿轮从动轮齿数的乘积与各对齿轮主动轮齿数的乘积之比。从上式中还发现齿轮 4 的齿数 z_4 不影响传动比的大小，这种齿轮通常称为**惰轮**(idle gear)。惰轮虽然不影响传动比大小，但却改变传动的方向，如图 7-3 所示。

2. 轮系转向的确定

轮系传动比大小确定后，还必须确定主、从动轮的相对转向。转向判定可有两种方法进行，一种是根据齿轮传动的类型，逐对判定相对转向，并用箭头在图上标出，如图 7-3 所示，最后分别标出主、从动轮的转向。这种方法主要用于轴线不平行，或首末两轮轴线平行而中间轴线不平行轮系的转向判别。另一种是如果轮系中所有的齿轮轴线是平行的，则可以用 $(-1)^m$ 来判别，其中 m 为外啮合的次数，正号表示主、从动轮转向相同，负号表示转向相反。对图 7-3 所示轮系 $m=3$，则 $(-1)^m=-1$，由式(7-1)，即

$$i_{15}=\frac{\omega_1}{\omega_5}=(-1)^m\frac{z_1z_3z_5}{z_1z_{2'}z_{3'}}=-\frac{z_2z_3z_5}{z_1z_{2'}z_{3'}}$$

表示轮 1、轮 5 转向相反。

由此可推广到任意平行轴传动比的一般计算公式，即

$$\begin{aligned}i_{1k}&=\frac{\omega_1}{\omega_k}=(-1)^m\frac{z_2z_3\cdots z_k}{z_1z_{2'}\cdots z_{(k-1)'}}\\&=(-1)^m\frac{\text{所有各对齿轮的从动轮齿数的乘积}}{\text{所有各对齿轮的主动轮齿数的乘积}}\end{aligned}\tag{7-2}$$

式中，ω_1 为输入齿轮角速度；ω_k 为输出齿轮角速度。

若轮系中有齿轮轴线不平行，则不能用 $(-1)^m$ 来判别，只能用箭头逐对判定转向，并在图中标出，如图 7-4 所示。

例 7-1　已知图 7-4 轮系中右旋蜗杆 $z_1=1$，蜗轮 $z_2=16$，齿轮 $z_{2'}=20$，$z_3=40$，$z_{3'}=20$，$z_4=40$，求传动比 i_{14}。

解：由式(7-1)，传动比大小为

$$i_{14}=\frac{\omega_1}{\omega_4}=\frac{z_2z_3z_4}{z_1z_{2'}z_{3'}}=\frac{16\times40\times40}{1\times20\times20}=640$$

由于轮系轴线不全平行，则转向不能用 $(-1)^m$ 判定，只能用箭头判定转向，如图 7-4 所示。

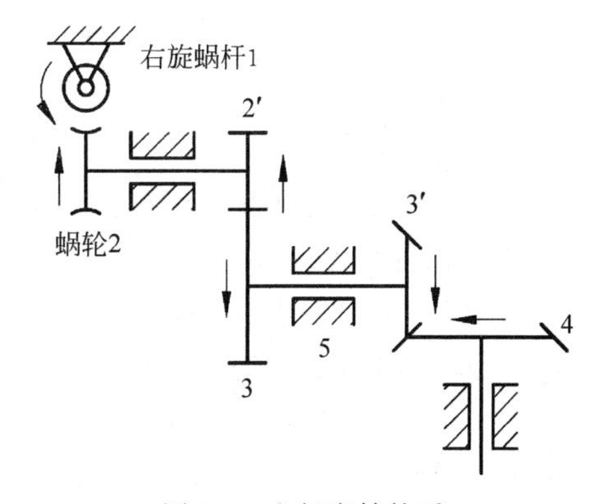

图 7-4　空间定轴轮系

7.3　周转轮系传动比的计算

1. 周转轮系的组成和分类

在图 7-5(a)所示的周转轮轮系中，齿轮 1 和 3 以及构件 H 各绕固定的互相重合的几何轴线 O_1、O_3 及 O_H 转动，而齿轮 2 则活套在构件 H 的小轴上，因此它一方面绕自己的几何轴线 O_2 自转，同时又随构件 H 绕几何轴线 O_H 公转。其运动和天上行星的运动相似，故称为行星轮(planet gear)。支持行星轮的构件 H 称为行星架(planet carrier)(又称系杆或转臂)。而几何轴线固定的齿轮 1 和 3 称为中心轮或太阳轮(sun gears)。行星架绕之转动的

轴线 O_H 称为主轴线。凡是轴线与主轴线重合而又承受外力矩的构件称为**基本构件**(basic component)。因此图中的中心轮和行星架都是基本构件。

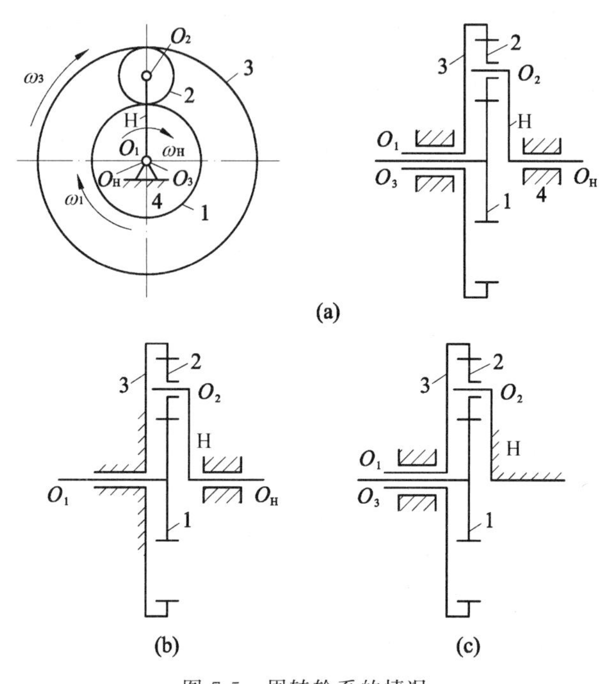

图 7-5 周转轮系的情况

(a) 差动轮系;(b) 行星轮系;(c) 转化轮系

周转轮系根据其基本构件的不同加以分类,并规定中心轮用 K 表示,行星架用 H 表示,输出构件用 V 表示。如图 7-5(a)、(b)所示的周转轮系是由两个中心轮(2K)和一个系杆(H)三个基本构件组成的,因而称它为 2K-H 型;也可以按啮合方式来命名,它又称为 NGW 型,N 表示内啮合,W 表示外啮合,G 表示公用的行星轮。

表 7-1 列出了几种常见的周转轮系的结构形式。按其基本构件的组成情况分为三种基本形式:2K-H 型是由两个中心轮(2K)和一个系杆(H)组成,按其齿轮的啮合方式又可以有多种方案;3K 型有三个中心轮(3K),其系杆(H)不承受外力矩,仅起支承行星轮的作用;K-H-V 型的基本构件是一个中心轮(K)、一个系杆(H)和一个绕主轴线旋转的输出构件(V)。

周转轮系按其自由度的数目又可以分为两种基本类型:①**差动轮系**(differential gear train),即具有两个自由度的周转轮系,如图 7-5(a)所示。在三个基本构件中,必须给定两个构件的运动,才能求出第三个构件的运动。②**行星轮系**(planetary gear train),即具有一个自由度的周转轮系,如图 7-5(b)所示。由于中心轮 3 固定,因此只要知道构件 1 和 H 中任一构件的运动,就可求出另一构件的运动。

2. 周转轮系的传动比

通过比较图 7-1 所示周转轮系和定轴轮系,发现它们的主要区别为:定轴轮系所有齿轮轴线位置是固定的,每个齿轮只能作简单的定轴转动,而周转轮系中行星轮作行星运动,既有自转又作公转。

表 7-1 常用行星齿轮传动的传动形式与特点

序号	传动形式		简图	概略值				特点
	按基本构件分类	按啮合方式分类		传动比		效率	最大功率/kW	
				范围	推荐值			
1	2K-H（负号机构）	NGW	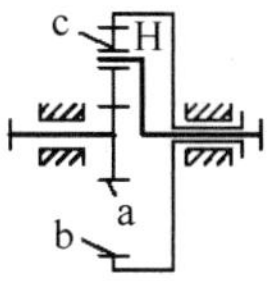	1.13～13.7	$i_{aH}^{b}=$ 2.7～9	0.97～0.99	不限	效率高，体积小，重量轻，结构简单，制造方便，传递功率范围大，轴向尺寸小，可用于各种工作条件，在机械传动中应用最广。但单级传动比范围较小
2	2K-H（负号机构）	NW	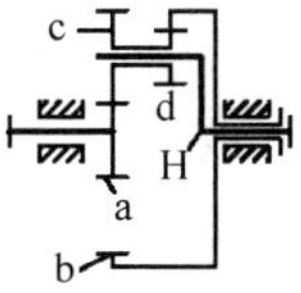	1～50	$i_{aH}^{b}=$ 7～21			效率高，外形尺寸比 NGW 型小，传动比范围较 NGW 型大，可用于各种工作条件。但双联齿轮制造、安装都很复杂，故 $\|i_{aH}^{b}\|\leqslant 7$ 时不宜采用
3	2K-H（正号机构）	WW		从 1.2～几千		随 $\|i\|$ 增加而下降	≤15	传动比范围大，但外形尺寸及重量较大，效率很低，制造困难，一般不用于动力传动。当行星架从动时，$\|i\|$ 从某一数值起会发生自锁
4	3K	NGWN	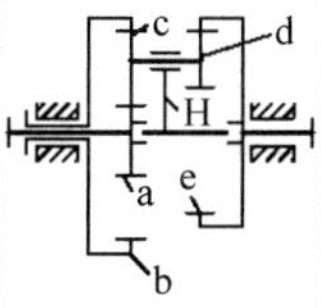	≤500	$i_{ae}^{b}=$ 20～100	随 i_{ae}^{b} 增加而下降	≤96	结构紧凑，体积小，传动比范围大，但效率低于 NGW 型，工艺性差，适用于中小功率或短期工作处
5	K-H-V	N	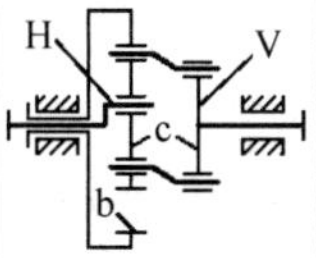	7～100		0.8～0.94	≤45	传动比范围较大，结构紧凑，体积及重量小，但效率比 NGW 型低，且内啮合变位后径向力较大，使轴承径向载荷加大，适用于小功率或短期工作的情况
6	2K-H（正号机构）	NN	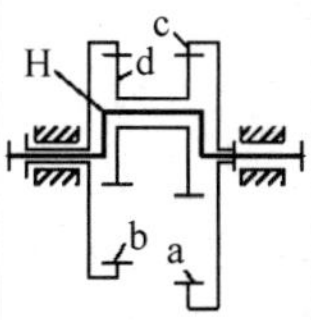	≤1700	一个行星轮时：$i_{Ha}^{b}=30$～100 三个行星轮时：$i_{Ha}^{b}<30$	随传动比增加而下降	≤30	传动比范围大，效率比 WW 型高，但仍然较低，适用于短期工作。当行星架从动时，传动比从某一数值起会发生自锁

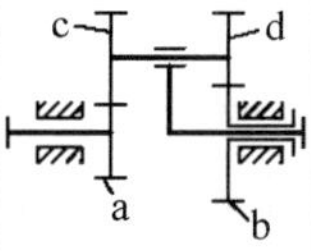

因此周转轮系各构件间的传动比求解,不能直接套用定轴轮系的计算方法。但只要作一个转化,即更换系杆为机架如图7-5(c)所示,则周转轮系就可以转化为图7-1(a)所示的定轴轮系,这种转化而来的定轴轮系称为转化机构或转化轮系(change train)。根据相对运动原理,转化机构是给整个周转轮系加一个角速度为"$-\omega_H$"的附加转动后而得来的,各构件的角速度变化如表7-2所示。

表7-2 转化轮系各构件的角速度变化

构件	原来的角速度	加上角速度($-\omega_H$)的转动后各构件的角速度
1	ω_1	$\omega_1^H=\omega_1-\omega_H$
2	ω_2	$\omega_2^H=\omega_2-\omega_H$
3	ω_3	$\omega_3^H=\omega_3-\omega_H$
H	ω_H	$\omega_H^H=\omega_H-\omega_H=0$

由于$\omega_H^H=0$,所以该周转轮系转化为图7-5(c)所示的转化轮系,其传动比可按定轴轮系的方法来计算。转化机构的传动比i_{13}^H为

$$i_{13}^H=\frac{\omega_1^H}{\omega_3^H}=\frac{\omega_1-\omega_H}{\omega_3-\omega_H}=-\frac{z_2z_3}{z_1z_2}=-\frac{z_3}{z_1} \tag{7-3}$$

式中齿数比前的"$-$"号表示在转化机构中轮1与轮3的转向相反。

在计算轮系的传动比时,各齿轮的齿数应是已知的,故在ω_1、ω_3及ω_H三个运动参数中若已知任意两个(包括大小和方向),就可确定第三个,从而可以求出周转轮系的传动比。

根据上述原理,不难求出计算周转轮系传动比的一般公式。设周转轮系中的两个中心轮分别为A及B,系杆为H,则其转化机构的传动比i_{AB}^H可表示为

$$i_{AB}^H=\frac{\omega_A-\omega_H}{\omega_B-\omega_H}=\pm\frac{\text{A、B轮间所有从动轮齿数乘积}}{\text{A、B轮间所有主动轮齿数乘积}}=f(z) \tag{7-4}$$

式中,i_{AB}^H为转化机构中,中心轮A与B的传动比,其大小和方向完全按定轴轮系处理,对于已知的轮系来说,各轮的齿数均为已知,故i_{AB}^H的值总是已知的;ω_A、ω_B及ω_H为周转轮系中各基本构件的角速度。

几点说明:

(1) 式(7-4)只适用于转化机构中的A、B轮与系杆H的回转轴平行(或重合)的周转轮系。一般A、B为中心轮。

(2) 将ω_A、ω_B、ω_H代入公式解题时,若三者转向不同,应分别用带有正、负号的数值代入。

(3) 式(7-4)中右端正、负号的判定,按转化后的定轴轮系判定主、从动轮转向关系的方法进行。

(4) 注意i_{AB}^H只表示转化机构的传动比,即$i_{AB}^H=\omega_A^H/\omega_B^H$,而$i_{AB}=\omega_A/\omega_B$,故$i_{AB}^H\neq i_{AB}$。

(5) 式(7-4)也适用于由圆锥齿轮所组成的周转轮系,不过A、B两个中心轮和行星架H的轴线必须互相平行,且其转化机构传动比i_{AB}^H的正、负号必须用画箭头的方法确定。

(6) 对于行星轮系,由于它的一个中心轮固定不动,设$\omega_B=0$,所以由式(7-4)得

$$i_{AB}^{H}=\frac{\omega_A-\omega_H}{\omega_B-\omega_H}=\frac{\omega_A-\omega_H}{0-\omega_H}=1-\frac{\omega_A}{\omega_H}=1-i_{AH} \tag{7-5}$$

式(7-5)为计算行星轮系的基本公式。

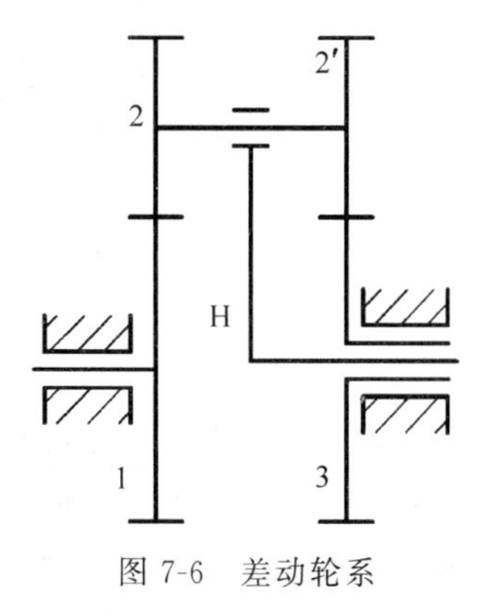

图 7-6 差动轮系

例 7-2 如图 7-6 所示的轮系中，已知齿数 $z_1=30$，$z_2=20$，$z_2'=25$，$z_3=25$，两中心轮转速 $n_1=100\text{r/min}$，$n_3=200\text{r/min}$。试分别求出 n_1、n_3 同向和反向两种情况下的系杆转速 n_H。

解：由式(7-4)可知

$$i_{13}^{H}=\frac{n_1-n_H}{n_3-n_H}=\frac{z_2z_3}{z_1z_{2'}}$$

(1) n_1 与 n_3 同向，即当 $n_1=100\text{r/min}$，$n_3=200\text{r/min}$ 时，将 n_1、n_3 之值代入上式可得

$$\frac{100-n_H}{200-n_H}=\frac{20\times25}{30\times25}$$

解得 $n_H=-100\text{r/min}$(与 n_1 转向相反)。

(2) n_1 与 n_3 反向，即当 $n_1=100\text{r/min}$，$n_3=-200\text{r/min}$ 时，将 n_1、n_3 之值代入上述 i_{13}^{H} 计算式可得

$$\frac{100-n_H}{-200-n_H}=\frac{20\times25}{30\times25}$$

解得 $n_H=700\text{r/min}$(与 n_1 转向相同)。

例 7-3 如图 7-6 所示，两中心轮的转速大小与上例相同，且 n_1 与 n_3 同向，只是轮齿数改为：$z_1=24$，$z_2=26$，$z_{2'}=25$，$z_3=25$。试求系杆的转速 n_H。

解：将已知齿数和转速代入上述 i_{13}^{H} 计算式，可得

$$\frac{100-n_H}{200-n_H}=\frac{26\times25}{24\times25}$$

解得 $n_H=1400\text{r/min}$(与 n_1 转向相同)。

可见，将各轮的转速值代入上述 i_{13}^{H} 计算式时必须考虑正、负号，在周转轮系传动比计算中，所求转速的方向，须由计算结果的正、负号来决定，决不能在图形中直观判断，而且齿数的改变，不仅改变了 n_H 的大小，而且还改变了其转向，这一点是与定轴齿轮系有较大区别的。

例 7-4 在图 7-7(a)所示的差速器中，已知 $z_1=48$，$z_2=42$，$z_{2'}=18$，$z_3=21$，$n_1=100\text{r/min}$，$n_3=80\text{r/min}$，其转向如图所示，求 n_H。

解：这个差速器是由圆锥齿轮 1、2、2'、3、行星架 H 以及机架 4 所组成的差动轮系，1、3、H 的几何轴线互相重合，因此由式(7-4)得

$$i_{13}^{H}=\frac{n_1-n_H}{n_3-n_H}=\frac{100-n_H}{-80-n_H}=-\frac{z_3z_2}{z_{2'}z_1}=-\frac{21\times42}{18\times48}=-\frac{49}{48}$$

式中齿数比之前的“—”号是由图 7-7(b)所示的转化机构用画箭头的方法确定的。

解上式得 $n_H=\dfrac{880}{87}\approx9.07\text{r/min}$。

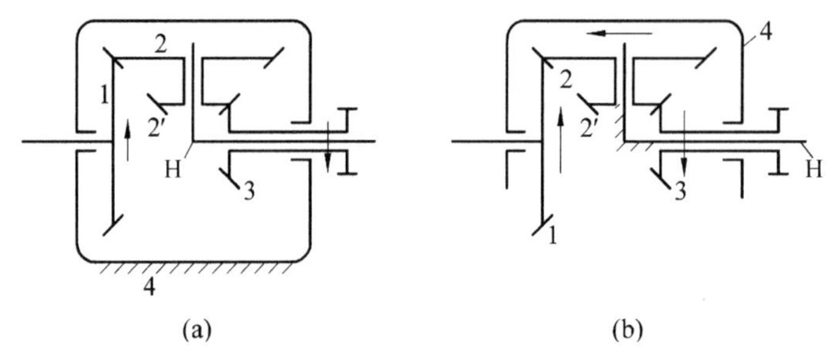

图 7-7 差速器

其结果为正值,表明 H 的转向与轮 1 的转向相同。

在工程中,有时需要求出圆锥齿轮行星轮系之行星轮的绝对角速度和它绕行星架转动的相对角速度。由于行星轮和中心轮的轴线相交,例如图 7-8 所示轮系,其角速度应为向量差,故不能用式(7-4)来计算。在这种情形下,可用图解解析法来求解,即利用相交轴角速度合成原理画其角速度多边形,其中代表各个角速度的向量应垂直于转动的平面,而其方向按右手规则来决定;然后用解析法求解该角速度多边形,便可得到要求的精确解。

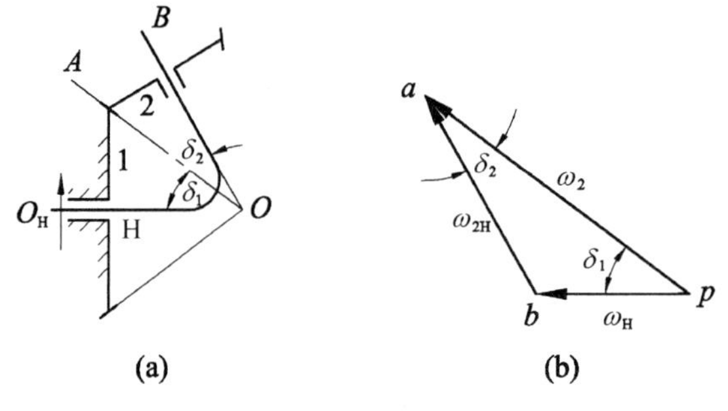

图 7-8 空间行星轮系

7.4 复合轮系传动比的计算

在工程上,经常用到既有定轴轮系又有周转轮系的复合轮系。在计算复合轮系的传动比时,不能把它看作一个整体而用一个统一的公式进行计算,必须把复合轮系中的定轴轮系部分和周转轮系部分分开,然后分别按不同的方法计算它们的传动比,最后加以联立求解。

划分轮系的时候,关键是把其中的周转轮系找出来。周转轮系的特点是有行星轮,所以首先要找到行星轮,然后找出系杆(注意系杆不一定呈简单的杆状),以及与行星轮相啮合的所有中心轮。每一系杆,连同系杆上的行星轮与行星轮相啮合的中心轮就组成一个周转轮系。在一个复杂的复合轮系中,可能包含有几个周转轮系(每一个系杆都对应一个周转轮系),当将这些周转轮系划出后,剩下的便是定轴轮系了。

例 7-5 如图 7-9 所示齿轮系中,已知各轮齿数 $z_1=24$,$z_2=33$,$z_{2'}=21$,$z_3=78$,$z_{3'}=18$,$z_4=30$,$z_5=78$,转速 $n_1=1500\text{r/min}$。试求转速 n_5。

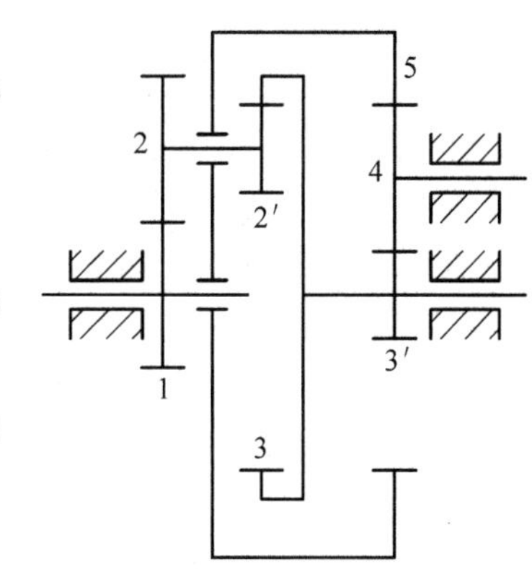

图 7-9　封闭式复合轮系

解：(1) 区分基本轮系

齿轮 1—2—2′—3—H(5)是一个差动轮系，3′—4—5是一个定轴轮系。

(2) 分别列出传动比计算公式

$$\frac{n_1-n_H}{n_3-n_H}=-\frac{z_2z_3}{z_1z_{2'}}=-\frac{33\times78}{24\times21}=-\frac{143}{28} \qquad \text{(a)}$$

$$\frac{n_3}{n_5}=-\frac{z_4z_5}{z_{3'}z_4}=-\frac{78}{18}=-\frac{13}{3} \qquad \text{(b)}$$

其中，$n_H=n_5$。

(3) 联立解方程式

将由定轴齿轮系传动比计算公式(b)得出的角速度代入行星齿轮系传动比计算公式(a)中(代入时要注意正、负号)，得

$$\frac{1500-n_5}{-(13/3)n_5-n_5}=-\frac{143}{28}$$

解得 $n_5=\frac{31500}{593}$r/min (n_5 与 n_1 转向相同)。

例 7-6　如图 7-10 所示复合轮系中，已知各轮齿数 $z_1=z_{2'}=19$，$z_2=57$，$z_{2''}=20$，$z_3=95$，$z_4=96$，以及主动轮 1 的转速 $n_1=1920$r/min。试求轮 4 的转速 n_4 的大小和方向。

解：该轮系有三个中心轮和一个系杆，用 K 表示中心轮，故称为 3K 型轮系。由于这一轮系不是单一轮系，仍需区分基本轮系后分别列出传动比公式进行计算。

齿轮 1—2—2′—3 组成行星轮系

$$i_{13}^{H}=\frac{n_1-n_H}{n_3-n_H}=-\frac{z_2z_3}{z_1z_{2'}} \qquad \text{(a)}$$

齿轮 1—2—2″—4 组成自由度为 2 的差动轮系

$$i_{14}^{H}=\frac{n_1-n_H}{n_4-n_H}=-\frac{z_2z_4}{z_1z_{2''}} \qquad \text{(b)}$$

将已知转速及齿数代入式(a)、(b)，联立解得

$$n_4=-5\text{r/min} \quad (n_4 \text{ 与 } n_1 \text{ 转向相反})$$

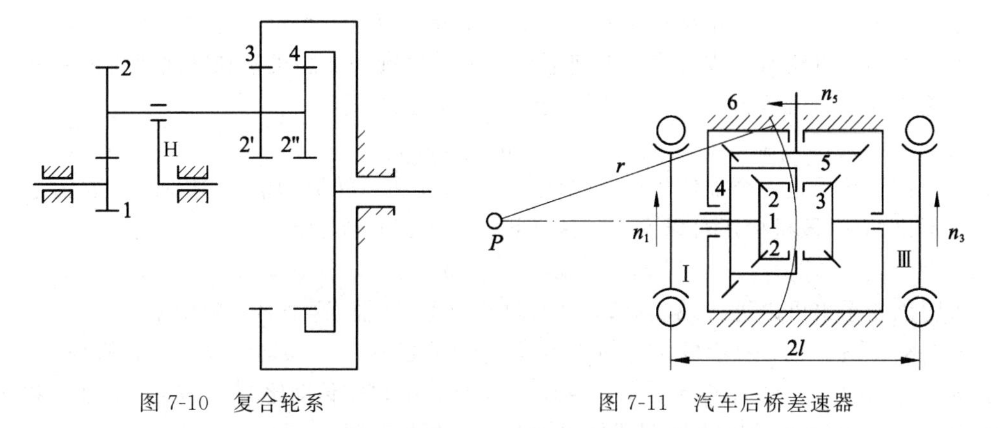

图 7-10　复合轮系　　　　图 7-11　汽车后桥差速器

例 7-7 图 7-11 所示为汽车后桥的差速器。设已知各轮的齿数,求当汽车转弯时其后轴左、右两车轮的转速 n_1、n_3 与齿轮 4 的转速 n_4 的关系。

解:如图 7-11 所示,当汽车左转弯时(转动中心为 P),由于后轴右车轮比左车轮走过的弧长一些,所以右车轮Ⅲ的转速应比左车轮Ⅰ的转速高。如果左、右两车轮均固连在同一轴上,那么车轮与地面之间必定产生滑动,使轮胎易于磨损。为了克服这个缺点,将后轴做成左右两根,并使之分别与左右两车轮固连,而在两轴之间装上一个差动装置。动力从发动机经传动轴和齿轮 5 传到活套在后轴上的齿轮 4。对于底盘来说,轮 4 与轮 5 的几何轴线都是固定不动的,所以它们是定轴轮系。中间齿轮 2 活套在齿轮 4 侧面凸出部分的小轴上,它同时与左、右两轴的齿轮 1 和 3 啮合。当 1 和 3 之间有相对运动时,齿轮 2 随齿轮 4 转动外,又绕自己的轴线转动,所以是行星轮,齿轮 4 是行星架,齿轮 1 和 3 都是中心轮,它们便组成了一差动轮系。由此可知,该减速装置是一个定轴轮系和一个差动轮系串联而成的复合轮系。

根据

$$i_{13}^{4}=\frac{n_1-n_4}{n_3-n_4}=-\frac{z_3}{z_1}=-1$$

则

$$n_4=\frac{n_1+n_3}{2} \tag{a}$$

当汽车在平坦道路上直线行驶时,左右两车轮滚过的路程相等,所以转速也相等,因此由式(a)得 $n_1=n_3=n_4$,表示轮 1 和轮 3 之间没有相对运动,轮 2 不绕自己的轴线转动,这时轮 1、2、3 如同一整体,一起随齿轮 4 转动。当汽车向左转弯时,右车轮比左车轮转得快,这时轮 1 和轮 3 之间发生相对运动,轮系才起到差速器的作用。两车轮的转速与它们之间的距离 $2l$ 及所转之弯的半径 r 有关。因为两车轮的直径大小相等,而它们与地面之间又是纯滚动(当机构的构造允许左、右两后轮的转速不等时,轮胎与地面之间一般不会打滑),所以

$$\frac{n_1}{n_3}=\frac{r-l}{r+l} \tag{b}$$

解(a)、(b)两式得

$$n_1=\frac{r-l}{r}n_4 \quad 及 \quad n_3=\frac{r+l}{r}n_4$$

这个例子是利用复合轮系将轮 4 的一个转动分解为轮 1 和轮 3 的两个独立的转动。

上述由圆锥齿轮所组成的汽车差速器机构就是机械式加法机构和减法机构的一种。设选定齿轮 4 和 5 的齿数为 $z_4=2z_5$,则 $n_5=2n_4$,因此,由式(a)得

$$n_1+n_3=n_5$$

上式表明该组轮系是一个加法机构。当使 1 转 n_1 周和 3 转 n_3 周时,则 5 的转数就是它们的和。不仅如此,该机构还可以实现减法运算。将上式移项后得

$$n_1=n_5-n_3$$

上式表明该轮系也可以进行减法运算,并且这也是“差速器”这个名称的由来。

例 7-8 在图 7-12 所示极大传动比的减速器中,已知 1 和 5 均为单头右旋蜗杆,各轮的齿数为 $z_{1'}=101$,$z_2=99$,$z_{2'}=z_4$,$z_{4'}=100$,$z_{5'}=100$,试求传动比 i_{1H}。又若 1 的轴直接连在转速为 1375r/min 的电动机轴上,试求输出轴 H 转一周的时间 t。

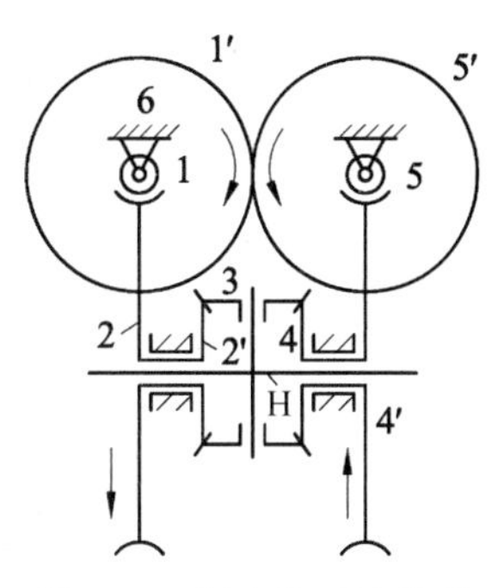

图7-12　极大传动比轮系

解：该减速器是由两个定轴轮系1—2和1′—5′—5—4′及一个差动轮系2′—3—4—H所组成的复合轮系。

由两个定轴轮系1—2和1′—5′—5—4′得蜗轮2和4′的转速$n_2(=n_{2'})$和$n_{4'}(=n_4)$的大小为

$$n_2=\frac{z_1}{z_2}n_1 \tag{a}$$

$$n_{4'}=\frac{z_{1'}z_5}{z_{5'}z_{4'}}n_{1'}=\frac{z_{1'}z_5}{z_{5'}z_{4'}}n_1 \tag{b}$$

又由差动轮系2′—3—4—H得

$$i_{2'4}^{H}=\frac{n_{2'}-n_H}{n_4-n_H}=\frac{n_2-n_H}{n_{4'}-n_H}=-\frac{z_4}{z_{2'}}=-1 \tag{c}$$

因1和5均为右旋蜗杆，故如图所示，当1顺时针方向回转时，2的回转方向↓(即从左向右看时为顺时针方向)而4′的回转方向↑(即从左向右看时为逆时针方向)，因此将式(a)的n_2为正和式(b)的$n_{4'}$为负代入式(c)并整理后得

$$i_{1H}=\frac{n_1}{n_H}=\frac{2}{\dfrac{z_1}{z_2}-\dfrac{z_{1'}z_5}{z_{5'}z_{4'}}}=\frac{2}{\dfrac{1}{99}-\dfrac{101\times 1}{100\times 100}}=1980000$$

以上表明H转一周时，蜗杆1转1980000周，所以输出轴H转一周的时间为1980000/60×1375=24h。

轮系有以下主要应用：

1. 实现各种传动比的传动

无论是定轴轮系、周转轮系还是复合轮系，经过有序的组合就能实现各种传动比的传动。

2. 实现大传动比的传动

无论是定轴轮系、周转轮系还是复合轮系都能实现大传动比传动，如例7-7复合轮系。但是太大传动比的传动，一般机械效率较低。所以必须根据工程要求，考虑结构、体积、成本等的合理性选择轮系传动比和结构。

3. 实现运动的合成与分解

如例7-4的差动轮系，当给定中心轮1和3的转动，就可以合成输出行星架H的转动。又如例7-7中所述及的加法机构是差动轮系实现运动合成的典型。利用差动轮系还可以将一个主动件的输入转动分解为两个从动件的输出转动，两个输出转动之间的分配由附加的约束条件确定。如例7-7的汽车后桥差速器，当汽车转弯时，输入转动n_4分解成两车轮的转动n_1和n_3，n_1和n_3的比例由约束方程(b)确定。

4. 实现变速、换向运动

轮系最重要的用途就是能实现变速、换向运动，因此广泛应用于机床、汽车、拖拉机等变速

箱中,图7-13所示为汽车四挡变速箱中的轮系,利用此轮系既可变速,又能换向。

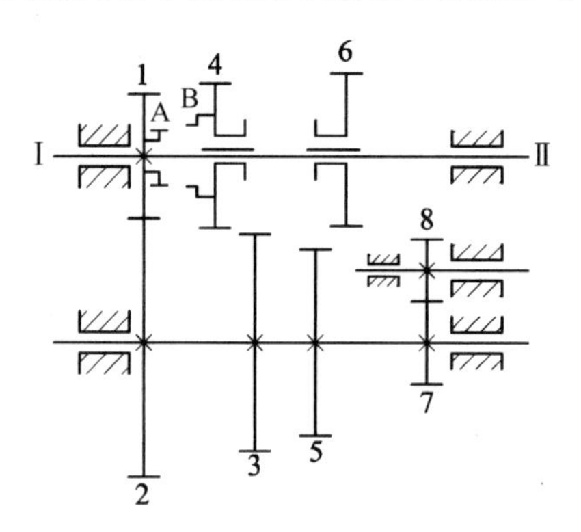

图7-13 汽车四挡变速箱轮系

7.5 行星轮系各轮齿数和行星轮数的选择

行星轮系在结构上经常采用几个完全相同的行星轮均布在中心轮的四周。设计行星轮系时,其各轮齿数和行星轮数的选择必须满足下列4个条件,才能正确装配,保证正常运转和实现给定的传动比。现用图7-5(b)所示的行星轮系为例说明如下。

1. 传动比条件

传动比条件即所设计的行星轮系必须能实现给定的传动比 i_{1H}。对于上述的行星轮系,其各轮齿数的选择可这样来确定:由式(7-5)得

$$i_{1H}=1-i_{13}^{H}=1+\frac{z_3}{z_1}$$

则

$$z_3=(i_{1H}-1)z_1 \tag{7-6}$$

2. 同心条件

同心条件即行星架的回转轴线应与中心轮的几何轴线相重合。对于所研究的基本行星轮系(图7-5(b)),如果采用标准齿轮,则同心条件是:轮1和轮2的中心距(r_1+r_2)应等于轮3和轮2的中心距(r_3-r_2)。又由于轮2同时与轮1和轮3啮合,它们的模数应相同,因此

$$\frac{m(z_1+z_2)}{2}=\frac{m(z_3-z_2)}{2}$$

则

$$z_2=\frac{z_3-z_1}{2}=\frac{z_1(i_{1H}-2)}{2} \tag{7-7}$$

上式表明两中心轮的齿数应同时为偶数或同时为奇数。

3. 装配条件

设计行星轮系时，其行星轮的数目和各轮的齿数必须正确选择，否则装配不起来。因为当第一个行星轮装好后，中心轮1和3的相对位置便确定了。又因为均匀分布的各行星轮的中心位置也是确定的，所以在一般情形下其余行星轮的齿便有可能不能同时插入内、外两中心轮的齿槽中，亦即可能无法装配起来。为了能够装配起来，设计时应使行星轮数和各轮齿数之间满足一定的装配条件。对于所研究的行星轮系，其装配条件可这样来求(图7-14)，设k为均匀分布的行星轮数，则相邻两行星轮A和B所夹的中心角为$\frac{2\pi}{k}$。现将第一行星轮在位置Ⅰ装入，然后固定中心轮3，并沿逆时针方向使行星架转过$\varphi_H=\frac{2\pi}{k}$达到位置Ⅱ。这时中心轮1转过角φ_1。

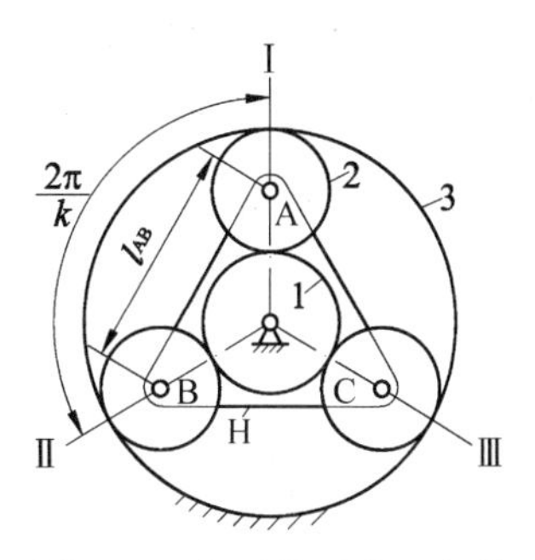

图7-14 行星轮系装配条件

由于
$$\frac{\varphi_1}{\varphi_H}=\frac{\varphi_1}{2\pi/k}=\frac{\omega_1}{\omega_H}=i_{1H}$$

则
$$\varphi_1=\frac{2\pi}{k}i_{1H}$$

如果这时在位置Ⅰ又能装入第二个行星轮，则这时中心轮1在位置Ⅰ的轮齿相位应与它回转角φ_1之前在该位置时的轮齿相位完全相同，也就是说角φ_1必须刚好是n个轮齿(亦即n个周节)所对应的中心角，故

$$\varphi_1=n\left(\frac{2\pi}{z_1}\right)$$

式中，$\frac{2\pi}{z_1}$为齿轮1的一个齿距所对的中心角。

解以上两式及式(7-6)得

$$n=\frac{z_1}{k}i_{1H}=\frac{z_1+z_3}{k} \tag{7-8}$$

当行星轮数和各轮的齿数满足上式的条件时，就可以在位置Ⅰ装入第二个行星轮。同理，当第二个行星轮转到位置Ⅱ时，又可以在位置Ⅰ装入第三个行星轮，其余以此类推。

上式表明，这个行星轮系两中心轮的齿数之和应为行星轮数的整数倍。

4. 邻接条件

为了保证行星轮系能够运动，其相邻两行星轮的齿顶圆不得相交，行星轮的数量k受到限制，这个条件称为邻接条件。由图7-14可见，这时相邻两行星轮的中心距l_{AB}应大于行星轮的齿顶圆直径d_{a2}。若采用标准齿轮，其齿顶高系数为h_a^*，则

$$2(r_1+r_2)\sin\frac{\pi}{k}>2(r_2+h_a^*m)$$

将$r_1=\frac{z_1m}{2}$和$r_2=\frac{z_2m}{2}$代入上式并整理后得

$$(z_1+z_2)\sin\frac{\pi}{k}>z_2+h_a^* \tag{7-9}$$

理论上行星轮的数量越多,行星传动的承载能力越高,但由于受结构和装配等条件的限制以及各行星轮之间载荷分配不均匀的影响,常用行星轮的数量一般为3～4个。另外,为降低各行星轮载荷分配不均的现象,提高承载能力,需要提高行星传动装置的制造、安装精度或设计合理的均载装置。

7.6 新型行星传动简介

1. 渐开线少齿差行星齿轮传动

1) 渐开线少齿差行星齿轮传动(planetary involute gear drive with small teeth difference)的结构和传动比

这种少齿差行星齿轮传动采用渐开线齿廓的齿轮,如图7-15所示。它是由固定内齿轮1、行星轮2、行星架H、等角速比机构3以及轴V所组成。由于它的基本构件是中心轮K(即内齿轮1)、行星架H及输出轴V,所以是K-H-V型周转轮系。又因齿轮1和2的齿数相差很少(一般为1～4),故称为少齿差。这种传动与前述各种行星轮系不同的地方是:它输出的运动是行星轮的绝对转动,而前述各种行星轮系的输出运动是中心轮或行星架的转动。

这种行星传动的传动比可用式(7-5)求出

$$i_{HV}=i_{H2}=\frac{1}{i_{2H}}=\frac{1}{1-i_{21}^{H}}=\frac{1}{1-\dfrac{z_1}{z_2}}=-\frac{z_2}{z_1-z_2} \tag{7-10}$$

将行星轮的绝对转动不变地传到输出轴V的等角速比机构可以是双万向联轴节、十字槽联轴节及孔销输出机构等。由于双万向联轴节轴向尺寸大,如图7-15中的构件3所示,一般不采用,常用十字槽联轴节(图7-16)和孔销输出机构(图7-17)。孔销输出机构中$O_2O_3O_PO_W$为一平行四边形,该机构实质为平行四边形输出机构,该输出机构应用最广,但制造精度要求较高。

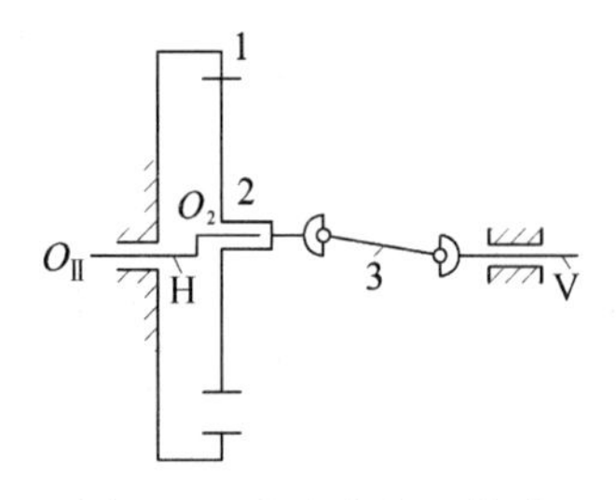

图7-15 少齿差行星传动

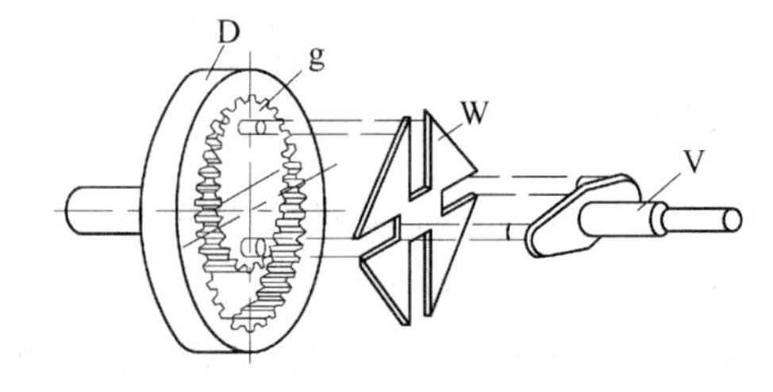

图7-16 少齿差行星传动的结构

2) 渐开线少齿差行星传动的主要优、缺点

其主要优点是:传动比大,一级减速i_{HV}可达100;结构简单,体积小,质量轻,与相应

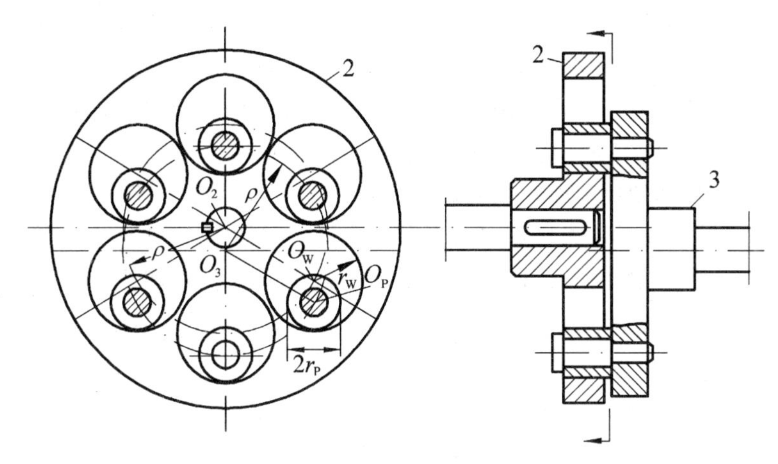

图 7-17　孔销式输出机构

的普通齿轮减速器相比，质量可以减轻$\frac{1}{3}$以上；运转平稳、齿形易加工、装卸方便；在合理的设计、制造及润滑条件下，效率可达 0.85～0.91。故在很多的工业部门得到广泛的应用，主要用在大传动比和中小功率的场合。

其主要缺点是易产生非啮合区齿廓重叠干涉现象，必须采用正变位齿轮。

2. 摆线针轮行星传动

1）摆线针轮行星传动(pin-cycloid planetary gear drive)的构造

这种传动装置的构造如图 7-18 所示。4 为输入轴，5 为固连在 4 上的双偏心套，它们一起构成行星传动的行星架，该双偏心套的两个偏心互相错开 180°；1 为固定在机壳上的中心轮，它是由装在机壳上的许多带套筒的圆柱销所组成的针轮；2 为摆线行星轮，它的齿形是延长外摆线的等距曲线。为了平衡和提高承载能力，通常采用两个完全相同的奇数齿的行星轮分别用滚珠轴承套在双偏心套上，其相位应使两个行星轮的某一个齿互相错开 180°；6 为输出轴，3 为连接两行星轮和输出轴的孔销输出机构。

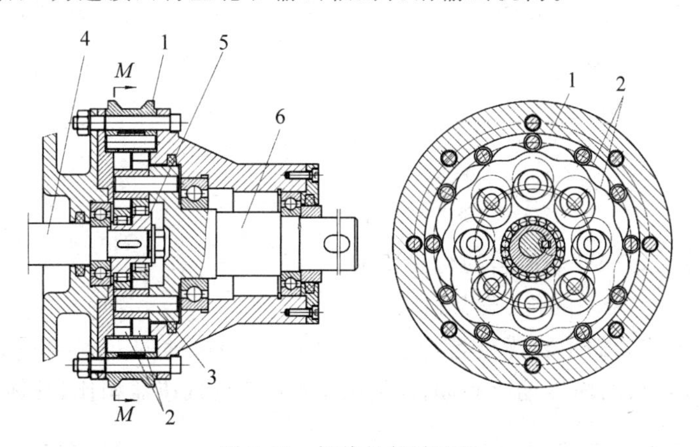

图 7-18　摆线针轮减速器

2）摆线针轮行星传动的齿廓曲线和基本参数

如上所述，摆线针轮行星传动的内齿轮 1 的齿为针齿，而行星轮 2 的齿廓曲线为延长外摆线的等距曲线。这种曲线的形状如图 7-19 所示,当滚动节圆 1 在固定节圆 2 上作纯滚动时,圆 1 圆周上的点 B_0 描出外摆线 $B_0B'B_2$;同时,与滚圆 1 固连的点 D_0 描出延长外摆线 $D_0D'D_2$。以 $D_0D'D_2$ 上任一点为圆心及以针齿的半径为半径画许多圆,再作这些圆的内包络线 $E_0E'E_2$,那么 $E_0E'E_2$ 就是行星轮 2 的齿廓曲线。

摆线针轮行星传动利用整个一条延长外摆线的等距曲线作为摆线轮的一个齿廓曲线。所以,如图 7-20 所示,最后一条全幅延长外摆线的终点应与第一条全幅延长外摆线的始点相重合。当描出一个全幅外摆线(同时也是描出一个全幅延长外摆线)时,滚圆 1 滚过的弧长为 $2\pi r_1$,而定圆 2 被滚过的弧长为 $2\pi r_2+\overset{\frown}{B_0B_2}=2\pi r_2+p$,其中 $p=\overset{\frown}{B_0B_2}$ 为齿距。因为是纯滚动,故

$$2\pi r_1=2\pi r_2+p$$

即

$$p=2\pi(r_1-r_2)=2\pi a$$

但

$$p=\frac{2\pi r_2}{z_2}$$

故

$$r_2=az_2 \tag{7-11}$$

式中,a 为中心距;z_2 为行星轮 2 的齿数。

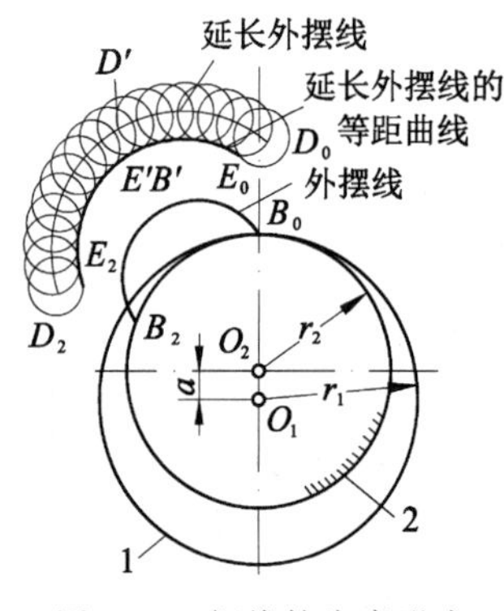

图 7-19 摆线轮齿廓形成

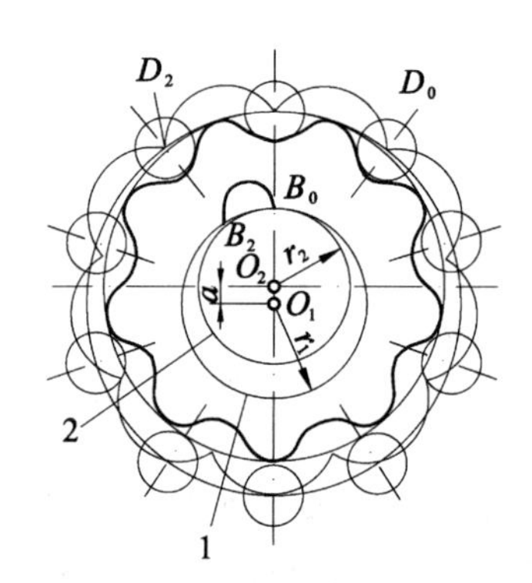

图 7-20 摆线轮轮齿

又因

$$r_1=r_2+a=a(z_2+1) \tag{7-12}$$

$$z_1=\frac{2\pi r_1}{p}=\frac{z_2r_1}{r_2}=\frac{r_1}{a}=z_2+1 \tag{7-13}$$

所以,摆线针轮传动是一种一齿差的行星传动。

3) 摆线针轮行星传动的优、缺点和应用

摆线针轮行星传动的主要优点是:①传动比大,一级减速的 $i_{HV}=6\sim119$;②结构较简单,体积小,质量轻,与同样传动比和同样功率的普通齿轮减速器相比,其体积和质量可减少到 $\frac{1}{3}\sim\frac{1}{2}$;③效率高,一般要达 0.9~0.95,最高可达 0.97;④运转平稳,过载能力大;⑤工作可靠,使用寿命长。

摆线针轮传动的主要缺点是:加工工艺复杂,制造精度要求高,必须用专用的机床和刀

具来加工摆线轮。

摆线针轮传动这种新型传动机构，由于其突出的优点，目前在国防、冶金、化工、纺织等行业的设备中得到广泛的应用。

3. 谐波齿轮传动

1）谐波齿轮传动（harmonic gear drive）的构造和工作原理

谐波齿轮传动是利用机械波使薄壁齿圈产生弹性变形来达到传动目的。如图 7-21 和图 7-23 所示，它由三个主要构件即刚轮 1、柔轮 2 和波发生器 H 所组成。柔轮是一个容易变形的薄壁圆筒外齿圈；刚轮是一个刚性内齿轮；它们的齿距相同，但柔轮比刚轮少一个到几个齿。波发生器由一个椭圆盘和一个柔性滚珠轴承组成（图 7-21），也可以由一个转臂和几个滚子组成（图 7-22 和图 7-23）。通常波发生器为原动件；而柔轮和刚轮之一为从动件，另一为固定件。

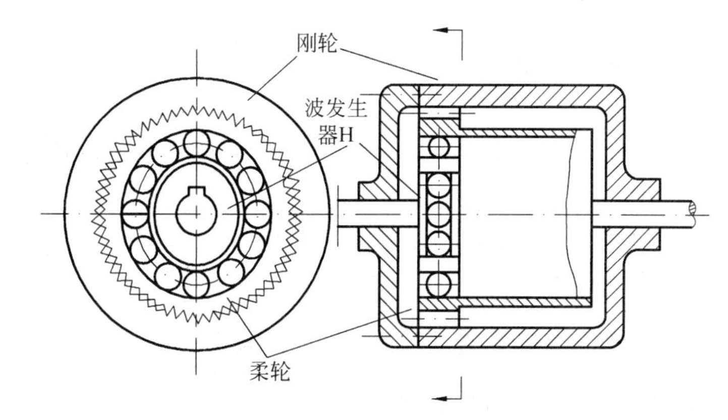

图 7-21　谐波齿轮传动

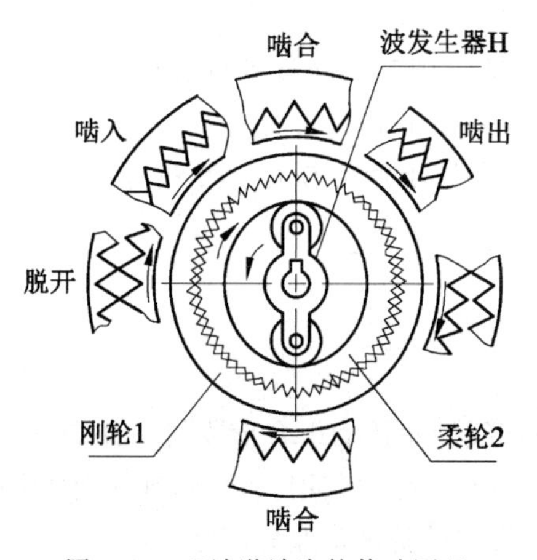

图 7-22　双波谐波齿轮传动原理

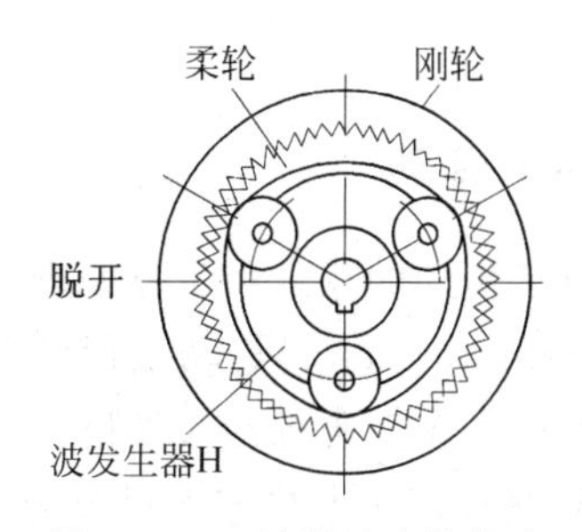

图 7-23　三波谐波齿轮传动

谐波齿轮传动原理如图 7-22 所示，令波发生器 H 主动，当它在柔轮内旋转时，迫使柔轮变形，于是在波发生器长轴方向，刚轮 1 和柔轮 2 的齿完全啮合；而波发生器的短轴方向，刚轮 1 和柔轮 2 的齿完全处于脱开状态。柔轮比刚轮少 2 个齿时，称为双波谐波齿轮，应用最广；少一个齿或3个齿时，称为单波或三波谐波齿轮传动。对于双波传动，当波发生器旋转一周，柔轮朝波发生器旋转的相反方向转过两个齿距，即柔轮2倒转(z_1-z_2)个齿。因此波发生器和柔轮的传动比为

$$i_{H2}=\frac{n_H}{n_2}=\frac{z_2}{z_1-z_2} \tag{7-14}$$

即为当刚轮固定不动，柔轮输出时，谐波齿轮传动传动比的计算。

当柔轮固定，刚轮输出时，传动比计算公式为

$$i_{H1}=\frac{n_H}{n_1}=\frac{z_1}{z_1-z_2} \tag{7-15}$$

这时刚轮的转向与波发生器转向相同。

谐波齿轮传动与一般行星传动最大的区别是，这种传动是利用柔轮的弹性变形实现齿轮的啮合传动；并且在啮合区同时啮合的齿数高达30%～40%，因此单个齿啮合过程中的载荷较小。

2）谐波齿轮传动的优缺点和应用

谐波齿轮传动的主要优点：

(1) 传动比大，且范围广。单级传动比为50～320，复波式谐波齿轮传动的传动比可达10^7；

(2) 同时参加啮合的齿数多(可达30%～40%)，承载能力高；

(3) 运动精度高，传动平稳；

(4) 体积小，质量轻，比一般齿轮传动的体积和质量减小$\frac{1}{3}$～$\frac{1}{2}$；

(5) 传动效率较高，齿的磨损小，单级效率为0.70～0.90；

(6) 可向密闭空间传递运动。因而可用它操纵高温、高压、原子辐射等有害介质空间的机构，这是现有其他一切传动所不能比拟的。

由于上述诸多的优点，谐波齿轮传动已广泛地应用于空间技术、能源、机器人、雷达、通信、机床、仪表、造船、汽车、起重运输、医疗器械等众多工业领域。

谐波齿轮传动的主要缺点：柔轮周期性变形，易于疲劳损坏；另外，传动比太小不易实现。

4. RV传动

1）RV传动的构造和工作原理

RV(rotate vector)传动是行星齿轮传动与摆线针轮传动组合形成的一种二级减速传动装置。近年来在工业机器人等精密传动领域得到了广泛的应用。目前，在国外和国内某些领域，RV减速器工业机器人已成为一种标准化机械设备被工业界广泛应用。

RV减速器机构简图如图7-24所示。机构中第一级行星齿轮传动为RV传动的差动机构，而第二级K-H-V型摆线针轮行星传动为其封闭机构。RV减速器机构主要由中心轮1、行星轮2、曲柄轴3、摆线轮4、针轮5和输出盘6组成，图7-25为零件装配结构剖视图。RV传动的工作原理如下：中心轮1与输入轴连接在一起，以传递输入功率，并与行星轮2相啮合。行星轮2与曲柄轴3相固连，多个(2个或3个)行星轮均匀地分布在一个圆周上，起功

率分流的作用。曲柄轴 3 是摆线轮 4 的旋转轴，它的一端与行星轮 2 相固连，另一端通过轴承与行星架相连接，它可以带动摆线轮 4 产生公转，同时又支承摆线轮的自转。为了达到静平衡，采用两个完全相同的摆线轮 4，分别借助于轴承安装在曲柄轴 3 上，而且两个摆线轮的偏心位置相互成 180°，使两个摆线轮所受的径向载荷得到抵消。针轮 5 通过壳体与机座相固连，沿针轮圆周方向均匀分布有 n 个针齿，一般针齿由针齿销和针齿套组成，以减少与摆线轮啮合时的摩擦损失。在输出盘 6 上均匀分布多个曲柄轴 3 的轴承孔，曲柄轴的输出端借助轴承安装在输出盘上。其传动特点是中心轮 1 作为输入，传给行星轮 2，进行第一级减速。行星轮 2 与曲柄轴 3 固连，将行星轮 2 的旋转运动通过曲柄轴 3 传给摆线轮 4，构成摆线行星传动的平行四边形输入，使摆线轮 4 产生偏心运动。同时摆线轮 4 与针轮 5 啮合产生绕其回转中心自转运动，此运动又通过曲柄轴 3 传递给输出盘 6 实现等速输出转动。

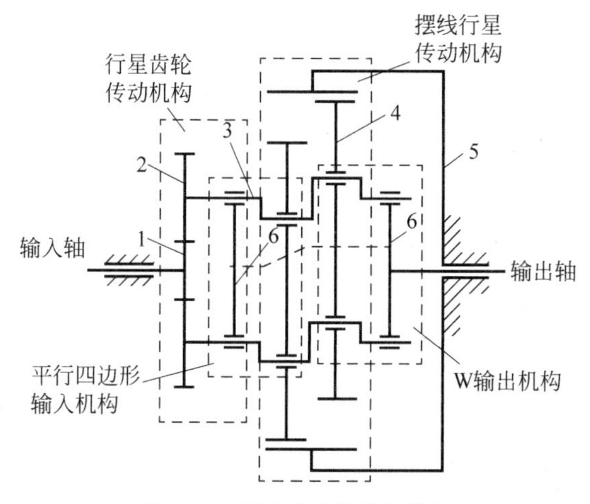

图 7-24　RV 减速器机构简图

1—中心轮；2—行星轮；3—曲柄轴；4—摆线轮；5—针轮；6—输出盘

图 7-25　RV 减速器结构剖视图

该机构的传动比可按如下关系式计算：

第一级行星传动比为

$$i_{12}^{6}=\frac{n_1-n_6}{n_2-n_6}=\frac{z_2}{z_1} \tag{7-16}$$

第二级摆线针轮行星传动比为

$$i_{45}^{3}=\frac{n_4-n_3}{n_5-n_3}=1-\frac{n_4}{n_3}=\frac{z_5}{z_4} \tag{7-17}$$

由其传动原理可知，二级系杆转速等于一级传动的行星轮转速，即 $n_3=n_2$；由输出机构传动原理，行星架的转速等于摆线轮的自传转速，即 $n_6=n_4$；故 RV 传动的减速比为

$$i_{16}=\frac{n_1}{n_6}=1+\frac{n_4}{n_3}=1+\frac{z_2 z_5}{z_1(z_5-z_4)} \tag{7-18}$$

由此可见，RV 传动比不等于两级传动比乘积。同时行星轮自转方向与公转方向相反，且当公转一转时，才自转 $(z_5-z_4)/z_4$ 转。

2) RV 传动的特点与应用

RV 传动的优点是：①RV 传动第一级用了多个行星轮分担载荷，第二级摆线针轮为硬齿面多齿啮合,因此RV传动承载能力大、结构紧凑;②摆线针轮传动实现多齿啮合,大大提升了啮合刚度,机构的输出采用两端支承,因此机构的刚度大;③传动精度高,回差小,精度保持性好;④传动比范围大,其常用的传动比范围为57～192;⑤除了第一级的齿轮啮合外,其他各处基本实现全滚动啮合,摩擦损耗小,传动效率高,传动平稳。

RV传动的缺点是:摆线轮、曲柄等均需专门的加工设备,整个加工工艺比较复杂,加工难度也非常大,而且对装配精度要求很高。

RV传动减速器广泛应用于机器人等大功率、高精度伺服机构中,在工业机器人中一般用于受力较大的机座、大臂和肩部等关节中。

拓展性阅读文献指南

关于定轴轮系、周转轮系和复合轮系的设计与分析,可以参考王均刚主编的《行星轮系与多级齿轮传动系统动态性能与传动设计优化研究》,合肥工业大学出版社,2018。

有关轮系的分类、行星轮系各轮齿数及选择和新型行星传动设计,可参考朱孝录主编的《齿轮传动设计手册》,化学工业出版社,2010。

思 考 题

7-1 轮系如何分类?周转轮系又可分哪几类?

7-2 在给定轮系主动轮的转向后,可用什么方法来确定定轴轮系从动轮的转向?周转轮系中主、从动件的转向关系又用什么方法来确定?

7-3 如何计算周转轮系的传动比?何谓周转轮系的转化机构?i_{AB}^{H}是不是周转轮系中A、B两轮的传动比?为什么?

7-4 如何划分一个复合轮系的定轴轮系部分和各基本周转轮系部分?计算周转轮系传动比时应注意什么?

7-5 在计算行星轮系的传动比时,$i_{AH}=1-i_{AB}^{H}$只有在什么情况下才是正确的?

7-6 空间齿轮所组成的定轴轮系的输出轴转向如何确定?其传动比有无正负号?如何求空间齿轮所组成的周转轮系的传动比?如何确定其输出轴的转动方向?

7-7 阐述行星轮系的装配条件。

7-8 何谓少齿差行星齿轮传动?摆线针轮传动齿数差一般是多少?在谐波传动中柔轮与刚轮的齿数差如何确定?

7-9 RV传动是由哪两部分组成?为什么其承载能力强、刚度好?

习 题

7-1 在题7-1图所示轮系中,各轮齿数为$z_1=20$,$z_2=40$,$z_{2'}=20$,$z_3=30$,$z_{3'}=20$,$z_4=40$。试求传动比i_{14},并问:如需变更i_{14}的符号,可采取什么措施?

7-2　在题7-2图所示轮系中，各轮齿数为 $z_1=1$，$z_2=60$，$z_{2'}=30$，$z_3=60$，$z_{3'}=25$，$z_{3''}=1$，$z_4=30$，$z_{4'}=20$，$z_5=25$，$z_6=70$，$z_7=60$，蜗杆1转速 $n_1=1440\text{r/min}$，转向如图所示，试求 i_{16}、i_{71}、n_6。

7-3　在题7-3图所示自动化照明灯具的传动装置中，已知输入轴的转速 $n_1=19.5\text{r/min}$，各齿轮的齿数为 $z_1=60$，$z_2=z_3=30$，$z_4=z_5=40$，$z_6=120$。求箱体B的转速 n_B。

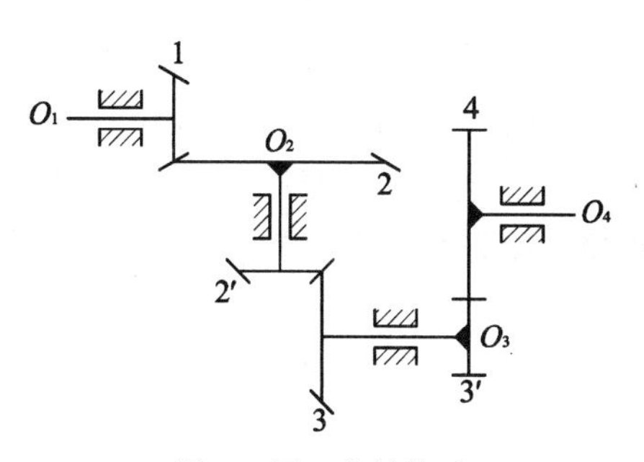

题7-1图　定轴轮系

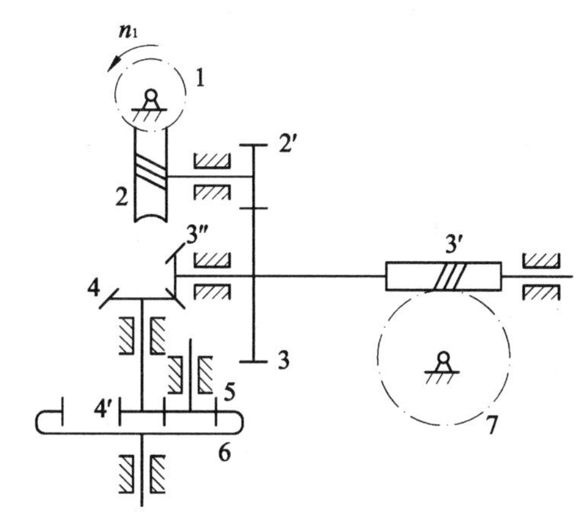

题7-2图　定轴轮系

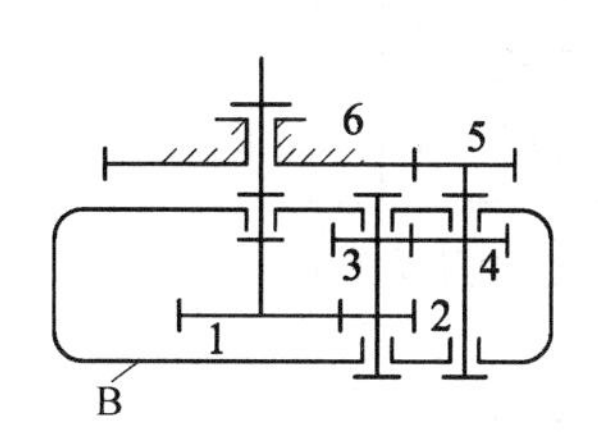

题7-3图　封闭复合轮系

7-4　在题7-4图所示轮系中，已知：$z_1=32$，$z_2=33$，$z_{2'}=z_4=38$，$z_3=z_{3'}=19$，$z_5=1$（右旋），$z_6=76$，$n_1=45\text{r/min}$，转向如图示，试分别在下面三种情况下求 n_4。

（1）当 $n_5=0$；

（2）当 $n_5=10\text{r/min}$（逆时针方向）；

（3）当 $n_5=10\text{r/min}$（顺时针方向）。

7-5　在题7-5图所示双速传动装置中，A为输入轴，H为输出轴，$z_1=40$，$z_2=20$，$z_3=80$。合上C而松开B时为高速挡；脱开C而刹紧B时为低速挡；同时脱开C和B时为空挡。求前两挡的 $i_{HA}=\frac{1}{3}$；并讨论空挡时 ω_H 与 ω_A 的关系。

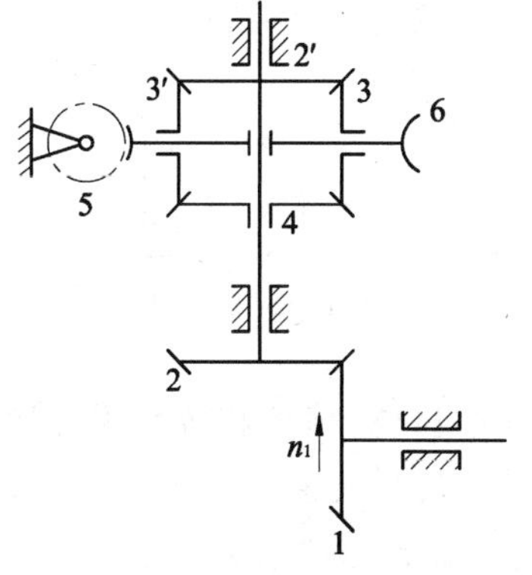

题7-4图　复合轮系

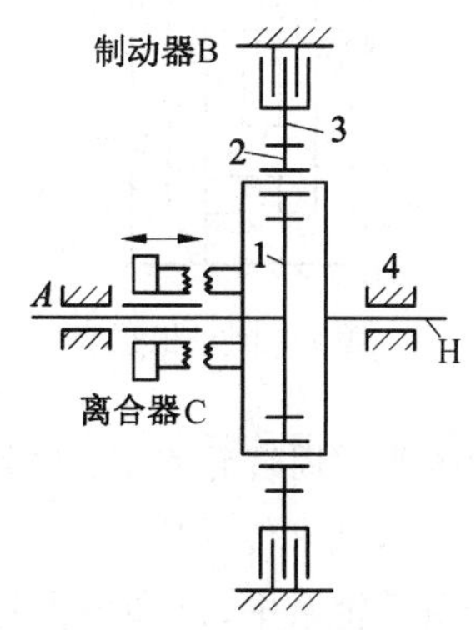

题7-5图　双速传动装置

7-6　题7-6图所示变速器,已知 $z_1=z_{1'}=z_6=28$,$z_3=z_5=z_{3'}=80$,$z_2=z_4=z_7=26$。当鼓轮A、B、C分别被刹住时,求传动比 i_{1H}。

7-7　题7-7图所示手动起重葫芦,已知各轮齿数 $z_1=12$,$z_2=24$,$z_{2'}=12$,$z_3=48$(内齿轮),该装置传动效率 $\eta=0.86$,问:欲提升 $Q=5000\text{N}$ 的重物,需施加于链轮1′上的圆周力 F 多大?

7-8　在题7-8图所示输送带的减速器中,已知 $z_1=10$,$z_2=32$,$z_3=74$,$z_4=72$,$z_{2'}=30$ 及电动机的转速为1450r/min,求输出轴的转速 n_4。

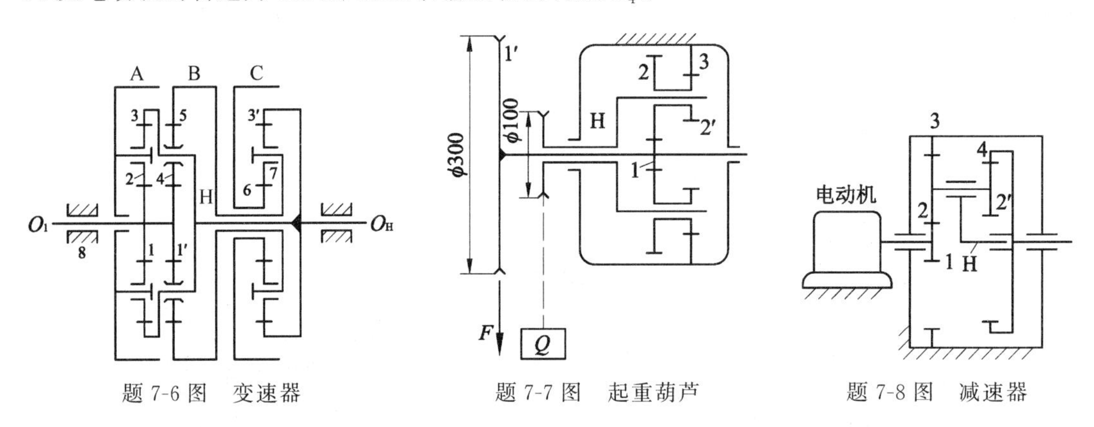

题7-6图　变速器　　题7-7图　起重葫芦　　题7-8图　减速器

7-9　在题7-9图所示自行车里程表的机构中,C为车轮轴。已知各轮的齿数为 $z_1=17$,$z_3=23$,$z_4=19$,$z_{4'}=20$ 及 $z_5=24$。设轮胎受压变形后使28in车轮的有效直径约为0.7m。当车行1000m时,表上的指针刚好回转一周,求齿轮2的齿数。

7-10　在题7-10图所示减速装置中,齿轮1固定于电动机M轴上,而该电动机安装在行星架H上。已知各轮齿数为 $z_1=z_2=20$,$z_3=60$,$z_4=90$,$z_5=210$,电动机转速(相对于行星架H的转速)$n_1^H=1440\text{r/min}$,求 n_H。

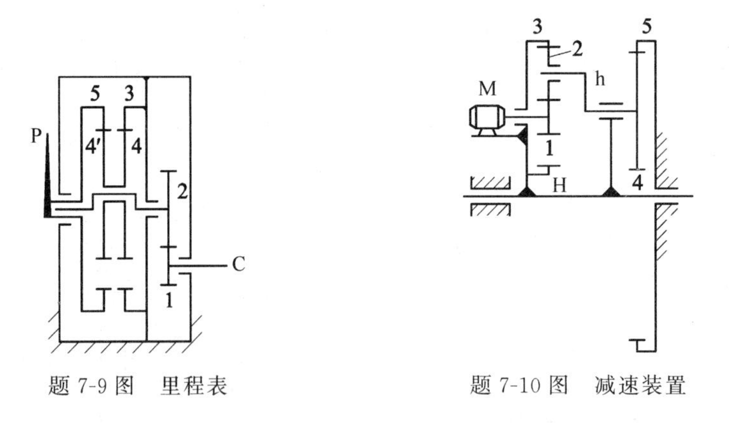

题7-9图　里程表　　题7-10图　减速装置

7-11　如图所示周转轮系,已知各齿轮均为标准齿轮,模数相等且无侧隙啮合。齿数 $z_2=z_{2'}=z_3=z_4$,试求传动比 i_{41},并说明齿轮1、4的转向关系。

7-12　在图示轮系中,已知各齿轮齿数为:$z_1=18$,$z_2=36$,$z_{2'}=33$,$z_3=90$,$z_4=87$,$z_{4'}=z_5$,$z_{5'}=z_6$,试求 i_{1H}。

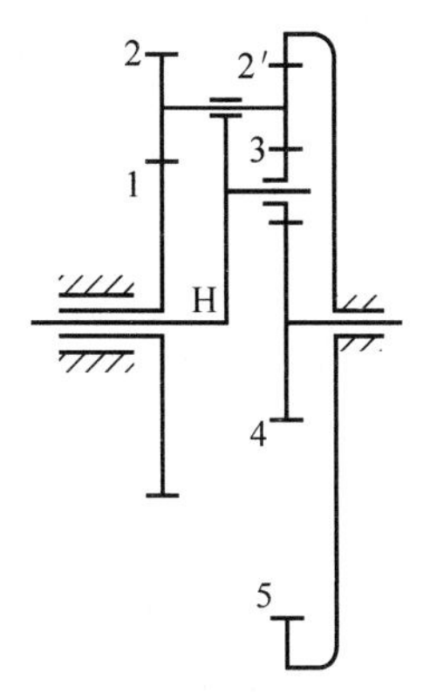

题 7-11 图　复合轮系

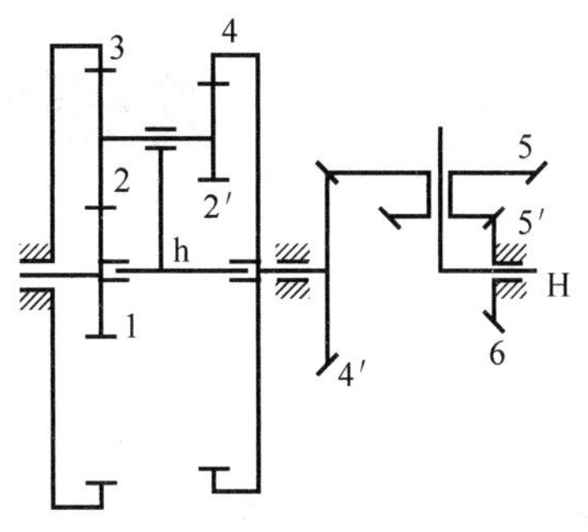

题 7-12 图　复合轮系

第 8 章

其他常用机构

内容提要：本章主要介绍了除平面连杆机构、凸轮机构和齿轮机构以外其他常用的一些机构，它们是：用于传递两相交轴间运动和动力的万向联轴节；实现将转动转化为移动的螺旋机构；实现间歇运动的槽轮机构、棘轮机构、不完全齿轮机构等；具有变传动比的非圆齿轮机构；能满足机械复杂运动要求的组合机构以及机器人机构等。本章将分别介绍这些机构的结构组成、工作原理、运动特点及其应用。

本章重点：万向联轴节、螺旋机构、间歇运动机构、组合机构的结构组成及工作原理。

本章难点：万向联轴节、非圆齿轮机构和机器人机构的运动分析和运动特点。

8.1　万向联轴节

万向联轴节(universal joint)是一种空间机构，可用于传递两相交轴间的运动和动力，而且在传动过程中两轴之间的夹角可以变动。它广泛应用于汽车、机床等机械的传动系统中。它又分为单万向联轴节与双万向联轴节两种。

1. 单万向联轴节

单万向联轴节结构如图 8-1 所示。轴 1 与轴 3 的末端各有一叉，中间用一“十字形”构件相连，组成转动副 B、C，此“十字形”构件的中心 O 与两轴线的交点重合。两轴所夹的锐角为 α。当轴 1 转一周时，轴 3 也随之转一周，但两轴的瞬时角速度比却并不恒等于 1，而是随位置变化的。为简单起见，现仅就两个特殊位置加以说明。

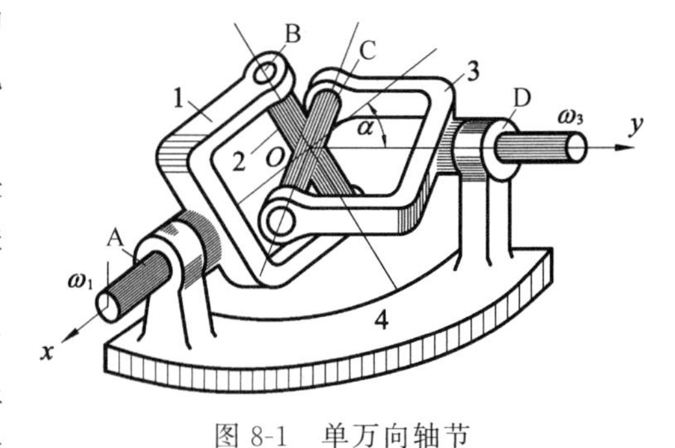

图 8-1　单万向轴节

如图 8-2(a)所示，主动轴 1 的叉面位于图纸平面内，角速度为ω_1，从动轴 3 的叉面正好与图面垂直，角速度为ω_3'。现分析此位置时两轴角速度的关系。根据角速度矢量关系有

$$\boldsymbol{\omega}_3' = \boldsymbol{\omega}_1 + \boldsymbol{\omega}_{31}$$

式中，$\boldsymbol{\omega}_1$、$\boldsymbol{\omega}_3'$分别为轴 1、轴 3 的角速度矢量，方向沿各自轴线；$\boldsymbol{\omega}_{31}$ 为轴 3 对轴 1 的相对角速度矢量。

由于轴 1 与轴 3 是通过“十字形”构件 2 相连接，故轴 1 与轴 3 的相对转动是相对 BB

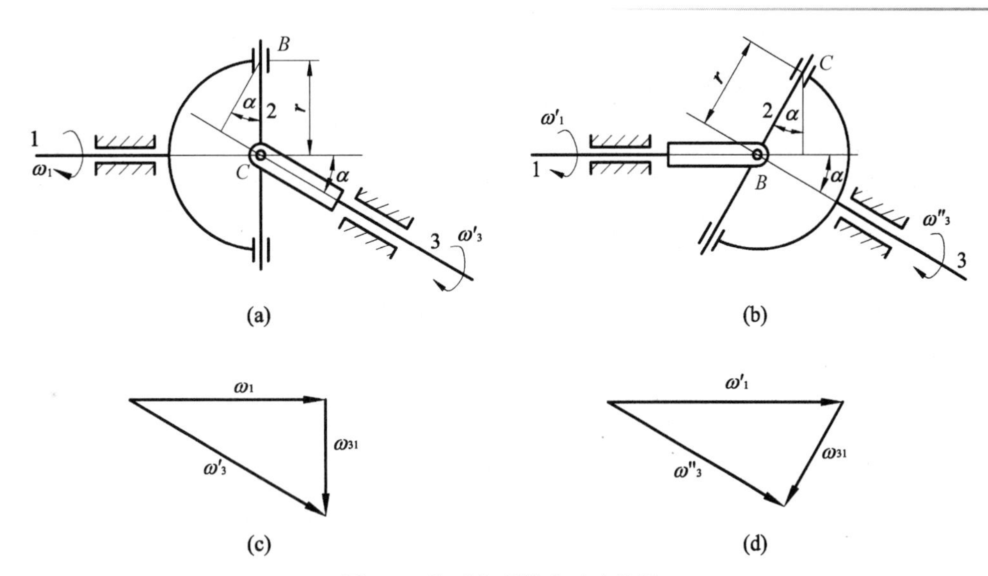

图 8-2　单万向联轴节运动分析

轴与相对 CC 轴转动的合成，因此$\boldsymbol{\omega}_{31}$ 可分解成沿 BB 轴与 CC 轴的两个分量$\boldsymbol{\omega}_{31}^{\mathrm{B}}$ 与$\boldsymbol{\omega}_{31}^{\mathrm{C}}$。在图 8-2(a)位置时，$\boldsymbol{\omega}_1$、$\boldsymbol{\omega}_3'$、$\boldsymbol{\omega}_{31}^{\mathrm{B}}$ 均在图纸平面内，而$\boldsymbol{\omega}_{31}^{\mathrm{C}}$ 垂直于图纸平面，故可得$\boldsymbol{\omega}_{31}^{\mathrm{C}}=0$，$\omega_{31}=\omega_{31}^{\mathrm{B}}$，可作出角速度矢量图如图 8-2(c)所示。由图可得

$$\omega_3'=\frac{\omega_1}{\cos\alpha} \tag{8-1}$$

当两轴转过 90°，处于图 8-2(b)所示位置时，设轴 1 的角速度仍为$\boldsymbol{\omega}_1$，而轴 3 的角速度为$\boldsymbol{\omega}_3''$，这时角速度的关系为

$$\boldsymbol{\omega}_3''=\boldsymbol{\omega}_1+\boldsymbol{\omega}_{31}$$

同理可得$\omega_{31}=\omega_{31}^{\mathrm{C}}$。其角速度矢量图如图 8-2(d)所示，可得

$$\omega_3''=\omega_1\cos\alpha \tag{8-2}$$

当两轴再转过 90°，而恢复到图 8-2(a)所示的位置时，两轴的角速度又恢复到式(8-1)所示的关系。由此可知，当主动轴 1 以角速度 ω_1 等速回转时，从动轴 3 的角速度 ω_3 将在 ω_3' 及 ω_3''的范围内变化，即

$$\omega_1\cos\alpha\leqslant\omega_3\leqslant\frac{\omega_1}{\cos\alpha} \tag{8-3}$$

而且变化的幅度与两轴间夹角 α 的大小有关。正因为如此，两轴夹角及其变化范围不能过大，一般 $\alpha\leqslant 30°$。

2. 双万向联轴节

由于单万向联轴节从动轴 3 作变速转动，因而在传动中将引起附加的动载荷，使轴产生振动。为消除这一缺点，常将万向联轴节成对使用，即将两个单个万向联轴节用一中间轴连接起来，组成双万向联轴节，如图 8-3 所示。中间轴 2 做成两部分用滑键连接以调节由于主、从动轴的相对位置发生变化时所引起的两万向节之间距离的改变。

欲使双万向节主、从动轴的角速度相等，即角速比恒等于 1，则必须满足下列两个条件：

(1) 主动轴与中间轴的夹角必须等于从动轴与中间轴的夹角。

(2) 中间轴两端的叉面必须位于同一平面内。

3. 万向联轴节的特点和应用

单万向联轴节的特点是：当两轴夹角变化时仍可继续工作，而只影响其瞬时角速比的大小。双万向联轴节常用来传递平行轴或相交轴的转动(图8-3)，它的特点是：当两轴间的夹角变化时，不但可以继续工作，而且在上述两条件下，还能保持等角速比，因此在机械中得到广泛的应用。例如图8-4所示为多轴钻床的双万向联轴节，它上面的轴装有传动齿轮，下面的轴与钻头相连，中间轴的两部分用滑键连接。当变更钻头位置时，由于上下两轴始终保持互相平行，$\alpha_1=\alpha_3$，且中间轴两端的叉面由结构保证始终位于同一平面内，因此两轴的角速度始终相等。又如在汽车变速箱与后桥主传动器之间用双万向联轴节连接，当汽车行驶时，由于道路的不平会引起变速箱输出轴和后桥输入轴相对位置的变化，这时中间轴与它们的倾角虽然也有相应的变动，但是传动并不中断，汽车仍能继续行驶。

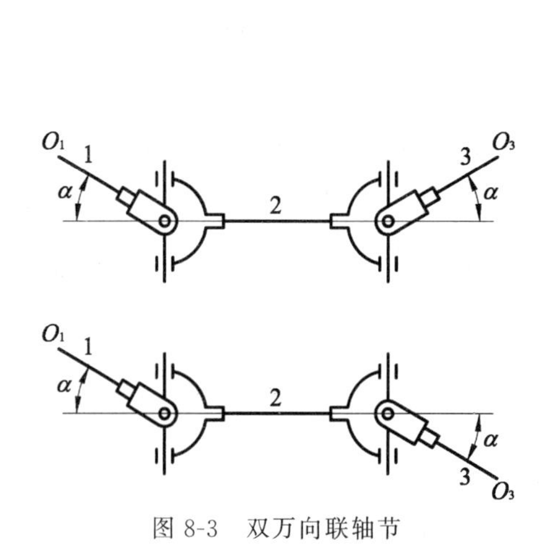

图8-3　双万向联轴节

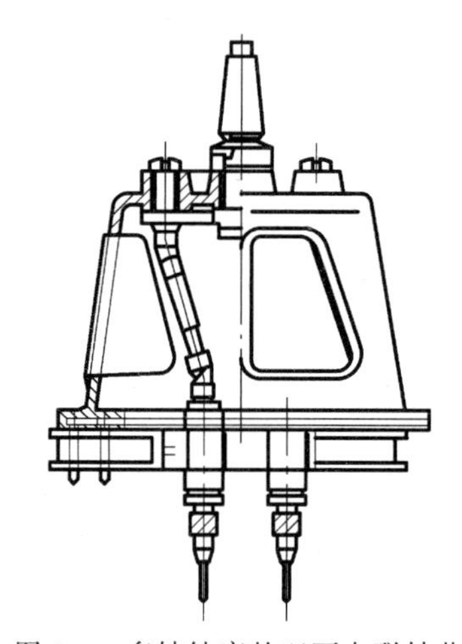

图8-4　多轴钻床的双万向联轴节

8.2　螺旋机构

1. 螺旋机构的工作原理和类型

含有螺旋副的机构称为螺旋机构(screw mechanism)。常用的螺旋机构除螺旋副外还有转动副和移动副。图8-5所示为一简单的螺旋机构，其中构件1为螺杆，构件2为螺母，构件3为机架。构件1、2组成螺旋副，构件1、3组成转动副；构件2、3组成移动副。

螺杆1的转角φ与螺母2沿螺杆的轴向位移s之间的关系为

$$s=p\frac{\varphi}{2\pi}\ \text{mm} \tag{8-4}$$

式中，p为螺旋的导程。

在图8-6所示螺旋机构中，螺杆1上有两段螺旋，其A段螺旋与机架3形成螺旋副；而B段螺旋与滑块2(螺母)形成螺旋副，滑块2相对于机架不能转动。如设A、B两段螺旋的导程分别为p_A及p_B，其螺纹的旋向相同(即同为右旋或同为左旋)，则螺杆1的转角φ与滑块2(螺母)的位移s之间的关系为

$$s=(p_A-p_B)\frac{\varphi}{2\pi} \tag{8-5}$$

由上式可知,若 p_A 和 p_B 近于相等时,则位移 s 可以极小。这种螺旋机构通称为差动螺旋(differential screw)。如果图 8-6 所示螺旋机构的两个螺旋方向相反而导程大小相等,那么滑块 2(螺母)的位移为

$$s=(p_A+p_B)\frac{\varphi}{2\pi}=2p_A\frac{\varphi}{2\pi}=2s' \tag{8-6}$$

式中,s'为螺杆 1 的位移。

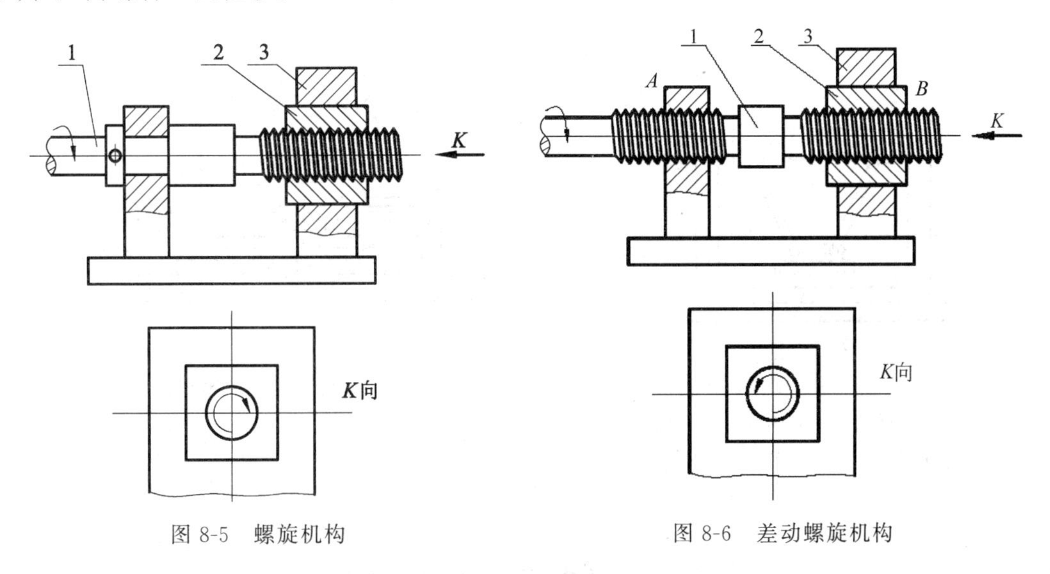

图 8-5　螺旋机构　　图 8-6　差动螺旋机构

可知,螺母 2 的位移是螺杆 1 位移的两倍,也就是说,可以使螺母 2 产生较快的移动。这种螺旋机构通称为复式螺旋(compound screw)。

2. 螺旋机构的特点和应用

螺旋机构结构简单,制造方便,它能将回转运动变换为直线运动,运动准确性高,降速比大,可传递很大的轴向力,工作平稳、无噪声、有自锁作用,但效率低。螺旋机构在机械、仪器仪表、工装夹具、测量工具等方面用得较广泛。

图 8-7 所示为镗床镗刀的微调机构。螺母固定于镗杆;螺杆与螺母组成螺旋副 A,同时又与螺母组成螺旋副 B;螺母的末端是镗刀,它与螺母组成移动副 C。螺旋副 A 与 B 旋向相同而导程不同。根据差动螺旋原理,当转动螺杆时,镗刀相对镗杆作微量的移动,以调整镗孔的进刀量。

图 8-8 所示为复式螺旋机构用于车辆连接的实例,它可以使车钩 E 与 F 很快地靠近或离开。

图 8-9 所示为压榨机构。螺杆 1 两端分别与螺母 2、3 组成旋向相反,导程相同的螺旋副 A 与 B,当转动螺杆 1 时,螺母 2 与 3 很快地靠近,再通过连杆 4、5 使压板 6 向下运动,以压榨物件。

图 8-10 所示为台钳定心夹紧机构。它由平面夹爪 1 和 V 形夹爪 2 组成定心机构。螺杆 3 的 A 端是右旋螺纹,导程为 p_A;B 端为左旋螺纹,导程为 p_B,它是导程不同的复式螺旋。当转动螺杆 3 时,夹爪 1 与 2 夹紧工件 5,并能适应不同直径工件的准确定心。

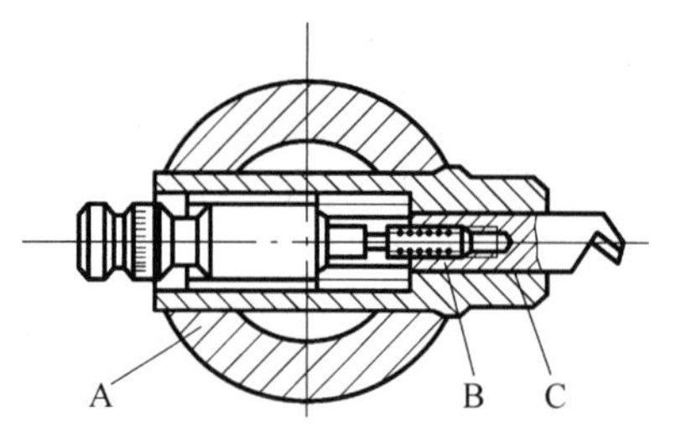

图 8-7 镗刀微调机构

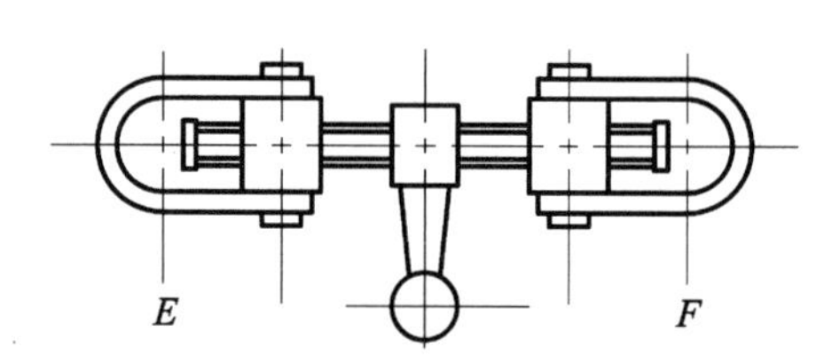

图 8-8 车辆连接的复式螺旋

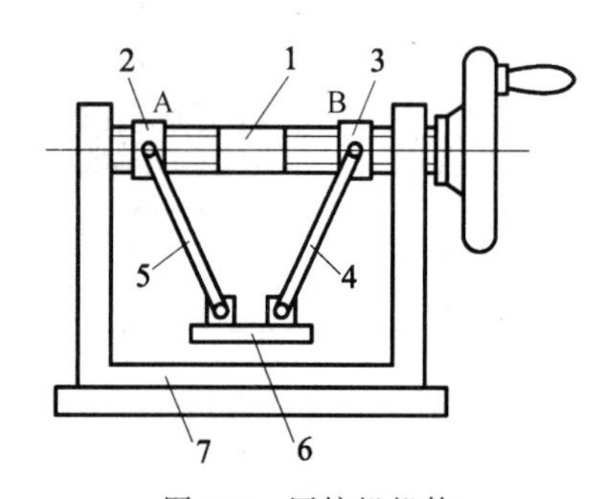

图 8-9 压榨机机构

1—螺杆；2—左螺母；3—右螺母；
4—右连杆；5—左连杆；6—压板；7—机架

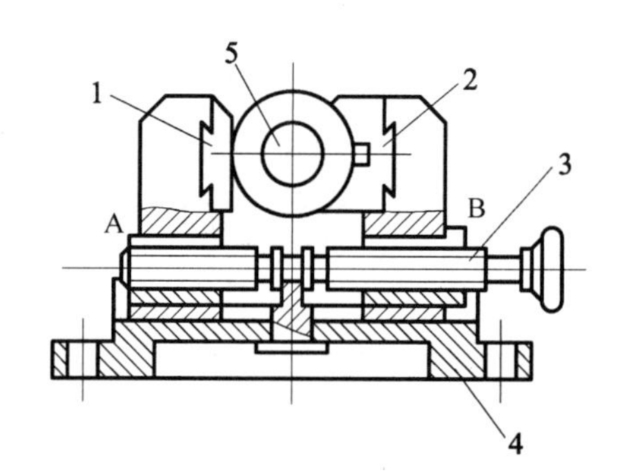

图 8-10 台钳定心夹紧机构

1—平面夹爪；2—V形夹爪；3—螺杆；
4—机架；5—工件

8.3 间歇运动机构

1. 棘轮机构

1) 棘轮机构的工作原理及特点

典型的棘轮机构(ratchet mechanism)如图 8-11 所示。该机构是由棘轮(ratchet)3、摆杆(主动杆)1 和驱动棘爪(pawl)4、止回爪 5 和机架 2 所组成。主动杆 1 空套在与棘轮 3 固连的从动轴上。当主动杆 1 逆时针方向转动时，驱动棘爪 4 便插入棘轮 3 的齿槽，使棘轮跟着转过某一角度。这时止回棘爪 5 在棘轮的齿背上滑过。当杆 1 顺时针方向转动时，止回棘爪 5 阻止棘轮发生顺时针方向转动，同时驱动棘爪 4 在棘轮的齿背上滑过，所以此时棘轮静止不动。这样，当杆 1 作连续往复摆动时，棘轮 3 和从动轴便作单向的间歇转动。杆 1 的摆动可由凸轮机构、连杆机构或电磁装置等得到。

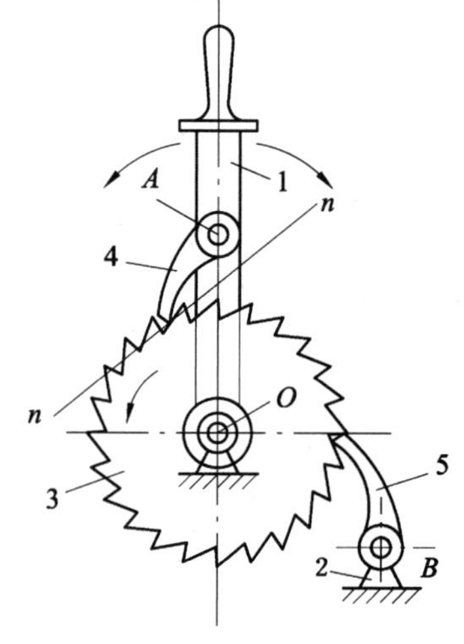

图 8-11 外齿棘轮机构

1—摆杆；2—机架；3—棘轮；
4—主动棘爪；5—止动棘爪

棘轮机构的特点是结构简单、制造方便，棘轮转角的大小取决于带动它的连杆机构或凸轮机构，因此易于调节。

但其传递的动力不大，传动平稳性较差，而且棘爪在棘轮齿面上滑行时会发生噪声和齿尖磨损，故只能用于低速低精度场合。

根据棘轮机构的类型和工作原理，棘轮机构可分为轮齿式棘轮机构和摩擦式棘轮机构两大类。

轮齿式棘轮机构靠轮缘上轮齿的刚性推动来传动，棘轮可做成外齿(图 8-11)或内齿(图 8-12)。当棘轮的直径为无穷大时，变为棘条(图 8-13)。

根据棘轮的运动又可分为单向式棘轮机构(图 8-11，图 8-12，图 8-13)和双向式棘轮机构。如图 8-14 所示，将棘轮齿做成方形，棘爪与棘轮齿接触的一面做成平面，这样，当曲柄向左摆动时，棘爪推动棘轮逆时针转动。棘爪的另一面做成曲面，以便摆回来时可以在轮齿上滑过。若需棘轮顺时针转动，只需将棘爪绕 A 点转至虚线所示的位置即可。

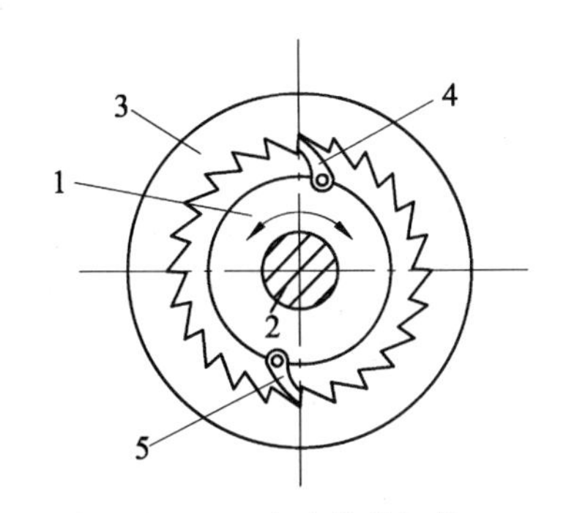

图 8-12　内齿棘轮机构

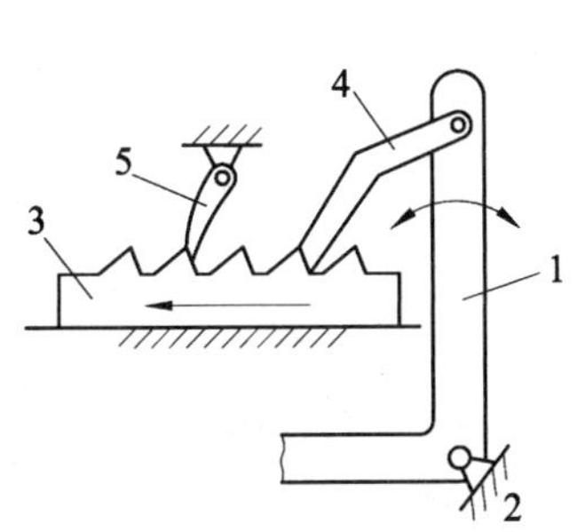

图 8-13　棘条机构

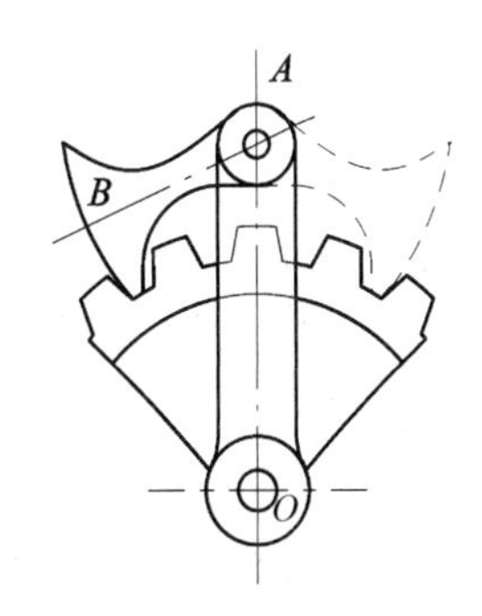

图 8-14　双向式棘轮机构

摩擦式棘轮机构(见图 8-15)的传动过程和齿式棘轮机构相似，只不过用偏心扇形块代替棘爪，用摩擦轮代替棘轮。当杆 1 逆时针方向摆动时，扇形块 2 楔紧摩擦轮 3 成为一体，使轮 3 也一同逆时针方向转动，这时止回扇形块 4 打滑；当杆 1 顺时针方向转动时，扇形块 2 在轮 3 上打滑，这时止回扇形块 4 楔紧，以防止 3 倒转。这样当杆 1 作连续反复摆动时，轮 3 便得到单向的间歇运动。

为了加大机构传递扭矩，摩擦式棘轮机构一般都采用多表面同时工作的方式。上述单偏心楔块式棘轮机构可演变为滚子摩擦式棘轮机构。如图 8-16 所示，它由外环 1、星轮 3 和若干滚子 2 所组成。当外环 1 顺时针方向转动时，外环对滚子的摩擦力作用使滚子 2 向外环和星轮之间的狭窄处楔紧，而楔紧所产生的摩擦力则使环和星轮形成一个刚体，从而使星轮 3 与外环一起转动。当外环逆时针方向转动时，滚子在摩擦力作用下从狭窄处退出，使外环和星轮松开，故星轮静止不动。因此，当外环反复转动时，就实现了星轮的单向间歇运动，反之，若运动由星轮传入，即星轮为主动件，外环也能实现单向间歇运动。

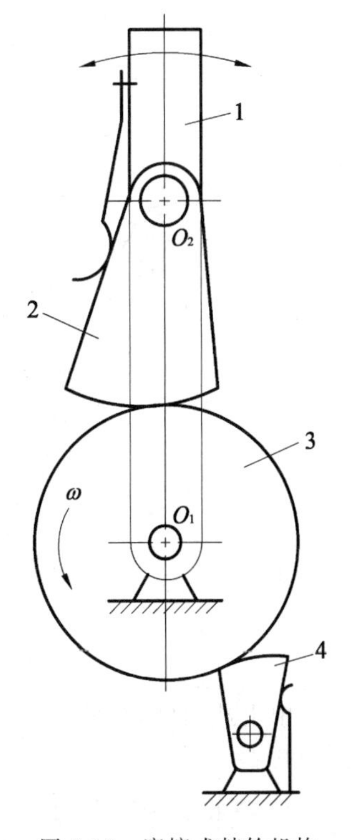

图 8-15　摩擦式棘轮机构

2）棘爪自动啮紧棘轮齿根的条件

在轮齿式棘轮机构中为保证棘轮机构能正常工作，在传动中必须使棘爪能自动啮紧棘轮的齿根不滑脱。棘爪的受力如图 8-17 所示,主动件 1 顺时针转动带动棘爪 2 进入棘轮 3 齿槽,棘齿作用在棘爪上的正压力和摩擦力分别为 $\boldsymbol{N}_{32}$ 和 $\boldsymbol{F}_{32}$。为了确保棘爪能自动啮入并楔紧,则 $\boldsymbol{N}_{32}$ 对回转轴线 O_2 的力矩应大于 $\boldsymbol{F}_{32}$ 对 O_2 的力矩,即

$$N_{32} l \sin\alpha > F_{32} l \cos\alpha$$

因 $F_{32} = fN_{32}$,故

$$\tan\alpha > f = \tan\varphi$$

即

$$\alpha > \varphi \tag{8-7}$$

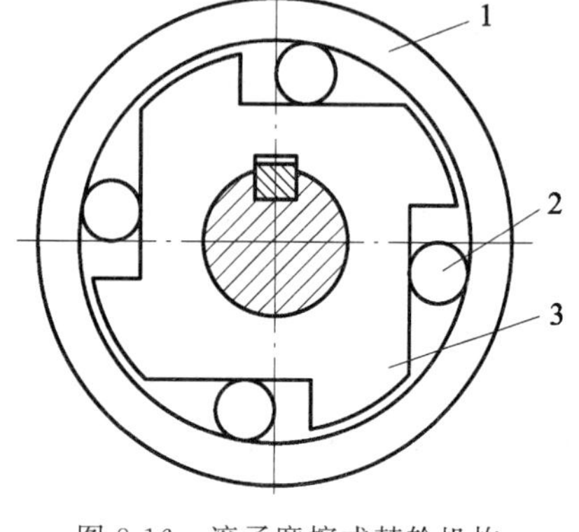

图 8-16 滚子摩擦式棘轮机构

式中,α 为齿面法线 nn 与棘爪回转半径 O_2A 之间夹角;f 和 φ 分别为棘爪与棘齿接触面之间的摩擦系数和摩擦角。

设计时应取 $OO_2 > OA$;通常取 O_2 位于过 A 点垂直于 OA 的直线上。这样,棘齿齿面与 OA 之间的夹角等于 α。当 $f = 0.2$ 时,$\varphi = 11°30'$;为了安全可靠起见,通常取 $\alpha = 20°$,此时棘齿给棘爪的正压力 N_{32} 与摩擦力 F_{32} 的合力作用线必通过中心线 OO_2。

对于滚子式摩擦棘轮机构,见图 8-18,当构件 1 顺时针方向转动时,滚子 2 处于楔紧状态,并分别与构件 1、3 在点 A、B 接触。构件 2 所受的正压力 N_A 和 N_B 使它有被挤出的趋势,而构件 1 对 2 的摩擦力 F_A 阻止 2 被挤出。设滚子在 A 和 B 接触处的公法线夹角为楔紧角 β,滚子半径为 r_c,那么,为了使滚子楔紧在构件 1 和 3 的狭隙中不被挤出,则必须使 F_A 对点 B 的力矩大于 N_A 对点 B 的力矩,即

$$F_A(r_c + r_c\cos\beta) > N_A r_c \sin\beta$$

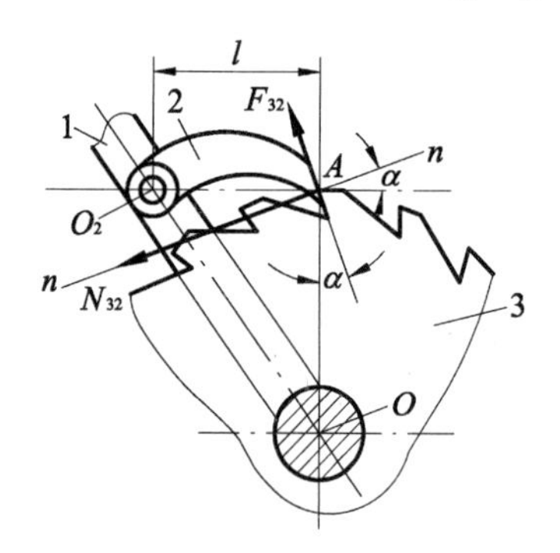

图 8-17 棘爪受力分析

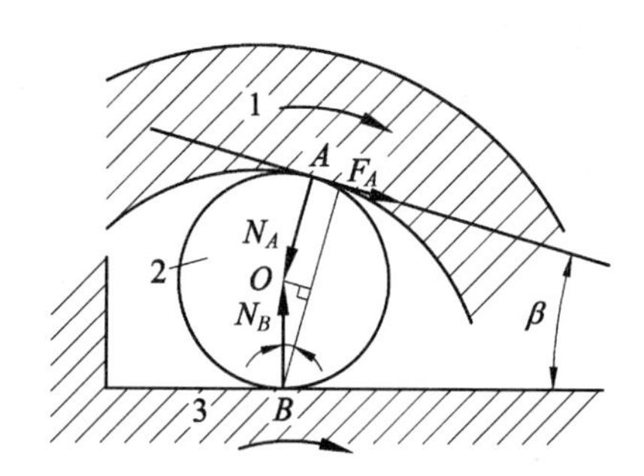

图 8-18 摩擦滚子受力分析

将 $F_A = N_A f$,$f = \tan\varphi$ 代入上式,整理后得

$$\varphi > \frac{\beta}{2} \quad 或 \quad 2\varphi > \beta \tag{8-8}$$

由上式可知,楔紧角 β 应小于两倍的摩擦角,但 β 也不能选得太小,否则滚子不易退出楔紧状态。

3) 棘轮机构的应用

轮齿式棘轮机构运动可靠,从动棘轮的转角容易实现有级的调节,但在工作过程中有噪

声和冲击，棘齿易磨损，在高速时尤其严重，所以常用在低速、轻载下实现间歇运动。例如在图 8-19 所示的牛头刨床工作台的横向进给机构中，运动由一对齿轮传到曲柄 1；再经连杆 2 带动摇杆 3 作往复摆动；摇杆 3 上装有棘爪，从而推动棘轮 4 作单向间歇转动；棘轮与螺杆固连，从而又使螺母 5(工作台)作进给运动。若改变曲柄的长度，就可以改变棘爪的摆角，以调节进给量。

棘轮机构也常在各种机构中起超越作用，其中最常见的例子之一是自行车的传动装置，自行车后轮上所谓的"飞轮"，实际上就是一个内啮合棘轮机构。如图 8-20 所示，"飞轮"1 的外圆周是链轮，内圆周制成棘轮轮齿，棘爪 2 安装于后轴 3 上。当链条使"飞轮"1 逆时针转动时，"飞轮"1 内侧的棘齿通过棘爪 2 带动后轴 3 逆时针转动；当链条停止时，"飞轮"1 停止了运动，但后轴 3 仍然逆时针转动，其上的棘爪 2 将沿着"飞轮"内侧棘轮的齿背滑过。因而，后轴将在自行车的惯性作用下与"飞轮"脱开而继续转动，产生一种"从动"超过"主动"的超越作用。

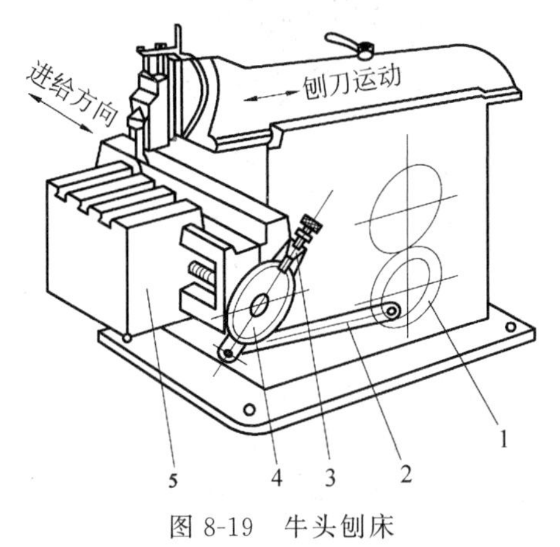

图 8-19　牛头刨床

1—曲柄；2—连杆；3—摇杆；4—棘轮；5—工作台

图 8-20　自行车"飞轮"

1—内棘轮；2—棘爪；3—后轴

在起重机、绞盘等机械装置中，还常利用棘轮机构使提升的重物能停止在任何位置上，以防止由于停电等原因造成事故。

摩擦式棘轮机构传递运动较平稳，无噪声，从动构件的转角可作无级调节，常用来做超越离合器，在各种机构中实现进给或传递运动，但运动准确性差，不宜用于运动精度要求高的场合。

2. 槽轮机构

1) 槽轮机构的工作原理

槽轮机构(geneva mechanism)和棘轮机构一样，也是一种间歇运动机构。如图 8-21 所示为一外槽轮机构，主要由带有圆销的拨盘 1、具有径向槽的槽轮 2 和机架组成。

当主动拨盘 1 连续回转时，其上圆销 A 进入槽轮的径向槽带动槽轮一起转动；当圆销 A 转过 $2\varphi_1$ 角后，圆销从径向槽中脱出，槽轮停止转动；当拨盘继续转动$(2\pi-2\varphi_1)$角后，圆销 A 再次进入槽轮的另一个径向槽，槽轮又开始转动。这样周而复始的循环，使槽轮获得间歇运动。当圆销 A 脱出径向槽后，为了保持槽轮静止不动，在槽轮上设计有内凹锁住弧 β，可被拨盘上的外凸圆弧 α 所卡住。这样，当主动构件 1 作连续转动时，从动轮 2 便得到单向的间歇转动。

平面槽轮机构有两种形式：一种是外槽轮机构(external geneva mechanism)，如图 8-21 所示，槽轮上径向槽的开口是自圆心向外，拨盘与槽轮转向相反；另一种是内槽轮机构(internal geneva mechanism)，如图 8-22 所示，其槽轮上径向槽的开口是向着圆心的，拨盘与槽轮转向相同。

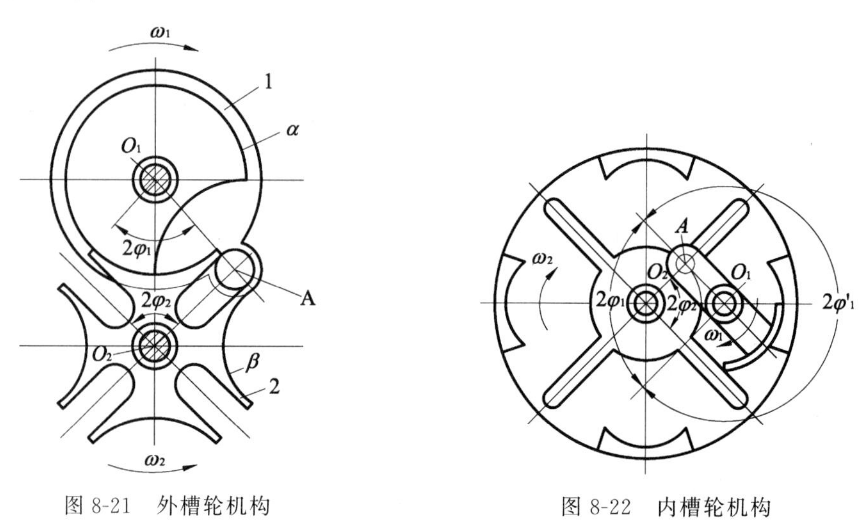

图 8-21 外槽轮机构

图 8-22 内槽轮机构

2) 槽轮机构的运动系数

为了使槽轮开始转动瞬时和终止转动瞬时的角速度为零以避免刚性冲击，圆销开始进入径向槽或自径向槽中脱出时，径向槽的中心线应切于圆销中心运动的圆周，因此，设 z 为均匀分布的径向槽的数目，则由图 8-21 得槽轮 2 转动时杆 1 的转角 $2\varphi_1$ 为

$$2\varphi_1 = \pi - 2\varphi_2 = \pi - \frac{2\pi}{z} \tag{8-9}$$

一个运动循环内槽轮 2 运动的时间 t_d 对拨盘 1 运动的时间 t 之比称为**运动系数** τ。当杆 1 等速回转时，时间比可用其转角比来表示。对于只有一个圆销的槽轮机构，t_d 和 t 各对应于拨盘 1 回转 $2\varphi_1$ 角和 2π 角，因此这种槽轮机构的运动系数 τ 为

$$\tau = \frac{t_d}{t} = \frac{2\varphi_1}{2\pi} = \frac{\pi - \frac{2\pi}{z}}{2\pi} = \frac{z-2}{2z} \tag{8-10}$$

因为运动系数 τ 应大于零，所以由上式可知径向槽的数目应等于或大于 3。又由上式可知这种槽轮机构的运动系数 τ 总小于 0.5，也就是说槽运动的时间总小于静止的时间。

如欲得到 $\tau>0.5$，可以在杆 1 上装上数个圆销。设均匀分布的圆销数为 K，那么式(8-10)中的 t 和 2π 应当各换为 $\frac{t}{K}$ 和 $\frac{2\pi}{K}$。于是这种槽轮机构的运动系数 τ 为

$$\tau = \frac{(2\varphi_1)K}{2\pi} = \frac{\left(\pi - \frac{2\pi}{z}\right)}{2\pi} = \frac{K(z-2)}{2z} \tag{8-11}$$

因为运动系数 τ 应小于 1，即

$$\frac{K(z-2)}{2z} < 1$$

故得

$$K < \frac{2z}{z-2} \tag{8-12}$$

由上式可知，当 $z=3$ 时，圆销的数目可为 1～5；当 $z=4$ 或 $z=5$ 时，圆销的数目可为 1～3；又当 $z \geqslant 6$ 时，圆销的数目可为 1 或 2。

3）槽轮机构的优缺点和应用

槽轮机构结构简单、工作可靠，在进入和脱离啮合时运动较平稳，能准确控制转动的角度。但槽轮的转角大小不能调节。

槽轮机构可用于转速较高、要求间歇地转动的装置中。例如图 8-23 所示为电影放映机中的槽轮机构，使得电影胶片快速间歇地通过放映机镜头。

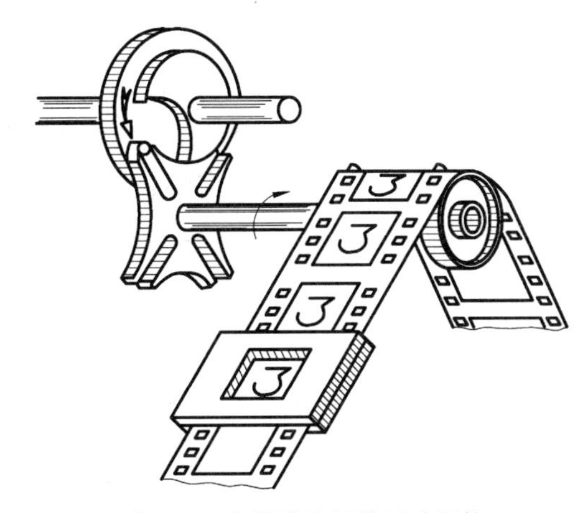

图 8-23　电影胶片间歇运动机构

图 8-24 所示为在单轴六角自动车床转塔刀架的转位机构中的应用情况。拨盘上固定有销，插入槽轮的槽中并带动槽轮转过一定的角度实现刀架的转位。圆柱凸轮控制定位销按照设计的运动规律运动以实现定位。进刀凸轮带动从动件及齿轮运动实现齿条的左右移动。

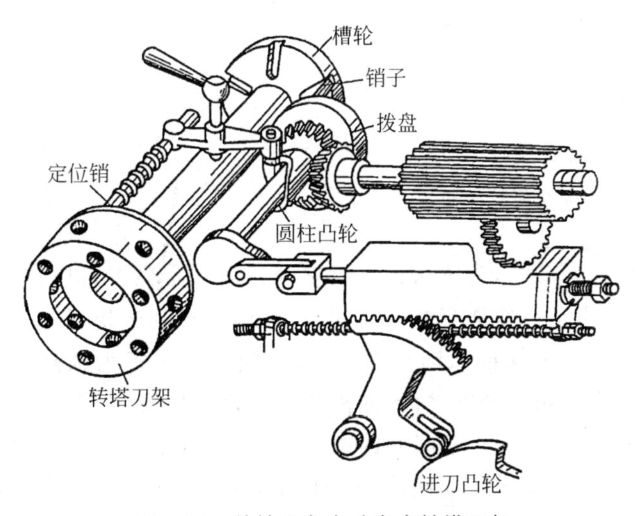

图 8-24　单轴六角自动车床转塔刀架

但是在槽轮运动的始、末位置加速度变化较大，当转速较高且从动系统的转动惯量较大时，将引起较大的惯性力矩。因此，槽轮机构不宜用于转速过高的场合。

3. 不完全齿轮机构

1) 不完全齿轮机构的工作原理和类型

不完全齿轮机构是一种由普通渐开线齿轮机构演化而成的间歇运动机构，与普通渐开线齿轮机构相比，其主要特点是在主、从动轮的节圆上没有布满轮齿。因此，当主动轮连续回转时，从动轮作单向间歇转动。图8-25所示不完全齿轮机构，主动轮1每转一周，从动轮2转四分之一周，从动轮每转停歇四次。当从动轮处于停歇位置时，从动轮上的锁止弧 S_2 与主动轮上的锁止弧 S_1 互相配合锁住，保证从动轮停歇在预定的位置上，而不发生游动。

不完全齿轮机构的类型有外啮合(图8-25)和内啮合(图8-26)。与普通渐开线齿轮一样，外啮合的不完全齿轮机构两轮转向相反，内啮合的不完全齿轮机构两轮转向相同。当轮2的直径为无穷大时，变为不完全齿轮齿条，这时轮2的转动变为齿条的移动。

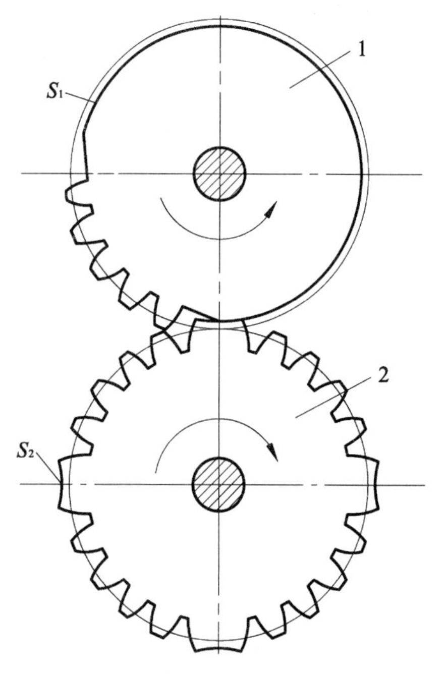

图8-25　外齿不完全齿轮机构

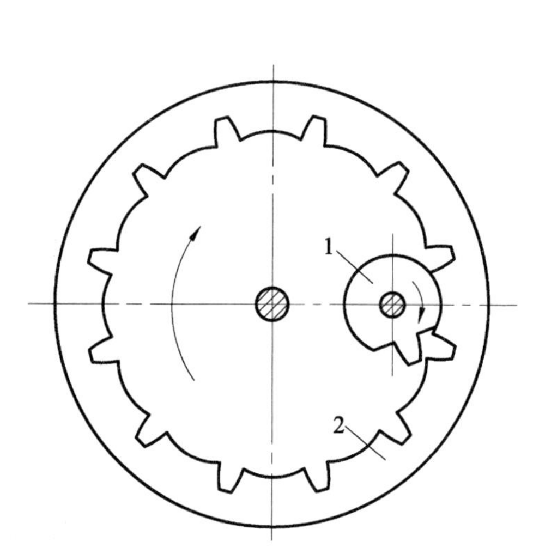

图8-26　内齿不完全齿轮机构

在不完全齿轮机构传动时，为了保证首齿顺利到达预定位置，进入啮合状态，而不与邻齿齿顶相碰，需将首齿齿顶高作适当削减。同时，由啮合过程分析可知，末齿齿顶高度将决定从动轮的停歇位置。为了保证从动轮停歇在预定位置，末齿齿顶高亦需通过计算确定。而齿顶高度的削减又将影响重合度之值，故需进行重合度校核。

从啮合过程来看，在从动轮运动时间的中段，啮合传动的情况与普通渐开线齿轮相同，啮合齿沿啮合线移动，两轮作定传动比传动。但在运动时间的始、末区段，即入啮区和脱啮区，传动比是变化的，并存在齿顶尖点推刮接触的情况。特别是在始、末点，有刚性冲击，故不完全齿轮机构的动力学特性和磨损寿命较差。为了改善这些缺点，可用其他机构与不完全齿轮机构组合使用。例如，配以附加瞬心线机构如图8-27所示，使入啮区和脱啮区的传动比按预定运动规律平缓过渡，但这将增加机构的复杂程度。故在实际生产中，不完全齿轮机构多用于低速轻载的场合。

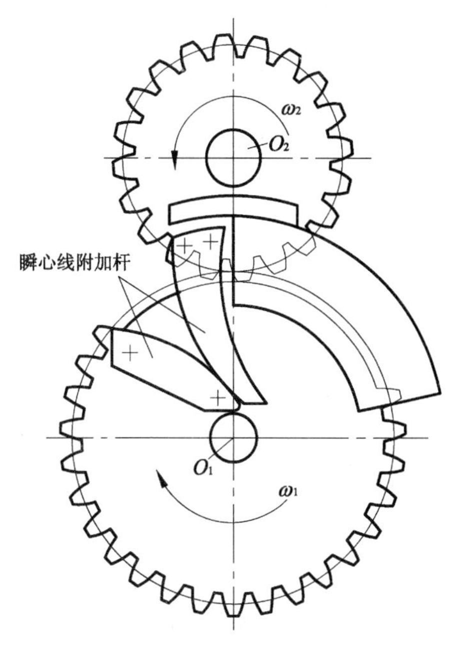

图8-27 附加瞬心线的不完全齿轮机构

2）不完全齿轮机构的应用

不完全齿轮机构常用于一些具有特殊运动要求的专用机械中。在图8-28所示的用于铣削乒乓球拍周缘的专用靠模铣床中就有不完全齿轮机构。加工时，主动轴1带动铣刀轴2转动，1、2之间的中心距由连杆9固定。而另一个主动轴3上的不完全齿轮4和5分别使工件轴得到正、反两个方向的回转。当工件轴转动时，在靠模凸轮7和弹簧的作用下，使铣刀轴上的滚轮8紧靠在靠模凸轮7上，以保证加工出工件6(乒乓球拍)的周缘。

不完全齿轮机构在电表、煤气表等的计数器中应用很广。如图8-29所示为6位计数器，其轮1为输入轮，它的左端只有2个齿，各中间轮2和轮4的右端均有20个齿，左端也只有2个齿(轮4左端无齿)，各轮之间通过过轮3联系。故当轮1转一转时，其相邻左侧轮2只转过1/10转，以此类推，故从右到左从读数窗口看到的读数分别代表了个、十、百、千、万、十万。

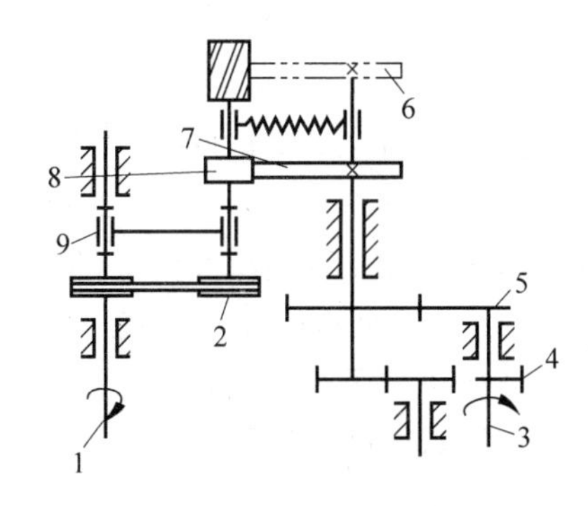

图8-28 专用靠模铣床

1,3—主动轴；2—铣刀轴；4,5—不完全齿轮；6—球拍；7—靠模凸轮；8—滚轮；9—连杆

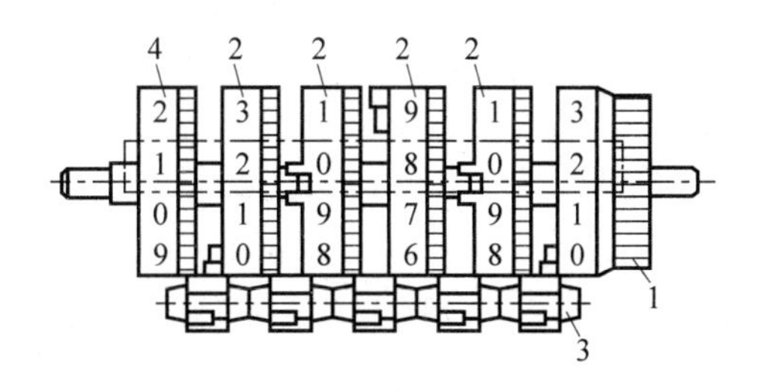

图8-29 6位计数器

1—输入轮；2—中间轮；3—过轮；4—首轮

4. 擒纵机构

1）擒纵机构的组成及工作原理

擒纵机构(escapement)是一种间歇运动机构，主要用于计时器、定时器等。图8-30所示为机械手表中的擒纵机构，它由擒纵轮5、擒纵叉2及游丝摆轮6组成。

擒纵轮5受发条力矩的驱动，具有顺时针转动的趋势，但因受到擒纵叉的左卡瓦1的阻挡而停止。游丝摆轮6以一定的频率绕轴9往复摆动,图示为摆轮6逆时针摆动时。当摆轮上的圆销4撞到叉头钉7时,使擒纵叉2绕轴8顺时针摆动,直至碰到右限位钉3才停止;这时,左卡瓦1抬起,释放擒纵轮5使之顺时针转动。而右卡瓦1′落下,并与擒纵轮另一轮齿接触时,擒纵轮又被挡住而停止。当游丝摆轮沿顺时针方向摆回时,圆销4又从右边推动叉头钉7,使擒纵叉逆时针摆动,右卡瓦1′抬起,擒纵轮5被释放并转过一个角度,直到再次被左卡瓦挡住为止。这样就完成了一个工作周期。这就是钟表产生嘀嗒声响的原因。

摆轮的往复摆动是因为游丝摆轮系统是一个振动系统。为了补充其在运动过程中的能量损失,擒纵轮轮齿齿顶和卡瓦呈斜面形状,故可通过擒纵叉传递给摆轮少许能量,以维持其振幅不衰减。

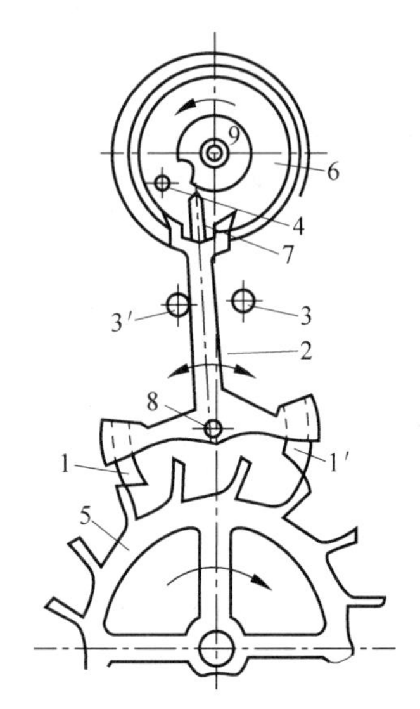

图8-30 固有振动系统型擒纵机构
1—左卡瓦;1′—右卡瓦;2—擒纵叉;3—右限位钉;3′—左限位钉;4—圆销;5—擒纵轮;6—摆轮;7—叉头钉;8—擒纵叉轴;9—摆轮轴

2)擒纵机构的类型及应用

擒纵机构可分为有固有振动系统型擒纵机构和无固有振动系统型擒纵机构两类。

图8-30所示为固有振动系统型擒纵机构,常用于机械手表、钟表中。

图8-31所示为无固有振动系统型擒纵机构,仅由擒纵轮3和擒纵叉4组成。擒纵轮在驱动力矩作用下保持顺时针方向转动趋势。擒纵轮倾斜的轮齿交替地与卡瓦1和2接触,使擒纵叉往复振动。擒纵叉往复振动的周期与擒纵叉转动惯量的平方根成正比,与擒纵轮给擒纵叉的转矩大小的平方根成反比,因擒纵叉的转动惯量为常数,故只要擒纵轮给擒纵叉的力矩大小基本稳定,就能使擒纵轮作平均转速基本恒定的间歇运动。

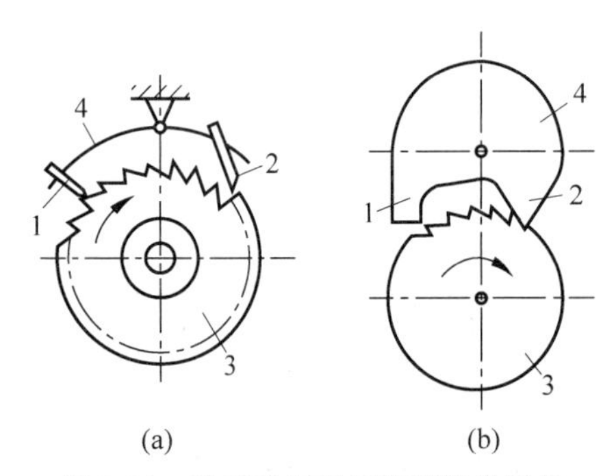

图8-31 无固有振动系统型擒纵机构

这种机构结构简单,便于制造,价格低,但振动周期不稳定,主要用于计时精度要求不高、工作时间较短的场合,如自动记录仪、时间继电器、计数器、定时器、测速器及照相机快门和自拍器等。

8.4 非圆齿轮机构

1. 非圆齿轮机构的工作原理及类型

一对普通渐开线直齿轮可以在两平行轴之间实现定传动比传动。其相对瞬心(节点)是一个定点,相对瞬心在两个运动平面上所描出的轨迹称为瞬心线(即节线),是两个圆(即节圆)。两轮轮齿啮合传动时,瞬心线(即节圆)作纯滚动。

如果希望两轮的传动比 i_{12} 按某一预定的运动规律变化,如图8-32所示,则相对瞬心不再是定点,瞬心线也不再是圆,而是两条非圆曲线。如果在这两条非圆形的瞬心线上布满齿形，所得到的就是非圆齿轮机构(non-circular gear mechanism)。

一对互作纯滚动的瞬心线具有以下特性。

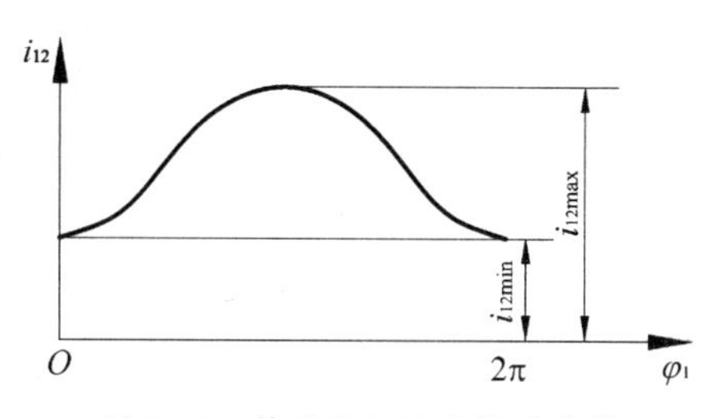

图 8-32　传动比与转角关系曲线

(1) 两条瞬心线的接触点，必定在连心线上，故

$$r_1 + r_2 = a \tag{8-13}$$

这一点可以用三心定理给以证明。

(2) 两条瞬心线滚过的弧长必定相等，即

$$r_1 \mathrm{d}\varphi_1 = r_2 \mathrm{d}\varphi_2 \tag{8-14}$$

(3) 两条瞬心线在接触点处必定相切。

在以上 3 个条件中，只有两个是独立的。根据以上条件，如果给定一条瞬心线或给定运动规律，再给定中心距就可以确定一对互作纯滚动的共轭瞬心线。当然，作为非圆齿轮的节线(瞬心线)其全长与周节之比应该是整数，其比值也就是齿数。两条节线(瞬心线)的全长之比也就是转数比。而瞬时传动比则为

$$i_{12} = \frac{\omega_1}{\omega_2} = \frac{\mathrm{d}\varphi_1}{\mathrm{d}\varphi_2} = \frac{r_2}{r_1} \tag{8-15}$$

理论上对瞬心线的形状并没有限制，但在生产实际中，用作非圆齿轮节线的只有很少几种曲线。例如：椭圆形、变态椭圆形(卵线)、对数螺旋线形等。其中以椭圆形最为常见，也最为基本。

2. 非圆齿轮机构的应用

非圆齿轮机构在机床、自动机、仪器及解算装置中均有应用。而采用这种齿轮机构是应用其变传动比传动的特点，以改进机构传动的运动性能和动力性能。在图 8-33 所示的压力机中，利用椭圆齿轮带动曲柄滑块机构。这样，使压力机的空回行程(滑块从左向右)时间缩短，而工作行程的时间增长，如图中速度曲线所示。这不仅使机构具有急回作用，以节省空回行程的时间，而且可使工作行程时的速度比较均匀，以此改善机器的受力情况。

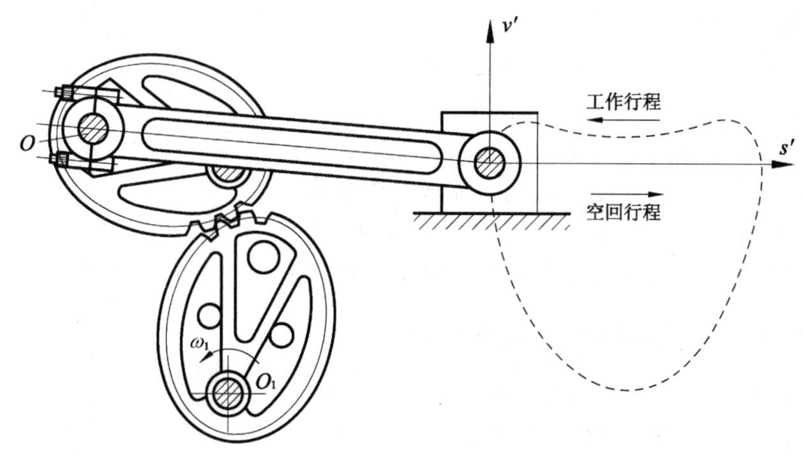

图 8-33　压力机中的椭圆齿轮

图 8-34 所示为自动机床上的转位机构。利用椭圆齿轮机构的主动轮 1 和从动轮 2 带动转位槽轮机构，使槽轮 3 在拨杆 2′速度最高的时候运动，以缩短运动时间，增加停歇时间。亦即缩短机床加工的辅助时间，而增加机床的工作时间。在另外一些场合，也可以使槽轮 3 在拨杆 2′速度最低的时候运动，以降低其加速度和振动。

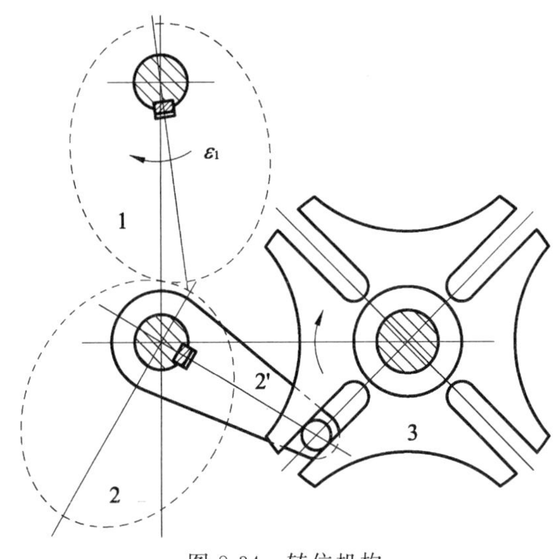

图 8-34 转位机构

1—主动轮；2—从动轮；2′—拨杆；3—槽轮

8.5 组合机构简介

现代工业的发展对机械的运动形式、运动规律和动力性能等要求具有多样性和复杂性，而各种基本机构性能的局限性，使得仅采用基本机构往往不能很好地满足设计要求。因而常把几个基本机构组合起来应用，这就构成了组合机构(combined mechanism)。组合机构不仅能满足多种设计要求，而且能综合发挥各种基本机构的特点，所以其应用越来越广泛。

由基本机构组合而成的复杂机构或机构系统有两种不同的情况：一种是机构的组合；另一种是组合机构。在机构组合中所含的基本机构仍能保持其原有结构和各自相对独立的机构系统，一般称其为机构组合。如图 8-35 所示的增力机构，它是由铰链四杆机构 $ABCD$ 与摇杆滑块机构 DCE 串联组合而成。该机构进行串联组合的目的是增加输出构件滑块 E 的冲压能力。若设在连杆 BC 上所施加的力为 F，则连杆 CE 所受力为 P，$P=F\times\dfrac{L}{S}$ 则滑块所产生的压力 Q 为：$Q=P\cos\alpha=F\times L/S\times\cos\alpha$。可以看出，减小 α 和 S，增大 L 均能增大 Q 力，设计时可根据要求确定 α、S 和 L。

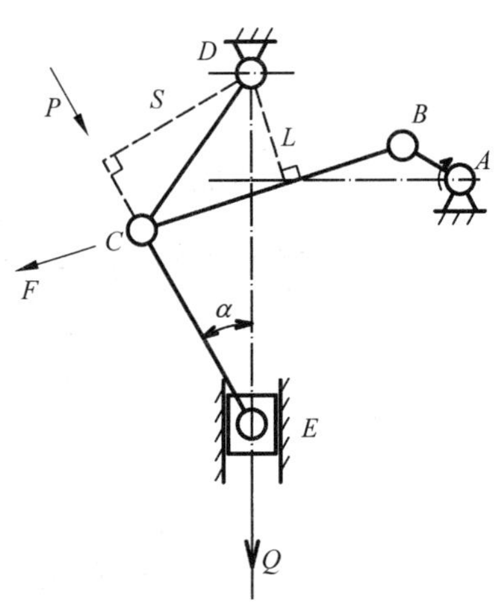

图 8-35 增力机构

图 8-36 所示 V 形发动机的双曲柄滑块机构是有两个曲柄滑块机构并联组合而成，两汽缸作 V 形布置，它们的轴线通过曲柄回转的固定轴线，当分别向两个活塞输入运动时，则曲柄可实现无死点的定轴回转运动，并且还具有良好的平衡、减振作用。

将两种或几种基本机构通过封闭约束组合而形成的、具有与原基本机构不同结构特点和运动性能的复合机构称其为组合机构。组合机构与机构组合的不同处在于：机构组合中所含的基本机构，在组合中仍能保持其原有结构，各自相对独立。而组合机构所含的各基本机构不能保持相对独立，而是“有机”连接。所以，组合机构可以看成是若干基本机构“有机”连接的新机构。

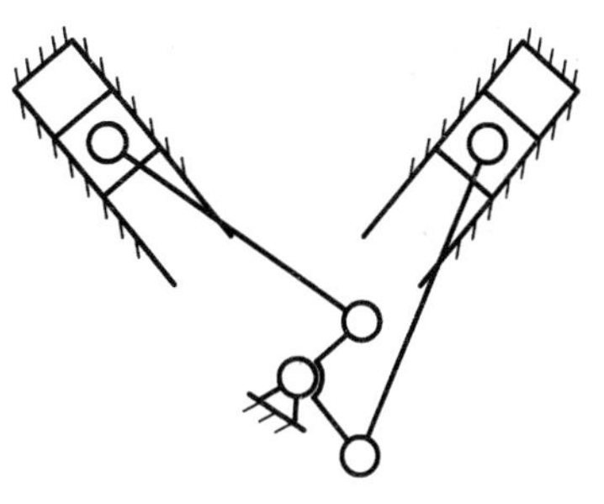
图 8-36　V形发动机机构

组合机构可按其基本机构的名称来分类，如齿轮连杆机构、凸轮连杆机构、齿轮凸轮机构等。下面介绍各类组合机构的功能。

1. 齿轮连杆组合机构

齿轮连杆机构是由齿轮机构和连杆机构组合而成。应用齿轮连杆组合机构可以实现多种运动规律和不同运动轨迹的要求。

图 8-37 所示为一典型的齿轮连杆组合机构。四杆机构 $ABCD$ 的曲柄 AB 上装有一对齿轮 $2'$ 和 5。行星轮 $2'$ 与连杆 2 固连，而太阳轮 5 空套在曲柄 1 的轴上。当主动曲柄 1 以 ω_1 等速回转时，从动轮 5 作非匀速转动。由于

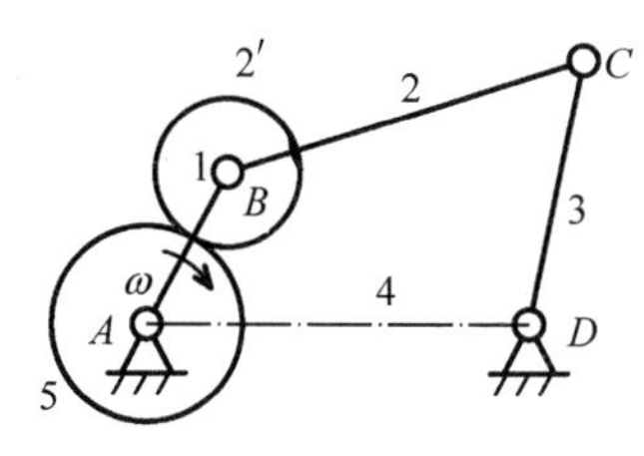

图 8-37　齿轮机构与四杆机构组合

$$i_{52'}^{1}=(\omega_5-\omega_1)/(\omega_{2'}-\omega_1)=-z_{2'}/z_5$$

且 $\omega_{2'}=\omega_2$，故有

$$\omega_5=\omega_1(1-i_{52'}^{1})+\omega_2 i_{52'}^{1} \tag{8-16}$$

式中，ω_2 为连杆 2 的角速度，其值作周期性变化。

由上式可知，从动轮 5 的角速度 ω_5 由两部分组成：一为等角速度部分 $\omega_1(z_5+z_{2'})/z_5$；二为作周期性变化的角速度部分 $-\omega_2 z_{2'}/z_5$。改变各杆的尺寸或齿轮齿数，可使从动轮获得不同的运动规律。在设计这种组合机构时，可先根据实际情况初步选定机构中各参数的值，然后进行运动分析，当不满足预期运动规律时，可对机构的某些参数进行适当调整。

图 8-38 所示是一种用来实现复杂运动轨迹的一种齿轮连杆组合机构，它是由定轴轮系 1,4,5 和自由度为 2 的五杆机构 1,2,3,4,5 经复合式组合而成。当改变两轮的传动比、相对相位角和各杆长度时，连杆上 M 点即可描绘出不同的轨迹。

图 8-39 所示为钢板传送机构中采用的齿轮连杆组合机构。齿轮 1 与曲柄固连，齿轮 2、3、4 及构件 DE 组成差动轮系。该轮系的轮 2 由轮 1 带动，而行星架 DE 由四杆机构带动。因此，从动轮 4 作变速运动，以满足钢板传送的需要。

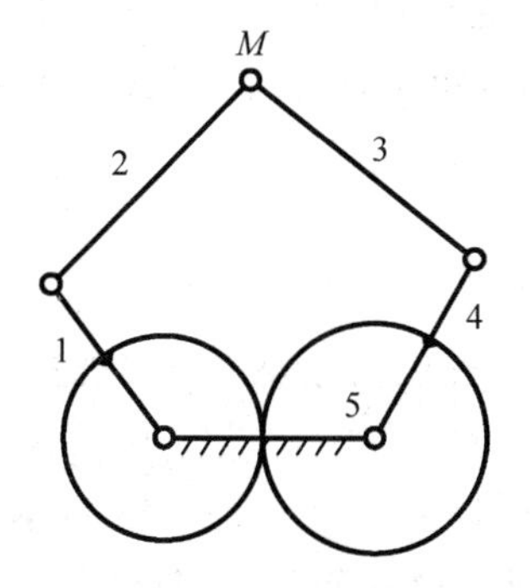

图 8-38　齿轮机构与五杆机构组合

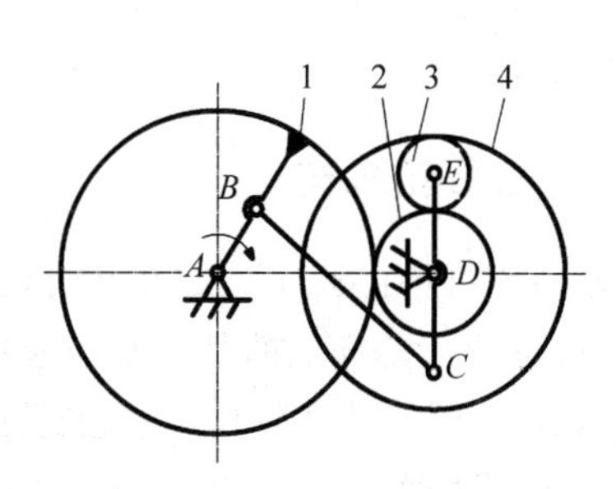

图 8-39　钢板传送机构

2. 凸轮连杆机构

凸轮连杆机构由凸轮机构和连杆机构组合而成。采用凸轮连杆机构比较容易实现从动杆给定的运动规律或复演较复杂的运动轨迹。

图 8-40 所示为平板印刷机吸纸机构的简图。该机构由自由度为 2 的五杆机构和两个自由度为 1 的摆动从动件凸轮机构所组成。两个盘形凸轮固结在同一个转轴上。工作要求吸纸盘 P 走一个如图所示的矩形轨迹。当凸轮转动时,推动从动件 2,3 分别按 $\varphi_2(t)$ 和 $\varphi_3(t)$ 的运动规律运动,并将这两个运动输入五杆机构的两个连架杆,从而使固结在连杆 5 上的吸纸盘 P 走出一个矩形轨迹,以完成吸纸和送进等动作。

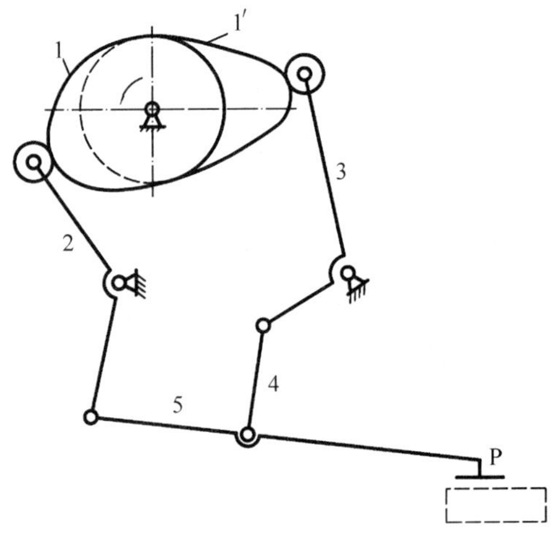

图 8-40 平板印刷机吸纸机构

图 8-41 所示为饼干、香烟等包装机的推包机构中所采用的凸轮连杆组合机构。其推包头 T 可按虚线所示轨迹运动,从而达到推包目的。

图 8-42 所示的凸轮连杆机构,其基础机构为由构件 1、2、3、4 和机架组成的长度 l_{BD} 可变的双自由度五杆机构,附加机构为凸轮固定的盘形槽凸轮机构。

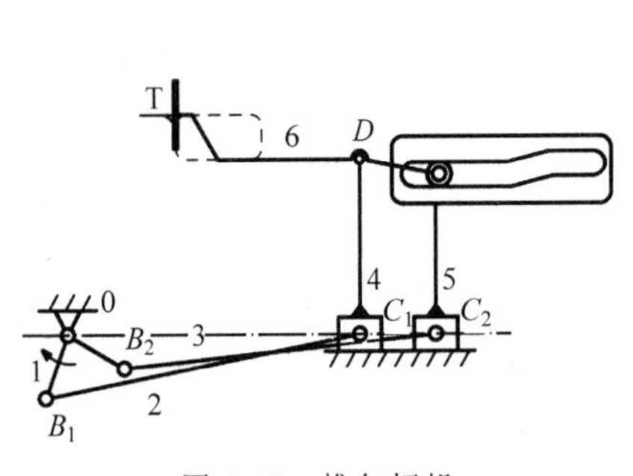

图 8-41 推包杆机

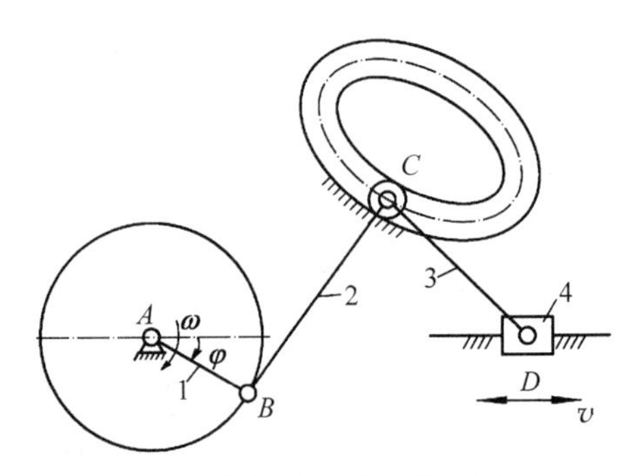

图 8-42 凸轮固定的凸轮连杆机构

采用上述凸轮连杆机构可以实现从动件行程(或摆角)较大而运动规律又较复杂的往复移动(或摆动)。在这种情况下,若使用单一的三构件凸轮机构,将会导致盘形凸轮径向尺寸的增大,甚至使机构受力情况恶化;而若采用单一的四杆机构,则往往无法实现给定的较复杂的运动规律。

3. 齿轮凸轮机构

齿轮凸轮机构由齿轮机构和凸轮机构组合而成。这种机构主要用于实现复杂运动规律的转动,也可使从动杆上的某点复演给定的运动轨迹。

在图 8-43 所示的凸轮齿轮组合机构中,其基础机构是由齿轮 1、行星轮 2(扇形齿轮)和系杆 H 所组成的简单差动轮系,其附加机构为一摆动从动件凸轮机构,且凸轮 4 固定不动。当主动件系杆 H 转动时,带动行星轮 2 的轴线作周转运动,由于行星轮 2 上的滚子 3 置于固定凸轮 4 的槽中，凸轮廓线迫使行星轮 2 相对于系杆 H 转动。这样，从动轮 1 的输出运动就是系杆 H 的运动与行星轮相对于系杆的运动之合成。

由于
$$i_{12}^{H}=\frac{\omega_1-\omega_H}{\omega_2-\omega_H}=-\frac{z_2}{z_1}$$

故
$$\omega_1=-\frac{z_2}{z_1}(\omega_2-\omega_H)+\omega_H$$

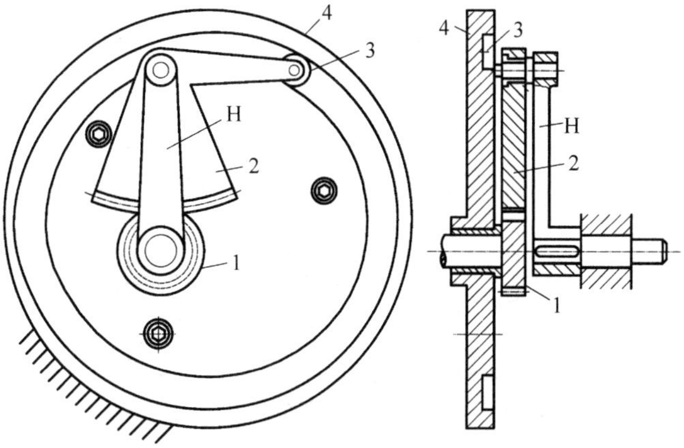

图 8-43　差动轮系与凸轮组成的组合机构

在主动件 H 的角速度 ω_H 一定的情况下，改变凸轮 4 的廓线形状，也就改变了行星轮 2 相对于系杆的运动 $\omega_2-\omega_H$，即可得到不同规律的输出运动 ω_1。当凸轮的某段廓线满足关系式：

$$\omega_H=\frac{z_2}{z_1}(\omega_2-\omega_H) \tag{8-17}$$

从动轮 1 在这段时间内将处于停歇状态。因此，利用该组合机构可以实现具有任意停歇时间的间歇运动。

图 8-44 所示为一抓片机构，它由作为基础机构的双自由度反凸轮机构以及作为附加机构的外啮合齿轮机构组合而成。杆 1 与齿轮固连，并绕轴心 O_1 以角速度 ω_1 等速转动，具

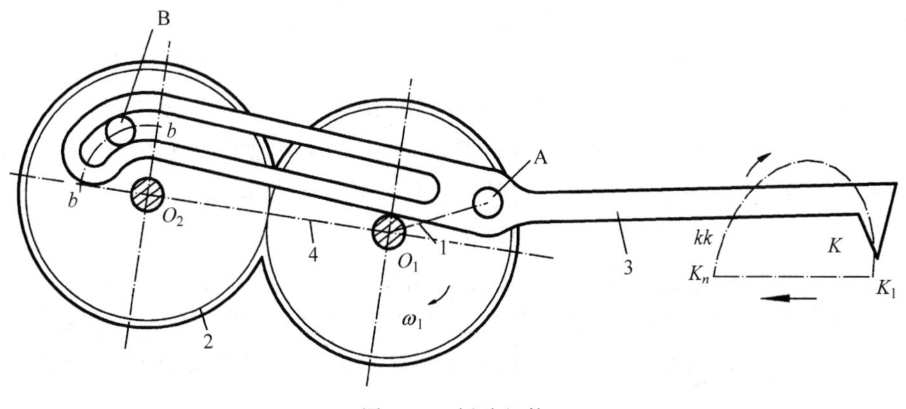

图 8-44　抓片机构

有曲线槽 bb 的杆 3 作一般平面运动；轮 2 上的销 B 与杆 3 的曲线槽 bb 相啮合。当主动轮 1 运动时，通过其上销 A 的运动以及轮 2 上销 B 沿廓线 bb 的运动，迫使杆 3 具有确定的运动。只要杆 3 上的廓线 bb 设计得当，就能使杆 3 上的端点 K 描绘出具有某一直线段 K_1K_n 的封闭轨迹 kk。机构运动时，抓片杆 3 上的端抓 K 在其轨迹 kk 的 K_1 处插入胶片孔，并在直线段拉动胶片移运一段距离 K_1K_n，然后在 K_n 处退出，由此使胶片作步进输送运动。

图 8-45 所示为凸轮、齿轮组成的校正机构，这类校正装置在齿轮加工机床中应用较多。其中，蜗杆 1 为原动件，如果由于制造误差等原因，使蜗轮 2 的运动输出精度达不到要求时，则可根据输出的误差，设计出与蜗轮 2 固装在一起的凸轮 2′的轮廓曲线。当此凸轮 2′与蜗轮 2 一起转动时，将推动推杆 3 移动，推杆 3 上齿条又推动齿轮 4 转动，最后通过差动机构 K 使蜗杆 1 得到一附加转动，从而使蜗轮 2 的输出运动得到校正。

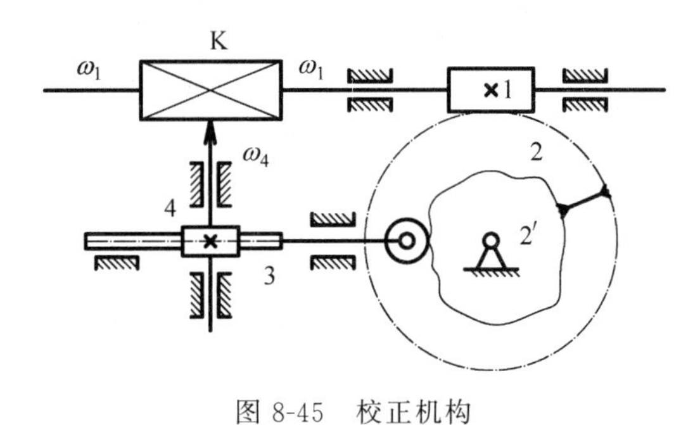

图 8-45 校正机构

8.6 机器人机构简介

机器人按用途可分为工业机器人和特种机器人两大类。工业机器人(industrial robot)可完成生产线上的许多作业，如喷漆、焊接、装配、搬运等；而特种机器人则是除工业机器人以外的、用于非制造业并服务于人类的各种先进机器人，包括服务机器人、军用机器人、水下机器人等。机器人是一种典型的现代机械，在组成上，一般均包括执行机构(操作机)、驱动装置、控制装置和传感装置。本节侧重对机器人的机械部分——操作机进行介绍。

图 8-46 所示为一关节型工业机器人操作机(manipulator)，其由如下部分组成：构件 7 为机座；连接手臂和机座的部分 1 为腰部，通常作回转运动；而位于操作机最末端，并直接执行工作要求的装置为手部(又称末端执行器，end effector)，常见的末端执行器有夹持式、吸盘式、电磁式等；该操作机机构为空间开链连杆机构。其机构图如图 8-46(b)所示，由 7 个连杆用 6 个转动副 A、B、C、D、E、F 连接(关节)而成。

确定手部在空间的位置和姿态需要 6 个自由度。图 8-46 中的 $\phi_1 \sim \phi_6$ 统称为关节变量。当这 6 个关节变量给定时，末端执行器就获得了在空间中被指定的位置和姿态。当 6 个伺服电动机在计算机的控制下按设计好的运动规律转动，这 6 个关节变量连续变化，末端执行器就按一定的运动规律运动。

操作机可分为串联式和并联式两大类。

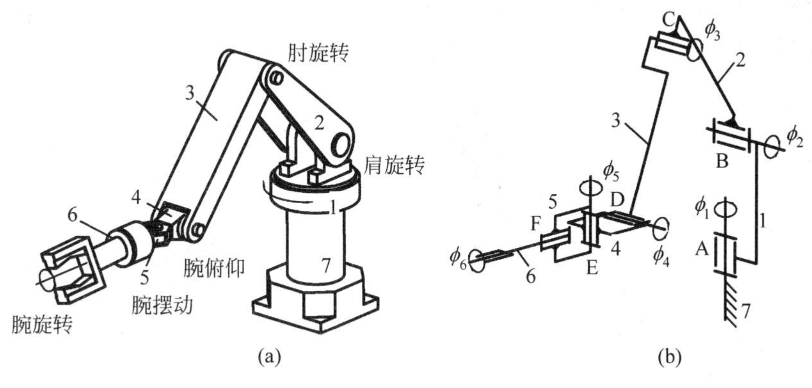

图 8-46　工业机器人操作机

1. 串联式操作机

一般情况下，操作机手部在空间的位置和运动范围主要取决于臂部，腕部的运动主要是用来获得手部在空间的姿态。由于手臂机构基本上决定了操作机的工作空间范围，所以手臂运动通常称为操作机的主运动。工业机器人也常按手臂运动的坐标形式来进行分类，有以下 4 种类型：

(1) 直角坐标型(cartesian coordinate robot)。直角坐标型具有三个移动关节，可使手部产生三个相互独立的位移，如图 8-47 所示。其优点是定位精度高、轨迹求解容易、控制简单等，而缺点是所占的空间尺寸较大，工作范围较小，操作灵活性较差，运动速度较低。

(2) 圆柱坐标型(cylindrical coordinate robot)。圆柱坐标型具有两个移动关节和一个转动关节，如图 8-48 所示。其优点是所占的空间尺寸较小，工作范围较大，结构简单，手部可获得较高的速度。其缺点是手部外伸离中心轴越远，其切向线位移分辨精度越低。通常用于搬运机器人。

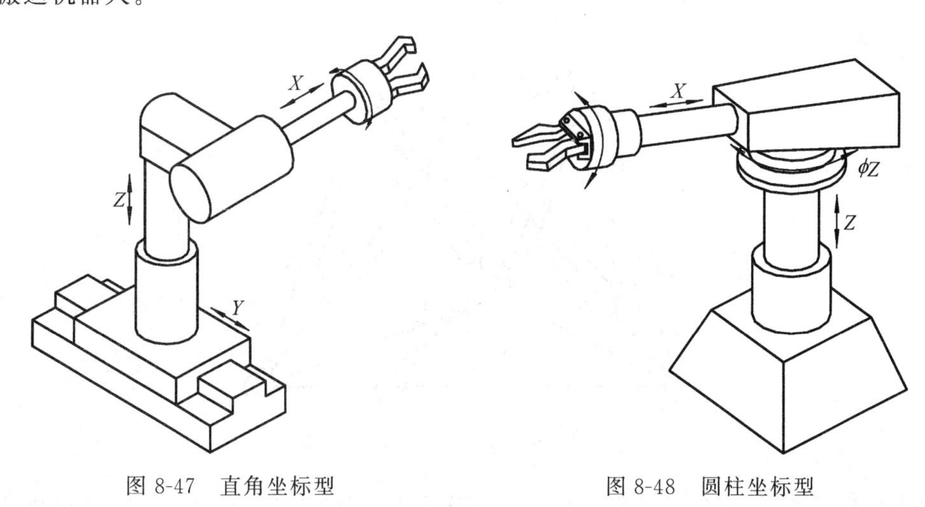

图 8-47　直角坐标型　　　　图 8-48　圆柱坐标型

(3) 球坐标型(polar coordinate robot)。球坐标型具有两个转动关节和一个移动关节，如图 8-49 所示。此种操作机的优点是结构紧凑，所占空间尺寸小。但目前应用较少。

(4) 关节型(articutated robot)。关节型是模拟人的上肢而构成的，它有三个转动关节

(joint),如图8-50所示。关节型操作机具有结构紧凑、所占空间体积小、工作空间大等特点。关节型操作机是目前应用最多的一种结构形式。

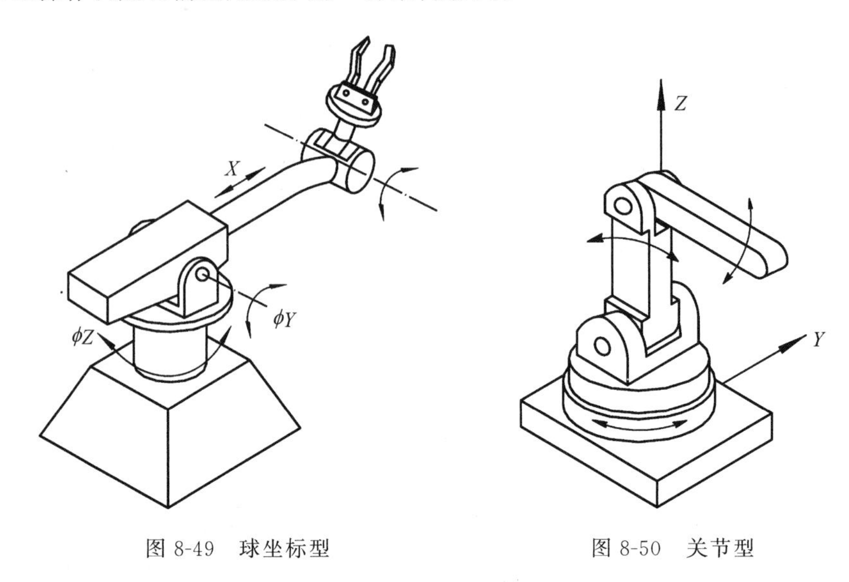

图8-49　球坐标型　　　　图8-50　关节型

2. 并联式操作机

近年来,采用并联机构(parallel mechanism)作为操作机构的并联机器人也获得了日益增多的应用。图8-51所示为被称为Stewart平台的一种空间并联式操作机的典型结构。动平台1和定平台2之间有6条并联的支链。每个支链包含构件3、4,它们之间用移动副相连,支链的两端用球形铰链和动平台、定平台相连。构件3是主动构件,6个支链的运动可使动平台获得沿3个坐标轴方向的移动和绕3个坐标轴方向的转动,共6个自由度。

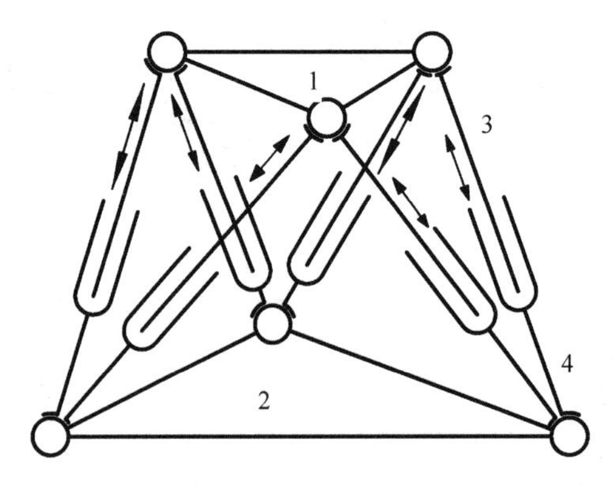

图8-51　Stewart平台的典型结构

由于这种装置具有很高的刚度、精度和承载能力,故除用作并联机器人、微动机器人等之外,还用于其他许多场合,如运动模拟、医疗、通讯、并联机床、精密定位平台、操作器以及现代娱乐设施等方面,如图8-52所示。

(a)

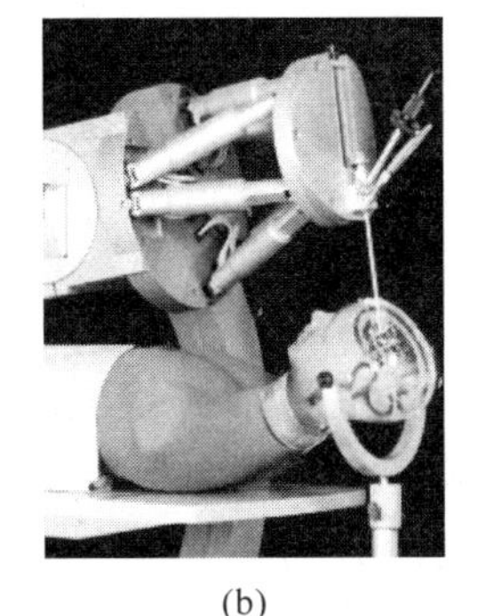
(b)

(c)

图 8-52　Stewart 平台的应用
(a) 运动模拟；(b) 医疗应用；(c) 精密定位平台

拓展性阅读文献指南

本章介绍的机构在各种机械中有广泛的应用，下列书籍中对这些机构的工作原理和应用实例做了介绍，可供学习本章时参考：①孙开元，骆索君主编《常见机构设计及应用图例》第 2 版，化学工业出版社，2013；②杨黎明，杨志勤编著《机构选型与运动设计》，国防工业出版社，2007；③[美]斯克莱特，[美]奇罗尼斯编著《机械设计实用机构与装置图册》(原书第 5 版)，机械工业出版社，2014；④邹慧君，殷鸿梁编著《间歇运动机构设计与应用创新》，机械工业出版社，2008；⑤吕庸厚，沈爱红编著《组合机构设计与应用创新》，机械工业出版社，2008；⑥朱金生著《机械设计实用机构运动仿真图解》第 3 版，电子工业出版社，2019。

思　考　题

8-1　欲使主、从动轴的角速度相等，应使用哪种万向联轴节？要满足什么条件？

8-2　试举例说明差动螺旋机构与复式螺旋机构有何区别？

8-3　轮齿式棘轮机构可靠工作的条件是什么？

8-4　滚子摩擦式棘轮机构可靠工作的条件是什么？

8-5　棘轮机构除常用来实现间歇运动的功能外，还常用来实现什么功能？

8-6　什么是槽轮机构的运动系数？为什么运动系数不能大于 1？

8-7　外槽轮机构的槽数不同时，机构的运动学和动力学表现有什么不同？

8-8　为什么不完全齿轮机构主动轮首、末两轮齿的齿高一般需要削减？

8-9　不完全齿轮机构加瞬心线附加杆的目的是什么？

8-10　擒纵机构作为一种间歇运动机构，应用这种机构的主要目的是什么？

8-11　列出常见的几种组合机构，指出它们的运动特点。

习　题

8-1　双万向铰链机构为保证其主、从动轴间的传动比为常数，应满足哪些条件？满足这些条件后，当主动轴作匀速转动时，中间轴和从动轴均作匀速转动吗？

8-2　试设计一棘轮机构，要求每次送进量为1/3棘轮齿距。

8-3　有一槽轮机构(见题8-3图)，已知：槽数$z=4$，中心距$d=100$mm，拨盘上装有一个圆销，试求：

(1) 该槽轮机构的运动系数τ；

(2) 当拨盘以$\omega_1=100$rad/s等角速逆时针方向转动时，槽轮在图示位置($\varphi_1=30°$)的角速度ω_2和角加速度ε_2。

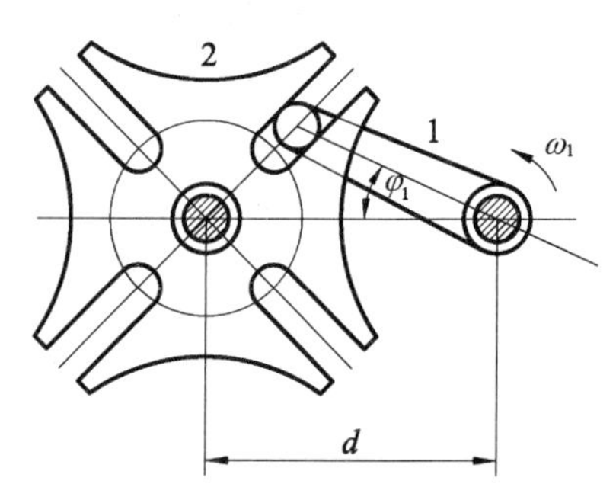

题8-3图　槽轮机构

8-4　在某机器的进给机构中，有一棘轮丝杠串接机构，已知进给丝杠的导程$l=6$mm，要求棘爪每往复摆动一次拨动棘轮转过一个齿时，所完成的最小进给量为0.2mm，试确定棘轮的齿数z。

8-5　题8-5图所示为微调的螺旋机构，构件1与机架3组成螺旋副A，其导程$p_A=2.8$mm，右旋。构件2与机架3组成移动副C，2与1还组成螺旋副B。现要求当构件1转一圈时，构件2向右移动0.2mm，问螺旋副B的导程p_B为多少？右旋还是左旋？

8-6　题8-6图所示螺旋机构，构件1与2组成螺旋副A，其导程$p_A=2.5$mm，构件1与3组成螺旋副B，其导程$p_B=3$mm，螺杆1转向如图所示，如果要使2、3由距离$H_1=100$mm快速趋近至$H_2=78$mm，试确定螺旋副A、B的旋向及1应转几圈？

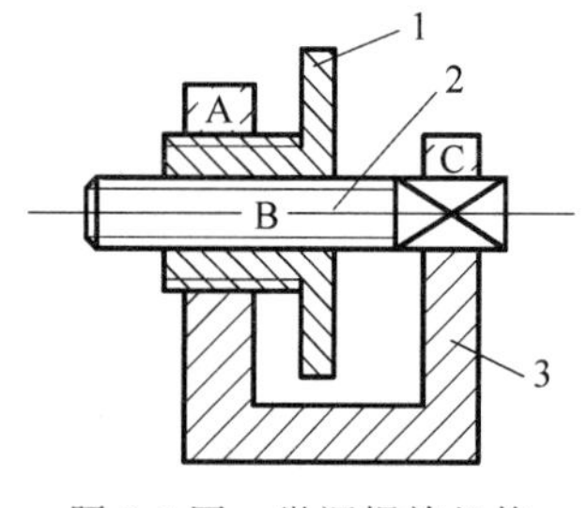

题8-5图　微调螺旋机构

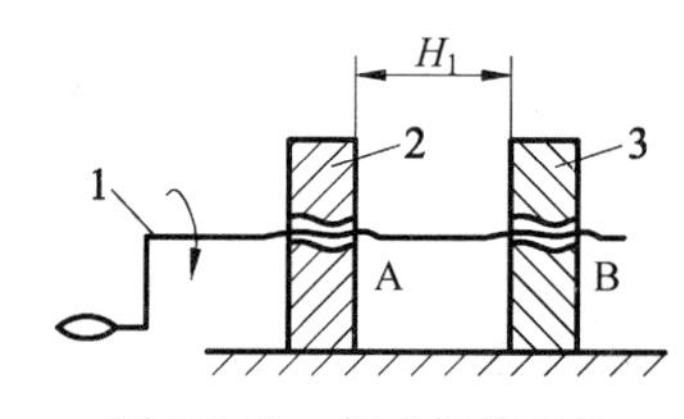

题8-6图　复式螺旋机构

8-7　在六角车床的六角头外槽轮机构中，已知槽轮槽数$z=6$，运动时间是静止时间的两倍，求应该设计几个圆销。

8-8　某自动机的工作台要求有6个工位，转台停歇时进行工艺动作，其中最长的一个工序为30s，现采用一槽轮机构来完成间歇转位工作，试确定槽轮机构主动轮的转速。

8-9　为什么不完全齿轮机构主动轮首、末两轮齿的齿高一般需要削减？加上瞬心线附加杆后，是否仍需削减？为什么？

8-10 在图示的齿轮-连杆组合机构中,齿轮 a 与曲柄1固连,齿轮 b 和 c 分别活套在轴 C 和 D 上,试证明齿轮 c 的角速度 ω_c 与曲柄1、连杆2、摇杆3的角速度 ω_1、ω_2、ω_3 之间的关系为

$$\omega_c=(r_b+r_c)\omega_3/r_c-(r_a+r_b)\omega_2/r_c+r_a\omega_1/r_c$$

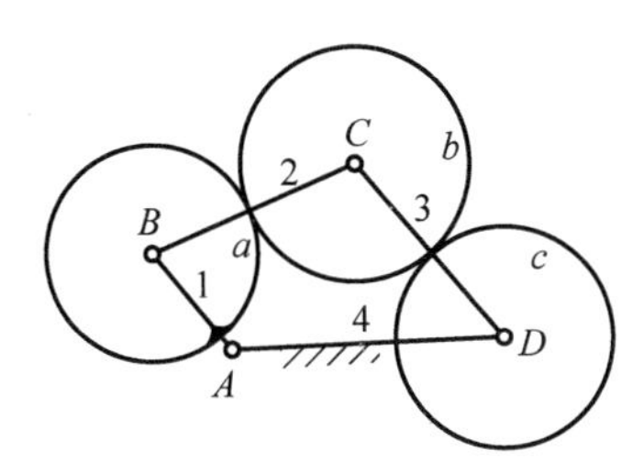

题8-10图 齿轮连杆组合机构

第4篇 平面机构的力分析和机械动力学基础

第 9 章

平面机构的力分析

内容提要：本章首先介绍了作用在机械上的力，着重研究了运动副中的摩擦和运动副反力，在此基础上介绍了如何通过平面机构的动态静力分析确定运动副中的约束反力和平衡力（平衡力矩）的方法。最后研究了机械的效率及自锁问题。

本章重点：移动副、转动副和平面高副中的摩擦力和运动副反力的分析、确定；平面机构的动态静力分析；机构效率的计算及自锁条件的确定。

本章难点：移动副当量摩擦角的确定；转动副摩擦圆的确定；考虑运动副摩擦时机构的力分析；机构的效率分析及自锁条件的推导。

9.1 概　　述

1. 作用在机械上的力

机械在工作时，需要完成有用的机械功或转换机械能，故伴随着机构运动必然发生力的传递，每个构件均受到力的作用。作用在机构构件上的力可概括为以下几种：

（1）驱动力（driving force）。驱使机械产生运动的力统称为驱动力。由外部施加给机械的原动力都是驱动力，这些力所作的功为正值，称为输入功（driving work）。

（2）生产阻力（working resistance）。又称机械的工作载荷。如起重机的荷重，机床中工件作用于刀具的切削阻力等。生产阻力阻碍机械的运动，其功为负值，因与生产工作直接相关，其功称为输出功（effective work）。

（3）重力（gravity）。作用在构件质心上。机械运转过程中，当构件质心下降时重力做正功；反之，做负功。由于质心在一个运动循环后回到原位，所以重力在一运动循环中所做的功为零。在很多情况下，重力比其他力小得多，可忽略不计。

（4）运动副反力（reaction of kinematic pair）。构件与构件之间通过运动副相互作用的力。对整个机械来讲，运动副反力为内力，但对单一构件来说运动副反力为外力。如果不考虑运动副中的摩擦，则在运动过程中运动副反力对机械所做的功为零。进行力分析时运动副反力可分解为沿运动副两元素接触处的法向和切向的两个分力。法向反力又称正压力，因它和运动副两元素的相对运动方向垂直，其功为零。切向反力即运动副中的摩擦力，它阻碍运动做负功。

（5）惯性力（inertial force）。一种由构件加速度所引起的虚拟力。按达朗贝尔原理，在变速运动的机构上加上惯性力后，可以认为该机构处于静力平衡状态，这样，可用静力学方法对动态的机构作力分析，即所谓机构的动态静力分析。

在以上诸力中，驱动力、生产阻力、重力对机构和构件来说均为外力；运动副反力对整个机构而言是内力，但对单一构件来说是外力。

此外，摩擦力是在机构的力分析中经常遇到的。出现在不同地方的摩擦力对机械的作用是不同的。一辆行驶的汽车，其后轮与地面的摩擦力是驱动汽车行驶的驱动力；其前轮与地面的摩擦可以认为是生产阻力；车轮轴承中的摩擦力则属于运动副反力。

2. 机构力分析的目的和方法

机构力分析有两个目的：

(1) 确定机构运动副反力。设计机械时，一般对零件的强度要进行计算，这就要先计算各运动副反力；在估算机械效率和研究运动副中磨损、润滑等问题时，必须知道运动副反力的大小和性质。

(2) 确定机构需加的平衡力(equilibrant force)或平衡力矩(equilibrant moment)。所谓平衡力或平衡力矩是指与作用在机构上已知外力以及当原动件按给定规律运动时构件的惯性力相平衡的未知外力或外力矩。这对于确定机器工作所需的驱动力或确定机器能承受的最大载荷等都是必需的数据。

机器在工作时，机器中许多构件的速度是不断变化的，即这些构件不是力的平衡体。根据达朗贝尔原理，假想这些构件上作用有惯性力，则在动载荷惯性力和所有其他外力作用下，机构(器)和构件可以认为是处于平衡状态，因此可以用静力学的方法进行计算，这种动力计算方法称为动态静力法。这样的机构力分析称为机构的动力分析。但对构件质量不大的低速机械在进行机构力分析时可忽略惯性力。这样的机构力分析称为机构的静力分析。

在进行机构的动力计算时，若要计入构件的惯性力，必须先知道机构的运动规律。但在机构的驱动力或工作阻力没有确定前要给出机构的真实运动规律比较困难。为此，一般假定原动件按机构的名义转速运动，进行机构运动分析，求出各构件的角加速度和质心加速度，以此来计算各构件的惯性力和惯性力矩。

9.2 运动副中的摩擦及自锁

1. 移动副中的摩擦及其反力

1) 平面移动副

图9-1所示为平面移动副，如不考虑摩擦，运动副反力R的作用线总是垂直于运动副导路。反力的大小与作用点可由构件的受力和运动情况确定。

下面来分析考虑摩擦时平面移动副的反力。图9-2表示平滑块A与平面B组成的平面移动副，滑块A在合外力P作用下以v_{AB}的速度相对于B向左滑动。力P与接触面法线间的夹角为α，当P的作用线位于接触表面ab之内时，滑块A的一面紧压在平面B上。以A为示力体，则A受到平面B的支承力N和摩擦力F，若接触面间的摩擦系数为f，F的大小根据滑动摩擦的基本定律应为

$$F=Nf \tag{9-1}$$

则
$$\frac{F}{N}=f=\tan\varphi=\text{常数} \tag{9-2}$$
式中,φ 称为摩擦角(angle of friction),φ 的大小取决于摩擦系数 f;f 的大小,取决于接触面的材料、粗糙程度及润滑条件。

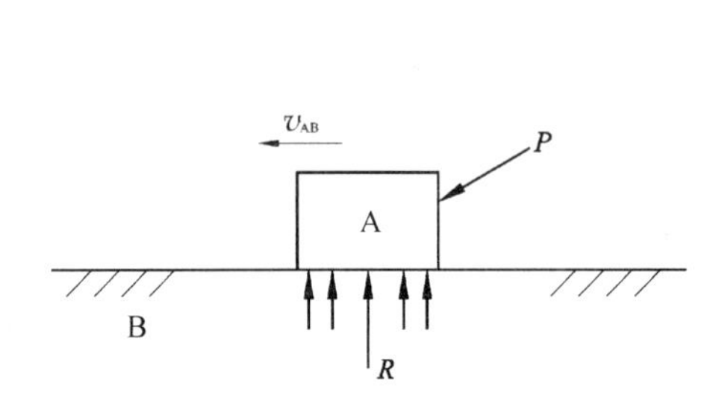

图 9-1 光滑平滑块的运动副反力

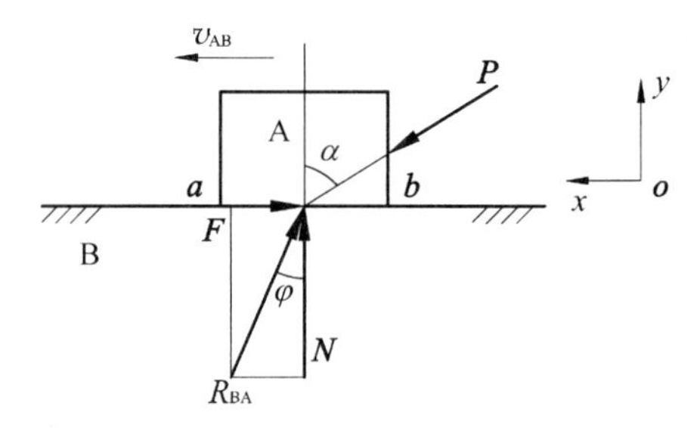

图 9-2 平滑块运动副反力

平面 B 对滑块 A 的总作用力,即运动副的总反力 $\boldsymbol{R}_{BA}$ 为
$$\boldsymbol{R}_{BA}=\boldsymbol{F}+\boldsymbol{N} \tag{9-3}$$
R_{BA} 与接触线法线的夹角为 φ,与 v_{AB} 的方向成一钝角 $90°+\varphi$。

取坐标 xoy(图 9-2),则滑块 A 在 x 方向所受合力为
$$\sum X=P\sin\alpha-R_{BA}\sin\varphi \tag{9-4}$$
由于滑块 A 在 y 方向无运动,因此其在 y 方向的合力为零。
$$\sum Y=R_{BA}\cos\varphi-P\cos\alpha=0 \tag{9-5}$$

由式(9-5)得 $R_{BA}=P\dfrac{\cos\alpha}{\cos\varphi}$,代入式(9-4)得
$$\sum X=P\sin\alpha-P\frac{\cos\alpha}{\cos\varphi}\sin\varphi=P\sin\alpha\left(1-\frac{\tan\varphi}{\tan\alpha}\right) \tag{9-6}$$

分析上式可知:

(1) 当 $\alpha<\varphi$,$\sum X<0$,因此,若滑块 A 原来在运动,则 A 作减速运动直至静止不动;若滑块 A 原来不动,则此时无论外力 P 的大小如何,滑块 A 都不能运动。这种不管驱动力多大,由于摩擦力的作用而使机构不能运动的现象称为自锁。

(2) 当 $\alpha=\varphi$,$\sum X=0$,即滑块 A 为平衡状态,若 A 原来运动则保持匀速运动,若原来静止,则保持不动,处于自锁的临界状态。

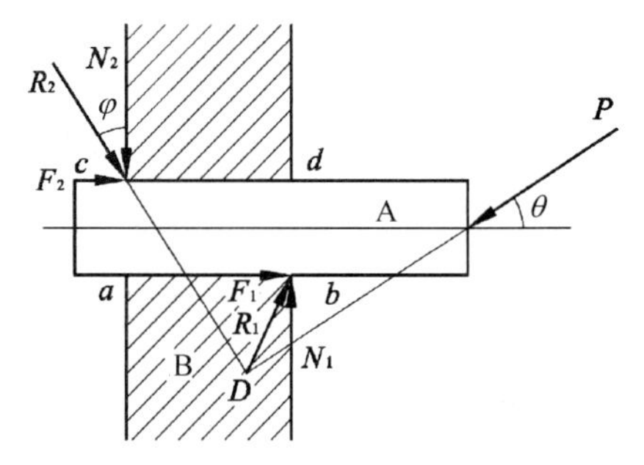

图 9-3 有翻转趋势的移动副反力

(3) 当 $\alpha>\varphi$ 时,$\sum X>0$,则 A 作加速运动。

以上讨论的是外力 P 的作用线位于接触表面 ab 之内,这时滑块 A 与平面 B 之间仅有一面受力。如果外力 P 的作用线位于接触表面的外边,如图 9-3 所示,那么滑块 A 除了移动之外,还要发生倾转,这时移动副的上下两面都将发生力作用。如果材料较硬,近似地认为滑块 A 与导槽 B 在 b,c 处相互压紧,两处的反力为 R_1、R_2,它们与接触面法线的夹角均为 $\varphi=\arctan f$,方向如图所示。

在 b 处
$$\begin{cases}\boldsymbol{R}_1=\boldsymbol{N}_1+\boldsymbol{F}_1\\ \boldsymbol{F}_1=\boldsymbol{N}_1 f\end{cases}$$

在 c 处
$$\begin{cases}\boldsymbol{R}_2=\boldsymbol{N}_2+\boldsymbol{F}_2\\ \boldsymbol{F}_2=\boldsymbol{N}_2 f\end{cases}$$

若滑块 A 处于平衡状态，则根据三力汇交原理，滑块 A 所受到的三个力 $\boldsymbol{P}$、$\boldsymbol{R}_1$、$\boldsymbol{R}_2$ 应交于一点 D。

2）楔形面移动副

如图 9-4(a) 所示，滑块 A 被载荷 Q 压在夹角为 2θ 的楔形槽 B 中，已知与 A、B 同材料的平滑块的摩擦系数为 f。如图 9-4(b) 所示，滑块 A 在一沿楔形槽方向的驱动力 P 作用下向左滑动，这时滑块的两个接触面上各有一个正压力 N_1、N_2 和摩擦力 F_1、F_2，$N_1=N_2=N$，$F_1=F_2=F$，则滑块所受的总摩擦力为

$$F_{\mathrm{f}}=2F=2Nf \tag{9-7}$$

由平衡条件 $\boldsymbol{N}_1+\boldsymbol{Q}+\boldsymbol{N}_2=0$，作力三角形如图 9-4(c)所示。由图得

$$Q=2N\sin\theta$$

$$N=\frac{Q}{2\sin\theta}$$

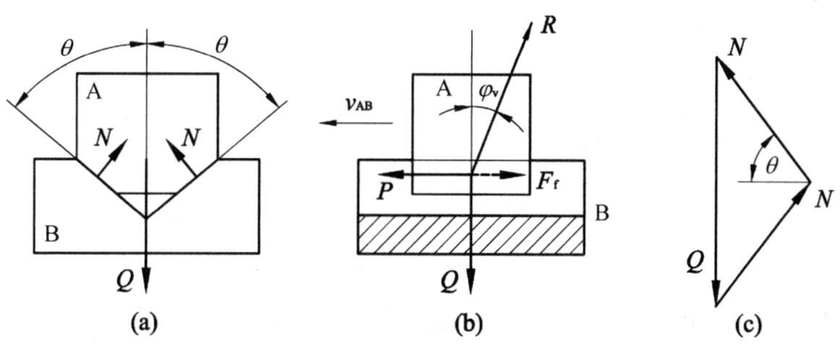

图 9-4　楔形滑块运动副反力

代入式(9-7)得

$$F_{\mathrm{f}}=Q\frac{f}{\sin\theta}=Qf_{\Delta}$$

式中，
$$f_{\Delta}=\frac{f}{\sin\theta} \tag{9-8}$$

f_{Δ} 称为楔形滑块的当量摩擦系数(equivalent coefficient of friction)，其值恒大于 f，即楔形滑块的摩擦力大于平滑块的摩擦力。因此，楔形滑块适用于需要增加摩擦力的摩擦传动和连接中，例如三角皮带传动和楔形轮缘的摩擦轮传动，三角螺纹的连接等。

与平滑块相同，使 $\tan\varphi_{\Delta}=f_{\Delta}$，其中 φ_{Δ} 称为当量摩擦角，那么楔形槽加于滑块的总反力 R_{BA} 应与移动方向偏一$(90°+\varphi_{\Delta})$角。

2. 转动副中的摩擦及反力

1）径向轴颈的摩擦

实际机器中的转动副大多数都可以看成由轴与轴承构成。轴放在轴承中的部分称为轴

颈,如图9-5所示。这种承受径向载荷的轴颈称为径向轴颈,当轴颈在轴承中回转时,如果不考虑摩擦,轴承对轴颈的作用力(运动副反力)沿径向通过轴颈的转动中心。然而,实际轴承中,轴承与轴颈的摩擦较大不能忽略,下面就来讨论如何计算这个摩擦力对轴颈所形成的摩擦力矩,以及在考虑摩擦时转动副中反力的分析方法。

如图9-6所示,半径为 r 的轴颈A在径向载荷 Q、驱动力偶矩 M 作用下相对轴承B以角速度 ω_{AB} 回转,那么,在接触面上分布有沿径向的支承力和沿切向的摩擦力,径向分布力与切向分布力的总合力即为轴承运动副反力 R_{BA},需要注意 R_{BA} 的作用线不通过转动中心 O。

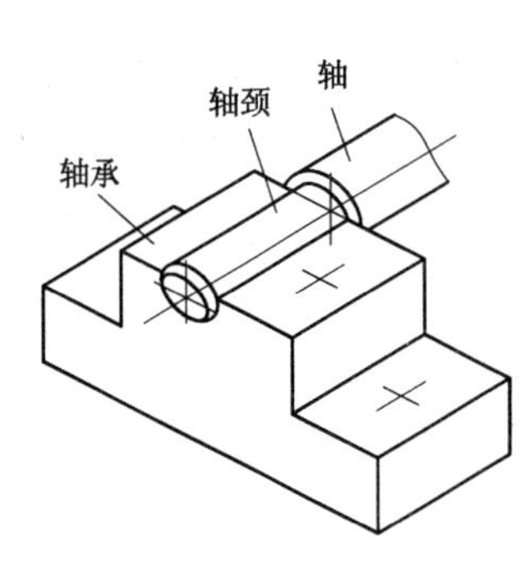

图9-5 径向轴颈

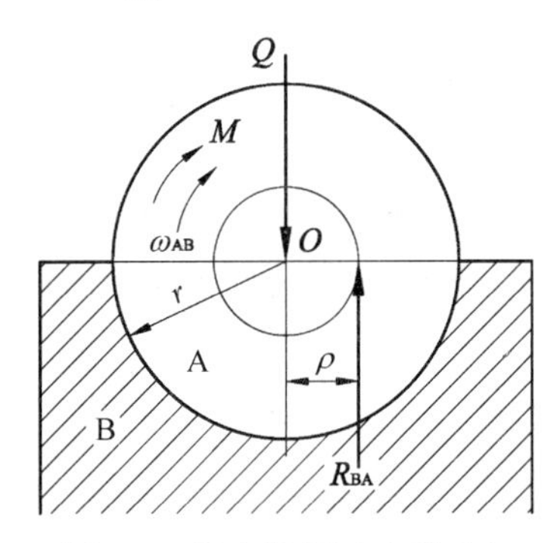

图9-6 径向轴颈运动副反力

根据力平衡条件可知

$$\boldsymbol{R}_{BA}=-\boldsymbol{Q} \tag{9-9}$$

又 R_{BA} 与 Q 构成一阻止轴颈转动的力偶矩 M_f。设 R_{BA} 与 Q 之间距离为 ρ,则有

$$M_f=R_{BA}\rho \tag{9-10}$$

$$\rho=\frac{M_f}{R_{BA}}=\frac{M_f}{Q} \tag{9-11}$$

M_f 为转动副中的摩擦阻力矩,若 F 为轴颈和轴承接触面上的总摩擦力,那么

$$M_f=Fr=f_0Qr \tag{9-12}$$

式中,f_0 为轴颈轴承的当量摩擦系数,其值实际上是在一定条件下用试验的方法测得的。对于非跑合的径向轴颈,理论上取 $f_0=\frac{\pi}{2}f\approx1.57f$;而对于跑合的径向轴颈,$f_0=\frac{4}{\pi}f\approx1.27f$;式中 f 为轴颈与轴承材料的滑动摩擦系数。

将式(9-12)代入式(9-11)可得

$$\rho=\frac{M_f}{Q}=f_0r \tag{9-13}$$

这样就确定了转动副反力 R_{BA} 的大小、方向和作用点。以转动中心 O 为圆心,ρ 为半径的圆,称为摩擦圆(circle of friction)。总反力 R_{BA} 的作用线与摩擦圆相切,其对轴心的力矩方向必与 ω_{AB} 相反,这样,在计及摩擦的力计算中,利用摩擦圆、构件间相对转动方向和构件的平衡条件便不难确定其各转动副中总反力的作用线了。

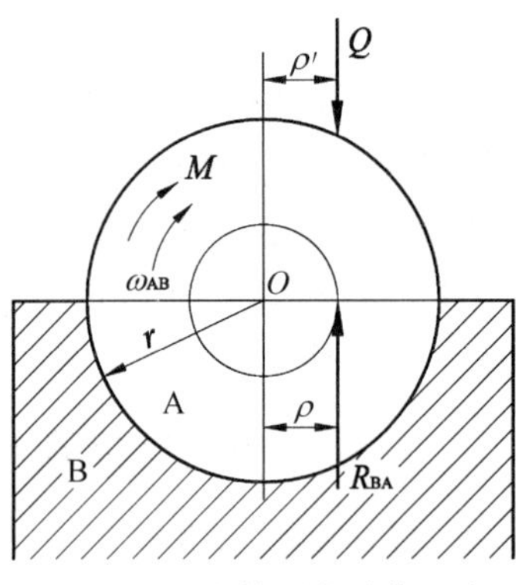

图9-7 径向轴颈的总作用力

如图9-7所示,将径向载荷 Q 与驱动力偶矩 M 合并成

一个合力，其大小仍为 Q，但其作用线已偏移了一个距离 $\rho'=\dfrac{M}{Q}$。

（1）如果合外力 Q 的作用线在摩擦圆以外，则驱动力矩大于摩擦阻力矩，故轴颈就加速转动。

（2）如果合外力 Q 的作用线与摩擦圆相切，则驱动力矩与摩擦阻力矩相等，故轴颈就等速转动（若原来就在转动）或者静止（若原来就不动）。

（3）如果合外力 Q 的作用线与摩擦圆相割，则驱动力矩小于摩擦力矩，故轴颈就减速转动；如果它原来就不动，则无论驱动力多大轴颈都不会转动，即发生自锁。

例 9-1　图 9-8(a)所示为一四杆机构。曲柄 1 为主动件，在力矩 M_1 的作用下沿 ω_1 方向转动，试求转动副 A、B、C、D 中作用力的方向线的位置。图中虚线小圆为摩擦圆，解题时不考虑构件的自重及惯性力。

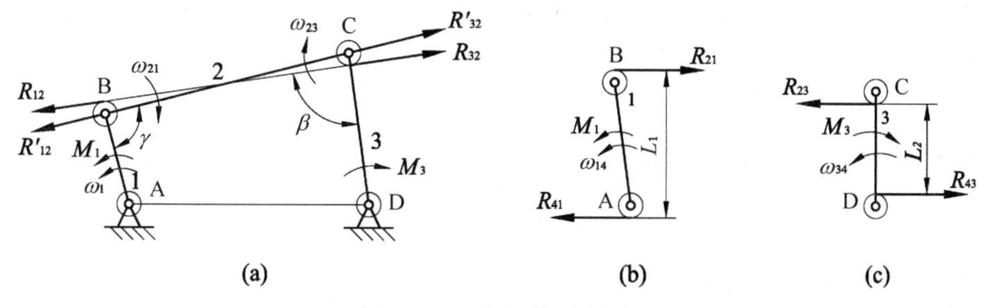

图 9-8　四杆机构示力图

解：在不计摩擦时，各转动副中的作用力应通过轴颈中心。构件 2 在两力 R'_{12}、R'_{32} 的作用下处于平衡，故此两力应大小相等、方向相反、作用在同一条直线上，作用线应与轴颈 B、C 的中心连线重合。同时根据机构的运动情况知，连杆 2 所受的力为拉力。

在计及摩擦时，作用力应切于摩擦圆。因在转动副 B 处构件 2、1 之间的夹角 γ 在逐渐减小，故知构件 2 相对于构件 1 的角速度 ω_{21} 为顺时针方向，又由于连杆 2 受拉力，因此作用力 R_{12} 应切于摩擦圆上方；而在转动副 C 处，构件 2、3 之间夹角 β 在逐渐增大，故构件 2 相对于构件 3 的角速度 ω_{23} 为顺时针方向，因此，作用力 R_{32} 应切于摩擦圆下方。又因此时构件 2 仍在两力 R_{12}、R_{32} 作用下平衡，故此二力仍应共线，即它们的作用线应切于 B 处摩擦圆的上方和 C 处摩擦圆的下方，如图 9-8(a)所示。

以曲柄 1 为示力体，1 受到力矩 M_1、力 R_{21} 和 R_{41} 的作用。其中，R_{21} 与 R_{12} 是作用力与反作用力，因此，R_{21} 与 R_{12} 共线且反向。另 R_{41} 与 R_{21} 是作用在 1 上的二力，应大小相等，方向相反，形成一对力偶与驱动力矩 M_1 平衡。由于 R_{41} 方向向左，且其对于转动副 A 中心点的矩应与 ω_{14} 方向相反，所以作用力 R_{41} 应切于摩擦圆的下方，如图 9-8(b)所示。

以构件 3 为示力体，可见 3 受到力矩 M_3、力 R_{23} 和 R_{43} 的作用。同理，可判断出 R_{23} 向左、R_{43} 向右。由于 R_{43} 对于转动副 D 中心点的矩应与 ω_{34} 方向相反，所以，作用力 R_{43} 应切于摩擦圆的上方，如图 9-8(c)所示。

2）止推轴颈的摩擦

图 9-9(a)所示的轴颈为止推轴颈，其载荷沿轴线方向。它与轴承的接触面可以是任意的回转体的表面（例如圆锥面），最常见为圆平面、圆环面或数个圆环面。

下面分析止推轴颈的摩擦，图 9-9(a)所示轴颈，当轴 1 在轴承 2 上旋转时，由于两者的

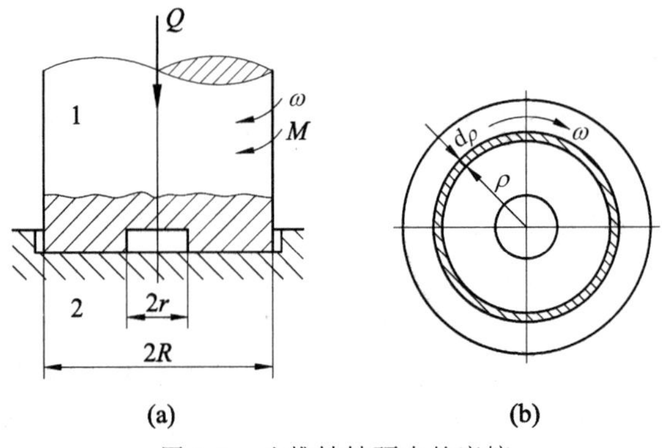

图 9-9 止推轴轴颈中的摩擦

接触面在轴向载荷 Q 的作用下彼此压紧,所以在接触面间将产生摩擦力,该摩擦力对轴的回转轴线之矩即摩擦力矩 M_f,其大小可积分求出。如图 9-9(b)所示,从轴端接触面上取出环形微面积 $ds=2\pi\rho d\rho$,设 ds 上的压强为 p,摩擦系数为 f,则:

$$dM_f=\rho f p ds$$

又如设轴端接触面上各处的摩擦系数和压强是相同的,则

$$M_f=fp\int_r^R \rho ds=2\pi fp\int_r^R \rho^2 d\rho=\frac{2}{3}\pi fp(R^3-r^3) \tag{9-14}$$

而整个环形面积上的正压力 N 应为

$$N=\int_r^R p ds=\int_r^R 2p\pi\rho d\rho=\pi p(R^2-r^2)=Q$$

$$p=\frac{Q}{\pi(R^2-r^2)} \tag{9-15}$$

将式(9-15)代入式(9-14),即得摩擦力矩为

$$M_f=\frac{2}{3}\frac{(R^3-r^3)}{(R^2-r^2)}fQ \tag{9-16}$$

应当指出,$p=$常数的假设,只有对未经跑合的止推轴颈才是接近正确的。

跑合后接触面上的压强分布如图 9-10 所示,基本上符合压强 p 为常数的规律。依据假设条件,可用上述类似的推导求得跑合止推轴颈的摩擦力矩为

$$M_f=\frac{1}{2}fQ(R+r) \tag{9-17}$$

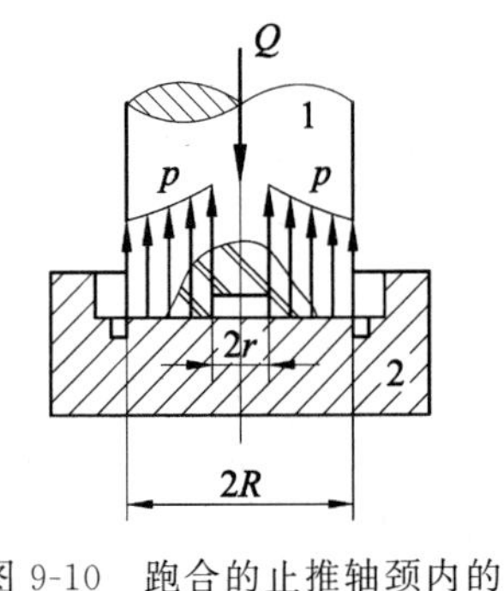

图 9-10 跑合的止推轴颈内的压力分布

最后综合式(9-16)和式(9-17),止推轴颈在轴承内转动时,它的摩擦力矩的大小为

$$M_f=fQr' \tag{9-18}$$

式中,r'称为当量摩擦半径。

对于非跑合的止推轴颈
$$r'=\frac{2}{3}\left(\frac{R^3-r^3}{R^2-r^2}\right) \tag{9-19}$$

对于跑合的止推轴颈
$$r'=\frac{R+r}{2} \tag{9-20}$$

例 9-2　如图 9-11 所示，圆锥盘 1 通过导键与待制动的转轴连接，该锥盘受轴向力作用移动而与定锥盘 2 紧密接触。已知：两锥盘接触部分的大直径 d_2、小直径 d_1，锥盘的锥顶角 2θ，接触面摩擦系数 f 及所需制动力矩 M_f。试求需加在动锥盘上的轴向力 Q。

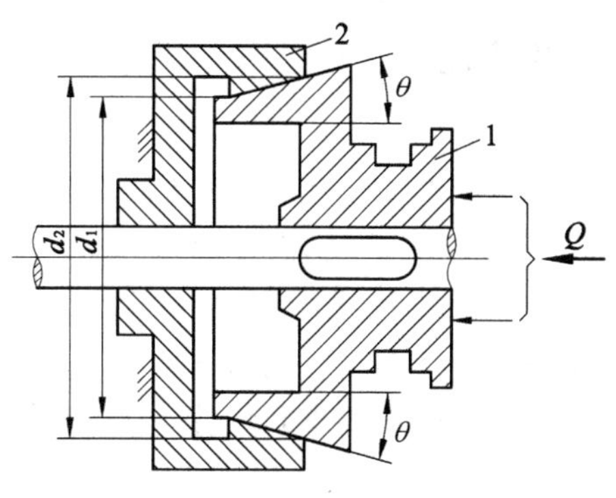

图 9-11　圆锥盘制动器

解：锥形面摩擦相当于楔形面摩擦，求当量摩擦系数 $f_v = f/\sin\theta$，从而将其简化为平端面摩擦处理。考虑到这种制动器工作频繁，拟按跑合止推轴颈对待。

$$M_f = \frac{1}{4} f_v Q(d_2 + d_1) = \frac{fQ}{4\sin\theta}(d_2 + d_1)$$

或

$$Q = \frac{2M_f \sin\theta}{f(d_2 + d_1)}$$

3. 平面高副中的摩擦及反力

构件 1 与构件 2 组成平面高副，如果不考虑摩擦，则运动副反力 R_{12} 沿公法线方向通过接触点 K，如图 9-12(a)所示。

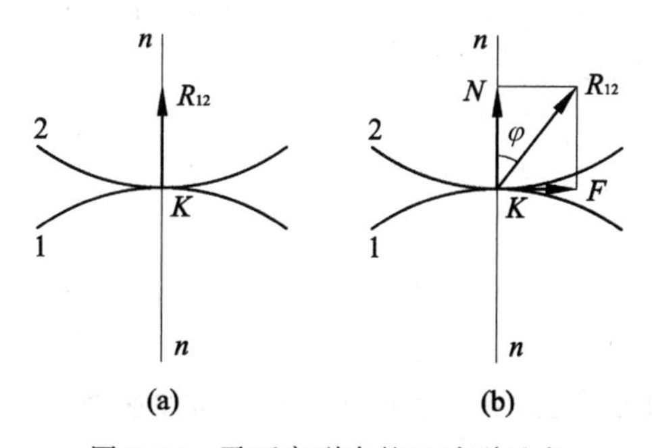

图 9-12　平面高副中的运动副反力

在考虑摩擦的情况下，组成高副的两个构件 1 和 2，如果相对运动是单纯的滑动，则其摩擦力的求法与平滑块相同，反力 R_{12} 通过接触点 K 且与公法线 nn 夹角为摩擦角 φ，如图 9-12(b)所示。

对于相对运动属纯滚动的两个构件，其摩擦按理论力学中的"滚动摩擦"计算；相对运动为滑动带滚动，则可分别计算滑动摩擦和滚动摩擦。

9.3　平面机构的动态静力分析

1. 构件的惯性力(矩)的确定

1) 作平面复杂运动的构件

由理论力学可知,具有质量对称平面的构件,其惯性力系可简化为一通过构件质心 S 的惯性力 F_i 和一惯性力偶矩 M_i(图 9-13),它们分别为

$$\boldsymbol{F}_i = -m\boldsymbol{a}_s$$

$$\boldsymbol{M}_i = -J_s\boldsymbol{\varepsilon}$$

式中,m 为构件质量;$\boldsymbol{a}_s$ 为构件质心的加速度;J_s 为构件对其质心的转动惯量;$\boldsymbol{\varepsilon}$ 为构件的角加速度。

惯性力 $\boldsymbol{F}_i$ 与惯性力偶矩 $\boldsymbol{M}_i$ 可进一步合成,由力偶等效原理,用一力偶 $\boldsymbol{F}'_i$、$-\boldsymbol{F}'_i$来代替 $\boldsymbol{M}_i$,如图 9-14 所示,其中

$$|\boldsymbol{F}'_i| = |\boldsymbol{F}_i|$$

$$h = \frac{M_i}{F'_i} = \frac{M_i}{F_i}$$

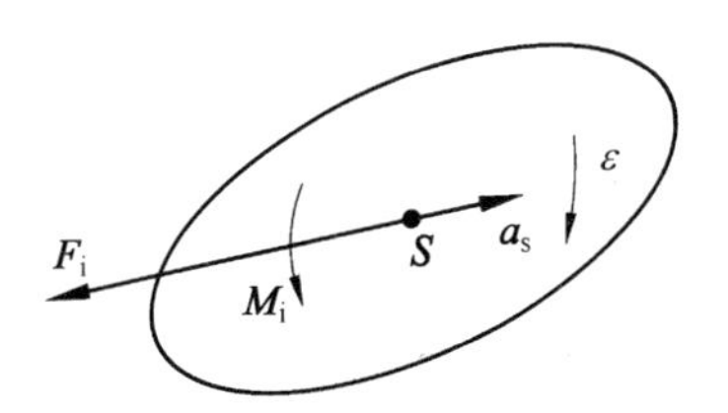

图 9-13　惯性力与惯性力矩

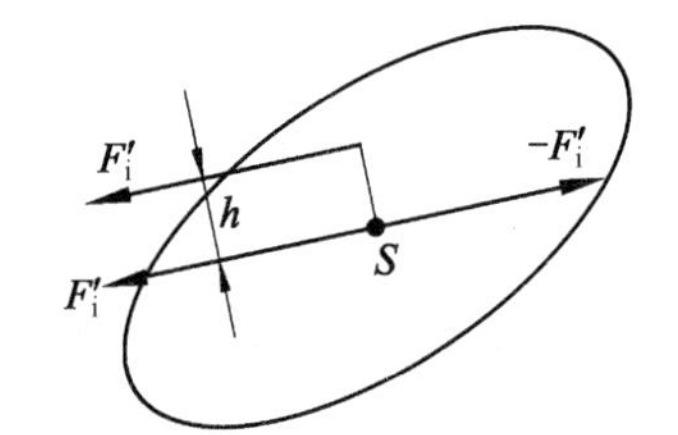

图 9-14　惯性力与惯性力矩合成

结果 $\boldsymbol{F}_i$ 与 $\boldsymbol{F}'_i$相抵消,这样惯性力 $\boldsymbol{F}_i$ 与惯性力偶矩 $\boldsymbol{M}_i$ 合成一总惯性力 $\boldsymbol{F}'_i$,其到质心 S 的距离为 h,如图 9-15 所示。

2) 绕定轴转动的构件

(1) 转动轴线不通过质心(图 9-16)

$$\boldsymbol{F}_i = -m\boldsymbol{a}_s$$

$$\boldsymbol{M}_i = -J\boldsymbol{\varepsilon}$$

$$\boldsymbol{a}_s = \boldsymbol{a}_t + \boldsymbol{a}_n$$

式中,$\boldsymbol{a}_t$ 为质心 S 的切向加速度;$\boldsymbol{a}_n$ 为质心 S 的法向加速度。

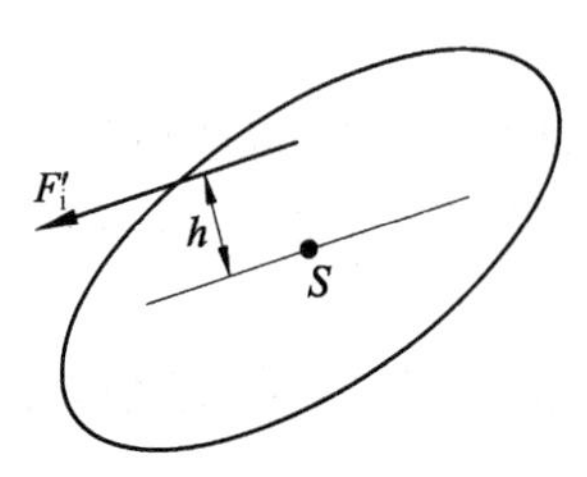

图 9-15　合成后的惯性力

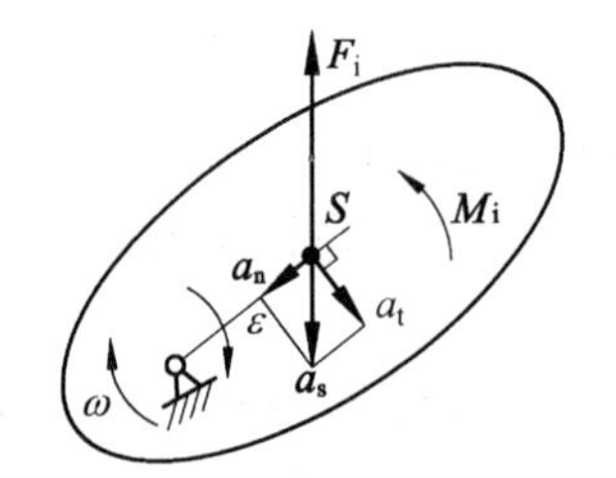

图 9-16　定轴转动构件的惯性力

当然，惯性力 $\boldsymbol{F}_{\mathrm{i}}$ 与惯性力偶矩 $\boldsymbol{M}_{\mathrm{i}}$ 可以进一步简化为一个总惯性力 $\boldsymbol{F}'_{\mathrm{i}}$。

(2) 转动轴线通过质心

因构件转动轴线通过质心，质心加速度为零，惯性力 $\boldsymbol{F}_{\mathrm{i}}=-m\boldsymbol{a}_{\mathrm{s}}=0$，惯性力偶矩为

$$\boldsymbol{M}_{\mathrm{i}}=-J\boldsymbol{\varepsilon}$$

3) 作平动的构件

因构件的角加速度为零，惯性力偶矩 $\boldsymbol{M}_{\mathrm{i}}=0$，惯性力为

$$\boldsymbol{F}_{\mathrm{i}}=-m\boldsymbol{a}_{\mathrm{s}}$$

2. 不考虑摩擦的机构动态静力分析

1) 构件组的静定条件

当机构各构件的惯性力确定后，可根据机构所受的已知外力(包括惯性力)来确定各运动副的反力和需加于该机构上的平衡力。要求解运动副反力，则必须将构件组从机构中分离出来。然而，这样分解成的每一个构件组都必须是静定的，即必须保证能以刚体静力学的方法将构件组中的所有未知力确定出来。欲使构件组成为静定，则该构件组所能列出的独立的力平衡方程式的数目，应等于构件组中所有力的未知要素的数目。构件组是否满足静定条件，则与构件组中含有的运动副的类型、数目，以及构件的数目有关。

当不考虑摩擦力时，转动副中的反力作用线通过转动中心，而其大小及方向未知；移动副中的反力作用线垂直于移动副导路，而其大小及作用点未知；平面高副中的反力应沿高副接触点的法线方向，而其大小未知。因此，要确定一平面低副中的反力时，必须求解两个未知量；而确定一个平面高副中的反力时，则只要求解一个未知量。

对于一个有 n 个构件的构件组，因对每一个作平面运动的构件总可写出三个独立的平衡方程式 $\left(\sum F_x=0, \sum F_y=0, \sum M=0\right)$，所以共可列出 $3n$ 个独立的平衡方程式。如果该构件组含有 P_{L} 个低副和 P_{H} 个高副，则需要求解的未知量总数便为 $(2P_{\mathrm{L}}+P_{\mathrm{H}})$。因此，该构件组的静定条件应为

$$3n=2P_{\mathrm{L}}+P_{\mathrm{H}}$$

如果所含的高副都经过低代，则上式可改写为

$$3n=2P_{\mathrm{L}}$$

即

$$P_{\mathrm{L}}=\frac{3}{2}n \tag{9-21}$$

式(9-21)表示所有的基本杆组都满足静定条件。求解运动副反力时，可按杆组逐组解决。

2) 机构的动态静力分析

在不考虑运动副的摩擦时，进行机构动态静力分析的一般步骤是：首先对机构进行运动分析，确定在已知的机构位置时各构件的惯性力和惯性力矩，并将它们视为外力与其他已知外力一并加在机构的对应构件上；其次从已知的驱动力或生产阻力所作用的构件或构件组开始，列平衡方程计算其运动副反力，并逐步推算到平衡力作用的构件；最后计算平衡力及其所作用的构件的运动副反力。

下面举例来具体说明用图解法作机构动态静力分析的步骤和方法。

例 9-3 在图 9-17(a)所示的颚式破碎机中,已知各构件的尺寸、重力及其对本身质心轴的转动惯量,以及矿石加于活动颚板 2 上的压力 F_r。设构件 1 以等角速 ω_1 转动,方向如图,其重力可忽略不计,求作用在其上点 E 沿已知方向 xx 的平衡力 F_b 以及各运动副中的反力。

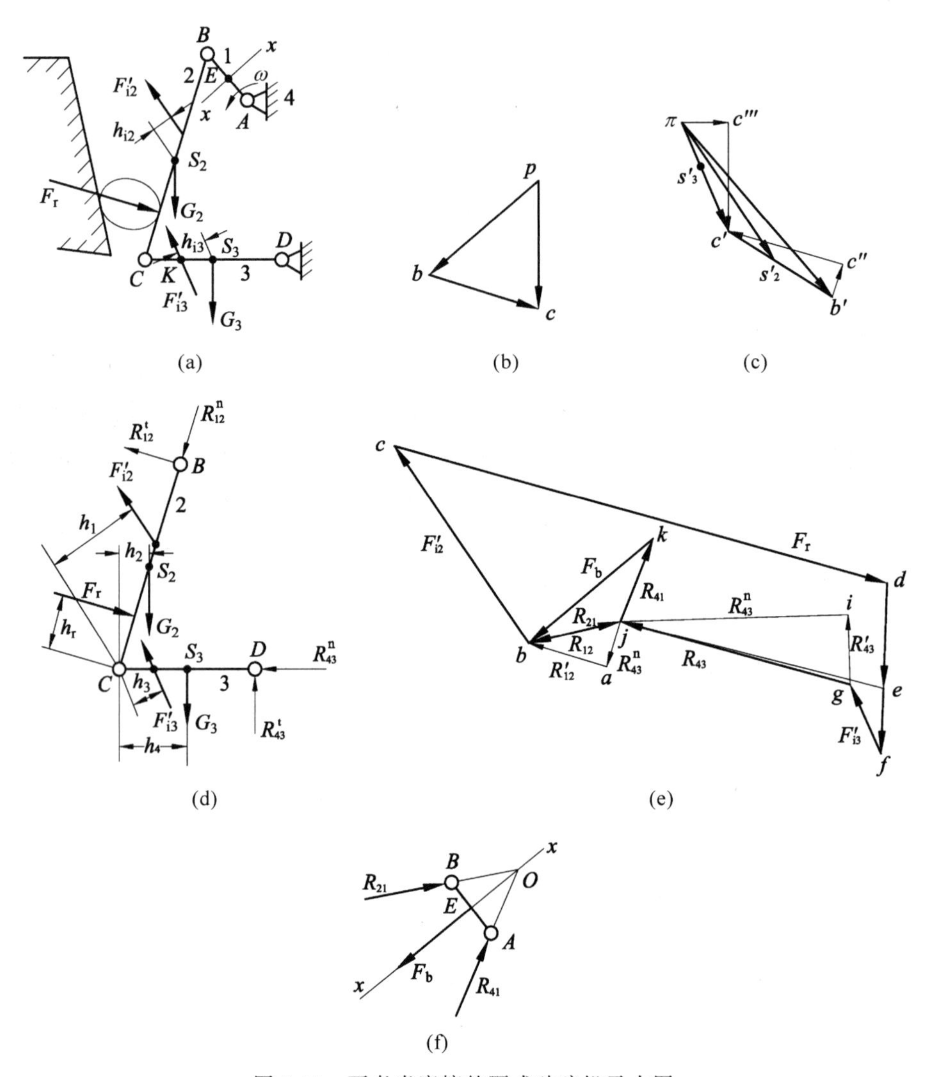

图 9-17 不考虑摩擦的颚式破碎机示力图

解:(1) 用选定的长度比例尺 μ_l、速度比例尺 μ_v 及加速度比例尺 μ_a 作机构运动简图、速度多边形及加速度多边形,分别如图 9-17(a)、(b)、(c)所示。

(2) 确定各构件的惯性力和惯性力矩。

作用在构件 2 上的惯性力和惯性力偶矩为

$$F_{i2}=-m_2 a_{S2}=-\frac{G_2}{g}\mu_a\overline{\pi s'_2}$$

$$M_{i2}=-J_{S2}\varepsilon_2=-J_{S2}\frac{a_{tCB}}{l_{CB}}=-J_{S2}\frac{\mu_a\cdot\overline{c''c'}}{l_{CB}}$$

式中,l_{CB} 为 B、C 两点之间的实际距离。

将通过质心 S_2 的 F_{i2} 和作用在构件2上的 M_{i2} 合并为一个总惯性力 F'_{i2}，它的大小和方向仍为 F_{i2}，但作用线从 S_2 偏移一实际距离 h_{i2}，其值为

$$h_{i2}=\frac{M_{i2}}{F_{i2}}$$

同样，对于构件3有

$$F_{i3}=-m_3 a_{S3}=-\frac{G_3}{g}\mu_a \overline{\pi s'_3}$$

$$M_{i3}=-J_{S3}\varepsilon_3=-J_{S3}\frac{a_C^t}{l_{CD}}=-J_{S3}\frac{\mu_a \overline{c'''c'}}{l_{CD}}$$

及

$$h_{i3}=\frac{M_{i3}}{F_{i3}}$$

将上述计算所得的总惯性力 F'_{i2} 和 F'_{i3} 视同其他外力一样分别加在相应的构件2和3上。

(3) 确定各运动副反力及平衡力。

本题从已知生产阻力 F_r 作用的构件2开始，按杆组逐步求解运动副反力和平衡力。

① 求杆组2、3各运动副中的反力。构件2和构件3上给定的外力都是已知的，但当分别将它们作为示力体考虑其平衡时，由于构件的两个转动副中的反力共有4个未知量，故不可解。又若将该两反力沿构件轴线(法向)及垂直轴线(切向)分解时，则两切向分力虽然可以求出，但是两法向分力共线，故仍不可解。因此，此时可以整个杆组为示力体，如图9-17(d)所示，其外部运动副 B、D 中反力分别分解为法向和切向两个分力。当先考虑构件2的平衡时由 $\sum M_C=0$ 得

$$G_2h_2+F_rh_r-F'_{i2}h_1-R_{12}^t l_{CB}=0$$

所以

$$R_{12}^t=\frac{G_2h_2+F_rh_r-F'_{i2}h_1}{l_{CB}}$$

式中的各尺寸均为实际长度(m)。如果上式等号右边为正值，则表示假定的 R_{12}^t 的指向是对的；反之，如果是负值，则表示 R_{12}^t 的真实指向与图示者相反。

同样，当考虑构件3的平衡时，由 $\sum M_C=0$ 得

$$G_3h_4-F'_{i3}h_3-R_{43}^t l_{CD}=0$$

所以

$$R_{43}^t=\frac{G_3h_4-F'_{i3}h_3}{l_{CD}}$$

式中的各尺寸均为实际的长度(m)。所得值的正、负及 $\boldsymbol{R}_{43}^t$ 的方向同上述 $\boldsymbol{R}_{12}^t$ 的规定。

当 $\boldsymbol{R}_{12}^t$ 和 $\boldsymbol{R}_{43}^t$ 求出后，再根据杆组2、3的平衡由 $\sum F=0$ 得

$$\underline{\underline{\boldsymbol{R}_{12}^n}}+\underline{\underline{\boldsymbol{R}_{12}^t}}+\underline{\underline{\boldsymbol{F}'_{i2}}}+\underline{\underline{\boldsymbol{F}_r}}+\underline{\underline{\boldsymbol{G}_2}}+\underline{\underline{\boldsymbol{G}_3}}+\underline{\underline{\boldsymbol{F}'_{i3}}}+\underline{\underline{\boldsymbol{R}_{43}^t}}+\underline{\underline{\boldsymbol{R}_{43}^n}}=0$$

上式中只有 $\boldsymbol{R}_{12}^n$ 和 $\boldsymbol{R}_{43}^n$ 的大小为未知，故可作力多边形将其求出(将同一构件的力放在一起，便于求运动副反力)。如图9-17(e)所示，用选定的力比例尺 $\mu_F\left(\frac{\mathrm{N}}{\mathrm{mm}}\right)$，从任意点 a 连续作矢量 $\boldsymbol{ab}$、$\boldsymbol{bc}$、$\boldsymbol{cd}$、$\boldsymbol{de}$、$\boldsymbol{ef}$、$\boldsymbol{fg}$ 和 $\boldsymbol{gi}$ 各代表力 $\boldsymbol{R}_{12}^t$、$\boldsymbol{F}'_{i2}$、$\boldsymbol{F}_r$、$\boldsymbol{G}_2$、$\boldsymbol{G}_3$、$\boldsymbol{F}'_{i3}$ 和 $\boldsymbol{R}_{43}^t$，然后由点 a 和 i 各作直线 $\overline{aj}$ 和 $\overline{ij}$ 代表力 $\boldsymbol{R}_{12}^n$ 和 $\boldsymbol{R}_{43}^n$ 的方向线，它们相交于点 j；则矢量 $\boldsymbol{jb}$ 和 $\boldsymbol{jg}$ 便分别代表总反力 $\boldsymbol{R}_{12}$ 和 $\boldsymbol{R}_{43}$，其大小为

$$R_{12}=\mu_{F}\overline{jb} \quad 和 \quad R_{43}=\mu_{F}\overline{gj}$$

又由构件2的平衡条件 $\sum \boldsymbol{F}=\underline{\underline{\boldsymbol{R}_{12}}}+\underline{\underline{\boldsymbol{F}'_{i2}}}+\underline{\underline{\boldsymbol{F}_{r}}}+\underline{\underline{\boldsymbol{G}_{2}}}+\boldsymbol{R}_{32}=0$,知矢量 $\boldsymbol{ej}$ 代表反力 $\boldsymbol{R}_{32}$,其大小为 $R_{32}=\mu_{F}\overline{ej}$。

② 求作用在构件1上的平衡力和运动副中的反力。因 $\boldsymbol{R}_{21}=-\boldsymbol{R}_{12}$,故 $\boldsymbol{R}_{21}$ 为已知。当考虑构件1的平衡时,由 $\sum \boldsymbol{F}=0$ 得 $\underline{\boldsymbol{F}_{b}}+\underline{\underline{\boldsymbol{F}_{21}}}+\underline{\boldsymbol{F}_{41}}=0$,因该三力应交于一点,故如图9-17(f)所示,反作用力 $\boldsymbol{R}_{41}$ 的作用线应通过点 A 及直线 xx 与 $\boldsymbol{R}_{21}$ 的交点 O。这样,在上式中只有力 $\boldsymbol{F}_{b}$ 和 $\boldsymbol{R}_{41}$ 的大小为未知,故可以作力的多边形将它们求出。如图9-17(e)所示,矢量 $\boldsymbol{bj}$ 代表力 $\boldsymbol{R}_{21}$。从点 j 和 b 作直线 $\overline{jk}$ 和 $\overline{bk}$ 各平行于图中的 AO 和 xx,分别代表力 $\boldsymbol{R}_{41}$ 和力 $\boldsymbol{F}_{b}$ 的作用线,它们相交于点 k,那么,矢量 $\boldsymbol{jk}$ 和 $\boldsymbol{kb}$ 便分别代表力 $\boldsymbol{R}_{41}$ 和 $\boldsymbol{F}_{b}$,其大小为 $\boldsymbol{R}_{41}=\mu_{F}\overline{jk}$ 和 $\boldsymbol{F}_{b}=\mu_{F}\overline{kb}$。平衡力 $\boldsymbol{F}_{b}$ 的指向与 ω_{1} 一致。

3. 考虑摩擦的机构动态静力分析

计算机器的效率时,需要考虑机构的摩擦。考虑摩擦时的机构力分析基本方法同前,下面举例加以说明。

例9-4 如图9-18(a)所示为一曲柄滑块机构,设各构件的尺寸(包括转动副的半径)已知,各运动副中的摩擦系数均为 f,作用在滑块上的水平阻力为 Q,试对该机构在图示位置进行力分析(设各构件的重力及惯性力均忽略不计),并确定加于点 B 与曲柄 AB 垂直的平衡力 P_{b} 的大小。

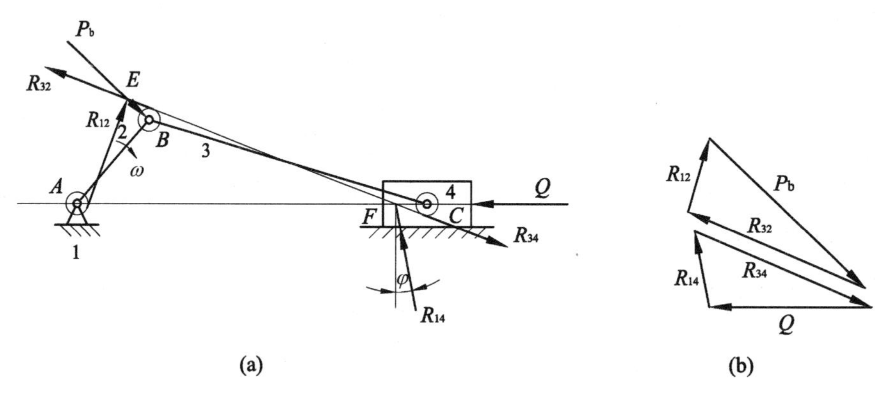

图9-18 曲柄滑块机构示力图

解: 先根据已知条件作出各转动副处的摩擦圆(如图中虚线小圆所示)。由于连杆3为二力构件,其在 B、C 两运动副所受的两力 $\boldsymbol{R}_{23}$ 及 $\boldsymbol{R}_{43}$ 除应分别切于该两处的摩擦圆外,且应大小相等方向相反并共线。根据 $\boldsymbol{R}_{23}$、$\boldsymbol{R}_{43}$ 的方向及连杆3在 B 处相对于构件2和在 C 处相对于构件4的相对转动方向,定出 $\boldsymbol{R}_{23}$ 及 $\boldsymbol{R}_{43}$ 的实际作用线为 B、C 两处摩擦圆的内公切线方向(如图所示)。滑块4共受三力 $\boldsymbol{Q}$、$\boldsymbol{R}_{34}$ 及 $\boldsymbol{R}_{14}$ 而平衡,该三力之矢量和应等于零,即

$$\boldsymbol{Q}+\boldsymbol{R}_{34}+\boldsymbol{R}_{14}=0 \tag{a}$$

同时该三力应汇于一点 F。曲柄2也受有三个力而平衡,即

$$\boldsymbol{P}_{b}+\boldsymbol{R}_{32}+\boldsymbol{R}_{12}=0 \tag{b}$$

同时该三力应汇于一点 E。

根据以上的分析，可如图 9-18(b)所示，以图解法求出各运动副中的反力 $\boldsymbol{R}_{14}$、$\boldsymbol{R}_{34}$ $(=-\boldsymbol{R}_{43})$、$\boldsymbol{R}_{32}(=-\boldsymbol{R}_{23}=\boldsymbol{R}_{43})$、$\boldsymbol{R}_{12}$ 及平衡力 $\boldsymbol{P}_{b}$ 的大小。

例 9-5　如图 9-19(a)所示为一平面六杆机构，设各构件的尺寸(包括轴颈的尺寸)已知。各运动副中的摩擦系数均为 f。加在滑块 6 上的水平阻力为 Q。试对该机构在图示位置时进行力分析(各构件的重力及惯性力均忽略不计)，并确定沿水平方向加于原动件滑块 2 上的平衡力 $\boldsymbol{P}_{b}$。

解：先根据已知条件作出各转动副处的摩擦圆(如图中虚线小圆所示)。然后，根据构件 3 所受两力 $\boldsymbol{R}_{23}$ 及 $\boldsymbol{R}_{43}$ 的方向和构件 3 在 A 处相对于构件 2 及在 B 处相对于构件 4 的相对转动方向，定出 $\boldsymbol{R}_{23}$ 及 $\boldsymbol{R}_{43}$ 两力的方向为沿 A、B 两处摩擦圆的外公切线方向；同时定出构件 5 所受两力 $\boldsymbol{R}_{45}$ 及 $\boldsymbol{R}_{65}$ 的方向为沿 C、E 两处摩擦圆的内公切线方向；而构件 2、4 及 6 均同时受有三个力，滑块 6 所受的三力 $\boldsymbol{Q}$、$\boldsymbol{R}_{56}$ 及 $\boldsymbol{R}_{16}$ 交于点 G，且

$$\boldsymbol{Q}+\boldsymbol{R}_{56}+\boldsymbol{R}_{16}=0 \tag{a}$$

构件 4 所受的三力 $\boldsymbol{R}_{54}$、$\boldsymbol{R}_{34}$ 及 $\boldsymbol{R}_{14}$ 交于 H 点，且

$$\boldsymbol{R}_{54}+\boldsymbol{R}_{34}+\boldsymbol{R}_{14}=0 \tag{b}$$

原动件滑块 2 所受的三力 $\boldsymbol{R}_{32}$、$\boldsymbol{R}_{12}$ 及 $\boldsymbol{P}_{b}$ 交于 F 点，且

$$\boldsymbol{R}_{32}+\boldsymbol{R}_{12}+\boldsymbol{P}_{b}=0 \tag{c}$$

于是，根据式(a)、(b)及(c)可以用图解法(图 9-19(b))求出各转动副中的反力及需加于原动件滑块 2 上的平衡力 $\boldsymbol{P}_{b}$。

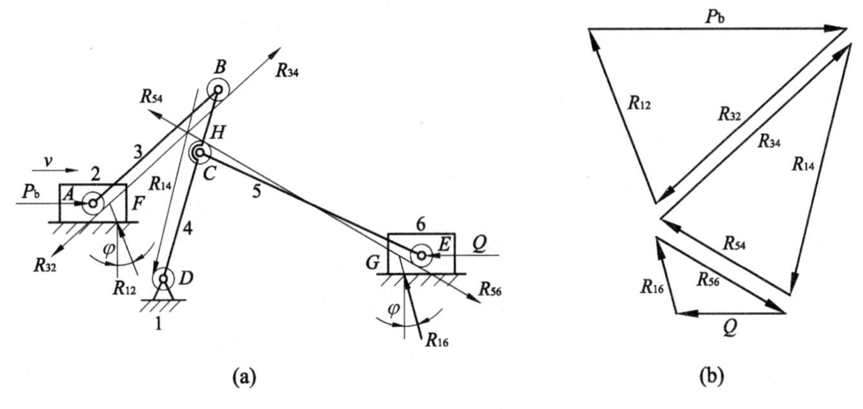

图 9-19　平面六杆机构示力图

从以上二例可知，在进行考虑摩擦的机构力分析时，关键要确定运动副中总反力的方向。以上二例均不计构件的质量和惯性力，这样机构中存在二力构件、三力构件，利用二力构件、三力构件的平衡条件可以确定运动副总反力的方向或作用点。在考虑摩擦和计入构件重量、惯性力和惯性力偶矩时，运动副中总反力的方向或作用点不能直接定出，因而也就无法确定其大小。在此情况下，可以采用逐步逼近法来分析机构的力，现以例 9-3 中的颚式破碎机为例加以说明。

例 9-6　设例 9-3 中颚式破碎机中转动副 A、B、C 和 D 的轴颈半径分别为 r_A、r_B、r_C 和 r_D，轴颈和轴承间的当量摩擦系数为 f_o，在考虑运动副中摩擦力的条件下，求解该例。

解：(1) 按例 9-3 的全部过程算出不考虑摩擦力的各运动副约束反力和作用在构件 1 上的平衡力。

(2) 考虑各运动副中的摩擦力,并计算由此而产生的摩擦力偶矩。按逐步逼近法,第一次逼近时,运动副 A、B、C 和 D 中的摩擦力偶矩分别为:$(M_{f41})_1=R_{41}\rho_A=R_{41}f_o r_A$;$(M_{f12})_1=R_{12}\rho_B=R_{12}f_o r_B$;$(M_{f32})_1=R_{32}\rho_C=R_{32}f_o r_C$;$(M_{f43})_1=R_{43}\rho_D=R_{43}f_o r_D$。上式 M 括号外下角标 1 表示第一次逼近值,依此可类推。力偶矩的方向可按 9.3 节中所述规律,由各构件的相对转动方向确定。如图 9-17 所示机构位置,可以设想如构件 1 顺 ω_1(即 ω_{14})方向转过一微小角度后,从各构件夹角大小的相对变化观察出 ω_{21}、ω_{23} 均为顺时针方向,而 ω_{14}、ω_{34} 均为逆时针方向。因此$(M_{f12})_1$、$(M_{f32})_1$ 均应为逆时针方向;$(M_{f41})_1$、$(M_{f43})_1$ 均应为顺时针方向。

(3) 进行考虑上述摩擦力和力偶矩的动态静力第一次逼近值的计算。分离杆组 2-3,并将外力及摩擦力偶矩加上,如图 9-20(b)所示。

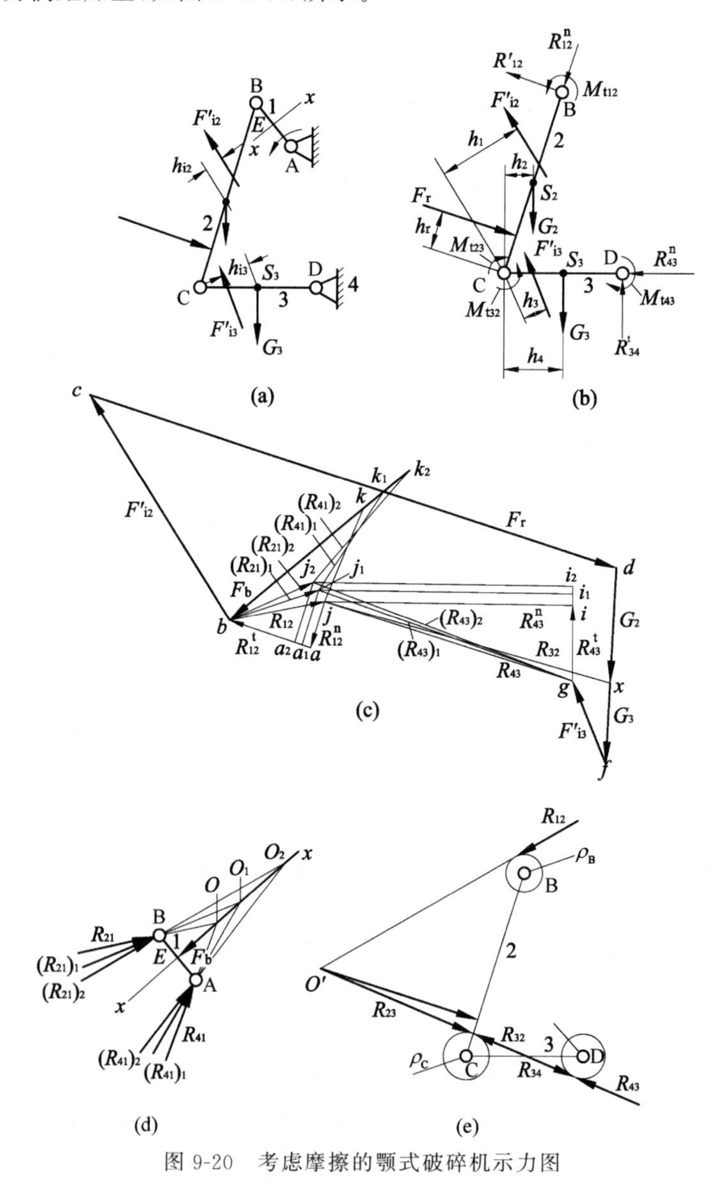

图 9-20 考虑摩擦的颚式破碎机示力图

当考虑构件2的平衡时，由 $\sum M_C=0$ 得

$$(R_{12}^{t})_1=\frac{G_2h_2+F_rh_r-F'_{i2}h_1-(M_{f12})_1-(M_{f32})_1}{l_{CB}}$$

同理，当考虑构件3的平衡时，由 $\sum M_C=0$ 得

$$(R_{43}^{t})_1=\frac{G_3h_4-F'_{i3}h_3-(M_{f23})_1+(M_{f43})_1}{l_{CD}}$$

式中，各尺寸均为实际长度(m)，力方向的判别法同例9-3所述。

当$(\boldsymbol{R}_{12}^{t})_1$和$(\boldsymbol{R}_{43}^{t})_1$求出后，再根据杆组BCD的平衡，由 $\sum \boldsymbol{F}=0$ 得

$$\underline{(\boldsymbol{R}_{12}^{n})_1}+\underline{\underline{(\boldsymbol{R}_{12}^{t})_1}}+\underline{\underline{\boldsymbol{F}'_{i2}}}+\underline{\underline{\boldsymbol{F}_r}}+\underline{\underline{\boldsymbol{G}_2}}+\underline{\underline{\boldsymbol{G}_3}}+\underline{\underline{\boldsymbol{F}'_{i3}}}+\underline{\underline{(\boldsymbol{R}_{43}^{t})_1}}+\underline{(\boldsymbol{R}_{43}^{n})_1}=0$$

上式中只有$(\boldsymbol{R}_{12}^{n})_1$和$(\boldsymbol{R}_{43}^{n})_1$的大小为未知，故可作力多边形将其求出。如图9-20(c)所示，设选定的力比例尺为$\mu_F\left(\frac{N}{mm}\right)$，则可求得$\boldsymbol{R}_{12}$和$\boldsymbol{R}_{43}$的第一次逼近值。

$$(R_{12})_1=\mu_F\overline{bj_1};\quad (R_{43})_1=\mu_F\overline{gj_1}$$

由构件2的平衡条件 $\sum \boldsymbol{F}=\underline{\underline{(\boldsymbol{R}_{12})_1}}+\underline{\underline{\boldsymbol{F}'_{i2}}}+\underline{\underline{\boldsymbol{F}_r}}+\underline{\underline{\boldsymbol{G}_2}}+(\boldsymbol{R}_{32})_1=0$，在力多边形(图9-20(c))上可得$\boldsymbol{R}_{32}$的第一次逼近值为

$$(R_{32})_1=\mu_F\overline{ej_1}$$

由构件1的平衡条件 $\sum \boldsymbol{F}=\underline{(\boldsymbol{F}_b)_1}+\underline{\underline{(\boldsymbol{R}_{21})_1}}+\underline{(\boldsymbol{R}_{41})_1}=0$，在图9-20(d)上可求出$(\boldsymbol{R}_{41})_1$的方向，故在力多边形(图9-20(c))上可得$\boldsymbol{F}_b$和$\boldsymbol{R}_{41}$的第一次逼近值。也可用$\sum M_A=0$求解，此时要用到$(M_{f41})_1$和$(M_{f21})_1$。最后可得

$$(F_b)_1=\mu_F\overline{k_1b};\quad (R_{41})_1=\mu_F\overline{j_1k_1}$$

(4) 进行第二次逼近计算时，可根据(3)中算出的$(\boldsymbol{R}_{12})_1$、$(\boldsymbol{R}_{32})_1$、$(\boldsymbol{R}_{43})_1$计算$(M_{f12})_2=(R_{12})_1\rho_B$、$(M_{f32})_2=(R_{32})_1\rho_C$、$(M_{f43})_2=(R_{43})_1\rho_D$，并再重复(3)的步骤算出第二次逼近值：$(\boldsymbol{R}_{12})_2$、$(\boldsymbol{R}_{43})_2$、$(\boldsymbol{R}_{32})_2$、$(\boldsymbol{R}_{41})_2$和平衡力$(\boldsymbol{F}_b)_2$。

(5) 更多次的逼近计算只是重复上述步骤，只要满足精度要求便可。一般第二次逼近值已有足够的精度。

考虑摩擦力的机构力分析，在外力不多的情况下有可能直接求出各运动副中总反力及平衡力。如例9-4中，由于存在二力构件3，故能在确定力作用线方向后顺利按静力平衡方法解出各未知力。在例9-6中若不计惯性力及重力，则构件3应为二力构件，构件2为三力构件。便可确定有关反力的作用线方向，如图9-20(e)所示。然后根据平衡条件就可进一步求解。

9.4 茹可夫斯基杠杆法

在工程实际中，有时只需知道应加于机器上的平衡力，而并不要求知道各运动副的反力。例如确定原动机功率或计算飞轮转动惯量；计算机器的工作能力，即计算机器所能克服的最大生产阻力。如果仍然按前述的动态静力分析方法，通过求出各运动副的反力，而最后求出所需的平衡力，就显得过于繁琐。在一些液压机械中，如摇缸(摇块)机构其平衡力加

在不与机架相连的构件上,如按前述的动态静力分析法求解步骤会遇到困难,而需先求出平衡力后再确定其运动副反力。因此,下面将介绍一种平衡力的简易求法——茹可夫斯基杠杆法,又称速度多边形杠杆法。

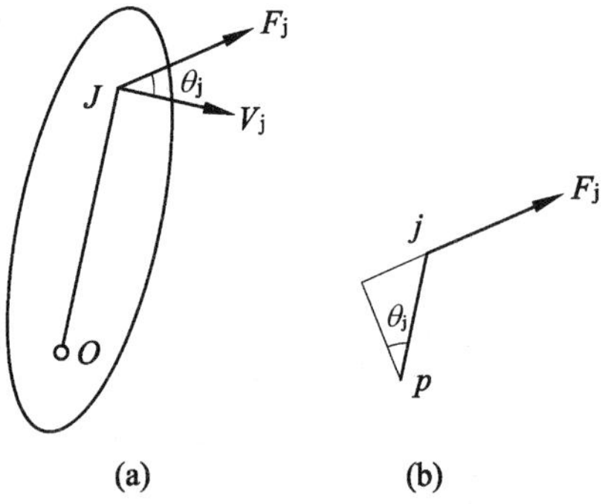

(a)　　(b)

图 9-21　机构示力图

根据达朗贝尔原理,将机构各构件的惯性力视为外力加于相应的构件上以后,即可认为该机构处于力平衡状态。如图 9-21(a) 所示,F_j 是作用在机构上所有外力(包括惯性力)中的任一个力,其与作用点速度 V_j 的夹角为 θ_j,ds_j 为作用点的微小位移,dA_j 和 P_j 是力 F_j 所做的微小功和功率。

那么,对于整个机构,根据虚位移原理得

$$\sum dA_j = \sum F_j ds_j \cos\theta_j = 0$$

将上式对时间 t 求导得

$$\sum P_j = \sum \frac{dA_j}{dt} = \sum F_j V_j \cos\theta_j = 0 \tag{9-22}$$

上式说明,当机构处于力平衡状态时,其上作用的所有外力的瞬时功率之和等于零。

上式中 V_j 可以由相对运动图解法求得。已经知道,机构中某点 J 的速度可由速度多边形中的向量 $\boldsymbol{pj}$ 表示。如果将代表 $\boldsymbol{V_j}$ 的有向线段 $\boldsymbol{pj}$ 绕极点旋转 90°,也就是将速度多边形绕极点 p 旋转了 90°,再将 F_j 平移到 j 点,如图 9-21(b)所示,这样式(9-22)变为

$$\sum P_j = \sum F_j V_j \cos\theta_j = \sum F_j \mu_v \boldsymbol{pj} \cos\theta_j = 0$$

即

$$\sum F_j \boldsymbol{pj} \cos\theta_j = 0 \tag{9-23}$$

上式表明,作用在机构构件上所有外力(包括平衡力)对转向速度多边形(即将机构原速度多边形整个转 90°)极点的力矩之和等于零。因此,当已知除平衡力之外的所有其余各力时,则不难由该式求出平衡力的大小和方向。

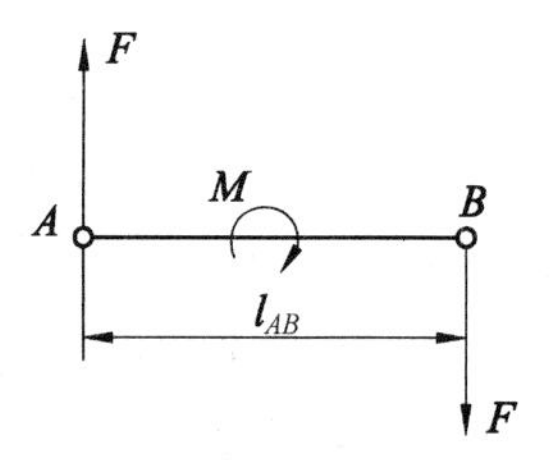

图 9-22　构件的力矩等效

如果除了有给定力之外还有力偶矩 M 加在机构构件上时,那么,如图 9-22 所示,每一个力偶矩都可以化为作用在构件上两选定点 A 和 B(通常是转动副的中心)的两个力 F 所构成的一个力偶,力 F 的大小为

$$F = \frac{M}{l_{AB}}$$

式中,l_{AB} 为两个力 F 之间的垂直距离。求出的两个力 F 与其他力一样平行移至转向速度多边形中的影像点 a 和 b。由于在求解过程中,相当于将机构的转向速度多边形视为刚性杠杆,而各力对其极点取矩,所以,上述方法常称为速度多边形杠杆法。又因这种方法是俄国学者茹可夫斯基首创的,所以,又称为茹可夫斯基杠杆法。

当用速度多边形杠杆法求平衡力时,也可以不把速度多边形回转 90°,而是使所有的外力沿同一方向回转 90°,然后平移到速度多边形上。待求得平衡力后,再把它反转 90°即得其真实方向。

例 9-7　如图 9-23(a)所示的曲柄滑块机构中，已知加于连杆质心 S_2 上的惯性力 F_{i2} 和惯性力偶矩 M_{i2}，加于活塞上的外力 F_3(其中包括活塞的惯性力)。求加于曲柄销 B 的切向平衡力 F_b 或加于曲柄轴上的平衡力矩 M_b。

解：如图 9-23(b)所示，以任意比例尺 μ_v 作该机构的转向速度多边形 $pbcs_2$。又将惯性力偶矩 M_{i2} 化成垂直作用在 B、C 两点的两个力 F 所组成的一个力偶，力 F 的大小为 $F=\dfrac{M_{i2}}{l_{BC}}$。

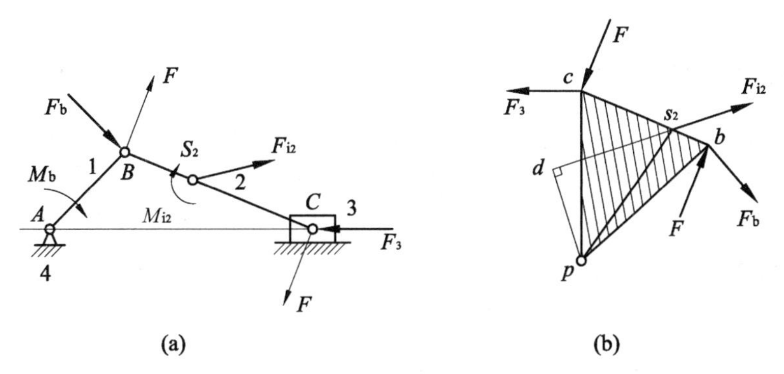

图 9-23　曲柄滑块机构及其速度多边形杠杆

而后将各力平移到转向速度多边形上的对应点，并对极点 p 取力矩得

$$F_{i2}\overline{pd}+F_b\overline{pb}-F\overline{cb}-F_3\overline{pc}=0$$

故

$$F_b=\frac{F\overline{cb}+F_3\overline{pc}-F_{i2}\overline{pd}}{\overline{pb}}$$

而平衡力矩 M_b 为

$$M_b=F_b l_{AB}$$

9.5　机械效率

通过动态静力分析方法可以研究机构的力与运动的关系。由理论力学可知，功与能的关系也反映力对运动的改变。本节将研究力对机器所做的功与机器能量之间的关系，以及机器对能量的有效利用程度。

1. 机器的动能方程

根据动能定理，在机器运动的任意时间间隔内，作用在机器所有外力与内力对机器所做的功应等于机器动能的变化。用方程可表示为

$$\begin{aligned}W&=W_d-W_r-W_f\pm W_G\\&=E-E_0=\frac{1}{2}\sum(m_i v_{si}^2+J_{si}\omega_i^2)-\frac{1}{2}\sum(m_i v_{si0}^2+J_{si}\omega_{i0}^2)\end{aligned}\tag{9-24}$$

式中，W_d 为在给定时间间隔内机器驱动力所做之功；W_r 为在给定时间间隔内机器克服工

作阻力所需之功；W_f 为在给定时间间隔内机器克服有害阻力所需之功；W_G 为在给定时间间隔内机器中运动构件自身重力所做的功；W 为盈亏功，即多余或不足之功；E_0，E 为该时间间隔开始时和结束时机械的总动能；m_i，J_{si} 为第 i 个构件的质量与其对质心的转动惯量；v_{si0}，v_{si} 为该时间间隔开始时和结束时第 i 个构件质心的速度；ω_{i0}，ω_i 为该时间间隔开始时和结束时第 i 个构件的角速度。

式(9-24)称为机器的运动方程。式中，W_d 称为输入功；W_r 称为输出功；W_f 称为损失功。W_G 有正负之分，当机器运动构件的总质心上升时，其值为负；反之，当总质心下降时，其值为正，故上式中 W_G 前有两个符号。

2. 机器运转的三个时期

在机构运动分析时，一般假设原动件作等角速运动，以求得构件之间的相对运动关系。实际上作用在机器上的驱动力、工作阻力及其各构件动能的变化，往往使原动件的运动随时间而变化。机器从开始运转到结束运转整个过程，通常包含三个时期：起动时期、稳定运转时期、停车时期。图 9-24 为机器在整个运转过程中机器原动件的角速度变化情况。

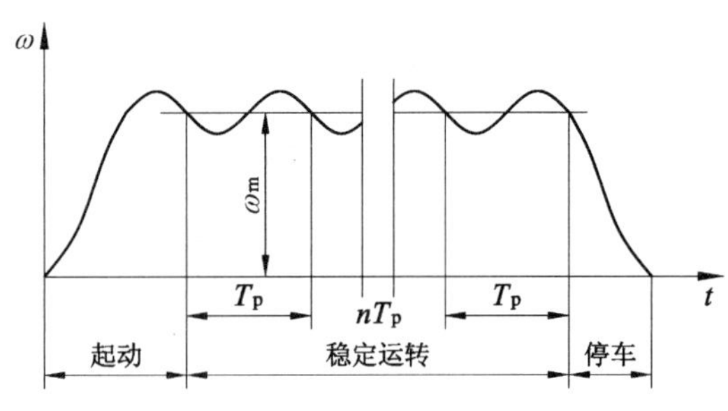

图 9-24 机器运转曲线

(1) 起动时期(staring period of machinery)。机器从静止状态起动至稳定运动的阶段称为起动时期。因 $E_0=0$，由式(9-24)可知，$W_d-W_r-W_f\pm W_G>0$，即 $W>0$，盈余的功用来增加机器的动能，其运转速度逐渐加快，此时原动件加速运动。为缩短起动时间，机器通常空载起动。

(2) 稳定运转时期(steady motion period of machinery)。起动时期结束，机器进入工作阶段稳定运转。在这一运转时期机械原动件的平均角速度 ω_m 保持稳定，即为一常数。通常情况下，在稳定运转时期，机器原动件的角速度 ω 会出现不大的周期性波动(图 9-24)，此变化过程称为机器的运动循环，其所需的时间称为运动周期 T_p。由于在一个运动循环中，运动构件的重力做功 $W_G=0$，机器中构件的初速度与末速度相等，所以

$$W_d-W_r-W_f=E-E_0=0 \tag{9-25}$$

上式说明，在机器稳定运动时期的一个完整运动循环内，输入功等于输出功与损失功之和。但是在每一运动循环内的任一时间间隔中，它们却不一定相等。

上述的稳定运转称为变速稳定运转，如活塞式发动机与压缩机等机械的运转情况即属此类。而另外一些机械如鼓风机、提升机等，其原动件的角速度 ω 在稳定运转时期内恒定不变，则称为等速稳定运转。这时，由于在整个稳定运转时期内机器的速度和动能都是常

数，故对于任一时间间隔，其输入功都等于输出功与损失功之和。

(3) 停车时期(stopping period of machinery)。机器在停车时期，一般均已撤去驱动力，即 $W_d=0$，故 $E-E_0<0$，机械的动能将克服阻力作功，直至全部耗尽，机器停止运转。由于在一般情况下，在停车阶段机器上的工作阻力已不再作用，为缩短停车时间，可在机器上安装制动装置。

多数机器是在稳定运转时期进行工作的，故起动时期与停车时期统称为过渡时期。但对于需频繁起动与制动的起重机等类型的机械，其工作过程却有相当一部分是在过渡时期进行的。

3. 机器的机械效率

从机器运动方程式可以看到，机器运转时，作用在机器上的驱动力所做的功(即输入功)，一部分克服生产阻力以输出功输出，另一部分克服有害阻力消耗掉而变为损失功。由于大多数机器的工作阶段是在稳定运转时期，所以将稳定运转时期一个运动循环中机器的输出功 W_r 对输入功 W_d 的比值来衡量机械对能量的有效利用程度，称为机械效率(mechanical efficiency)，通常用 η 来表示。

由式(9-25)可知，在机器稳定运转的一个工作循环内，输入功等于输出功与损失功之和，即

$$W_d=W_r+W_f$$

则

$$\eta=\frac{W_r}{W_d}=\frac{W_d-W_r}{W_d}=1-\frac{W_r}{W_d}=1-\zeta \tag{9-26}$$

式中，$\zeta=\dfrac{W_f}{W_d}$，称为损失率(rate of loss)。

$$\eta+\zeta=1 \tag{9-27}$$

以上说明，机械效率的概念是建立在机器稳定运转时期一个运动循环之上的。因为在一个运动循环中的任一微小区间内，机器动能的增量和运动构件重力所做的功并不等于零，输入功的一部分还要用来增加机器的动能和克服运动构件重力所做的功，故此时输出功与输入功的比值并不是机械的真正效率，而称为瞬时效率(instantaneous efficiency)。真正的效率应等于整个运动循环内输出功与输入功的比值，因而又称为循环效率(circulative efficiency)。

机械的效率也可以用驱动力和工作阻力的功率表示，如将式(9-26)的分子、分母都除以一个运动循环的时间 T_p 后，即得

$$\eta=\frac{W_r/T_p}{W_d/T_p}=\frac{P_r}{P_d}=1-\frac{P_f}{P_d}=1-\zeta \tag{9-28}$$

式中，P_d、P_r、P_f 分别为一个运动循环中输入功率、输出功率和损失功率的平均值。

在实际的机器中，一个运动循环可能对应于机器原动件的一转(如冲床)、两转(如四冲程内燃机)、数转(如轧钢机)或几分之一转(如铣床)。

对于等速稳定运转的机械，在稳定运转时期的任一时间间隔内均有 $W_d=W_r+W_f$，故机械的瞬时效率与循环效率相等。

$$\eta=\frac{W_r}{W_d}=\frac{P_r}{P_d} \tag{9-29}$$

此时式中 W_d、W_r 为任一时间间隔内的输入功、输出功；P_d、P_r 为瞬时输入功率和瞬时输出功率。

机器的机械效率也可以用力的比值形式来表示。图 9-25 所示为一机器传动示意图，设 F 为驱动力，Q 为生产阻力，v_F 和 v_Q 分别为 F 和 Q 的作用点沿该力作用线方向的速度，根据式(9-29)可得

$$\eta=\frac{P_r}{P_d}=\frac{Qv_Q}{Fv_F} \tag{9-30}$$

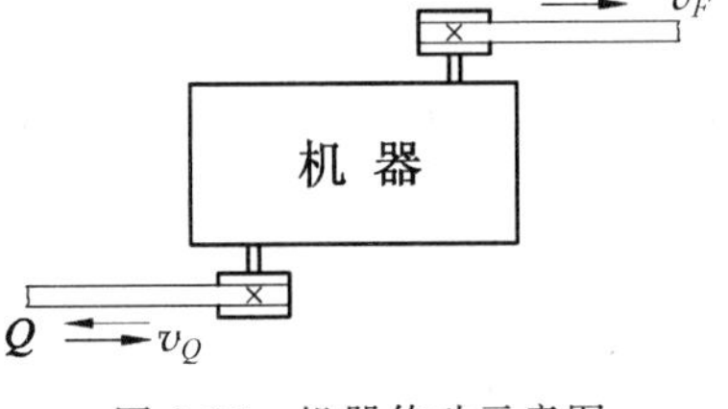

图 9-25 机器传动示意图

如果该机器是一不存在摩擦等损耗的理想机器(ideal machinery)。这时，为了克服同样的生产阻力 Q，其所需的驱动力为 F_0，显然 $F_0<F$；或者对应于驱动力 F 的理想生产阻力为 Q_0，显然 $Q_0>Q$，对理想机器来说，其效率 η_0 应等于 1，故得

$$\eta_0=\frac{Qv_Q}{F_0v_F}=\frac{Q_0v_Q}{Fv_F}=1$$

即

$$\frac{v_Q}{v_F}=\frac{F_0}{F}=\frac{Q}{Q_0} \tag{9-31}$$

将上式代入式(9-30)可得

$$\eta=\frac{F_0}{F}=\frac{Q}{Q_0} \tag{9-32}$$

同理，设 M_d 和 M_{d0} 各为实际的和理想的驱动力矩，M_r 和 M_{r0} 各为实际的和理想的有效阻力矩，则同样可得

$$\eta=\frac{M_{d0}}{M_d}=\frac{M_r}{M_{r0}} \tag{9-33}$$

上面介绍了机械效率的定义及计算方法。机械效率的确定，除了用计算方法外，更常用实验方法来测定，特别是基本机构的效率在一般设计手册中可以查到，如表 9-1 所列就是由实验所得的有关机构和运动副的机械效率的一部分资料。因此，对于由若干基本机构组成的机器，可以通过计算确定出整个机器的效率。同理，对于由许多机器组成的机组而言，只要知道了各台机器的机械效率，则该机组的总效率也可以由计算求得。

表 9-1 简单传动机构和运动副的效率

名　称	传动形式	效率值	备　注
圆柱齿轮传动	6～7 级精度齿轮传动	0.98～0.99	良好跑合、稀油润滑
	8 级精度齿轮传动	0.97	稀油润滑
	9 级精度齿轮传动	0.96	稀油润滑
	切制齿、开式齿轮传动	0.94～0.96	油脂润滑
	铸造齿、开式齿轮传动	0.90～0.93	

续表

名　　称	传 动 形 式	效　率　值	备　　注
圆锥齿轮传动	6～7 级精度齿轮传动	0.97～0.98	良好跑合、稀油润滑
	8 级精度齿轮传动	0.94～0.97	稀油润滑
	切制齿、开式齿轮传动	0.92～0.95	脂油润滑
	铸造齿、开式齿轮传动	0.88～0.92	
蜗杆传动	自锁蜗杆	0.40～0.45	润滑良好
	单头蜗杆	0.70～0.75	
	双头蜗杆	0.75～0.82	
	三头和四头蜗杆	0.80～0.92	
	圆弧面蜗杆	0.85～0.95	
带传动	平型带传动	0.90～0.98	
	三角带传动	0.96	
链传动	套筒滚子链	0.96	润滑良好
	无声链	0.97	
摩擦轮传动	平摩擦轮传动	0.85～0.92	
	槽摩擦轮传动	0.88～0.90	
滑动轴承		0.94	润滑不良
		0.97	润滑正常
		0.99	液体润滑
滚动轴承	球轴承	0.99	稀油润滑
	滚子轴承	0.98	稀油润滑
螺旋传动	滑动螺旋	0.30～0.60	
	滚动螺旋	0.85～0.95	

对于上述复杂机器或机组效率的具体计算方法，按连接方式可分为下面三种情况。

1）串联

如图 9-26 所示，设有 k 个机器依次串联起来(例如若干个定轴轮系传动)，其各个机器的效率分别为 η_1、η_2、η_3、…、η_k，那么因

$$\eta_1=\frac{W_1}{W_d},\quad \eta_2=\frac{W_2}{W_1},\quad \eta_3=\frac{W_3}{W_2},\quad \cdots,\quad \eta_k=\frac{W_k}{W_{k-1}},$$

而

$$\frac{W_k}{W_d}=\frac{W_1}{W_d}\frac{W_2}{W_1}\frac{W_3}{W_2}\cdots\frac{W_k}{W_{k-1}}$$

所以总效率 η 为

$$\eta=\frac{W_k}{W_d}=\eta_1\eta_2\eta_3\cdots\eta_k \tag{9-34}$$

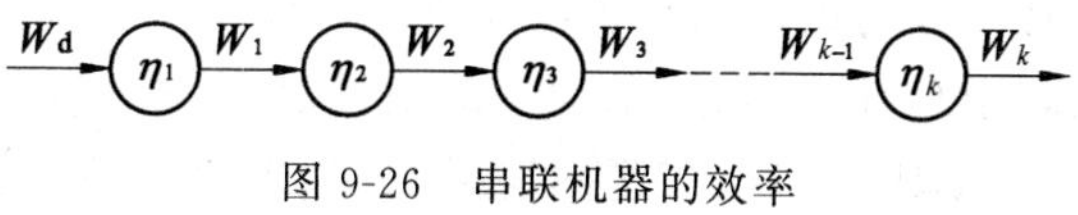

$W_d \to (\eta_1) \xrightarrow{W_1} (\eta_2) \xrightarrow{W_2} (\eta_3) \xrightarrow{W_3} \cdots \xrightarrow{W_{k-1}} (\eta_k) \xrightarrow{W_k}$

图 9-26　串联机器的效率

由于任一机器的效率都小于 1，所以由式(9-34)可知，串联的总效率必小于任一局部效率；且组成的机器的数目越多，则其总效率将越小。

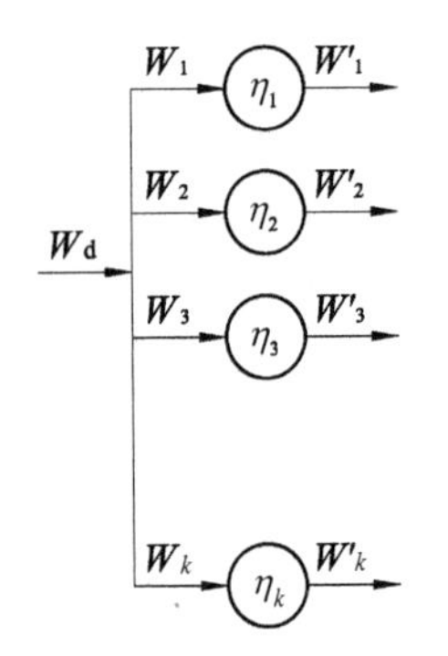

图9-27 并联机器的效率

2) 并联

对于图9-27所示的由 k 个互相并联的机器(例如传动轴及其所带动的许多机器),因总输入功为

$$W_d = W_1 + W_2 + W_3 + \cdots + W_k$$

总输出功为

$$W'_r = W'_1 + W'_2 + W'_3 + \cdots + W'_k$$
$$= \eta_1 W_1 + \eta_2 W_2 + \eta_3 W_3 + \cdots + \eta_k W_k$$

所以总效率 η 为

$$\eta = \frac{W_r}{W_d} = \frac{\eta_1 W_1 + \eta_2 W_2 + \eta_3 W_3 + \cdots + \eta_k W_k}{W_1 + W_2 + W_3 + \cdots + W_k} \tag{9-35}$$

上式表明,并联的机器的总效率 η 不仅与各机器的效率有关,而且也与总输入功如何分配到各机器的分配方法有关。设 η_{max} 和 η_{min} 为各个机器的效率的最大值和最小值,则 $\eta_{min} < \eta < \eta_{max}$。又若各个局部效率均相等,那么不论 k 的数目多少以及输入功如何分配,总效率总等于任一局部效率。

3) 混联

混联是由上述两种连接组合而成,其总效率的求法因组合的方法不同而异,可先将输入功至输出功的路线弄清,然后分别按其连接的性质参照式(9-34)和式(9-35)的建立方法,推导出总效率的计算公式。

例9-8 如图9-28所示为一输送辊道的传动简图。设已知一对圆柱齿轮传动的效率为0.95;一对圆锥齿轮传动的效率为0.92(均已包括轴承效率)。现需求该传动装置的总效率 η。

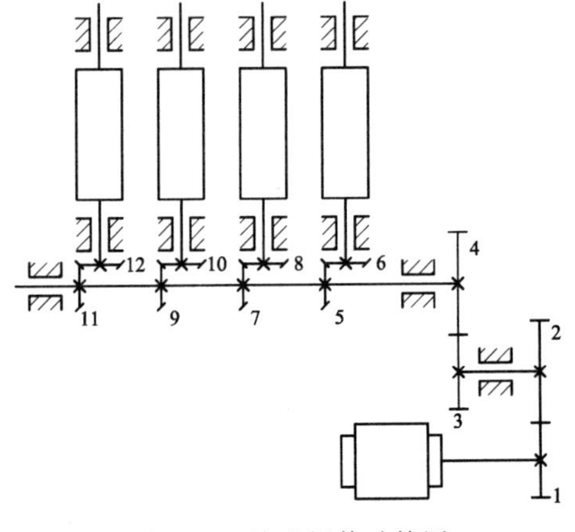

图9-28 输送辊传动简图

解:由图可见,此传动装置为一混联系统,圆柱齿轮1、2、3、4为串联,而圆锥齿轮5-6、7-8、9-10、11-12为并联,每对圆锥齿轮各驱动一个辊道辊子。又由题设知,各对圆锥齿轮的效率均相同,故并联部分的总效率就等于一对圆锥齿轮的效率,于是,此传动装置的总效率 η 为

$$\eta = \eta_{12}\eta_{34}\eta_{56} = 0.95^2 \times 0.92 = 0.83$$

4. 机器的自锁

前面已从压力角(四杆机构、凸轮机构)、摩擦角(移动副摩擦)和摩擦圆(转动副摩擦)概念出发,阐述了机器自锁(self locking)现象,即无论驱动力多大,由于摩擦而不能使机器产生运动。下面从效率的观点来讨论机械自锁的条件。

因为实际机器运动副中总存在摩擦,故 W_f 都不等于零,由式(9-26)可知,机械的效率总是小于1。如果 $W_d = W_f$,则 $\eta = 0$。在这种情况下,如果机器原来就在运动,那么它仍能运动,但此时 $W_r = 0$,故机器不能做任何有用的功,机器的这种运动通称为空转;如果该机器原来就不动,那么不论其驱动力多么大,它能够得到的功总是刚够克服有害阻力所需之功,没有多余功可以变成机械的动能使机器起动,故机器总不能运动,即发生自锁。如果

$W_d < W_f$，则 $\eta < 0$，此时全部驱动力所做的功尚不足以克服有害阻力的功，所以机械不论其原来情况如何，最终必处于静止状态，也就是机器必定发生自锁。综上所述，机器的自锁条件为

$$\eta \leqslant 0 \tag{9-36}$$

应该说明，机器自锁时已不能作功，此时算得的 η 亦无机械效率的实际意义。但是作为一种方法，应用上式可简便地判断机器是否自锁及自锁的程度。当 $\eta = 0$，机器处于自锁临界状态；当 $\eta < 0$，其绝对值越大，机器自锁越可靠。

自锁现象在机械工程中具有十分重要的意义。一方面，在机械设计中必须避免机器在所需运动的行程上自锁；另一方面，有些机器的工作又需要具有自锁的特性。例如手摇螺旋千斤顶将重物顶起，除去驱动力后，应保证无论重物多重都不会回落。也就是要求该千斤顶在重物的重力作用下必须具有自锁性。我们将驱动力作用在机构原动件上，使运动自原动件向从动件传递时，称为正行程(travel)；反之，当将正行程的生产阻力作为驱动力作用到原来的从动件上，使运动自正行程时的从动件向原动件传递时，称为反行程(return travel)。因此，正、反行程的原动件和从动件正好互相对调。对于由两个构件组成一个运动副的最简单的机械，如斜面、杠杆、螺旋等，其原动件和从动件是同一构件，所以该构件向某一指定方向运动时为正行程，向相反方向运动时便为反行程。机构正、反行程的效率一般不相等。凡正行程能运动，反行程自锁的机构通称为自锁机构。这种自锁机构常用于各种夹具、连接元件、起重装置和压榨机上。

5. 斜面传动的效率与自锁分析

如图 9-29(a)所示，滑块 A 置于具有升程角 λ 的斜面上。已知斜面与滑块之间的摩擦系数 f 及加于滑块 A 上的铅直载荷 $\boldsymbol{Q}$(包括滑块本身的重量)，今欲求当滑块以等速上升与等速下降时，水平力 $\boldsymbol{F}$ 的大小、该斜面的效率及其自锁条件。

1) 滑块上升

当滑块 A 以等速沿斜面上升时，$\boldsymbol{F}$ 为驱动力，$\boldsymbol{Q}$ 为生产阻力。因斜面 B 加于滑块 A 的总反力 $\boldsymbol{R}$ 的方向应与 A 相对于 B 的运动方向成角 $90°+\varphi$，其中 $\varphi = \arctan f$ 为摩擦角，所以 $\boldsymbol{R}$ 与 $\boldsymbol{Q}$ 间夹角为 $\lambda+\varphi$。现已知载荷 $\boldsymbol{Q}$ 的大小和方向及驱动力 $\boldsymbol{F}$ 和反力 $\boldsymbol{R}$ 的方向，所以按力的平衡方程式 $\boldsymbol{Q}+\boldsymbol{R}+\boldsymbol{F}=0$ 作力多边形如图 9-29(b)所示。然后由图可得

$$F = Q\tan(\lambda + \varphi) \tag{9-37}$$

如果 A、B 之间没有摩擦，则 $\varphi = 0$，可得理想的水平驱动力为

$$F_0 = Q\tan\lambda$$

根据式(9-32)可得滑块上升时斜面的效率为

$$\eta = \frac{F_0}{F} = \frac{\tan\lambda}{\tan(\lambda + \varphi)} \tag{9-38}$$

2) 滑块下降

如图 9-29(c)所示，设将力 $\boldsymbol{F}$ 减小到 $\boldsymbol{F}'$ 时，滑块 A 以等速沿斜面下滑，这时 $\boldsymbol{Q}$ 为驱动力而 $\boldsymbol{F}'$ 为生产阻力。由于滑块运动方向的改变，所以总反力 $\boldsymbol{R}'$ 与 $\boldsymbol{Q}$ 之间的夹角变为 $\lambda-\varphi$。然后按 $\boldsymbol{Q}+\boldsymbol{R}'+\boldsymbol{F}'=0$ 作其力多边形，如图 9-29(d)所示。可得

$$F' = Q\tan(\lambda - \varphi) \tag{9-39}$$

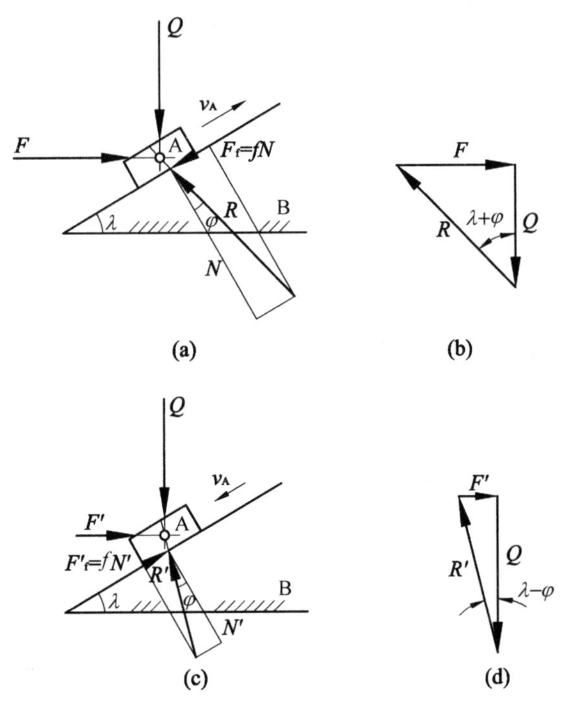

图 9-29 斜面机构示力图

同上面一样,当 A、B 之间没有摩擦时,$\varphi=0$,可得理想的生产阻力为

$$F'_0=Q\tan\lambda$$

所以滑块下滑时斜面的效率为

$$\eta'=\frac{F'}{F'_0}=\frac{\tan(\lambda-\varphi)}{\tan\lambda} \tag{9-40}$$

斜面机构在机器中应用时,一般滑块上升为正行程,下滑为反行程。由式(9-38)和式(9-40)可知,当 φ 一定时,斜面的效率是升程角 λ 的函数,且正、反行程的效率不相等。当正行程时,如 $\lambda\geqslant\frac{\pi}{2}-\varphi$,则 $\eta\leqslant0$,机器要发生自锁现象。因为正行程不应当发生自锁,所以应使 $\lambda<\frac{\pi}{2}-\varphi$。当反行程时,如 $\lambda\leqslant\varphi$,则 $\eta'\leqslant0$,机器也会发生自锁。

6. 螺旋传动的效率与自锁分析

设螺杆与螺母之间的压力作用在平均半径为 r_0 的螺旋线上。同时,如果忽略各个圆柱面上的螺旋线升程角的差异,则当将螺旋面展开后,即得一连续的斜面。这样,便可将螺旋传动的效率问题化为前面的斜面传动的效率问题。至于螺纹剖面形状虽有多种,但可归并为方螺纹和三角螺纹两种,现分述如下。

1) 方螺纹

如图 9-30(a)所示,为了清楚起见,图中仅画出螺杆的一个螺纹 B 和螺母螺纹上的一小块 A。如前所述,当将该螺纹展开后,即得图 9-30(b)所示的滑块 A 和斜面 B。设 r_0 为螺旋的平均半径,$\boldsymbol{Q}$ 为加于螺母上的轴向载荷(对于起重螺旋而言,它就是被举起的重量;对于

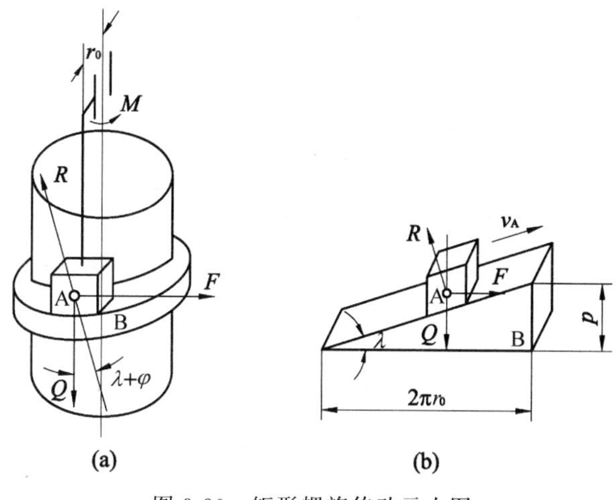

图 9-30　矩形螺旋传动示力图

车床的导螺杆而言，它就是轴向走刀的阻力；对于连接螺旋而言，它就是被连接零件所受到的相应夹紧力），M 为驱使螺母旋转的力矩，它等于假想的作用在螺旋平均半径处的圆周力 F 和平均半径 r_0 的乘积，即 $M=Fr_0$。又 $\lambda=\arctan\dfrac{p}{2\pi r_0}$ 为螺旋的平均升程角，其中，p 为螺旋的导程。螺纹间的摩擦角 $\varphi=\arctan f$，其中，f 为螺纹副的摩擦系数。当螺母沿轴向移动的方向与力 Q 的方向相反时（它相当于通常的拧紧螺母），它的作用与滑块在水平驱动力 F 的作用下沿斜面上升一样，因此由式(9-37)和式(9-38)得

$$F=Q\tan(\lambda+\varphi)$$

及

$$\eta=\frac{\tan\lambda}{\tan(\lambda+\varphi)}$$

故

$$M=Fr_0=Qr_0\tan(\lambda+\varphi) \tag{9-41}$$

反之，当螺母沿轴向移动的方向与力 Q 的方向相同时（它相当于通常的拧松螺母），它的作用与滑块在载荷 Q 的作用下沿斜面下降相同，因此，由式(9-39)和式(9-40)得

$$F'=Q\tan(\lambda-\varphi)$$

及

$$\eta'=\frac{\tan(\lambda-\varphi)}{\tan\lambda}$$

故

$$M'=F'r_0=Qr_0\tan(\lambda-\varphi) \tag{9-42}$$

式中，力 F'（或力矩 M'）为维持螺母 A 在载荷 Q 作用下等速松开的支持力，它的方向仍与 F（或力矩 M）相同。如果要求螺母在力 Q 作用下不会自动松开，则必须使 $\eta'\leqslant 0$，即要满足反行程自锁条件

$$\lambda\leqslant\varphi \tag{9-43}$$

2）三角螺纹

如图 9-31 所示，三角螺纹与方螺纹相比，其不同点仅是后者相当于平滑块与斜平面的作用，而前者相当于楔形滑块与斜楔形槽面的作用。因此，参照楔形滑块摩擦的特点，只需用当量摩擦角 $\varphi_\triangle$ 代替式(9-38)、式(9-41)和式(9-40)、式(9-42)中的摩擦角 φ，便可得到三角螺纹的各个对应的公式。由图得楔形槽的半角 θ

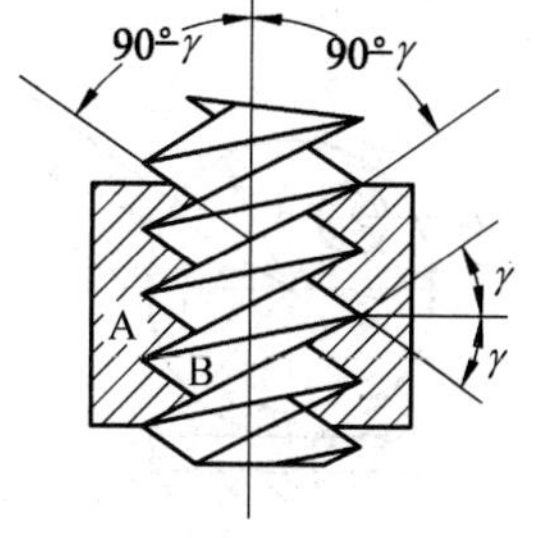

图 9-31　三角螺纹

近似地等于 $90°-\gamma$,其中 γ 为三角螺纹的半顶角。因此

$$f_{\triangle}=\frac{f}{\sin\theta}=\frac{f}{\sin(90°-\gamma)}=\frac{f}{\cos\gamma}$$

而
$$\varphi_{\triangle}=\arctan f_{\triangle}=\arctan\left(\frac{f}{\cos\gamma}\right)$$

因当量摩擦角 $\varphi_{\triangle}$ 总大于摩擦角 φ,故三角螺纹的摩擦大、效率低易发生自锁。因此三角螺纹应用于连接;而方螺纹应用于传递运动和动力,例如起重螺旋、螺旋压床及各种机床的导螺杆等。

例 9-9 在图 9-32 所示的偏心夹具中,已知偏心圆盘 1 的半径 $r_1=60$mm,轴颈 O 的半径 $r_0=15$mm,偏心距 $e=40$mm,轴颈的当量摩擦系数 $f_0=0.2$,偏心圆盘 1 与工件 2 之间的摩擦系数 $f=0.14$,求不加力 F 仍能夹紧工件时的楔紧角 α。

解:轴颈 O 的摩擦圆半径 ρ 为

$$\rho=r_0f_0=15\times0.2=3(\text{mm})$$

偏心圆盘与工件之间的摩擦角 φ 为

$$\varphi=\arctan f=\arctan0.14=8°2'$$

当偏心圆盘松开时,它的回转方向为逆时针的方向,因此反作用力 R_{21} 的方向应向左向上,如图 9-33 所示,若 R_{21} 与轴颈 O 的摩擦圆相割或相切,则该机构均发生自锁。因此得

$$s-s_1\leqslant\rho$$

由直角三角形 ABC 及直角三角形 OAE 有

$$s_1=\overline{AC}=r_1\sin\varphi$$

$$s=\overline{OE}=e\sin(\alpha-\varphi)$$

$$e\sin(\alpha-\varphi)-r_1\sin\varphi\leqslant\rho,$$

所以
$$\alpha\leqslant\arcsin\left(\frac{r_1\sin\varphi+\rho}{e}\right)+\varphi$$

代入 ρ 及 φ 的数值,可得

$$\alpha\leqslant24°32'$$

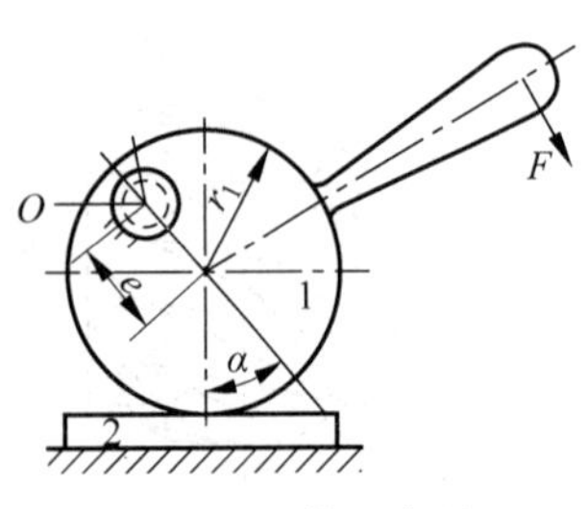

图 9-32 偏心夹具

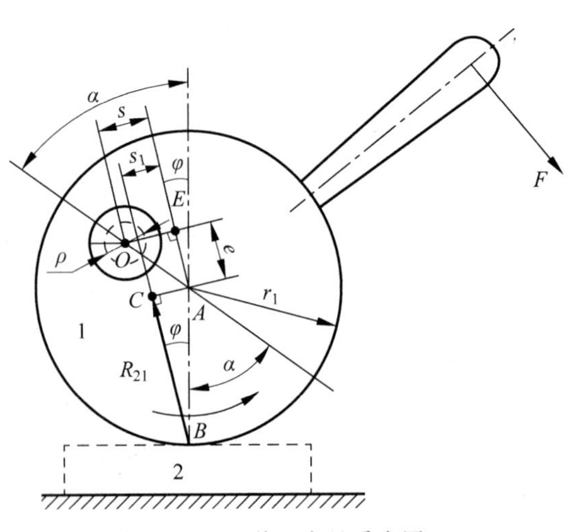

图 9-33 偏心夹具受力图

拓展性阅读文献指南

有关机械的力分析和效率自锁问题，许多教材都做了详细的介绍，学习本章时可参阅：①孙桓，陈作模，葛文杰主编《机械原理（第八版）》，高等教育出版社，2013；②张策主编《机械原理与机械设计（上册）》，机械工业出版社，2018；③申永胜主编《机械原理学习指南》，清华大学出版社，2015。

思 考 题

9-1 作用在机械上的力有哪些？哪些是内力？哪些是外力？它们对机械的做功情况如何？

9-2 何谓摩擦角？如何确定移动副中总反力的方向？

9-3 什么是当量摩擦系数？什么是当量摩擦角？引入当量摩擦系数和当量摩擦角的目的是什么？

9-4 什么是摩擦圆？

9-5 怎样确定径向轴颈转动副中总反力作用线的位置及方向？当一径向轴颈以相同方向按等速、加速或减速转动时，在径向载荷不变的情况下，轴承对其作用的摩擦力矩是否一样？为什么？

9-6 摩擦角和摩擦圆的大小各与哪些因素有关？

9-7 何谓机构的静力计算和机构的动态静力计算？

9-8 何谓平衡力或平衡力矩？平衡力是否一定是驱动力？

9-9 何谓自锁？从受力观点分析，移动副的自锁条件是什么？径向轴颈转动副的自锁条件是什么？

9-10 从效率的观点看，机器的自锁条件是什么？

9-11 什么是自锁机构？自锁机构能否运动？

习 题

9-1 在题9-1图所示机构中，已知：$x=250\text{mm}$，$y=200\text{mm}$，$l_{AS2}=128\text{mm}$，F 为驱动力，Q 为有效阻力。$m_1=m_3=2.75\text{kg}$，$m_2=4.59\text{kg}$，$J_{S2}=0.012\text{kg}\cdot\text{m}^2$，又原动件3以等速 $v=5\text{m/s}$ 向下移动，试确定作用在各构件上的惯性力。

9-2 如题9-2图所示斜面机构，已知：f（滑块1、2与导槽3相互之间摩擦系数），$\varphi=\arctan f$，λ（滑块1的倾斜角）、Q（工作阻力，沿水平方向），设不计两滑块质量，试确定该机构等速运动时所需的铅垂方向的驱动力 F。

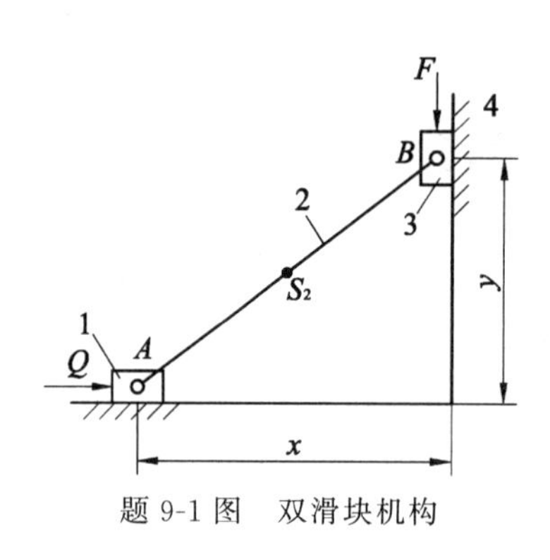

题 9-1 图　双滑块机构

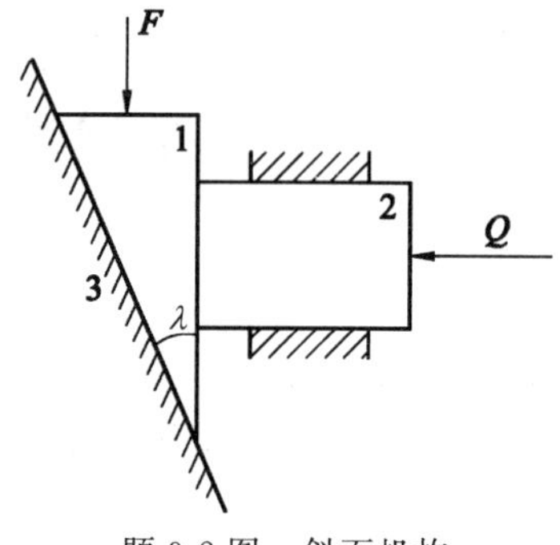

题 9-2 图　斜面机构

9-3　题 9-3 图所示楔形滑块 2 沿倾斜角为 λ 的 V 形槽面 1 滑动。已知：$\lambda=35°$，$\theta=60°$，$f=0.13$，载荷 $Q=1000\text{N}$。试求滑块等速上升时所需驱动力 F 的大小，并分析滑块以 Q 为驱动力时是否自锁。

9-4　在题 9-4 图所示楔块机构中，已知：$\gamma=\beta=60°$，$Q=1000\text{N}$，各接触面摩擦系数 $f=0.15$。如 Q 为有效阻力，试求所需的驱动力 F。

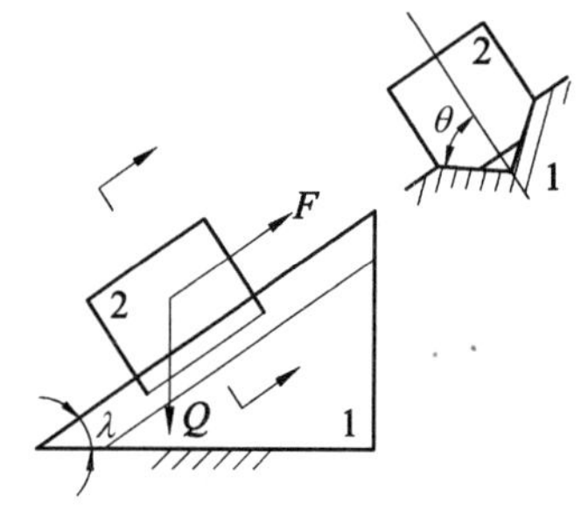

题 9-3 图　楔形斜面机构

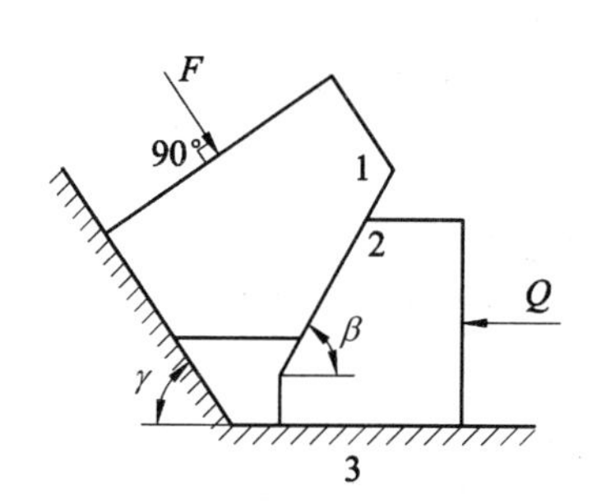

题 9-4 图　楔块机构

9-5　在题 9-1 图所示机构中，如已知转动副 A、B 的轴颈半径为 r 及当量摩擦系数 f_0，且各构件的惯性力和重力均略去不计，试作出各运动副中总反力的作用线。

9-6　如题 9-6 图所示，断面为方形的栓体 A 以松配合装在一固定的平板 B 的方孔内，设 A 与 B 间的摩擦系数为 f、F 为作用在 A 上的力、θ 为栓体 A 对称线与力 F 的夹角，其他尺寸见图。如不计 A 的质量，试证 A 不发生滑动的条件为

$$\tan\theta > \frac{a}{f(c+fb)}$$

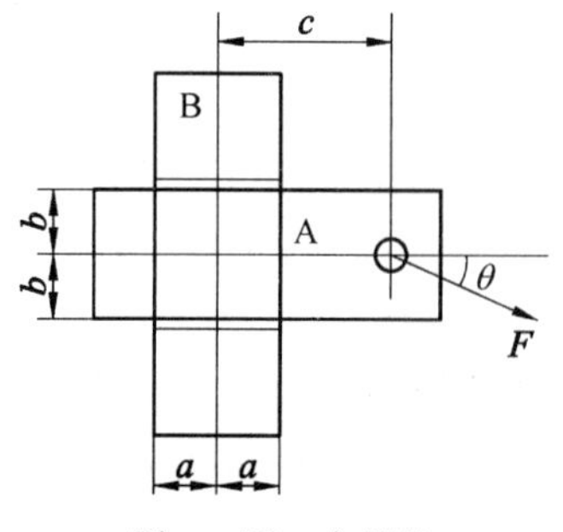

题 9-6 图　自锁栓

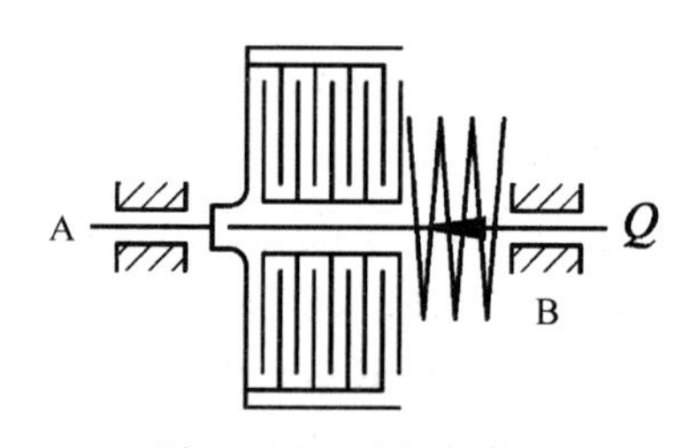

题 9-7 图　圆盘离合器

9-7 在题9-7图所示的拖拉机圆盘离合器中，已知传递的功率 $P=22\text{kW}$，转速 $n=1000\text{r/min}$，摩擦系数 $f=0.34$，主动轴 A 的圆盘数=4，从动轴 B 的圆盘数=5，接触面的内半径 $r_1=160\text{mm}$，外半径 $r_2=200\text{mm}$，安全系数 $k=1.33$，求应加的弹簧压力 Q。

9-8 题9-8图所示一焊接用的楔形夹具。用楔块3将待焊接的工件1和1′夹紧在该楔块与夹具座2之间。已知各接触面的摩擦系数 f，摩擦角 $\varphi=\arctan f$。试问：楔角 α 在何种条件下可保持楔块3不自动松脱？

9-9 题9-9图所示偏心圆盘凸轮机构中，凸轮半径 $r_1=40\text{mm}$，其几何中心 O 与回转中心 A 的偏距为 25mm。从动件质心在点 C，绕质心的转动惯量为 $0.02\text{kg}\cdot\text{m}^2$，有一垂直力 F 作用于点 D，$l_{CD}=60\text{mm}$。以 B 为中心装一半径 $r_2=20\text{mm}$ 的滚子，$l_{BC}=50\text{mm}$。凸轮转速 $\omega_1=12\text{rad/s}$，转向如图所示。当 $\angle ACB$ 为直角时，$\angle OBC=60°$。试问如此时要保证凸轮与滚子接触，力 F 的最小值应为多少(不考虑摩擦力)？

提示：要保证凸轮与从动件的滚子接触，力 F 对点 C 产生的力矩至少应能平衡此时从动件的惯性力矩。

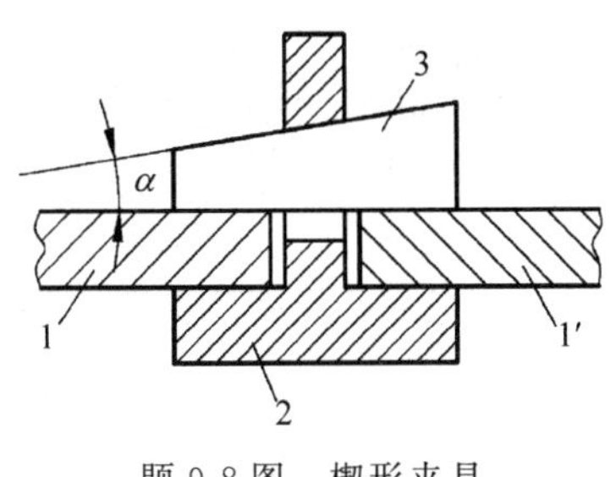

题9-8图 楔形夹具

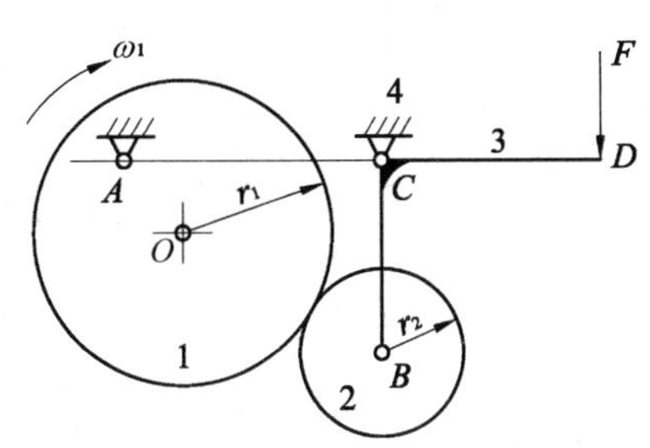

题9-9图 滚子偏的盘凸轮机构

9-10 在题9-10图所示偏心圆盘凸轮机构中，凸轮作匀速逆时针回转。已知：各构件尺寸、作用在从动件上点 D 的有效阻力 Q(图上已分别按比例画出)、转动副 A 和 C 的轴颈直径和当量摩擦系数；平面高副 B 处设为滑动摩擦，摩擦系数亦已知。若凸轮惯性力 F_1 的大小等于 $\frac{1}{2}Q$，且不计重力及其他构件的惯性力，试用图解法求机构在图示位置时：

(1) 各运动副中的反力；

(2) 凸轮轴上的平衡力矩。

9-11 在平面滑块机构中，若已知驱动力 F 和有效阻力 Q 的作用方向、作用点 A 和 B(设此时滑块不会发生倾侧)以及滑块1的运动方向如题9-11图所示。运动副中的摩擦系数 f 和力 Q 的大小均已确定。试求此机构所组成的机器的效率。

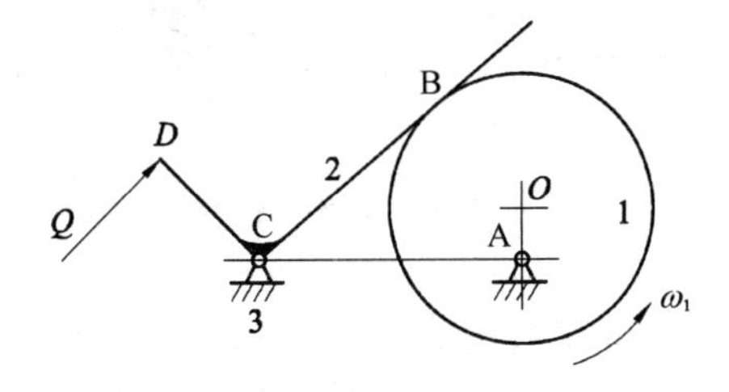

题9-10图 偏心盘凸轮机构

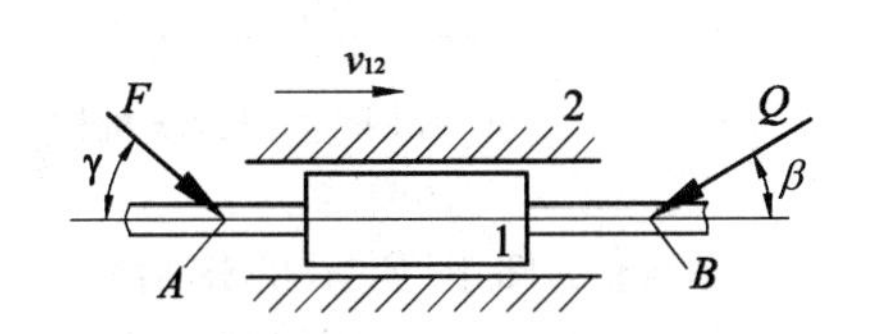

题9-11图 平面滑块机构

9-12 在题9-12图所示钻模夹具中,已知阻力 Q,各滑动面间的摩擦系数均为 f,楔形块倾斜角为 δ。试求正、反行程中的 P 和 P',以及此夹具的适用条件(即求 δ 在什么范围内正行程不自锁而反行程却能自锁的条件)。

9-13 在题9-13图所示的缓冲器中,已知各滑块接触面之间的摩擦系数均为 f,弹簧压力为 Q,各滑块倾角为 α。试求正、反行程中 P 力的大小和该机构效率,以及缓冲器的适用条件(即正、反行程不自锁的几何条件)。

9-14 在题9-14图所示双滑块机构中,滑块1在驱动力 P 作用下等速运动。设已知各转动副中轴颈半径 $r=10\text{mm}$,当量摩擦系数 $f_v=0.1$,移动副中的滑动摩擦系数 $f=0.176327$,$l_{AB}=200\text{mm}$。各构件的重量略而不计。当 $P=500\text{N}$ 时,试求所能克服的生产阻力 Q 以及该机构在此瞬时位置的效率。

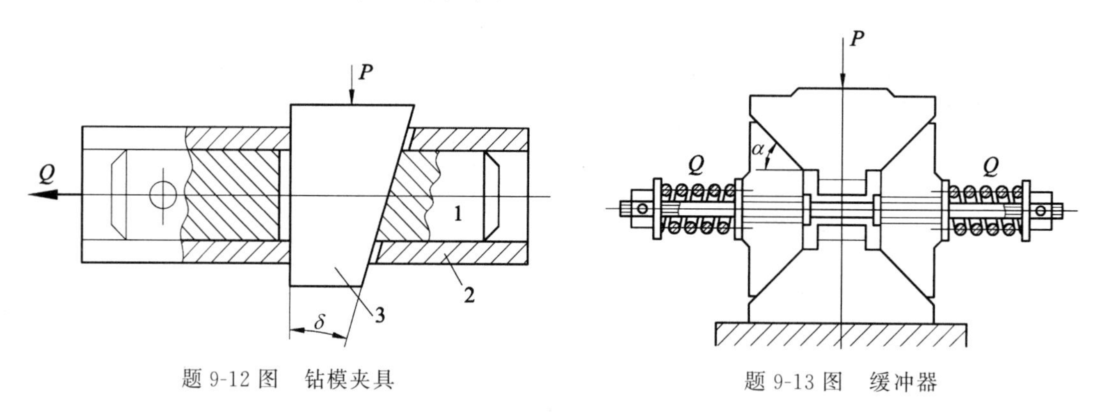

题9-12图 钻模夹具　　题9-13图 缓冲器

9-15 在题9-15图所示我国古代发明的差动起重辘轳中,已知鼓轮的直径 d_1 和 d_2,滑轮的直径 $d_3=\dfrac{d_1+d_2}{2}$,鼓轮轴承和滑轮轴承的摩擦圆半径 ρ_1 和 ρ_2。设不考虑绳 B 的内摩擦,求该起重辘轳的效率 η 以及反行程的自锁条件,其中 Q 为载荷力,而 M 为作用在鼓轮轴 A 上的驱动力矩。

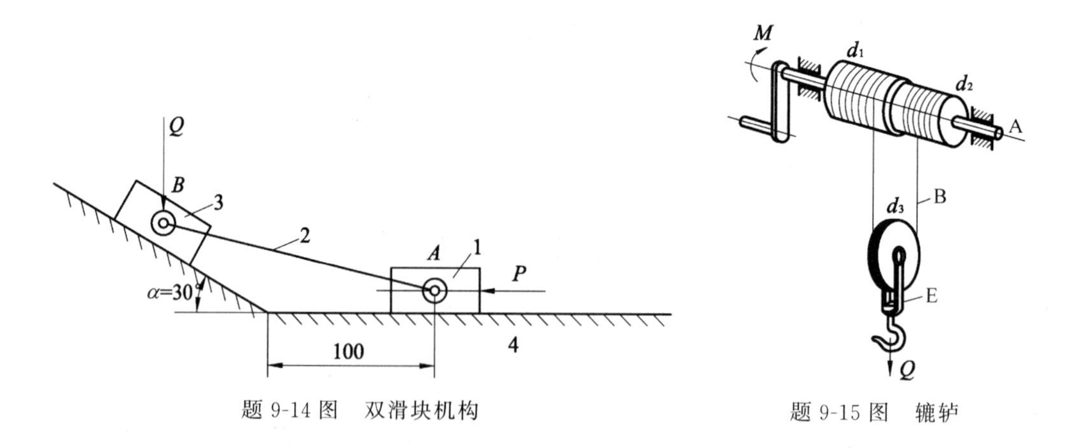

题9-14图 双滑块机构　　题9-15图 辘轳

9-16 在题9-16图所示的螺旋千斤顶中,已知螺纹的大径 $d_e=24\text{mm}$,小径 $d_i=20\text{mm}$;螺距 $p=4\text{mm}$;顶头环形摩擦面的外直径 $d_2=50\text{mm}$,内直径 $d_1=42\text{mm}$;手柄长度 $l=300\text{mm}$;所有摩擦面的摩擦系数均为 $f=0.1$。求该千斤顶的效率。又若 $F=100\text{N}$,

求能举起的重力 Q 为多少？

9-17　题 9-17 图所示为一楔块机构，各接触面的摩擦系数均为 f，摩擦角 $\varphi=\arctan f$。试求 F 为驱动力时（正行程）不自锁而 Q 为驱动力时（反行程）能够自锁的条件。

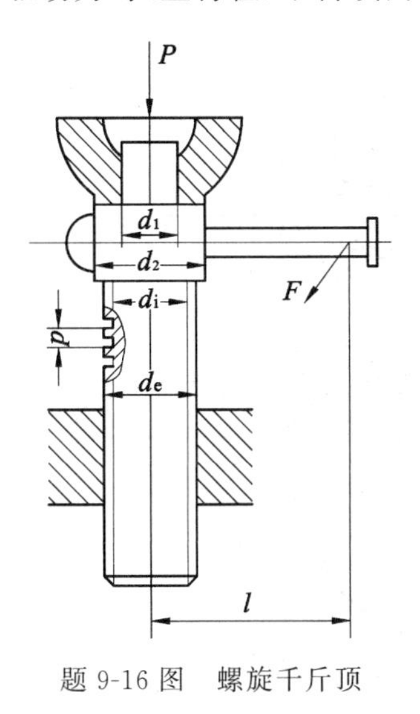

题 9-16 图　螺旋千斤顶

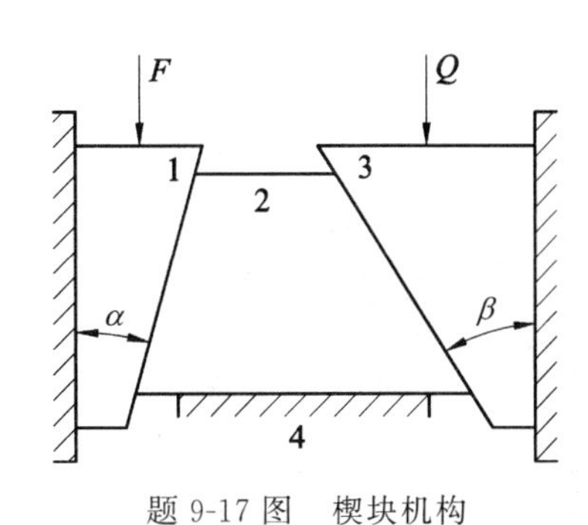

题 9-17 图　楔块机构

9-18　如题 9-18 图所示，电机 M 通过齿轮减速器驱动工作机 A 和 B，设每对圆柱齿轮和圆锥齿轮的效率分别为 0.95 和 0.92，工作机 A 和 B 的输出功率分别为 $P_A=2\text{kW}$，$P_B=1\text{kW}$，效率分别为 $\eta_A=0.7$，$\eta_B=0.8$，试求电机所需的功率。

9-19　在题 9-19 图所示滚子直动从动件盘形凸轮机构中，Q 为从动件 2 所受载荷（包括其重量和惯性力），M_d 为加于凸轮轴上的驱动力矩。设 f 为从动件与导路之间的摩擦系数，其他运动副间的摩擦损失均略去不计。若 $y=100\text{mm}$，$l=150\text{mm}$，$r=40\text{mm}$，$f=0.15$，压力角 $\alpha=20°$。试求该机械的瞬时效率。

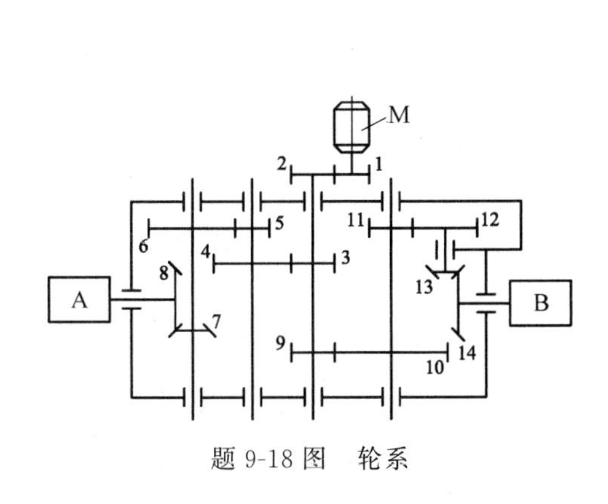

题 9-18 图　轮系

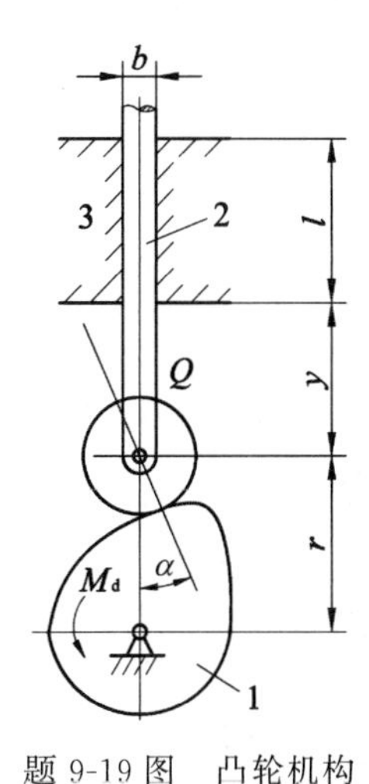

题 9-19 图　凸轮机构

9-20　题 9-20 图所示为一超越离合器，当星轮 1 沿顺时针方向转动时，滚柱 2 将被楔紧在楔形间隙中，从而带动外圈 3 也沿顺时针方向转动。设已知摩擦系数 $f=0.08$，$R=$

50mm,h=40mm。为保证机构能正常工作,试确定滚柱直径 d 的合适范围。

9-21 题9-21图所示为某自动步枪枪机的缓冲装置。当枪机后坐时,摩擦缓冲头要吸收其后坐的剩余能量,并使枪机产生前进回复的初速。显然,该装置的正反行程均不得自锁。试求其正反行程均不自锁的条件。

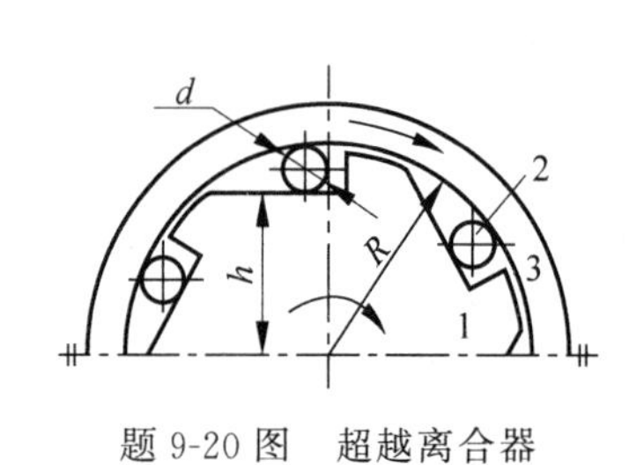

题9-20图 超越离合器

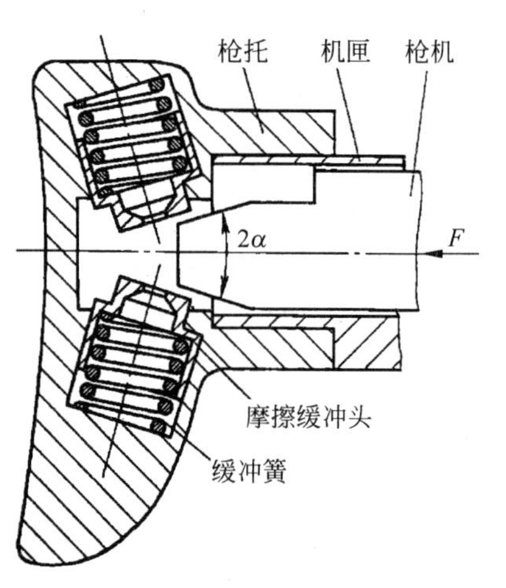

题9-21图 某自动步枪枪机缓冲装置

第10章

机械系统动力学

内容提要：本章介绍了单自由度机械系统动力学分析，包括单自由度机械系统等效动力学建模；动力学运动方程的求解；机械系统真实运动规律的求解。介绍了机械运转过程中速度波动产生的原因及相应的调节方法，重点介绍了机械系统周期性速度波动的调节和调速飞轮转动惯量的计算。

本章重点：单自由度机械系统等效动力学建模，即等效力(力矩)和等效质量(转动惯量)的确定；求解等效动力学运动方程，确定机械的真实运动规律；飞轮转动惯量的计算。

本章难点：单自由度机械系统等效动力学建模及等效动力学运动方程的求解。

10.1 概　　述

1. 机械系统动力学研究的内容及目的

在机构运动分析和动态静力分析中，一般都假定原动件作等速运动，而大多数场合机器在工作时，原动件并不是等速运动。实际上机构原动件的运动规律是由机构中各构件的质量、转动惯量和作用于机构的驱动力与阻力等因素而决定的。在一般情况下，原动件的速度和加速度是随时间而变化的，因此为了对机构进行精确的运动分析和力分析，就需要首先确定机构原动件的真实运动规律，这对于高速、高精度和高自动化程度的机械设计是十分重要的。机械系统动力学就是研究机械系统在力作用下的运动规律。机械系统动力学的分析过程，按其任务不同，可分为两类问题。

(1) 动力学正问题(forward dynamics)：给定机器的输入转矩和工作阻力，求解机器的真实运动规律(即已知力求运动)，这是本章要研究的内容之一。

(2) 动力学反问题(inverse dynamics)：根据机构的运动要求和工作阻力，求解驱动力的变化规律，以及运动副反力(即已知运动求力)。

动力学反问题在机器人和自动机械分析中至关重要，它是机器人和自动机械控制器设计的基础。9.3节中机构的动态静力分析求解平衡力和运动副反力也属于动力学反问题，只是在假定原动件等速运动的条件下进行的计算。

由于在一般情况下，机械原动件并非作等速运动，即机械运动有速度波动，这将导致运动副中动压力的增加，引起机械振动，降低机械的寿命、效率和工作质量，故应设法将机械运转速度波动的程度限制在许可的范围之内。所以，研究机械运转速度的波动及其调节的方法,是本章另一个主要的研究内容。

因此,本章研究的主要内容有:①通过机械系统动力学分析,求解机械的真实运动规律;②研究机械运转速度的波动及其调节的方法。

2. 作用在机械上的驱动力和生产阻力

在求解机械的真实动力时,必须知道作用在机械上的驱动和生产阻力的变化规律。这些力的变化情况不同,会影响到动力学方程求解方法的不同。

驱动力有如下几种情况:

(1) 驱动力是常数:例如以重锤作为驱动装置的情况(图 10-1(a))。

(2) 驱动力是位移的函数:例如用弹簧作驱动件时,驱动力与变形成正比(图 10-1(b))。

(3) 驱动力是速度的函数:例如一般的电动机,机械特性均表示为输出力矩随角速度变化的曲线(图 10-1(c))。

常见的生产阻力有如下几种不同情况:

(1) 生产阻力为常数:如起重机的起吊重量(图 10-1(a))。

(2) 生产阻力随位移而变化:如往复式压缩机中活塞上作用的阻力(图 10-1(b))。

(3) 生产阻力随速度而变化:如鼓风机、离心泵的生产阻力。

(4) 生产阻力随时间而变化:如揉面机的生产阻力。

用解析法求解机械运动时,原动机的驱动力需要用解析式表达。以最常用的交流异步电动机为例,图 10-1(c)所示的机械特性曲线的 AC 段运转是稳定的,当外载荷加大而导致机械减速时,输出力矩将增加,并与外载荷达到新的平衡。而在 AD 段运转是不稳定的,当外载荷增加导致转速下降时,输出力矩也下降,更无法与外载荷平衡,造成转速进一步下降,直至停车。因此三相异步电动机应在 AC 段工作。

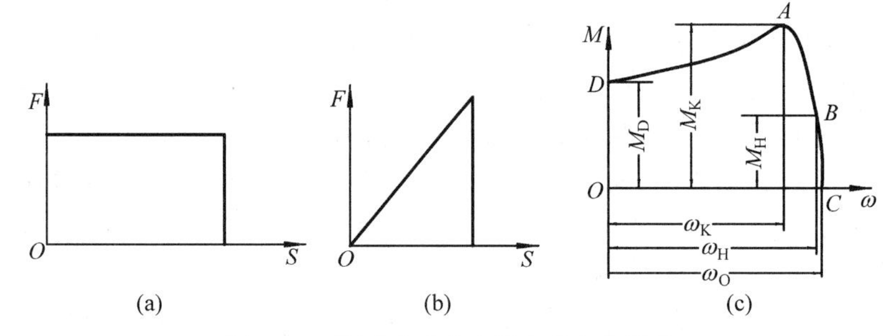

图 10-1 驱动力或生产阻力的变化规律

图 10-1 中 B 点的转矩 M_H 为电机的额定转矩,对应的转速 ω_H 为额定转速;C 点的转矩为零,转速为电机的同步转速 ω_O;A 点的最大转矩 M_K 对应的转速为 ω_K,D 点的转矩为起动转矩 M_D。

ABC 段可用通过 A、B、C 三点的二次抛物线来描述,在精度要求不高的场合,也可用过 B、C 两点的直线来代替额定工作点 B 附近的曲线。

其他动力机械驱动力机械特性的确定属于相关专业课程的内容,可参考相关书籍。生产阻力变化规律的确定涉及其他专业知识,在本章讨论中认为是已知的。

10.2　单自由度机械系统动力学分析

在研究机械系统真实运动和速度波动调节动力等问题时，需要写出机械系统的运动方程(见式(9-24))，因此必须计算作用在每个构件上的外力所作之功以及每个构件的动能，但是这样极不方便。对于单自由度机械系统中各构件的运动规律决定于原动件的运动规律，所以机械系统的运动可以用原动件的运动描述，其运动问题可以转化为它的某一构件的运动问题来研究。为了保证这种转化能反映原机械系统的运动情况，引出等效力、等效力矩及等效质量、等效转动惯量的概念，进而建立单自由度机械系统的等效动力学模型(equivalent dynamic models)。

单自由度机械系统动力学分析大体包括以下几个步骤：①将实际的机械系统简化为等效动力学模型；②根据等效动力学模型列出系统的运动微分方程；③应用解析方法或数值方法求解系统运动微分方程，求出等效构件的运动规律。

1. 等效力和等效力矩

在研究机器在已知力作用下的运动时，我们可以用作用在机器某一构件上的一个假想力 F 或力矩 M 来代替作用在该机器上的所有已知外力和力矩，其代替的条件是必须使机械运动不因这种代替而改变。因此在所研究的可能位移时，假想力 F 或力矩 M 所作的功或所产生的功率应等于所有被代替的力和力矩所作的功或产生的功率之和。则假想力 F 或力矩 M 称为等效力(equivalent force)或等效力矩(equivalent moment)。受等效力或等效力矩作用的构件称为等效构件(equivalent link)。通常选择原动件作为等效构件。

如图 10-2(a)所示，设 M 是加在绕固定轴转动的等效构件 AB 上的等效力矩，F 为作用于等效构件 AB 上的等效力，ω 是等效构件的角速度，v_B 是力作用点 B 的速度。又设 F_i 和 M_i 是加在机器第 i 个构件上的已知力和力矩，V_i 是力 F_i 作用点的速度，ω_i 是构件 i 的角速度，θ_i 是力 F_i 和速度 V_i 之间的夹角。按等效力和等效力矩的定义有

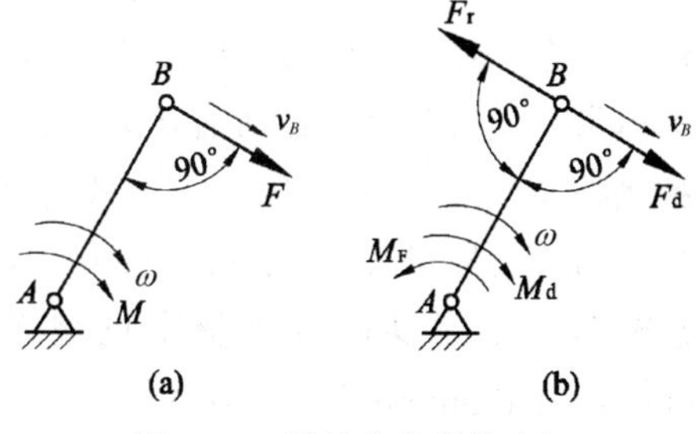

图 10-2　等效力与等效力矩

$$Fv_B = \sum_{i=1}^{n} F_i v_i \cos\theta_i + \sum_{i=1}^{n} \pm M_i \omega_i$$

$$M\omega = \sum_{i=1}^{n} F_i v_i \cos\theta_i + \sum_{i=1}^{n} \pm M_i \omega_i$$

则

$$\left.\begin{aligned} F &= \sum_{i-1}^{n} F_i \left(\frac{v_i}{v_B}\right) \cos\theta_i + \sum_{i=1}^{n} \pm M_i \left(\frac{\omega_i}{v_B}\right) \\ M &= \sum_{i=1}^{n} F_i \left(\frac{v_i}{\omega}\right) \cos\theta_i + \sum_{i=1}^{n} \pm M_i \left(\frac{\omega_i}{\omega}\right) \end{aligned}\right\} \tag{10-1}$$

式中,当 M_i 和 ω_i 同方向时取"+"号,否则取"−"号。

必须指出:

(1) 从以上两式可知,等效力 F、等效力矩 M 与 F_i、M_i 及各速比有关。其中单自由度机械系统其速比只是机构位置的函数;F_i、M_i 则可能是机构的位置、速度及时间的函数,那么 $F=F(\varphi,\omega,t)$,$M=M(\varphi,\omega,t)$。

(2) 在单自由度系统中,构件的运动关系决定于机构的结构和机构中构件之间的相对位置关系,故以上二式中的各个速比可用任意比例尺所画的速度多边形中的相当线段之比来表示,而不必知道机器的各个速度的真实数值。因此,等效力和等效力矩也可以用速度多边形杠杆法求出。为此,只须将等效力(或力矩)和被代替的力及力矩平移到其作用点在转向速度多边形的速度影像上,然后使两者对极点所取的力矩大小相等、方向相同,那么便可求出等效力(或等效力矩)的大小和方向。

(3) 如果选择绕固定轴转动的构件作为等效构件,如图 10-2 所示,则有

$$M=Fl_{AB} \tag{10-2}$$

(4) 等效力或等效力矩是一个假想的力或力矩,它并不是被代替的已知给定力和力矩的合力或合力矩,因此,求机构各力的合力时便不能应用等效力和等效力矩的原理。

(5) 在研究已知力作用的机械运动时,通常总是按已知的驱动力和阻力分别求出其等效驱动力 F_d(或等效驱动力矩 M_d)和等效阻力 F_r(或等效阻力矩 M_r),如图 10-2(b)所示。重力可归入驱动力,也可归入阻力。

2. 等效质量和等效转动惯量

取机器上某一构件为等效构件,并使其受等效力(或等效力矩)作用的同时,用集中在该构件上某选定点的一个假想质量来代替整个机器所有运动构件的质量,或用该构件假想的转动惯量来代替整个机器所有运动构件的转动惯量,代替的条件是必须使机器的运动不因这种代替而改变。为此,需令该等效构件假想质量的动能等于整个机械系统的动能,此假想质量称为等效质量(equivalent mass)。同理,如等效构件为定轴转动的构件,令该等效构件假想转动惯量的动能等于整个机械系统的动能,此假想转动惯量称为等效转动惯量(equivalent moment of inertia)。

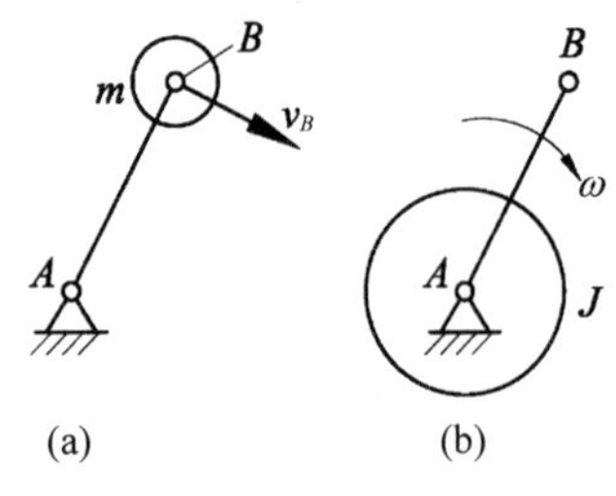

图 10-3 等效质量与等效转动惯量

如图 10-3 所示,设 ω 是等效构件的角速度,v_B 是集中质量点 B 的速度,m 是集中的等效质量或 J 是等效构件的等效转动惯量,那么等效构件所具有的功能,为

$$E=\frac{1}{2}mv_B^2$$

或

$$E=\frac{1}{2}J\omega^2$$

若 ω_i 是机构中第 i 个构件的角速度,v_{Si} 是它的质心 S_i 的速度,m_i 是它的质量,J_{Si} 是其对质心轴的转动惯量。那么

根据等效质量和等效转动惯量的定义有

$$\frac{1}{2}mv_B^2=\sum_{i=1}^{n}\frac{1}{2}m_iv_{Si}^2+\sum_{i=1}^{n}\frac{1}{2}J_{Si}\omega_i^2$$

或

$$\frac{1}{2}J\omega^2=\sum_{i=1}^{n}\frac{1}{2}m_iv_{Si}^2+\sum_{i=1}^{n}\frac{1}{2}J_{Si}\omega_i^2$$

于是

$$\left.\begin{aligned}m&=\sum_{i=1}^{n}m_i\left(\frac{v_{Si}}{v_B}\right)^2+\sum_{i=1}^{n}J_{Si}\left(\frac{\omega_i}{v_B}\right)^2\\J&=\sum_{i=1}^{n}m_i\left(\frac{v_{Si}}{\omega}\right)^2+\sum_{i=1}^{n}J_{Si}\left(\frac{\omega_i}{\omega}\right)^2\end{aligned}\right\}\tag{10-3}$$

需要指出的是：

(1) 等效质量和等效转动惯量与速比的平方有关，故 m 和 J 只是机构位置的函数。

(2) 式(10-3)中的各个速比可用任意比例尺所画的速度多边形中的相当线段之比来表示，而不必知道机器的真实运动。

(3) 如果选择绕固定轴线转动的构件作为等效构件，如图 10-3 所示，则

$$E=\frac{1}{2}J\omega^2=\frac{1}{2}mv_B^2=\frac{1}{2}ml_{AB}^2\omega^2$$

故

$$J=ml_{AB}^2\tag{10-4}$$

例 10-1 在图 10-4(a)所示的内燃机推动发电机的机组中，已知机构的尺寸和位置，重力 $\boldsymbol{G}_2$ 和 $\boldsymbol{G}_3$，齿轮 5、6、7 和 8 的齿数 z_5、z_6、z_7 和 z_8，以及气体加于活塞上的压力 $\boldsymbol{F}_3$ 和发电机的阻力矩 $\boldsymbol{M}_8$。设不计其余各构件的重力，求换算到构件 1 上的等效驱动力矩 $\boldsymbol{M}_d$ 和等效阻力矩 $\boldsymbol{M}_r$。

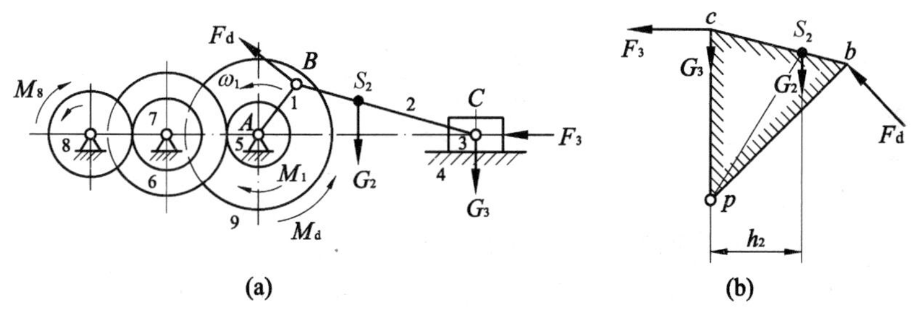

图 10-4 内燃机-发电机机组

解：(1) 求等效驱动力矩 $\boldsymbol{M}_d$

在本题中，将重力 $\boldsymbol{G}_2$ 和 $\boldsymbol{G}_3$ 与驱动力一并考虑。设 F_d 是作用在点 B 且垂直于 AB 的等效驱动力。如图 10-4(b)所示，假定曲柄 1 的角速度 ω_1，用任意比例尺作曲柄滑块机构 ABC 的转向速度多边形 $pbcS_2$。再将力 $\boldsymbol{F}_3$、$\boldsymbol{G}_2$、$\boldsymbol{G}_3$ 及 $\boldsymbol{F}_d$ 平移到它们作用点的速度影像上。然后将各力对极点 p 取力矩得

$$F_d\overline{pb}=F_3\overline{pc}-G_2h_2$$

则

$$F_d=\frac{F_3\overline{pc}-G_2h_2}{\overline{pb}}$$

式中，h_2 是速度多边形中代表力 G_2 的力臂的线段。于是由式(10-2)得

$$M_{\mathrm{d}}=F_{\mathrm{d}}l_{AB}=\left(\frac{F_3\overline{pc}-G_2h_2}{\overline{pb}}\right)l_{AB}$$

其方向与 ω_1 相一致。

(2) 求等效阻力矩 $\boldsymbol{M}_{\mathrm{r}}$

由于等效构件与阻力作用的构件间是齿轮机构,它们的速比为常数,故由式(10-1)得

$$M_{\mathrm{r}}=\frac{-M_8\omega_8}{\omega_1}=-M_8\frac{\omega_8}{\omega_5}=-M_8\frac{z_5z_7}{z_6z_8}$$

其方向与 ω_1 相反。

例 10-2 在前例的机组中(图 10-4(a)),已知齿轮 5、6、7、8 和飞轮 9 的转动惯量 J_5、J_6、J_7、J_8 和 J_9,各轮的齿数 z_5、z_6、z_7 和 z_8,曲柄 1 对于轴 A 的转动惯量 J_{1A},连杆 2 对其质心 S_2 的转动惯量 J_{S2},连杆 2 的质量 m_2 和活塞 3 的质量 m_3,机构的位置和各构件的尺寸 l_{AB}、l_{BC} 和 l_{BS2}。求该机组所有运动构件的质量和转动惯量换算到曲柄销 B 时的等效质量 m 和换算到曲柄 1 的等效转动惯量 J。

解:如图 10-4(b)所示,用任意比例尺作该机组的曲柄滑块机构 ABC 的转向速度多边形 $pbcS_2$。

其次,由式(10-3)换算到曲柄销 B 的等效质量为

$$m=(J_{1A}+J_5+J_9)\left(\frac{\omega_1}{v_B}\right)^2+(J_6+J_7)\left(\frac{\omega_6}{v_B}\right)^2+J_8\left(\frac{\omega_8}{v_B}\right)^2+$$
$$m_2\left(\frac{v_{S2}}{v_B}\right)^2+J_{S2}\left(\frac{\omega_2}{v_B}\right)^2+m_3\left(\frac{v_C}{v_B}\right)^2$$

式中
$$i_{61}=\frac{\omega_6}{\omega_1}=\frac{\omega_6}{\omega_5}=-\frac{z_5}{z_6}$$

及
$$i_{81}=\frac{\omega_8}{\omega_1}=\frac{\omega_8}{\omega_5}=\frac{z_5z_7}{z_6z_8}$$

于是,由式(10-4)等效到曲柄 1 的等效转动惯量为

$$J=ml_{AB}^2=(J_{1A}+J_5+J_9)+(J_6+J_7)i_{61}^2+J_8i_{81}^2+$$
$$m_2\left(\frac{l_{AB}\overline{pS_2}}{\overline{pb}}\right)^2+J_{S2}\left(\frac{l_{AB}\overline{bc}}{l_{BC}\overline{pb}}\right)^2+m_3\left(\frac{l_{AB}\overline{pc}}{\overline{pb}}\right)^2$$
$$=J_{\mathrm{F}}+J_{\mathrm{C}}+J_{\mathrm{V}}$$

式中,$J_{\mathrm{F}}=J_9$,为飞轮的等效转动惯量,其值恒定不变;$J_{\mathrm{C}}=J_{1A}+J_5+(J_6+J_7)i_{61}^2+J_8i_{81}^2$,为等效构件 1 及与它有定传动比的各构件 5、6、7 及 8 的等效转动惯量,它的值也恒定不变;$J_{\mathrm{V}}=m_2\left(\frac{l_{AB}\overline{pS_2}}{\overline{pb}}\right)^2+J_{S2}\left(\frac{l_{AB}\overline{bc}}{l_{BC}\overline{pb}}\right)^2+m_3\left(\frac{l_{AB}\overline{pc}}{\overline{pb}}\right)^2$ 为该机组其余构件,即与等效构件有变传动比的各构件的等效转动惯量,它的值是机构位置的函数。

图 10-5 所示为一个运动循环中该机组的等效转动惯量 J 随等效构件转角 φ 而变化的曲线图。

3. 运动方程式

在机械系统动力学研究中，引入了等效力与等效力矩、等效质量与等效转动惯量，最后可将原机械系统在各种力作用下的运动用如图 10-6 所示的具有等效质量(或等效转动惯量)的等效构件，在等效驱动力 F_d(或等效驱动力矩 M_d)和等效阻力 F_r(或等效阻力矩 M_r)作用下的运动来代替。这样，原系统的动力学问题可简化为等效构件的动力学问题。机械系统等效动力学模型运动方程式通常有两种表达形式。

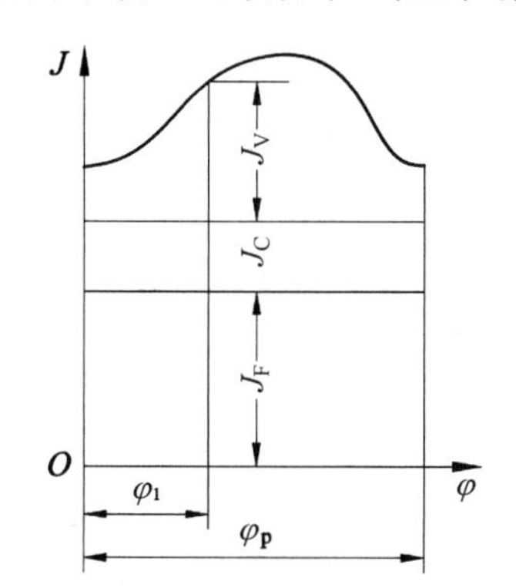

图 10-5　等效转动惯量变化曲线

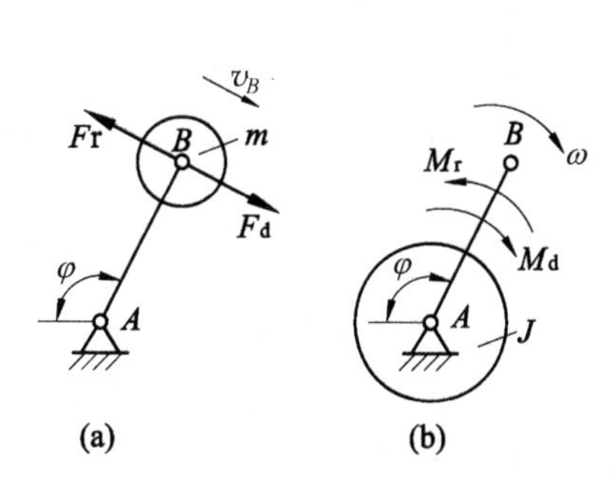

图 10-6　机构的等效动力学模型

1) 动能形式的机械运动方程式

如不考虑摩擦，对图 10-6 所示的等效构件写出动能方程。由式(9-24)，机械运动方程式可写成

$$W_{Fd}-W_{Fr}=\int_{s_0}^{s}F\mathrm{d}s=\frac{mv^2}{2}-\frac{m_0v_0^2}{2} \tag{10-5}$$

或

$$W_{Md}-W_{Mr}=\int_{\omega_0}^{\omega}M\mathrm{d}\varphi=\frac{J\omega^2}{2}-\frac{J_0\omega_0^2}{2} \tag{10-6}$$

式中，$F=F_d-F_r$；$M=M_d-M_r$。

此即动能形式的机械运动方程式。

2) 力或力矩形式的机械运动方程式

在式(10-5)中

$$W_{Fd}-W_{Fr}=\int_{s_0}^{s}F\mathrm{d}s=\frac{mv^2}{2}-\frac{m_0v_0^2}{2}$$

式中，$F=F_d-F_r$。将上式微分，得

$$\frac{\mathrm{d}}{\mathrm{d}s}\int_{s_0}^{s}F\mathrm{d}s=\frac{\mathrm{d}}{\mathrm{d}s}\left(\frac{mv^2}{2}\right)$$

即

$$F=m\frac{\mathrm{d}v}{\mathrm{d}t}+\frac{v^2}{2}\left(\frac{\mathrm{d}m}{\mathrm{d}s}\right)=ma^{\tau}+\frac{v^2}{2}\left(\frac{\mathrm{d}m}{\mathrm{d}s}\right) \tag{10-7}$$

式中，a^{τ} 为集中质量质心的切向加速度。

若 $M=M_d-M_r$，那么将式(10-6)微分，同理可得

$$M=J\frac{\mathrm{d}\omega}{\mathrm{d}t}+\frac{\omega^2}{2}\left(\frac{\mathrm{d}J}{\mathrm{d}\varphi}\right)=J\varepsilon+\frac{\omega^2}{2}\left(\frac{\mathrm{d}J}{\mathrm{d}\varphi}\right) \tag{10-8}$$

10.3 机械运动方程的求解

对单自由度系统,求解机器的运动方程式,即式(10-5)~式(10-8)中的某一个方程式,便可求出在已知力作用下机器的真实运动。

作用在机器上的驱动力或生产阻力可能是机构位置的函数,也可能是角速度的函数,还可能同时是位移、速度和时间的函数。那么在求解机械运动方程时,应分别处理。在一些简单的情况下,如等效力矩仅是机构位置的函数或仅是速度函数,并可用解析式表达时,运动方程可以求得解析解。但是在多数情况下,例如等效力矩同时是位置和速度的函数时,只能用数值法求解。下面将讨论等效力矩仅是机构位置或速度函数时,运动方程的求解。

1. 等效力矩是位置的函数时运动方程的求解

当机械所受的驱动力和生产阻力均为位置的函数时(当然也包括为常数时),等效力矩仅与位置有关,这是最简单的情况。例如,用弹簧驱动的装置,其驱动力便是位移的函数。在内燃机中若取曲柄为等效构件,作用于活塞上的驱动力(即气体压力)转化到曲柄上以后也是位置的函数。这种情况下采用能量形式的运动方程式较为方便。

设等效构件在等效力矩 $M=M_d-M_r$ 的作用下,角位移自 $\varphi_0\sim\varphi$,根据式(10-6)和式(9-24)可得

$$W=W_{M_d}-W_{M_r}=\int_{\varphi_0}^{\varphi}M\mathrm{d}\varphi$$

$$=\frac{J\omega^2}{2}-\frac{J_0\omega_0^2}{2}=E-E_0=\Delta E \tag{10-9}$$

解上式可得

$$\omega=\sqrt{\frac{2}{J}\int_{\varphi_0}^{\varphi}M\mathrm{d}\varphi+\frac{J_0\omega_0^2}{J}}=\sqrt{\frac{2W+J_0\omega_0^2}{J}} \tag{10-10}$$

如从机器起动时算起,$\varphi_0=0,\omega_0=0$,则上式简化为

$$\omega=\sqrt{\frac{2W}{J}}=\sqrt{\frac{2E}{J}} \tag{10-11}$$

由于 $M=M(\varphi),J=J(\varphi)$,所以 $\omega=\omega(\varphi)$。

等效构件角加速度 ε 为

$$\varepsilon=\frac{\mathrm{d}\omega}{\mathrm{d}t}=\frac{\mathrm{d}\omega}{\mathrm{d}\varphi}\cdot\frac{\mathrm{d}\varphi}{\mathrm{d}t}=\omega\cdot\frac{\mathrm{d}\omega}{\mathrm{d}\varphi} \tag{10-12}$$

式中,$\frac{\mathrm{d}\omega}{\mathrm{d}\varphi}$可由式(10-10)求导确定。

由 $\omega=\frac{\mathrm{d}\varphi}{\mathrm{d}t}$得

$$\int_{t_0}^{t}\mathrm{d}t=\int_{\varphi_0}^{\varphi}\frac{1}{\omega}\mathrm{d}\varphi$$

则
$$t=t_0+\int_{\varphi_0}^{\varphi}\frac{1}{\omega}\mathrm{d}\varphi \tag{10-13}$$

如从机器起动时算起，$t_0=0$，则
$$t=\int_{\varphi_0}^{\varphi}\frac{1}{\omega}\mathrm{d}\varphi \tag{10-14}$$

在以上求解过程中，如果已知 $M=M(\varphi)$ 和 $J=J(\varphi)$ 的解析式，就可以求得机器的真实运动规律。在大多数工程问题中，因外力的变化规律较为复杂，且 $M=M(\varphi)$ 和 $J=J(\varphi)$ 等关系以线图的形式给出，这时可根据式(10-10) 直接求出 $\omega=\omega(\varphi)$ 的曲线。在求解过程中需要计算积分 $\int_{\varphi_0}^{\varphi}M\mathrm{d}\varphi$ 之值，这时可根据 $M=M(\varphi)$ 的曲线由计算机求出。

当曲线 $\omega=\omega(\varphi)$求得后，按式(10-12)用计算机可求出 $\varepsilon=\varepsilon(\varphi)$的曲线；按式(10-13)可求出 $t=t(\varphi)$的曲线。

2. 等效力矩是角速度的函数时运动方程的求解

当以电动机为原动机时，驱动力矩是角速度的函数。若生产阻力也是角速度的函数或常数时，则等效力矩也是角速度的函数。若机械仅含定传动机构，等效转动惯量是常数，如起重机起吊装置、由电动机驱动的水泵和鼓风机等都属于这种情况。

由于等效力矩 M 是角速度 ω 的函数，而 ω 尚未求出，式(10-6)的积分无法直接求出。因而，能量形式的运动微分方程式(10-6)是不便应用的。这时应用力矩形式的运动方程式(10-8)进行分析则较为方便。由于等效转动惯量 J 为常数，式(10-8)简化为
$$M(\omega)=J\frac{\mathrm{d}\omega}{\mathrm{d}t} \tag{10-15}$$

分离变量后积分得
$$t=t_0+J\int_{\omega_0}^{\omega}\frac{\mathrm{d}\omega}{\mathrm{d}t} \tag{10-16}$$

通常 $M(\omega)$是 ω 的一次函数或二次函数。当为一次函数时，有
$$M(\omega)=a+b\omega$$

代入式(10-16)积分可得
$$t=t_0+\frac{J}{b}\ln\frac{a+b\omega}{a+b\omega_0} \tag{10-17}$$

当 $M(\omega)$为 ω 的二次函数时，代入式(10-16)，有
$$t=t_0+J\int_{\omega_0}^{\omega}\frac{\mathrm{d}\omega}{a+b\omega+c\omega^2} \tag{10-18}$$

积分后得出
$$t=t_0+\frac{2J}{\sqrt{4ac-b^2}}\left(\arctan\frac{2c\omega+b}{\sqrt{4ac-b^2}}-\arctan\frac{2c\omega_0+b}{\sqrt{4ac-b^2}}\right)$$
$$(b^2-4ac<0) \tag{10-19}$$

或
$$t=t_0+\frac{J}{\sqrt{b^2-4ac}}\ln\frac{(2c\omega+b-\sqrt{b^2-4ac})(2c\omega_0+b+\sqrt{b^2-4ac})}{(2c\omega+b+\sqrt{b^2-4ac})(2c\omega_0+b-\sqrt{b^2-4ac})}$$

$$(b^2 - 4ac > 0) \tag{10-20}$$

当 $b^2 - 4ac < 0$ 时,方程 $a + b\omega + c\omega^2$ 无根,表示机械没有稳定转速。因此式(10-19)的解只会出现在机械停机的过程中。

当 ω 在起动过程中逐渐增加,达到某一个值时,使 $M(\omega) = 0$,这时的转速称为稳定转速。只有在 $J =$ 常数,M 仅为角速度的函数这种情况下才会存在稳定转速。

由以上分析可得到运动规律 $t = f(\omega)$,这不符合通常的表达习惯。当需要得到角速度的时间历程 $\omega(t)$时,可用解析法求 $t = f(\omega)$的反函数。

要求 ω-φ 关系,可将运动方程式(10-15)改写为

$$M(\omega) = J\omega \frac{d\omega}{d\varphi} \tag{10-21}$$

分离变量后积分可得

$$\varphi = \varphi_0 + J\int_{\omega_0}^{\omega} \frac{\omega d\omega}{M(\omega)} \tag{10-22}$$

当 $M(\omega)$为 ω 的一次函数时,积分可得

$$\varphi = \varphi_0 + \frac{J}{b}\left(\omega - \omega_0 - \frac{a}{b}\ln\frac{a + b\omega}{a + b\omega_0}\right) \tag{10-23}$$

当 $M(\omega)$为 ω 的二次函数时,也可通过积分求得相应的 ω-φ 关系。当 $M(\omega)$是用数表形式给出时,无法用解析法积分而只能用数值积分法来积分。

10.4 机械的速度波动及其调节

1. 机器的周期性速度波动及其调节

1) 机器的周期性速度波动

由于作用在机械系统上的驱动力和工作阻力,常常是随机构的位置、速度或时间而在一定范围内变动,这些变化将引起系统运转的不均匀,从而引起系统速度的波动。在大多数情况下,速度波动是周期性变化的。机器的这种运转称为变速稳定运转。机器在变速稳定运转时期的这类速度波动称为周期性速度波动。过大的速度波动将引起振动和运动副中的附加动压力,影响机器的正常工作和寿命。为了减小速度波动,需要对机械系统进行动力学分析,求出机器的真实运动,了解影响速度波动的因素,从而将速度波动限制在允许范围之内。

2) 机器速度不均匀系数

图 10-7 所示为机器在变速稳定运转时期一个运动周期(运动循环)内原动件角速度的变化曲线,其平均角速度 ω_m 可用下式计算:

$$\omega_m = \frac{1}{\varphi_p}\int_0^{\varphi_p} \omega_{(\varphi)} d\varphi \tag{10-24}$$

式中,φ_p 为一个运动循环中原动件的转角。但是,由于实际的平均角速度往往不易求得,所以在工程实际中,ω_m 又常近似地用其算术平均值

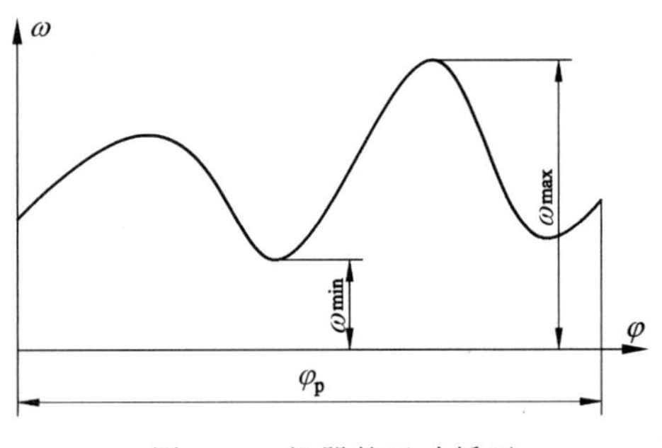

图 10-7 机器的运动循环

来计算，即

$$\omega_m = \frac{\omega_{max} + \omega_{min}}{2} \tag{10-25}$$

在各种原动机或工作机铭牌上所表明的为平均角速度值，即所谓“名义速度”。

$\omega_{max} - \omega_{min}$ 为机械运转的速度变化幅度，但不适合用来表示速度波动的程度。这是因为当 $\omega_{max} - \omega_{min}$ 一定时，低速机械的速度波动程度比高速机械较严重。因此，用机械速度变化幅度与其平均速度之比来衡量机器运转时的速度波动，该比值称为机器速度不均匀系数(coefficient of non-uniformity of operating velocity of machinery)，以 δ 表示，即

$$\delta = \frac{\omega_{max} - \omega_{min}}{\omega_m} \tag{10-26}$$

机器速度不均匀系数的许用值[δ]因机器工作性质不同而有不同要求，如果超过了许用值，必将影响机器正常工作；但过分要求减少不均匀系数值也是不必要的。如驱动发电机的活塞式发动机的[δ]值要定得小些，以免造成电压和电流的变化过大，但对碎石机的[δ]值可定得大些。表 10-1 为几种普通机器的许用速度不均匀系数。

表 10-1 机器运转的许用速度不均匀系数

机器名称	许用速度不均匀系数[δ]
碎石机	1/5～1/20
农业机械	1/10～1/50
冲床、剪床	1/7～1/10
金属切削机床、船用发动机带螺旋桨	1/20～1/40
汽车、拖拉机	1/20～1/60
内燃机、往复式压缩机	1/80～1/160
织布机	1/40～1/50
纺纱机	1/60～1/100
发动机带直流发电机	1/100～1/200
发动机带交流发电机	1/200～1/300
航空发动机	＜1/200

当已知机器名义角速度 ω_m 和它所要求的 δ 值后，由式(10-25)和式(10-26)即可求出一个运动循环中机器的许用最高和最低角速度值 ω_{max}、ω_{min}。

$$\left.\begin{aligned} \omega_{max} &= \omega_m\left(1+\frac{\delta}{2}\right) \\ \omega_{min} &= \omega_m\left(1-\frac{\delta}{2}\right) \\ \omega_{max}^2 - \omega_{min}^2 &= 2\delta\omega_m^2 \end{aligned}\right\} \tag{10-27}$$

3) 周期性速度波动的调节

下面通过机构的等效动力学模型来说明机械周期性速度波动的调节原理，对于单自由度机械系统可以建立如图 10-6(b)所示的等效动力学模型，其运动方程可由式(10-6)表示。其等效力矩仅仅是等效构件转角 φ 的周期函数，由式(10-10)可得，等效构件的速度在机械稳定运转过程中呈现周期性波动。

在稳定运转过程中的一个运动循环内,如图10-8所示,等效构件角位移为$\varphi_0 \sim \varphi_0+\Delta\varphi$,其角速度从$\omega_m$变化至$\omega_m+\Delta\omega$,那么在该时间间隔内由式(10-5)可得

$$W=W_{Md}-W_{Mr}=\frac{1}{2}J(\omega_m+\Delta\omega)^2-\frac{1}{2}J_0\omega_m^2=\Delta E \tag{10-28}$$

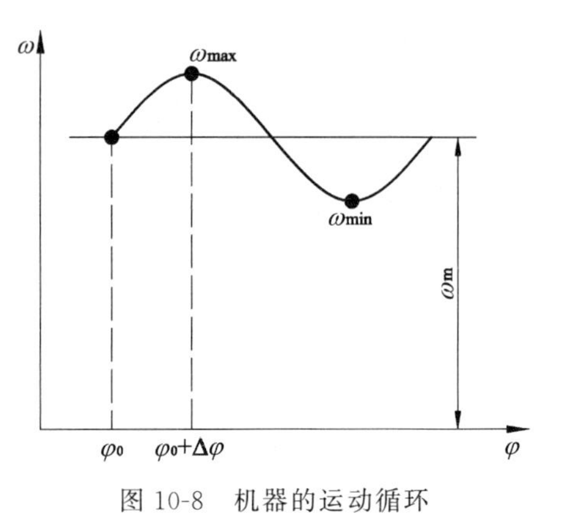

图10-8 机器的运动循环

则
$$\Delta\omega=\sqrt{\frac{2W}{J}+\frac{J_0\omega_m^2}{J}}-\omega_m \tag{10-29}$$

式中,$W=W_{Md}-W_{Mr}=\int_{\varphi_0}^{\varphi+\Delta\omega}(M_d-W_r)\mathrm{d}\varphi$,因此盈亏功$W$取决于此时机器的工况,即由外部条件所决定。由式(10-28)可知,等效构件动能的变化量$\Delta E=W$。从式(10-29)可以看出,当等效构件的动能发生一定量的变化时,若等效构件的转动惯量J较大,则引起的角速度变化$|\Delta\omega|$较小。因此,在机器中安装一个具有很大转动惯量的回转件——飞轮(flywheel),可以减少机器的周期性速度波动的幅度。

飞轮的机械作用实质上相当于一个能量储存器。由于其转动惯量很大,当机器出现盈余功时($W>0$),飞轮可以以动能的形式将多余的能量储存起来,而使主轴角速度上升的幅度减小;反之机器出现亏空功时($W<0$),飞轮又可释放出其储存的能量,以弥补能量的不足,从而使得主轴角速度下降的幅度减小。

2. 机器的非周期性速度波动及调节

在机器稳定运动阶段中,如作用其上的驱动力或工作阻力突然发生很大变化,则其主轴的角速度也随之突然发生较大变化,并连续向一个方向发展,最终将使机器的速度过高而损坏或被迫停车。例如,用汽轮机驱动的发电机机组,当外界用电负载量突然减少,若汽轮机发出的驱动功不变,由式(9-24)可知,系统将有较大的盈余功增加其动能,从而使机组转速急剧上升,如图10-9中bc段所示。机器的这种没有一定周期,其作用不连续的速度波动称为非周期性速度波动。为了避免机组转速急剧上升,保护设备正常工作,必须调节汽轮机的供汽量,使其产生的功率与发电机的所需相适应,从而达到新的稳定运动,如图10-9中cd段所示,这时的平均速度ω_m'已与调节之前的平均速度ω_m不同。

利用反馈控制原理可以实现机器的非周期速度波动的调节,其调速装置称作调速器(speed regulator),它的种类很多,有机械式的,也有电子式的。下面简单地介绍机械式调速器的工作原理。

图10-10所示为机械式离心调速器。两个重球K分别装在构件AC和BD的末端。构件AC和BD铰接于构件CE和DF上,同时又铰接于中心轴P上。构件CE和DF的另一铰接联于套筒N上,后者可沿中心轴P上下移动。构件AC和BD由弹簧L互相连接,致使两球互相靠近。中心轴P经一对圆锥齿轮3、4联于原动机2的主轴上,而原动机又和工作机1相联。当机器主轴的转速改变时,调速器的转速也跟着改变,从而由于重球的离心力的作用带动套筒N上下移动。在主轴的不同转速下,套筒将占有不同的位置。套筒N经杠杆

GOR 和 RT 与节流阀 Q 相联。当工作机 1 的载荷减小时，原动机 2 的转速增加，因而调速器的转速加大，致使重球 K 在离心力的作用下远离中心轴 P。这时套筒上升，使 GOR 杆推动节流阀 Q 下降，使进入原动机的工作介质（燃气、蒸汽等）减少；结果使驱动力和阻力相适应，从而使机器在略高的转速下重新达到稳定运动。反之，如果载荷增大，转速降低，重球 K 便靠近中心轴 P，节流阀 Q 上升，使进入原动机的工作介质增加；结果驱动力又和阻力相适应，从而使机器在略低的转速下重新达到稳定运动。但是，当调速器工作时，由于实际上工作机的载荷变化是剧烈而突然的，所以调速器作加速度运动，并因惯性的作用越过了新的平衡位置而产生了过多的调节作用，结果形成一个为时很短的振荡过程，然后才达到新的平衡速度。

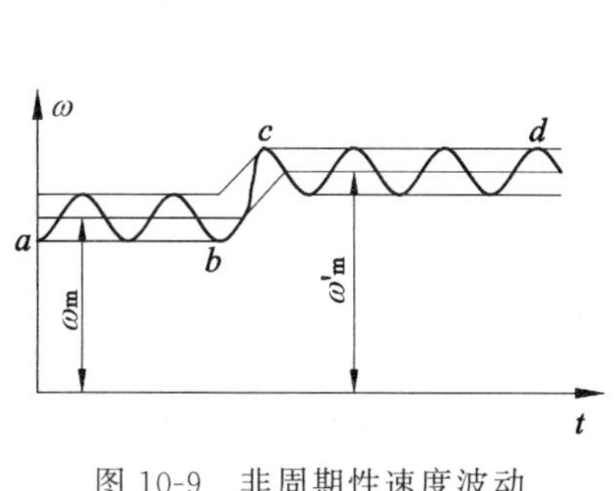

图 10-9　非周期性速度波动

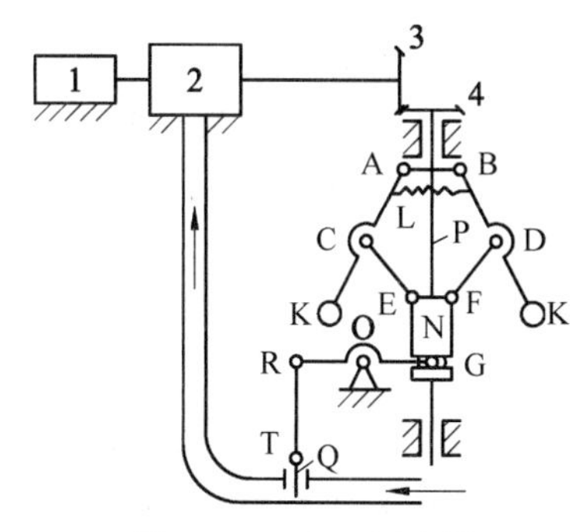

图 10-10　离心调速器

10.5　飞 轮 设 计

从 10.4 节可知，在机械中设置一个转动惯量较大的飞轮可以降低机械运转时的速度波动。本节进一步讨论如何根据机械的平均角速度和许用速度不均匀系数[δ]来确定飞轮的转动惯量。本节以等效力矩为机构位置函数时的情况为例，介绍飞轮设计的基本原理和方法。

1. 飞轮设计的基本原理

已知等效驱动力 M_d、等效阻力矩 M_r、等效转动惯量 J、等效构件的名义角速度 ω_m，其速度不均匀系数为 δ。由式(10-27)可得一个运动循环中等效构件许可的最高和最低角速度：

$$\omega_{max}=\omega_m\left(1+\frac{\delta}{2}\right)$$

$$\omega_{min}=\omega_m\left(1-\frac{\delta}{2}\right)$$

$$\omega_{max}^2-\omega_{min}^2=2\delta\omega_m$$

根据式(10-28)，当 $\omega_m+\Delta\omega=\omega_{max}$ 时，

$$W_{max}=\frac{1}{2}J\omega_{max}^2-\frac{1}{2}J_0\omega_m^2=\Delta E_{max} \tag{10-30}$$

当 $\omega_m+\Delta\omega=\omega_{min}$ 时,

$$W_{min}=\frac{1}{2}J\omega_{min}^2-\frac{1}{2}J_0\omega_m^2=\Delta E_{min} \tag{10-31}$$

以上两式中 $W_{max}>0$ 为盈余功的最大值；$W_{min}<0$ 为亏空功的最大值。$\Delta E_{max}>0$ 为一个运动循环内动能增幅的最大值；$\Delta E_{min}<0$ 为一个运动循环内动能减幅的最大值。

将式(10-30)减式(10-31)得

$$W_{max}-W_{min}=\frac{1}{2}J\omega_{max}^2-\frac{1}{2}J\omega_{min}^2=\Delta E_{max}-\Delta E_{min} \tag{10-32}$$

令
$$W_{max}-W_{min}=\Delta E_{max}-\Delta E_{min}=[W]$$

$[W]$为一个运动循环内的最大盈亏功(maximum increment or decrement of work),就等于一个运动循环内等效构件动能的最大变化量。

于是式(10-32)可写成

$$\frac{1}{2}J\omega_{max}^2-\frac{1}{2}J\omega_{min}^2=[W]$$

$$J=\frac{2[W]}{\omega_{max}^2-\omega_{min}^2}=\frac{2[W]}{2\delta\omega_m^2}=\frac{[W]}{\delta\omega_m^2} \tag{10-33}$$

若飞轮就装在等效构件上,则 $J=J_F+J_C+J_V$(参见例 10-2),忽略 J_V、J_C,即 $J=J_F$,则得

$$J_F=\frac{[W]}{\delta\omega_m^2}=\frac{900[W]}{\delta\pi^2n^2} \tag{10-34}$$

式中,n 为等效转动构件每分钟的转数。

因此,飞轮转动惯量的计算可归结为求最大盈亏功$[W]$。最大盈亏功$[W]$可根据 M_d、M_r 曲线积分求得。

另外,当$[W]$与 δ 一定时,J_F 与 ω_m 的平方成反比,所以为减小飞轮的转动惯量,最好将飞轮安装在机械的高速轴上。

2. 最大盈亏功[W]的确定

飞轮设计的基本问题就是计算飞轮的转动惯量。在由式(10-33)计算 J_F 时,由于 n 和$[\delta]$均为已知量,因此,为求飞轮转动惯量,关键在于确定最大盈亏功$[W]$。

若作用在机械上的等效驱动力矩 M_d 和等效阻力矩 M_r 是等效构件转角 φ 的周期性函数,如图 10-11(a)所示。在某一时段内驱动力矩和阻力矩所做的功为

$$W_d(\varphi)=\int_{\varphi_a}^{\varphi}M_d(\varphi)d\varphi \tag{10-35}$$

$$W_r(\varphi)=\int_{\varphi_a}^{\varphi}M_r(\varphi)d\varphi \tag{10-36}$$

机械动能的增量为

$$\begin{aligned}\Delta E&=W_d(\varphi)-W_r(\varphi)=\int_{\varphi_a}^{\varphi}[M_d(\varphi)-M_r(\varphi)]d\varphi\\&=J(\varphi)\omega^2(\varphi)/2-J_{(a)}\omega_{(a)}^2/2\end{aligned} \tag{10-37}$$

其机械动能 $E(\varphi)$的变化曲线如图 10-11(b)所示。

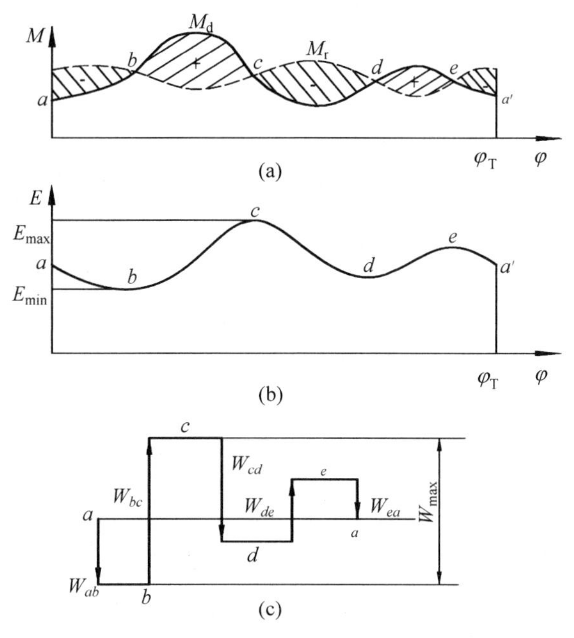

图 10-11　最大盈亏功的确定

图 10-11(a)中 M_d 曲线与 M_r 曲线包围面积即为盈亏功 ΔW。结合式(10-37)，当 $M_d>M_r$ 时，$\Delta E>0$，图中用“＋”号标识，称之为盈功(increment of work)；当 $M_d<M_r$ 时，$\Delta E<0$，图中用“－”号标识，称之为亏功(decrement of work)。图中 bc、de 区间为盈功，在盈功阶段，等效构件的动能在不断增加，因此其角速度也不断增加，c、e 两点出现动能和角速度的极大值点，其中 c 点为动能和角速度的最大值点。图中 ab、cd、ea' 为亏功，在亏功阶段，等效构件的动能在不断减少，因此其角速度也随之减少，b、d 两点为动能和角速度的极小值点，其中 b 点为动能和角速度的最小值点。

由式(10-37)直接积分或通过 M_d 和 M_r 之间包围的各块面积求出各交点处的 ΔW，进而找出 ΔW_{min} 及其所在位置，从而求出最大盈亏功$[W]=\Delta W_{max}-\Delta W_{min}$。此外，还可借助于能量指示图来确定$[W]$，如图 10-11(c)所示，取任意点 a 作起点，按一定比例用向量线段依次表明相应位置 M_d 与 M_r 之间所包围的面积 W_{ab}，W_{bc}，W_{cd}，W_{de} 和 $W_{ea'}$ 的大小和正负。盈功为正，其箭头向上；亏功为负，箭头向下。由于在一个循环的起始位置与终了位置处的动能相等，故能量指示图的首尾应在同一水平线上。由图中可以看出，b 点处动能最小，c 点处动能最大，而图中折线的最高点和最低点的距离 $W_{max}-W_{min}$ 就代表了最大盈亏功$[W]$的大小。

例 10-3　某机械系统稳定运转时期的一个周期对应其等效构件一圈，其平均转速 $n_m=100\text{r/min}$，等效阻力矩 $M_r=M_r(\varphi)$，如图 10-12 所示，等效驱动力矩 M_d 为常数，许用速度不均匀系数$[\delta]=3\%$。求：①等效驱动力矩 M_d；②等效构件转速最大值 n_{max} 和最小值 n_{min} 的位置及其大小；③最大盈亏功$[W]$；④飞轮转动惯量 J_F。

解：(1) 机械系统在稳定运转的一个周期内，驱动力矩所做之功等于克服阻力所做之功，因此有

$$M_d=\frac{0.5\times(500\pi+500\times0.5\pi+500\times0.5\pi)}{2\pi}=250(\text{N}\cdot\text{m})$$

$M_d(\varphi)$为常数，如图 10-12(a)中直线 $a—a'$所示。

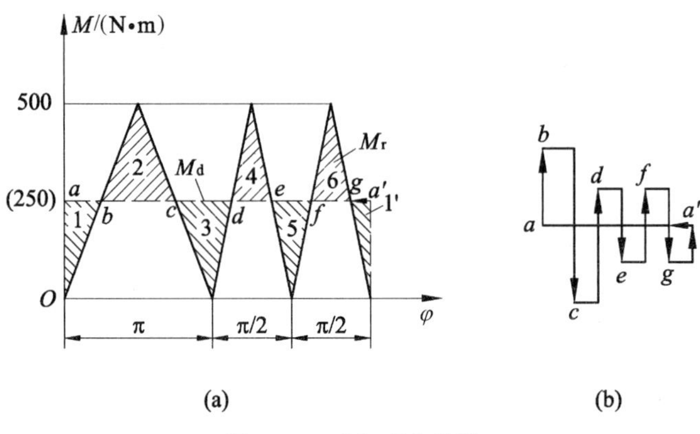

图 10-12　M_r 变化曲线

(2) $M_r(\varphi)$与$M_d(\varphi)$的交点有 b、c、d、e、f 和 g，形成面积$(1+1')$、2、3、4、5 和 6，其中$(1+1')$、3 和 5 代表盈功，2、4 和 6 代表亏功。这样，等效构件在位置 b、d 和 f，其转速有局部极大值；而在位置 c、e 和 g，其转速为局部极小值。在三个局部极大值和三个局部极小值位置中，必有一个最大值位置和一个最小值位置。现用盈亏功指示图(图 10-12(b))确定：任取一水平线，向上和向下铅垂线分别代表盈功和亏功，选定比例尺，自位置 a 开始，直至一周期结束 a'；最高点 b 和最低点 c 分别为 n_{max} 位置和 n_{min} 位置，其值按给定的 n_m 和 δ 确定。如设计时配上飞轮，使 δ 与许用值$[\delta]$相等，则可用$[\delta]$代替 δ 来确定。以 n 代替式(10-27)中的 ω，经演化后得

$$n_{max}=n_m\left(1+\frac{[\delta]}{2}\right)=100\times\left(1+\frac{0.03}{2}\right)=101.5(\text{r/min})$$

$$n_{min}=n_m\left(1-\frac{[\delta]}{2}\right)=100\times\left(1-\frac{0.03}{2}\right)=98.5(\text{r/min})$$

(3) 在位置 $b(n_{max})$与 $c(n_{min})$之间盈亏功为最大盈亏功，其值为

$$[W]=0.5\times 0.5\pi\times 250=196.35(\text{N}\cdot\text{m})$$

(4) 确定 J_F

$$J_F\geqslant\frac{900[W]}{[\delta]\pi^2 n_m^2}=\frac{900\times 196.35}{0.03\times\pi^2\times 100^2}=59.68(\text{kg}\cdot\text{m}^2)$$

拓展性阅读文献指南

本章介绍了单自由度机械系统的动力学建模及求解，对于两个或两个以上自由度的机械系统，如差动轮系、五杆机构、多自由度机械手等，要应用拉格朗日方程来建立运动微分方程，有兴趣的读者可参阅：①张策著《机械动力学》(第 2 版)，高等教育出版社，2008；②杨义勇，金德闻编著《机械系统动力学》，清华大学出版社，2009。

对于单自由度机械系统等效动力学方程的求解，本章只介绍了等效力矩是位置的函数和等效力矩是角速度的函数这两种情况的求解，对于其他情况，可参阅：①张策著《机械动力学》(2 版)，高等教育出版社，2008；②崔玉鑫主编《机械系统动力学》，科学出版社，2017。

对于飞轮设计,本章仅介绍了等效驱动力矩和等效阻力矩均为等效构件角位移的函数时飞轮转动惯量的计算方法。对于其他情况下飞轮转动惯量的计算方法,可参阅孙序梁著《飞轮设计》,高等教育出版社,1992。

思　考　题

10-1　何谓单自由度机械系统的等效动力学模型?

10-2　等效构件一般选取机械系统中的哪个构件?

10-3　等效力(力矩)和等效质量(转动惯量)的等效条件是什么?

10-4　什么是机械的周期性速度波动? 是什么原因引起的?

10-5　什么是机械的非周期性速度波动? 是什么原因引起的?

10-6　飞轮为什么可以调速? 能否利用飞轮来调节非周期性速度波动,为什么?

10-7　飞轮一般装在高速轴还是低速轴,为什么?

习　题

10-1　题 10-1 图所示的铰链四杆机构,已知 $l_1=100\text{mm}$,$l_2=390\text{mm}$,$l_3=200\text{mm}$,$l_4=250\text{mm}$,若阻力矩 $M_3=100\text{N}\cdot\text{m}$。试求:

(1) 当 $\varphi=\dfrac{\pi}{2}$时,加于构件 1 上的等效阻力矩 M_{er}。

(2) 当 $\varphi=\pi$ 时,加于构件 1 上的等效阻力矩 M_{er}。

10-2　题 10-2 图所示的导杆机构。已知 $l_{AB}=100\text{mm}$,加在导杆上的力矩 $M_3=100\text{N}\cdot\text{m}$,导杆对 C 轴的转动惯量 $J_3=0.006\text{kg}\cdot\text{m}^2$。试求:

(1) 当 $\varphi_1=90°$,$\varphi_3=30°$时,由 M_3 转化到构件 1 上的等效阻力矩 M_{er},及 J_3 转化到 A 轴的等效转动惯量 J_{e1};

(2) 当$\angle ABC=90°$时,转化到 A 轴上的 M_{er} 及 J_{e1}。

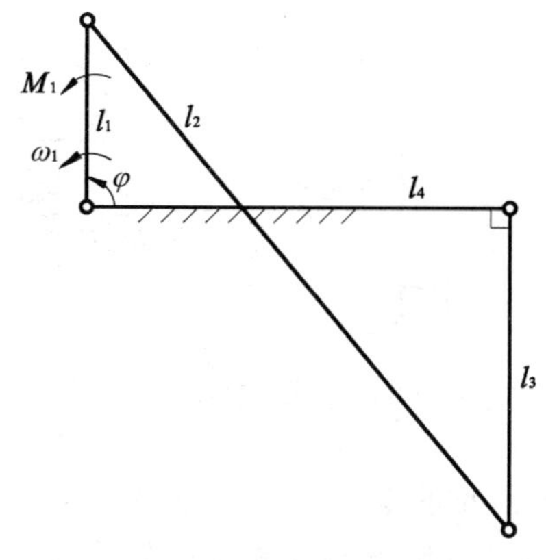

题 10-1 图　铰链四杆机构

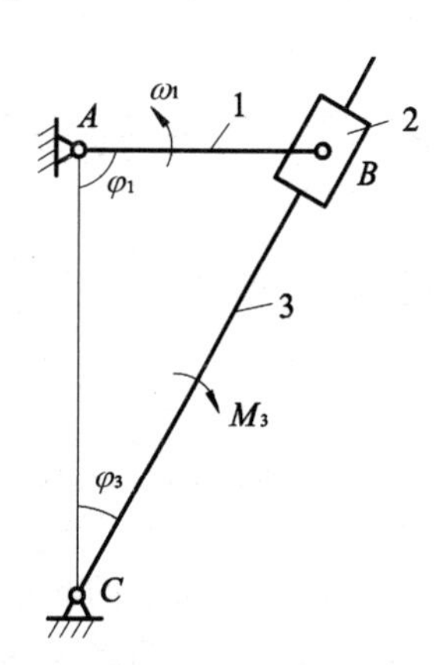

题 10-2 图　导杆机构

10-3　在题10-3图所示的船舶汽轮机和螺旋桨的传动装置中，已知各构件的转动惯量为：汽轮机1转子的$J_1=1950\text{kg}\cdot\text{m}^2$，螺旋桨5及其轴的$J_5=2500\text{kg}\cdot\text{m}^2$，轴2及其上齿轮的$J_2=100\text{kg}\cdot\text{m}^2$；轴3及其上齿轮的$J_3=400\text{kg}\cdot\text{m}^2$，轴4及其上齿轮的$J_4=800\text{kg}\cdot\text{m}^2$；传动比$i_{23}=6$和$i_{34}=5$，加在螺旋桨上的阻力矩$M_5=30\text{kN}\cdot\text{m}$，求换算到汽轮机轴上的整个机器的等效转动惯量$J$和等效阻力矩$M_r$。

10-4　在题10-4图所示的行星轮系中，已知各轮的齿数$z_1=z_{2'}=20$，$z_2=z_3=40$；各构件的质心均在其相对回转轴线上，且$J_1=0.01\text{kg}\cdot\text{m}^2$，$J_2=0.04\text{kg}\cdot\text{m}^2$，$J_{2'}=0.01\text{kg}\cdot\text{m}^2$，$J_H=0.18\text{kg}\cdot\text{m}^2$；行星轮的质量$m_2=2\text{kg}$，$m_{2'}=4\text{kg}$，模数$m=10\text{mm}$。求由作用在行星架H上的力矩$M_H=60\text{N}\cdot\text{m}$换算到轮1的轴$O_1$上的等效力矩$M$以及换算到轴$O_1$上的各构件质量的等效转动惯量$J$。

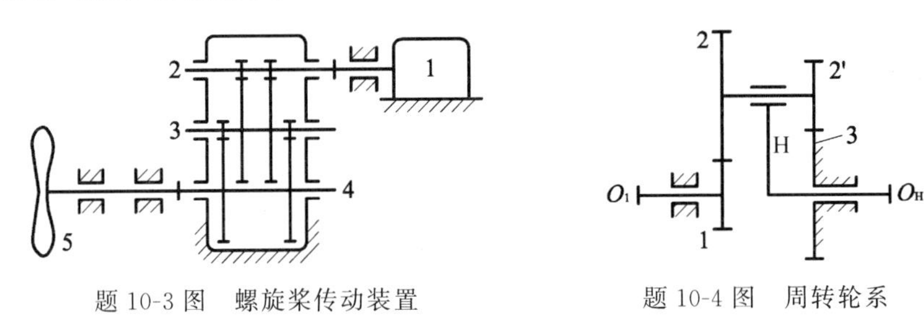

题10-3图　螺旋桨传动装置　　　题10-4图　周转轮系

10-5　题10-5图所示为一机床工作台的传动系统。设已知各齿轮的齿数。齿轮3的分度圆半径r_3，各齿轮的转动惯量J_1、J_2、$J_{2'}$、J_3，齿轮1直接装在电动机轴上，故J_1中包含了电动机转子的转动惯量；工作台和被加工零件的重量之和为G。当取齿轮1为等效构件时，试求该机械系统的等效转动惯量J_e。

10-6　题10-6图所示为DC伺服电机驱动的立铣数控工作台，已知工作台及工件的质量为$m_4=355\text{kg}$，滚珠丝杠的导程$l=6\text{mm}$，转动惯量$J_3=1.2\times10^{-3}\text{kg}\cdot\text{m}^2$，齿轮1、2的转动惯量分别为$J_1=732\times10^{-6}\text{kg}\cdot\text{m}^2$，$J_2=768\times10^{-6}\text{kg}\cdot\text{m}^2$。在选择伺服电机时，伺服电机允许的负载转动惯量必须大于折算到电动机轴上的负载等效转动惯量，试求图示系统折算到电动机轴上的等效转动惯量。

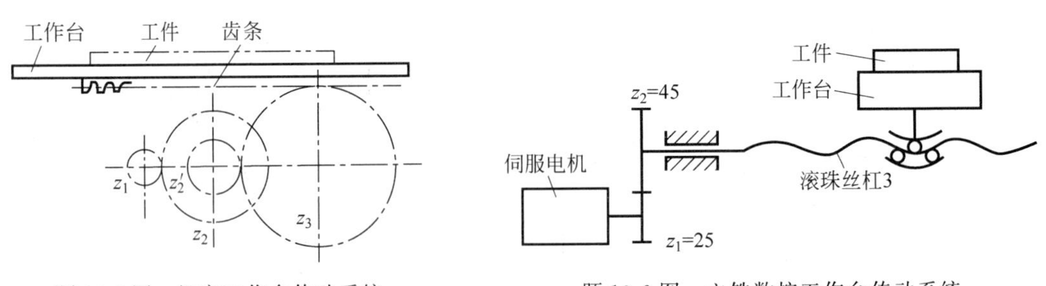

题10-5图　机床工作台传动系统　　　题10-6图　立铣数控工作台传动系统

10-7　在题10-7图所示的起重装置中，已知载重的重力G，其加速度$a(\text{m/s}^2)$，鼓轮半径$r(\text{m})$，传动比i_{12}及主动轴系统的转动惯量$J_1(\text{kg}\cdot\text{m}^2)$和从动轴系统的转动惯量$J_2(\text{kg}\cdot\text{m}^2)$。求使载重以加速度$a$上升时的驱动力矩$M_1$；又当中断驱动后，求载重下降

高度 h(m)时的时间 t(s)。

10-8　在某机械系统中，取其主轴为等效构件，平均转速 $n_m=1000$r/min，等效阻力矩 $M_r(\varphi)$如题 10-8 图所示。设等效驱动力矩 M_d 为常数，且除飞轮以外其他构件的转动惯量均可略去不计，求保证速度不均匀系数 δ 不超过 0.04 时，安装在主轴上的飞轮转动惯量 J_F。设该机械由电动机驱动，所需平均功率多大？如希望把此飞轮转动惯量减小一半，而保持原来的 δ 值，则应如何考虑？

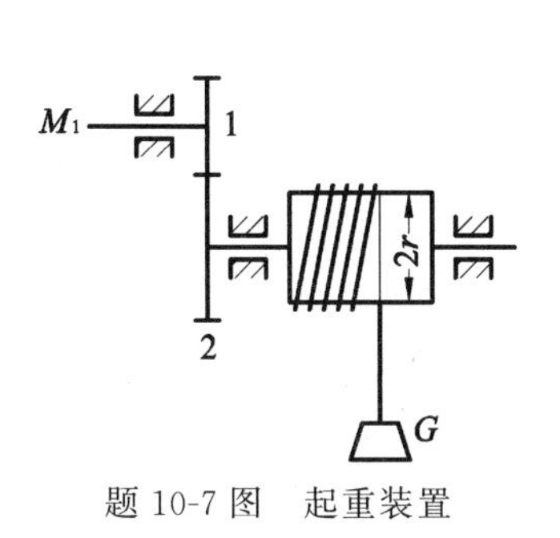

题 10-7 图　起重装置

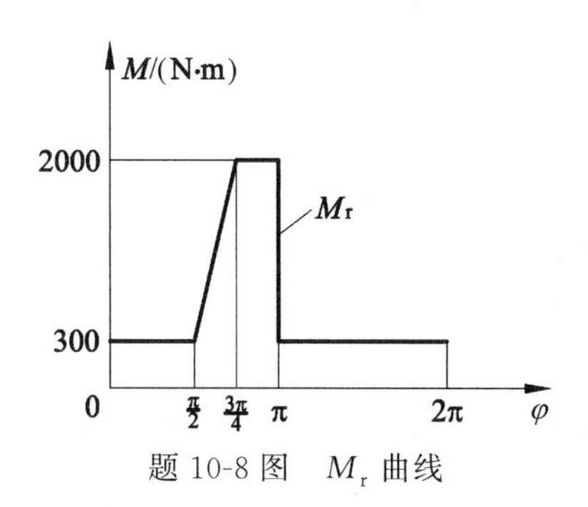

题 10-8 图　M_r 曲线

10-9　某机械换算到主轴上的等效阻力矩 $M_r(\varphi)$在一个工作循环中的变化规律如题 10-9 图所示。设等效驱动力矩 M_d 为常数，主轴平均转速 $n_m=300$r/min。速度不均匀系数 $\delta\leqslant0.05$，设机械中其他构件的转动惯量均略去不计。求要装在主轴上的飞轮转动惯量 J_F。

10-10　设有一由电动机驱动的机械系统，以主轴为等效构件时，作用于其上的等效驱动力矩 $M_{ed}=10000-100\omega$N·m，等效阻抗力矩 $M_{er}=8000$N·m，等效转动惯量 $J_e=8\text{kg}\cdot\text{m}^2$，主轴的初始角速度 $\omega_0=100$rad/s。试确定运转过程中角速度 ω 与角加速度 ε 随时间的变化关系。

10-11　在题 10-11 图所示的刨床机构中，已知空程和工作行程中消耗于克服阻抗力的恒功率分别为 $P_1=367.7$W 和 $P_2=3677$W，曲柄的平均转速 $n=100$r/min，空程曲柄的转角为 $\varphi=120°$。当机构的速度不均匀系数 $\delta=0.05$ 时，试确定电动机所需的平均功率，并分别计算在以下两种情况中的飞轮转动惯量(略去各构件的重量和转动惯量)：

(1) 飞轮装在曲柄轴上；

(2) 飞轮装在电动机轴上，电动机的额定转速 $n_n=1440$r/min。电动机通过减速器驱动曲柄，为简化计算，减速器的转动惯量忽略不计。

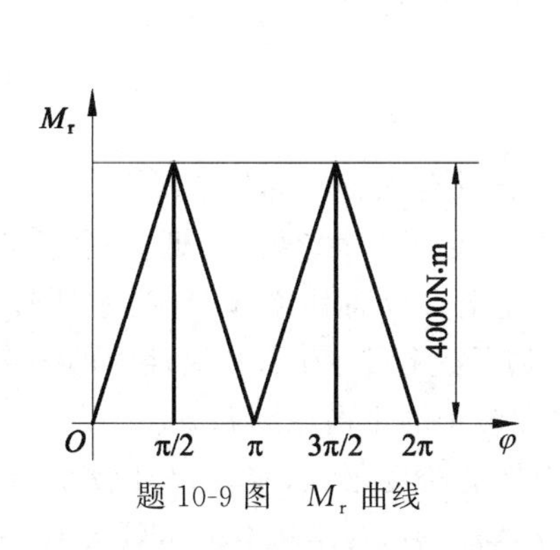

题 10-9 图　M_r 曲线

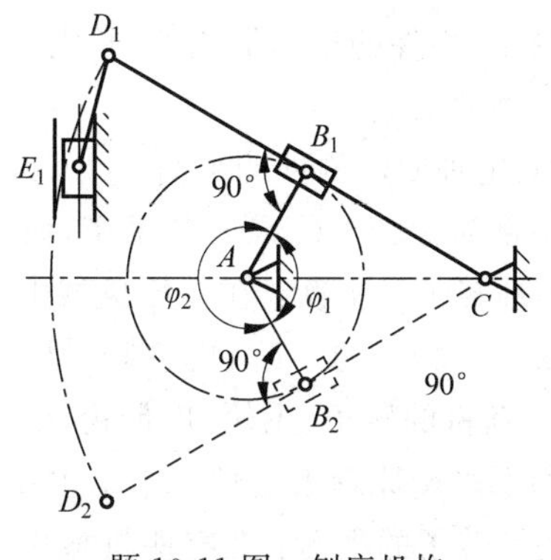

题 10-11 图　刨床机构

第 11 章

机械的平衡

内容提要：本章介绍了平衡的目的和分类，重点介绍了刚性转子静、动平衡的原理和方法，介绍了刚性转子静平衡试验和动平衡试验，最后介绍了平面机构总惯性力的完全或部分平衡的原理方法。

本章重点：平衡的目的和分类；刚性转子静、动平衡的原理和方法。

本章难点：刚性转子动平衡原理；平面机构总惯性力的平衡。

11.1 机械平衡的目的和分类

1. 机械平衡的目的

在机械的运转过程中，构件所产生的惯性力和惯性力矩将在运动副中引起附加的动压力，这种动压力是运动副中的附加摩擦力和构件所受的附加应力的来源。这不仅会降低机械效率和使用寿命，而且这些惯性力都将传到机器的基础上，特别是由于这些惯性力的大小及方向一般都是周期性变化的，所以将引起振动和噪声，因而影响机械的工作质量，并使其他机械甚至厂房建筑也受到影响或破坏。

随着机械向高速、重载和精密方向发展，上述问题就显得更加突出。因此，尽量消除惯性力所引起的附加动压力，减轻有害的机械振动现象，以改善机器工作性能和延长使用寿命，就是研究机械平衡的目的。

2. 机械平衡的分类

在机械中，构件的运动形式不同，则产生的惯性力不同，其平衡方法也不同。平衡问题可以分为下列两大类。

1）绕固定轴回转构件的平衡

这类平衡简称转子(rotor)的平衡，而转子的平衡又分两种不同的情况。

(1) 刚性转子的平衡：在一般机械中当回转构件变形不大，转速较低，一般低于$(0.6\sim0.75)n_{e1}$(n_{e1}为转子的一阶自振频率)时，回转件完全可以看作刚体，称为刚性转子(rigid rotor)，如电动机的转子、飞轮、皮带轮等。对刚性转子进行平衡时，其惯性力的平衡可用刚体力学的力系平衡原理来处理。本章主要介绍这类转子的平衡原理和方法。

(2) 挠性转子的平衡：在有些机械中，回转构件的跨度很大，径向尺寸较小，长径比较大，而其工作转速n又往往很高，当$n\geqslant(0.6\sim0.75)n_{e1}$后，转子将会产生较大的弯曲变形，从而使离心惯性力大大增加，这类转子称为挠性转子(flexible rotor)，如汽轮机、发电机、航空发动机的高速转子。挠性转子的平衡问题比较复杂，其内容将由有关的专门学科论述。

2）平面机构的平衡(balance of mechanism)

当机构中含有往复运动的构件或作平面复杂运动的构件时，其惯性力不可能像回转构件那样可以在构件内部得到平衡，但就整个机构而言，其所有运动构件的惯性力和惯性力矩可以合成为一个通过运动构件总质心的总惯性力和一个总惯性力矩，它们全部作用于机架。因此，平面机构的平衡也称为机构在机架上的平衡。其中惯性力一般可以通过重新调整各运动构件的质量分布来加以平衡；而总惯性力矩的平衡则还须考虑机构的驱动力矩和生产阻力矩。本章将简要介绍平面机构的平衡。

11.2　刚性转子的平衡原理

如果已知刚性转子的质量分布，则可用力学方法计算出所需平衡质量的大小和位置，以确定转子达到平衡的条件。下面根据转子质量分布的不同，按两种情况介绍平衡计算的原理和方法。

1. 质量分布在同一回转面转子的平衡

对于轴向尺寸较小的盘状转子，如齿轮、飞轮、带轮、叶轮等，当它们的直径与宽度之比 $D/b \geqslant 5$ 时，它们的质量分布可近似地认为在同一平面内。当转子绕垂直于质量分布平面的某一轴线转动时，各分布质量的惯性力构成同一平面内汇交于转动中心的力系。如该力系的合力不为零，则不平衡惯性力在轴承内会引起附加动压力，使机器产生周期性的机械振动。因此，需要设法消除该不平衡惯性力。图 11-1(a)所示为一转子，设其质量分布在 m_1、m_2、m_3 三个质量块上，三个质量块的矢径分别为 $\boldsymbol{r}_1$、$\boldsymbol{r}_2$、$\boldsymbol{r}_3$，当转子等速转动时，分布质量块产生的惯性力 $\boldsymbol{F}_{i1}$、$\boldsymbol{F}_{i2}$、$\boldsymbol{F}_{i3}$ 组成一平面汇交力系。为了平衡该惯性力系，可在转子上某矢径方向增加一平衡质量块 m_b，使得该质量产生的惯性力 $\boldsymbol{F}_b$ 与 $\boldsymbol{F}_{i1}$、$\boldsymbol{F}_{i2}$、$\boldsymbol{F}_{i3}$ 的合力为零，这样转子得到平衡。按此有

$$\sum \boldsymbol{F} = \boldsymbol{F}_b + \boldsymbol{F}_{i1} + \boldsymbol{F}_{i2} + \boldsymbol{F}_{i3} = 0 \tag{11-1}$$

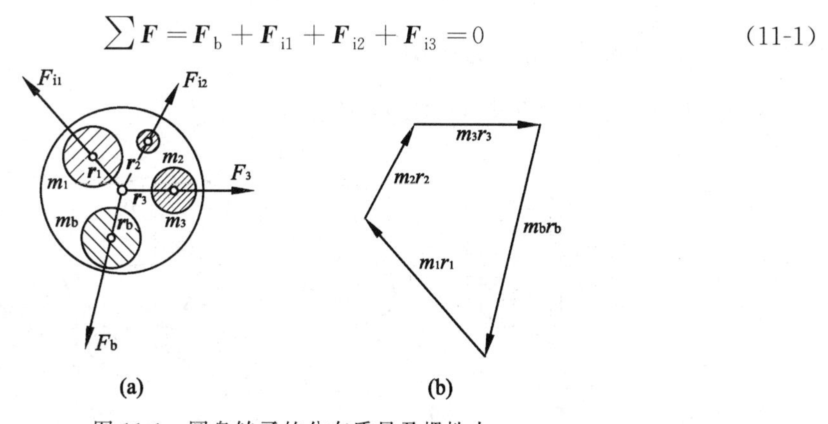

图 11-1　圆盘转子的分布质量及惯性力

式中，$\sum \boldsymbol{F}$ 为总惯性力。式(11-1)又可写为

$$m\boldsymbol{e}\omega^2 = m_b\boldsymbol{r}_b\omega^2 + m_1\boldsymbol{r}_1\omega^2 + m_2\boldsymbol{r}_2\omega^2 + m_3\boldsymbol{r}_3\omega^2 = 0$$

即

$$m\boldsymbol{e} = m_b\boldsymbol{r}_b + m_1\boldsymbol{r}_1 + m_2\boldsymbol{r}_2 + m_3\boldsymbol{r}_3 = 0 \tag{11-2}$$

式中，m 和 $\boldsymbol{e}$ 为转子的总质量和总质心向径。

根据式(11-2)可用图解法求出 $m_b\boldsymbol{r}_b$，如图11-1(b)所示。

式(11-2)表明该转子经平衡后，其总质心便与回转轴线相重合，即 $\boldsymbol{e}=0$。

将式(11-1)、式(11-2)写成通式：

$$\sum \boldsymbol{F} = \boldsymbol{F}_b + \sum \boldsymbol{F}_{ij} = 0,\quad j=1,2,3,\cdots \tag{11-3}$$

$$m\boldsymbol{e} = m_b\boldsymbol{r}_b + \sum \boldsymbol{m}_j\boldsymbol{r}_j = 0,\quad j=1,2,3,\cdots \tag{11-4}$$

式中，质量与矢径的乘积称为质径积(mass-radius product)，它相对地表达了各质量在同一转速下离心力的大小和方向。式(11-3)和式(11-4)表明通过增加一平衡质量 m_b，以改变转子的质量分布，使总惯性力或总质径积为零，从而使转子达到平衡。式(11-4)还表明，转子达到平衡后，其总质心通过回转轴线，即 $\boldsymbol{e}=0$。这种平衡称为静平衡(static balance，工业上也称为单面平衡 single-plane balance)。所以，转子静平衡的条件是：分布于该回转件上各个质量的惯性力(离心力)的合力等于零或质径积的矢量和等于零。

有时在所需平衡的回转面上，由于实际结构不容许安装平衡质量，此时，平衡质量可以安放在另外两个回转平面内使转子达到平衡。如图11-2(a)所示，单缸曲轴的平衡便属于这类情况。如图11-2(b)所示，若在平衡面两侧选定两个回转平面 T' 和 T''，它们与原来要安装平衡质量 m_b 的平衡平面的距离分别为 l' 和 l''。设在平面 T' 和 T'' 内分别有平衡质量 m'_b 和 m''_b，其矢径分别为 r' 和 r''。为了使转子在回转时 m'_b 和 m''_b 能完全代替 m_b 必须满足如下关系：

$$F'_b + F''_b = F_b$$

$$F'_b l' = F''_b l''$$

式中，F'_b、F''_b、F_b 分别表示转子回转时 m'_b、m''_b、m_b 所产生的惯性力。以相应的质径积代入上式得

$$\left.\begin{aligned} m'_b r'_b &= \frac{l''}{l} m_b r_b \\ m''_b r''_b &= \frac{l'}{l} m_b r_b \end{aligned}\right\} \tag{11-5}$$

选定 r'_b，r''_b 后，可求得平衡质量 m'_b，m''_b。

对图11-2(a)所示的曲轴，可选 $r'_b = r''_b = r_b$，又因为 $l' = l'' = \dfrac{l}{2}$，故 $m'_b = m''_b = \dfrac{1}{2} m_b$。

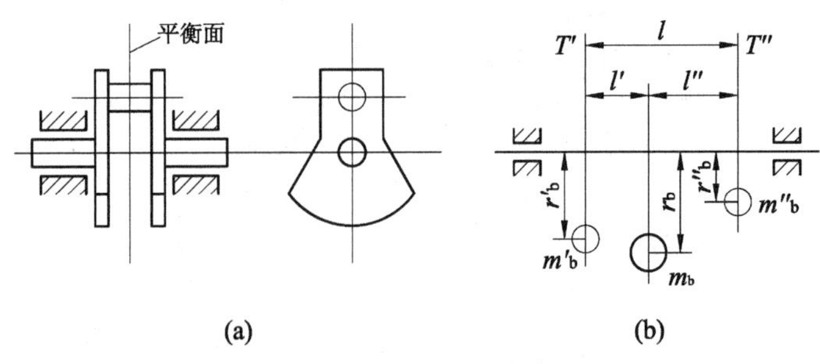

图 11-2 曲轴的平衡原理

2. 质量分布不在同一回转面内转子的平衡

对于轴向尺寸较大的转子，当它们的直径与宽度之比 $D/b<5$ 时，其质量就不能再视为分布在同一平面内，如电动机转子、多缸发动机的曲轴以及一些机床主轴等。这类转子用上述的静平衡法是不能完全平衡的。如图 11-3 所示，两个相同的偏心轮以相反的位置安装在轴 O 上，此时转子的总质心 S 位于其转动轴线上，是静平衡的。但是，当转子回转时，由于两偏心轮产生的惯性力 F_{i1} 和 F_{i2} 不在同一回转面内，从而产生的惯性力偶矩 $M=F_{i1}l$ 在轴承中引起附加动压力。该惯性力偶矩的作用方位是随转子的回转而变化的，会引起机械设备的振动。这种不平衡现象只有在转子运转时才能显示出来，故称其为动不平衡。对于转子进行动平衡，要求其各偏心质量产生的惯性力和惯性力偶矩同时得以平衡。

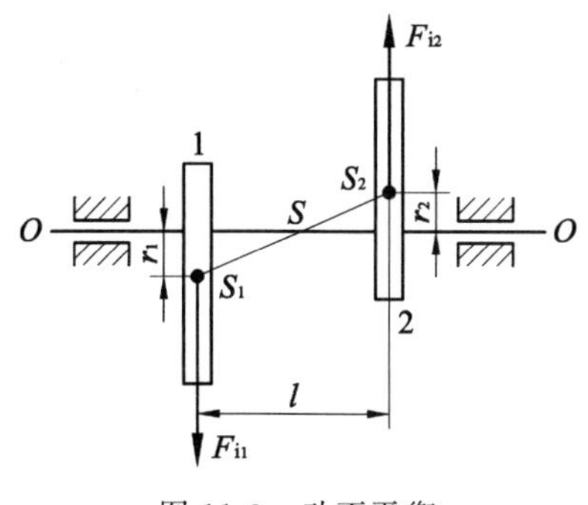

图 11-3 动不平衡

下面介绍如何平衡这类转子转动时所引起的附加动压力。如图 11-4(a)所示，设有一长转子，质量分布在 1、2、3 三个平面内，依次以 m_1、m_2、m_3 表示，它们的矢径分别为 $\boldsymbol{r}_1$、$\boldsymbol{r}_2$、$\boldsymbol{r}_3$。当转子以角速度 ω 转动时，三个分布质量产生的惯性力 $\boldsymbol{F}_1$、$\boldsymbol{F}_2$、$\boldsymbol{F}_3$ 构成一空间力系。该惯性力组成的空间力系最终可以简化为一主矢 $\sum \boldsymbol{F}_i$ 和一主矩 $\sum \boldsymbol{M}_i$，只有同时平衡掉主矢和主矩$\left(\text{即使得} \sum \boldsymbol{F}_i=0, \sum \boldsymbol{M}_i=0\right)$才能完全消除转子两端轴承中的附加动压力。

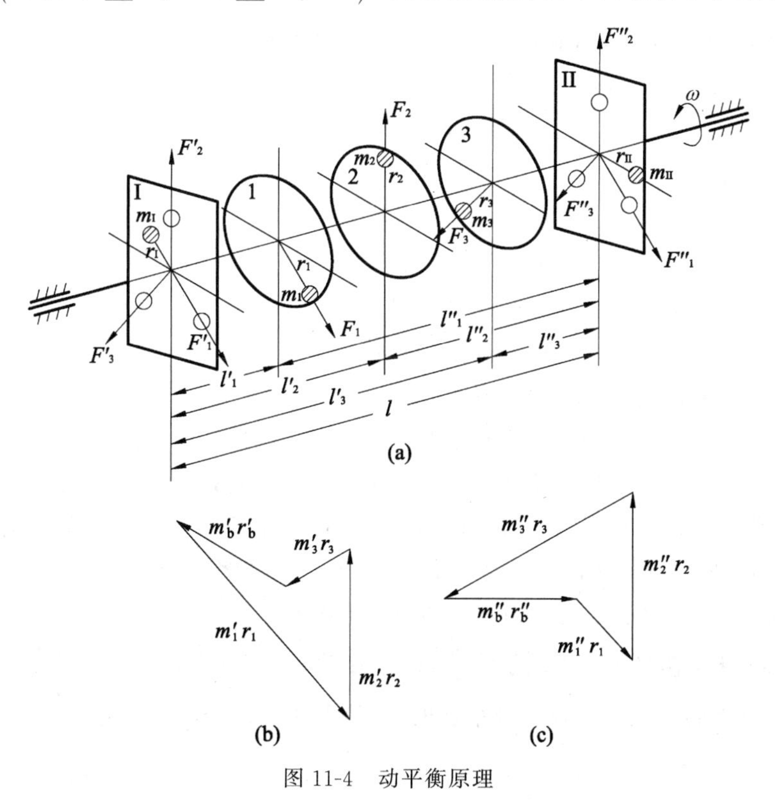

图 11-4 动平衡原理

由图11-2可知,一个平面内的平衡质量 m_b 可以分别由任意选定的两个平行平面 T' 和 T'' 内的另两个质量 m'_b、m''_b 所代替。设 m'_b 和 m''_b 在通过 m_b 质心和回转轴线的平面内,且回转半径和 m_b 的回转半径相等。它们的关系式即式(11-5)。同理,平面1、2、3内的分布质量 m_1、m_2、m_3 均可分别以任选的两个回转面 T' 和 T'' 内的质量 m'_1、m'_2、m'_3 和 m''_1、m''_2、m''_3 来代替。参照式(11-5),它们的大小如下:

$$m'_1=\frac{l''_1}{l}m_1,\quad m''_1=\frac{l'_1}{l}m_1$$

$$m'_2=\frac{l''_2}{l}m_2,\quad m''_2=\frac{l'_2}{l}m_2$$

$$m'_3=\frac{l''_3}{l}m_3,\quad m''_3=\frac{l'_3}{l}m_3$$

这样就相当于将不在同一平面内的惯性力 F_1、F_2、F_3 分别分解到 T' 和 T'' 两个回转面内,即得到

$$F'_1=m'_1\omega^2r_1=\frac{l''_1}{l}m_1\omega^2r_1=\frac{l''_1}{l}F_1,\quad F''_1=m''_1\omega^2r_1=\frac{l'_1}{l}F_1$$

$$F'_2=m'_2\omega^2r_2=\frac{l''_2}{l}m_2\omega^2r_2=\frac{l''_2}{l}F_2,\quad F''_2=m''_2\omega^2r_2=\frac{l'_2}{l}m_2\omega^2r_2=\frac{l'_2}{l}F_2$$

$$F'_3=m'_3\omega^2r_3=\frac{l''_3}{l}m_3\omega^2r_3=\frac{l''_3}{l}F_3,\quad F''_3=m''_3\omega^2r_3=\frac{l'_3}{l}m_3\omega^2r_3=\frac{l'_3}{l}F_3$$

这样,就把原来的空间力系的平衡问题,转化为两个平面汇交力系的平衡问题。T' 和 T'' 两平面称为平衡平面(balancing plane),可按照静平衡的计算方法来求得所需的平衡质量。对平衡平面 T' 按式(11-1)可得

$$\boldsymbol{F}'_b+\boldsymbol{F}'_1+\boldsymbol{F}'_2+\boldsymbol{F}'_3=0$$

或按式(11-2)可得

$$m'_b\boldsymbol{r}'_b+m'_1\boldsymbol{r}_1+m'_2\boldsymbol{r}_2+m'_3\boldsymbol{r}_3=0$$

作矢量图如图11-4(b)所示,求出质径积 $m'_b\boldsymbol{r}'_b$。同理对平衡平面 T'' 可得

$$\boldsymbol{F}''_b+\boldsymbol{F}''_1+\boldsymbol{F}''_2+\boldsymbol{F}''_3=0$$

$$m''_b\boldsymbol{r}''_b+m''_1\boldsymbol{r}_1+m''_2\boldsymbol{r}_2+m''_3\boldsymbol{r}_3=0$$

作矢量图如图11-4(c)所示,求出质径积 $m''_br''_b$。

从以上分析计算可以看到,无论转子有多少个在不同回转面内的偏心质量,都只要选择两个平衡平面,加平衡质量便可使转子达到完全平衡。此时,转子离心力系的合力和合力矩都等于零,这类平衡称为动平衡(dynamic blance),故动平衡在工业上也称为双面平衡(two-plane balance)。所以动平衡的条件是:分布于该回转件上各个质量惯性力(离心力)的合力等于零;同时,离心力所引起的力的合力偶矩也等于零。

归纳以上分析:静平衡应满足条件 $\sum\boldsymbol{F}=0$;动平衡应满足的条件为 $\sum\boldsymbol{F}=0$,$\sum\boldsymbol{M}=0$。所以动平衡的转子也就一定是静平衡的,但静平衡的转子则不一定是动平衡的。

11.3　刚性转子的平衡试验

在转子设计时，尽管可以做到理论上的完全平衡，但由于加工与安装的误差、转子材料不均匀，都会造成转子的不平衡，而且这种不平衡量的大小和方向有着很大的随机性变化，不可能在设计时就予以消除。因此，对于平衡精度要求较高的转子，在加工后还需要通过试验的方法，确定转子在平衡平面的不平衡量的大小和方位，并加以校正平衡，以达到转子工作要求的一定的平衡精度。

1. 转子的静平衡试验

静平衡试验一般只适用于轴向尺寸较小(即转子的直径与长度之比 $D/l \geqslant 5$) 的盘状转子。静平衡试验主要解决离心惯性力的平衡，即设法将转子的质心移至回转轴线上。静平衡试验的方法和设备都比较简单，一般在静平衡架上进行。图 11-5 为静平衡架的结构示意图，其主要部分为水平安装的两个互相平行的钢制刀口形导轨(或圆柱形导轨)。试验时将需要平衡的转子放在平衡架的导轨上，若转子不平衡，其质心必偏离回转轴线，在重力矩 $M = mge$ 的作用下转子就在导轨上滚动，直到质心 S 转到铅垂线下方时才会停止滚动。待转子停止滚动后，在过转子轴心的铅垂线上方(即转子质心 S 的相反方位) 加平衡质量，并逐步调整所加平衡质量的大小或所加质量的径向位置，直至转子在任意位置都能保持静止不动。

但是，转子在导轨上滚动时，因有滚动摩擦阻力的影响，转子停止滚动时的质心并不处在最低位置而是略有偏差。为了消除滚动摩擦阻力的影响，可先将转子向一个方向滚动，待其静止后通过中心画一铅垂线 nn(图 11-6)，同样再将转子向另一方面滚动，待其静止后，通过中心又可画一铅垂线 mm。那么，该转子的质心 S 必位于 nn 和 mm 两线夹角的等分线上。

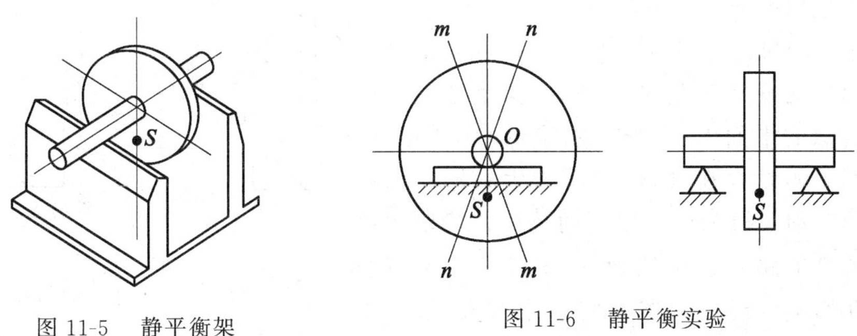

图 11-5　静平衡架

图 11-6　静平衡实验

上述静平衡试验设备，结构简单，操作方便，如能降低其转动部分的摩擦也能达到一定的平衡精度。但这种静平衡设备，需经过多次反复试验，故工作效率较低。因此，对于批量转子的平衡，需要能迅速地测出转子不平衡质径积大小和方位的平衡设备。图 11-7 所示即为一种满足此要求的平衡机的示意图。它类似于一个可朝任何方向倾斜的单摆,当将不平衡转子安装到该平衡机台架上后,单摆就会倾斜(图11-7(b))。倾斜方向指出了不平衡质径积的方位,而摆角 θ 给出了不平衡质径积的大小。

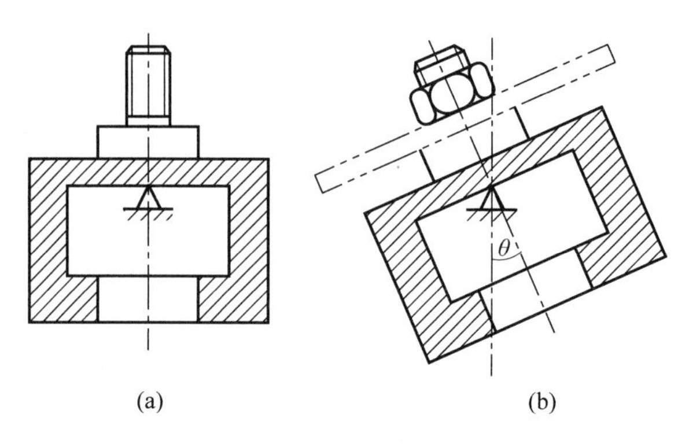

图 11-7 静平衡摆架

2. 转子的动平衡试验

不平衡的转子回转时,离心惯性力作用在支承上,使支承发生振动。因此,可通过测量其支承的振动参数来衡量转子的不平衡程度。目前动平衡试验方法大致可分为两类,一类是用专门的动平衡试验机(dynamic balancing machine)对转子进行动平衡试验;另一类是转子在其本身的机器上对整机进行平衡,又称现场平衡(field balancing)。上述两种动平衡方法的原理是基本相同的。它们都是通过测量支承的振幅及其相位来测定转子不平衡量的大小和方位。在动平衡机上进行转子动平衡试验效率高,又能达到较高的精度,因此是生产上常采用的方法。下面简要地介绍动平衡机的工作原理。

动平衡机的种类很多,目前常用的是电测式。它是利用测振传感器将拾得的振动信号,通过电子线路加以处理和放大,最后显示出被试转子的不平衡质径积的大小和方位。图11-8为一种电测式动平衡机的工作原理示意图,它由驱动系统、试件的支承系统和不平衡量的测量系统这三个主要部分所组成。电动机1通过皮带轮和万向联轴节2驱动安装在弹性支承架3上的试件4。支承架允许试件在某一近似的平面内(一般在水平内)作微振动。如试件有不平衡量存在,则由此而产生的振动信号便由传感器5和6检测出。以上两传感器的输出电信号通过解算电路7进行处理,以消除两平衡校正面间的相互影响。经放大器8将信号放大,最后由电表9指示出不平衡质径积的大小。同时,由一对速比为1的齿轮带动的基准信号发生器11产生与试件转速同步的信号,并与放大器8输出的信号一起输入鉴相器12,经处理后在电表13上指示出不平衡质径积的相位。

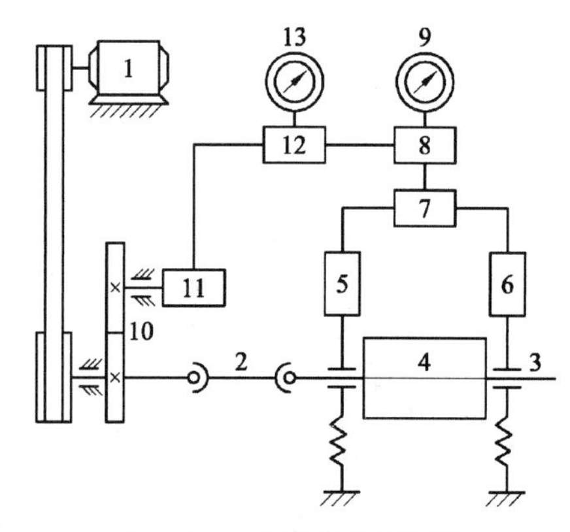

图 11-8 动平衡机原理图

各种机械式动平衡试验机的具体结构和补偿方法各不相同，但测试原理和操作过程均基本相似。此外，不论机械式动平衡机还是电测式动平衡机，都必须设法消除一个平衡平面中的不平衡量对另一个平衡平面的影响，才能分别准确地测出两个平衡平面中的不平衡量。

图 11-9 所示为对车轮作动平衡的专用动平衡机示意图。将需要平衡的车轮 3 整体（包括轮胎和轮毂）安装在轴 5 上，支承轴的两个轴承 6 装于配有力传感器 2 的悬架上。推动杠杆使驱动电动机 1 靠在轮胎上并拖动轮胎旋转，到达预定转速后脱开电动机，轮胎自由旋转，这时力传感器输出信号给计算机，计算机即可计算出两平衡面（校正面 7）上所需加的平衡质径积的大小和方位。在轮毂的两侧轮缘上，加上计算出的平衡质量，即可使车轮达到动平衡。

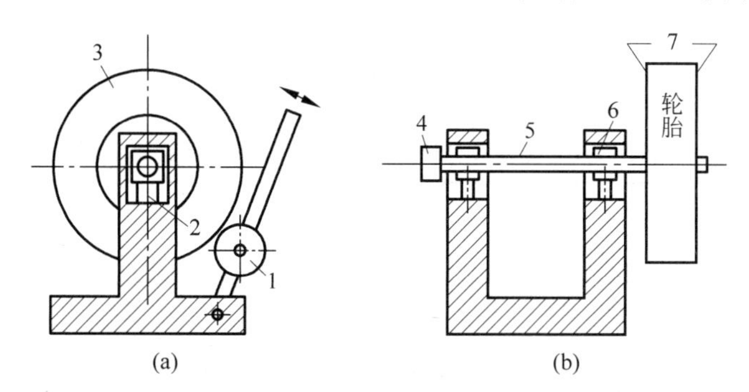

图 11-9　车轮动平衡机

1—电动机；2—力传感器；3—车轮；4—编码器；5—轴；6—轴承；7—平衡面

3. 转子的许用不平衡量及平衡精度

经过平衡试验的回转件，可以使不平衡的效应大为降低。但是由于平衡试验设备存在误差，转子一般不可能达到完全平衡，且过高的要求在工程实际中也是不必要的。因此，应该根据不同的工作要求，规定转子允许的不平衡量，称为许用不平衡量（allowable amount of unbalance）。在进行平衡试验时，只要使转子的不平衡量不超过许用不平衡量，即为合格。

根据 11.2 节中所述，对适用于静平衡的回转件，如有不平衡量存在，则 $me \neq 0$。由于质径积能相对地表达回转件在同一回转速度时离心惯性力的大小，故工业上常用此来表示不平衡量的大小。但在使用中已注意到，相同值的质径积对于质量不同的回转件，其动力效应是不同的。回转件越重，动力效应越小。因此，认为以单位质量对应的不平衡质径积来表示较为合理，能充分表达平衡效果的优劣。这就出现了以矢径 $\boldsymbol{e}$ 的大小（即质心的偏心距 $\boldsymbol{e}$）表示不平衡量的方法。对适用于动平衡的回转件，可以两平衡校正面内的不平衡质径积或相应的平衡质量的偏心距来表示此两平面内的不平衡量。由于静平衡和动平衡回转件的偏心距都在校正平面之内，故也称为校正面偏心距，今统一以 $\boldsymbol{e}$ 代表。

以上介绍了不平衡量的两种表达方法，下面进一步讨论怎样合理地选择许用不平衡量的大小。工程上将回转件平衡结果的优良程度称为回转件平衡精度。由于不平衡量引起的离心惯性力对整个机械的动力效应可由轴承中的动压力和振幅大小得知。故按照实践经验可知，动力效应的程度与

$$\frac{\text{不平衡质径积}}{\text{回转件质量}}\times\text{回转角速度}$$

有关。其中不平衡质径积与回转件质量之商即为校正面偏心距 $\boldsymbol{e}$(单位为 μm),因此常用 $\boldsymbol{e}$ 和回转角速度 ω 的乘积 $\boldsymbol{e\omega}$ 来表示平衡精度。

表 11-1 为国际标准化组织制定的"刚性转子平衡精度"标准(ISO 1940,1973)中为各种典型刚性回转件适用的平衡精度。表中拉丁字母 G 表示平衡精度等级,其后的数值 A 为该级 $e\omega$ 上限值的千分之一,即 $A=\frac{e\omega}{1000}$(单位为 mm/s),以此表示平衡精度等级的高低。平衡精度确定后,便可根据上述关系求出 e 的上限值,此即该回转件用偏心距 e 表示的许用不平衡量,以$[e]$标记。

$$[e]=\frac{1000}{\omega}\times A$$

表 11-1 各种典型刚性回转构件的平衡精度等级

精度等级 G	平衡精度 $A=\frac{[e]\omega}{1000}$ /(mm/s)	回转件类型示例
G4000	4000	刚性安装的具有奇数汽缸的低速船用柴油机曲轴传动装置
G1600	1600	刚性安装的大型二冲程发动机曲轴传动装置
G630	630	刚性安装的大型四冲程发动机曲轴传动装置;弹性安装的船用柴油机曲轴传动装置
G250	250	刚性安装的高速四缸柴油机曲轴传动装置
G100	100	六缸和六缸以上高速柴油机曲轴传动装置;汽车、机车用发动机整机
G40	40	汽车轮、轮缘、轮组、传动轴;弹性安装的六缸和六缸以上高速四冲程发动机曲轴传动装置;汽车、机车用发动机曲轴传动装置
G16	16	特殊要求的传动轴(螺旋桨轴、万向联轴器轴);破碎机械和农业机械的零件;汽车和机车发动机的部件;特殊要求的六缸或六缸以上的发动机曲轴传动装置
G6.3	6.3	作业机械的回转零件;船用主机齿轮;航空燃气轮机转子;风扇;离心机鼓轮;泵转子;机床及一般机械的回转零、部件;普通电机转子;特殊要求的发动机回转零、部件
G2.5	2.5	燃气轮机和汽轮机的转子部件;刚性汽轮发电机转子;透平压缩机转子;机床传动装置;特殊要求的大型和中型电机转子;小型电机转子;透平驱动泵
G1.0	1.0	磁带记录仪及录音机的驱动装置;磨床传动装置;特殊要求的微型电机转子
G0.4	0.4	精密磨床主轴、砂轮盘及电机转子;陀螺仪

图 11-10 为相应的算图。按回转件最大工作转速 n(r/min)在横坐标上的相应位置向上取与该级精度指示线的截点,即可在对应的纵坐标上找到$[e]$值。

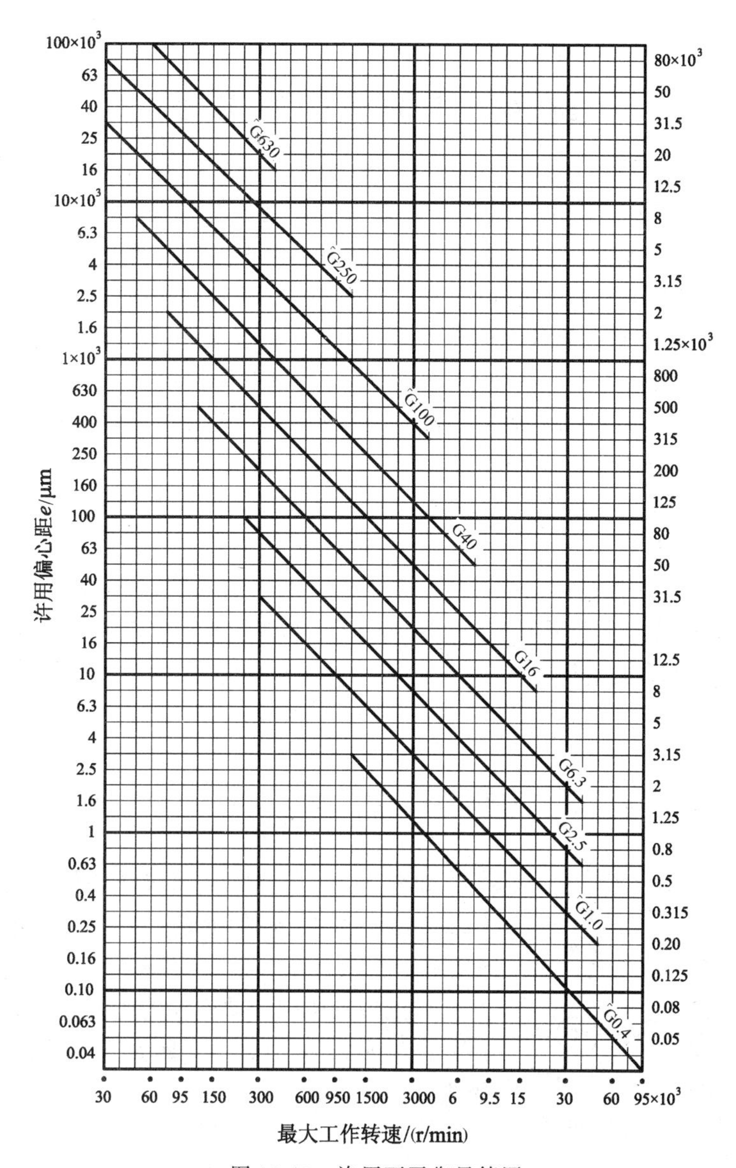

图 11-10　许用不平衡量算图

如离心泵叶轮的平衡精度等级可由表 11-1 查得应为 G6.3 级。若叶轮的最高工作转速为 3000r/min，则可按上式算出

$$[e]=\frac{1000}{3000\times\dfrac{2\pi}{60}}\times 6.3=20(\mu\mathrm{m})$$

如以质径积表示，则对于一个质量为 40kg 的叶轮(单圆盘)其平衡校正面上许用不平衡质径积的大小不应超过 $m[e]$(式中 m 为叶轮质量)，即为 0.8g·m。

如回转件需用双面平衡，则可根据两平衡校正面相对回转件质心的轴向位置并参考式(11-5)的原理，计算出回转件分解至各校正面上的相应质量，然后再乘以$[e]$，即可得两校正面内的许用不平衡质径积值。如两校正面相对回转件质心位置基本上是对称的，则每个校正面上的许用不平衡质径积可取 $m[e]$的一半。

11.4 平面机构的平衡

在一般的平面机构中,除了作回转运动的构件外,还有作往复运动的构件和作平面运动的构件。这些构件运动时产生的惯性力与惯性力矩不可能像回转件那样在其内部得到平衡。因此,应从机构整体来考虑构件的惯性力与惯性力矩的平衡问题。机构中各构件的惯性力和惯性力矩可以合成为通过机构质心的一个总惯性力和一个总惯性力矩,它们将在机架上产生动压力,使机械工作不稳定,出现振动和轴承损坏等问题。因此,必须设法对机构进行平衡处理。由于总惯性力偶矩的平衡问题比较复杂,需要与驱动力矩和工作阻力矩综合考虑,本节只讨论总惯性力的平衡。

设机构的总质量为 m、总质心为 S,总质心的加速度为 a_S,如要使作用于机架上的总惯性力得到平衡,必须使 $F_i=-ma_S=0$。由于 m 不可能为零,则必须使 a_S 为零,也就是说机构总质心 S 应作匀速直线运动或静止。平面机构的平衡问题,就是采取附加平衡质量的方法,使机构在运动过程中总质心的位置保持不变,亦即使机构的总质心落在机架上。下面举例说明机构总惯性力的平衡方法。

1. 完全平衡

完全平衡是使机构的总惯性力恒为零。为此即需使机构重心的位置不变。

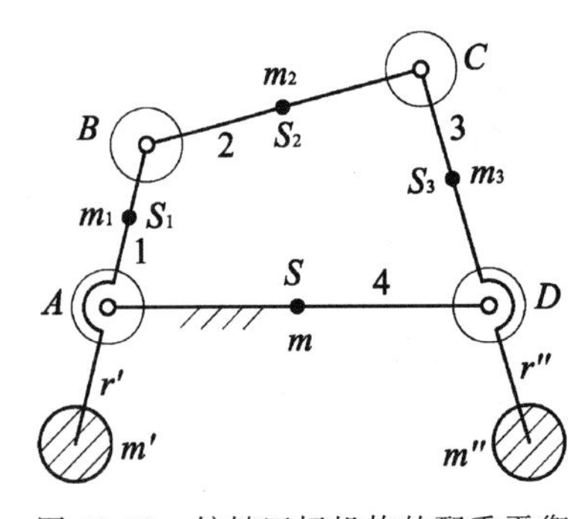

图 11-11 铰链四杆机构的配重平衡

1) 配重平衡

如图 11-11 所示的平面铰链四杆机构中,设运动构件 1、2、3 的质量分别为 m_1、m_2、m_3,其质心分别位于 S_1、S_2、S_3。

首先将机构中运动构件的质量 m_1、m_2、m_3,用静代换方法代换到 A、B、C、D 四个点的集中质量。连杆 2 的质量 m_2 代换到 B、C 两点,得

$$m_{2B}=\frac{l_{CS2}}{l_{BC}}m_2$$

$$m_{2C}=\frac{l_{BS2}}{l_{BC}}m_2$$

曲柄 1 的质量 m_1 代换到 A、B 两点,可得

$$m_{1B}=\frac{l_{AS1}}{l_{AB}}m_1$$

$$m_{1A}=\frac{l_{BS1}}{l_{AB}}m_1$$

摇杆 3 的质量 m_3 代换到 C、D 两点,可得

$$m_{3C}=\frac{l_{DS3}}{l_{CD}}m_3$$

$$m_{3D}=\frac{l_{CS3}}{l_{CD}}m_3$$

如上所述，机构经过质量代换后，运动构件的质量将集中在 A、B、C、D 四个运动副中心点上，不难看出 B、C 两代换点的惯性力，可看作整个机构的惯性力，这两个代换点的质量 m_B、m_C 为

$$m_B=m_{1B}+m_{2B}$$

$$m_C=m_{2C}+m_{3C}$$

很明显，要平衡铰链四杆机构的惯性力，只要平衡 B、C 两点代换质量的惯性力就可以了。在构件 1 的延长线上加一个平衡质量 m'来平衡 B 点的集中质量 m_B，使它们的质心移到固定轴线 A 处。平衡质量 m'的大小可按下式计算：

$$m'r'=m_Bl_{AB}$$

于是得

$$m'=\frac{l_{AB}}{r'}m_B$$

同理，在构件 3 的延长线上加平衡质量 m''来平衡代换质量 m_C，使它们的质心移到固定轴线 D 处，则

$$m''=\frac{l_{CD}}{r''}m_C$$

当加上平衡质量 m'和 m''以后，可以认为构件(机架)上的 A、D 两点，分别有集中质量 m_A 及 m_D，而

$$m_A=m_{1A}+m_B+m'$$

$$m_D=m_{3D}+m_C+m''$$

又根据静代换条件，这时机构运动构件的总质量为

$$m=m_A+m_D$$

总质心的位置在 AD 的连线上，即

$$\frac{l_{AS}}{l_{DS}}=\frac{m_D}{m_A}=\text{常数}$$

所以机构平衡后，机构的质心位置处在机架的 S 点，而且位置固定不动。这样，机构的惯心力就得到了平衡。

2）利用对称机构平衡

图 11-12 所示的机构，由于机构各构件的尺寸和质量对称，使惯性力在轴承 A 处所引起的动压力完全得到平衡，如某些型号的摩托车发动机就采用了这种布置方式。但机构的结构复杂，体积大为增加。

2. 部分平衡

1）配重平衡

对图 11-13 所示的曲柄滑块机构进行平衡时，先运用前面介绍过的方法，将连杆 2 的质量 m_2 用集中于点 B 的质量 m_{2B} 和集中于点 C 的质量 m_{2C} 来代换，将曲柄 1 的质量 m_1 用集中于点 B 的质量 m_{1B} 和集中于点 A 的质量 m_{1A} 来代换。此时显见，机构产生的惯性力只有两部分，即集中在点 B 的质量 $m_B=(m_{2B}+m_{1B})$所产生的离心惯性力 F_{iB} 和集中于点

C 的质量 $m_C(=m_{2C}+m_3)$所产生的往复惯性力 F_{iC}。而为了平衡离心惯性力 F_{iB}，只要在曲柄的延长线上(相当于 Q 处)加上一块配重 Q'满足下式关系就可以了。

$$\frac{1}{g}Q'r=m'r=m_Bl_{AB}$$

而往复惯性力 F_{iC}，因其大小随曲柄转角 φ 的不同而不同，所以其平衡问题就不像平衡离心惯性力 F_{iB} 那样简单。下面介绍往复惯性力的平衡方法。

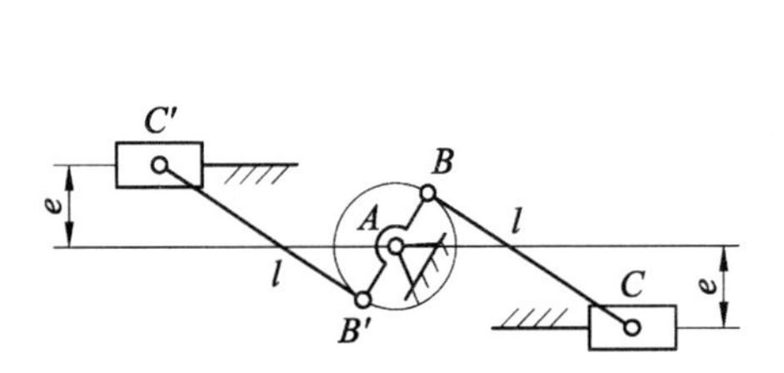

图 11-12　对称平衡法

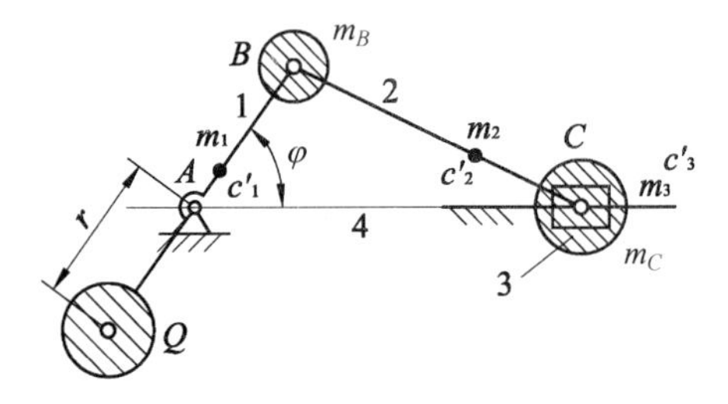

图 11-13　部分平衡

将由机构的运动分析得到的点 C 的加速度方程式，用级数法展开，并取前两项得

$$a_C=\omega^2l_{AB}\left(\cos\varphi+\frac{l_{AB}}{l_{BC}}\cos2\varphi\right)$$

式中，φ 为原动件 1 的转角。

因而集中质量 m_C 产生的往复惯性力为

$$F_{iC}=m_Ca_C=m_C\omega^2l_{AB}\left(\cos\varphi+\frac{l_{AB}}{l_{BC}}\cos2\varphi\right)$$

由此式可见，F_{iC} 有两部分，即第一部分 $m_C\omega^2l_{AB}\cos\varphi$ 和第二部分 $m_C\omega^2\ \dfrac{l_{AB}^2}{l_{BC}}\cos2\varphi$，分别称其为第一级惯性力和第二级惯性力。同样，在舍去的部分中，还有更高级的惯性力。但是，由于第二级及第二级以上的各级惯性力均较第一级惯性力小得多，所以通常只考虑第一级惯性力，即取

$$F_{iC}=m_C\omega^2l_{AB}\cos\varphi$$

为了平衡惯性力 F_{iC}，可以在曲柄的延长线上(相当于 Q 处)再加上一块配重 Q''，并且使

$$\frac{1}{g}Q''r=m''r=m_Cl_{AB}$$

此配重 Q''所产生的离心惯性力 F''_i，可分解为一水平分力 F''_{ih} 和一垂直分力 P''_{iv}，而

$$\left.\begin{aligned}F''_{ih}&=m''\omega^2r\cos\varphi\\F''_{iv}&=m''\omega^2r\sin\varphi\end{aligned}\right\}$$

由于 $m''r=m_Cl_{AB}$，故知 $F''_{ih}=F_{iC}$，即 F''_{ih} 已将往复惯性力平衡。不过，此时又多出了一个新的不平衡惯性力 F''_{iv}，此垂直惯性力对机械的工作也很不利。为了减小此不利因素，处理的办法是取

$$F''_{ih}=KF_{iC}=\left(\frac{1}{3}\sim\frac{1}{2}\right)F_{iC}$$

即取
$$\frac{1}{g}Q''r=\left(\frac{1}{3}\sim\frac{1}{2}\right)m_C l_{AB}$$

即只平衡往复惯性力的一部分。这样，可以既减小往复惯性力 F_{iC} 的不良影响，又使在垂直方向产生的新的不平衡惯性力 F''_{iv} 不至太大。一般来说，这对机械的工作较为有利。

2）利用非完全对称机构平衡

如图 11-14 所示机构中，当曲柄 AB 转动时，在某些位置，滑块 C 和 C' 的加速度方向相反，它们的惯性力方向也相反，故可以相互平衡。但由于运动规律不完全相同，所以只能部分抵消。

3）利用弹簧平衡

如图 11-15 所示，通过合理选择弹簧的刚度系数 k 和弹簧的安装位置，可使连杆 BC 的惯性力得到部分平衡。

还需指出，要获得高品质的平衡效果，只在最后做机械的平衡检测是不够的，应在机械生产的全过程中（即原材料的准备、加工装配等各个环节）都关注到平衡问题。

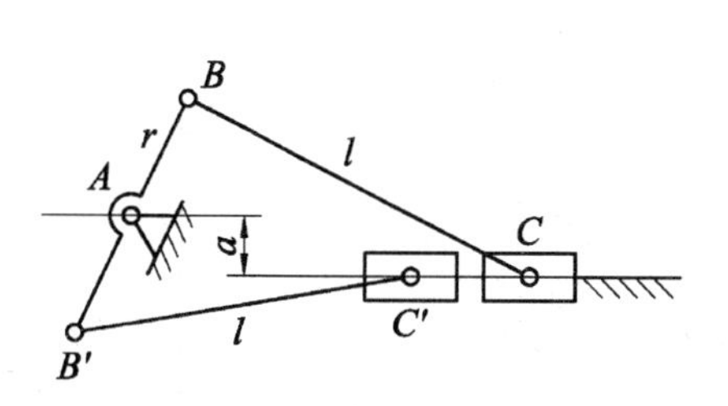

图 11-14　非完全对称平衡

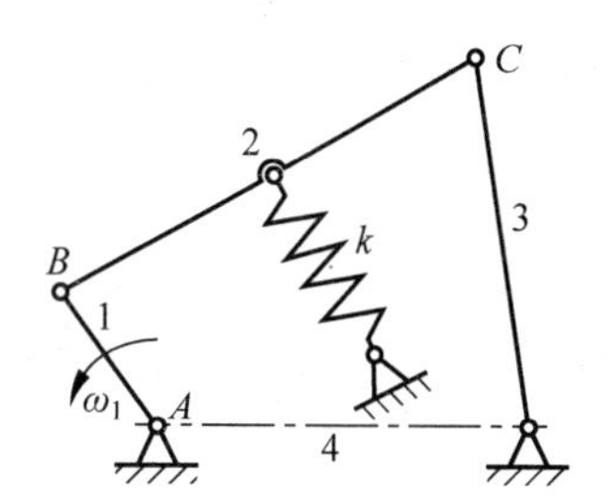

图 11-15　利用弹簧平衡

拓展性阅读文献指南

本章主要介绍了刚性转子的平衡，随着机器轻量化的发展，挠性转子的应用更加广泛。对于挠性转子不仅要平衡惯性力，还要消除转动时产生的动挠度。一般来说，采用刚性转子动平衡的方法不能解决挠性转子的平衡问题。关于挠性转子的平衡可以参阅：①黄文虎等编著《旋转机械非线性动力学设计基础理论和方法》，科学出版社，2006；②李录平等编《汽轮发电机组振动与处理》，中国电力出版社，2007；③袁惠群著《转子动力学基础》，冶金工业出版社，2013；④张义民著《机械振动学基础》，高等教育出版社，2019；⑤[印度]J. S. Rao著，叶洎沅译《旋转机械动力学及其发展》，机械工业出版社，2012。

有关平面机构总惯性力、惯性力矩的平衡原理和方法可参阅：①张策著《机械动力学》，高等教育出版社，2008；②刘正士等著《机械动力学基础》，高等教育出版社，2011。

思　考　题

11-1　机械中的回转构件（转子）为什么要平衡？

11-2　什么是静平衡？什么是动平衡？各至少需要几个平衡面？

11-3 静平衡、动平衡的力学条件各是什么?

11-4 为什么作往复运动或一般平面运动的构件,其惯性力不能在构件内部平衡?机构在机架上平衡的条件是什么?

11-5 机构总惯性力的完全平衡、部分平衡方法有哪些?各有何特点?

习 题

11-1 在题11-1图所示的两根曲轴中,设各曲拐的偏心质径积均相同,且均在同一轴面上。试说明两者各处于何种平衡状态。

11-2 若有一盘形回转体,存在着4个偏心质量。设所有不平衡质量近似分布在垂直于轴线的同一平面内。且已知 $Q_1=10\text{kg}$,$Q_2=14\text{kg}$、$Q_3=16\text{kg}$、$Q_4=10\text{kg}$,$r_1=50\text{mm}$、$r_2=100\text{mm}$、$r_3=75\text{mm}$、$r_4=50\text{mm}$,各偏心质量的方位如题11-2图所示。试问应在什么位置上加上多大的平衡质量?

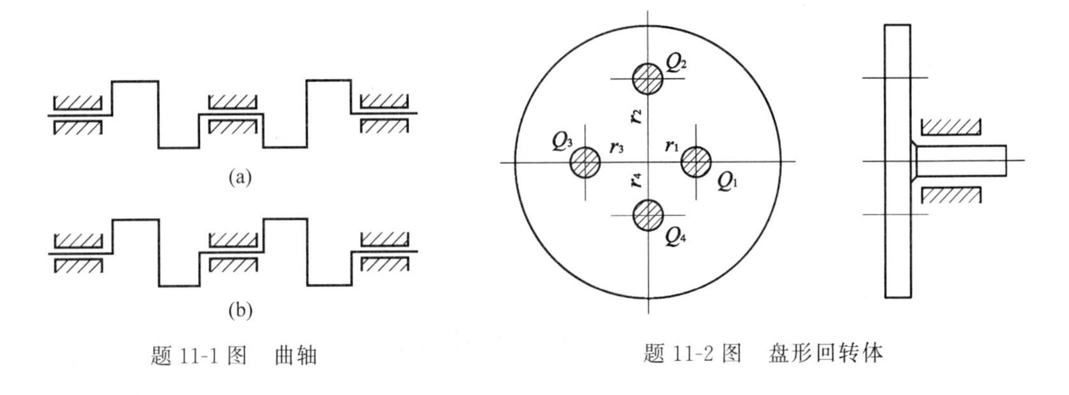

题11-1图 曲轴　　题11-2图 盘形回转体

11-3 如题11-3图所示的盘形转轴,已知圆盘的直径 $D=400\text{mm}$,圆盘宽度 $b=40\text{mm}$,圆盘质量 $W=100\text{kg}$。设圆盘上存在不平衡质量 $Q_1=2\text{kg}$、$Q_2=4\text{kg}$,方位如图所示。两支承的距离 $l=120\text{mm}$,圆盘至支承 R 的距离 $l_1=80\text{mm}$,转轴的工作转速 $n=3000\text{r/min}$。试问:

(1) 能否判别出转轴上存在着静不平衡还是动不平衡?

(2) 转盘若需平衡校正,所加的平衡质量为多大?

(3) 转轴的质心偏移了多少?

(4) 作用在左、右两支承上的动反力有多大?并扼要说明回转质量平衡的重要性。

11-4 题11-4图所示的转轴系统,各不平衡质量皆分布在回转轴线的同一轴向平面内,$m_1=2.0\text{kg}$、$m_2=1.0\text{kg}$、$m_3=0.5\text{kg}$,$r_1=50\text{mm}$、$r_2=50\text{mm}$、$r_3=100\text{mm}$,各载荷间的距离为 $l_{L1}=100\text{mm}$、$l_{12}=200\text{mm}$、$l_{23}=100\text{mm}$,轴承的跨距 $l=500\text{mm}$,转轴的转速为 $n=1000\text{r/min}$,试求作用在轴承L和R中的动压力。

11-5 题11-5图所示为一行星轮系,各轮为标准齿轮,其齿数 $z_1=58$,$z_2=42$,$z_{2'}=44$,$z_3=56$,模数均为 $m=5$,行星轮2-2′轴系本身已平衡,质心位于轴线上,其总质量 $m=$

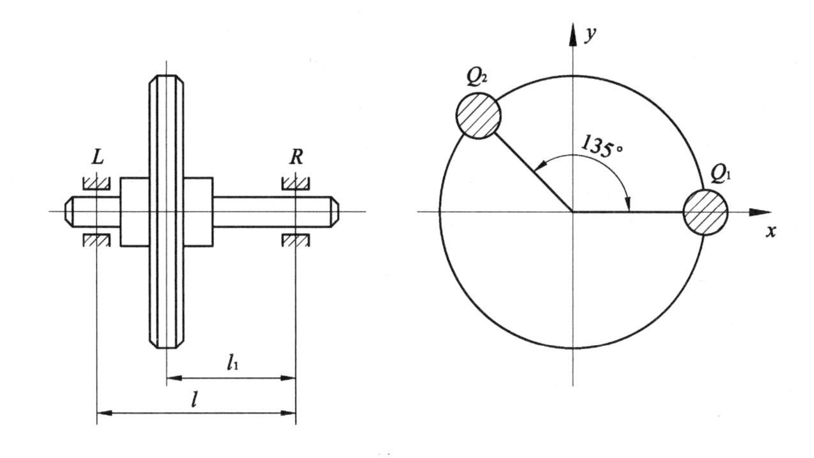

题 11-3 图　盘形转轴

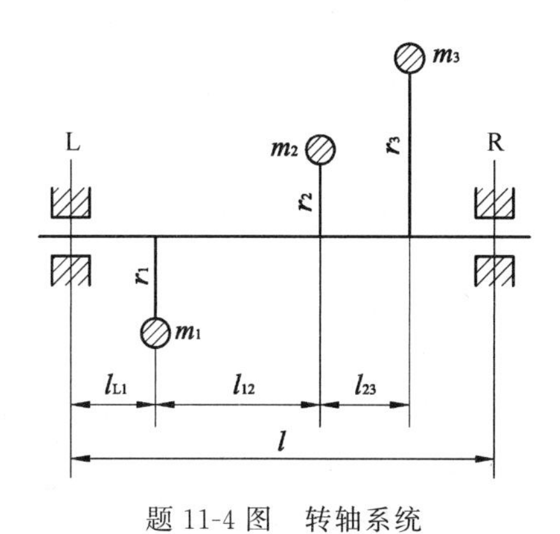

题 11-4 图　转轴系统

2kg。问：(1)行星轮 2-2′轴系的不平衡质径积为多少 kg · mm？(2)采取什么措施加以平衡？

11-6　题 11-6 图所示的三质量为 $m_1=m_2=2m_3=2\text{kg}$，绕 z 轴回转，其回转半径为 $1.2r_1=r_2=r_3=120\text{mm}$。如置于校正面Ⅰ与Ⅱ中的平衡质量 m'_{I} 和 m'_{II} 的回转半径 $r'_{\mathrm{I}}=r'_{\mathrm{II}}=100\text{mm}$，试求 m'_{I} 和 m'_{II} 的大小。

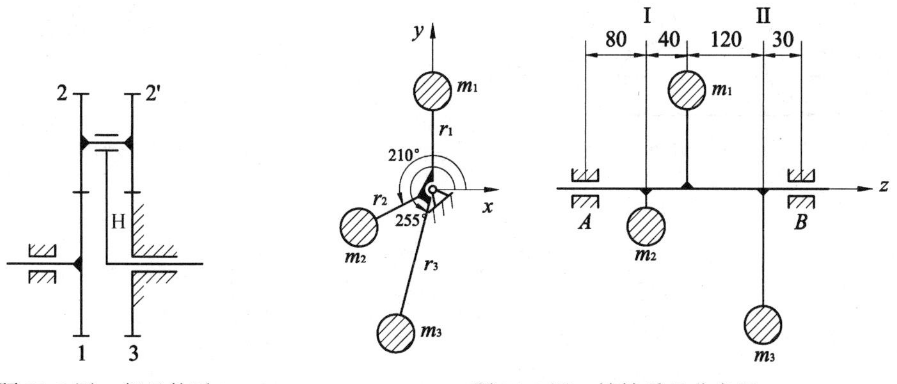

题 11-5 图　行星轮系

题 11-6 图　转轴质量分布图

11-7 题11-7图所示为一个一般机器转子，已知转子的质量为15kg，其质心至两平衡基面Ⅰ及Ⅱ的距离分别为$l_1=100\text{mm}$，$l_2=200\text{mm}$，转子的转速$n=3000\text{r/min}$，试确定在两个平衡基面Ⅰ及Ⅱ内的许用不平衡质径积。当转子转速提高到6000r/min时，其许用不平衡质径积又各为多少？

11-8 有一中型电机转子，其质量为$m=50\text{kg}$，转速$n=3000\text{r/min}$，已测得其不平衡质径积$mr=300\text{g}\cdot\text{mm}$，试问其是否满足平衡精度要求？

11-9 题11-9图所示为建筑结构抗震试验的振动发生器。该装置装在被试建筑的屋顶。由一电动机通过齿轮拖动两偏心重异向旋转(偏心重的轴在铅垂方向)，设其转速为150r/min，偏心重的质径积为500kg·m。求两偏心重同相位时和相位差为180°时，总不平衡惯性力和惯性力矩的大小及变化情况。

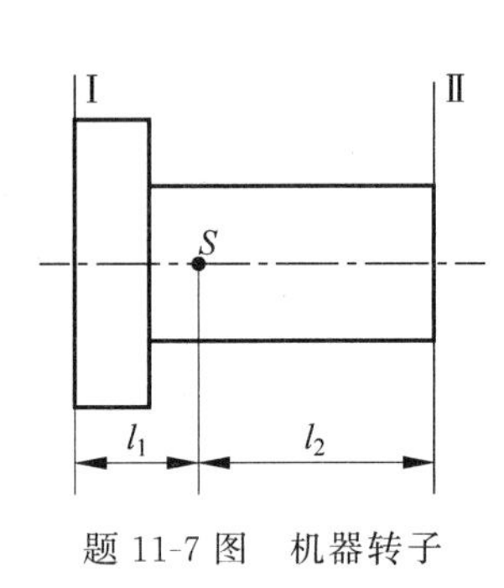

题11-7图 机器转子

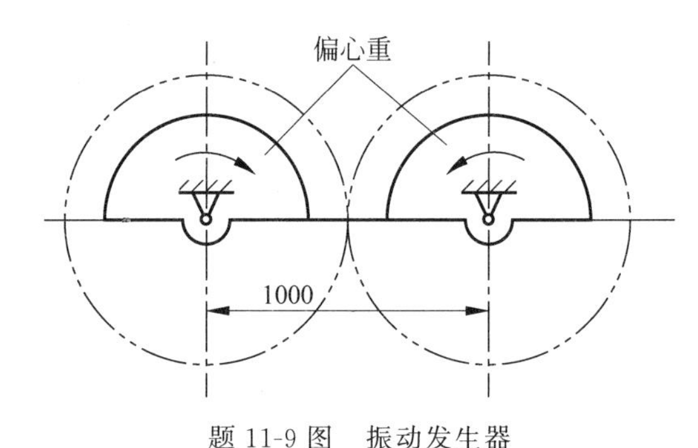

题11-9图 振动发生器

11-10 题11-10图为大地重力测量计(重力计)的标定装置，设$r=150\text{mm}$，为使标定平台的向心加速度近似于重力加速度(9.81m/s^2)，同步带轮的角速度应为多大？为使标定平台上升和下降均能保持相同的匀速回转，在设计中应注意什么事项？

11-11 如题11-11图所示的机构，$AB=AB'=l_1$，$BC=B'C'=l_2$，B、A、B'在一直线上，问该机构各构件的惯性力能否得到全部平衡？为什么？

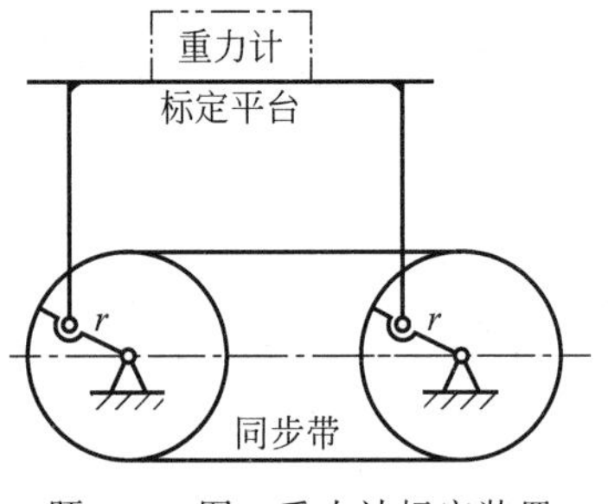

题11-10图 重力计标定装置

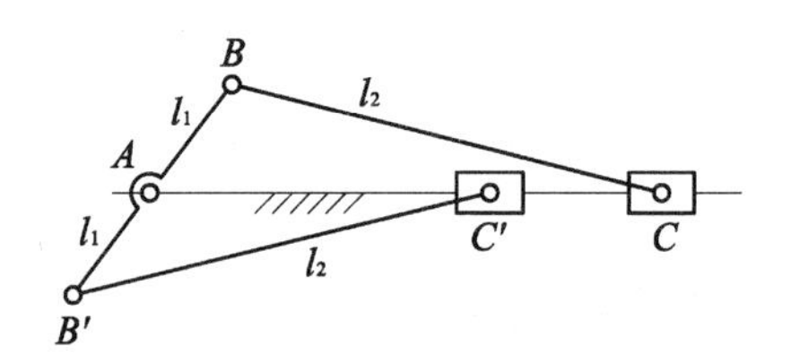

题11-11图 双滑块机构

第5篇　机械系统的方案设计

第12章

机械系统总体和执行系统的方案设计

内容提要：本章首先简单介绍了机械系统总体方案设计的重要性、特点、基本原则及总体参数的确定，重点介绍了执行系统的功能原理和运动规律设计、执行系统的型综合和协调设计以及基于功能分析的执行系统方案设计，最后简单介绍了机构运动方案的评价体系和评价方法。

本章重点：执行系统的功能原理和运动规律设计等。

本章难点：机构运动方案的评价体系和评价方法。

12.1 机械系统的总体方案设计

1. 概述

1）现代机械系统的概念和功能

（1）机械系统的概念

所谓系统(system)是指具有特定功能的，相互间具有一定联系的许多要素构成的一个整体，即由两个或两个以上的要素组成的具有一定结构和特定功能的整体都是系统。一方面，系统本身可分成若干个子系统(subsystem)，子系统里有时还可以分出更小的小子系统；另一方面，系统本身还可以作为更大系统的一个子系统。如：机械的动力传动系统由两个分系统组成，即动力源系统(power source system)和传动系统(transmission system)，它本身是所在机器的一个分系统，而它所在的机器是由多部机器组成的一个更大系统(生产线)的分系统。

任何机械产品都是由若干个零、部件及装置组成的一个特定系统，即是一个由确定的质量、刚度和阻尼的若干物体组成、彼此间有机联系并能完成特定功能的系统，故称之为机械系统(mechanial system)。机械零件是组成机械系统的基本要素，部件是它的分系统。

随着科学技术的发展，机械系统的概念已有较大的扩展。1984年，美国机械工程师协会(ASME)的一个专家组在美国国家科学基金会的报告中提出了“现代机械系统”的定义：“由计算机与信息网络控制的、用于完成包括机械力、运动和能量流等动力学任务的机械和(或)机电部件相互联系的系统”，如：照相机利用光化学原理完成照相的功能；计算机以信息为对象，完成数字运算和转换及存储功能，前者属于光学机械，后者及其外围设备属于“信息机械”。

(2) 机械系统的功能

1947 年美国工程师 L. D. 麦尔斯(Miles)在他的《价值工程》一书中首先明确指出:"顾客购买的不是产品本身,而是产品所具有的功能",说明了"功能"是产品的核心和本质。功能是机械系统必须实现的任务。每个系统都有自己的功能,如运输机械的功能是运货或运客,发电机的功能是能量转换。现代机械的总功能是对输入的物质、能量和信息进行预定的变换(加工、处理)、传递(移动、输送)和保存(保存、存储、记录)。要实现这个总功能,现代机械系统就必须具备 4 种分功能,即主功能、动力功能、控制功能和结构功能。其中主功能是实现系统的总功能所必需的,它表现了系统的主要特征和功能,它直接服务于总功能;动力功能为系统的运行提供必要的能量;控制功能包括信息检测、处理和控制,是使系统正常运行、达到精度、可靠、节能、协调所必需的;而系统的各要素组合起来,进行空间装配,形成一个统一的整体,并保证系统工作中的强度和刚度,则应由结构功能来实现。

功能按其重要性的分类如下:

- 功能
  - 必要功能
    - 基本功能
    - 附加功能
  - 非必要功能

在以上各功能中,基本功能必须保证,且在设计中不能改变。附加功能可随技术条件或结构方式的改变而改变。而非必要功能可能是设计者主观加上去的,因此可有可无。由于系统的功能是以成本为代价的,所以,设计时应对系统需要具有哪些必要功能、哪些非必要功能做出明确的决定。

2) 机械系统总体方案设计的重要性

机械系统设计的过程可分为 4 个阶段,即:初始规划设计阶段、总体方案设计阶段、结构技术设计阶段和生产施工设计阶段。其中,机械的总体方案设计是设计过程中极其重要的一部分,是产品设计的关键。它直接决定着产品的性能、质量及其在市场上的竞争力和企业的效益。一个总体方案设计差的产品,加工得再好也没有用,因此,总体方案设计决定机械产品的全局。

3) 机械总体方案设计的任务和内容

(1) 任务

机械总体方案设计需要完成整体方案示意图、机械系统运动简图、运动循环图和方案设计计算说明书,其中包括总体布局、主要技术参数的确定和方案评价与决策。总体布局是确定各子系统如动力系统(power system)、传动系统(transmission system)、执行系统(execution system)、操纵系统(operation system)和控制系统(control system)之间的相互位置关系;主要技术参数如尺寸参数(size parameter)、运动参数(kinematic parameter)和动力参数(dynamic parameter)等;方案评价与决策是对各种可行方案进行功能、性能评价和技术、经济评价,寻求一种既能实现预期功能要求,又性能优良、价格尽量低的设计方案。由于最终确定的总体设计方案是技术设计阶段的指导性文件,即各个子系统的设计都以总体方案设计为依据,所以,设计者进行此阶段工作时必须查阅大量国内外有关该类产品设计的资料,通过分析、判断、评价和创新,在获取大量信息的基础上,充分发挥创造性(creativity),以便设计出理想的方案。

(2) 内容

因机械系统是由原动机、传动系统、执行系统、控制系统和其他辅助系统组成的,所以,总体方案设计的内容应是这几部分的方案设计及其各部分间的协调设计(coordinate design)。即执行系统的方案设计、原动机类型的选择、传动系统的方案设计、控制系统的方案设计和其他辅助系统的方案设计。其他辅助系统主要包括润滑系统(lubrication system)、冷却系统(cooling system)、故障检测系统(fault detection system)、安全保护系统(safety protection system)和照明系统(lighting system)等。

4) 机械系统总体方案设计的类型

根据机械系统总体方案设计的内容和特点,一般可分为三类。

(1) 开发性设计(development design)

在工作原理、结构等完全未知的情况下,应用已成熟的科学技术或已证明是可行的新技术,针对新任务提出新方案,开发设计出已往没有过的新产品。如针式打印机到激光打印机的发明。

(2) 变型设计(variant design)

在工作原理和功能结构都不改变的情况下,对已有产品的结构、参数和尺寸等方面进行变异,设计出适应范围更广的系列化产品。如某厂生产大直径齿轮,考虑运输的问题,改为分体式齿轮;笔记本电脑为减小体积,采用移动硬盘等。

(3) 适应性设计(adaptive design)

在原理基本不变的情况下,对产品仅作局部的变更或增设一个新部件以提高产品的技术、经济效益,使产品能更好地满足使用要求。如在内燃机(internal combustion engine)加上增压器以增大输出功率,加上节油器以节省燃料;汽车音响由卡带式到CD机的变化等。

开发设计应用开创和探索创新,变型设计通过变异创新,适应性设计在吸取中创新。总之,创新(innovation)是各种类型设计的共同点。

5) 机械系统总体方案设计的特点

(1) 协调性

整体系统由各个子系统组成,虽然各子系统的功能不同、性能各异,但它们在组合时必须满足整体功能的需要。因各个子系统都是为了共同实现系统的整体目标,所以,各个子系统应该有机地联系在一起。一个系统的好坏,最终要由其整体功能来体现。若各个子系统设计合理、能协调工作,系统运行后的整体功能会大于各子系统功能的简单代数和,即符合系统的增益规律。若各个子系统设计不合理,导致各部分间存在矛盾,组成的系统运行后会出现内耗,从而造成整体功能小于各部分的功能之和。因此,性能不匹配或达不到整体目标的设计,无论其局部的功能和性能设计得多好,都是失败的设计。

(2) 相关性

构成系统的各要素之间是互相关联的,它们之间有着相互作用、相互制约的特定关系。某个要素性能的变化将影响对相关要素的作用,从而对整个系统产生影响。

(3) 内外结合性

任何系统必定存在于一定的社会和物质环境中,机械系统也不例外。环境的变化必将引起系统输入的变化,从而也将导致其输出的变化。应在调查研究的基础上,搞清外部环境对该机械系统的作用和影响。如市场对该机械的要求(功能、价格、数量、尺寸、重量、工期和外观等）和约束条件（资金、材料、设备、技术、使用环境、基础和地基以及法律与政策等），这些都对内部设计有直接的影响，影响其可行性（feasibility）、经济性（economy）、可靠性（reliability）和使用寿命等指标，在进行总体方案设计时，必须考虑这些影响。有的系统还应具有良好的抗干扰能力以适应环境的变化。否则，可能导致设计失败。

同时，也不能忽略内部系统对外部环境的作用和影响，如系统运行后或产品投产后对周围环境的影响，对操作人员的影响等。

内部系统与外部环境相一致是系统设计的特点，它可以使设计尽量做到周密、合理，少走弯路，避免不必要的返工和浪费，从而以尽可能少的投资获取尽可能大的效益。

2. 机械系统总体方案设计的基本原则和基本法规

在机械系统总体方案的设计过程中，应遵循一些基本的原则和法规，以保证设计的质量，杜绝不应有的浪费。

1）基本原则

（1）需求原则

产品的功能来源于需求（demands），产品要满足市场需求是一切设计最基本的出发点。不考虑客观需要就会造成产品的积压和浪费。需求有三个特征，即时尚性（fashion）、差异性（difference）和动态性（dynamic）。时尚性指需求是随时间而变化的，任何产品都有一定的市场寿命。差异性指人的需求是有层次性的，不同的人有不同的需求，不同地区、不同民族的人具有不同的爱好、不同的传统。动态性指需求是随着社会的发展、经济水平的提高、生活和消费观念的更新而发展变化的。需求的发展要求产品不断改进、升级和更新换代。

（2）效益原则

设计中必须时时处处考虑效益（benefit），包括技术经济效益和社会效益。

（3）信息原则

人类社会已进入信息化时代，先进的信息处理技术使设计的产品在正式加工制造前即可采用虚拟现实技术在虚拟工厂中显示出加工制造、安装调试直到运行的全过程，从中发现问题，以便在正式加工前就可以进一步改进设计，以改善性能和提高质量。

设计过程中的信息（information）主要有市场需求信息（information on market demand）、科学技术信息（scientific and technical information）、技术测量信息（measurement information）、加工工艺信息（processing information）和同行信息等。设计人员应全面、充分、正确和可靠地掌握与设计有关的各种信息。利用这些信息来正确引导机械总体方案的设计。

（4）系统原则

既然每个机械产品都可以认为是一个系统，就应该以系统工程的观念来指导其设计。系统工程解决设计问题的基本思想是首先从系统的整体目标出发，将整体功能分解成若干个子功能；然后找出能完成各个子功能的技术方案，再把能完成各个子功能的技术方案进行协调组成方案组；最后，进行分析、评价和优选，进而实现整体优化（overal optimization）。

（5）创新原则

创新是人类文明的源泉。“创新是一个民族进步的灵魂，是国家兴旺发达的不竭动力”。“一个没有创新能力的民族，难以屹立于世界民族之林。”创新与发现（discovery）不同，不是对自然现象的单纯发现和认识,而是人们有目的的一种创造行为。

设计人员的大胆创新,有利于冲破各种传统观念和惯例的束缚,创造发明出各种各样原理独特、结构新颖的机械产品。在产品设计中,没有新颖的构思,设计出的产品一般就不具有市场竞争力。机械系统的总体方案设计是最便于充分发挥创造能力的设计阶段。

(6) 继承原则

继承(inheritance)原则是将前人的成果有批判地吸收、推陈出新、加以发扬、为我所用。设计人员正确地掌握继承原则,可以事半功倍地进行创新设计,可以集中精力解决设计中的主要问题。

(7) 优化原则

由于机构的类型多,传动系统和原动机的类型也多,组合的方式更多,因此,能满足设计基本要求的可行性设计方案有许多,应从这些方案中选择最优者。即用科学的标准和方法评价各种方案,评价值最高者为优选方案。

(8) 简化原则

在确保产品功能的前提下,应力求设计出的方案简单化(simplification),以便在确保质量的同时降低成本。在方案设计阶段和改进设计阶段,尤其要突出应用这个基本原则。

(9) 理论与实践相结合原则

设计人员不仅要有理论知识,更应注重工程实践,力求做到理论与实践相结合,才能设计出好产品。

(10) 工程原则

机械设计是工程设计(engineering design),它既包括技术成分,又包括非技术成分。在总体方案的设计中,既要应用自然科学中的科学原理、科学技术,也要注意人文、社会科学、艺术和经济等学科中的有关因素,考虑当时当地的自然环境(natural environment)、社会环境(social environment)、经济环境(economic environment)和技术环境(technical environment)。如:应治理污染、绿色设计、清洁生产和合理开发资源、节约使用能源、充分利用原料以及注重民族风格、符合用户心理等。

(11) 广义原则

现代的机械系统已经成为由计算机控制的机、电甚至包括光、液、气一体化的综合系统。因此,机械系统的设计不仅要应用机械专业的知识,而且必须向其他学科扩展。应从其他学科甚至包括生物工程(biological engineering)、人文科学(humanity)和社会科学(social sciences)中寻找增加产品功能、提高产品性能的思路和方法;寻找评价设计方案优劣的标准。

(12) 快速原则

为了抢先占领市场,就必须加快设计研制的时间。在设计时,要预测在产品研制阶段内同类产品可能发生的变化,以保证设计的产品投入市场后不至沦为过时货。为了保证质量,必须随时进行审核,确保每一步做到正确无误。

2) 基本法规

设计中还会涉及一些基本法规,如各种标准、政策和法律等。设计人员应对此熟悉,并在设计中贯彻执行。

(1) 标准化

标准化(standardization)对提高产品质量、降低成本有重要的作用。标准化的水平,是衡量一个国家的生产技术水平、设计现代化程度和管理水平的尺度之一。与设计有关的标准如下:

① 概念的标准化。各种名词术语、符号内容、计量单位等的标准化。

② 产品及其零部件的标准化。如各种标准零件(standard parts)、通用部件(general components),在设计时应参照有关手册,凡有标准的均应按标准来设计。

③ 程序的标准化。应遵守与生产技术有关的设计程序、加工步骤等的统一规定。

(2) 政策与法令

设计人员不但要精通本身的业务,而且还要熟悉国家有关的政策法令,并在设计中认真贯彻执行。与设计有关的政策法令如:专利法,技术协议和合同法;食品卫生法,环境保护法;材料与能源方面的政策;对某些企业和产品的优惠政策;企业的技术改造政策;技术和设备的引进政策和海关法等。对于出口产品,还要了解和遵守国际标准及有关国家的法规。

3. 总体参数及其确定

总体参数是设计的依据,是表明机械系统技术性能的主要指标。它包括性能参数和主要结构参数两方面。性能参数如生产率、速度、精度和效率等,主要结构参数如整体外形尺寸、主要部件的外形尺寸和工作机构作业位置尺寸等。

机械类型不同,其总体参数的内容也不同。对于以能量转换为主的动力机械,其主要性能参数是效率;对于以物料转换为主的机械,如轻工机械,其主要性能参数是生产率;对于以信号转换为主的各种仪器,其主要性能参数是精度、灵敏度和稳定性;而金属切削机床的主要性能参数是加工精度、加工范围和生产率。

在总体方案设计中,必须首先初步确定总体参数,据此进行各部分的方案设计,最后准确地确定总体参数。总体参数的确定和结构方案设计需交叉反复进行。

1) 生产率

在单位时间内生产的产品数量称为生产率(productivity),可由下式表示:

$$Q=\frac{1}{t_{\mathrm{c}}} \tag{12-1}$$

式中,Q 为生产率;t_{c} 为生产一件产品所用的全部时间。生产率的单位取决于产品的计量单位和所用时间的计时单位。如:件/min、m/min、kg/min 和 t/h 等。

2) 精度

系统的精度(accuracy)直接影响产品的质量和造价。精度过低不能保证产品质量,精度过高则会增加产品的造价。精度的高低应根据工作对象的要求和其他条件来确定。精度可分为几何精度、运动精度、工作精度和定位精度等。几何精度是指系统在停止状态下,系统内有关零部件的尺寸、形状、相互位置的正确性;运动精度是指系统在空载运行时各项运动的均匀性、协调性和精确性;工作精度是指系统在工作状态下所具有的精度;定位精度是指执行构件到达终点位置和返回初始位置的正确性,或间歇运动机构的从动件每次运动和停歇的开始位置的正确性。

3) 速度参数

速度参数(speed parameter)是指系统的原动件或执行构件的转速、移动速度、调速范围等。如机床的转速、工作台和刀架的移动速度、运输机械的行驶速度和连续作业机械的生产节拍及它们的调速范围等。一般由机械系统的具体工作过程和生产率等因素决定。

4) 动力参数

动力参数(dynamic parameter)包括系统的承载能力和动力源的参数及表明传动性能的传动角等。承载能力如拖车的牵引力、起重机的提升力、夹具的夹紧力、水压机的压力等;动力源的参数如电动机、液压马达和内燃机等的功率及其机械特性。对于高速机械,动力参数还应包括最大惯性力、最大加速度等。动力参数由机械特性和使用要求等确定。

5) 尺寸和重量参数

这里主要指总体尺寸参数,一般包括工作尺寸(如车床的中心高度、运动部件的行程长度等)、外形轮廓尺寸(如车床的长度、高度和宽度等)和工艺装配尺寸(如主要部件间的位置尺寸、安装和连接尺寸等)等。重量主要指产品的总重量。

外形轮廓尺寸受到车间安装空间、包装和运输(集装箱、车辆、桥梁和隧道)等的限制。产品的总重量与运输直接相关。

尺寸参数一般根据设计任务书中的原始数据、工艺系统的总体布置等来确定。产品的总重量由设计要求确定。

6) 效率和寿命

效率(efficiency)是指系统的有效功率与其输入功率的比值,两者之差是系统的损耗功率。寿命(lifetime)是指系统能正常运行的工作年限或时间。效率和寿命由机械类型和设计要求确定。

12.2 执行系统的功能原理和运动规律设计

1. 执行系统的功能原理设计

1) 功能原理的构思和选择

功能原理设计(functional principles of design)是执行机构系统方案设计的关键步骤。实现同一功能要求,可以选择多种不同的工作原理(working principle)。选择的功能原理不同,执行机构系统的运动方案也必然不同。功能原理设计的任务就是根据机械预期实现的功能要求,构思出所有可能的功能原理,加以分析比较,并根据使用要求和工艺要求,从中选择出既能很好地满足功能要求、工艺动作又简单的工作原理。

工艺动作过程与工作原理密切相关。采用不同的工作原理,将会得到不同的工艺动作过程,进而得到不同的后续设计方案。

例如,加工螺栓上的螺纹(thread),可以采用"车削"工作原理,也可以采用"搓丝"的工作原理。对于"车削"的工艺动作过程可分为:送料—车丝—切割—下料;对于"搓丝"的工艺动作过程可分为:送料—搓丝—下料。前者是将棒料送进,后者是将半成品送入搓丝工位。车丝的动作是车削,搓丝的动作是来回搓动。

又比如，要求设计包装颗粒糖果的糖果包装机，可以采用图 12-1(a)所示的扭结式包装原理，也可以采用图 12-1(b)所示的折叠式包装原理，还可以采用图 12-1(c)所示的接缝式包装原理。三种包装方法所依据的工作原理不同，工艺动作显然也不同，所设计的机械运动方案也完全不同。

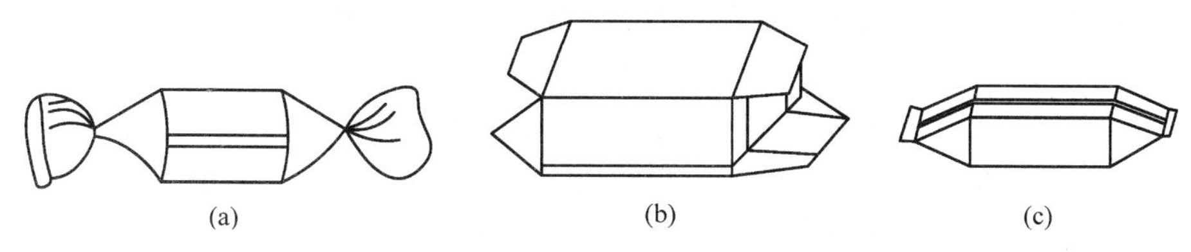

图 12-1　糖果包装的三种形式

(a) 扭结式；(b) 折叠式；(c) 接缝式

如图 12-2 所示，要求设计一自动输送料板的装置，既可以采用机械推拉原理，将料板从底层推出，然后用夹料板将其抽走，如图 12-2(a)所示；也可以采用摩擦传动原理，用摩擦板从顶层推出一张料板，然后用夹料板将其抽走，如图 12-2(b)所示；或用摩擦轮将料板从底层滚出，再用夹料板将其抽走，如图 12-2(c)所示；还可以采用气吸原理，用顶吸法吸走顶层一张料板，如图 12-2(d)所示；或用底层吸取法，吸出料板的边缘，再用夹料板将其抽走，如图 12-2(e)所示；当料板为钢材时，还可以采用磁吸原理。

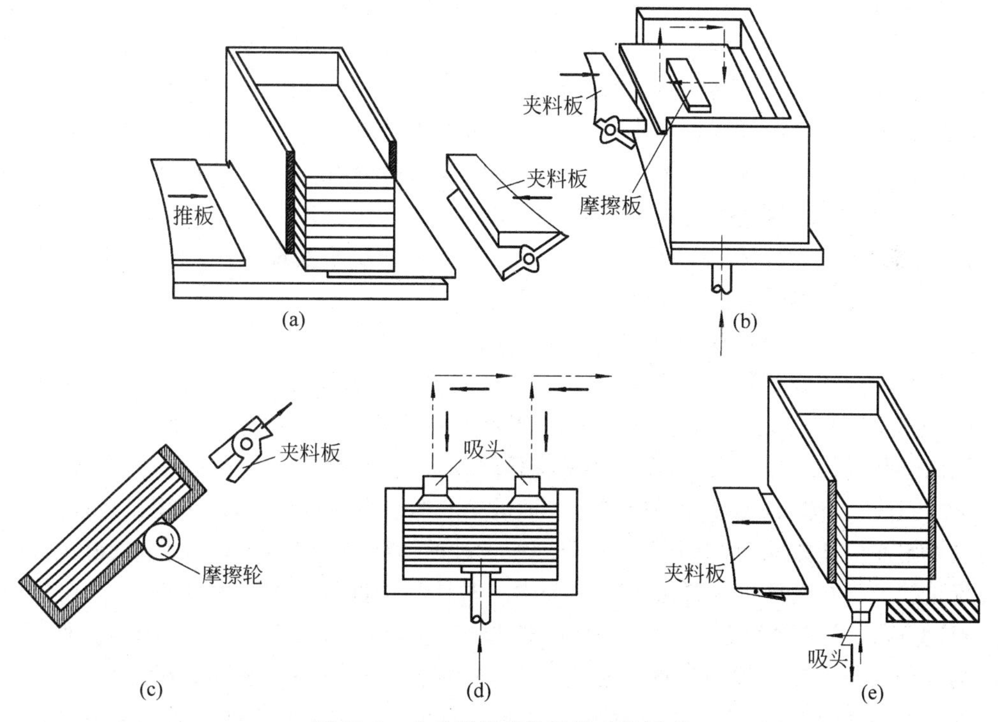

图 12-2　自动送料板装置的功能原理

(a) 机械推拉；(b) 平板摩擦；(c) 摩擦轮；(d) 顶部气吸；(e) 底部气吸

上述几种工作原理，虽然均可以满足机械执行系统预期实现的功能要求，但工作原理不同，所需的运动规律也不相同。采用图 12-2(a)所示的机械推拉原理，只需要推料板和夹料板的往复运动,运动规律简单,但这种原理只适用于有一定厚度的刚性料板;采用图12-2(b)、(c)所示的摩擦传动原理,不仅需要有摩擦板(或摩擦轮)接近料板的运动,还需要送料运动和退回运动等,运动规律比较复杂;采用图12-2(d)、(e)所示的气吸原理,除了要求吸头作L形轨迹的运动外,还必须具有附加的气源。

若要加工一个齿轮,规定了齿轮的材料、规格以及精度要求。如用无屑加工,可以拟定精密铸造(precision casting)、粉末冶金成型(powder metallurgy molding)、滚压等工作原理,这是成型原理的不同;如采用切削加工,可以有仿形法和范成法,这是产生齿形的几何原理的不同。采用仿形法铣削时,还有盘状铣刀与指状铣刀的区别;采用范成法时,由于采用的相对运动原理不同,又有滚齿和插齿的区别。这说明了功能原理的多方案性。

在进行机械的功能原理设计时,一定要根据使用场合和使用要求,对各种可能采用的功能原理认真加以分析比较,从中选出既能很好地满足机械预期的功能要求、工艺动作,又可简便实现的功能原理。

2) 功能原理的创造性设计方法

由于实现同一功能要求,可以采用多种不同的功能原理,因此功能原理设计的过程是一个创造性的过程。如果没有创造性思维,就很难跳出传统观念的束缚,设计出具有竞争力的新产品。下面介绍几种常用的进行功能原理创造性设计(creative design)的方法。

(1) 分析综合法

所谓分析综合法(analysis and synthesis method),是指把机械预期实现的功能要求分解为各种分功能,然后分别加以研究,分析其本质,进行各分功能原理设计,最后把这些分功能原理综合起来,组成一个新的系统,这是一种最常用的方法。也许有人会认为这种思维过程不能称为创造性设计,然而,当代最伟大的发明创造成果之一——美国"阿波罗"登月计划的负责人曾直言不讳地讲过:"阿波罗"宇宙飞船技术中没有一项是新的突破,都是现代技术,问题的关键是如何把它们精确无误地组织好,实行系统管理。因此,近年来人们认为创造性设计虽有多种方法,但基本的途径有两条,一条是全新的发现,另一条是把已知的原理进行组合。优秀的组合也是一种创造性的体现。

(2) 思维扩展法(thinking expansion method)

功能原理设计既然是一个创造性过程,就要求设计者从传统的定式思维方式转向发散思维(divergent thinking)。没有发散思维,很难有新的发现。在功能原理设计中,有些功能依靠纯机械装置是难以完成的,设计切忌将思路仅仅局限在机构上,而应尽量采用先进、简单、廉价的技术。例如,要设计一种用于大批量生产的计数装置,既可以采用机械计数原理,也可以采用光电计数原理,根据后一种原理所设计的计数装置,在某些情况下可能比机械计数装置更简便;要设计一种连续生产过程中随时计测工件尺寸的装置,既可以采用机械测量原理,也可以采用超声波等测量原理,在某些情况下,后者不仅比前者更加方便,而且可以降低机械的复杂程度和提高机械的性能;挖掘机在挖掘具有一定湿度的泥土时,泥土会粘附在挖斗内不易倒出,为解决这一问题,搞机械设计的人一般会马上想到采用机械原理设计一清扫机构,这样虽然可以解决问题,但却会增加装置的复杂程度,而且使用不便。有人采用发散思维,提出可采用一种与黏土摩擦系数很小的材料作为挖斗的表面材料,从而把问题转向对新型材料的探寻上。类似的例子还有很多。

在进行机械功能原理设计时,设计者一定要拓宽自己的思路。在当今新技术层出不穷、多学科日益交叉的情况下，广泛采用气、液、光、声、电、材料等新技术，构思出新的功能原理，已成为一个优秀的设计人员必须具备的素质。

(3) 还原创新法(restore innovative method)

任何发明创造都有创造的原点和起点，创造的原点是机械预期实现的功能要求，它是唯一的；创造的起点是实现这一功能要求的方法，它有许多种。创造的原点可以作为创造的起点，而创造的起点却不一定都能作为成功创造的原点。所谓还原创新法，是指跳出已有的创造起点，重新返回到创造的原点，紧紧围绕机械预期实现的功能要求另辟蹊径，构思新的功能原理。

洗衣机(washing machine)的发明就是一个很好的例子。洗衣机预期实现的功能要求是将衣物上的脏物(灰尘、油渍、汗渍等)洗去并且不损伤衣物。要将这些脏物从衣物上分离出来，现在采用的是洗衣粉或洗衣液等表面活性剂，该活性剂的特点是其分子的一端与油渍等脏物有很好的亲和力，而另一端又与水有很好的亲和力，因此能把衣物中的脏物拉出来与水相混合。但是这种作用先发生在衣物表面与水相接触的滞留层上，因此需要另外加一个运动使它脱离滞留层，至于采用什么原理和方法使其脱离滞留层，并没有限制。既可以仿照传统的洗衣法采用揉搓原理、刷擦原理或捶打原理，也可以采用振动原理和漂洗原理等。若采用揉搓原理，就要设计一个模仿人手动作的机械手，难度很大；若采用刷擦原理，则很难把衣物各处都刷洗到；若采用捶打原理，虽然工艺动作简单，但却易损伤衣物。由于长期以来人们把创造的起点局限在这种传统的洗衣方法上，因此使洗衣机的发明在很长时间得不到解决。后来人们跳出传统的洗衣方法(即创造的起点)，从洗衣机预期实现的功能要求出发(即回到创造的原点)，采用漂洗原理才成功地发明了现代家用洗衣机。它利用一个波轮在水中旋转，形成涡流来翻动衣物，从而达到了清洗衣物的目的。它不仅结构简单，而且安全可靠。

家用缝纫机(sewing machine)的发明是又一个成功的例子。设计缝纫机的目的是缝联布料，这是缝纫机预期实现的功能要求，至于采用何种工作原理来实现这一功能要求，并没有什么限制。但是在缝纫机开始发明的 50 多年中，出于人们一味地模仿人手千百年来穿针走线的动作，将其作为发明创造的起点，使人类发明缝纫机的梦想迟迟未能实现。后来，只有在突破了模仿人手的动作而回到创造的原点，采用摆梭使底线绕过面线将布料夹紧的工作原理，才成功地发明了家用缝纫机，使梦想成真。它的工艺动作十分简单，针杆作往复移动，拉线杆和摆梭作往复摆动，送布牙的轨迹由复合运动实现，这几个动作的协调配合，便实现了缝联布料的功能要求。

2. 执行系统的运动规律设计

1) 运动规律设计的任务及重要性

工作原理确定以后，需进行运动规律的设计(design of the motion law)。运动规律设计的任务是：根据工作原理所提出的工艺要求构思出能够实现该工艺要求的多种运动规律，并经过比较后，选取简单适用的运动规律，作为机械的运动方案。

运动方案确定得是否合理，直接关系到机械运动实现的可能性、整机的复杂程度和机械的工作性能，对机械的设计质量具有非常重要的影响。因此，运动规律设计是机械执行系统方案设计中非常重要的一步。

2) 运动规律设计的方法和注意事项

运动规律设计也是对工作原理所提出的工艺过程进行分解。实现一个复杂的工艺过程,常常需要多种动作。任何复杂的动作总是由一些最基本的运动合成的。运动规律设计的方法就是对工艺方法和工艺动作进行分析,将其分解成由不同构件(运动的载体)或不同机构完成的若干个基本动作,并给定不同动作的先后顺序。工艺动作分解的方法不同,所形成的运动规律也不同。最后,从不同的运动方案中选出最佳方案。

在设计运动规律时,应同时考虑到机械的工作特性、适应性、可靠性、经济性和先进性等多方面的要求,不但要注意工艺动作的形式,还要注意其变化规律,如对速度和加速度的变化要求。例如,机床的走刀要近似匀速以保证加工工件的表面质量;又如,为了减小机械运转过程中的动载荷,加速度应小于某一许用值等。除此以外,在运动规律的设计中,还应考虑到便于控制和协调配合。如确定一个轴为分配轴,向各个动作载体输入运动。这样,只要控制分配轴的运动和向各个载体输入运动的起始、终止时间,就可以实现各个分解运动的协调配合。

如前所述,同一种功能要求可以采用不同的工作原理来实现,而同一种工作原理,又可以采用不同的运动规律得到不同的运动方案。例如,为了实现从地下取液体(如水或石油)的功能要求,可以采用离心力(centrifugal force)扬液体的工作原理把其从地下扬到地面上来;也可以采用真空吸入和压出的工作原理把液体抽到地面上来。若采用后一种工作原理,就需要周期性地改变容体的容积,利用大气的压力使液体周期性地吸入和压出。改变容积的工艺动作(即运动规律的设计)可以有以下3种:

(1) 通过往复移动来改变容积,如图12-3(a)所示的往复泵。

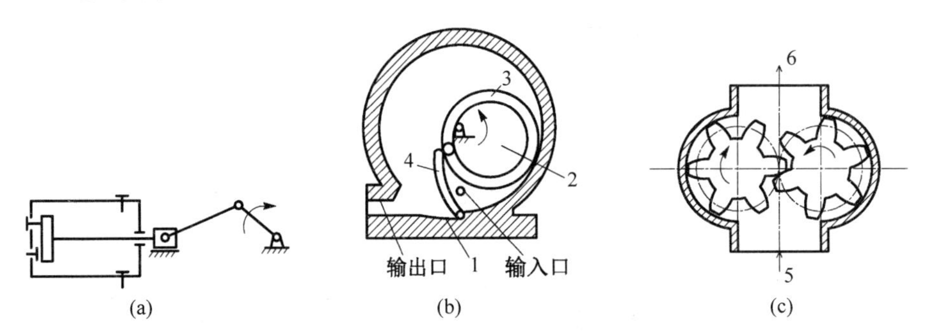

图12-3 3种不同的从地下取液体的运动规律方案

(a) 往复移动改变容积;(b) 往复摆动改变容积;(c) 旋转运动改变容积

1—泵体;2—偏心轮;3—配油盘;4—摆动构件;5—入口;6—出口

(2) 通过往复摆动来改变容积,如图12-3(b)所示。偏心轮(主动件2)转动时改变着作往复摆动的构件4左右两边的容积,当左边容积最大时,流体的输入口被遮住,随着构件2的转动,此容积逐渐缩小从而把流体从输出口压出;同时另一边容积逐渐增大,而流体从输入口中吸入。

(3) 通过旋转运动来改变容积,如图12-3(c)所示。当一对齿轮转动时,两边的齿间中所储的液体向出口处6输出,而啮合处的一对轮齿将两侧的液体封住,使液体不能通过啮合点。脱离啮合后,齿间容积逐渐增大而从入口5处将液体吸入。

又如,为了加工出内孔,可以采用刀具切削材料的工作原理来实现;也可以采用化学工作原理(如用化学试剂腐蚀出孔)和热熔工作原理(如电火花加工)来实现。

若选择刀具切削材料的工作原理作为加工内孔的功能原理，根据刀具与工件间相对运动的不同，加工内孔的工艺动作可以有不同的分解法，如图 12-4 所示。

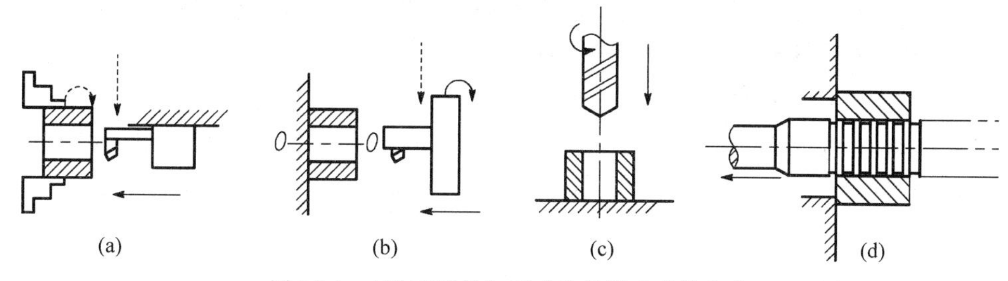

图 12-4　4 种不同的加工内孔的运动规律方案

(a) 车床方案；(b) 镗床方案；(c) 钻床方案；(d) 拉床方案

(1) 工件作连续等速转动，刀具作轴向等速移动。同时，为了加工到所需的内孔尺寸，刀具还需要作径向进给运动。这就得到如图 12-4(a)所示镗内孔的车床方案。

(2) 工件固定不动，让刀具既绕被加工孔的中心线转动，又沿轴向移动。同样，为了加工到所需的内孔尺寸，刀具还需作径向进给运动。这种分解方法就得到如图 12-4(b)所示镗内孔的镗床方案。

(3) 工件固定不动，而采用不同尺寸的专用刀具(钻头、绞刀等)，让刀具作等速转动的同时还作轴向移动。这种分解方法就得到如图 12-4(c)所示加工内孔的钻床方案。

(4) 工件固定，只让专用刀具作直线运动。这种分解方法就得到如图 12-4(d)所示的拉床方案。

在上面加工内孔的例子中，车、镗、钻和拉的 4 种方案各具不同的优缺点和不同的用途。当加工尺寸不太大的圆柱形工件(cylindrical workpieces)的内孔时，选用车床(lathe)镗内孔的方案比较简单。当加工尺寸很大且外形复杂的工件(如箱体上的主轴孔)时，由于将工件装在车床主轴上转动很不方便，因此适宜于采用镗床(boring)的方案。钻床(drilling machine)的方案取消了刀具的径向进给运动，工艺动作虽然简化，但带来了刀具的复杂化，且加工大的内孔有困难。拉床(broaching)的方案不但动作最简单，而且生产率也高，适合大批量生产；但除了所需的拉力大以外，刀具价格昂贵且不易制造。另外，不但拉削大零件和长孔时有困难，而且在拉孔前还需要在工件上预先制出拉孔所用的基孔和工作端面。因此，在进行运动规律设计和运动方案选择时，要综合考虑各方面的因素(如机械的所需特性、使用场合、生产批量的大小和经济性等)，根据实际情况对各种方案加以认真分析和比较，从中选出最佳方案。

12.3　执行系统的型综合和协调设计

1. 执行系统的型综合

当把机械的整个工艺过程所需的动作或功能分解成一系列基本动作或功能，并确定了完成这些动作或功能所需的执行构件数目和各执行构件的运动规律后，即可根据各基本动作或功能的要求，选择或创造合适的机构型式来实现这些动作。这一工作称为**执行机构的型综合**。

执行机构型综合的优劣，将直接影响到机械的工作质量、使用效果和结构的繁简程度。它是机械系统运动方案设计中举足轻重的一环，也是一项极具创造性的工作。

1）执行机构型综合的基本原则

在进行机构选型与组合时，设计者必须熟悉各种基本机构、常用机构的功能(function)、结构(structure)和特点(feature)。机构选型不能脱离设计者的经验和知识，并应遵循以下基本原则。

(1) 满足执行构件的工艺动作和运动要求

满足执行构件的工艺动作和运动要求，包括运动形式、运动规律和运动轨迹，是执行机构型综合首先要考虑的最基本问题。

(2) 尽量选择简单的基本机构

实现同样的运动要求，应尽量采用构件数和运动副数目较少的基本机构。原因如下：其一，运动链越短，构件(links)和运动副(kinematic pairs)的数目就越少，可降低制造费用，减轻机械重量；其二，有利于减少运动副摩擦带来的功率损耗(power loss)，提高机械的效率；其三，有利于减少运动链的累积误差，从而提高传动精度和工作可靠性；其四，构件数目的减少有利于提高机械系统的刚性(rigidity)。

图12-5(a)、(b)分别为精确的和近似的直线导向机构的简图，实践表明，在同一制造精度条件下，前者的实际传动误差是后者的2～3倍，因为前者的累积误差超过了后者的理论误差与累积误差之和。因此，选择后者的机构型式更好。

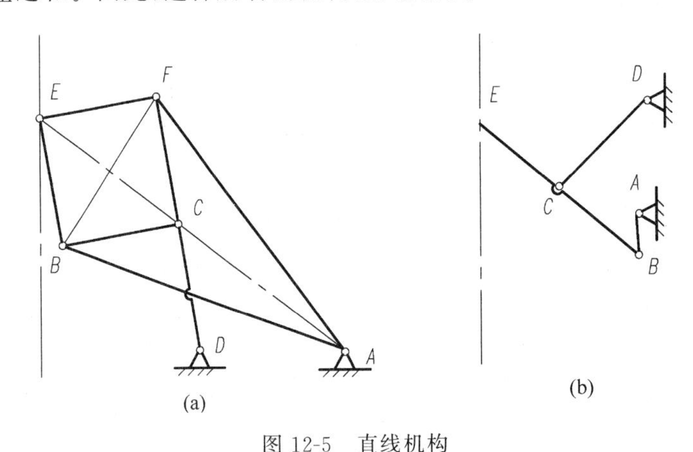

图12-5　直线机构

(a) 精确直线机构；(b) 近似直线机构

(3) 尽量减小机构的尺寸

设计机械时，在满足工作要求的前提下，应尽量使机械结构紧凑、尺寸小、质量轻。机械的尺寸和质量，随机构型式设计的不同有较大的差别。例如，在相同的运转参数下，行星轮系(planetary gear train)的尺寸和质量较定轴轮系(ordinary gear train)显著减小；在从动件移动行程较大的情况下，采用圆柱凸轮(cylindrical cam)要比采用盘形凸轮(disk cam)尺寸更为紧凑。

图 12-6(a)所示为驱动机械中某执行构件实现往复移动的对心曲柄滑块机构(slider-crank mechanism),由图中可以看出,若欲使滑块的行程为 s,则曲柄长度为 $s/2$；若利用杠杆行程放大原理,采用图 12-6(b)所示的机构,并使 $DC=CE$,则使滑块实现同样的行程 s,曲柄长度约为 $s/4$,连杆尺寸也相应减小了；为了达到同样的目的,也可利用齿轮倍增行程原理,采用图 12-6(c)所示的机构,当活动齿条的行程为 s 时,齿轮中心的行程为 $s/2$,曲柄长度可减小到 $s/4$。

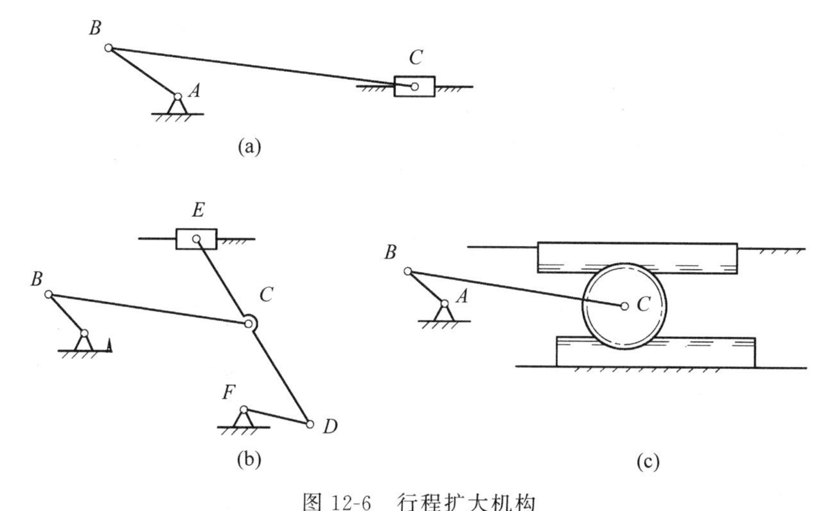

图 12-6　行程扩大机构

(a) 曲柄滑块机构；(b) 六杆增程机构；(c) 齿轮齿条增程机构

(4) 选择合适的运动副型式

运动副在机械传递运动和动力的过程中起着重要的作用,它直接影响到机械的结构形式、传动效率、寿命和灵敏度等。

一般来说,转动副(revolute pairs)易于制造,容易保证运动副元素的配合精度,且效率较高；同转动副相比,移动副(sliding pairs)元素制造较困难,不易保证配合精度,效率较低且易发生自锁或楔紧,故一般只宜用于作直线运动或将转动变为移动的场合。采用带高副(higher pair)的机构比较易于实现执行构件较复杂的运动规律或运动轨迹,且有可能减少构件数和运动副数目,从而缩短运动链；其缺点是高副元素形状较复杂且易于磨损,故一般用于低速轻载场合。需要指出的是,在某些情况下,采用高副虽然可以缩短运动链,但可能会造成机构尺寸较大。

(5) 考虑动力源的形式

机构的选型不仅与执行构件(即机构的输出构件)的运动形式有关,而且与机构的输入构件(主动件)的运动形式也有关。而主动件或原动件的运动形式则与所选驱动元件的类型、动力源的情况有关。如图 12-7 所示,执行机构系统常用驱动元件的类型主要有电动机(electric motor)、液压驱动装置(hydraulic drive device)、气压驱动装置(pneumatic drive device)、其他与材料特性有关的驱动元件四大类。当有气、液源时,应优先选用气动、液压机构,这样可以简化机械结构,省去或减少传动机构,从而缩短运动链,也可以减少制造和装配的复杂程度,减轻质量,降低成本,还可以减少机构的累积运动误差,提高机器的效率和工作可靠性。

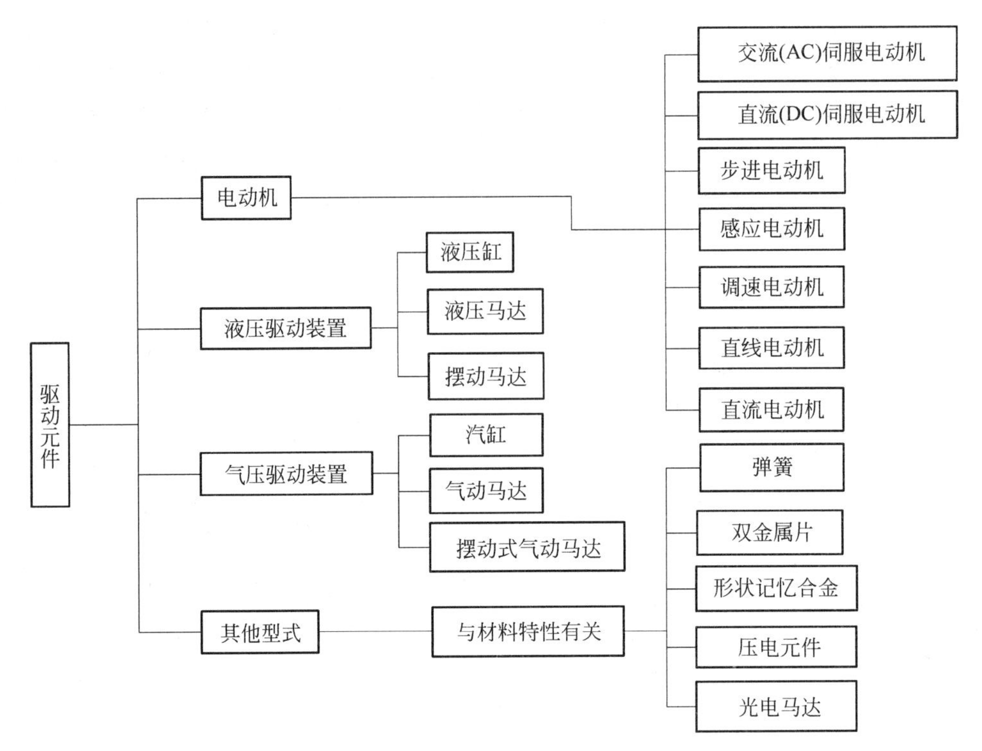

图 12-7　驱动元件的类型

(6) 使执行机构系统具有良好的传动和动力特性

为了提高机构的效率和改善机构的动力性能(dynamic performance),在进行机构选型时,应注意选用具有最大传动角(transmission angle)、最大增力系数和效率较高的机构,如牛头刨床上采用的导杆机构,这样可减少主动轴上的力矩和原动机的功率及机构的尺寸和质量。

机构中若有虚约束(redundant constraints),则要求提高加工和装配精度,否则将会产生很大的附加内应力,甚至会产生楔紧现象而使运动困难。因此,在进行执行机构型式设计时,应尽量避免采用虚约束。若为了改善受力状况、增加机构的刚度或减轻机构重量而必须引入虚约束时,则必须注意结构、尺寸等方面设计的合理性,必要时还需增加均载装置和采用自调结构等措施。

对于机械中高速运转的机构,如果作往复运动或平面复杂运动的构件惯性质量较大,或转动构件上有较大的偏心质量(eccentric mass),则在机械运转过程中易产生较大的动载荷(dynamic load),引起振动、噪声及效率降低。应该选择较易于进行动力平衡或质量分布较合理的机构。

为了改善机械的动力学性能,还应优先选用近似等速运动或加速度较小、变化连续的机构;要尽量选用无急回或急回较小的机构;还要考虑机构的结构刚度及移动副的间隙等因素。

(7) 使机械具有调节某些运动参数的能力

在某些机械的运转过程中,有些运动参数(如行程)需要经常调节;而在另一些机械中,虽然不需要在运转过程中调节运动参数，但为了安装、调试方便，也需要机构有调节环节。在这些情况下，进行执行机构型式设计时，要考虑使机构具有调节功能。

机构运动参数的调节，在不同情况下有不同的方法。一般来说，可以通过选择和设计具有两个自由度(freedom)的机构来实现。两自由度的机构具有两个原动件，可将其中一个作为主原动件输入主运动（即驱动机构实现工艺动作所要求的运动），而将另外一个作为调节原动件，当调节到需要位置后，使其固定不动，则整个机构就成为具有一个自由度的系统。在主原动件的驱动下，机构即可正常工作。

图 12-8(a)所示为一普通的曲柄摇杆机构(crank-rocker mechanism)，其摇杆的极限位置和摆角均不能在运转过程中调节。若将其改为图 12-8(b)所示的两自由度机构，取构件 1 为原动件，构件 2 为调节原动件，则改变构件 2 的位置，摇杆的摆角和极限位置就会发生相应的变化。调节适当后，即可使构件 2 固定不动，整个机构就变成了单自由度Ⅲ级机构了。

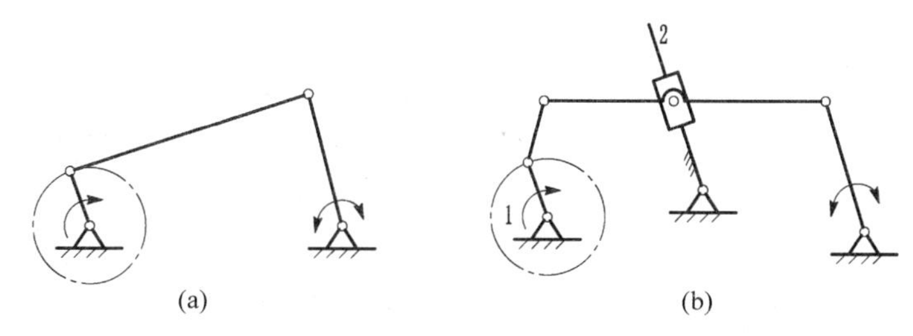

图 12-8　输出运动可调机构

(a) 曲柄摇杆机构；(b) 摇杆摆角可调机构

(8) 保证机械的安全运转

在进行执行机构型式设计时，必须考虑机械的安全运转问题，以防止发生机械损坏或出现生产和人身事故。例如，为了防止机械因过载而损坏，可采用具有过载保护性的带传动或摩擦传动机构；又如，为了防止起重机械的起吊部分在重物作用下自行倒转，可在运动链中设置具有自锁(self-locking)功能的机构(如蜗轮蜗杆机构)。

以上介绍了执行机构型综合时应遵循的一些基本原则。在设计时，应综合考虑，统筹兼顾，根据设计对象的具体情况，抓住主要矛盾，有所侧重。

执行机构型综合的方法分为两大类，即机构的选型和机构的构型，下面分别加以介绍。

2) 机构的选型

所谓机构的选型，就是将前人创造发明的各种机构，按照运动特性和动作功能进行分类，然后根据设计对象中执行构件所需要的运动特性和动作功能，考虑前述原则，进行搜索、选择、比较和评价，选出执行机构的合适型式。

(1) 按执行构件所需的运动特性进行机构选型

这种方法是从具有相同运动特性的机构中，按照执行构件所需的运动特性进行搜寻。当有多种机构均可满足所需要求时，则可根据上述原则，对初选的机构型式进行分析和比较，从中选择出较优的机构。

表 12-1 列出了执行构件常见的运动形式及实现这些运动形式的常用执行机构示例，可供选型时参考。

表12-1 执行构件常见的运动形式及其对应的执行机构示例

运动形式		常用执行机构示例
连续转动	定传动比匀速转动	平行四边形机构、双万向联轴节机构、齿轮机构、轮系、谐波齿轮传动机构、摩擦传动机构、挠性传动机构
	变传动比匀速转动	轴向滑移圆柱齿轮机构、复合轮系变速机构、摩擦传动机构、行星无级变速机构、挠性无级变速机构
	非匀速转动	双曲柄机构、转动导杆机构、单万向联轴节机构、非圆齿轮机构、某些组合机构
往复运动	往复移动	曲柄滑块机构、移动导杆机构、正弦机构、正切机构、移动从动件凸轮机构、齿轮齿条机构、楔块机构、气动机构、液压机构
	往复摆动	曲柄摇杆机构、双摇杆机构、摆动导杆机构、曲柄摇块机构、空间连杆机构、摆动从动件凸轮机构、某些组合机构
间歇运动	间歇转动	棘轮机构、槽轮机构、不完全齿轮机构、凸轮式间歇运动机构、某些组合机构
	间歇摆动	特殊形式的连杆机构、带有修止段轮廓摆动从动件的凸轮机构、齿轮连杆组合机构、利用连杆曲线圆弧段或直线段组成的多杆机构
	间歇移动	棘齿条机构、摩擦传动机构、从动件作间歇往复移动的凸轮机构、反凸轮机构、气动机构、液压机构、移动杆有停歇的斜面机构
预定轨迹	直线轨迹	连杆近似直线机构、八杆精确直线机构、某些组合机构
	曲线轨迹	利用连杆曲线实现预定轨迹的连杆机构、凸轮连杆组合机构、齿轮连杆组合机构、行星轮系与连杆组合机构、行星轮系
一般平面运动	刚体位置和姿态	平面连杆机构中的连杆、行星轮系和齿轮连杆组合机构

(2) 按形态学矩阵法组合优选执行机构系统

从机构所能实现的运动变换功能来分析,除前述运动形式变换外,还有以下几种运动变换功能:

① 实现运动合成与分解的机构,如差动轮系(differential gear train)、差动螺旋(differential spiral)等。

② 实现运动轴线变换的机构,如空间齿轮机构(spatial gear mechanism)、摩擦传动机构(friction driving mechanism)、气动机构及液压机构等。

③ 实现转速变换的机构,如所有非匀速变换机构。

④ 实现运动换向机构,如双向式棘轮机构(ratchet mechanism)、轮系(gear train)等。

⑤ 实现运动分支、连接、离合、过载保护等其他功能的机构和装置。从运动变换的角度看,任何一个复杂的执行机构都是由一些基本机构(如四杆机构、五杆机构、凸轮机构、齿轮机构、差动轮系等)所组成,这些基本机构的原动构件和从动构件运动形式不同,原动构件多数为连续匀速转动或往复移动,而从动构件的运动形式则各式各样。

如上所述,满足同一运动形式和功能要求的机构可以有多种,而一个机械系统通常又是由实现多种运动功能要求的机构协调构成的。为求得多方案,并从中优选最佳方案,形态学矩阵法是常用的一种方法。

设计者把系统分解成几个独立因素，并列出每个因素所包含的几种可能状态(作为列元素)构成形态学矩阵，通过组合找出可实施的方案。

例如，在四工位专用机床设计中，可以根据图 12-9 所示的四工位专用机床的运动转换功能图，对图中每个矩阵框中的功能选择合适的机构型式。然后，把纵坐标列为分功能，横坐标列为分功能解，即为分功能所选择的机构型式，这样形成的功能解组合矩阵称为**形态学矩阵**。

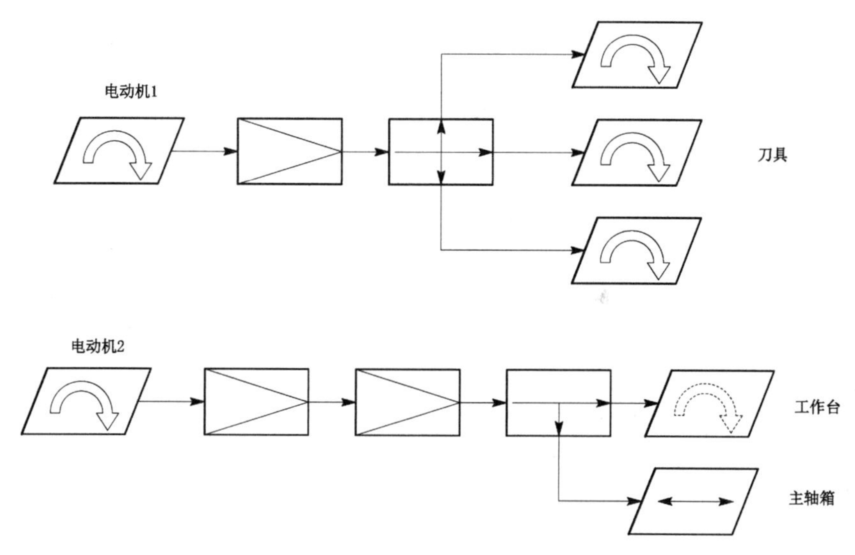

图 12-9 四工位专用机床运动转换功能图

表 12-2 所示为四工位专用机床的形态学矩阵。对该形态学矩阵的行、列进行组合就可以求解得到 N 种设计方案。

表 12-2 四工位专用机床形态学矩阵

分功能(功能元)		分功能解(匹配的执行机构)				
		1	2	3	4	5
减速 A		带传动	链传动	蜗杆传动	齿轮传动	摆线针轮传动
减速 B		带传动	链传动	蜗杆传动	齿轮传动	行星传动
工作台间歇转动 C		圆柱凸轮间歇机构	蜗轮凸轮间歇机构	曲柄摇杆棘轮机构	不完全齿轮机构	槽轮机构
主轴箱移动 D		移动从动件圆柱凸轮机构	移动从动件盘形凸轮机构	摆动从动件盘形凸轮与摆杆滑块机构	曲柄滑块机构	六杆滑块机构

$$N=5\times5\times5\times5=625(\text{种})$$

在这625种设计方案中首先剔除明显不合理的方案，再从是否满足预定的运动要求、运动链中机构安排的顺序是否合理、制造上的难易、可靠性的好坏等方面综合评价，然后选择较优的方案。在表12-2中，方案Ⅰ：$A_5+B_1+C_5+D_1$ 和方案Ⅱ：$A_1+B_5+C_4+D_3$ 是两组可选方案。

方案Ⅰ对应的机构系统运动简图如图12-10所示。

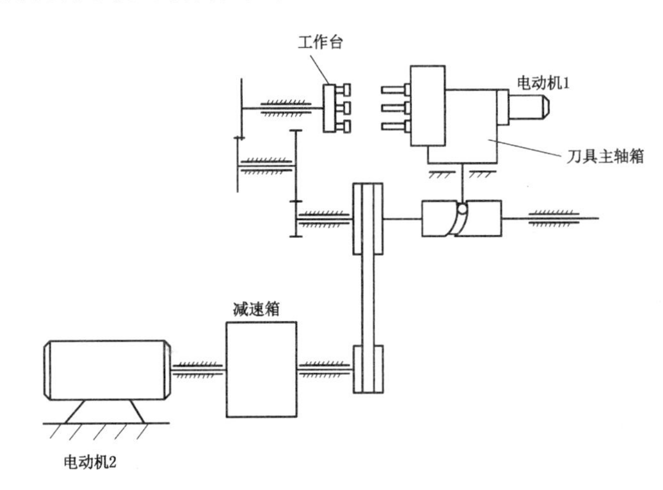

图12-10　四工位专用机床的机构系统运动简图

3）机构的构型

在根据执行构件的运动特性或功能要求采用类比法进行机构选型时，若所选择的机构型式不能完全实现预期的要求，或虽能实现功能要求但存在着或结构较复杂，或运动精度不当和动力性能(dynamic performance)欠佳，或占据空间较大等缺点，在这种情况下，设计者需要另辟蹊径来完成执行机构的型式设计，即先从常用机构中选择一种功能和原理与工作要求相近的机构，然后在此基础上重新构造机构的结构型式，这一过程称为**机构的构型**，它是一项比机构选型更具创造性的工作。

机构构型的过程通常分为以下3个阶段。

(1) 选择：对现有数以千计的机构进行分析、研究，通过类比选择出基本机构的雏形；

(2) 突破：以选择的雏形机构为基础，通过扩展、变异和组合等方法去尝试突破，以获得新构思；

(3) 重新构型：在突破的基础上，重新构建能完成预期功能且性能优良的新机构。

机构构型的创新方法很多，常用的有以下几种方法。

(1) 充分利用现有机构的运动和结构特点创新机构

利用成型固定构件，在机架上安装斜面(inclined plane)、圆弧(arc)等成型零件，使之参与相对运动过程，有时会起到意想不到的简化机构的作用。

对于折边式包裹包装机，在进行侧面上下折边和折后端左右边角时，都是用移动凸轮机构(translating cam mechanism)的原理来完成的，此时已折成图12-11左图所示情况，接下来应完成折后端左右角和上下端折角这两个动作。为了简化机构，我们可以设计两对特殊形状的固定模板 1 和 2,此时只要将包装物体向右推动,通过固定模板 1 就完成后端左右边角的折角动作;再向右推动,通过固定模板 2 就完成上下端折角动作。这种构思的方法,使折边式裹包机大为简化,且动作的可靠性(reliability)提高。

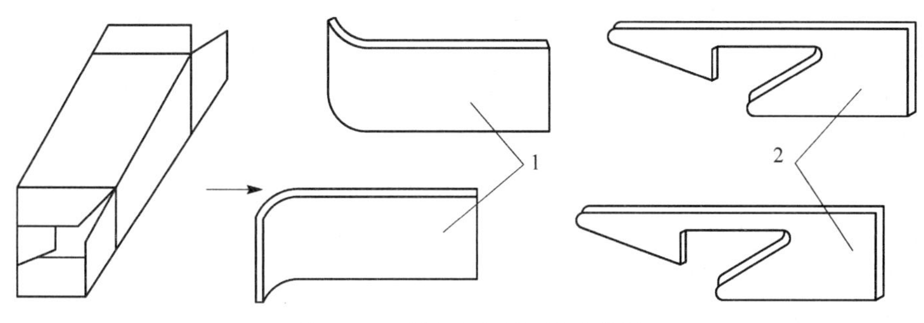

图 12-11 折边式包裹包装和模板

又如,滚动轴承(rolling element bearing)制造厂往往要求对大量的轴承钢珠按不同直径进行筛选。为了提高筛选效率,可使钢珠沿着两条斜放的不等距棒条滚动,如图 12-12 所示。当钢珠沿这两条棒条滚动时,尺寸小的钢珠由于棒条夹不住靠自重先行落下,大一些的钢珠则可多移动一段距离。钢珠落下的先后与其直径大小成比例,于是就达到了钢珠尺寸分级的目的。

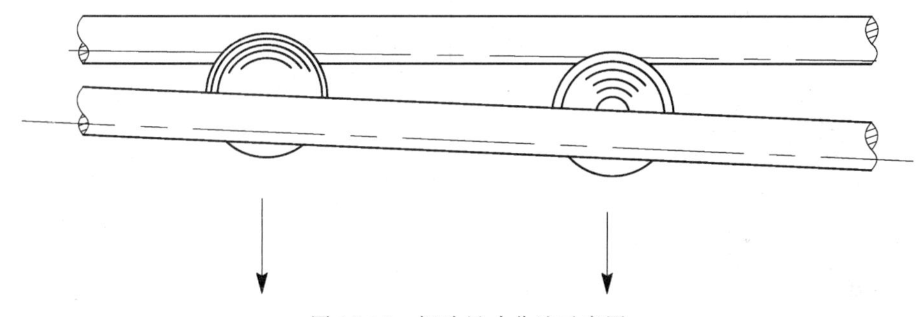

图 12-12 钢珠尺寸分选示意图

图 12-13 所示的子弹整列机是以机架的构型作模板,使被整列的物体自行作物料整列动作。子弹的重心在圆柱体部分,当滑块左右移动时推移被整列的物料达到右方槽内尖角时,便可以由物料的重心自行整列,使圆柱体朝下,尖端朝上。

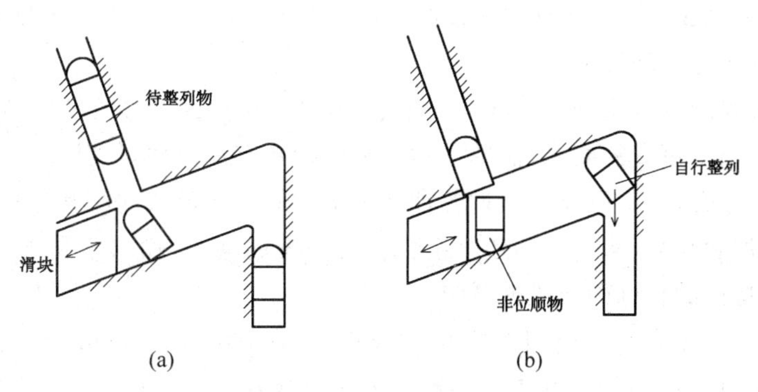

图 12-13 自行整列机构

在轻工业生产中,如糖果、饼干、香烟、香皂等的裹包和颗粒状、液体状食品的制袋充填等比较复杂的工艺动作过程,如果按通常的工艺动作过程分解方法,对每个动作采用一个执行机构来完成,那么机械中的机构型式将很多,结构便很复杂。所以为了使机构的结构型式简单、合理、新颖,采用一些特殊形状成型固定构件来完成较为复杂的动作过程是一种有效的机构构型创新设计方法。

(2) 利用基本机构构型的变异设计新机构

① 机构运动副类型的变换。

改变机构中的某个或多个运动副(kinematic pair)的型式,可创新出不同运动性能的机构。通常的变换方式有两种:一种是转动副(revolute pair)与移动副(sliding pair)之间的互换;另一种是高副和低副之间的互换。

若将图 12-14(a)中铰链四杆机构的连杆与从动摇杆相连的转动副变为移动副,则可得到图 12-14(b)所示的摆动导杆机构与摆杆滑块机构的串联组合方案。

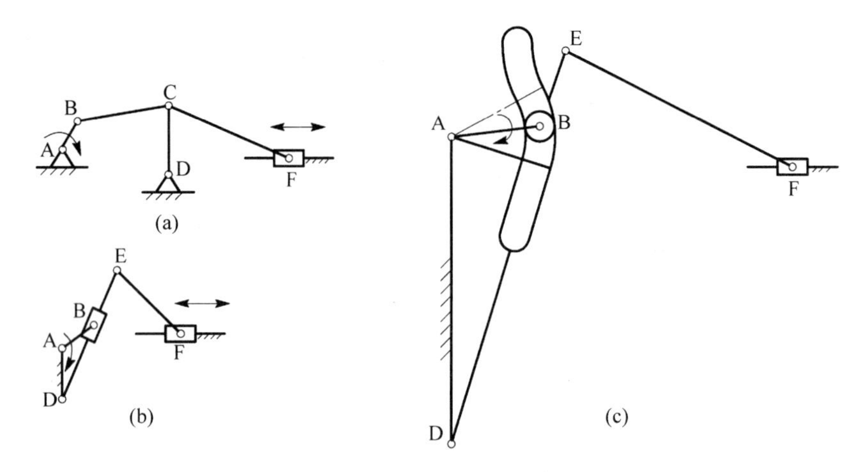

图 12-14 冲压机构的变异

② 机构局部结构的改变。

在图 12-14 所示的冲压机构(punching mechanism)中,为了使冲头 F 获得准确的停歇功能,可将导杆槽由直槽改为带有一段圆弧的曲线槽,且使圆弧的半径等于曲柄(crank)长 AB,其中心与曲柄转轴 A 重合,并将滑块 B 改成滚子(roller),如图 12-14(c)所示。经过如上变异后,当曲柄 AB 运动至导杆曲线槽圆弧段位置时,冲头 F 将获得准确的停歇。

(3) 机构构型的组合创新

随着生产过程的机械化(mechanization)、自动化(automation)的发展,对执行构件的运动和动力特性提出了更高的要求,而单一的基本机构具有局限性,使其在某些性能上不能满足要求。机构的组合,其实质就是通过各种基本机构间一定形式的相互连接,实现前置输出运动的变换、叠加和组合,从而得到整个组合机构系统的输入/输出不同于任何基本机构的运动学、动力学特征的新机构或机械系统。

例如,图 12-15 所示为铰链四杆机构(revolute four-bar mechanism)与曲柄滑块机构(slider-crank mechanism)的串联组合。根据串联组合方式的特点,若将两机构均处于极限位置(limit position)时串联起来,则在该位置时,铰链四杆机构 ABCD 的从动杆 CD(即曲柄滑块机构 DCF 的主动杆）和曲柄滑块机构的从动滑块 F 都处在速度为零的位置，而在该位置前后，两者的速度都比较小，因而滑块的速度在较长时间内可近似看作为零，即滑块实现了近似停歇功能。

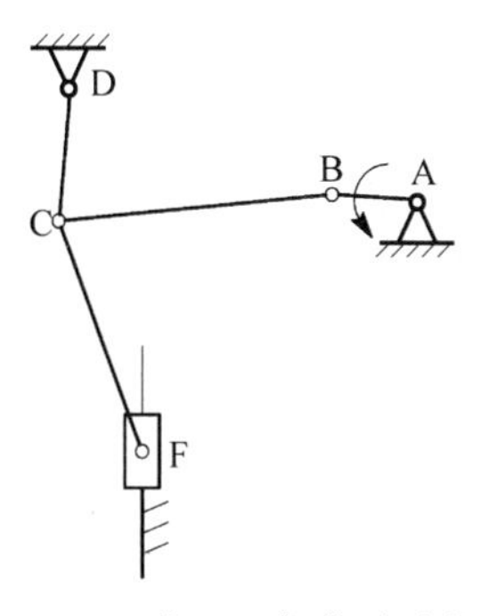

图 12-15　实现近似停歇功能的连杆机构

2. 执行系统的协调设计

当根据生产工艺要求确定了机械的工作原理和各执行机构的运动规律，并确定了各执行机构的型式及驱动方式后，还必须将各执行机构统一于一个整体，形成一个完整的执行系统，使这些机构以一定的次序协调动作，互相配合，以完成机械预定的功能和生产过程。这方面的工作称为执行系统的协调设计。如果各个动作不协调，就会破坏整个机械的工作过程，达不到工作要求，甚至会损坏机件和产品，造成生产和人身事故。因此，执行系统的协调设计是机械系统方案设计中不可缺少的一环。

1）执行系统协调设计的原则

（1）满足各执行机构动作先后的顺序性要求。执行系统中各执行机构的动作过程和先后顺序，必须符合工艺过程所提出的要求，以确保系统中各执行机构最终完成的动作及物质、能量、信息传递的总体效果能满足设计任务书中所规定的功能要求和技术要求。

（2）满足各执行机构动作在时间上的同步性要求。为了保证各执行机构的动作不仅能够以一定的先后顺序进行，而且整个系统能够周而复始地循环协调工作，必须使各执行机构的运动循环时间间隔相同，或按工艺要求成一定的倍数关系。

（3）满足各执行机构在空间布置上的协调性要求。为了使执行系统能够完成预期的工作任务，除了应保证各执行机构在动作顺序和时间上的协调配合外，还应考虑它们在空间位置上的协调一致。对于有位置制约的执行系统，必须进行各执行机构在空间位置上的协调设计，以保证在运动过程中各执行机构之间以及机构与周围环境之间不发生干涉。

（4）满足各执行机构操作上的协同性要求。当两个或两个以上的执行机构同时作用于同一操作对象完成同一执行动作时，各执行机构之间的运动必须协同一致。

（5）各执行机构的动作安排要有利于提高劳动生产率。为了提高劳动生产率，应尽量缩短执行系统的工作循环周期。通常可采用两种办法，其一是尽量缩短各执行机构工作行程（working stroke）和空回行程（return stroke）的时间，特别是空回行程的时间；其二是在前一个执行机构回程结束之前，后一个执行机构就开始工作行程，即在不产生相互干涉的前提下，充分利用两个执行机构的空间裕量，在系统中有多个执行机构的情况下，采用这种方法可取得明显效果。例如自动车床（automatic lathe）上，只要合理安排各刀具的进、退刀位置，保证不撞刀，在前一工序结束加工尚未退出刀具时，就可让后一工序的刀具开始进刀，从而缩短整个系统的工作循环周期，提高了生产率。

（6）各执行机构的布置要有利于系统的能量协调和效率的提高。当进行执行系统的协调设计时，不仅要考虑系统实现的运动和完成的工艺动作，还要考虑功率流向、能量分配和机械效率。例如，当系统中包含有多个低速大功率执行机构时，宜采用多个运动链并行的连接方式；当系统中具有几个功率不大、效率均很高的执行机构时，采用串联方式比较适宜。

2) 执行系统协调设计的方法

根据生产工艺的不同,机械的运动循环(motion cycle)可分为两大类:一类是机械中各执行机构的运动规律是非周期性的(non-cyclical),它根据工作条件的不同而随时改变,具有相当大的随机性,例如起重机、建筑机械和某些工程机械,就是这种可变运动循环的例子;另一类是机械中各执行机构的运动是周期性的,即经过一定的时间间隔后,各执行构件的位移(displacement)、速度(velocity)和加速度(acceleration)等运动参数周期性地重复,生产中大多数机械都属于这种固定运动循环的机械。本节介绍这类机械执行系统协调设计的方法。

对于固定运动循环的机械,当采用机械方式集中控制时,通常用分配轴或主轴与各执行机构的主动件连接起来,或者用分配轴上的凸轮控制各执行机构的主动件。各执行机构主动件在主轴上的安装方位,或者控制各执行机构主动件的凸轮在分配轴上的安装方位,均是根据执行系统协调设计的结果来决定的。

执行系统协调设计的步骤如下:

(1) 确定机械的工作循环周期。根据设计任务书中所定的机械理论生产率(theoretical productivity),确定机械的工作循环周期(working cycle)。机械的工作循环周期即机械的运动循环周期,它是指一个产品生产的整个工艺过程所需要的总时间,用 T 来表示。

(2) 确定机械在一个运动循环中各执行构件的各个行程段及其所需时间。根据机械生产工艺过程,分别确定各个执行构件的工作行程段、空回行程段和可能具有的若干个停歇段。确定各执行构件在每个行程段所需花费的时间以及对应于原动件(主轴或分配轴)的转角。

(3) 确定各执行构件动作间的协调配合关系。根据机械生产过程对工艺动作先后顺序和配合关系的要求,协调各执行构件各行程段的配合关系。此时,不仅要考虑动作的先后顺序,还应考虑各执行机构在时间和空间上的协调性,即不仅要保证各执行机构在时间上按一定顺序协调配合,而且要保证在运动过程中不会产生空间位置上的相互干涉。

下面以冷霜自动灌装机为例来说明机械执行系统协调设计的过程。

如图12-16所示,冷霜自动灌装机应完成以下几个基本动作:

(1) 空盒在输送带上排列成行且空腔向上,由输送带送至转盘上的位置 A 中,如图12-16(a)所示。

(2) 轮盘间歇转动,每次转60°,把空盒间断地由 A 位置送至 B 位置。

(3) 顶杆1把停在 B 位置上的空盒2向上顶起(见图12-16(b)),使空盒紧贴出料管4上的刮料板3。刮料板3的下端面为一耐油耐磨的橡皮圈6,刮料板与出料管之间装有弹簧(spring)5。当空盒靠上橡皮圈、顶杆继续向上顶时,便压缩弹簧(compression spring)使刮料板随空盒一起上升,直到顶杆停在上死点位置(dead point position),冷霜即可由出料管进入四周密闭的空盒。当空盒被灌满冷霜后,顶杆开始下降,到盒与刮料板刚要分开时,顶杆停止不动,这时转盘开始转动,使盒和刮料板产生相对运动,把盒内冷霜表面刮平。然后顶杆继续下降直到下死点位置停止不动,准备下一个空盒的灌装。

(4) 定量泵把冷霜灌注入空盒的动作。如图12-16(b)所示,当活塞杆(piston rod)9向上运动时,带动板11推动活塞7向上,从料斗流入泵上半部的冷霜即通过活门8及板11上

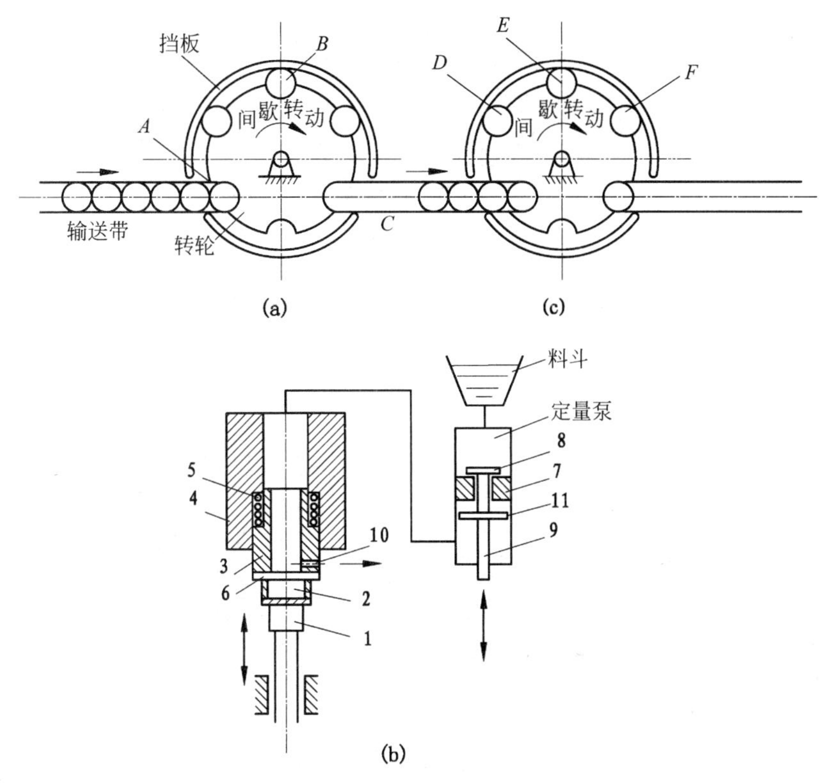

图 12-16　冷霜自动灌装机示意图

的孔流入泵的下半部。当活塞杆向下运动时，先使活门压住活塞上的孔将活门关闭，然后带动活塞向下运动，把下半部的冷霜压出，通过出料管注入空盒。空盒内的空气及多余冷霜将由出孔 10 挤出，回到料斗。

灌满冷霜后的盒子将被转盘带至位置 C，由下面的输送带传出，送至下一道工序——盖盒盖(见图 12-16(c))。

由以上分析可知，冷霜灌装工序的工艺动作需要 4 个基本运动来完成，即输送带的连续运动，转盘的间歇分度运动，顶杆的中间带有停歇的上、下往复运动，定量泵活塞杆的上、下往复运动。每一个运动可由一种机构来实现。通过执行机构的型式设计阶段，已选取了如图 12-17(b)所示的 4 个执行机构：

(1) 选用链传动机构(chain driving mechanism)Ⅰ实现输送带的连续运动；

(2) 选用径向槽数为 6 的外槽轮机构(geneva mechanism)Ⅱ实现转盘的间歇分度运动；

(3) 选用凸轮、连杆串联机构Ⅲ实现顶杆的带有停歇的上下往复运动；

(4) 选用行程可调的连杆机构Ⅳ实现定量泵活塞杆的上下往复运动，活塞杆的上下移动量可通过调节丝杠调节，以控制灌装不同规格冷霜时冷霜的供给量。

确定了各执行机构的型式后，即可着手对各执行机构进行协调设计了。

首先，根据设计任务书中规定的理论生产率 $Q=30$ 盒/min，计算出机械运动循环的周期 $T=\frac{60}{30}=2\text{s}$。然后，确定在这段时间内各执行构件的行程区段：输送带有一个行程区

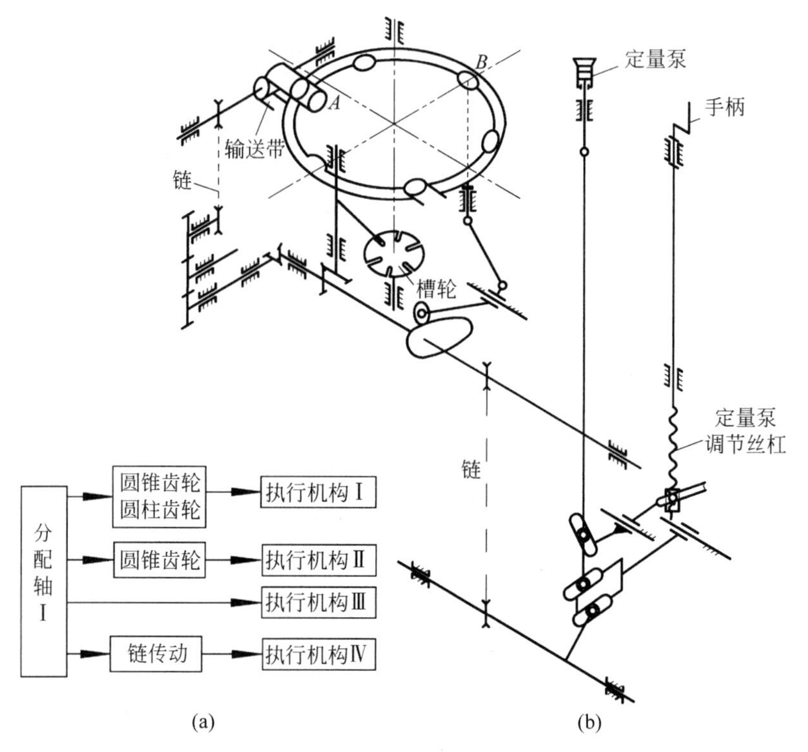

图 12-17 冷霜自动灌装机的执行机构

段——连续运动;转盘有两个行程区段——转位和停歇,其动停比 $k=\frac{z-2}{z+2}=\frac{6-2}{6+2}=\frac{1}{2}$,即在1个循环中,$\frac{1}{3}$时间转动,$\frac{2}{3}$时间停歇;顶杆有6个行程区段——上顶、停歇、下降、停歇、下降、停歇;定量泵活塞杆有2个行程区段——上升和下降。最后,协调各执行机构动作的配合关系。此时应注意以下问题:

(1) 为了保证各执行机构在运动时间上的同步性,将各执行机构的主动件直接安装在同一根分配轴上或通过一些传动装置把它们与分配轴相连。如图12-17(a)所示,把执行机构Ⅰ的主动件链轮(chain wheel)通过圆锥齿轮(bevel gear)和圆柱齿轮(cylindrical gear)机构与分配轴1相连,以保证分配轴转1周,输送带送一个空盒至 A 位置;将执行机构Ⅱ的主动件销轴通过圆锥齿轮与分配轴1相连,以保证分配轴转1周销轴也转1周,通过槽轮带动转盘转过60°;将执行机构Ⅲ的主动件盘形凸轮(disk cam)直接安装在分配轴1上,以保证分配轴转1周,顶杆完成上述6个行程区段;将执行机构Ⅳ的主动件通过链传动机构与分配轴1相连,以保证分配轴转1周,活塞杆上、下往复运动1个循环。

(2) 由于转盘的运动轨迹(trajectory)和顶杆的运动轨迹是相交的,故在安排这两个执行构件的运动时,不仅要注意时间上的协调性,还应注意其空间位置上的协调性,以防止转盘尚未停止顶杆就上升到了顶起位置,顶到转盘上造成机件损坏。

(3) 由于顶杆与定量泵活塞杆的操作对象是同一空盒,故在安排这两个构件的运动时,应注意使其协同一致。否则,当空盒尚未被顶到预定位置(predetermined position),而定量泵已开始挤冷霜,就会造成冷霜不灌入盒内而流入机器内,完不成工艺要求。

(4) 为了保证机械有较高的生产率，在保证不发生干涉的前提下，应尽量使各执行机构的动作有部分重合，以缩短机械的工作循环周期。例如，在盒内冷霜表面被刮平、转盘尚未转到下个工位前，就可使顶杆开始向底部下降和停歇，以准备下一个空盒的灌注；在顶杆向上顶起空盒时，活塞杆就可开始下移装料，当空盒被顶至预定位置停止时，灌装正好开始。

3) 机械运动循环图

用来描述各执行构件运动间相互协调配合的图称为**机械运动循环图**(mechanical motion cycle chart)。

由于机械在主轴或分配轴转动 1 周或若干周内完成 1 个运动循环，故运动循环图常以主轴或分配轴的转角为坐标来绘制。通常选取机械中某一主要的执行构件作为参考件，取其有代表性的特征位置作为起始位置(starting position)(通常以生产工艺的起始点作为运动循环的起始点)，由此来确定其他执行构件的运动相对于该主要执行构件运动的先后次序和配合关系。

(1) 运动循环图的形式

常用的机械运动循环图有 3 种形式，如表 12-3 所示。

表 12-3　机械运动循环图的形式、绘制方法和特点

形　式	绘 制 方 法	特　点
直线式	将机械在 1 个运动循环中各执行构件各行程区段的起止时间和先后顺序，按比例绘制在直线坐标轴上	绘制方法简单，能清楚地表示出一个运动循环内各执行构件运动的相互顺序和时间关系；直观性较差，不能显示各执行构件运动规律
圆周式	以极坐标系原点 O 为圆心作若干个同心圆环，每个圆环代表一个执行构件，由各相应圆环分别引径向直线表示各执行构件不同运动状态的起始和终止位置	能比较直观地看出各执行机构主动件在主轴或分配轴上所处的相位，便于各机构的设计、安装和调试；当执行机构数目较多时，由于同心圆环太多不能一目了然，也无法显示各执行构件的运动规律
直角坐标式	用横坐标轴表示机械主轴或分配轴转角，以纵坐标轴表示各执行构件的角位移或线位移，为简明起见，各区段之间均用直线连接	不仅能清楚地表示出各执行构件动作的先后顺序，而且能表示出各执行构件在各区段的运动规律。对指导各执行机构的几何尺寸设计非常便利

图 12-18(a)、(b)、(c)分别为冷霜自动灌装机的 3 种形式的运动循环图。

(2) 运动循环图的功能

① 保证各执行构件的动作相互协调、紧密配合，使机械顺利实现预期的工艺动作。

② 运动循环图为进一步设计各执行机构的运动尺寸提供了重要依据。例如，从冷霜自动灌装机的运动循环图中可以看出：当分配轴转过 40°时，顶杆上升 10mm；当分配轴接着转 120°时，顶杆在最上端静止不动；当分配轴再转 20°时，顶杆下降 8mm；当分配轴从 180°转至 250°时，顶杆静止不动；当分配轴从 250°转至 270°时，顶杆下降 2mm 至最底部；在分配轴转动 1 个周期中最后 90°时，顶杆又静止不动。有了这些数据，就不难对安装在分配轴

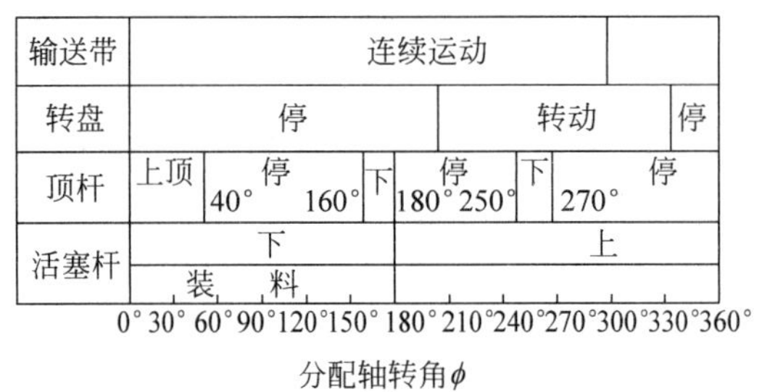

(a)

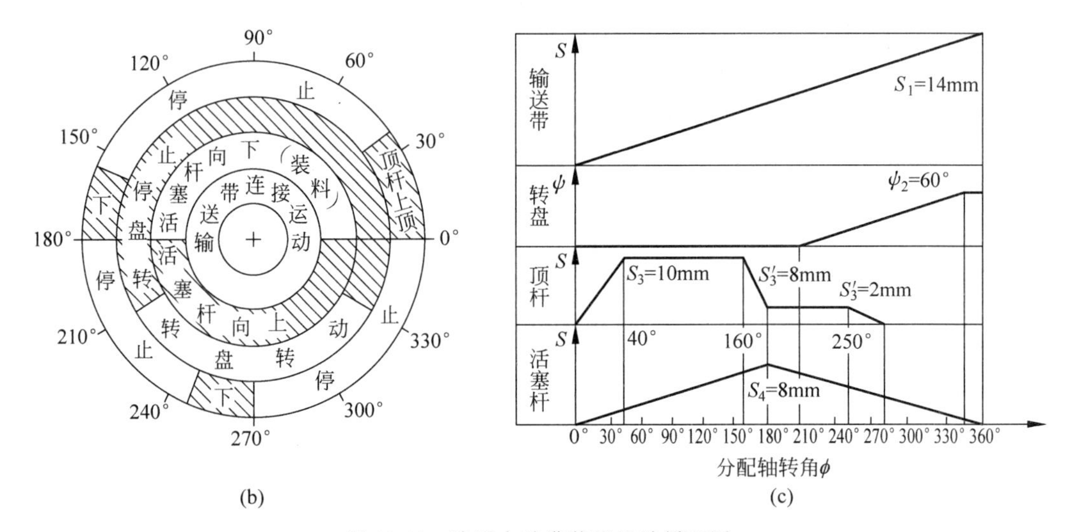

(b) (c)

图 12-18 冷霜自动灌装机运动循环图

上的凸轮的廓线进行设计了。

③ 为机械系统的安装(installation)、调试提供了依据。例如,从图 12-18(b)可以看出凸轮在分配轴上的相对位置,若凸轮是通过键与分配轴相连接的,则可据此确定凸轮上键槽(key groove)的位置。

需要说明的是,在完成各执行机构的尺寸设计后,有时由于结构和整体布局等方面的原因,还需要对运动循环图进行修改。

12.4 基于功能分析的执行系统方案设计

用基于功能分析的方法设计机械的执行系统时,应首先研究它需要完成的总功能,然后将机械产品的总功能进行逐级分解,直至简单得不能再分解的功能元。通过对功能元的求解与组合常常可以获得执行系统方案设计的多种解。最后进行方案评价,从中选出最优者。另外,一般还应进行各个分功能解(即执行机构)之间的协调设计,如 12.3 节所述。

1. 功能分析

1）总功能

总功能是机械执行系统要完成的总任务。对总功能的描述要语言简洁、合理抽象、抓住本质。功能不同于用途，如钢笔的用途是写字，而其功能是储存和输出墨水；电动机的用途是作原动机，而其功能是实现能量的转换——将电能转换为机械能。

2）功能分解与功能结构

为了便于实现，一个系统的总功能常常需要分解成若干个分功能，并相应找出实现各分功能的原理方案。如果有些分功能太复杂，则可进一步分解为更低层次的分功能，直到不能再分解的基本功能单元为止，这个基本功能单元称为功能元（function unit）。功能元是直接能求解的功能单元。反之，将同一层次的功能组合起来，应能满足上一层次的功能要求，最后组合成的整体应能满足总功能的要求。这种功能的分解和组合关系称为功能结构。

因功能结构为树形结构，所以又称为功能树，如图 12-19 所示。树中前级功能是后级功能的目的功能，而后级功能是前级功能的手段功能。

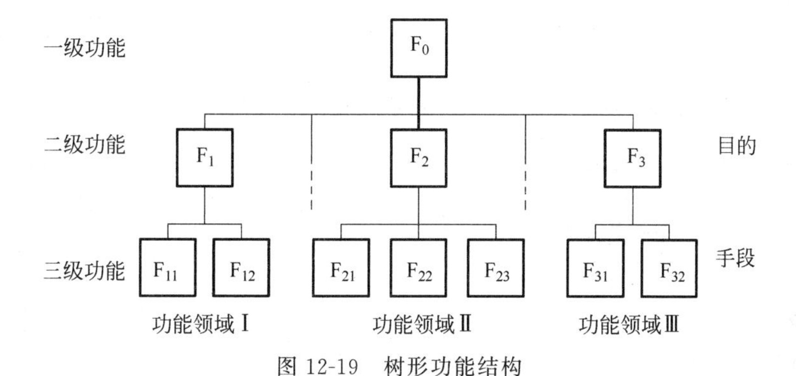

图 12-19　树形功能结构

3）功能元

功能元可分为三类，即物理功能元、逻辑功能元和数学功能元。物理功能元能对能量（energy）、物料（materials）、信号（signal）进行变换，如放大缩小、合并分离、传导阻隔和储存等。逻辑功能元主要有“与”“或”“非”，主要用于信号和操纵控制系统。数学功能元进行某些数字量、模拟量的加、减、乘、除、乘方、开方、积分和微分等运算。

机械执行机构的主要功能是进行运动和力的变换，与之相关的功能元的表示法如表 12-4 所示。

4）功能元求解

同一种功能元，可以采用不同的作用原理或不同的运动规律来实现，从而得到不同的功能解，即得到不同的机构。尽量把能实现同一功能元的功能解都找出来，以便选择一个适合的优良解。比如要求“能量储存”这一功能元的解，首先想到的是机械能（mechanical energy）储存方法，有势能储存、动能储存，若我们通过能量种类变异就可以得到更多的能量储存方法，如表 12-5 所示。

表 12-4 与运动变换和力变换相关的功能元的表示法

基本功能	表示符号	基本功能	表示符号
运动形式变换	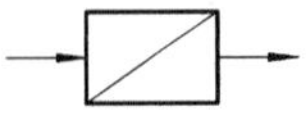	运动合成	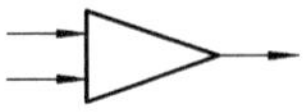
运动方向交替变换	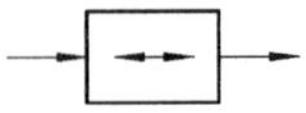	运动分解	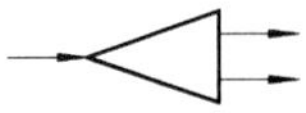
运动轴线变向	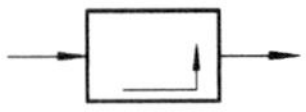	运动脱离	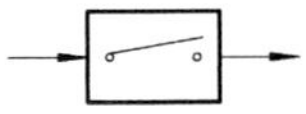
运动(位移或速度)放大	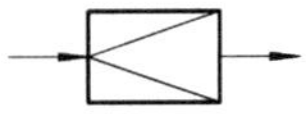	运动连接	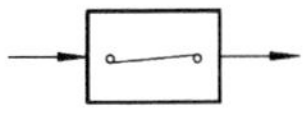
运动(位移或速度)缩小	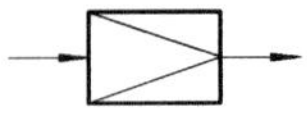		

表 12-5 通过能量种类的变异并采用不同作用原理实现能量储存功能

能量种类 作用原理	机械能	液力、气动能	电能	热能
1	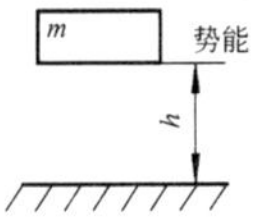 m 势能 h	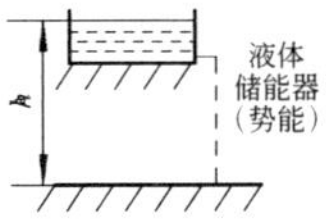 h 液体储能器(势能)	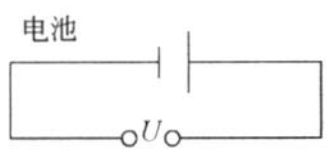 电池 U	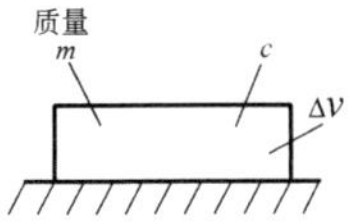 质量 m c Δv
2	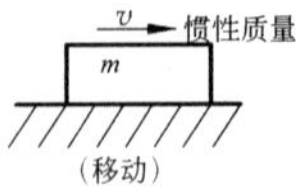 v 惯性质量 m (移动)	流动着的流体	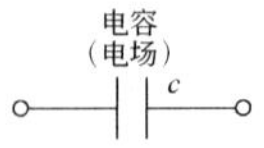 电容(电场) c	加热厂的液体
3	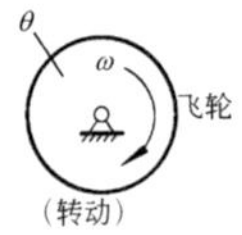 θ ω 飞轮 (转动)			过热蒸汽
4	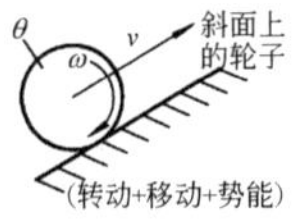 θ ω v 斜面上的轮子 (转动+移动+势能)			
5	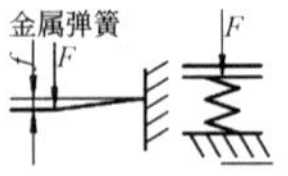 金属弹簧 F F	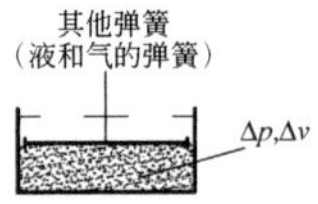 其他弹簧(液和气的弹簧) $\Delta p,\Delta v$		
6		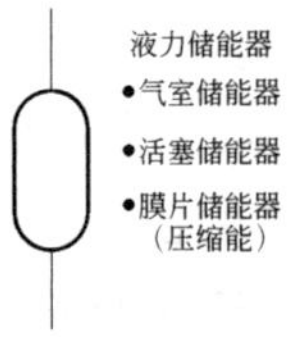 液力储能器 •气室储能器 •活塞储能器 •膜片储能器 (压缩能)		

又如，我们要实现的功能元是将一定长度的直钢丝模压成图 12-20 所示的形状。若采用运动规律变异的方法就可得到更多的功能元解，如表 12-6 所示。第 1 种和第 2 种是通过阴模固定、阳模移动来实现。其中，第 1 种沿 y 轴移动，第 2 种沿 z 轴移动。第 3、第 4 和第 5 种是通过阴模固定、阳模分别绕 x 轴、y 轴和 z 轴转动来实现。第 6、第 7 和第 8 种是通过阳模和阴模同时运动来实现。其中，第 6 和第 7 种是阳模和阴模同时沿 y 方向和 z 方向往复移动来实现。第 8 种是阳模和阴模分别绕 y 轴和 z 轴转动来实现。

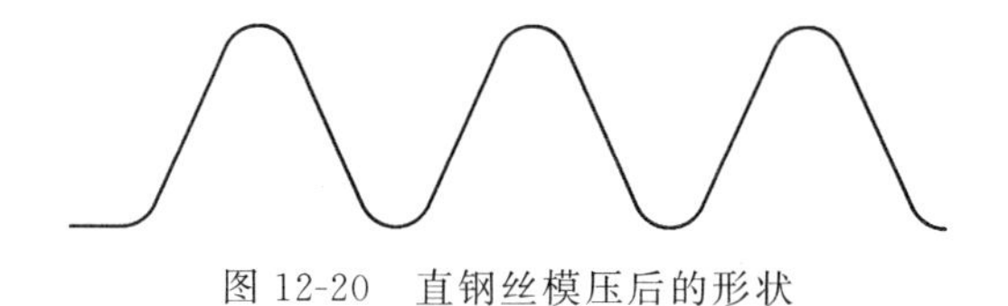
图 12-20　直钢丝模压后的形状

表 12-6　通过运动规律变异，用不同方法实现钢丝的变形

序号	作用原理	运动的坐标表示	序号	作用原理	运动的坐标表示
1	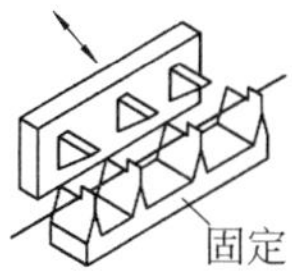 固定	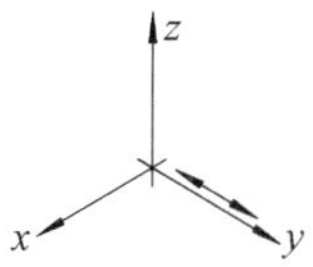	5	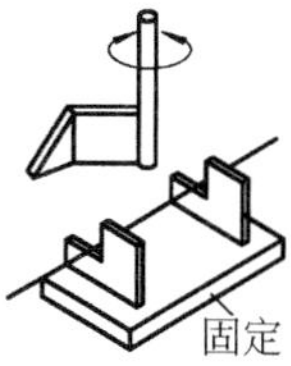 固定	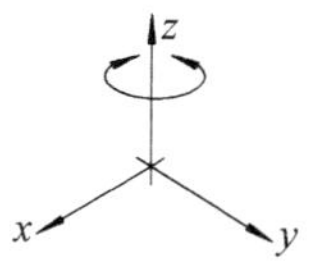
2	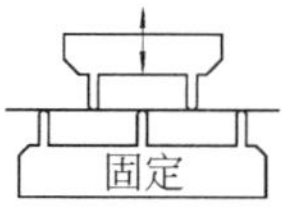 固定	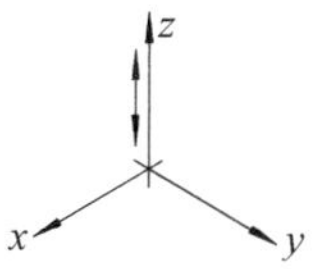	6	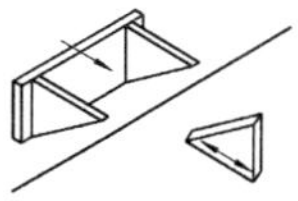	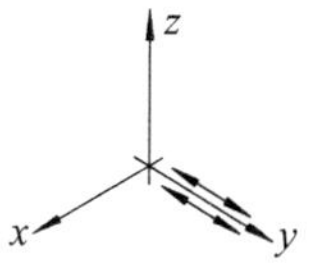
3	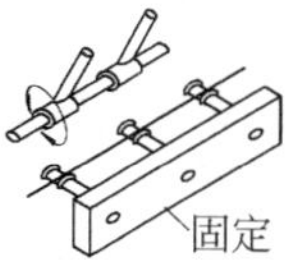 固定	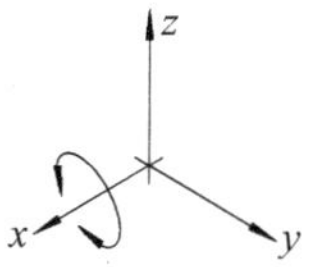	7	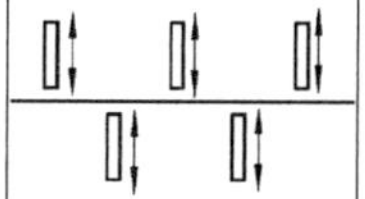	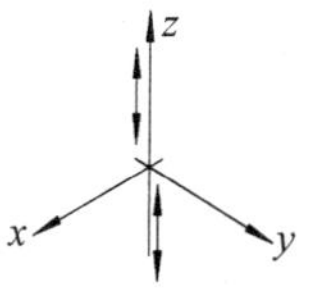
4	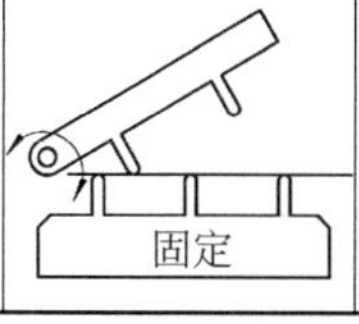 固定	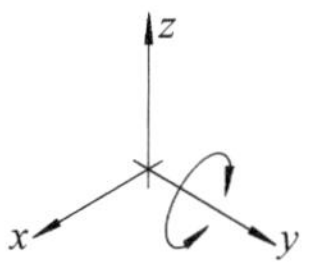	8		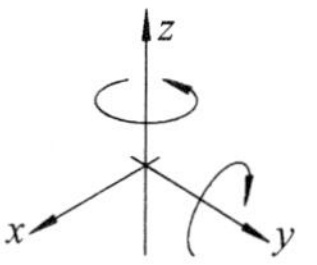

为了便于应用，常将某些功能元的解用“解法目录”的形式列出来，它是功能元的已知解或经过考验的解的汇编。解法目录中的解称为**解谱**。对解法目录有下列要求：

(1) 可快速地根据设计任务的要求来检索目录中汇编的解；

(2) 汇编人的解谱要尽量充分、完备，至少是可以补全的；

(3) 尽可能完全独立于部门或工厂，以使其广泛可用；

(4) 既可用于传统的设计过程，也可用于采用计算机的设计。

用机构来实现增力功能元的解法目录如表 12-7 所示。

表 12-7 用机构来实现增力功能的解法目录

序号	功能元解	功能元解的简图	说明和计算公式
1	杠杆机构	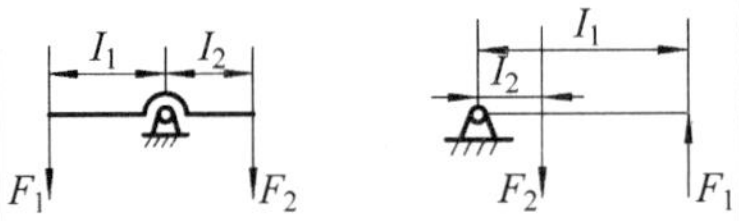	计算公式为 $F_2=F_1l_1/l_2$，当 $l_1>l_2$ 时，用较小的力 F_1 可得到较大的力 F_2
2	肘杆机构	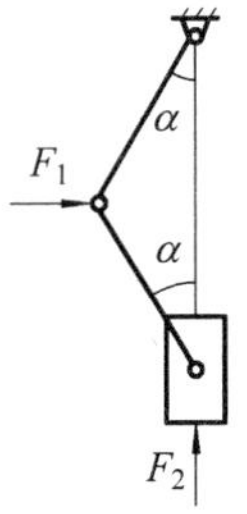	F_1 与 F_2 的关系为 $F_2=F_1/(2\tan\alpha)$，力 F_1 一定时，α 越小，力 F_2 越大
3	楔形块机构	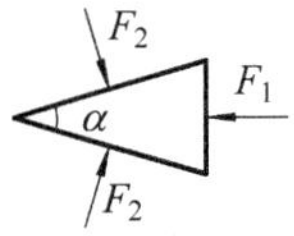	F_1 与 F_2 的关系为 $F_2=F_1\left(2\sin\frac{\alpha}{2}\right)$，当 α 较小时，可以用较小的力 F_1 得到较大的力 F_2
4	斜面机构	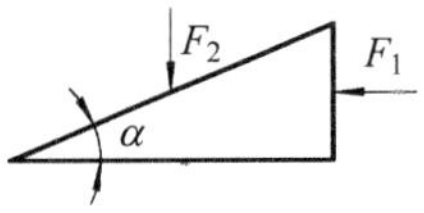	F_1 与 F_2 的关系为 $F_2=F_1/\tan\alpha$
5	螺旋机构		设 d_2、α、ϕ_v 分别为螺杆的中径、螺旋线的升角、当量摩擦角，则力 F 与扭矩 M 的关系为 $F=2M/[d_2\tan(\alpha+\phi_v)]$
6	滑轮机构	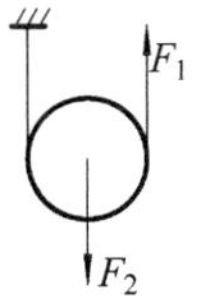	F_1 与 F_2 的关系为 $F_2=2F_1$
7	液压增力机构	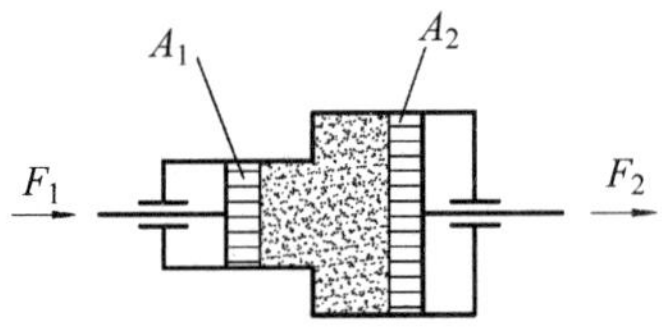	设 A_1 和 A_2 分别为两活塞的面积，则力 F_1 与 F_2 的关系为 $F_2=F_1A_1/A_2$

2. 基于功能分析的执行系统运动方案的系统解

合理组合由执行系统的总功能分解后所得的功能元解，可以得到多个执行系统的运动方案，称为执行系统运动方案的系统解。将各功能元解组合成系统解时，应注意一些事项。

1）功能元解组合成系统解的注意事项

（1）要兼顾到设计的全局要求

将功能元解组合成系统解时，不仅要考虑功能元本身的要求，而且要考虑它在总功能中的作用，使之与总功能相协调。例如，对于食品机械，其总功能要求产品清洁，某一功能元的解既有液压传动（hydraulic transmission），也有机械传动（mechanical transmission），虽然液压传动比机械传动操作控制简单，但因液压传动易漏油会污染产品，所以不宜采用。

（2）要考虑功能元的相容性

所谓相容性就是各功能元的解能协调配合。例如，若动力源是电动机（electric motor），传动机构为齿轮机构（gear mechanism）、带传动（belt drive）、链传动（chain drive）等是相容的，而与液压传动常常不相容，即两者不能共同组成可实现的原理方案。

为了便于原理方案的组合，常利用功能元解矩阵，简称解矩阵。

2）功能元解矩阵

功能元解矩阵的构成是系统的各功能元为纵坐标、各功能元的对应解为横坐标，如表 12-8 所示。表中，$G_1,\cdots,G_i,\cdots,G_m$ 为功能元；$J_{11},\cdots,J_{1i},\cdots,J_{1n}$ 为第一个功能元 G_1 的解；$J_{m1},\cdots,J_{mi},\cdots,J_{mn}$ 为第 m 个功能元 G_m 的解；以此类推。能够实现各功能元解的数目并不相等。设由 $G_1,G_2,\cdots,G_i,\cdots,G_m$ 得到的功能元解的个数分别为 $n_1,n_2,\cdots,n_i,\cdots,n_m$。由于总功能是由若干个功能元组成的，因此，只要在功能元解矩阵的每一行任找一个元素，把各行中找出的功能元解组合起来，就组成一个能实现总功能的执行系统的系统解。由此可知，最多可以组合出 N 种运动方案。

$$N=n_1n_2\cdots n_i\cdots n_m \tag{12-2}$$

表 12-8 执行系统方案组合的功能元解矩阵

功能元	功 能 元 解				
G_1	J_{11}	$\cdots$	J_{1j}	$\cdots$	J_{1n_1}
$\vdots$	$\vdots$		$\vdots$		$\vdots$
G_i	J_{i1}	$\cdots$	J_{ij}	$\cdots$	J_{in_i}
$\vdots$	$\vdots$		$\vdots$		$\vdots$
G_m	J_{m1}	$\cdots$	J_{mj}	$\cdots$	J_{mn_m}

另外，由于某些功能元的解同时也是其他功能元的解，如曲柄滑块机构（slider-crank mechanism）既是运动形式变换（将转动变为移动）功能元的解，也是运动轴线变向（曲柄与滑块的轴线相差 90°）功能元的解，所以可能会出现重复方案。因此，N 个方案并不是都能成立。即使这样，此方法还是可提供数目众多的方案使设计人员有广泛的选择范围。一般可先从中剔除一些明显不符合要求的方案；然后根据执行系统方案设计的原则定性地选取几个比较满意的方案；最后采用科学的评价方法进行评价，从中选出符合设计要求的最优方案。

12.5 机构运动方案的评价体系和评价方法

1. 机械运动方案评价的意义

机械系统方案设计的最终目标,是寻求一种既能实现预期功能要求,又性能优良、价格低廉的运动方案。

设计机械运动方案时,为实现同一功能,可以采用不同的工作原理(working principle),从而构思出不同的设计方案;采用同一工作原理,工艺动作分解的方法不同,也会产生出不同的设计方案;采用相同的工艺动作分解方法,选用的机构型式不同,又会形成不同的设计方案。因此,机械系统的方案设计是一个多解性问题。面对多种设计方案,设计者必须分析比较各方案的性能优劣、价值高低,经过科学评价和决策,才能获得最满意的方案。机械系统方案设计的过程,就是一个先通过分析、综合,使待选方案数目由少变多,再通过评价、决策,使待选方案数目由多变少,最后获得满意方案的过程。

通过创造性构思产生多个待选方案,再以科学的评价和决策优选出最佳的设计方案,而不是主观地确定一个设计方案,通过校核来确定设计方案的可行性,是现代设计方法与传统设计方法的重要区别之一,如何通过科学评价和决策来确定最满意的设计方案,是机械系统方案设计阶段的一项重要任务。

2. 机械运动方案的评价体系

1) 评价准则、评价指标和评价体系

评价一个设计方案的优劣,需要有一定的依据,这些依据称为评价准则(evaluation criteria)。它包含两方面的内容:一是设计目标,二是设计指标。设计目标是指从哪些方面,以什么原则来评价方案,达到什么标准为优,这一项可以是定量的,但一般是定性评价,例如结构越简单越好,尺寸越小越好、效率越高越好、加工制造越方便越好、操作越容易越好、成本越低越好等。

设计指标是指具体的约束限制,例如机构的运动学(kinematic)、动力学参数(dynamic parameters)等。由于在执行机构的型式设计完成后,已初步进行了各执行机构的运动设计和动力设计,故这一项通常是可以进行定量评价的。对于不符合设计指标的方案,需通过重新设计来达到设计指标,若重新设计后仍达不到设计指标的,则必须放弃。评价就是在由约束条件限定的可行域范围内,按设计目标寻找优选方案。

机械系统设计方案的优劣,通常应从技术(technique)、经济(economy)、安全可靠(safety and reliability)三方面予以评价。但是,由于在方案设计阶段还不可能具体地涉及机械的结构和强度设计等细节,因此评价指标应主要考虑技术方面的因素,即功能和工作性能方面的指标应占有较大的比例。

评价指标应具有独特性,各项评价指标相互之间应该无关,即提高了方案某一项评价指标的评价值的某种措施不会对其他评价指标的评价值有明显的影响。表12-9列出了机械系统性能的各项评价指标及其具体内容。

表 12-9　机械系统的性能评价指标

序号	评价指标	具体内容
1	系统功能	实现运动规律或运动轨迹；实现工艺动作的准确性；特定功能等
2	运动性能	运转速度；行程可调性；运动精度等
3	动力性能	承载能力；增力特性；传力特性；振动噪声等
4	工作性能	效率高低；寿命长短；可操作性；安全性；可靠性；适用范围等
5	经济性	加工难易程度；制造误差敏感度；调整方便性；能耗等
6	结构紧凑	尺寸；质量；结构复杂性等

这些评价指标是根据机构及机构系统设计的主要性能要求和机械设计专家的咨询意见制定的。对于具体的机械系统，上述评价指标和具体内容还需要根据实际情况加以增减和完善，以形成一个比较合理的评价指标。

根据上述评价指标，即可着手建立一个评价体系。所谓评价体系(evaluation system)，就是通过一定范围内的专家咨询，确定评价指标机器评定方法。需要指出的是：对于不同的设计任务，应根据具体情况，拟定不同的评价体系。例如，对于重型机械(heavy machinery)，应对其承载能力一项给予较大的重视；对于加速度较大的机械，应对其振动(vibration)、噪声(noise)和可靠性(reliability)给予较大的重视；至于适用范围这一项，对于通用机械，适用范围广些为好，而对于某些专用机械，则只需完成设计目标所要求的功能即可，不必要求其有很广的适用范围。因此，针对具体设计任务，科学地选取评价指标和建立评价体系是一项十分细致和复杂的工作，也是设计者面临的重要问题。只有建立科学的评价体系，才可以避免个人决定的主观片面性，减少盲目性，从而提高设计的质量和效率。

2) 4 种典型机构的性能、特点和评价

在机械运动方案构思和拟定时，由于连杆机构(planar linkage mechanism)、凸轮机构(cam mechanism)、齿轮机构(gear mechanism)、组合机构(combined mechanism)4 种典型机构的机构特点、工作原理、设计方法已为广大设计人员所熟悉，并且它们本身结构较简单，易于实际应用。因此，往往成为机械运动方案设计时的首选机构。下面对它们的性能和初步评价作简要评述，为评分和择优提供一定的依据，如表 12-10 所示。

表 12-10　4 种典型机构的性能和评价

性能指标	具体内容	评价			
		连杆机构	凸轮机构	齿轮机构	组合机构
A 功能	实现运动规律或运动轨迹	任意性较差，只能实现有限个精确点的位置	基本上能实现任意运动规律或运动轨迹	一般实现定速比的转动或移动	基本上能实现任意运动规律或运动轨迹
	传动精度	较高	较高	高	较高
B 工作性能	应用范围	较广	较广	广	较广
	可调性	较好	较差	较差	较好
	运转速度	高	较高	很高	较高
	承载能力	较大	较小	大	较大

续表

性能指标	具体内容	评价			
		连杆机构	凸轮机构	齿轮机构	组合机构
C 动力性能	加速度峰值	较大	较小	小	较小
	噪声	较小	较大	小	较小
	耐磨性	耐磨	差	较好	较好
	可靠性	可靠	可靠	可靠	可靠
D 经济性	加工难易程度	易	难	较难	较难
	制造误差敏感度	不敏感	敏感	敏感	敏感
	调整方便性	方便	较麻烦	方便	方便
	能耗	一般	一般	一般	一般
E 结构紧凑	尺寸	较大	较小	较小	较小
	质量	较轻	较重	较重	较重
	结构复杂性	简单	复杂	一般	复杂

3）机构选型的评价体系

表12-11为初步建立的机构选型评价体系，它既有评价指标，又有各项分配分数值，正常情况下它们的总分满分为100分。有了这样一个初步的评价体系，可以使机械运动方案设计逐步摆脱经验、类比的情况。

表12-11 机构选型的评价体系

性能指标代号	A	B	C	D	E
总分	25	20	20	20	15
具体内容	A_1, A_2	B_1, B_2, B_3, B_4	C_1, C_2, C_3, C_4	D_1, D_2, D_3, D_4	E_1, E_2, E_3
分配分	15 10	5 5 5	5 5 5 5	5 5 5 5	5 5 5
加权系数	以实现某一运动为主时，加权系数为1.5，即$A\times1.5$	受力较大时，这两项加权系数为1.5，即$(B_3+D_4)\times1.5$	加速度较大时，加权系数为1.5，即$C\times1.5$		

3. 机械运动方案的评价方法

1）价值工程评价法

价值工程是以提高产品使用价值为目的，以功能分析为核心，以开发集体智力资源为基础，以科学分析方法为工具，用最低成本去实现机械产品的必要功能。

采用价值工程评价方法来评价机械运动方案，其实质是进行功能评价。即以功能为评价对象，以金额为评价尺度，找出实现某一必要功能的最低成本即功能评价值。

价值工程中功能与成本的关系是

$$V=\frac{F}{C} \tag{12-3}$$

式中，V为价值；F为功能；C为寿命周期成本。

机械运动方案的评价，可以按它的各项功能求出综合功能评价值，以便从多种方案中合理选择最佳方案。

功能是指机械产品(mechanical products)所具有的特定用途和使用价值。对于机械运动方案来说,特定用途就是指实现某一特定工艺动作过程,使用价值就是指机械实现了功能所体现的价值。对某一执行机构来说,特定用途就是指实现某一工艺动作,使用价值就是此动作所体现的效果。

为了评定机械产品的价值,必须使功能能够与成本进行比较。因此,功能也要用货币来表示。某一机械产品都是为了实现用户需要的某种功能,为了获得这种功能必须克服某种困难(付出相应的劳动量),而克服困难的难易程度是可以设法用货币来表示的。这种用货币表示的实现功能的费用,亦即功能的货币表现,称为功能评价值。

这种方法要求有充分的实际数据作为依据,可靠性强,可比性好,而且由于目标成本在实际上是不断变化的,需要不断收集资料进行分析,适当地调整收集到的成本值。

有了机械运动方案的功能成本和功能评价值,就可以进行几个机械运动方案的评估选优。

价值工程法对机械运动方案的评估,由于方案阶段不确定因素还比较多,因此困难较大。但是只要对某一种专用机械产品(special mechanical products),在大量资料积累之后,还是能够有效地进行评价选择。价值工程法由于强调机械的功能和成本,因此它有可能对不同工作原理方案进行评价,为人们进行方案创造开辟了一条重要的途径。

2) 系统工程评价法

系统工程评价法就是将整个机械运动方案作为一个系统,从整体上评价方案适合总的功能要求的程度,以便从多种方案中客观、有效地选择整体最优方案。

系统工程评价是通过总评价值 H 来进行的。对于各评价指标都重要时采用乘法规则,总评价值 H 计算式为

$$H_0 = \langle U_1(\cdot)U_2(\cdot)U_3(\cdot)\cdots U_n(\cdot)\rangle \tag{12-4}$$

式中,$U_1, U_2, \cdots, U_n$ 为各评价指标值。

H 值越大表示方案越优,理想方案的 H 值应为

$$H_0 = \langle U_{1\max}(\cdot)U_{2\max}(\cdot)U_{3\max}(\cdot)\cdots U_{n\max}(\cdot)\rangle \tag{12-5}$$

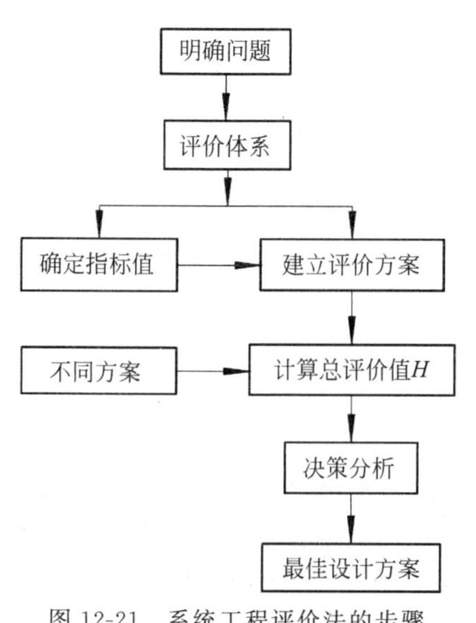

图 12-21　系统工程评价法的步骤

采用系统工程评价法进行机械运动方案评价时,通常 Q 个方案中 H 值最高的方案为整体最佳方案。但是,最终的决策还是可以由设计者根据实际情况做出最终选择。例如,完成某一实际工艺动作有许多机械运动方案,有时为了满足一些特殊的要求,并不一定要选择 H 值最高的方案,而是选择 H 值稍低而某些指标较高的方案。

3) 模糊综合评价法

在机械运动方案评价时,由于评价指标较多,如应用范围、可调性、承载能力(carrying capacity)、耐磨性(wear resistance)、可靠性(reliability)、加工难易程度、调整方便性、结构复杂性等,它们很难用定量分析来评价,属于设计者的经验范畴,只能用很好、好、不太好、不好等模糊概念来评价。模糊评价就是利用集合与模糊数学将模糊信息数值化,以进行定量

评价的方法。

上述几种评价方法各有特点,可以根据具体情况来选择使用。

4. 评价结果的处理

评价结果为设计者的决策提供了依据,但究竟选择哪种方案,还取决于设计者的决策思想。在通常情况下,评价值最高的方案为整体最优方案,但最终是否选择这一方案,还需根据设计问题的具体情况由设计者作出决策。

若以理想的评价值为1,则相对评价值低于0.6的方案,一般认为较差,应予以剔除;对于相对评价值高于0.8的方案,只要其各项评价指标都较为均衡,则认为可以采用;对于相对评价值在0.6~0.8的方案,则需作具体分析:有的方案缺点严重且难以改进,则应放弃;有的方案可以找出薄弱环节加以改进,从而使其成为较好的方案。

每次评价结束,获得的入选方案数目不仅与待评方案本身的质量有关,也与所建立的评价体系是否适当有关。对于入选方案,应根据入选方案数目的多少和评价体系是否合理等,作出如表12-12所示的处理。

表12-12 评价结果处理

入选方案数	设计阶段	评价准则	结果处理
1	最后阶段	合理	已得到最佳方案,设计结束
	中间阶段	可改进	重新决定评价准则,再作评价
		合理	评价结束,转入下一设计阶段
多于1	最后阶段	合理	增加评价项目或提高评价要求再作评价
	中间阶段	需改进	若入选方案数太多,按上述方法改进评价准则再作评价
		合理	将入选方案排序,转入下一设计阶段
0	任何阶段	可改进	放宽评价要求,再作评价
		合理	待评设计方案质量不高,需重新再设计

对于质量不高的待评方案的处理将是再设计,再设计使设计过程产生循环。传统的设计是在每个设计阶段找到一个可行设计方案后,即转入下一阶段作进一步的设计,直至得到最终方案,这种设计称为直线链式的设计。现代设计则在每个设计阶段都将得到一组待选方案群,它们均为可选方案,经过评价后,淘汰不符合设计准则的方案。若有入选方案,则可转入下一设计阶段,否则将回到上一设计阶段,甚至更前面的设计阶段进行再设计,这样就形成了设计过程的动态循环设计链,它是现代设计的特点。

在进行再设计前,需对失败的设计进行分析,以决定从哪个阶段开始再设计。如在执行机构的型式设计阶段,在方案评价后,经过对原待选方案的分析,再设计可能只需从机构的型式设计阶段开始,但也可能需要重新进行运动规律的设计,甚至重新进行功能原理的方案设计。

同时还存在这种可能性:当执行机构系统方案评价顺利通过后,在进行传动系统方案设计和原动机选择的过程中,甚至在执行系统(working system)、传动系统(transmission system)、原动机(prime mover)、控制系统(control system)综合成机械系统的总体方案的过程中，由于种种原因，还有可能返回到执行机构系统方案设计阶段，修改方案或重构方案进行再设计。设计→评价→再设计→再评价→……，直至得到最终的最佳总体方案，这就是整个机械系统方案设计过程。

5. 机械运动方案评价方法应用实例

为了使提花织物纹板轧制系统实现自动化，设计制造了纹板自动冲孔机。该机的第一个功能是削纸，即将放在纸库内的纹板（它是一块长 400mm、宽 68mm、厚 0.7mm 的纸板，如图 12-22 所示）推出，送至由一对滚轮组成的纹板步进机构。与此功能相匹配的削纸机构的速度要均匀，每次削纸要可靠，不能卡纸或削空，同时还要求机构的结构尽量简单，便于设计、加工和制造。图 12-23 是该机构的简图。

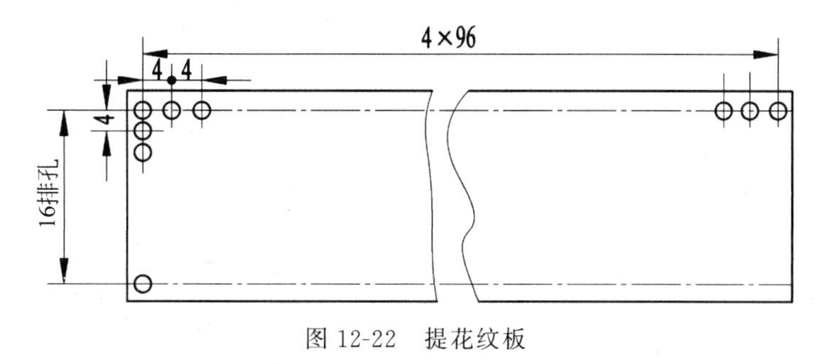

图 12-22　提花纹板

根据对削纸机构的要求，通过初步分析研究，可以采用以下 3 个方案：

(1) 凸轮-摇杆滑块机构（图 12-24）；

(2) 牛头刨机构（图 12-25）；

(3) 斯蒂芬森机构（图 12-26）。

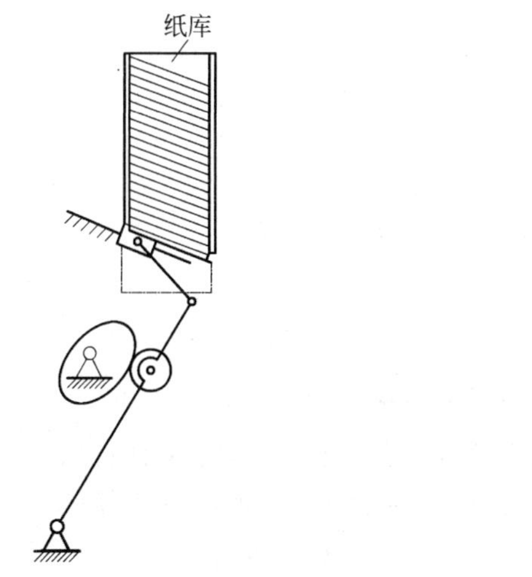

图 12-23　削纸机构简图

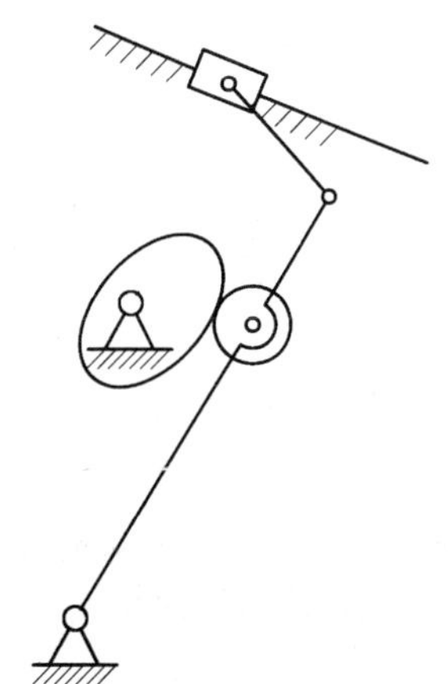

图 12-24　凸轮-摇杆滑块机构

下面用系统工程评价法对这 3 个方案进行评价。根据削纸机构的工作特点、性能要求和应用场合等，采用表 12-13 的评价指标，即 $U_1=A$，$U_2=B$，$U_3=C$，$U_4=D$，$U_5=E$。图 12-27 表示削纸机构的评价体系。

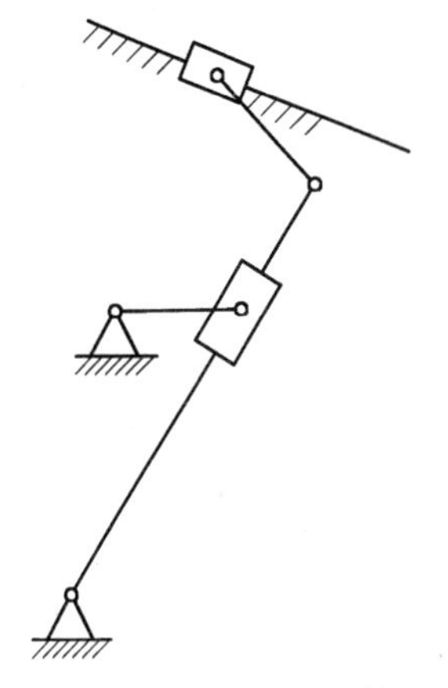

图 12-25　牛头刨机构

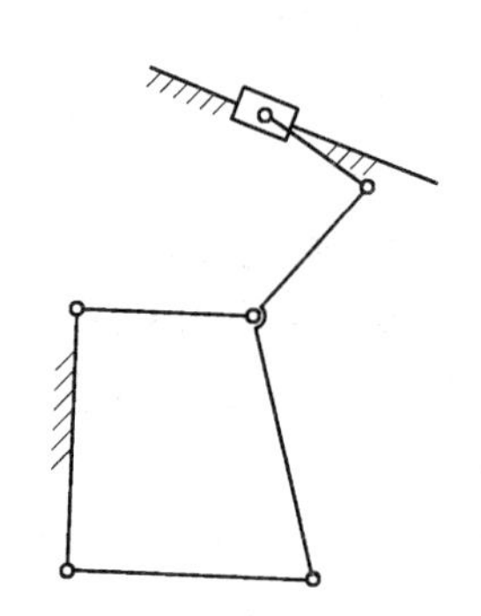

图 12-26　斯蒂芬森机构

表 12-13　具有急回特性的机构解法目录

功能元解	曲柄摇杆机构	连杆机构	偏置曲柄滑块机构	摆动导杆机构	双导杆机构	大摆角急回机构
功能元简图						

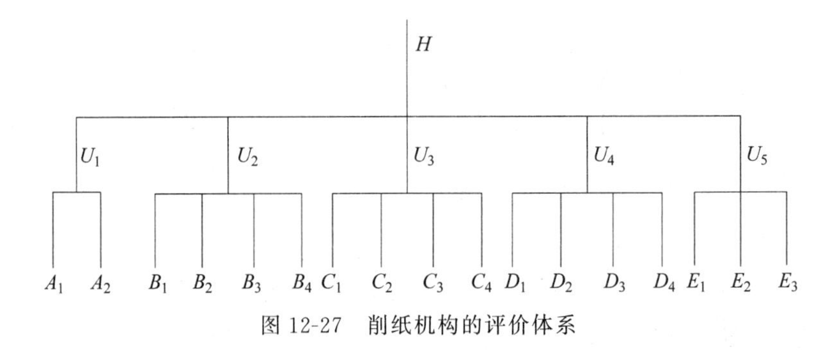

图 12-27　削纸机构的评价体系

因为评价指标 $U_i(i=1\sim5)$ 之间相互独立，故采用乘法规则；评价指标 U_i 内部各子评价指标之间相互补偿，采用加法规则，由此建立削纸机构的评价模型为

$$H=\langle U_1(\cdot)U_2(\cdot)U_3(\cdot)U_4(\cdot)U_5\rangle \tag{12-6}$$

式中，

$$U_1=A_1+A_2$$

$$U_2=B_1+B_2+B_3+B_4$$

$$U_3=C_1+C_2+C_3+C_4$$

$$U_4 = D_1 + D_2 + D_3 + D_4$$

$$U_5 = E_1 + E_2 + E_3$$

表 12-14 表示上述 3 个方案的评价体系(evaluation system)、评价值(evaluation value)及计算结果(calculation results)。在表中所有指标分为 5 个等级："很好""好""较好""不太好""不好"，它们分别用 1,0.75,0.5,0.25,0 来表示。确定指标值时应咨询有经验的设计人员、专家的意见，采用他们评定的指标值的平均值可以更趋于合理。

根据表 12-14 表示的评价值和用系统工程评价法算出的各方案的 H 值可知：方案Ⅰ的 H 值最大，方案Ⅲ的 H 值最小。所以一般情况下，宜选用方案Ⅰ。

表 12-14　三种机构的评价体系、评价值及计算结果

评价指标		方案Ⅰ(凸轮-摇杆滑块机构)	方案Ⅱ(牛头刨机构)	方案Ⅲ(斯蒂芬森机构)
U_1	A_1	1	0.75	0.75
	A_2	0.75	0.75	0.75
U_2	B_1	0.75	0.75	0.75
	B_2	0.75	0.75	0.75
	B_3	0.75	0.75	0.75
	B_4	0.5	0.75	0.75
U_3	C_1	1	0.5	0.5
	C_2	0.5	0.75	0.75
	C_3	0.5	0.75	0.75
	C_4	1	1	1
U_4	D_1	0.5	0.75	0.75
	D_2	0.5	0.75	0.75
	D_3	1	0.75	0.75
	D_4	0.75	0.75	0.75
U_5	E_1	0.75	0.5	0.5
	E_2	0.75	0.75	0.75
	E_3	0.75	0.75	0.5
方案的 H 值		89.33	81	70.875

拓展性阅读文献指南

有关机械执行系统方案设计的详细解释和论述可以参考孟宪源主编《现代机构手册》，机械工业出版社，1994。该书中汇集了很多现代机器、设备和仪器中应用的机构，并按机构的功能用途和运动特性进行了分类。

有关机构的选型和构型、运动链再生法、增加自由度法等内容，可参考杨廷力著《机构系统基本理论》，机械工业出版社，1996。

思　考　题

12-1　请给出现代机械系统的定义。

12-2　简述机械总体方案设计的内容和类型。

12-3　机械总体方案设计的原则是什么?

12-4　机械的总体参数有哪些?

12-5　功能原理方案设计有哪些特点?

12-6　请举例说明同一种功能要求可以采用不同的工作原理来实现,而同一种工作原理,又可以采用不同的运动规律得到不同的运动方案。

12-7　运动循环图的功能是什么?共有几种类型?如何画出?

12-8　什么是功能元?请举例说明运动形式变换中由转动为移动的功能元的机构解。

12-9　机械系统运动方案评价的方法有哪些?评分法中的直接评分法和加权系数如何确认?

12-10　评价结果应如何处理?

习　　题

12-1　已知主动件等速转动,其角速度 $\omega=5\text{rad/s}$;从动件作往复移动,行程长度为100mm,要求有急回运动,其行程速比系数 $K=1.5$。试列出能实现该运动要求的至少两个可能的方案。

12-2　牛头刨床的方案设计。主要要求如下:①要有急回作用,行程速比系数要求在1.4左右;②为了提高刨刀的使用寿命和工件的表面加工质量,在工作行程刨刀应近似匀速运动。请构思出能满足上述要求的三种以上的方案,并比较各种方案的优缺点。

12-3　请绘制题12-3图所示的四工位专用机床的直角坐标式运动循环图。已知:刀具顶端离开工件表面60mm,快速移动送进60mm接近工件后,匀速送进55mm(前5mm为刀具接近工件时的切入量,工件孔深40mm,后10mm为刀具切出量),然后快速返回。行程速比系数 $K=1.8$。刀具匀速进给速度为2mm/s,工件装卸时间不超过10s,生产率为72件/h。

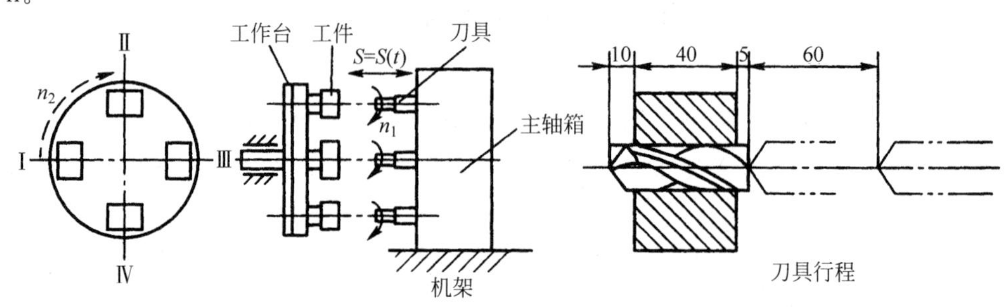

题12-3图　四工位专用机床运动循环图

12-4　题 12-4 图所示为自动切书机工艺示意图。试用形态学矩阵法对此自动切书机进行方案设计，并画出自动切书机的机械运动示意图。

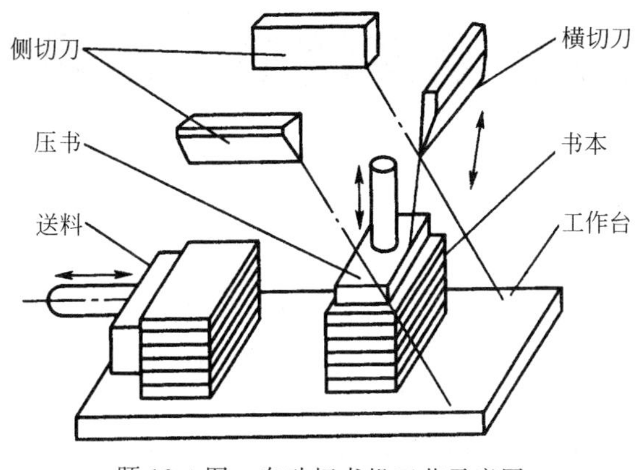

题 12-4 图　自动切书机工艺示意图

12-5　如题 12-5 图所示，试设计普通玻璃窗开闭机构的方案。

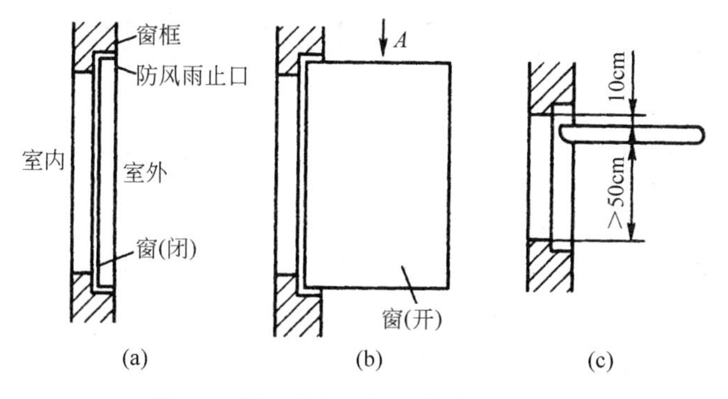

题 12-5 图　窗户开闭机构布局示意图

1）设计要求

（1）窗框开、闭的相对转角为 90°；

（2）操作构件必须是单一构件，要求操作省力；

（3）在开启位置机构应稳定，不会轻易改变位置；

（4）在关闭位置时，窗户启闭机构的所有构件应收缩到窗户框之内，且不应与纱窗干涉；

（5）机构应能支承整个窗户的质量；

（6）窗户在开启和关闭过程中不应与窗框及防风雨的止口发生干涉，如题 12-5 图所示。

2）设计任务

拟定机构的运动方案，画出机构运动简图及其打开和关闭的两个位置。

12-6　欲设计一机构，其原动件连续回转，输出件往复摆动，且在一极限位置的角速度和角加速度同时为零。现初拟下列两种方案。方案Ⅰ：采用凸轮机构，试问应选何种从动件运动规律？方案Ⅱ：采用连杆机构，绘出一种能满足上述要求的机构运动简图。

第 13 章

机械传动系统的方案设计

内容提要：本章在介绍机械传动系统的作用、设计过程、设计要求等基础上，重点讲述了传动系统的组成及常用部件、传动链的方案选择等，最后介绍了机械传动系统的特性及其参数计算。

本章重点：传动系统的组成、传动链的方案选择。

本章难点：传动系统的特性及参数计算。

13.1 机械传动系统的作用及其设计过程

1. 传动系统的作用

机器通常由原动机、传动系统和执行系统等组成。

传动系统（transmission system）介于原动机（prime mover）和执行系统（working system）之间，其根本任务是将原动机的运动和动力按执行系统的需要进行转换并传递给执行系统。传动系统的作用通常包括以下几个方面：

(1) 减速或增速。原动机的速度往往与执行系统的要求不一致，通过传动系统的减速或增速作用可达到满足工作要求的目的。传动系统中实现减速或增速的装置称为减速器或增速器。

(2) 变速。许多执行系统需要多种工作转速，当不宜对原动机进行调速时，用传动系统能方便地实现变速和输出多种转速。变速器有两种：一种仅可获得有限的几种输入与输出速度关系，称为有级变速；另一种的输入与输出速度关系可在一定范围内逐渐变化，称为无级变速。

(3) 增大转矩。当原动机输出的转矩较小而不能满足执行系统的工作要求时，通过传动系统可实现增大转矩的目的。

(4) 改变运动形式。在原动机与执行系统之间实现运动形式的变换。原动机的输出运动多为回转运动（rotary motion），传动系统可将回转运动改变为执行系统要求的移动（slide）、摆动（oscillate）或间歇运动（intermittent motion）等形式。

(5) 分配运动和动力。传动系统可将一台原动机的运动和动力分配给执行系统的不同部分，驱动几个工作机构工作，即实现分路传动。

(6) 实现较远距离的运动和动力传递。

(7) 实现某些操纵和控制功能。传动系统可操纵和控制某些机构，使机构启停、接合、分离、制动或换向等。

2. 传动系统方案设计的过程和基本要求

1) 传动系统方案设计的一般过程

当完成了执行系统的方案设计和原动机的预选型后，即可根据执行机构所需要的运动和动力条件及原动机的类型和性能参数，进行传动系统的方案设计。通常其设计过程如下：

(1) 确定传动系统的总传动比(total transmission ratio)。

(2) 选择传动类型。即根据设计任务书中所规定的功能要求，执行系统对动力、传动比或速度变化的要求以及原动机的工作特性，选择合适的传动装置类型。

(3) 拟定传动链的布置方案。即根据空间位置、运动和动力传递路线及所选传动装置的传动特点和适用条件，合理拟定传动路线，安排各传动机构的先后顺序，以完成从原动机到各执行机构之间的传动系统总体布置方案。

(4) 分配传动比。即根据传动系统的组成方案，将总传动比合理分配至各级传动机构。

(5) 确定各级传动机构的基本参数和主要几何尺寸，计算传动系统的各项运动学和动力学参数，为各级传动机构的结构设计(structural design)、强度计算(strength calculation)和传动系统方案评价提供依据和指标。

(6) 绘制传动系统运动简图。

2) 传动系统方案设计的基本要求

传动系统方案设计是一项复杂的工作，需要综合运用多种知识和实践经验，进行多方案分析比较，才能设计出较为合理的方案。通常设计方案应满足以下基本要求：

(1) 传动系统应满足机器的功能要求，而且性能优良；

(2) 传动效率高；

(3) 结构简单紧凑，占用空间小；

(4) 便于操作，安全可靠；

(5) 可制造性好，加工成本低；

(6) 维修性好；

(7) 不污染环境。

13.2　机械传动系统的组成及常用部件

1. 机械传动系统的组成

机械传动系统通常包括减速或变速装置、启停装置、换向装置、制动装置和安全保护装置等几部分，设计机器时，应根据实际的工作要求选择必要的部分来确定系统的组成。

1) 减速或变速装置

减速或变速装置的作用是改变原动机的转速(rotating speed)和转矩(torque)，以满足工作机的需要。

2) 启停换向装置

启停换向装置的作用是控制工作机的启动、停车和改变运动方向。启停多采用离合器实现,换向常用惰轮机构完成。当以电动机为原动机时,也可用电动机直接启停和换向,但仅适用于功率不大或换向不频繁的场合。

3) 制动装置

当原动机停止工作后,由于摩擦阻力(frictional resistance)作用,机器将会自动停止运转,一般不需制动装置(braking system)。但运动构件具有惯性(inertia),工作转速越高,惯性越大,停车时间就越长。在需要缩短停车辅助时间、要求工作机准确地停止在某个位置上(如电梯)以及发生事故需立即停车等情况时,传动系统中应配置制动装置。机器中常采用机械制动器制动。

4) 安全保护装置

当机器可能过载(overloading)而本身又无起保护作用的传动件(如带传动、摩擦离合器等)时,为避免损坏传动系统,应设置安全保护装置。常用的安全保护装置是各类具有过载保护功能的安全联轴器和安全离合器。为减小安全保护装置的尺寸,一般应将其安装在传动系统的高速轴(high speed shaft)上。

2. 常用机械传动部件

在机械传动系统中,很多常用传动部件已经标准化、系列化、通用化,优先选用这些"三化"的传动部件,有利于减轻设计工作量、保证机器质量、降低制造成本、便于互换和维修。以下介绍一些常用的减速器和变速器部件。

1) 减速器

减速器(reducer)是用于减速传动的独立部件,它由刚性箱体、齿轮和蜗杆等传动副及若干附件组成。减速器具有结构紧凑、运动准确、工作可靠、效率较高、维护方便的优点,因此也是工业上用量最大的传动装置。对于通用标准系列减速器,可按机器的功率、转速、传动比等工作要求参照产品样本或手册选用订购即可。设计中应优先采用标准减速器,只有在选不到合适的标准减速器时,才自行设计。几种常用减速器的传动简图和主要性能特点见表13-1。

2) 有级变速装置

通过改变传动比,使工作机获得若干种固定转速的传动装置称为有级变速器。有级变速器应用十分广泛,如汽车、机床等机器的变速装置。有级变速传动的主要参数有变速范围、公比及变速级数。

以下介绍几种常用的有级变速装置的工作原理及特点。

(1) 滑移齿轮变速装置

如图13-1所示,轴Ⅲ上的三联滑移齿轮和双联滑移齿轮通过导向键在轴上移动时,分别与轴Ⅱ和轴Ⅳ上的不同齿轮啮合,使轴Ⅳ得到6种不同的输出转速,从而达到变速的目的。滑移齿轮(sliding gear)变速可获得较大变速范围,工作可靠,传动比准确,效率高,能传递较大转矩和较高转速。其缺点是不能在运动中变速,为使滑移齿轮容易进入啮合,多用直齿圆柱齿轮。这种变速方式适用于需要经常变速的场合。

表 13-1　常用减速器类型、简图和特点

类型		传动简图	传动比	特点及应用
圆柱齿轮减速器	单级	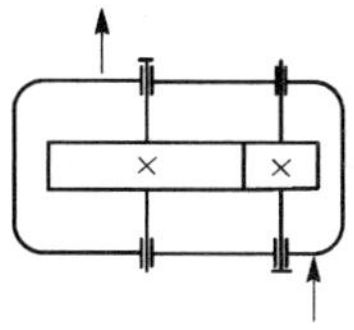	调质齿轮： $i \leqslant 7.1$ 淬硬齿轮： $i < 6.3$ （较佳：$i \leqslant 5.6$）	应用广泛、结构简单。齿轮可用直齿、斜齿或人字齿。可用于低速轻载，也可用于高速重载
	两级展开式	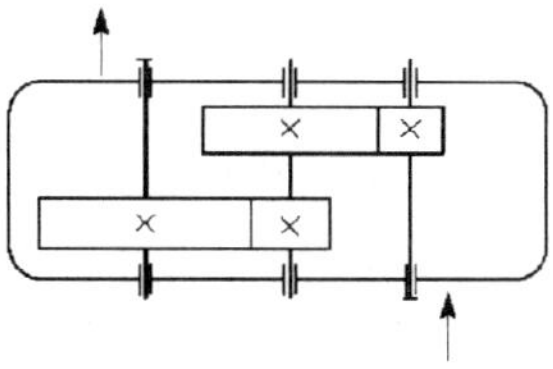	调质齿轮： $i = 7.1 \sim 50$ 淬硬齿轮： $i = 7.1 \sim 31.5$ （较佳：$i = 7.1 \sim 20$）	应用广泛、结构简单，高速级常用斜齿，低速级可用斜齿或直齿。齿轮相对轴承不对称，齿向载荷分布不均，故要求高速级小齿轮远离输入端，轴应有较大刚性
	两级同轴式	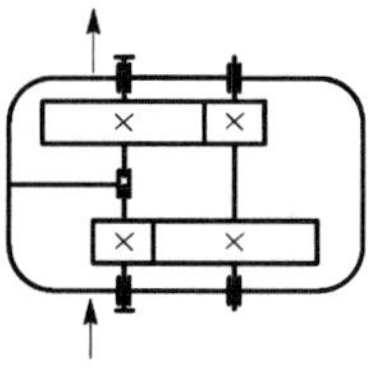	调质齿轮： $i = 7.1 \sim 50$ 淬硬齿轮： $i = 7.1 \sim 31.5$ （较佳：$i = 7.1 \sim 20$）	箱体长度较小，但轴向尺寸较大。输入/输出轴同轴线，使设备布置较合理。中间轴较长，刚性差，齿向载荷分布不均，且高速级齿轮承载能力难以充分利用
	两级分流式	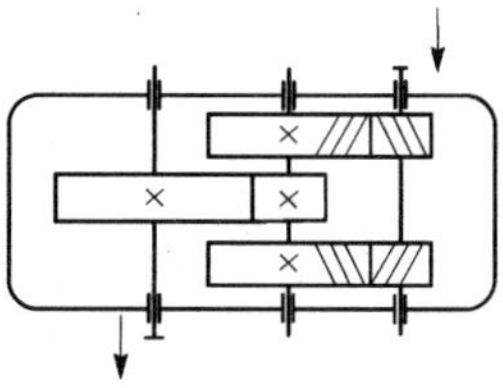	调质齿轮： $i = 7.1 \sim 50$ 淬硬齿轮： $i = 7.1 \sim 31.5$ （较佳：$i = 7.1 \sim 20$）	高速级常用斜齿，一侧左旋，一侧右旋。齿轮对称布置，齿向载荷分布均匀，两轴承受载均匀。结构复杂，常用于大功率变载荷场合
锥齿轮减速器		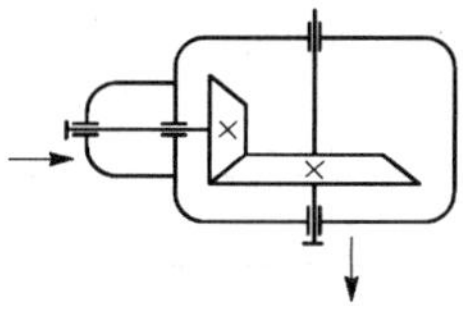	直齿：$i \leqslant 5$ 斜齿、曲线齿： $i \leqslant 8$	用于输出轴和输入轴两轴线垂直相交的场合。为保证两齿轮有准确的相对位置，应有进行调整的结构。齿轮难以精加工，仅在传动布置需要时采用
圆锥圆柱齿轮减速器		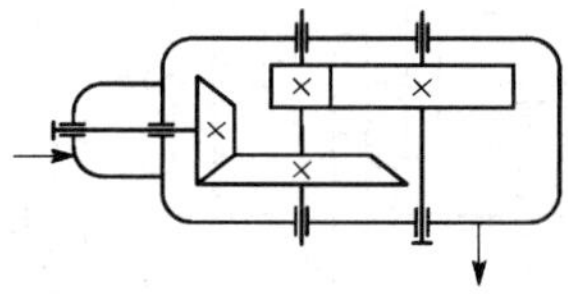	直齿： $i = 6.3 \sim 31.5$ 斜齿、曲线齿： $i = 8 \sim 40$	应用场合与单级圆锥齿轮减速器相同。锥齿轮在高速级，可减小锥齿轮尺寸，避免加工困难；小锥齿轮轴常悬臂布置，在高速级可减小其受力
蜗杆减速器		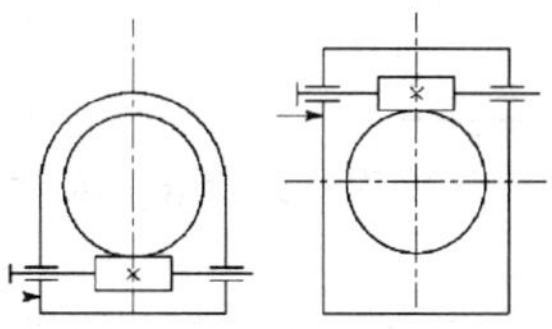	$i = 8 \sim 80$	大传动比时结构紧凑，外廓尺寸小，效率较低。下置蜗杆时润滑条件好，应优先采用，但当蜗杆速度过高时（$v \geqslant 5\text{m/s}$），润滑油损失大。上置蜗杆式轴承润滑不便

续表

类型	传动简图	传动比	特点及应用
蜗杆-齿轮减速器	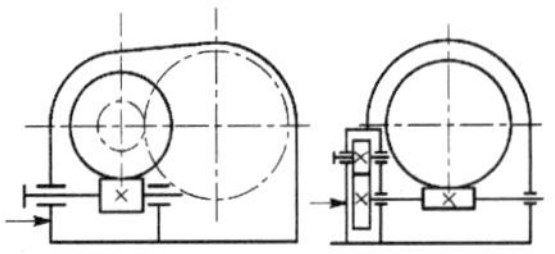	$i=15\sim480$	有蜗杆传动在高速级和齿轮传动在高速级两种形式。前者效率较高,后者应用较少
行星齿轮减速器	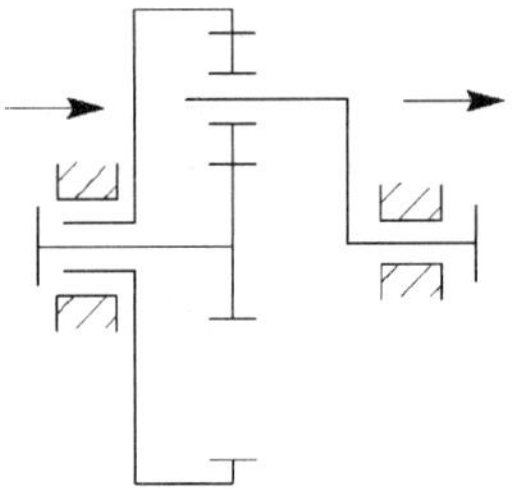	$i=2.8\sim12.5$	传动型式有多种,NGW 型体积小,重量轻,承载能力大,效率高(单级可达 0.97~0.99),工作平稳。与普通圆柱齿轮减速器相比,体积和重量减少 50%,效率提高 30%。但制造精度要求高,结构复杂
摆线针轮行星减速器	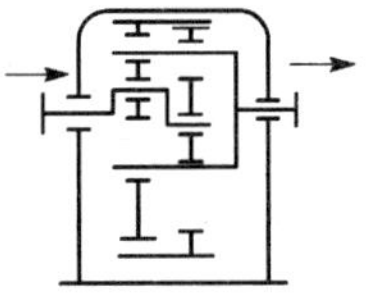	单级: $i=11\sim87$	传动比大,效率较高(0.9~0.95),运转平稳,噪声低,体积小,重量轻。过载和抗冲击能力强,寿命长。加工难度大,工艺复杂
谐波齿轮减速器	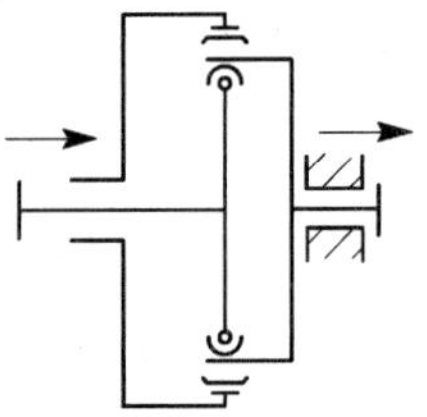	单级: $i=50\sim500$	传动比大,同时参与啮合齿数多,承载能力高。体积小,重量轻,效率为 0.65~0.9,传动平稳,噪声小。制造工艺复杂

(2) 挂轮变速装置

图 13-1 中齿轮 1 和 2 是两个可以拆卸更换的齿轮(称挂轮或变换齿轮、配换齿轮),若将它们换用其他齿数的齿轮或彼此对换位置,即可实现变速。这种变速方式结构简单,轴向尺寸小;与滑移齿轮变速方式相比,变速级数相同时,所需齿轮数量少。缺点是更换齿轮不便,交换齿轮需悬臂安装,受力条件差。这种变速方式用于不需经常变速的场合。

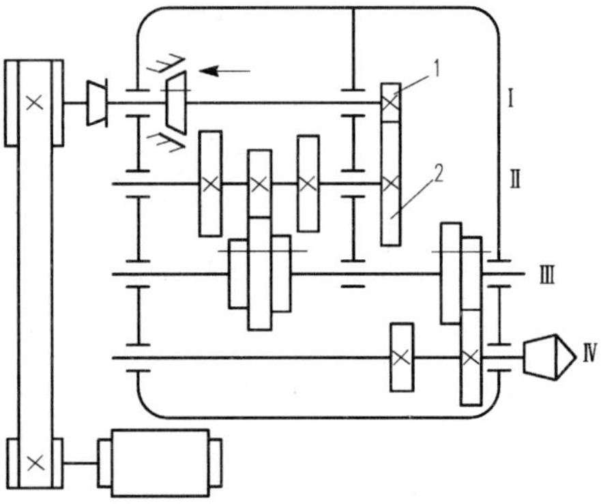

图 13-1 C336 回转式转塔车床传动系统

(3) 离合器变速装置

离合器(clutch)变速装置分为摩擦式和啮合式两类。图 13-2 为摩擦离合器变速装置的工作原理图。两个离合器 M_1、M_2 分别与空套在轴上的齿轮相连,当 M_1 接合而 M_2 断开时,运动由轴Ⅰ通过齿轮 1、2 传至轴Ⅱ;当 M_2 接

合而 M_1 断开时，运动由轴Ⅰ通过齿轮 3、4 传至轴Ⅱ，从而达到变速的目的。这种变速方式可在运转中变速，有过载保护作用，但传动不够准确。啮合式离合器变速装置传递的载荷较大，传动比准确，但不能在运转中变速。离合器变速装置中，因非工作齿轮处于常啮合状态，故与滑移齿轮变速相比，轮齿磨损较快。

(4) 塔形带轮变速装置

如图 13-3 所示，两个塔形带轮(tower pulley)分别固定在轴Ⅰ、Ⅱ上，通过变换传动带在塔轮上的位置，可使Ⅱ轴获得不同转速。传动带多用平带，也可用 V 带。这种变速方式结构简单，传动平稳。其缺点是传动带换位操作不便，变速级数也不宜太多。

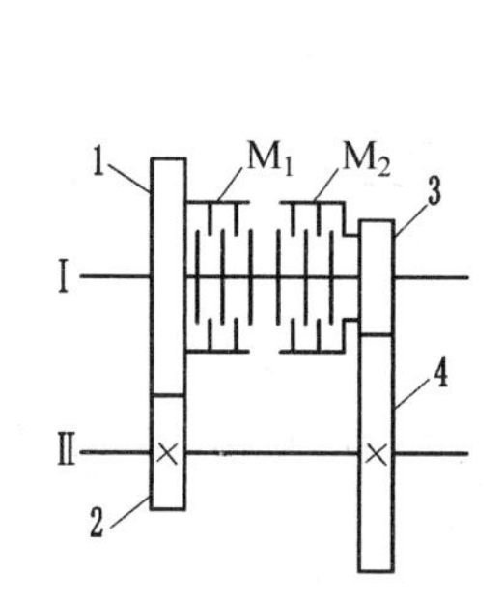

图 13-2　摩擦离合器变速装置

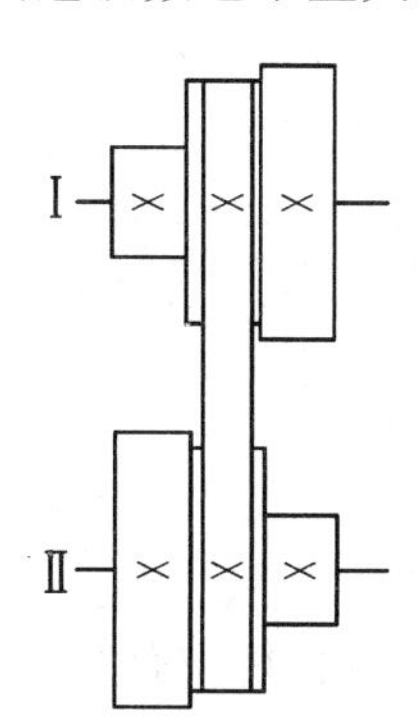

图 13-3　塔形带轮变速装置

3) 无级变速器

有级变速传动的缺点是输出轴的转速不能连续变化，因而不易获得最佳转速。无级变速传动能根据工作需要连续平稳地改变传动速度。图 13-4 为双变径轮带式无级变速传动的工作原理图，主、从动带轮均由一对可开合的锥盘组成，V 带为中间传动件。变速时，可通过变速操纵机构使锥盘沿轴向作开合移动，从而使两个带轮的槽宽一个变宽、另一个变窄。由于两轮的工作半径同时改变，故从动轮转速可在一定范围内实现连续变化。

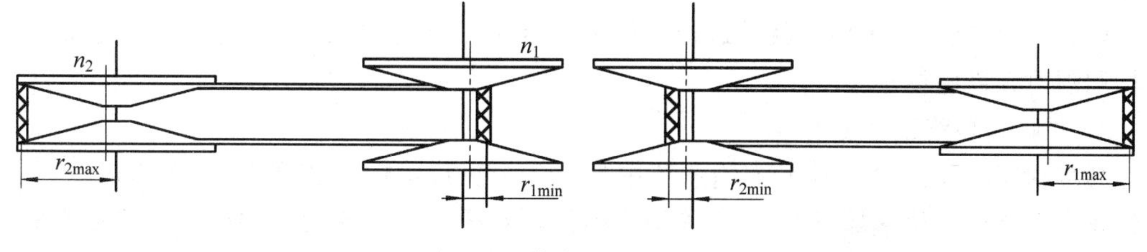

图 13-4　带式无级变速传动

机械无级变速器有多种型式，许多型式已有标准产品，可参考产品样本或有关设计手册选用。

13.3　传动链的方案选择

在根据机械系统的设计要求及各项技术、经济指标选择了传动类型后，若对选择的传动机构作不同的顺序布置或作不同的传动比分配，则会产生不同效果的传动系统方案。只有合理安排传动路线、恰当布置传动机构和合理分配各级传动比,才能使整个传动系统获得满意的性能。

1. 传动路线的选择

根据功率传递,即能量流动的路线,传动系统中传动路线大致可分为以下几类。

1) 串联式单路传动

其传动路线如图13-5所示。当系统中只有一个执行机构和采用一个原动机时,采用这种传动路线较为适宜。它可以是单级传动($n=1$),也可以是多级传动($n>1$)。由于全部能量流过每一个传动机构,故所选的传动机构必须都具有较高的效率(efficiency),以保证传动系统具有较高的总效率。

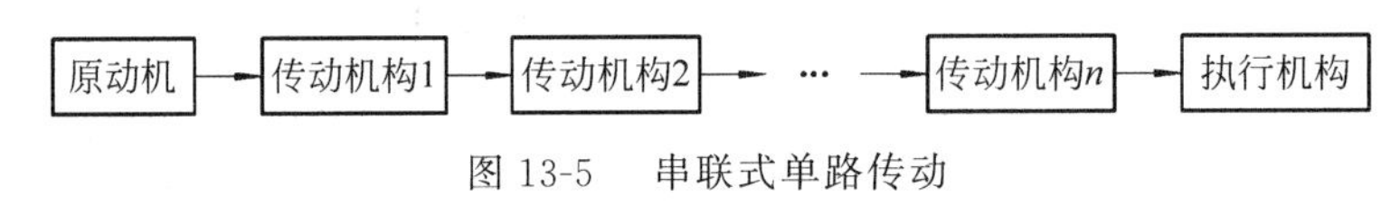

图13-5 串联式单路传动

2) 并联式分路传动

其传动路线如图13-6所示。当系统含有多个执行机构,而各执行机构所需的功率之和并不很大时,可采用这种传动路线。为了使传动路线具有较高的总效率,在传递功率最大的那条路线上,应注意选择效率较高的传动机构。

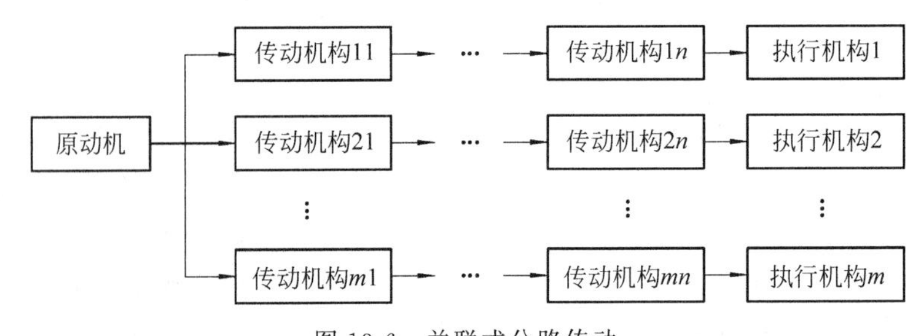

图13-6 并联式分路传动

例如,牛头刨床中采用的就是这种传动路线,它由一个电动机同时驱动工作台横向送进机构和刨刀架纵向往复移动。

3) 并联式多路联合传动

其传动路线如图13-7所示。当系统中只有一个执行机构,但需要多个低速运动,且每个低速运动传递的功率都很大时,宜采用这种传动路线。多个原动机共同驱动反而有利于减小整个传动系统的体积(volume)、转动惯量(moment of inertia)和质量(mass)。远洋船舶、轧钢机、球磨机中常采用这种传动路线。

4) 混合式传动

其传动路线如图13-8所示。

如图13-9所示,蜂窝煤成型机的主传动系统采用的就是这种传动路线。

2. 传动链中机构的布置

传动链布置的优劣对整个机械的工作性能和结构尺寸都有重要的影响。在安排各机构在传动链中的顺序时,通常应遵循下述原则。

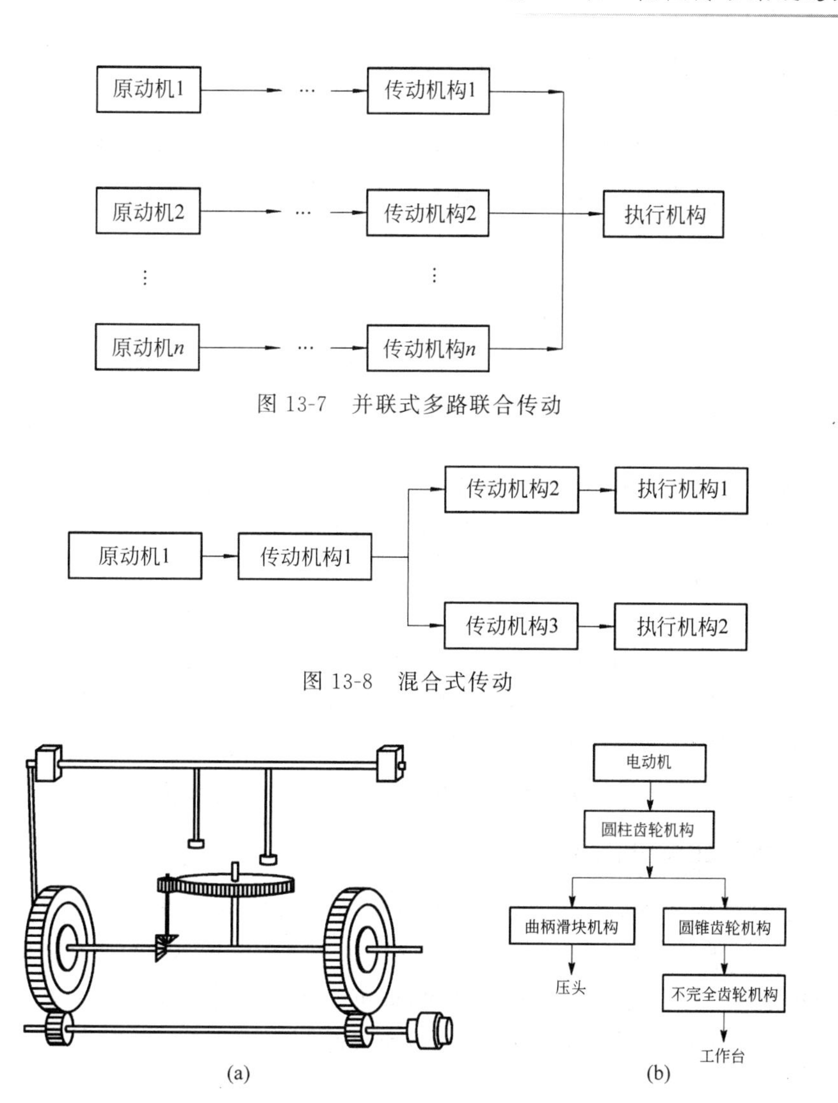

图 13-7 并联式多路联合传动

图 13-8 混合式传动

图 13-9 蜂窝煤成型机传动路线

1）有利于提高传动系统的效率

对于长期连续运转或传递较大功率的机械，提高传动系统的效率非常重要。例如，蜗轮蜗杆机构效率较低，若与齿轮机构同时被选用组成两级传动，且蜗轮材料为锡青铜时，应将蜗轮蜗杆机构安排在高速级，以便其齿面有较高的相对滑动速度(relative sliding velocity)，易于形成润滑油膜而提高传动效率。

2）有利于减少功率损失

功率分配应按“前大后小”的原则，即消耗功率较大的运动链(kinematic chain)应安排在前，这样既可减少传送功率的损失，又可减小构件尺寸。例如，机床中一般带动主轴运动的传动链消耗功率较大，应安排在前；而带动进给运动的机构传递的功率较小，应安排在后。

3）有利于机械运转平稳及减少振动和噪声

一般将动载小、传动平稳的机构安排在高速级。例如，带传动能缓冲减振，且过载时易打滑,可防止后续传动机构中其他零件损坏,故一般将其布置在高速级;而链传动冲击振动较大,运转不均匀,一般宜安排在中、低速级。只有在要求有确定传动比、不宜采用带传动时,高速级才安排齿形链机构。又如,同时采用直齿圆柱齿轮机构和平行轴斜齿圆柱齿轮机构两级传动时,因斜齿轮传动较平稳、动载荷较小,宜布置在高速级上。

4) 有利于传动系统结构紧凑、尺寸匀称

通常,把用于变速的传动机构(如带轮机构、摩擦轮机构等)安排在靠近运动链的起始端与原动机相连,这是因为此处转速较高、传递的扭矩较小,因此可减小传动装置的尺寸;而把转换运动形式的机构(如连杆机构、凸轮机构等)安排在运动链的末端,即靠近执行构件的地方,这样安排运动链简单、结构紧凑、尺寸匀称。

5) 有利于加工制造

尺寸大而加工困难的机构应安排在高速轴。例如,圆锥齿轮(bevel gear)尺寸大时加工困难,因此应尽量将其安排在高速轴并限制其传动比(ratio of transmission),以减小其模数和直径,有利于加工制造。

此外,还应考虑传动装置的润滑(lubrication)和寿命、装拆的难易、操作者的安全以及对产品的污染等因素。例如,开式齿轮机构润滑条件差、磨损严重、寿命短,应将其布置在低速级;而将闭式齿轮机构布置在高速级,则可减小其外形尺寸。若机械生产的产品为不可污染的药品、食品等,则传动链的末端(即低速端)应布置闭式传动装置。若在传动链的末端直接安排有工人操作的工位时,也应布置闭式传动装置,以保证操作安全。

3. 各级传动比的分配原则

将传动系统的总传动比合理地分配至各级传动装置,是传动系统方案设计中的重要一环。若分配合理,达到了整体优化,则既可使各级传动机构尺寸协调和传动系统结构匀称紧凑,又可减小零件尺寸和机构质量,降低造价,还可以降低转动构件的圆周速度和等效转动惯量,从而减小动载荷,改善传动性能,减小传动误差。

各级传动比的分配应遵循以下几项原则:

(1) 每级传动比应在各类传动机构的合理范围内取值。

(2) 当齿轮传动链的传动比较大时,需采用多级齿轮传动。一级圆柱齿轮减速器的传动比一般小于5,二级圆柱齿轮减速器的传动比一般为8～40。如图13-10所示,某个减速器的传动比为8,则无论在外形上还是在质量上,图13-10(b)所示的二级齿轮减速器都比图13-10(a)所示的单级齿轮减速器要小得多。

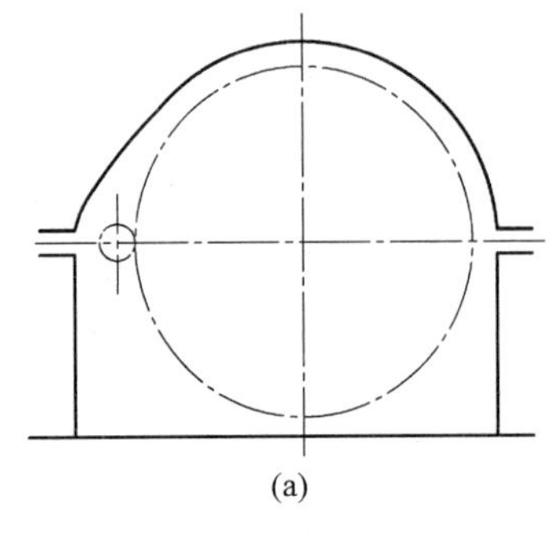
(a)

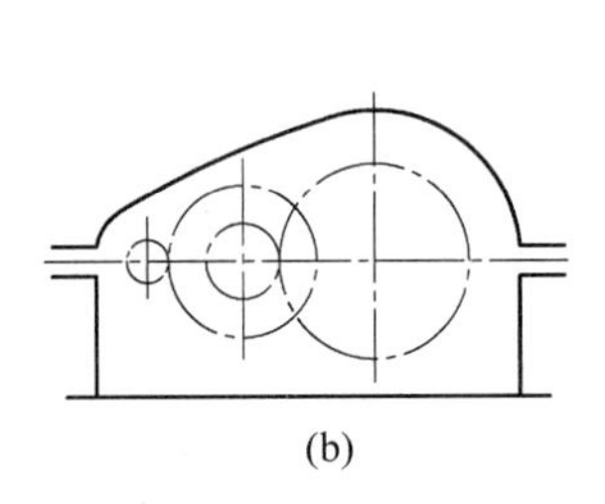
(b)

图13-10　传动比的合理选择

（3）当各中间轴有较高转速和较小扭矩时，轴及轴上的零件可取较小的尺寸，从而使整个结构较为紧凑。分配各级传动比时，若传动链为升速传动，则应在开始几级就增速，增速比逐渐减小；若传动链为降速传动，则应按传动比逐渐增大的原则分配为好，且相邻两级传动比之差值不要太大。

（4）对于要求传动平稳、启停频繁和动态性能好的降速齿轮传动链，可按最小转动惯量原则设计。分以下两种情况：

① 对于小功率传动装置，若有 2 级传动，则第 1 级和第 k 级（$k=2,3,\cdots,n$）的传动比可按下式分配：

$$i_1 = 2^{(2^n-n-1)/2(2^n-1)} \cdot i^{1/(2^n-1)} \tag{13-1}$$

$$i_k = \sqrt{2}\left(\frac{i}{2^{n/2}}\right)^{2(k-1)/(2^n-1)} \tag{13-2}$$

式中，i 为总传动比。

② 对于大功率传动装置，由于传递的转矩大，各级齿轮机构的模数、齿宽（tooth width）、直径等参数都要逐级增加。此时应兼顾转动惯量比 J_e/J_1（J_1 为第一级齿轮的转动惯量，J_e 为所有齿轮折算到电机轴上的等效转动惯量）和结构紧凑性，先按图 13-11(a)确定传动级数，然后根据总传动比和所选传动级数 n，按图 13-11(b)确定第一级传动比，最后按图 13-11(c)确定其余各级传动比。

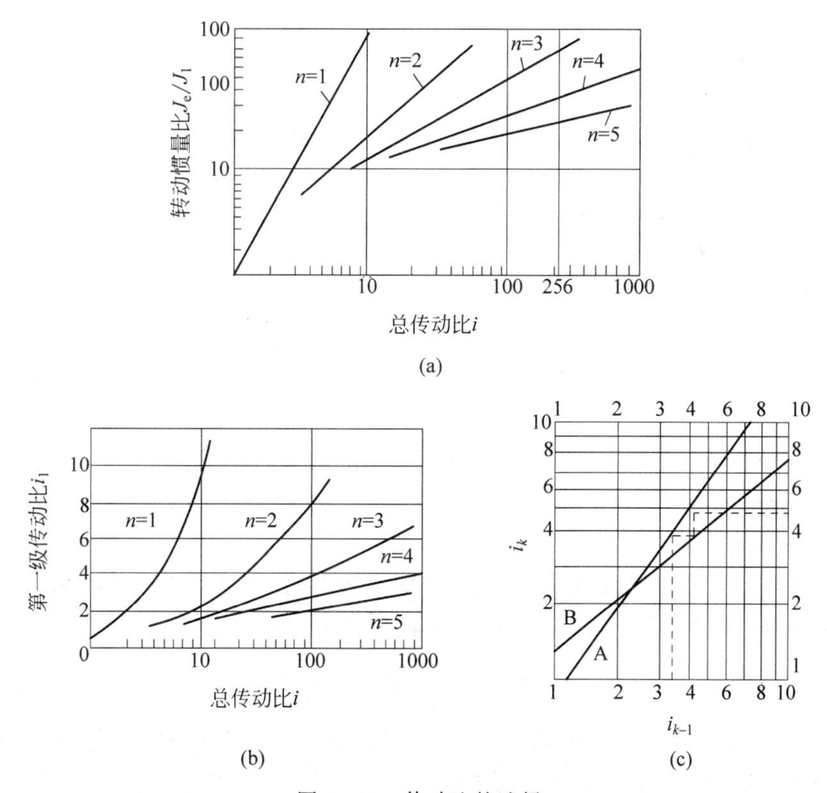

图 13-11　传动比的选择

（5）当要求降速齿轮传动链的重量尽可能轻时，可按下述原则分配传动比：

① 对于小功率装置，若设各主动小齿轮材料（material）和齿宽均相同，轴与轴承的转动

惯量、效率均不计,则可选各小齿轮的模数、齿数(number of teeth)相同,且各级传动比也相同。

② 对于大功率装置,为保证总质量最轻,各级传动比应按“前大后小”逐渐减小的原则选取。

(6) 对于以提高传动精度、减小回程误差为主的降速齿轮传动链,从输入端到输出端各级传动比应按“前小后大”的原则选取,且最末两级传动比应尽可能大,同时应提高齿轮的制造精度,以减小对输出轴(output shaft)运动精度的影响。

(7) 对于负载变化的齿轮传动装置,各级传动比应尽可能采用不可约的分数,以避免同时啮合。此外,相啮合两轮的齿数最好为质数。

(8) 对于传动比很大的传动链,应考虑将周转轮系(epicyclic gear train)与定轴轮系(ordinary gear train)或其他类型的传动结合使用。

(9) 在考虑传动比分配时,应使各传动件之间、传动件与机架之间不要干涉。

(10) 设计减速器时应考虑润滑问题,为使各级传动中的大齿轮都能浸入油池,且深度大致相同,各级大齿轮直径应接近,高速级传动比应大于低速级。

13.4 机械传动系统的特性及其参数计算

机械传动系统的特性包括运动特性(kinematic characteristics)和动力特性(dynamic characteristics)。运动特性通常用转速、传动比和变速范围等参数表示;动力特性用功率、转矩、效率及变矩系数等参数表示。这些参数是传动系统的重要性能数据,也是对各级传动进行设计计算的原始数据。在传动系统的总体布置方案和总传动比的分配完成后,这些特性参数可由原动机的性能参数或执行系统的工作参数计算得到。

1. 传动比

对于串联式单级传动系统,当传递回转运动时,其总传动比 i 为

$$i=\frac{n_{\mathrm{r}}}{n_{\mathrm{c}}}=i_1 i_2 \cdots i_k \tag{13-3}$$

式中,n_{r} 为原动机的转速或传动系统的输入转速(input speed) (r/min); n_{c} 为传动系统的输出转速 (output speed) (r/min); i_1、i_2、…、i_k 为系统中各级传动的传动比。

$i>1$ 时为减速传动,$i<1$ 时为增速传动。

在各级传动的设计计算完成后,由于多种因素的影响,系统的实际总传动比 i 常与预定值 i' 不完全相符,其相对误差(relative error)Δi 可表示为

$$\Delta i=\frac{i'-i}{i'}\% \tag{13-4}$$

Δi 称为系统的传动比误差。各种机器都规定了传动比误差的许用值(allowable value),为满足机器的转速要求,Δi 不应超过许用值。

2. 转速和变速范围

传动系统中,任一传动轴的转速 n_i 可由下式计算:

$$n_i=\frac{n_r}{i_1 i_2\cdots} \tag{13-5}$$

式中，分母 $i_1 i_2\cdots$ 表示从系统的输入轴到该轴之间各级传动比的连乘积。

有级变速传动装置中，当输入轴的转速 n_r 一定时，经变速传动后，若输出轴可得到 z 种转速，并由小到大依次为 $n_1,n_2,\cdots,n_z$，则 z 称为变速级数，最高转速(maximum speed)与最低转速(minimum speed)之比称为变速范围，用 R_n 表示，即

$$R_n=\frac{n_z}{n_1}=\frac{i_{max}}{i_{min}} \tag{13-6}$$

式中，$i_{max}=\frac{n_r}{n_1}$，$i_{min}=\frac{n_r}{n_z}$。

输出转速常采用等比数列分布，且任意两相邻转速之比为一常数(constant)，称为转速公比(speed common ratio)，用符号 Φ 表示，即

$$\Phi=\frac{n_2}{n_1}=\frac{n_3}{n_2}=\cdots=\frac{n_z}{n_{z-1}}$$

公比 Φ 一般按标准值(standard value)选取，常用值为 1.06、1.12、1.36、1.41、1.58、1.78、2.00。

变速范围 R_n、变速级数 z 和公比 Φ 之间的关系为

$$R_n=\frac{n_z}{n_1}=\frac{n_2}{n_1}\cdot\frac{n_3}{n_2}\cdots\frac{n_z}{n_{z-1}}=\Phi^{z-1} \tag{13-7}$$

变速级数越多，变速装置的功能越强，但结构也越复杂。在齿轮变速器中，常用的滑移齿轮是双联或三联齿轮，所以通常变速级数取为 2 或 3 的倍数，如 $z=3,4,6,8,9,12$ 等。

3. 机械效率

各种机械传动及传动部件的效率值可在设计手册中查到。在一个传动系统中，设各传动及传动部件的效率分别为 η_1、η_2、…、η_n，串联式单级传动系统的总效率(overall efficiency)η 为

$$\eta=\eta_1\eta_2\cdots\eta_n \tag{13-8}$$

并联及混合传动系统的总效率计算可参考有关资料。

4. 功率

机器执行机构的输出功率(output power)P_ω 可由负载参数(力或力矩)及运动参数(线速度或转速)求出。设执行机构的效率为 η_ω，则传动系统的输入功率(input power)或原动机的所需功率为

$$P_r=\frac{P_\omega}{\eta\eta_\omega} \tag{13-9}$$

原动机的额定功率(rated power)P_e 应满足 $P_e\geqslant P_r$，由此可确定 P_e 值。

设计各级传动时，常以传动件所在轴的输入功率 P_i 为计算依据。若从原动机至该轴之前各传动及传动部件的效率分别为 η_1、η_2、…、η_i，则有

$$P_i=P'\eta_1\eta_2\cdots\eta_i \tag{13-10}$$

式中,P'为设计功率(design power)。对于批量生产的通用产品,为充分发挥原动机的工作能力,应以原动机的额定功率为设计功率,即取 $P'=P_e$;对于专用的单台产品,为减小传动件的尺寸,降低成本,常以原动机的所需功率为计算功率,即取 $P'=P_r$。

5. 转矩和变矩系数

传动系统中任一传动轴的输入转矩(input torque)T_i(N·mm)可由下式求出:

$$T_i = 9.55 \times 10^6 \frac{P_i}{n_i} \tag{13-11}$$

式中,P_i 为该轴的输入功率,kW;n_i 为该轴的转速,r/min。

传动系统的输出转矩(output torque)T_c 与输入转矩 T_r 之比称为变矩系数,用 K 表示,由上式可得

$$K = \frac{T_c}{T_r} = \frac{P_c n_r}{P_r n_c} = \eta i \tag{13-12}$$

式中,P_c 为传动系统的输出功率。

13.5 机械传动系统方案设计实例

例 13-1 桥式起重机提升系统传动型式及总体布置方案的选择。

提升系统如图 13-12 所示,它包括原动机、执行机构——卷绕装置(含卷筒)和取物装置(含吊钩)、传动系统——减速装置(deceleration devices)、制动装置(braking devices)、限位器(stopper)、联轴器(coupling)等,具有一定程度的整机性质。在设计其传动系统时,选择不同的传动型式就会有不同的总体布置方案。

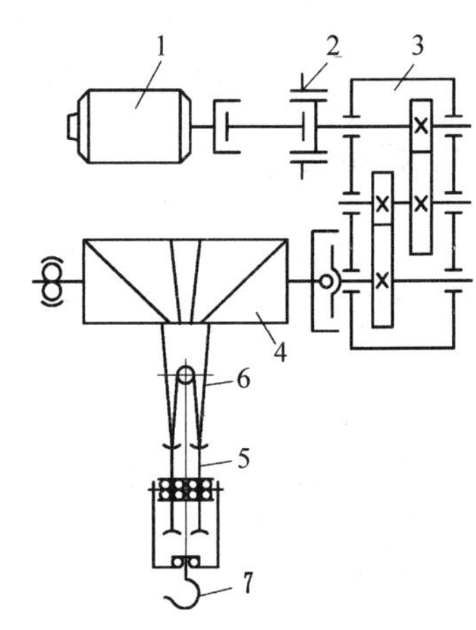

图 13-12 桥式起重机提升系统
1—电动机;2—制动器;3—减速器;4—卷筒;5—滑轮;6—钢绳;7—吊钩

(1) 电动机与卷筒并列布置方案

这种传动型式是电动机通过一个标准的两级减速器(reducer)带动卷筒转动,如图 13-13(a)所示。若起重机重量大(大于 80t),为了实现低速起升且增大电动机与卷筒间的距离,可增加一对传动比为 3~5 的开式齿轮传动(open gear drive),如图 13-13(b)所示;若为了补偿安装和制动等原因引起的误差,可在电动机与减速器之间采用较长的浮动轴连接,如图 13-13(a)、(b)所示;如无法设置浮动轴,可在电动机与减速器之间采用双齿形联轴节或弹性柱销联轴节连接,以补偿安装误差,如图 13-13(c)所示。这种类型的布置方案性能好,机构布置匀称,适宜选择标准件,安装维修方便。

(2) 电动机与卷筒同轴布置方案

该方案是将减速装置置于卷筒内,以实现电动机与卷筒同轴布置,如图 13-14 所示,为获得较大传动比且减小装置体积,其减速装置通常采用周转轮系(epicyclic gear train)。

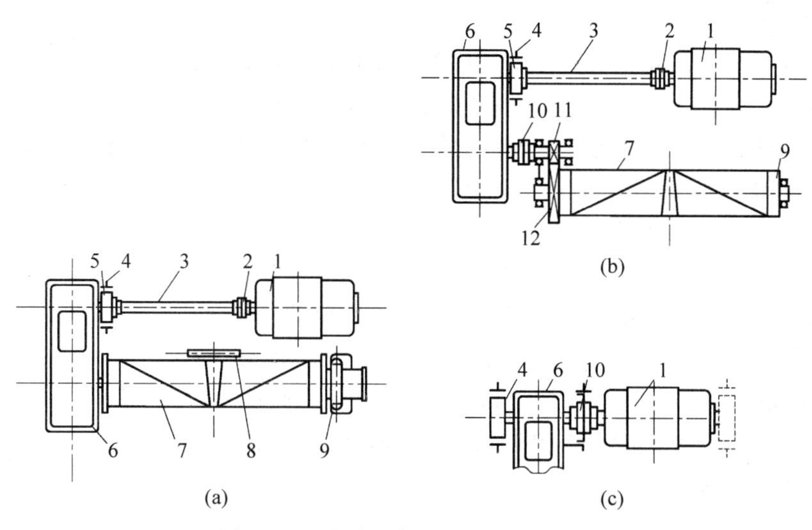

图 13-13　电动机与卷筒并列布置方案

1—电动机；2—单齿形联轴节；3—浮动轴；4—制动器；5—带制动轮的单齿形联轴节；6—减速器；7—卷筒；8—定滑轮；9—轴承座；10—双齿形联轴节；11—小齿轮；12—大齿轮

图 13-14(a)所示为采用 2K-H 型行星传动,它适用于短期工作场合；图 13-14(b)所示为采用 3K 型行星传动,它适用于大、中吨位的起重和短期工作场合；有时也采用渐开线少齿差或一齿差摆线针轮等 K-H-V 型行星传动。

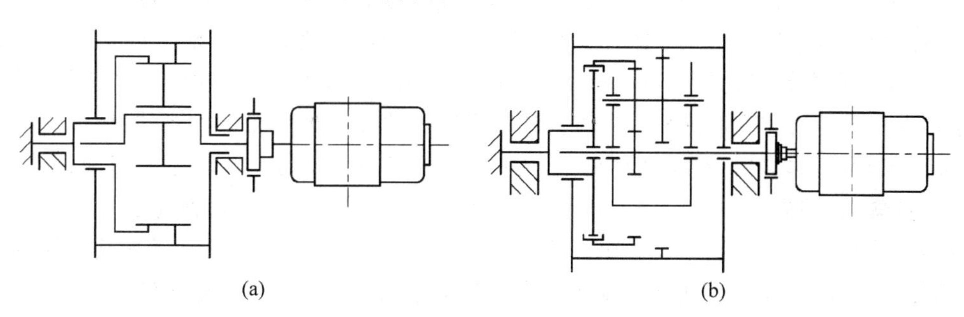

图 13-14　电动机与卷筒同轴布置方案

这种类型布置的优点是结构紧凑,传动比大,体积小,重量轻。但制造困难,维修不够方便,效率也较低。

(3) 双电动机驱动多速提升方案

这种传动型式是由双电机驱动一混合轮系,如图 13-15 所示。电动机(electric motor)A 通过一个两级齿轮减速器带动内齿轮 1 转动,电动机 B 直接带动中心轮 2 转动,运动由系杆 H 输出后,再经一级齿轮减速带动卷筒转动。由于两个电机可有不同的运行状态,即 A 动 B 停、A 停 B 动、A 和 B 同时同向转动、A 和 B 同时反向转动,故可使卷筒获得

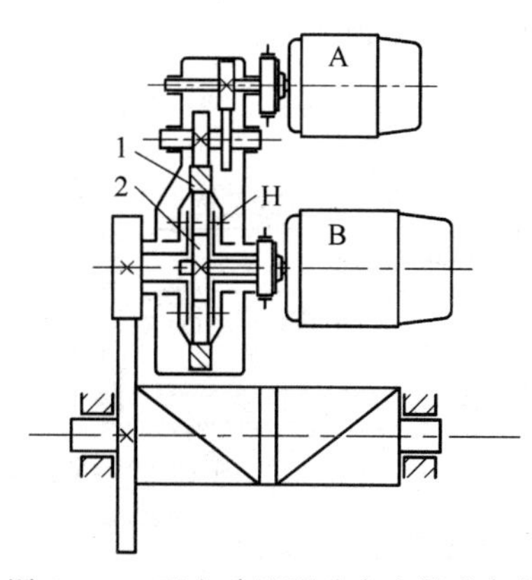

图 13-15　双电动机驱动多速提升方案

4种不同的转速。

上述提升系统的几种传动型式及其布置方案各具特点,设计时可根据实际情况加以选用。例如,铸造车间中起吊砂箱用的提升系统,要求合箱时下降速度要尽可能小以便准确对位;热处理车间中起吊工件进行淬火用的提升系统,要求工件能快速进入油池。在这些场合,升、降速度差别大,速度挡要求多,此时可选用第三类方案。若设计中作业场地小是主要矛盾,例如火电厂安装蒸汽包的提升系统,可选用第二类方案。若无场地或速度调节要求,加工制造精度要求也不高,为安装使用方便,可选择第一类方案。

例 13-2 半自动三轴钻床传动路线的拟定及传动机构顺序的安排。

半自动钻床需要完成两个工艺动作:一为3个钻头同时、同速进行的钻削运动,二为工件垂直向上的进给运动,因此需要两个执行机构。由于两路传动的功率都不大且均需减速,故可采用一个原动机(prime mover),并共用第一级减速,然后再分路传动,即采用如图13-16所示的混合式传动路线。

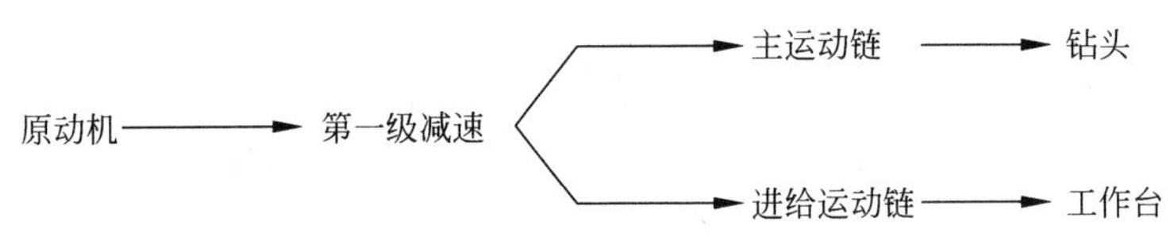

图13-16 半自动三轴钻床的传动路线

在机构的排列顺序上,首先,考虑将减速机构安排在运动链(kinematic chain)的首端,将变换运动形式的机构安排在运动链的末端;其次,考虑减速机构中有一定的传递距离,可选用带传动机构(belt drives);此外,为了改变传动方向,可选用蜗杆蜗轮机构(worm gear transmission)和圆锥齿轮机构(bevel gear mechanism)。根据传动链中机构的顺序安排原则,带传动机构应安排在高速轴;为防止圆锥齿轮尺寸过大难于加工,应将圆锥齿轮机构安排在圆柱齿轮机构之前。在主运动链中,为使3个钻头同时、同速转动完成切削运动,可选用3个相同的圆柱齿轮均布于同一圆周同时啮合传动;3个从动齿轮轴通过3个相同的双万向联轴器的中间轴,分别带动3个钻头杆。在进给运动链中,将蜗杆蜗轮机构安排在带传动机构之后,以同时完成减速和改变传动方向的双重功能;蜗轮与凸轮同轴,其间安装一离合器(clutch)。当离合器接合时,蜗轮带动凸轮机构完成工作台的升降动作。由以上分析可知,半自动三轴钻床各运动链中机构的安排顺序如图13-17所示。其传动系统的机构简图如图13-18所示。

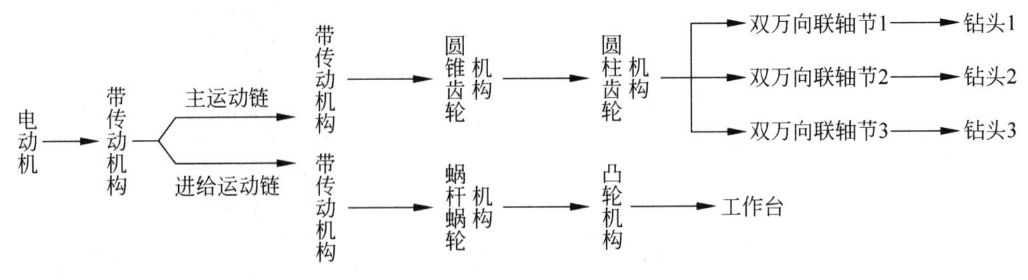

图13-17 半自动三轴钻床各运动链中机构的安排顺序

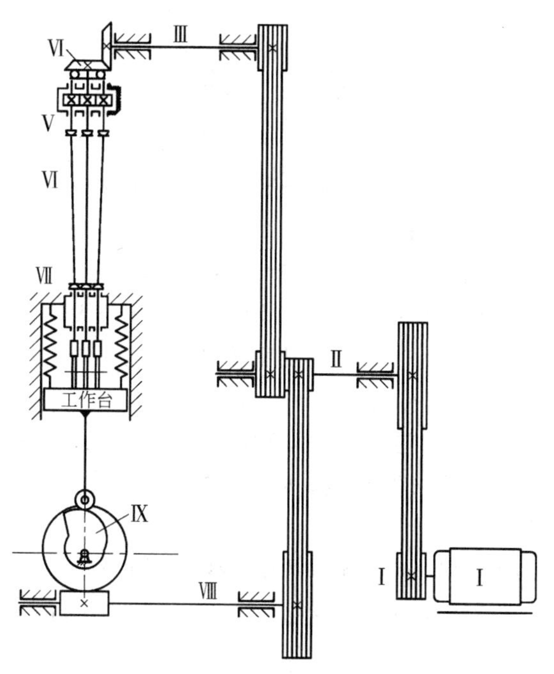

图 13-18　半自动三轴钻床传动系统机构简图

拓展性阅读文献指南

有关机构系统的组成、常用部件、传动链的方案选择等详细内容可参考成大光主编《机械设计手册单行本：机械传动》，化学工业出版社，2004。该手册还介绍了液压传动、气压传动等内容。

思　考　题

13-1　传动系统方案设计的基本要求有哪些？

13-2　机械传动系统通常由哪几部分组成？

13-3　安排各机械在传动链中的顺序时，应遵循哪些原则？

13-4　机械系统方案设计时，是否按执行系统、传动系统、原动机的次序来确定各自的方案？

13-5　试选择一个你最熟悉的机械系统，说明其传动系统的作用及其如何完成执行系统和原动机之间的协调作用(例如牛头刨、车床、电动缝纫机等)。

13-6　带传动机械为什么在传动链中总是安排在离电动机最近的高速端？

13-7　野外作业的机械和在易爆、易燃的工作环境下工作的机械各应选择什么类型的原动机为好？

习　题

13-1　切纸机主传动系统如题13-1图所示。已知电动机转速 $n=1440\mathrm{r/min}$，切纸刀作往复直线运动，裁切次数为33次/min，带轮直径分别为 $d_1=160\mathrm{mm}$、$d_2=400\mathrm{mm}$，各齿轮模数相同，要求传动比误差不超过±5%。试确定各轮齿数。

13-2　试按下列要求的传动比设计减速齿轮传动链，工作要求传动稳定，但启动频繁。

(1) 传动比 $i=80$，传动级数 $n=4$ 的小功率传动链；

(2) 传动比 $i=256$ 的大功率传动链。

13-3　如题13-3图所示，已知卷扬机最大起重量 $G=20\mathrm{kN}$，重物提升速度 $v=0.5\mathrm{m/s}$，卷筒直径 $D=600\mathrm{mm}$，各轴的支承均为滚动轴承，采用电磁制动三相异步电动机(YEJ系列)，卷筒效率为0.96。

(1) 初步分配传动比，确定电动机功率及转速(假设启动负载与额定负载之比不大于1.3)；

(2) 确定各轮齿数，计算各轴的运动参数和动力参数，要求速度误差不超过±5%。

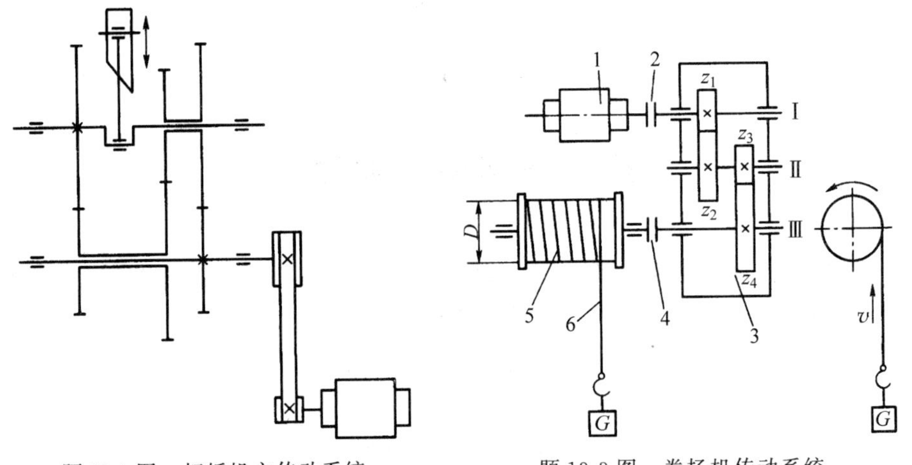

题13-1图　切纸机主传动系统　　题13-3图　卷扬机传动系统

参 考 文 献

[1] 范元勋,张庆.机械原理与机械设计(上册).北京:清华大学出版社,2014.
[2] 范元勋,梁医,张龙.机械原理与机械设计(下册).北京:清华大学出版社,2014.
[3] 郑文伟,吴克坚.机械原理[M].7版.北京:高等教育出版社,1997.
[4] 华大年.机械原理[M].2版.北京:高等教育出版社,1995.
[5] 潘存云,唐进元.机械原理[M].长沙:中南大学出版社,2011.
[6] 杨元山,郭文平.机械原理[M].武汉:华中理工大学出版社,1989.
[7] 沈风宝,李步清.机械原理[M].南京:南京理工大学出版社,1994.
[8] 张策.机械原理与机械设计(上册)[M].3版.北京:机械工业出版社,2018.
[9] 上海交通大学机械原理教研室.机械原理习题集[M].北京:高等教育出版社,1985.
[10] 葛文杰.机械原理第8版配套习题集[M].北京:高等教育出版社,2013.
[11] 孙恒,陈作模.机械原理[M].6版.北京:高等教育出版社,2001.
[12] 张颖,张春林.机械原理(英汉双语)[M].2版.北京:机械工业出版社,2016.
[13] 孙恒,陈作模,葛文杰.机械原理[M].8版.北京:高等教育出版社,2013.
[14] 申永胜.机械原理教程[M].3版.北京:清华大学出版社,2016.
[15] [美]威尔逊,萨德勒.机械原理[M].秦伟,缩编.重庆:重庆大学出版社,2005.
[16] 邓宗全,王知行.机械原理[M].3版.北京:高等教育出版社,2015.
[17] 邹慧君,张春林,李杞仪.机械原理[M].2版.北京:高等教育出版社,2006.
[18] 孟宪源.现代机构手册[M].北京:机械工业出版社,1994.
[19] 张春林,李志香,赵自强.机械创新设计[M].3版.北京:机械工业出版社,2016.
[20] 邹慧君.机构系统设计与应用创新[M].北京:机械工业出版社,2008.
[21] 余跃庆.现代机械动力学[M].北京:北京工业大学出版社,2001.
[22] [美]诺顿R.机械设计——机器和机构综合和分析[M].陈立周,等译.北京:机械工业出版社,2003.
[23] 朱孝录.齿轮传动设计手册[M].2版.北京:化学工业出版社,2010.
[24] 傅则绍.机构设计学[M].成都:成都科技大学出版社,1998.
[25] [苏]李特文.齿轮啮合原理[M].2版.卢贤占,等译.上海:上海科技出版社,1994.
[26] [苏]阿尔托包列夫斯基,等.平面机构综合[M].孙可宗,等译.北京:人民教育出版社,1981.
[27] 王汉英,等.转子平衡技术与平衡机[M].北京:机械工业出版社,1988.
[28] 齿轮手册编委会.齿轮手册[M].2版.北京:机械工业出版社,2001.
[29] 徐灏.机械设计手册[M].2版.北京:机械工业出版社,2001.
[30] 曹惟庆.平面连杆机构分析与综合[M].北京:科学出版社,1989.
[31] 李华敏,李瑰贤.齿轮机构设计与应用[M].北京:机械工业出版社,2007.
[32] 叶仲和,蓝兆辉,等.机械原理[M].北京:高等教育出版社,2001.